U0267012

生物数学丛书 19

数学生态学模型与研究方法

(第二版)

陈兰荪 著

科学出版社

北京

内 容 简 介

数学生态学是用数学模型来描述生物的生存与环境关系的一门学科. 本书着重阐述生态学模型的建立和各种模型的研究方法, 介绍了最近几年国内外的主要研究成果和需要进一步探讨的课题. 本书所用到的常微分方程的基本方法已列入书末的附录之中, 附录中对常微分方程基本理论的介绍采用了比较通俗的方法, 便于生态学工作者理解本书的内容.

读者对象为大学数学系、生物系和农学、林业、医学有关专业的学生、研究生、教师和有关的科技工作者.

图书在版编目(CIP)数据

数学生态学模型与研究方法/陈兰荪著. —2版. —北京:科学出版社, 2017.10
(生物数学丛书; 19)
ISBN 978-7-03-054718-7

Ⅰ. ①数… Ⅱ. ①陈… Ⅲ. ①生态学–数学模型–研究方法 Ⅳ. ①Q141

中国版本图书馆 CIP 数据核字(2017) 第 244314 号

责任编辑: 陈玉琢 / 责任校对: 邹慧卿
责任印制: 赵 博 / 封面设计: 王 浩

科学出版社出版
北京东黄城根北街 16 号
邮政编码: 100717
http://www.sciencep.com

保定市中画美凯印刷有限公司印刷
科学出版社发行 各地新华书店经销
*
1988 年 1 月第 一 版 开本: 720 × 1000 1/16
2017 年 9 月第 二 版 印张: 26 3/4
2025 年 1 月第五次印刷 字数: 530 000

定价: 158.00 元
(如有印装质量问题, 我社负责调换)

《生物数学丛书》序

传统的概念：数学、物理、化学、生物学，人们都认定是独立的学科，然而在20世纪后半叶开始，这些学科间的相互渗透、许多边缘性学科的产生，各学科之间的分界已渐渐变得模糊了，学科的交叉更有利于各学科的发展，正是在这个时候数学与计算机科学逐渐地形成生物现象建模，模式识别，特别是在分析人类基因组项目等这类拥有大量数据的研究中，数学与计算机科学成为必不可少的工具．到今天，生命科学领域中的每一项重要进展，几乎都离不开严密的数学方法和计算机的利用，数学对生命科学的渗透使生物系统的刻画越来越精细，生物系统的数学建模正在演变成生物实验中必不可少的组成部分．

生物数学是生命科学与数学之间的边缘学科，早在1974年就被联合国教科文组织的学科分类目录中作为与“生物化学”“生物物理”等并列的一级学科．“生物数学”是应用数学理论与计算机技术研究生命科学中数量性质、空间结构形式，分析复杂的生物系统的内在特性，揭示在大量生物实验数据中所隐含的生物信息．在众多的生命科学领域，从“系统生态学”“种群生物学”“分子生物学”到“人类基因组与蛋白质组即系统生物学”的研究中，生物数学正在发挥巨大的作用，2004年*Science*杂志在线出了一期特辑，刊登了题为“科学下一个浪潮——生物数学”的特辑，其中英国皇家学会院士Lan Stewart教授预测，21世纪最令人兴奋、最有进展的科学领域之一必将是“生物数学”．

回顾“生物数学”我们知道已有近百年的历史：从1798年Malthus人口增长模型，1908年遗传学的Hardy-Weinberg“平衡原理”，1925年Voltera捕食模型，1927年Kermack-Mckendrick传染病模型到今天令人注目的“生物信息论”，“生物数学”经历了百年迅速的发展，特别是20世纪后半叶，从那时期连续出版的杂志和书籍就足以反映出这个兴旺景象；1973年左右，国际上许多著名的生物数学杂志相继创刊，其中包括Math Biosci, J. Math Biol和Bull Math Biol; 1974年左右，由Springer-Verlag出版社开始出版两套生物数学丛书：*Lecture Notes in Biomathermatics*（二十多年共出书100部）和*Biomathematics*（共出书20册）；新加坡世界科学出版社正在出版*Book Series in Mathematical Biology and Medicine*丛书．

“丛书”的出版，既反映了当时“生物数学”发展的兴旺，又促进了“生物数学”的发展，加强了同行间的交流，加强了数学家与生物学家的交流，加强了生物数学学科内部不同分支间的交流，方便了对年轻工作者的培养．

从 20 世纪 80 年代初开始, 国内对 “生物数学” 发生兴趣的人越来越多, 他 (她) 们有来自数学、生物学、医学、农学等多方面的科研工作者和高校教师, 并且从这时开始, 关于 “生物数学” 的硕士生、博士生不断培养出来, 从事这方面研究、学习的人数之多已居世界之首. 为了加强交流, 为了提高我国生物数学的研究水平, 我们十分需要有计划、有目的地出版一套 “生物数学丛书”, 其内容应该包括专著、教材、科普以及译丛, 例如: ① 生物数学、生物统计教材; ② 数学在生物学中的应用方法; ③ 生物建模; ④ 生物数学的研究生教材; ⑤ 生态学中数学模型的研究与使用等.

中国数学会生物数学学会与科学出版社经过很长时间的商讨, 促成了 “生物数学丛书” 的问世, 同时也希望得到各界的支持, 出好这套丛书, 为发展 “生物数学” 研究, 为培养人才作出贡献.

陈兰荪

2008 年 2 月

第二版前言

近几十年来生命科学得到很大的发展, 与生命科学相联系的一系列边缘学科相继产生, 例如, 生物化学、生物物理和生物经济学, 等等. 生物数学是其中最为年轻的边缘学科之一, 1974 年联合国教科文组织已把生物数学作为独立学科编入目录中, 而且近 40 年来生物数学的发展更为迅速.

数学生态学是生物数学中最为基础的分支, 它发展得比较早也比较成熟, 本书将以数学生态学为主题, 向读者详细地介绍生物数学这一侧面.

所谓生态学, 众所周知, 是 "研究生物生存与环境的关系的科学", 所谓数学生态学, 即用数学模型来描述生物的生存与环境的关系, 并利用数学的方法 (理论或计算) 来进行研究, 以使一些生态现象得到解释、预测和控制.

在前四章中, 为了使读者对生态学模型的建立和要研究的问题有个系统的了解, 我们在第 1 章先集中介绍各种生态学模型的推导和问题, 以后三章分别介绍各种模型的研究方法和基本理论, 由于近年来人们对濒临灭绝的生物保护、对于人类生存环境的治理、对有害物种管理十分关注, 近十年来我们在这些方面做了一些工作, 做了个小结, 写成第 5 章 "物种保护与资源管理的数学方法", 把这些工作介绍给读者.

本书 1988 年出版第一版, 1991 年第二次印刷, 出版以来已被一些高等院校作为生物数学专业或常微分方程专业研究生的选修课教材, 另一方面, 近年来我国生物数学的研究得到了很大的发展, 许多高校都招收生物数学方向的硕士研究生和博士生, 都要求再次出版这样的基础理论教材, 也有些生物学方面的老师、研究者和学生也希望本书再次出版, 由于时间关系, 这次再版除了增加第 5 章外, 前面四章保持原书的内容, 因为这些是基础、在此基础上, 为了补充本书的内容, 我们增加了许多近年的论文供读者参考.

最后我们把书中所用到的基本的常微分方程方法列入附录之中, 为了使生态学工作者能了解本书的主要内容, 在附录中对常微分方程基本理论的介绍, 我们采用了比较通俗的方法, 而没有采用数学上严格化和抽象化的方法.

由于我们所研究的对象是种群的密度或个数的变化规律, 因而全书所涉及的常微分方程的解都是指正的解, 所谓的全局稳定性都是指在整个正的象限内的稳定性, 这点书中不再一一说明.

本书再版要感谢中国科学院数学与系统科学研究院数学研究所的支持和资助,

同时感谢国家自然科学基金 (No.11371306) 的资助, 也感谢张蒙博士协助全书的校稿.

陈兰荪

2017 年 6 月 15 日于北京

第一版前言

近几十年来生命科学得到很大的发展，与生命科学相联系的一系列边缘学科相继产生，像生物化学、生物物理和生物经济学等. 生物数学是其中最为年轻的边缘学科之一. 1974 年，联合国教科文组织已把生物数学作为独立学科编入目录中，而且近十几年来生物数学的发展更为迅速.

数学生态学是生物数学中最为基础的分支，它发展得比较早，也比较成熟. 本书将以数学生态学为主题，向读者详细地介绍生物数学的这一侧面.

所谓生态学，众所周知，是“研究生物生存与环境的关系的科学”. 所谓数学生态学，即用数学模型来描述生物的生存与环境的关系，并利用数学的方法（理论或计算）来进行研究，以使一些生态现象得到解释和控制.

本书共四章. 为了使读者对生态学模型的建立和要研究的问题有个系统的了解，我们在第 1 章先集中介绍各种生态学模型的推导和问题，以后三章分别介绍各种模型的研究方法和基本理论，最后我们把书中所用到的基本的常微分方程方法列入附录之中. 为了使生态学工作者能了解本书的主要内容，在附录中对常微分方程基本理论的介绍，我们采用了比较通俗的方法，而没有采用数学上严格化和抽象化的方法.

由于我们所研究的对象是种群的密度或个数的变化规律，因而全书所涉及的常微分方程的解都是指正的解，所谓的全局稳定性都是指在整个正的象限内的稳定性，这点书中不再一一说明.

本书已被一些高等学校作为生物数学专业或常微分方程专业研究生的选修课教材. 本书在作为教材时，带有 * 的章节可以省去，甚至可以省去得更多. 而作为生物系研究生教材时，除第 1 章外，其他各章均只要选用前面两节的内容就够了.

广西师范大学江佑霖同志为本书整理了大部分的稿件，并作了有益的修改，作者十分感谢.

因为生物数学是一新兴的学科，近年来发展十分迅速，所以这方面的论文十分可观，无法做到全面的介绍，因此本书只能介绍其基本的、主要的部分，并以介绍生态学中的数学模型和主要研究方法为主，而不把所有的结论一一罗列，仅以参考文献作为补充. 另一方面，由于时间和能力所限，本书可能会出现错误和重要的遗漏，请读者不吝指教为感.

孙兰荪
1988 年 1 月于北京

目　录

《生物数学丛书》序
第二版前言
第一版前言
第 1 章　生态学数学模型的导入和问题 ······ 1
1.1　单种群模型 (种内竞争理论) ······ 1
1.1.1　序 ······ 1
1.1.2　Logistic 方程 ······ 1
1.1.3　开发了的单种群模型 ······ 3
1.1.4　具有时迟的单种群模型 ······ 5
1.1.5　离散时间的单种群模型 ······ 7
1.1.6　具时变环境的单种群模型 ······ 8
1.1.7　反应扩散方程 ······ 8
1.2　两种群模型 ······ 9
1.2.1　两种群相互作用的模型 ······ 9
1.2.2　被开发的两种群互相作用的模型 ······ 19
1.2.3　具不变资源的系统 ······ 22
1.2.4　具有时迟的两个种群相互作用的模型 ······ 23
1.2.5　离散时间的两种群互相作用模型 ······ 26
1.2.6　反应扩散方程 ······ 26
1.3　三个种群或多个种群所组成的群落生态系统的数学模型 ······ 27
1.3.1　三个种群作用的数学模型 ······ 27
1.3.2　Volterra 型模型 ······ 28
1.3.3　功能性反应系统 ······ 32
1.3.4　食饵具有避难所的三个种群模型 ······ 41
1.3.5　离散时间的三种群互相作用的模型 ······ 44
1.3.6　多个种群的群落的数学模型 ······ 47
第 2 章　单种群模型的研究 ······ 50
2.1　连续时间单种群模型的研究 ······ 50
2.2　具有时滞的单种群模型的稳定性 ······ 61
2.3　离散时间单种群模型的稳定性、周期现象与混沌现象 ······ 65
2.3.1　差分方程的基本性质 ······ 65

2.3.2　单种群模型的平衡点的局部稳定性 ······ 71
2.3.3　单种群模型的有限和全局稳定性 ······ 73
2.3.4　离散时间单种群模型的周期轨道和混沌现象 ······ 89
2.4　单种群反应扩散模型平衡解的稳定性 ······ 99
第 3 章　两种群互相作用的模型的研究 ······ 105
3.1　Lotka-Volterra 模型的全局稳定性 ······ 105
3.2　具功能性反应的两种群的捕食与被捕食模型的全局稳定性和极限环 ······ 112
3.2.1　非密度制约的情况 ······ 113
3.2.2　密度制约的情况 ······ 115
3.2.3　一般功能性反应系统 ······ 125
3.2.4　捕食者种群自身有互相干扰的捕食与被捕食模型 ······ 133
3.3　Kolmogorov 定理及其推广 ······ 139
3.3.1　Kolmogorov 模型的全局稳定性 ······ 139
3.3.2　Kolmogorov 定理及其推广 ······ 143
3.4　具常数收获率的捕食与被捕食模型的定性分析 ······ 156
3.4.1　具常数收获率的 Kolmogorov 模型 ······ 161
3.4.2　食饵或捕食者种群具有存放的模型的研究 ······ 169
3.5　具有时滞的两种群互相作用模型的稳定性 ······ 180
3.5.1　具常数时滞模型的稳定性 ······ 180
3.5.2　具连续时滞的两种群相互作用的模型 ······ 189
3.6　两种群的离散时间模型的研究 ······ 202
3.6.1　两种群离散时间模型的局部稳定性 ······ 202
3.6.2　两种群离散时间模型的大范围性质 ······ 205
3.7　具时滞的差分方程的全局稳定性 ······ 207
第 4 章　复杂生态系统的研究 ······ 214
4.1　复杂生态系统的稳定性 ······ 214
4.2　复杂生态系统的扇形稳定性 ······ 222
4.3　复杂生态系统的持久性与绝灭性 ······ 231
4.4　三种群模型的稳定性, 空间周期解的存在性与混沌现象 ······ 240
4.4.1　三种群 Volterra 模型 ······ 240
4.4.2　具功能性反应的三种群模型 ······ 262
4.5　具时滞的复杂生态系统的稳定性与极限环 ······ 273
第 5 章　物种保护与资源管理的数学方法 ······ 291
5.1　种群资源开发与管理数学模型 ······ 291

5.1.1 引言 ······ 291
5.1.2 连续系统模型 ······ 291
5.1.3 周期脉冲系统模型 ······ 294
5.1.4 状态脉冲反馈控制数学模型 ······ 296
5.2 半连续动力系统基础理论 ······ 297
5.2.1 半连续动力系统的定义 ······ 297
5.2.2 半连续动力系统的性质 ······ 300
5.2.3 半连续动力系统的周期解 ······ 300
5.2.4 半连续动力系统的基础理论 ······ 303
5.2.5 半连续动力系统的旋转向量场 ······ 309
5.2.6 半连续动力系统的阶 1 奇异环 (同宿轨) ······ 311
5.2.7 半连续动力系统的环面动力系统 ······ 313
5.2.8 半连续动力系统的周期解稳定性 ······ 314
5.3 理论研究的典型实例 ······ 315
5.3.1 喷洒农药防治害虫的数学模型 ······ 315
5.3.2 同宿轨与同宿分支 ······ 321
5.3.3 异宿轨与异宿分支 ······ 325
5.3.4 切换系统逼近 ······ 332
5.4 应用研究的典型实例 ······ 344
5.4.1 微生物培养恒浊器装置工艺的状态反馈控制原理及数学模型微生物培养涉及的内容很多 ······ 344
5.4.2 释放病毒和病虫防治病虫害 ······ 347
5.4.3 计算机蠕虫病毒传播与防治的状态反馈脉冲动力系统 ······ 350
5.5 高维半连续动力系统 ······ 354
5.5.1 n 维空间中半连续动力系统的定义 ······ 354
5.5.2 n 维空间中半连续动力系统的极限性质 ······ 358
5.5.3 n 维空间中半连续动力系统的稳定性 ······ 362
5.5.4 三维空间中半连续动力系统 ······ 364
参考文献 ······ 369
附录 ······ 395
《生物数学丛书》已出版书目 ······ 414

第 1 章　生态学数学模型的导入和问题

1.1　单种群模型 (种内竞争理论)

1.1.1　序

在用数学模型研究生态系统时, 为了更好地掌握一般原理, 我们从一个单种群模型开始研究是很有必要的. 这种单种群模型只有在实验室里才能作出逼真的模拟, 而在自然界中, 真正单一的种群即使有, 也是很少的. 生态学中把生物分成: 个体 — 种群 — 群落 — 生物圈 (或生态圈) 的层次, 一般来说每一种群在生物圈中必属于某一层次, 例如, 人们常说的“大鱼吃小鱼, 小鱼吃虾米”, 这里的大鱼、小鱼、虾米分别属于某一层次. 每一个种群都有: ① 低一层次 (营养层次) 的种群, 即它们的食物供应者, 例如, 上例中的虾米, 就是小鱼种群的低一层次的种群; ② 同一层次的种群, 即利用资源的竞争者, 例如上例中各种类的小鱼种群; ③ 高一层次的种群, 即它们的捕食者, 例如上例中的大鱼种群, 即为小鱼种群的捕食者. 当然, 每个种群的发展还要受自然环境中各种因素的影响.

在研究自然界的单一种群时, 则可以把各层次种群的影响以及物理环境的影响, 都归结到单种群模型的参数中, 即把它们概括为某种“内禀增长率”“容纳量”等, 使得问题简化, 在生态模型中, 常有两种情况:

(1) 生命长、世代重叠并且数量很大的种群, 常常可近似地用连续过程来描述, 通常表为微分方程.

(2) 生命短、世代不重叠的种群, 或者虽然是生命长、世代重叠的种群, 但在其数量比较少时, 均常用不连续过程来描述, 通常表为差分方程.

1.1.2　Logistic 方程

(1) 非密度制约 (density independent) 方程.

1945 年 Crombic 作了一个人工饲养小谷虫的实验, 在 10 克麦粒中养一对甲虫 (小谷虫), 每星期将麦粒过筛一次, 又将新鲜麦粒补足到 10 克, 这一程序可使食物资源大致不变, 每两星期数一次活的成虫的个数, 则得到一条曲线如图 1.1 所示.

如果种群的增长可以被认为是一个连续过程, 就能够用简单的微分方程引出种群变化的数学模型. 设 $N(t)$ 为时刻 t 时种群 (甲虫) 的数量, 那么种群的瞬时增长率 $dN(t)/dt$ 可以由下式得出

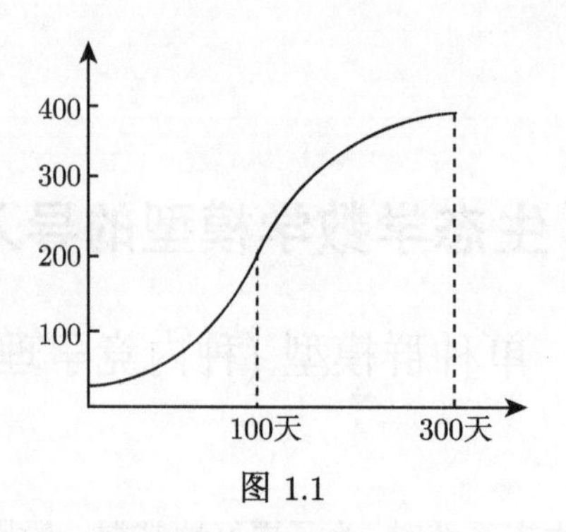

图 1.1

$$dN(t)/dt = r_m N(t), \tag{1.1}$$

这里 r_m 为种群的内禀自然增长率 (intrinsic rate of natural increase), 其值等于出生率减去死亡率. 如果在时间 $t=0$ 时种群的数目为 N_0, 则 (1.1) 的解为

$$N(t) = N_0 \exp(r_m t). \tag{1.2}$$

小谷虫的 Crombic 实验与此是相符合的, 方程 (1.1) 即为非密度制约的 Logistic 方程, 这里假定增长率 r_m 始终是一个常数. 由 (1.2) 可以看出, 当 $t \to \infty$ 时有 $N(t) \to \infty$, 这显然是与实际情况不相符的, 也就是说 (1.2) 可以在短时间内与实验吻合, 而为了使 (1.2) 在长时间的情况下与实验相一致, 则方程 (1.1) 必须进行修正.

(2) 密度制约 (dinsity dependence) 方程.

1938 年 Verhulst-Pearl 认为实际增长率不是内禀增长率, 而是在一定的环境中, 种群的增长总存在一个上限 K, 当种群的数量 (或密度)$N(t)$ 逐渐向着它的上限 K 值上升时, 实际增长率就要逐渐地减少, 因而提出被人们称为 Verhulst-Pearl 方程

$$dN/dt = r_m N(K-N)/K, \tag{1.3}$$

其中 K 称为负载容量 (carrying capacity), 也称为容纳量. 这时实际增长率为 $r = r_m(K-N)/K$, 当种群数值达到 K 值时, $r \to 0$(出生率 = 死亡率). 这说明增长率 r 与种群密度之间为反比的关系, 当密度增大时增长率则下降, 生态学家称之为对增长率的密度制约效应. 如果设当 $t=0$ 时种群密度为 N_0 即 $N(0)=N_0$, 则 (1.3) 的解为

$$N(t) = K \bigg/ \left[1 + \left(\frac{K}{N_0} - 1\right)\exp(-r_m t)\right]. \tag{1.4}$$

(1.3) 积分曲线如图 1.2 所示, 有一个全局稳定的平衡位置 $N = K$. 方程 (1.3) 比 (1.1) 更接近于实际, 但是方程 (1.3) 仍有缺点, 即没有考虑到种群的年龄分布, 对于

寿命长的、世代重叠多的种群, 用此方程描述仍会产生很大的偏差. 只有低级的动物, 例如, 细菌、酵母或浮游藻类才与之比较吻合, 用于人口问题偏差就很大. 从方程来说, 人们认为偏差的产生是由于对密度制约效应的线性化假设所致, 我们把方程 (1.3) 写为

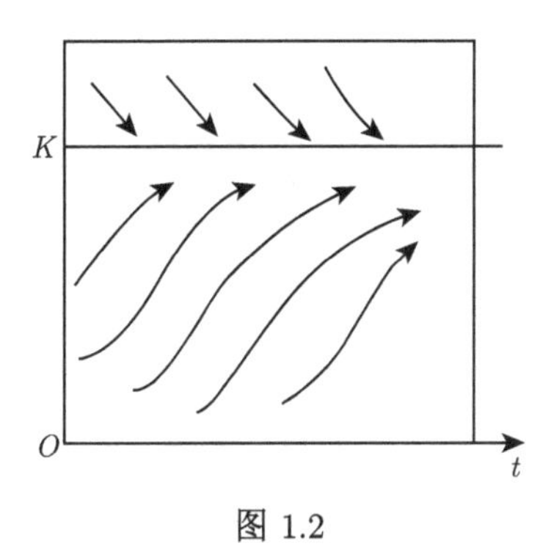

图 1.2

$$\frac{1}{N(t)}\frac{dN(t)}{dt}=r\left(1-\frac{N(t)}{K}\right)=r-\frac{N(t)}{K}r,$$

这里的 r 即前面的 r_m. 上式右端是 $N(t)$ 的线性函数, 若为更接近实际情况, 则应该用非线性密度制约函数, 即方程应写为

$$\frac{1}{N(t)}\frac{dN(t)}{dt}=r-f(N),$$

或者

$$\frac{dN}{dt}=NF(N). \tag{1.5}$$

这就是单种群的一般模型 (人们也称 (1.3) 为 Logistic 模型). 对于单种群模型, 我们要研究的问题有两个.

首先是平衡位置和稳定性问题, 对于 Logistic 模型 (1.3), 从图 1.2 可以看出有唯一的全局稳定的平衡位置 $N=K$, 也就是说, 种群的数值在受到干扰后, 经过一定的时间 T_R 还将恢复到平衡状态, 一般说来, 干扰的大小会影响 T_R 的大小, 但从数量级来说大致是不变的, 这个时间称为特征返回时间. 对应于不同的方程 (1.5), 其特征返回时间 T_R 是什么? 这是我们所要研究的另一个问题, 关于方程 (1.3), May 等 (1974) 得到 $T_R\sim\dfrac{1}{r_m}$.

1.1.3 开发了的单种群模型

模型 (1.3), (1.5) 是描述种群在自然环境下增长的规律的模型, 这些种群没有受到人类的开发. 例如, 在渔业中, 方程 (1.5) 只描述鱼在自然环境下生长的情况,

没有考虑到人类的捕捞, 如果把人类的捕捞因素考虑进去, 则模型就要作相应的修改 $\left(以下记 \cdot \equiv \dfrac{d}{dt} \right)$:

(1) 具常数收获率的单种群模型

$$\dot{N} = NF(N) - h, \tag{1.6}$$

其中 h 为常数, 是收获率. 例如, 养鱼, 在一个自然区域中养鱼, 而每年 (单位时间内) 规定捕捞 h 条鱼, 则可用型如 (1.6) 的模型来描述鱼类的生长情况. 如果 h 不是常数, 而是与 N 成比例的数量, 则有模型

$$\dot{N} = NF(N) - hN. \tag{1.7}$$

这种模型也常常用来描述用农药来灭害虫的效果, 其中 N 表示害虫的密度, 而 h 表示喷洒农药的药量, 显然单位时间中杀死害虫的数量与害虫的密度成正比. 如果收获率与时间有关, 则有以下结论.

(2) 具时变收获率的单种群模型

$$\dot{N} = NF(N) - u(t), \tag{1.8}$$

或

$$\dot{N} = NF(N) - u(t)N. \tag{1.9}$$

对于方程 (1.6)—(1.9) 除了要研究它们的平衡位置及其大范围稳定性和特征返回时间外, 还有一些具体的问题需要研究. 例如, 使用农药来除害虫, 我们用 (1.9) 来描述害虫的密度的变化, 这里使用的农药量是随时间而变化的. 在农业上常常要求在规定的时间内, 使害虫的密度下降到不损坏农作物生长的数量, 而且要求使用的农药尽量少. 写成数学问题, 即

状态方程: $\dot{N} = NF(N) - u(t)F$,

初值: $N(t_0) = N_0$,

条件: $0 \leqslant u(t) \leqslant b$,

终点: $N(T) = 1$,

目标: $\min \int_0^T [CN(t) + u(t)]dt.$ (1.10)

也就是说, 在允许控制中找出最优控制, 使得目标函数值达到最小, 这里 C 是常数, $u(t)$ 是喷洒农药量, $N(t)$ 是害虫密度.

在渔业生产中也提出类似的有趣的问题. 我们知道, 并不是在一年中把鱼都捕捞干净, 鱼的产量最高, 而是要考虑怎样控制每年的捕鱼量, 才能有利于鱼的繁殖,

使得在一定的时间内, 例如, 10 年、20 年, 鱼的产量为最高. 若我们用方程 (1.8) 来描述, 则渔业生产中这个问题的数学提法为

状态方程: $\dot{N} = NF(N) - u(t)$,

初值: $N(0) = N_0$,

终点: $T = \text{const}, N(T) \geqslant a$,

条件: $0 \leqslant u(t) \leqslant u_{\max}$,

目标: $\max \int_0^T u(t)dt$, (1.11)

这里 T 就是上面所说的 10 年、20 年, 要求也是不破坏鱼的正常繁殖, 即要求 $N(T) \geqslant a$, 也即要求鱼的数量仍保持一定. 这里我们是以总捕获量最大为目标的. 如果考虑的是经济效益指标, 则目标函数可以改为赚得的经济收入总数

$$J - \int_0^T e^{-\delta t}\left[v - \frac{C}{N(t)}\right]u(t)dt, \tag{1.12}$$

这里 v 为单位重量鱼的价钱, δ 为当时的兑现率 (因为会有损耗), C/N 为捕捞单位重量鱼的平均费用 (成本费).

以上所说的捕渔业是属于严格计划经济情况的, 但有时并不是这样, 而是属于公共的水域, 各条渔船均可任意捕捞. 捕鱼量的多少, 只受价值规律来控制. 捕鱼赚钱多, 捕鱼者自然增加, 捕鱼量也就随之增多; 可是鱼多了, 价钱就要下降, 这样一来, 捕鱼又没有什么钱好赚. 因此鱼的密度和捕鱼能力之间是一个自反馈控制, 因而不加管理的捕鱼模型为

$$\begin{cases} \dot{N} = NF(N) - EN, \\ \dot{E} = kE(pN - c), \end{cases} \tag{1.13}$$

这里 $N(t)$ 为鱼种群的密度, $NF(N)$ 是鱼种群的自然增长率, $E(t)$ 是当时的捕鱼能力, p 是捕单位重量鱼所得到的报酬, c 是单位能力所付出的代价 (成本费), c, k 均是正常数.

如果考虑的是公海捕鱼, 这个水域被几个国家所开发, 而每一个国家都有自己的价格和费用, 这时渔业动力学的模型为

$$\begin{cases} \dot{N} = NF(N) - (E_1 + E_2 + \cdots + E_m)N, \\ \dot{E}_i = k_iE_i(p_iN - c_i), \quad i = 1, 2, \cdots, m, \end{cases} \tag{1.14}$$

这里 k_i, p_i 和 c_i 是正常数, 意义如前.

1.1.4 具有时迟的单种群模型

1.1.2 节中所述的 Logistic 模型 (1.3) 考虑的调节因子为 $1 - \dfrac{N}{K}$, 它是与瞬时密

度有关的调节机理, 但大多数实际情况中, 这种调节效应会有某种时迟, 即有迟后时间 T(一般是一代种群的平均年龄的大小), 这样 Logistic 方程变为

$$\dot{N}(t) = rN(t)\left[1 - \frac{N(t-T)}{K}\right]. \tag{1.15}$$

也就是说, 时刻 t 种群的增长率不仅与时刻 t 时的种群的密度有关, 而且与在此以前的时间 T 的种群密度有关 ($T \geqslant 0$ 是一个常数). 但在有的情况下, 这个密度增长率与过去所有时间的种群密度都有关系, 这种情况下, 具有时迟的 Logistic 方程变成

$$\frac{\dot{N}(t)}{N(t)} = b - aN(t) - d\int_{-\infty}^{t} N(s)K(t-s)ds, \tag{1.16}$$

这里 $K(t)$ 称为**核函数**(图 1.3). 在实际中常用的两种简单的核函数为: $K(t) = \exp\left(-\frac{t}{T}\right)$, 称为**弱时迟核函数**, 这时, Logistic 方程为

$$\dot{N}(t) = N(t)\left[r - cN(t) - w\int_{-\infty}^{t} \exp[-a(t-s)]N(s)ds\right]; \tag{1.17}$$

另一种是 $K(t) = t\exp\left(-\frac{t}{T}\right)$, 称之为**强时迟核函数**, 这时, Logistic 方程为

$$\dot{N}(t) = N(t)\left[r - cN(t) - w\int_{-\infty}^{t} (t-s)\exp[-a(t-s)]N(s)ds\right]. \tag{1.18}$$

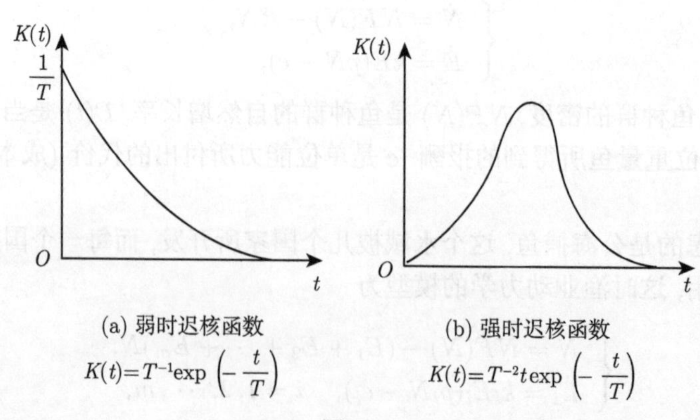

(a) 弱时迟核函数 $K(t)=T^{-1}\exp\left(-\frac{t}{T}\right)$

(b) 强时迟核函数 $K(t)=T^{-2}t\exp\left(-\frac{t}{T}\right)$

图 1.3

关于一般的非 Logistic 模型有

$$\dot{N}(t) = -dN(t) + F[N(t-T)], \tag{1.19}$$

以及

$$\dot{N}(t) - \left[k + \int_r^T \psi(N(t-a))ds(a)\right]N(t). \tag{1.20}$$

1.1.5 离散时间的单种群模型

世代之间没有重叠, 所以种群增长分步进行, 例如, 温带节足动物, 描述它们的生长过程是一个不连续的模型, 一般是一个差分方程. 与连续方程类似, 对应于非密度制约的 Logistic 方程有

$$\dot{N}(t+1) = \lambda N(t), \tag{1.21}$$

这里 $N(t+1)$ 与 $N(t)$ 分别为第 $t+1$ 代与第 t 代种群密度, λ 为有限增加率. 易见当 $\lambda > 1$ 时 N 指数地增长, 趋于无限; 当 $\lambda < 1$ 时 N 指数地减少, 趋于零. 因此与 (1.1) 一样是不准确的, 所以必须考虑具有密度制约的模型, 对应于 (1.5) 有

$$N(t+1) = N(t)F(N(t)), \tag{1.22}$$

这里 $F(N(t))$ 就是一个非线性密度调节机理, 对应于不同的 F 就有不同的模型. 例如:

Ricker (1954) 模型

$$N(t+1) = N(t)\exp\left[r\left(1 - \frac{N(t)}{K}\right)\right], \tag{1.23}$$

$$N(t+1) = SN(t) + N(t)\exp\left[r\left(1 - \frac{N(t)}{K}\right)\right]. \tag{1.24}$$

Hassell (1975) 模型

$$N(t+1) = \frac{\lambda N(t)}{(1+aN(t))^b}, \tag{1.25}$$

这里 λ, a, b 都是正常数.

Clark (1976) 模型

$$N(t+1) = SN(t) + G(N(t-2)), \tag{1.26}$$

这里 S 是常数.

特殊地, 考虑模型

$$N(t+1) = SN(t) + N(t-2)\exp\left[r\left(1 - \frac{N(t-2)}{K}\right)\right], \tag{1.27}$$

这个模型与上面几个均有差别, 前面各模型中第 $t+1$ 代的密度只取决于第 t 代的密度, 而这里不仅如此, 它还取决于第 $t-2$ 代的密度. 在研究 (1.27) 时我们可以把它变成等价方程组

$$\begin{cases} N_1(t+1) = N_2(t), \\ N_2(t+1) = N_3(t), \\ N_3(t+1) = SN_3(t) + N_1(t)\exp\left[r\left(1-\dfrac{N_1(t)}{K}\right)\right]. \end{cases} \tag{1.28}$$

对应于模型 (1.3), 显然是模型

$$N(t+1) = N(t)\left[1+r\left(1-\frac{N(t)}{K}\right)\right]. \tag{1.29}$$

1.1.6 具时变环境的单种群模型

在模型 (1.3) 中, 我们考虑在环境中容纳量 $K = \text{const}$, 但是有时环境是变化的. 例如, 容纳量周期性变化

$$K(t) = K_0 + K_1\cos\left(\frac{2\pi}{\tau}t\right),$$

则方程 (1.3) 变为

$$\dot{N} = rN\left(1-\frac{N}{K(t)}\right), \tag{1.30}$$

解 (1.4) 则为

$$N(t) = \left\{r\int_0^t \frac{1}{K(s)}\exp[r(s-t)]ds\right\}^{-1},$$

而特征返回时间仍为 $T_R = \dfrac{1}{r}$ (Roughgarden, 1975).

进一步考虑, 环境变化是随机的, 即 $K(t)$ 是随机变量 (Kiester, Barakat, 1974).

1.1.7 反应扩散方程

我们可以把方程 (1.3) 写成

$$\frac{dU}{dt} = SU(1-U), \tag{1.31}$$

这里 $U = \dfrac{1}{K}N, S = r_m$. 在这里我们已假定种群密度在空间中的分布是均匀的. 如果密度分布是不均匀的, 则高密度位置的种群就要向低密度位置扩散. 如果我们假定这种扩散在空间中是各向同性的, 则方程 (1.31) 中加上扩散的因素, 方程即可写为

$$U_t = U_{xx} + SU(1-U). \tag{1.32}$$

方程 (1.32) 称为 Fisher(1937) 方程, 其中 U 表示种群密度, t 表示时间, x 表示空间坐标. 注意在这种情况下密度 U 是时间 t 和空间坐标 x 的函数 $U(x,t)$.

对应于一般非线性密度制约模型 (1.5), 在密度分布为不均匀的情况下则变成

$$U_t = U_{xx} + f(U), \tag{1.33}$$

(1.33) 称为反应扩散方程. 而方程

$$U_t = f(U) \tag*{(1.33)$'$}$$

可以说是只有反应而无扩散, 我们暂且称之为反应方程. 若反应方程有平衡解 $U = U^*$, 使 $f(U^*) = 0$, 则 $U = U^*$ 也是反应扩散方程 (1.33) 的平衡解, 而且 $U = U^*$ 这个平衡解的稳定性对于 (1.33) 和 (1.33)$'$ 是一样的. 但在反应扩散方程 (1.33) 的研究中, 我们还要考虑行波解 (traveling waves), 即型如 $u(x,t) = U(x - Ct)$ 的解. 这里 $C = \text{const}$. 我们把这个解代入方程 (1.33), 即得

$$U'' - CU' + f(U) = 0.$$

我们将研究行波解的存在性、唯一性以及稳定性.

1.2 两种群模型

1.2.1 两种群相互作用的模型

1948 年 Park 作了一个实验: 他把吃面粉的两种甲虫 A(赤拟谷盗) 和 B(杂拟谷盗) 放在一个放有面粉的容器中混合饲养, 按时供给充分的面粉, 并且每月数一数两种甲虫的成虫数目. 结果发现, 大约一年以后 B 绝灭了, A 获得了自己应有的发展速度.

1954 年 Park 又发现这种实验与温度有很大的关系, 温度超过 29°C 时对 A 有利, 但低于 29°C 时则对 B 有利. 因此在一定温度下可以使 B 战胜 A, 于是 B 发展, A 绝灭.

1946 年 Crombic 把两种甲虫 A(锯谷盗) 和 B(杂拟谷盗) 放在一起混合饲养, 并给它们以充分的面粉, 发现在一定的时间以后, 因为 B 吃掉许多 A 的蛹, 所以最终使 A 绝灭. 如果把一支玻璃管放入面粉中, 使 B 的大的成虫进不去, 则 A 的幼虫就有了一个避难所 (refuge), 使得 A 最终不至于绝灭, 结果两种甲虫同时共存. 老虎与兔子的例子也是这样, 如果兔子有避难所, 那么它们也不至于绝灭. 于是在这种环境中老虎和兔子得以共存. 反之, 若无避难所则兔子将被老虎所食, 以致绝灭.

为了概括上述情况, 我们把竞争的种群分别记为 x 和 y. 如上所述, 在某种条件下 x 淘汰了 y; 而在另一条件下 y 淘汰了 x; 或介于这些条件之间的, 在一定条件的范围内两个种群能够共存, 无非是上述三种结果. 下面我们来建立两个种群互相作用的数学模型.

假设竞争的两种群在时刻 t 的密度分别为 x 和 y. 显然, 如果它们都是单独生存的话, 那么它们都要分别符合模型 (1.5) 的规律增长. 但是现在每一种群的增长都要受到另一种群的影响, 也就是说, x 种群除了按自己的规律增长外, 还要受到 y 种群的作用, 设其作用函数为 $g_1(y)$. 另一方面 x 也对 y 的增长产生作用, 设其作用函数为 $f_2(x)$. 我们可以把两种群互相作用的模型粗略地写为

$$\begin{cases} \dfrac{1}{x}\dot{x} = r_1 - f_1(x) - g_1(y), \\ \dfrac{1}{y}\dot{y} = r_2 - g_2(y) - f_2(x). \end{cases} \tag{1.34}$$

1935 年 Gause 和 Witt 认为, 对于非常简单的种群 (如酵母、细胞等), 可以用简单的比例来代替 (1.34) 中的非线性函数, 记 K_1 和 K_2 分别为单独一种群 x 和 y 的负载容量, 则 (1.34) 可写成

$$\begin{cases} \dfrac{1}{x}\dot{x} = r_1 \dfrac{K_1 - x - \alpha y}{K_1}, \\ \dfrac{1}{y}\dot{y} = r_2 \dfrac{K_2 - y - \beta x}{K_2}, \end{cases} \tag{1.35}$$

这里 α, β 称为竞争系数. 并且 Gause 和 Witt 用图解的方法来分析方程 (1.35), 可以得到上述竞争结果的理论解释. 这也是常微分方程定性方法在生态学研究中的初次应用. 用我们所熟悉的方法 (方向场分析), 因为直线 $L_1(K_1 - x - \alpha y = 0)$ 和直线 $L_2(K_2 - y - \beta x = 0)$ 的四种不同的相对位置, 由方程 (1.35), 可作出以下四种图形, 如图 1.4 所示 (具体作法见附录).

1926 年 Volterra 利用方程

$$\begin{cases} \dfrac{\dot{x}}{x} = \alpha - \beta y, \\ \dfrac{\dot{y}}{y} = \delta x - \gamma, \end{cases} \qquad \alpha, \beta, \gamma, \delta > 0 \tag{1.36}$$

来解释 D'Ancona 提出的在 Finme 港捕鱼量中大鱼和小鱼所占的比例周期性变化的现象. 因为如果我们把 (1.36) 写成方程

$$\frac{dy}{dx} = \frac{y(-\gamma + \delta x)}{x(\alpha - \beta y)},$$

或

$$\frac{\alpha-\beta y}{y}dy=\frac{-\gamma+\delta x}{x}dx,$$

则经过任意初始点 $(x_0,y_0)(x_0>0,y_0>0)$ 的解即可写成

$$\alpha\ln\left(\frac{y}{y_0}\right)-\beta(y-y_0)=-\gamma\ln\left(\frac{x}{x_0}\right)+\delta(x-x_0),$$

$$\delta\left(x-x_0-\frac{\gamma}{\delta}\ln\left(\frac{x}{x_0}\right)\right)+\beta\left(y-y_0-\frac{\alpha}{\beta}\ln\left(\frac{y}{y_0}\right)\right)=0,$$

图形如图 1.5 所示.

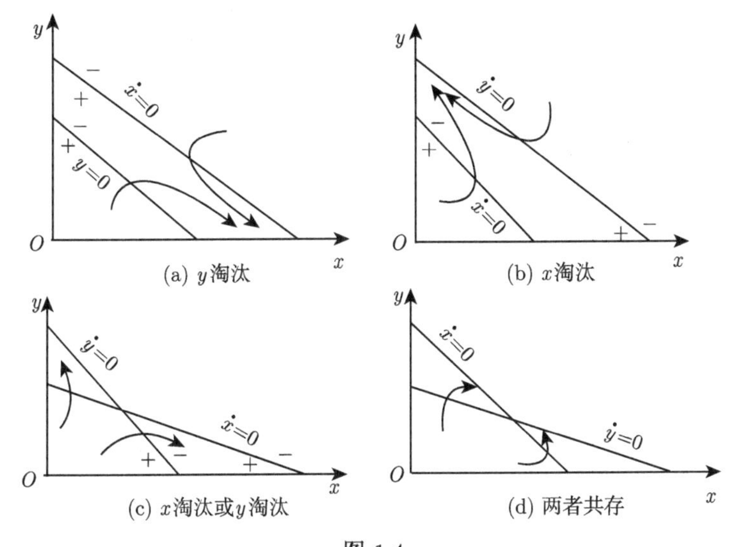

图 1.4

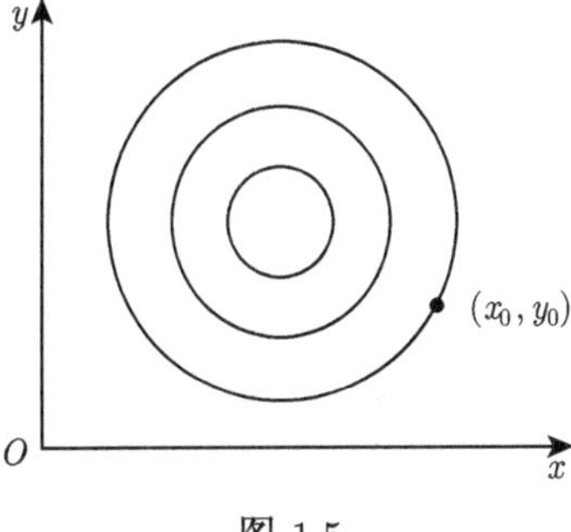

图 1.5

Volterra 认为描述捕食者与被捕食者之间竞争的模型为

$$\begin{cases} \dfrac{\dot{x}}{x} = a - bx - cy, \\ \dfrac{\dot{y}}{y} = -e + c'x. \end{cases} \tag{1.37}$$

后人称此方程为 Volterra 方程.

1945 年和 1946 年 Crombic 观察两种仓库害虫 —— 谷盗 (x) 与谷虫 (y), 能得到与理论分析相符的两者共存的结果. (先由资料估计出 K_1, K_2 和 α, β, 再通过方程 (1.35) 作数学理论分析, 再与仓库观察数据相对照.) 但由上所述, 我们知道由 (1.35) 得到的结论不是对所有的情况都适用的. 例如, 1970 年 Ayala 研究果蝇属中的伪酱油果蝇和锯形果蝇时, 像 Crombic 那样, 根据他的资料估计出方程 (1.35) 中所需要的常数, 但他发现在理论上不能说明两种果蝇的共存. 他认为这种不吻合的原因是数学上线性化所引起的, 这样的线性化使很多重要因素被忽略, 例如, 种群的年龄结构等. 如果把这些因素都考虑进去, 就必须引进更复杂的方程 (1.34) 来进行研究, 其中非线性函数则需要因研究对象的不同而不同.

Ayala 对伪酱油果蝇和锯形果蝇的培养数据表明 $\dfrac{dx}{dt} = 0$ 和 $\dfrac{dy}{dt} = 0$ 的曲线图形不是图 1.6(a) 而是形如图 1.6(b), 因而两种群互相作用的模型为

$$\begin{cases} \dfrac{\dot{x}}{x} = a - bx - cy - kxy, \\ \dfrac{\dot{y}}{y} = e - fx - gy - lxy. \end{cases} \tag{1.38}$$

更一般的形式被人们称为 Rosenzweig-Macarthur 模型 (1969), 即

$$\begin{cases} \dot{x} = f(x) - \Phi(x, y), \\ \dot{y} = -ey + k\Phi(x, y), \end{cases} \tag{1.39}$$

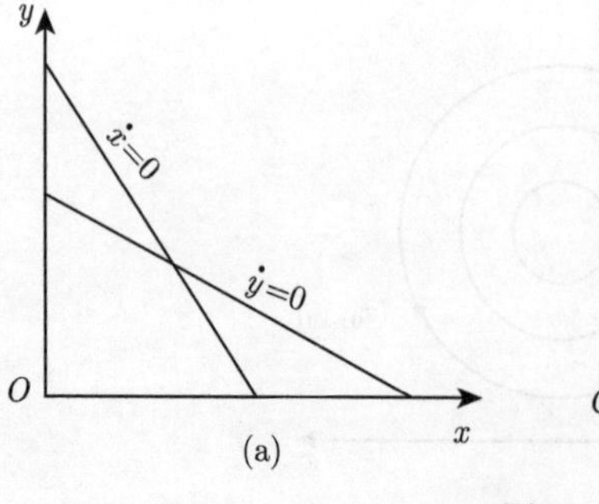

(a)

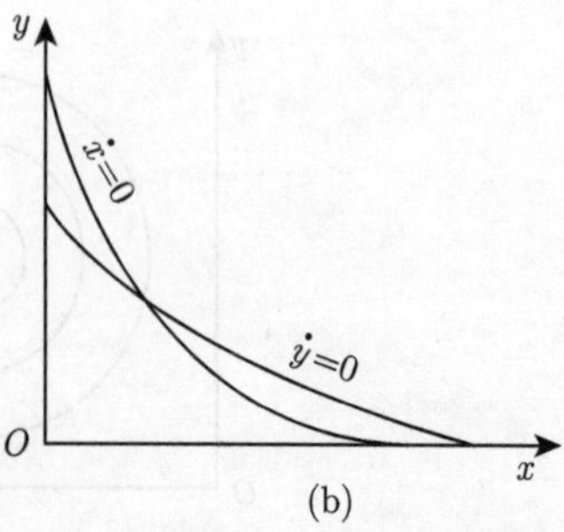

(b)

图 1.6

其中 $f(x)$ 为被捕食的种群的增长率, $\Phi(x,y)$ 为捕食率. 如果假定每一个体捕食者捕食被捕食者的速率只取决于食饵的密度, 而不取决于捕食者本身的密度, 则方程 (1.39) 为

$$\begin{cases} \dot{x} = f(x) - y\Phi(x), \\ \dot{y} = -ey + ky\Phi(x). \end{cases} \tag{1.40}$$

两种群在一个共同的自然环境中生存, 它们之间的相互作用, 只有以下四种情况:

(i) 捕食者与被捕食者 (食饵)(pradator-prey).

(ii) 寄生物与寄主 (host-parasite).

(iii) 两种群相互竞争 (competitive).

(iv) 两种群互惠共存 (mutualistic 或 commensal).

例如, 两种群相互作用的最简单的模型 (1.35), 我们可写成

$$\begin{cases} \dot{x} = x(a_{10} + a_{11}x + a_{12}y), \\ \dot{y} = y(a_{20} + a_{21}x + a_{22}y). \end{cases} \tag{1.35$'$}$$

我们称模型 (1.35)′ 为两种群相互作用的 Volterra 型模型, 其中 x 表示种群 X 的密度, y 表示种群 Y 的密度. 于是有:

(1) 当 $a_{12} < 0$ 且 $a_{21} > 0$ 时, 说明 X 为被捕食者 (或寄主), 而 Y 为捕食者 (或寄生物).

(2) 当 $a_{12} < 0$ 且 $a_{21} < 0$ 时, 说明 X 种群和 Y 种群是相互竞争的关系.

(3) 当 $a_{12} > 0$ 且 $a_{21} > 0$ 时, 说明 X 种群和 Y 种群是互惠共存的关系.

(4) 一般假定 $a_{11} \leqslant 0, a_{22} \leqslant 0$. 若 $a_{11} < 0(a_{22} < 0)$, 则说明 X 种群 (Y 种群) 是密度制约的; 若 $a_{11} = 0(a_{22} = 0)$, 则说明 X 种群 (Y 种群) 是非密度制约的.

(5) $a_{10}(a_{20})$ 表示 X 种群 (Y 种群) 的生长率 (出生率减去死亡率). 若把 X 种群和 Y 种群看成是一个系统, 则 $a_{10} > 0(a_{20} > 0)$ 表示 X 种群 (Y 种群) 可以依靠此系统之外的食物为生, 而 $a_{10} < 0(a_{20} < 0)$ 则表示 X 种群 (Y 种群) 不能完全依靠此系统之外的食物为生. 也就是说, X 种群 (Y 种群) 必以 Y 种群 (X 种群) 为食才能得到生存.

我们以捕食与被捕食关系为例, 来看方程 (1.35)′ 中右端各项所代表的生态意义, 这里 $a_{11} \leqslant 0, a_{22} \leqslant 0$. 若 X 为食饵, Y 为捕食者, 则有 $a_{12} < 0, a_{21} > 0$. 方程 (1.35)′ 可改写为

$$\begin{cases} \dot{x} = x(a_{10} - \overline{a}_{11}x - \overline{a}_{12}y), \\ \dot{y} = y(a_{20} + \overline{a}_{21}x - \overline{a}_{22}y), \end{cases}$$

这里参数 $\overline{a}_{11},\overline{a}_{12},\overline{a}_{21}$ 和 $\overline{a}_{22}$ 均为非负的. 还可以把上述方程组写成

$$\begin{cases} \dot{x}=x(a_{10}-\overline{a}_{11}x)-\overline{a}_{12}xy, \\ \dot{y}=y(a_{20}+k\overline{a}_{12}x-\overline{a}_{22}y), \end{cases} \quad k=\frac{\overline{a}_{21}}{\overline{a}_{12}}. \tag{1.35$''$}$$

从 $(1.35)''$ 容易看出 $\overline{a}_{12}xy$ 这项的生态意义, 它是代表单位时间内 X 种群的个数 x 减少的数目, 换句话说, 就是在单位时间内 X 种群被 Y 种群吃掉的个数. 而这瞬时 Y 种群的个数是 y, 因此 $\overline{a}_{12}x$ 表示每一个捕食者在单位时间内吃掉 X 种群的个数, 在生态学中则称之为 Y 种群的捕食率, 即捕食者捕食食饵的能力, 记为 $\varPhi(x)$, 显然, 捕食者捕食食饵的速度应该与食饵的密度有关. 在方程 $(1.35)''$ 中这种关系被简单地看成是正比例关系, 即

$$\varPhi(x)=\overline{a}_{12}x.$$

$\varPhi(x)$ 是用以描述捕食者捕食的能力大小的, 又被称为这个捕食者的功能性反应函数. 方程组 $(1.35)''$ 中的 $\varPhi(x)=\overline{a}_{12}x$ 的图像为图 1.7 中的 I_0, 但这不符合实际情况. 容易看出, 当 $x\to\infty$ 时有 $\varPhi(x)\to\infty$, 也就是说, 当食饵无限增加时, 每个捕食者在单位时间内所吃掉的食饵也无限地增加. 换句话说就是这个捕食者的“食量”是无限大的, 它永远没有吃饱的时候, 这当然不符合实际情况. 在实际中每种捕食者应有一个饱和状态, 即 $\varPhi(x)$ 的图像不应该是图 1.7 中的 I_0, 而应该是 I, 当然, 严格地说它也不应该是直线而应该是曲线 $\varPhi(x)$. 在 $(1.35)''$ 中的项 $x(a_{10}-\overline{a}_{11}x)$ 为食饵种群 X 的增长率, 这里把它看成是线性密度制约的, 若考虑非线性密度制约, 则应写成 $f(x)$. 再设 $a_{22}=0, a_{20}<0$, 则 $(1.35)''$ 变成 (1.40). 更精确地说捕食者的捕食效率不仅受食饵的密度大小的影响, 而且受捕食者本身的密度的影响. 因此 Rosenzweig-Macarthur 把捕食率写成是 $\varPhi(x,y)$, 这样即得到方程 (1.39).

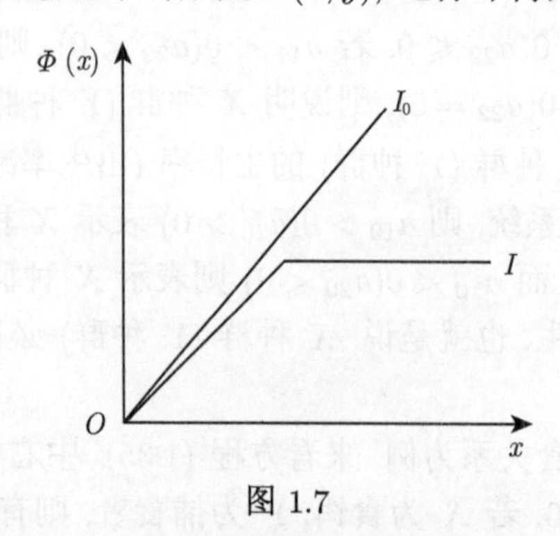

图 1.7

在前面所说的情况 (i) 中捕食者以食饵为食, 例如, 大鱼吃小鱼, 老虎吃兔子; 而情况 (ii) 是寄生物寄生在寄主身上、周围或里面, 依靠寄主来完成发育的, 虽然它与捕食者一样是以寄主为食, 但两者是不同的. 这两种作用的数学模型将要用不同

的非线性函数来描述. 影响这些非线性函数的因素很多, 例如, 种群密度分布是否均匀的假定, 也可以引进随机分布, 这样出现了随机微分方程, 这里, 我们对此暂不考虑. 我们要研究的是捕食者猎取食饵的能力大小对模型的影响. 如果它们是寄生物, 那么这个影响取决于雌性寄生物搜寻寄主的能力. 当然这种能力还与寄主 (或食饵) 的密度有关. 1959 年 Holling 提出若密度为 x, 则功能性反应曲线 $\Phi(x)$ 将有三种可能, 如图 1.8 所示.

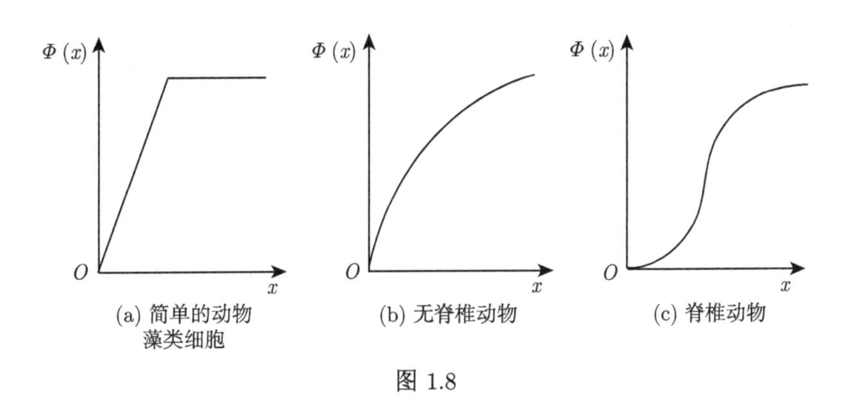

图 1.8

例如, 考虑 II 类功能性反应曲线, 其表达式为

$$\Phi(x) = \frac{a'x}{1+b'x}. \tag{1.41}$$

这时, 如果取 $f(x) = ax - bx^2$, 则模型为

$$\begin{cases} \dot{x} = ax - bx^2 - \dfrac{a'xy}{1+b'x}, \\ \dot{y} = -ey + \dfrac{ka'xy}{1+b'x}. \end{cases} \tag{1.42}$$

又如考虑III类功能性反应曲线, 取

$$\Phi(x) = \frac{a'x^2}{1+rx^2}, \tag{1.43}$$

则与 (1.42) 类似地有

$$\begin{cases} \dot{x} = ax - bx^2 - \dfrac{a'x^2y}{1+rx^2}, \\ \dot{y} = -ey + \dfrac{ka'x^2y}{1+rx^2}. \end{cases} \tag{1.44}$$

前面已经讲到影响模型的非线性的因素有:

(i) 两种群本身的密度制约 (density dependent). 例如, 模型 (1.39) 和 (1.40) 中的函数 $f(x)$.

(ii) 寄生物 (或捕食者) 的功能性反应 (fnnctional response).

但实际上一般说来还存在第三种因素:

(iii) 相互干扰 (mutual interference).

1971 年 Hassell 研究圆柄姬蜂攻击它们的寄主粉斑螟 (一种面粉蛾) 时的行为特征, 发现当两个搜寻的寄生物相遇时, 其中之一或这两个都具有离开该相遇地方的趋势, 因此寄生物本身在搜寻寄主时相互间有干扰 (破坏它们的搜寻效率). 显然这个干扰必随寄生物密度的增加而增加, 因此 Hassell 提出考虑这种干扰与寄生物密度之间关系的数学模型, 并引进干扰常数 m 的概念. 此后又提出一个既考虑到密度制约、功能性反应, 又考虑到相互干扰时捕食者与食饵 (或寄生物与寄主) 之间竞争的一般数学模型

$$\begin{cases} \dot{x} = xg(x) - y^m p(x), \\ \dot{y} = y(-s + cy^{m-1}p(x) - q(y)), \end{cases} \tag{1.45}$$

其中 $g(x)$ 为食饵种群增长率 (当没有捕食者存在的时候), $m(0 < m \leqslant 1)$ 为干扰常数, $p(x)$ 为捕食者的功能性反应, $s + q(y)$ 为捕食者种群的死亡率, c 为生物种群的变换系数, K 为环境对食饵种群的容纳量. 一般地, 假设 $g(x), p(x)$ 和 $q(y)$ 具有下列性质:

(i) $g(0) = \alpha > 0$, $g'_x(x) \leqslant 0$, $g(K) = 0$ 对某个 $K > 0$;

(ii) $p(0) = 0$, $p'_x(x) > 0$;

(iii) $q(0) = 0$, $q'_x(y) \geqslant 0$.

我们可以把 (1.45) 写成更一般的形式

$$\begin{cases} \dot{x} = rx\left(1 - \dfrac{x}{k}\right) - yF(x,y), \\ \dot{y} = yG(x,y), \end{cases} \tag{1.46}$$

这里函数 $F(x,y)$ 和 $G(x,y)$ 分别为表 1.1 所列. 由 $F(x,y)$ 和 $G(x,y)$ 的各种搭配, 就可以得到以前人们所提出的一系列数学模型. 例如, 把 (1) 与 (10) 搭配得到有名的 Leslie 方程 (1948)

$$\begin{cases} \dot{x} = ax - bx^2 - cxy, \\ \dot{y} = ey - \dfrac{fy^2}{x}. \end{cases} \tag{1.47}$$

表 1.1

	公式	附注	
F	(1) αx	非饱和的 Lotka-Volterra	
	(2) k	袭击率为常数	
	(3) $kx/(x+b)$	Holling Ⅱ型	Holling
	(4) $k[1-\exp(1-cx)]$	Holling Ⅱ型	Watt
	(5) $k[1-\exp(-cxy^{1-b})]$	Holling Ⅱ型	Lvlev
	(6) $kx^2/(x^2+b^2)$	Holling Ⅲ型	Watt
	(7) $k[1-\exp(-cx^2y^{1-b})]$	Holling Ⅲ型	Watt
G	(8) $-b+\beta x$	Lotka-Volterra	
	(9) $-b+\beta F(x,y)$	$F(x,y)$ 和 $G(x,y)$ 线性相关 Gaughley 的无干扰情况 $F=F(x)$	
	(10) $s\left(1-\dfrac{ry}{x}\right)$	Logistic 具有与 x 成正比的容纳量	

也有人把 Leslie 方程写成更一般的形式

$$\begin{cases} \dot{x}=g(x)-f(x)y, \\ \dot{y}=r\left(1-\dfrac{y}{K(x)}\right)y, \end{cases} \tag{1.48}$$

这里 $K(x)$ 为当食饵密度为 x 时捕食者的容纳量 (负载容量). 或写成更一般的形式

$$\begin{cases} \dot{x}=g(x)-f(x)b(y), \\ \dot{y}=n(x)a(y)+c(y). \end{cases} \tag{1.49}$$

此方程的各种特殊情况有:

(i) $\begin{cases} \dot{x}=g(x)-axy, \\ \dot{y}=-ry+\beta xy; \end{cases}$

(ii) $\begin{cases} \dot{x}=\alpha x-yf(x), \\ \dot{y}=-ry+\beta xy; \end{cases}$

(iii) $\begin{cases} \dot{x}=\alpha x-\beta xy, \\ \dot{y}=-ry+n(x)y; \end{cases}$

(iv) $\begin{cases} \dot{x}=\alpha x-yf(x), \\ \dot{y}=-ry+yf(x); \end{cases}$

(v) $\begin{cases} \dot{x}=g(x)-axy, \\ \dot{y}=c(y)+\beta xy; \end{cases}$

(vi) $\begin{cases} \dot{x} = g(x) - yf(x), \\ \dot{y} = -ry + kyf(x); \end{cases}$

(vii) $\begin{cases} \dot{x} = x(r_1 - yf_1(x)), \\ \dot{y} = y(-r_2 + yf_2(x)). \end{cases}$

由于生物现象的复杂性, 描述这些现象的生态学模型也是花样繁多的, 生态学家由于研究对象的不同提出了许许多多的具体模型, 远不是表 1.1 所能概括的. 例如:

1973 年 Gilpin 和 Ayala 研究相互竞争的两种群模型

$$\begin{cases} \dot{x} = r_1 x\left[1 - \left(\dfrac{x}{K_1}\right)^{\theta_1} - \alpha_{12}\left(\dfrac{y}{K_1}\right)\right], \\ \dot{y} = r_2 y\left[1 - \alpha_{21}\left(\dfrac{x}{K_2}\right) - \left(\dfrac{y}{K_2}\right)^{\theta_2}\right], \end{cases} \tag{1.50}$$

这里 $r_1, r_2, \theta_1, \theta_2, \alpha_{12}$ 和 α_{21} 是正常数.

1974 年 Schoener 研究相互竞争的两种群模型

$$\begin{cases} \dot{x} = r_1 x\left(\dfrac{I_1}{x + e_1} - r_{11}x - r_{12}y - c_1\right), \\ \dot{y} = r_2 y\left(\dfrac{I_2}{y + e_2} - r_{21}x - r_{22}y - c_2\right), \end{cases} \tag{1.51}$$

这里 $r_i, I_i, e_i, c_i, r_{ij}(i, j = 1, 2)$ 均为正常数.

1976 年 May 研究互惠共存的两种群 X 和 Y 相互作用模型

$$\begin{cases} \dot{x} = r_1 x\left(1 - \dfrac{x}{K_1 + \alpha_1 y}\right), \\ \dot{y} = r_2 y\left(1 - \dfrac{y}{K_2 + \alpha_2 x}\right), \end{cases} \tag{1.52}$$

这里我们考虑两种群模型都是线性密度制约的情况. 如果没有 Y 种群存在, 则 X 种群的增长模型为

$$\dot{x} = r_1 x\left(1 - \frac{x}{K_1}\right),$$

K_1 为常数. 但是现在有 Y 种群存在, 而且 Y 种群的存在有利于 X 种群的增长. 也就是说, Y 种群的存在会使 X 种群的容纳量增大, 如果我们假设这时的容纳量

为 $K_1+\alpha_1 y$, 那么 X 种群的增长由方程

$$\dot{x}=r_1 x\left(1-\frac{x}{K_1+\alpha_1 y}\right)$$

来描述. 用同样的方法考虑 Y 种群的增长模型即得模型 (1.52).

May 还把互惠共存的两种群模型写为

$$\begin{cases}\dot{x}=r_1 x\left(1-\dfrac{x}{K_1+\alpha_1 y}-\varepsilon_1 x\right),\\ \dot{y}=r_2 y\left(1-\dfrac{y}{K_2+\alpha_2 x}-\varepsilon_2 y\right),\end{cases}\tag{1.52$'$}$$

这里 $r_i, K_i, \alpha_i, \varepsilon_i (i=1,2)$ 均为正数.

如果考虑两个互惠共存的种群之间的相互影响不是线性关系, 即 X 种群的容纳量为 $K_1+f_1(y)$, Y 种群的容纳量为 $K_2+f_2(x)$, 这时模型为

$$\begin{cases}\dot{x}=r_1 x\left(1-\dfrac{x}{K_1+f_1(y)}\right),\\ \dot{y}=r_2 y\left(1-\dfrac{y}{K_2+f_2(x)}\right),\end{cases}\tag{1.53}$$

这里 $f_1(0)=f_2(0)=0,\ f_1'(y)\geqslant 0,\ f_2'(x)\geqslant 0, r_i, K_i (i=1,2)$ 均为正数.

Hsu (1978) 研究模型

$$\begin{cases}\dot{x}=xg(x)-yp(x),\\ \dot{y}=y(-q(x)+cp(x)).\end{cases}\tag{1.54}$$

最为一般的模型称为 Kolmogorov 模型

$$\begin{cases}\dot{x}=xF_1(x,y),\\ \dot{y}=yF_2(x,y),\end{cases}\tag{1.55}$$

这里 F_1, F_2 所应具有的性质, 我们将在第 3 章研究具体问题时再讨论.

1.2.2 被开发的两种群互相作用的模型

上节所讨论的是两种群互相作用自然发展的模型, 即没有人的因素, 也可以说是在人们还未开发的大自然中两种群互相作用的模型. 如果加上人的因素, 就有所不同. 下面先举个例子来看.

我们利用天敌来消除害虫. 设 $x(t)$ 为时刻 t 时害虫的密度, $y(t)$ 为时刻 t 时天敌的密度. 尽管我们用最简单的模型

$$\begin{cases}\dot{x}=x(1-y),\\ \dot{y}=y(-1+x)\end{cases}\tag{1.56^0}$$

来描述, 但还不能达到使害虫减少到不危害农作物的程度. 因此还需要人工饲养一些天敌, 按时按一定数量地投放到田里去, 这样两种群互相作用的模型为

$$\begin{cases} \dot{x} = x(1-y), \\ \dot{y} = y(-1+x) + v, \end{cases} \tag{1.56}$$

这里 v 是天敌的投放率 $(v \geqslant 0)$.

有时不采用人工饲养天敌、投放天敌的办法, 而采取加用杀虫剂的办法. 假设我们所加的杀虫剂只杀死害虫而不伤害天敌, 那么同样用 $(1.56)^0$ 来描述天敌与害虫的互相作用, 这时模型为

$$\begin{cases} \dot{x} = x(1-y) - u(t)x, \\ \dot{y} = y(x-1), \end{cases} \tag{1.57}$$

这里 $u(t)$ 是杀虫剂的投放率, 当然是有界的, 即 $0 \leqslant u(t) \leqslant b$($b$ 为正常数). 怎样使用杀虫剂, 才能在经过一段时间 T 以后使害虫减少到不危害农作物的程度, 同时天敌保持有一定的数量而所用去的杀虫剂最少. 这时数学问题的提法如下:

系统: $\dot{x} = x(1-y) - u(t)x, \quad \dot{y} = y(x-1);$

初始值: $x(0) = x_0, \quad y(0) = y_0;$

条件: $0 \leqslant u(t) \leqslant b;$

终点: $x(T) = \alpha, \quad y(T) = \beta \quad (\alpha, \beta$ 为正常数);

目标: $$\min \int_0^T (cx + u(t))dt, \tag{1.58}$$

C 是非负常数, $u(t)$ 是分段连续函数. 问题也就是要我们在允许控制中找出最优控制, 使得性能指标 $J = \int_0^T (cx + u(t))dt$ 达到最小.

在实际情况中, 往往是使用杀虫剂不仅杀死了害虫, 而且对天敌也产生一定的危害, 这样, 模型 (1.57) 则变成

$$\begin{cases} \dot{x} = x(1-y) - e_1 u(t)x, \\ \dot{y} = y(x-1) - e_2 u(t)y, \end{cases} \tag{1.59}$$

这里 e_1 和 e_2 分别为杀虫剂对害虫和天敌的伤害率, $e_i \geqslant 0 (i=1,2)$ 均为常数. 数学问题的提法与 (1.58) 是一样的, 即

系统: $\dot{x} = x(1-y) - e_1 u(t)x, \dot{y} = y(x-1) - e_2 u(t)y;$

初始值: $x(0) = x_0, \quad y(0) = y_0;$

条件: $0 \leqslant u(t) \leqslant b;$

终点: $x(T) = \alpha, \quad y(T) = \beta(\alpha, \beta$ 为正常数);

目标： $$\min\int_0^T (cx+u)dt, \tag{1.60}$$

这里 c 是非负常数.

把 (1.56), (1.57), (1.59) 写成一般形式, 则有

$$\begin{cases} \dot{x}=xF_1(x,y), \\ \dot{y}=yF_2(x,y)+v; \end{cases} \tag{1.61}$$

$$\begin{cases} \dot{x}=xF_1(x,y)-u(t)x, \\ \dot{y}=yF_2(x,y); \end{cases} \tag{1.62}$$

$$\begin{cases} \dot{x}=xF_1(x,y)-e_1u(t)x, \\ \dot{y}=yF_2(x,y)-e_2u(t)y. \end{cases} \tag{1.63}$$

在渔业中也有类似的问题. 我们把 x 记作小鱼的密度, 把 y 记作大鱼的密度. 如果每年收获大鱼的收获率是常数, 那么模型为

$$\begin{cases} \dot{x}=xF_1(x,y), \\ \dot{y}=yF_2(x,y)-v, \end{cases} \tag{1.64}$$

这里 v 为大鱼的每年收获率. 如果大鱼和小鱼每年都被打捞, 而且其收获率分别为常数 v 和 u, 则模型为

$$\begin{cases} \dot{x}=xF_1(x,y)-u, \\ \dot{y}=yF_2(x,y)-v. \end{cases} \tag{1.65}$$

若收获率不是常数, 而是随时间的变化而变化的, 则有

$$\begin{cases} \dot{x}=xF_1(x,y)-u(t), \\ \dot{y}=yF_2(x,y)-v(t). \end{cases} \tag{1.66}$$

如果不仅不打捞小鱼, 而且每年还投放一定数量的鱼苗, 那么方程 (1.65) 和 (1.66) 则变成

$$\begin{cases} \dot{x}=xF_1(x,y)+u, \\ \dot{y}=yF_2(x,y)-v \end{cases} \tag{1.67}$$

和

$$\begin{cases} \dot{x}=xF_1(x,y)+u(t), \\ \dot{y}=yF_2(x,y)-v(t). \end{cases} \tag{1.68}$$

这里我们也可以提出类似于单种群模型中的问题：怎样控制每年大鱼的收获量, 使得在一段时间内 (例如, 10 年、20 年) 捕鱼量 (或纯利润) 最大, 而且不破坏渔业资源. 这里不再详细论述.

1.2.3 具不变资源的系统

上面我们已见到的捕食与被捕食种群的模型 (1.40), 即

$$\begin{cases} \dot{x} = f(x) - y\Phi(x), \\ \dot{y} = -ey + ky\Phi(x). \end{cases} \tag{1.40}$$

在这种情况下被捕食者种群也就是捕食者种群的生活资源, 这个资源的增长速度依赖于现有资源的多少. 但在有些情况下却不完全是这样, 资源有一个恒定的增长率, 因此模型变成

$$\begin{cases} \dot{x} = f(x) - y\Phi(x) + r, \\ \dot{y} = -ey + ky\Phi(x), \end{cases} \tag{1.69}$$

这里 $r > 0$, 为常数. 如果 $r < 0$, 则 (1.69) 变成上面所说的具有常数收获率的模型.

我们以放牧系统为例来说明, 若以 $x(t)$ 表示植被在时刻 t 的密度, 则 $y(t)$ 表示食植者在时刻 t 的密度. 假设植被有个恒定的更新率 r_1, 它与现存的植被密度 x 无关. 这样植被密度的增长可用下面模型来描述

$$\frac{dx}{dt} = r_1.$$

最简单地, 我们假设每一个食植者有一个恒定的取食速率 c, 则植被的变化情况为

$$\frac{dx}{dt} = r_1 - cy.$$

精确地说, 食植者取食的速率不是常数, 而是随着植被的稀化而下降的. 因此有

$$\frac{dx}{dt} = r_1 - cy(1 - e^{-\alpha x}),$$

这里 r_1, c 和 α 均为正常数.

再精确一点, 应考虑到由于食植者过多而影响其取食的速度, 如前引进干扰常数 $m(0 \leqslant m \leqslant 1)$ 则有

$$\frac{dx}{dt} = r_1 - cy^m(1 - e^{-\alpha x}).$$

以上所讨论的是植被的增长模型. 而对于食植者的增长模型, 我们可以仿照以前的办法来建立.

首先假设食植者种群的增长可由线性密度制约的 Logistic 模型来描述, 即为

$$\frac{dy}{dt} = r_2 y\left(1 - \frac{1}{K}y\right),$$

这里 K 是环境的容纳量. 如果我们假设每一个食植者在单位时间内至少需要取食

率为 b(生活的最低标准), 则环境的容纳量 $K=\dfrac{r_1}{b}$(生长出来的植被最多能养活多少个食植者). 这样我们就得到食植者与植被之间的模型 (也称为放牧系统):

$$\begin{cases}\dfrac{dx}{dt}=r_1-cy,\\ \dfrac{dy}{dt}=r_2y\left(1-\dfrac{1}{K}y\right);\end{cases}\tag{1.70}$$

$$\begin{cases}\dfrac{dx}{dt}=r_1-cy(1-e^{\alpha x}),\\ \dfrac{dy}{dt}=r_2y\left(1-\dfrac{b}{r_1}y\right)\end{cases}\tag{1.71}$$

和

$$\begin{cases}\dfrac{dx}{dt}=r_1-cy^m(1-e^{-\alpha x}),\\ \dfrac{dy}{dt}=r_2y\left(1-\dfrac{b}{r_1}y^{1+m}\right).\end{cases}\tag{1.72}$$

如果要求更精确一点, 考虑食植者增长模型不是 Logistic 模型, 例如, 采用 Leslie 的想法, 则为

$$\frac{dy}{dt}=r_2y\left(1-\frac{y}{K(x)}\right).$$

这样就有较一般的放牧系统

$$\begin{cases}\dfrac{dx}{dt}=f(x)-yp(x)+r_1,\\ \dfrac{dy}{dt}=r_2y\left(1-\dfrac{y}{K(x)}\right),\end{cases}\tag{1.73}$$

以及考虑到相互干扰的模型

$$\begin{cases}\dfrac{dx}{dt}=f(x)-y^mp(x)+r_1,\\ \dfrac{dy}{dt}=r_2y\left(1-\dfrac{y^{1+m}}{K(x)}\right).\end{cases}\tag{1.74}$$

1.2.4 具有时迟的两个种群相互作用的模型

如同单种群的模型一样, 有时我们必须考虑迟后作用对种群增长的影响. 其中最为简单的, 是设在捕食与被捕食系统中, 只考虑食饵种群的迟后影响. 也就是说,

如果食饵种群增长符合 Logistic 方程, 则迟后的增长符合方程 (1.15), 再若两个种群间的关系用 Volterra 方程描述, 则有

$$\begin{cases} \dfrac{dN_1(t)}{dt} = rN_1(t)\left(1 - \dfrac{N_1(t-T)}{K}\right) - \alpha N_1(t)N_2(t), \\ \dfrac{dN_2(t)}{dt} = bN_2(t) + \beta N_1(t)N_2(t), \end{cases} \tag{1.75}$$

其中 $N_1(t)$ 和 $N_2(t)$ 分别代表两个种群在时刻 t 时的密度.

如果同时考虑到捕食种群与被捕食种群的迟后作用, 并设其迟后时间是相同的, 又两者相互作用符合 Volterra 方程, 则有

$$\begin{cases} \dfrac{dN_1(t)}{dt} = rN_1(t)\left(1 - \dfrac{N_1(t)}{K}\right) - \alpha N_1(t)N_2(t), \\ \dfrac{dN_2(t)}{dt} = -bN_2(t) + \beta N_1(t-\tau)\cdot N_2(t-\tau). \end{cases} \tag{1.76}$$

如果考虑连续时迟影响, 也就是说, 过去任何时刻种群的密度均对现在种群的增长速度有影响, 那么和单种群模型一样考虑核函数 $K_1(t)$, 又若两个种群作用符合 Volterra 模型, 则最为简单的模型为

$$\begin{cases} \dfrac{\dot{N}_1}{N_1} = b_1 - a_{12}N_2, \\ \dfrac{\dot{N}_2}{N_2} = -b_2 + a_{21}\displaystyle\int_{-\infty}^{t} N_1(s)K_1(t-s)ds, \end{cases} \tag{1.77}$$

其中 b_1, b_2, a_{12} 和 a_{21} 为正常数. 这是考虑非密度制约的情况. 若考虑密度制约的情况, 则考虑模型

$$\begin{cases} \dfrac{\dot{N}_1}{N_1} = b_1\left(1 - \dfrac{N_1}{c}\right) - a_{12}\displaystyle\int_{-\infty}^{t} K_2(t-s)N_2(s)ds, \\ \dfrac{\dot{N}_2}{N_2} = -b_2 + a_{21}\displaystyle\int_{-\infty}^{t} K_1(t-s)N_1(s)ds, \end{cases} \tag{1.78}$$

其中 $K_1(t), K_2(t)$ 为核函数, $b_1, b_2, c, a_{12}, a_{21}$ 为正常数. 或者考虑更为简单的模型, 如

$$\begin{cases} \dfrac{\dot{N}_1}{N_1} = b_1\left(1 - \dfrac{1}{c}\displaystyle\int_{-\infty}^{t} N_1(s)K(t-s)ds\right) - a_{12}N_2, \\ \dfrac{\dot{N}_2}{N_2} = -b_2 + a_{21}N_1, \end{cases} \tag{1.79}$$

而考虑更为复杂的有

$$\left\{\begin{array}{l}\dfrac{\dot{N}_1}{N_1}=b_1\left(1-\dfrac{1}{c}\displaystyle\int_{-\infty}^{t}N_1(s)K_3(t-s)ds\right)-a_{12}\displaystyle\int_{-\infty}^{t}N_2(s)K_2(t-s)ds,\\ \dfrac{\dot{N}_2}{N_2}=-b_2+a_{21}\displaystyle\int_{-\infty}^{t}N_1(s)K_1(t-s)ds.\end{array}\right. \tag{1.80}$$

若考虑 Holling 功能性反应作用, 则 (1.80) 变为

$$\left\{\begin{array}{l}\dfrac{\dot{N}_1}{N_1}=b_1\left(1-\dfrac{1}{c}\displaystyle\int_{-\infty}^{t}N_1(s)K_3(t-s)ds\right)-a_{12}\displaystyle\int_{-\infty}^{t}\dfrac{N_2(s)}{1+N_2(s)}K_2(t-s)ds,\\ \dfrac{\dot{N}_2}{N_2}=-b_2+a_{21}\displaystyle\int_{-\infty}^{t}\dfrac{N_1(s)}{1+N_1(s)}K_1(t-s)ds.\end{array}\right. \tag{1.81}$$

对应于 Leslie 模型 (1.47), Caswell(1972) 考虑模型

$$\left\{\begin{array}{l}\dfrac{\dot{N}_1}{N_1}=b_1\left(1-\dfrac{1}{c}\displaystyle\int_{-\infty}^{t}N_1(t-s)K_{11}(s)ds\right)-a_{12}\displaystyle\int_{0}^{\infty}N_2(t-s)R_{12}(s)ds,\\ \dfrac{\dot{N}_2}{N_2}=b_2\left(1-\dfrac{\displaystyle\int_{0}^{\infty}N_2(t-s)K_{22}(s)ds}{a_{21}\displaystyle\int_{0}^{\infty}N_1(t-s)K_{21}(s)ds}\right).\end{array}\right. \tag{1.82}$$

对应于模型 (1.76), 具有连续时迟方程为

$$\left\{\begin{array}{l}\dfrac{\dot{N}_1}{N_1}=b_1\left(1-\dfrac{1}{c}N_1\right)-a_{12}N_2,\\ \dot{N}_2=-b_2N_2+a_{21}\displaystyle\int_{-\infty}^{t}N_2(s)N_1(s)K(t-s)ds.\end{array}\right. \tag{1.83}$$

Lo Sheng Dai (1981) 研究方程

$$\left\{\begin{array}{l}\dot{N}_1=N_1(\varepsilon_1-\alpha_1N_1-r_1N_2),\\ \dot{N}_2=N_2\left(-\varepsilon_2-\alpha_2N_2+r_2\displaystyle\int_{-\infty}^{t}K(t-\tau)N_1(\tau)d\tau\right),\end{array}\right. \tag{1.84}$$

这里 $\varepsilon_i,\alpha_i,r_i>0(i=1,2)$, $K(t)\geqslant 0$, $\displaystyle\int_0^\infty K(t)dt=1$.

关于非连续时迟, 最一般的方程为

$$\begin{cases} \dot{N}_1(t) = N_1(t)F_1(N_1(t), N_2(t-\tau)), \\ \dot{N}_2(t) = N_2(t)F_2(N_1(t-\tau), N_2(t)). \end{cases} \tag{1.85}$$

总的来说, 具时迟的模型形式很多, 对应于上节中所述的无时迟的每一个模型, 当考虑到时迟时, 都至少有一个相对应的模型, 这里不必一一列举. 应说明一点, 以上所用的核函数可以是如图 1.3 所示的强时迟核函数或弱时迟核函数或一般核函数.

1.2.5 离散时间的两种群互相作用模型

这一节我们将不作详细叙述, 因为它们的形式与 1.2.1 节完全类似, 只要把那里的微分改为差分即可. 例如, 一般方程 (1.55), 则离散时间即有 (这里我们用 $N_1(t)$ 和 $N_2(t)$ 分别代表两种群在 t 代的密度或个数)

$$\begin{cases} N_1(t+1) = N_1(t)F_1(N_1(t), N_2(t)), \\ N_2(t+1) = N_2(t)F_2(N_1(t), N_2(t)). \end{cases} \tag{1.86}$$

特殊形式例如 Hassell 和 Comins(1976) 研究的模型

$$\begin{cases} N_1(t+1) = N_1(t)/(0.3 + 0.2N_1(t) + aN_2(t))^s, \\ N_2(t+1) = N_2(t)/(0.4 + 0.1N_1(t) + 0.5N_2(t))^2, \end{cases} \tag{1.87}$$

这里 a 和 s 为正参数.

又如 Fisher 和 Goh(1977) 研究的模型

$$\begin{cases} N_1(t+1) = N_1(t)\exp[r_1(K_1 - \alpha_{11}N_1(t) - \alpha_{12}N_2(t))/K_1], \\ N_2(t+1) = N_2(t)\exp[r_2(K_2 - \alpha_{21}N_1(t) - \alpha_{22}N_2(t))/K_2], \end{cases} \tag{1.88}$$

其中 $r_i, \alpha_{ij}, K_i(i,j=1,2)$ 均为正参数.

1.2.6 反应扩散方程

以上各节所考虑的模型都是假定两个种群在空间中的密度分布是均匀的, 因此种群密度只是时间的函数, 分别记为 $N_1(t), N_2(t)$. 如果不是这样, 则在高密度位置的种群就要向低密度位置扩散, 这时种群密度不仅是时间的函数, 而且是空间坐标的函数, 两种群的密度分别记为 $N_1(x,t), N_2(x,t)$, 这里 x 表示空间的点 (例如, 三维空间的点 $x(x_1,x_2,x_3)$). 而在这种情况下, 数学模型必须加上扩散项. 例如, 对应于一般的模型 (1.55), 这时则变为

$$
\begin{cases}
\dfrac{\partial N_1}{\partial t} = N_1F_1(N_1,N_2) + \Delta N_1,\\
\dfrac{\partial N_2}{Nt} = N_2F_2(N_1,N_2) + \Delta N_2.
\end{cases} \tag{1.89}
$$

在有的情况下, 假设两个种群中有一个种群的密度分布是均匀的, 而另一种群密度分布是不均匀的. 一般说来, 如果是捕食被捕食系统, 则常假定食饵的分布是均匀的, 这样方程变为

$$
\begin{cases}
\dfrac{\partial N_1}{\partial t} = F_1(N_1,N_2)N_1,\\
\dfrac{\partial N_2}{Nt} = F_2(N_1,N_2)N_2 + \Delta N_2.
\end{cases} \tag{1.90}
$$

我们常常还可以把扩散看成是各向同性的. 这样有

$$
\begin{cases}
\dfrac{\partial N_1}{\partial t} = N_1F_1(N_1,N_2) + \dfrac{\partial^2 N_1}{\partial x^2},\\
\dfrac{\partial N_2}{\partial t} = N_2F_2(N_1,N_2) + \dfrac{\partial^2 N_2}{\partial x^2},
\end{cases} \tag{1.91}
$$

$$
\begin{cases}
\dfrac{\partial N_1}{\partial t} = N_1F_1(N_1,N_2),\\
\dfrac{\partial N_2}{\partial t} = N_2F_2(N_1,N_2) + D\dfrac{\partial^2 N_2}{\partial x^2}.
\end{cases} \tag{1.92}
$$

相应于 F_1 和 F_2 的各种具体情况, 同样得到各种不同的反应扩散方程. 这里不一一罗列.

1.3 三个种群或多个种群所组成的群落生态系统的数学模型

1.3.1 三个种群作用的数学模型

三个种群相互作用显然要比两个种群的相互作用要复杂, 但是构造数学模型的规律基本相同. 在三个种群中, 每两个种群之间的关系, 都可以有在上节研究两个种群相互作用时说到的四种关系: 捕食 — 被捕食、寄生物 — 寄主、互相竞争以及互惠共存. 因此由三个种群的两两关系不同的各种组合, 就产生了种类繁多的数学模型. 三个种群的每一种关系对应地就有一个数学模型. 为了叙述方便, 我们用图

形的方法来表示三个种群之间的关系. 三个种群分别记为 A, B, C, 为了描述它们之间的关系, 我们作下列约定.

(i) 种群 A 供食于种群 C, 绘为: $(A) \longrightarrow (B)$;

(ii) 种群 A 为密度制约: $(A)\circlearrowright$;

(iii) 种群 A 不主要依靠吃本系统 (即 A, B, C 三种群所构成的系统) 生存: $\overset{(A)}{\uparrow}$;

(iv) 种群 A 与种群 B 相互竞争: $(A) \rightleftarrows (B)$;

(v) 种群 A 与种群 B 互惠共存: $(A) \longleftrightarrow (B)$.

今就一种特殊情况为例: 假如三个种群之间的关系是捕食与被捕食关系. 设三个种群分别记为 A, B, C, 则三者之间的关系有三种:

(1) 两个食饵种群一个捕食者种群, 图形表示为 $(A) \rightarrow (C) \leftarrow (B)$ A, B 为食饵, C 为捕食者.

(2) 一个食饵种群, 两个捕食者种群, 图形表示为 $(B) \leftarrow (A) \rightarrow (C)$ B, C 为捕食者, A 为食饵.

(3) 一个捕食另一个的捕食链. 例如, A 是 B 的捕食者, 而 B 又是 C 的捕食者, 图形表示为

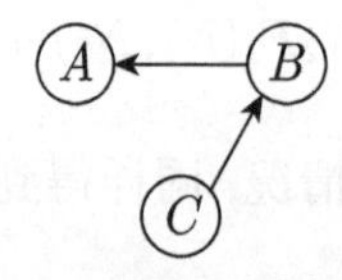

下面我们再来分别建立这三种情况的数学模型. 首先我们考虑最简单的情况, 即食饵种群增长是线性密度制约关系, 并且假定两个种群间的影响都是线性的, 这类模型我们称为三个种群相互作用的 Volterra 型模型. 则可分各种情况, 由种群之间的关系图形, 对应地写出其数学模型.

1.3.2 Volterra 型模型

(1) 两个食饵种群 (A, B)、一个捕食者种群 (C). 设 A 和 B 的密度分别为 x_1 和 x_2, C 的密度为 x_3, 而且 C 种群主要依靠吃 A 和 B 为生, 也就是说当 A 和 B 不存在时, C 就要逐渐死亡. 又设 C 种群不是密度制约的. 对于种群 B 和 A, 我们假设它们不是依靠本系统 (即 A, B, C 三个种群所组成的系统) 为生的, 而是可以把无限的自然资源转换到这个系统中来的, 但设 A 或 B 本身都是密度制约, 又 A

种群和 B 种群是相互竞争的自然资源. 用图形表示它们之间的关系为

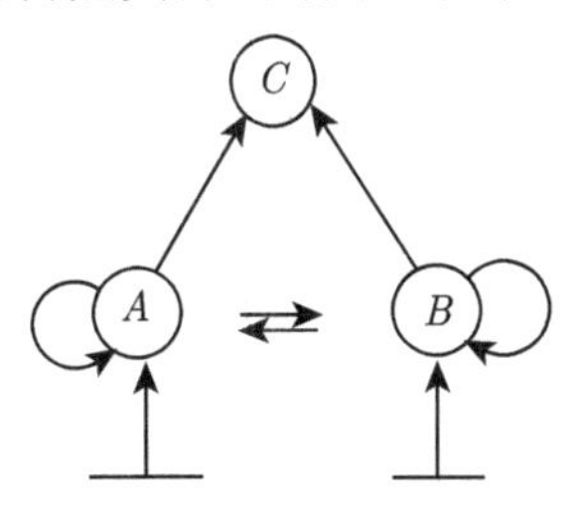

其数学模型为

$$\begin{cases} \dot{x}_1 = x_1(a_{10} - a_{11}x_1 - a_{12}x_2 - a_{13}x_3), \\ \dot{x}_2 = x_2(a_{20} - a_{21}x_1 - a_{22}x_2 - a_{23}x_3), \\ \dot{x}_3 = x_3(-a_{30} + a_{31}x_1 + a_{32}x_2), \end{cases} \tag{1.93}$$

这里我们假定所有的 $a_{ij}(i,j=1,2,3)$ 都是正的. 从第一个方程来看. 由于 a_{10} 为正的, 因此说明 A 种群不依靠吃本系统为生 (当 $x_2 = x_3 = 0$, 而 x_1 很小时, x_1 仍然可以增长); 由于 $a_{11} > 0$, 因此说明 A 种群是密度制约的 (密度 x_1 越大, 则相对增长率 $\dfrac{\dot{x}_1}{x_1}$ 越小); 由于 $a_{12} > 0$, 因此说明 A 种群与 B 种群是相互竞争的 (当 x_2 越大时, A 种群的密度相对增长率 $\dfrac{\dot{x}_1}{x_1}$ 越小, 并注意到 $a_{21} > 0$, 也就是说 x_1越大越约束 x_2 的相对增长率); 由于 $a_{13} > 0$, 因此说明 C 种群是 A 种群的捕食者, 因为当 x_3 越大时, A 种群的密度相对增长率 $\dfrac{\dot{x}_1}{x_1}$ 越小, 并且注意到 $a_{31} > 0$,说明 x_1 越大越是有利于 x_3 的增长. 我们用同样的方法去分析第二个方程. 再看第三个方程, 由于 $a_{30} > 0$, 说明 C 种群主要依靠吃 A 和 B 种群为生, 当 A 和 B 种群不存在, 即 $x_1 = x_2 = 0$ 时, 则 x_3 必减少; 其中 $a_{31} > 0$ 和 $a_{32} > 0$, 说明 C 是 A 和 B 的捕食者, A 和 B 的密度 x_1 和 x_2 越大, 越有利于 C 种群的增长.

(2) 一个食饵种群 A, 两个捕食者种群 B 和 C. 仍设 x_1, x_2, x_3 分别是 A, B, C 的密度.

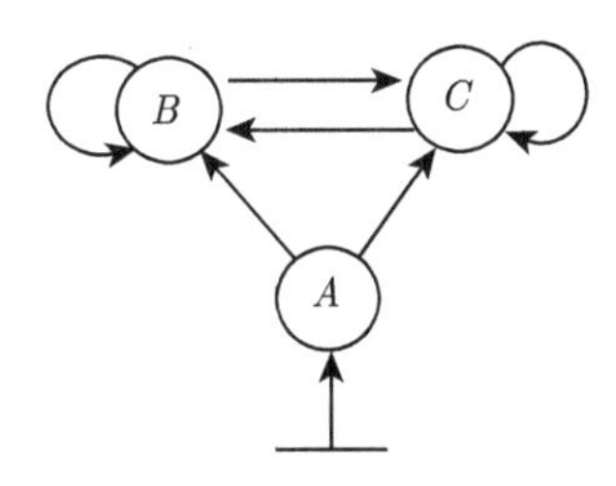

$$\begin{cases} \dot{x}_1 = x_1(a_{10} - a_{12}x_2 - a_{13}x_3), \\ \dot{x}_2 = x_2(-a_{20} + a_{21}x_1 - a_{22}x_2 - a_{23}x_3), \\ \dot{x}_3 = x_3(-a_{30} + a_{31}x_1 - a_{32}x_2 - a_{33}x_3), \end{cases} \tag{1.94}$$

可以看出在这个模型中假设捕食者种群 B 和 C 具有线性密度制约, 而食饵种群 A 本身是非密度制约增长的. 如果和 (1.93) 一样考虑食饵种群 A 本身是线性密度制约的, 而捕食者种群 B 和 C 本身是非密度制约增长的, 则模型为

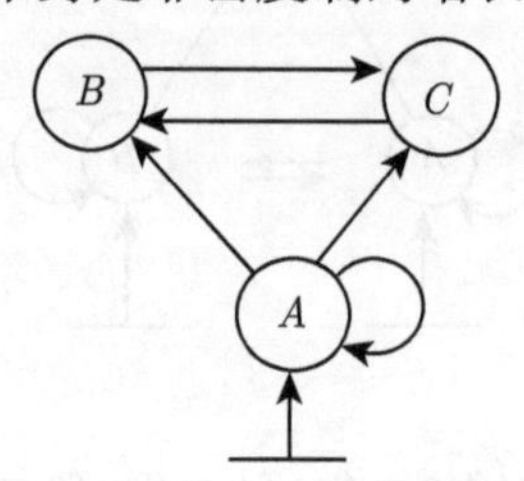

$$\begin{cases} \dot{x}_1 = x_1(a_{10} - a_{11}x_1 - a_{12}x_2 - a_{13}x_3), \\ \dot{x}_2 = x_2(-a_{20} + a_{21}x_1 - a_{23}x_3), \\ \dot{x}_3 = x_3(-a_{30} + a_{31}x_1 - a_{32}x_2). \end{cases} \tag{1.95}$$

如果考虑更简单的情况, 即捕食者种群 B 和 C 不但本身增长是非密度制约的, 而且 B 的密度大小不影响 C 种群的增长, 反之 C 的密度也不影响 B 种群的增长, 也就是说, B,C 两种群几乎处于相同的地位, 又可以被考虑成是非密度制约的. 而 B 种群与 C 种群的不同点, 只在于它们的死亡率 (a_{20} 和 a_{30}) 以及它们对于食饵的消化能力 (a_{21} 和 a_{31}) 有所不同. 这时数学模型便为

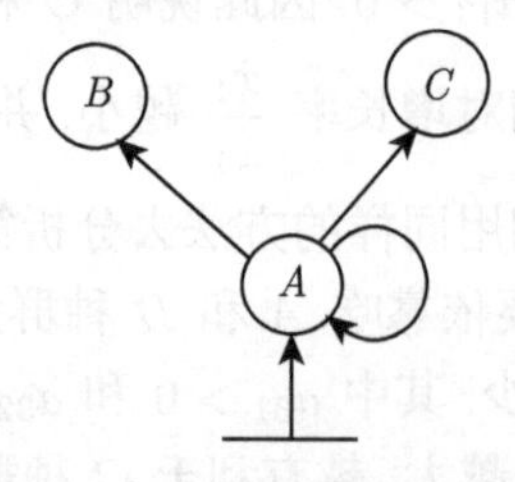

$$\begin{cases} \dot{x}_1 = x_1(a_{10} - a_{11}x_1 - a_{12}x_2 - a_{13}x_3), \\ \dot{x}_2 = x_2(-a_{20} + a_{21}x_1), \\ \dot{x}_3 = x_3(-a_{30} + a_{31}x_1). \end{cases} \tag{1.96}$$

(3) 捕食链: C 是 B 的捕食者, B 又是 A 的捕食者. 仍设 x_1, x_2, x_3 分别是 A, B, C 的密度, 并假设三者的增长都是密度制约的, 则数学模型为

$$\begin{cases} \dot{x}_1 = x_1(a_{10} - a_{11}x_1 - a_{12}x_2), \\ \dot{x}_2 = x_2(-a_{20} + a_{21}x_1 - a_{22}x_2 - a_{23}x_3), \\ \dot{x}_3 = x_3(-a_{30} + a_{32}x_2 - a_{33}x_3), \end{cases} \tag{1.97}$$

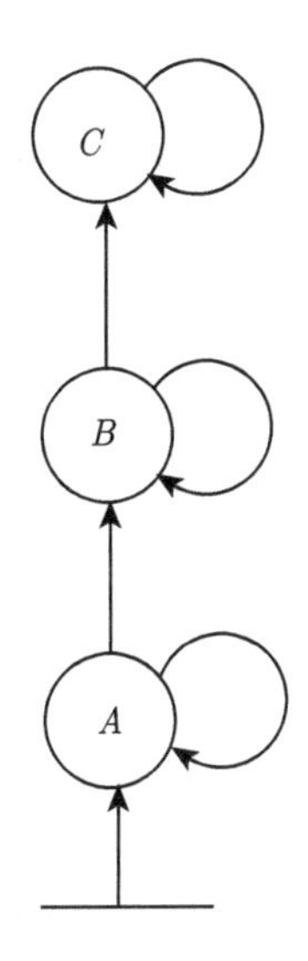

这里假设 C 虽然是 B 的捕食者, 但它不伤害 A. 不然的话, C 同时捕食 B 和 A, B 只捕食 A, 而 A 要被 C 和 B 两者所捕食, 则模型为

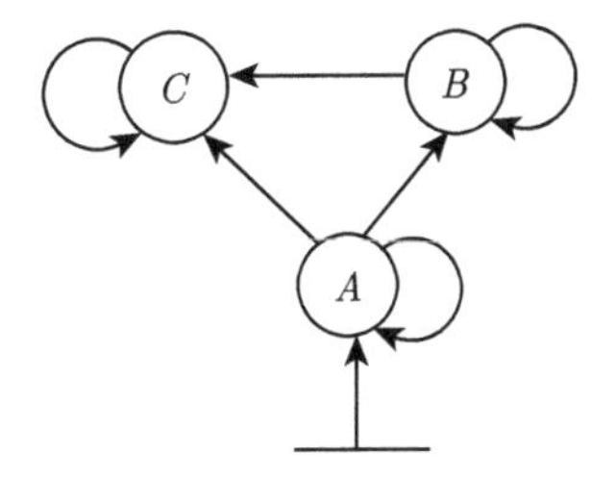

$$\begin{cases} \dot{x}_1 = x_1(a_{10} - a_{11}x_1 - a_{12}x_2 - a_{13}x_3), \\ \dot{x}_2 = x_2(-a_{20} + a_{21}x_1 - a_{22}x_2 - a_{23}x_3), \\ \dot{x}_3 = x_3(-a_{30} + a_{31}x_1 + a_{32}x_2 - a_{33}x_3). \end{cases} \tag{1.98}$$

上面讲的是捕食者与被捕食者种群的模型. 如果 A, B, C 三个种群没有捕食被捕食的关系, 而是相互竞争的关系, 并假定三者的增长都是线性密度制约的, 则模型为

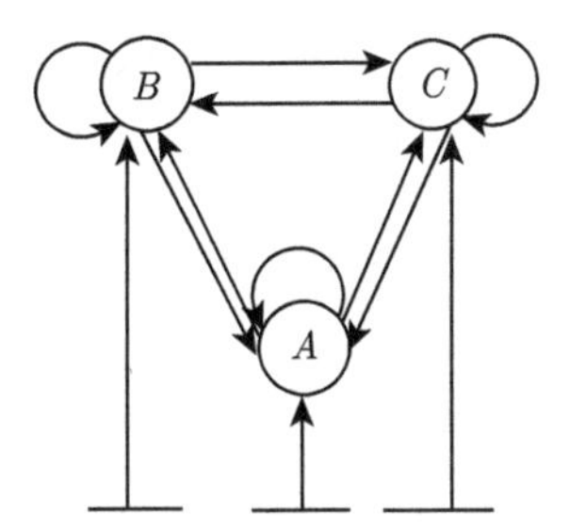

$$
\begin{cases}
\dot{x}_1 = x_1(a_{10} - a_{11}x_1 - a_{12}x_2 - a_{13}x_3), \\
\dot{x}_2 = x_2(a_{20} - a_{21}x_1 - a_{22}x_2 - a_{23}x_3), \\
\dot{x}_3 = x_3(a_{30} - a_{31}x_1 - a_{32}x_2 - a_{33}x_3).
\end{cases}
\tag{1.99}
$$

如果三者之间均为互惠共存的关系, 而每一种群在本身增长时密度制约, 则显然其模型为

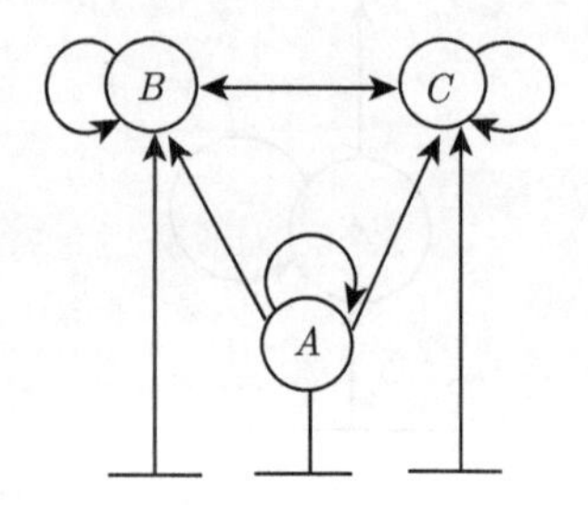

$$
\begin{cases}
\dot{x}_1 = x_1(a_{10} - a_{11}x_1 + a_{12}x_2 + a_{13}x_3), \\
\dot{x}_2 = x_2(a_{20} + a_{21}x_1 - a_{22}x_2 + a_{23}x_3), \\
\dot{x}_3 = x_3(a_{30} + a_{31}x_1 + a_{32}x_2 - a_{33}x_3).
\end{cases}
\tag{1.100}
$$

以上是考虑线性密度制约以及种群之间是线性关系的情况的一部分模型, 其他模型可以类推而得到. (注：以上模型中的 a_{ij} 均表示正常数.)

1.3.3 功能性反应系统

上面介绍的三种群的 Volterra 型模型, 也可以说是把相对增长率线性化了的三个种群模型. 若不作线性化, 则如同两种群捕食与被捕食关系的模型, 考虑捕食者的功能性反应时. 为简单起见, 我们也用图形的方法来表示, 这时除了前面所规定的五项图表示的约定外, 我们增加一项表示方法:

若 C 捕食 A, 而且 C 的捕食能力用 II 类功能性反应函数来描述, 则我们用下图来表示

如果 C 的捕食能力用III类功能性反应函数来描述, 则图表示为

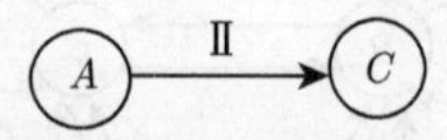

如果 C 的捕食能力用一般功能性反应函数来描述, 则图表示为

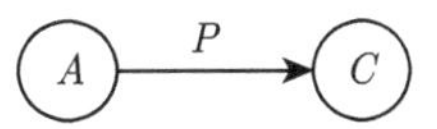

下面我们分三种情况来研究具功能性反应函数的三个种群捕食 —— 被捕食模型 (同上, 用 $x_1(t), x_2(t)$ 和 $x_3(t)$ 分别表示种群 A, B, C 在时刻 t 的密度).

1) 两捕食者, 一食饵的情况

首先我们来回顾一下两捕食者种群, 一食饵 (被捕食者) 种群的 Volterra 型模型

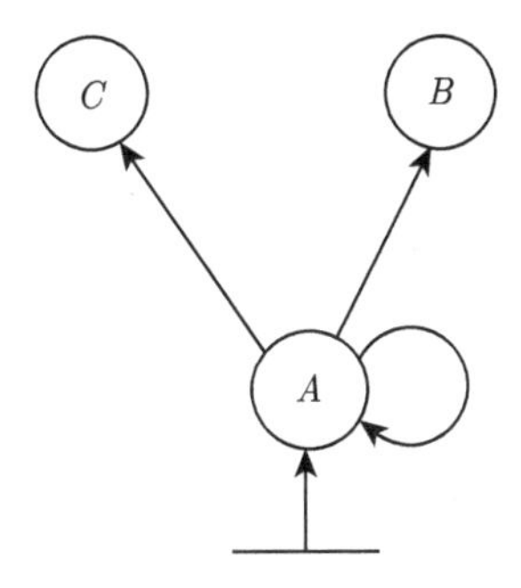

$$\begin{cases} \dot{x}_1 = x_1(a_{10} - a_{11}x_1 - a_{12}x_2 - a_{13}x_3), \\ \dot{x}_2 = x_2(-a_{20} + a_{21}x_1), \\ \dot{x}_3 = x_3(-a_{30} + a_{31}x_1). \end{cases}$$

和两种群模型一样, 我们可以把它写成

$$\begin{cases} \dot{x}_1 = x_1(a_{10} - a_{11}x_1) - a_{12}x_1x_2 - a_{13}x_1x_2 \\ \qquad = x_1(a_{20} - a_{11}x_1) - P_1(x_1)x_2 - P_2(x_1)x_3, \\ \dot{x}_2 = x_2(-a_{20} + a_{21}x_1) = x_2(-a_{20} + k_1P_1(x_1)), \\ \dot{x}_3 = x_3(-a_{30} + a_{31}x_1) = x_3(-a_{30} + k_2P_2(x_1)), \end{cases}$$

其中 $P_1(x_1) = a_{12}x_1$ 是种群 B 的功能性反应, $P_2(x_1) = a_{13}x_1$ 是种群 C 的功能性反应 (这里 P_1, P_2 都是线性功能性反应), $k_1\dfrac{a_{21}}{a_{12}}, k_2 = \dfrac{a_{31}}{a_{13}}$ 分别为 B 和 C 的消化系统. 因而按约定 (vi), 对两个捕食者种群, 一个食饵种群, 如果捕食者种群的功能性反应是一般功能性反应函数时, 那么其图表示和数学模型为

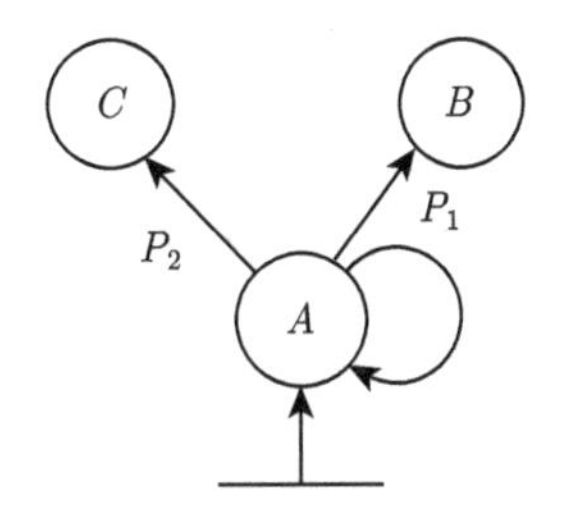

$$
\begin{cases}
\dot{x}_1 = f(x_1) - P_1(x_1)x_2 - P_2(x_1)x_3, \\
\dot{x}_2 = x_2(-a_{20} + k_1 P_1(x_1)), \\
\dot{x}_3 = x_3(-a_{30} + k_2 P_2(x_1)),
\end{cases} \tag{1.101}
$$

这里 $f(x_1)$ 是 A 种群的增长率, 在 A 种群为线性密度制约时, $f(x_1) = x_1(a_{10} - a_{11}x_1)$.

我们可以就模型 (1.101) 的各种特殊情况举例如下:

(1) 两捕食者均为Ⅱ类功能性反应函数

$$
P_1(x_1) = \frac{m_1 x_1}{a_1 + x_1}, \quad P_2(x_1) = \frac{m_2 \dot{x}_1}{a_2 + x_1},
$$

这里 $m_i, a_i \, (i = 1, 2)$ 均为正常数, 模型为

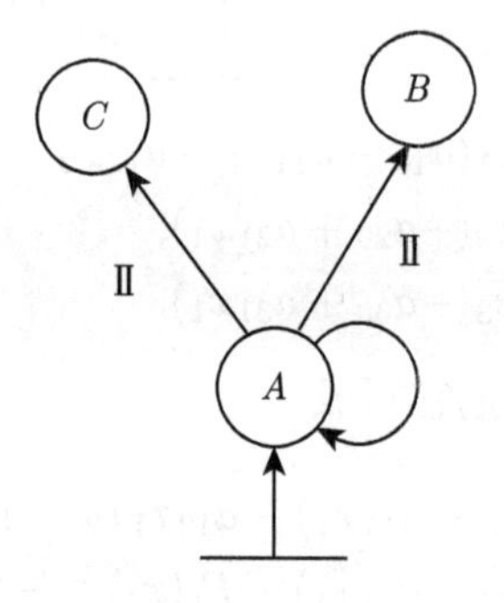

$$
\begin{cases}
\dot{x}_1 = x_1(a_{10} - a_{11}x_1) - \dfrac{m_1 x_1}{a_1 + x_1} x_2 - \dfrac{m_2 x_1}{a_2 + x_1} x_3, \\
\dot{x}_2 = x_2 \left(-a_{20} + k_1 \dfrac{m_1 x_1}{a_1 + x_1} \right), \\
\dot{x}_3 = x_3 \left(-a_{30} + k_2 \dfrac{m_2 x_1}{a_2 + x_1} \right).
\end{cases} \tag{1.102}
$$

(2) 两捕食者均为Ⅲ类功能性反应函数

$$
P_1(x_1) = \frac{m_1 x_1^2}{a_1 + x_1^2}, \quad P_2(x_1) = \frac{m_2 x_1^2}{a_2 + x_1^2},
$$

图表示和模型为

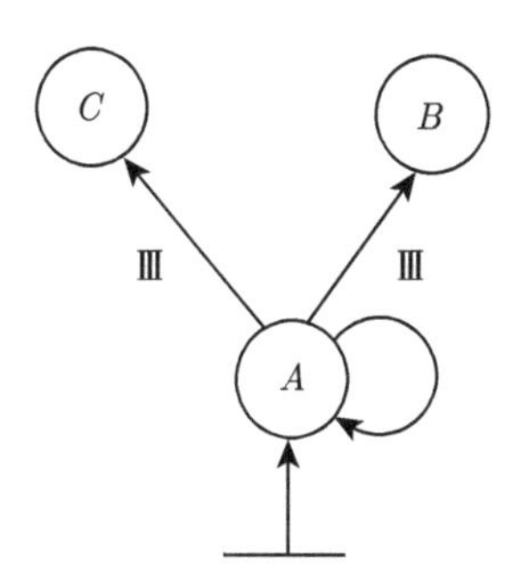

$$
\begin{cases}
\dot{x}_1 = x_1(a_{10} - a_{11}x_1) - \dfrac{m_1x_1^2}{a_1 + x_1^2}x_2 - \dfrac{m_2x_1^2}{a_2 + x_1^2}x_3, \\
\dot{x}_2 = x_2\left(-a_{20} + k_1\dfrac{m_1x_1^2}{a_1 + x_1^2}\right), \\
\dot{x}_3 = x_3\left(-a_{30} + k_2\dfrac{m_2x_1^2}{a_2 + x_1^2}\right).
\end{cases}
\tag{1.103}
$$

(3) 两个捕食者种群之一是Ⅱ类功能性反应, 而另一个是Ⅲ类功能性反应的模型为

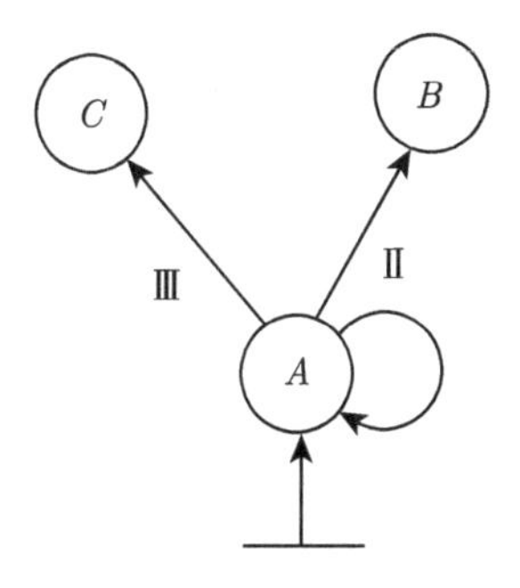

$$
\begin{cases}
\dot{x}_1 = x_1(a_{10} - a_{11}x_1) - \dfrac{m_1x_1}{a_1 + x_1}x_2 - \dfrac{m_2x_1^2}{a_2 + x_1^2}x_3, \\
\dot{x}_2 = x_2\left(-a_{20} + k_1\dfrac{m_1x_1}{a_1 + x_1}\right), \\
\dot{x}_3 = x_3\left(-a_{30} + k_2\dfrac{m_2x_1^2}{a_2 + x_1^2}\right).
\end{cases}
\tag{1.104}
$$

(4) 两个捕食者种群之一是线性功能性反应, 而另一个是Ⅱ类功能性反应的模型:

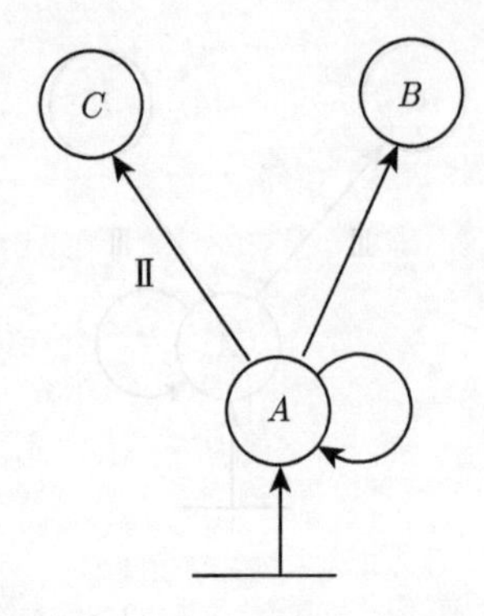

$$
\begin{cases}
\dot{x}_1 = x_1(a_{10} - a_{11}x_1) - a_{12}x_1x_2 - \dfrac{m_2 x_1}{a_2 + x_1}x_3, \\
\dot{x}_2 = x_2(-a_{20} + a_{21}x_1), \\
\dot{x}_3 = x_3\left(-a_{30} + k_2\dfrac{m_2 x_1}{a_2 + x_1}\right).
\end{cases}
\tag{1.105}
$$

关于两捕食种群, 一食饵种群的模型, 我们这里只举了四个例子. 其他情况还很多, 按照上述建立模型的法则, 其模型都可以构成, 这里不再一一列举.

2) 捕食链的情况

如前, 我们从 Volterra 型模型 (线性功能性反应情况) 开始, 有模型

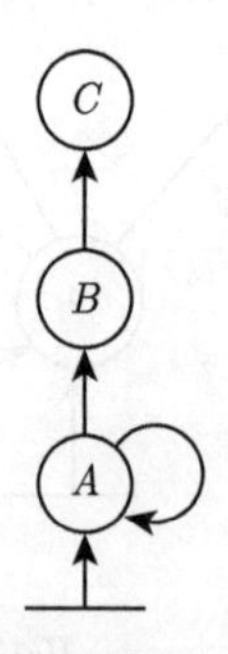

$$
\begin{cases}
\dot{x}_1 = x_1(a_{10} - a_{11}x_1 - a_{12}x_2) \\
\quad\ = x_1(a_{10} - a_{11}x_1) - P_1(x_1)x_2, \\
\dot{x}_2 = x_2(-a_{20} + a_{21}x_1 - a_{23}x_3) \\
\quad\ = x_2(-a_{20} + k_1P_1(x_1)) - P_2(x_2)x_3, \\
\dot{x}_3 = x_3(-a_{30} + a_{32}x_2) \\
\quad\ = x_3(-a_{30} + k_2P_2(x_2)),
\end{cases}
$$

其中 $P_1(x_1) - a_{12}x_1$, $P_2(x_2) = a_{23}x_2$, $k_1 = \dfrac{a_{21}}{a_{12}}, k_2 = \dfrac{a_{32}}{a_{23}}$. 这里我们就有在一般功

能性反应情况下捕食链系统的图表示和数学模型

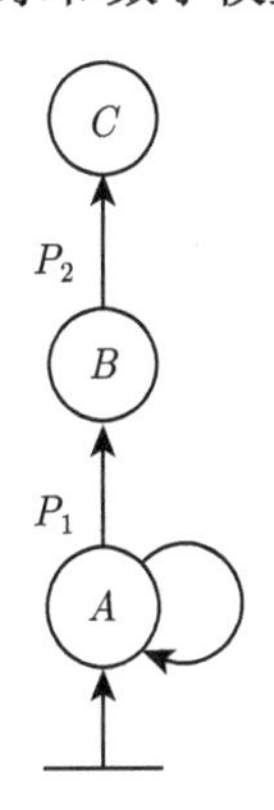

$$\begin{cases} \dot{x}_1 = x_1(a_{10} - a_{11}x_1) - P_1(x_1)x_2, \\ \dot{x}_2 = x_2(-a_{20} + k_1P_1(x_1)) - P_2(x_2)x_3, \\ \dot{x}_3 = x_3(-a_{30} + k_2P_2(x_2)). \end{cases} \tag{1.106}$$

下面我们也就各种特殊的功能性反应函数, 举几个例子来说明:

(1) 两个捕食者种群均为 II 类功能性反应, 即有

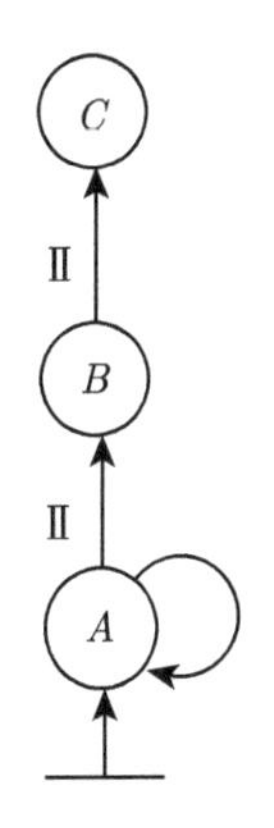

$$\begin{cases} \dot{x}_1 = x_1(a_{10} - a_{11}x_1) - \dfrac{m_1x_1}{a_1 + x_1}x_2, \\ \dot{x}_2 = x_2\left(-a_{20} + k_1\dfrac{m_1x_1}{a_1 + x_1}\right) - \dfrac{m_2x_2}{a_2 + x_2}x_3, \\ \dot{x}_3 = x_3\left(-a_{30} + k_2\dfrac{m_2x_2}{a_2 + x_2}\right). \end{cases} \tag{1.107}$$

(2) 两个捕食者种群均为Ⅲ类功能性反应, 即有

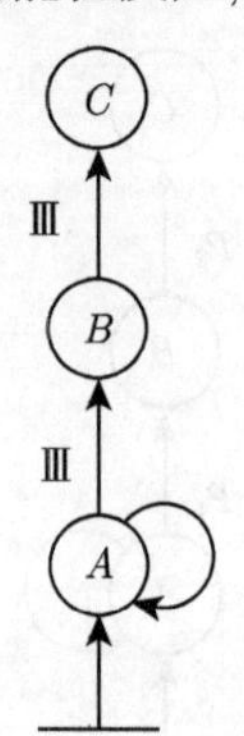

$$\begin{cases} \dot{x}_1 = x_1(a_{10} - a_{11}x_1) - \dfrac{m_1 x_1^2}{a_1 + x_1^2} x_2, \\ \dot{x}_2 = x_2\left(-a_{20} + k_1 \dfrac{m_1 x_1^2}{a_1 + x_1^2}\right) - \dfrac{m_2 x_2^4}{a_2 + x_4^2} x_3, \\ \dot{x}_3 = x_3\left(-a_{30} + k_2 \dfrac{m_2 x_2^2}{a_2 + x_2^2}\right). \end{cases} \tag{1.108}$$

(3) 两个捕食者种群中一个为线性功能性反应函数, 另一个为Ⅱ类功能性反应函数, 则有模型

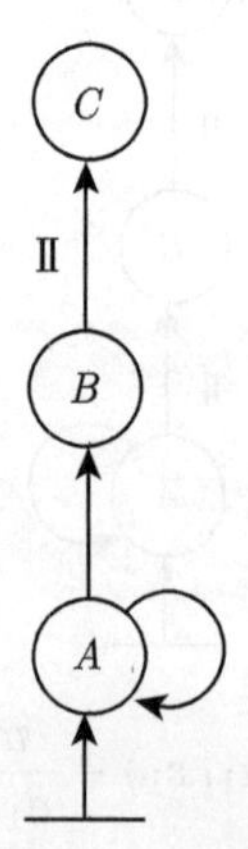

$$\begin{cases} \dot{x}_1 = x_1(a_{10} - a_{11}x_1) - a_1 x_1 x_2, \\ \dot{x}_2 = x_2(-a_{20} + a_{21}x_1) - \dfrac{m_2 x_2}{a_2 + x_2} x_3, \\ \dot{x}_3 = x_3\left(-a_{30} + k \dfrac{m_2 x_2}{a_2 + x_2}\right), \quad k > 0. \end{cases} \tag{1.109}$$

关于捕食链系统的模型, 我们只举了这三个例子. 虽然还存在很多其他情况, 但只要按照相同的法则均可建立其数学模型.

3) 一个捕食者种群, 两个食饵种群的情况

如前, 我们还是从 Volterra 型模型 (线性功能性反应) 开始考虑. 设种群 C 为捕食者, 种群 A 和 B 均为种群 C 的食饵, 模型为

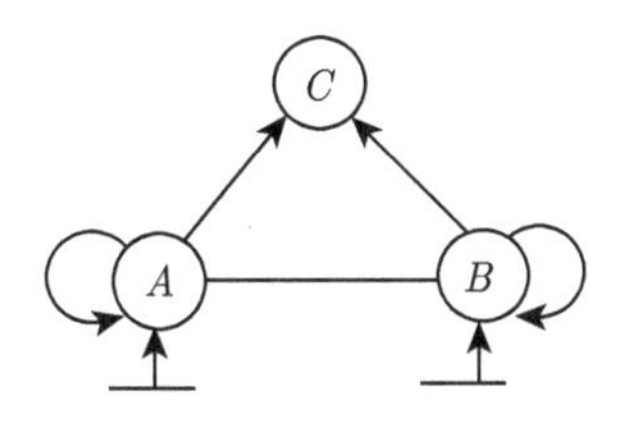

$$
\begin{cases}
\dot{x}_1 = x_1(a_{10} - a_{11}x_1) - a_{13}x_1x_3 \\
\quad\ = x_1(a_{10} - a_{11}x_1) - P_1(x_1)x_3, \\
\dot{x}_2 = x_2(a_{20} - a_{22}x_2) - a_{23}x_2x_3 \\
\quad\ = x_2(a_{20} - a_{22}x_2) - P_2(x_2)x_3, \\
\dot{x}_3 = x_3(-a_{30} + a_{31}x_1 + a_{32}x_2) \\
\quad\ = x_3(-a_{30} + k_1P_1(x_1) + k_2P_2(x_2)),
\end{cases}
$$

这里 $P_1(x_1) = a_{13}x_1$ 表示在单位时间内种群 C 的每一个捕食者捕食食饵 A 的个数, 即捕食率; 而 a_{13} 表示每一个食饵 A 在单位时间内被每一个捕食者 C 发现的发现率. 同样 $P_2(x_2) = a_{23}x_2$ 是种群 C 捕食种群 B 的捕食率, a_{23} 是每一个食饵 B 在单位时间内被每一个捕食者 C 所发现的发现率. 因为我们在这里把捕食率 (功能性反应) 线性化了, 所以两个食饵种群的被发现率均为常数. 但实际上并非如此, 在考虑其他类型的功能性反应时, 发现率就不是常数. 例如 II 类功能性反应, 为了简单起见, 我们先以两个种群模型为例, 若 B 是捕食者种群, A 是食饵种群, 则由前面的叙述, 我们知道有模型

$$
\begin{cases}
\dot{x}_1 = x_1(a_{10} - a_{11}x_1) - \dfrac{m_1x_1}{a_1 + b_1x_1}x_2, \\
\dot{x}_2 = x_2\left(-a_{20} + k\dfrac{m_1x_1}{a_1 + b_1x_1}\right),
\end{cases}
$$

其中 $P(x_1) \equiv \dfrac{m_1x_1}{a_1 + b_1x_1}$ 是捕食率 (II 类功能性反应), 表示在单位时间内每一个捕食者 B 捕捉食饵 A 的个数. 因而 $\overline{P}(x_1) \equiv \dfrac{m_1}{a_1 + b_1x_1}$ 则为每一个食饵 A 在单位时间内被每一个捕食者 B 所发现的发现率, 显然这时的发现率已不是常数了. $\overline{P}(x_1)$ 的大小与食饵种群 A 的密度 x_1 的大小成反比, 这也就是说, 食饵种群的数目越多, 每一个食饵被每一个捕食者发现的可能性就越小. 若在某一环境中, 有一个捕食者种群 C, 而同时存在着两个食饵种群 A 和 B, 即每一个食饵 A 被每一个捕食者 C

所发现的发现率就不仅与食饵 A 的密度 x_1 成反比. 因为当捕食者 C 遇到食饵 B 时, 即先捕食 B, 从而就减少了食饵 A 被发现的可能性. 因而可以认为：每一个食饵 A 被每一个捕食者 C 所发现的发现率不仅与食饵 A 的密度 x_1 成反比, 而且与两个食饵种群 A 和 B 总和的密度成反比. 但考虑到食饵种群 A 和 B 躲避捕食者种群 C 的捕捉的能力不一样, 所以在Ⅱ类功能性反应的情况下, 我们认为每一个食饵 A 被每一个捕食者 C 所发现的发现率 $\overline{P}_1(x_1, x_2)$ 为

$$\overline{P}_1 = \frac{m_1}{a_1 + b_1 x_1 + b_2 x_2}.$$

同样, 每一个食饵 B 被每一个捕食者 C 所发现的发现率 $\overline{P}_2(x_1, x_2)$ 为

$$\overline{P}_2 = \frac{m_2}{a_1 + b_1 x_1 + b_2 x_2},$$

也就是说种群 C 捕食种群 B 的捕食率为

$$P_2 = \frac{m_2 x_2}{a_1 + b_1 x_1 + b_2 x_2},$$

种群 C 捕食种群 A 的捕食率为

$$P_1 = \frac{m_1 x_1}{a_1 + b_1 x_1 + b_2 x_2}.$$

因而一捕食者种群, 两食饵种群, 捕食者的功能性反应为Ⅱ类功能性反应时的模型为

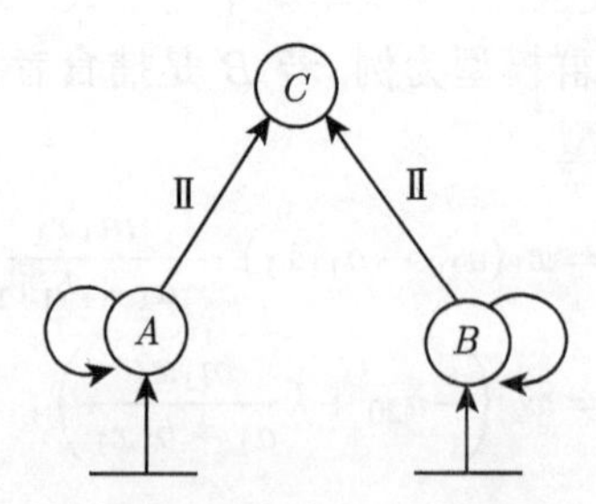

$$\begin{cases} \dot{x}_1 = x_1(a_{10} - a_{11}x_1) - \dfrac{m_1 x_1}{a_1 + b_1 x_1 + b_2 x_2} x_3, \\ \dot{x}_2 = x_2(a_{20} - a_{22}x_2) - \dfrac{m_2 x_2}{a_1 + b_1 x_1 + b_2 x_2} x_3, \\ \dot{x}_3 = x_3 \left(-a_{30} + \dfrac{k_1 m_1 x_1 + k_2 m_2 x_2}{a_1 + b_1 x_1 + b_2 x_2} \right). \end{cases} \tag{1.110}$$

同样, 对于三个种群互相作用的模型, 如果考虑在三种群中存在捕食被捕食或寄生物与寄主的关系时, 也要考虑互相干扰的因素, 那么模型将会更复杂. 若写成一般的形式, 则称之为 Kolmogrov 模型:

$$\begin{cases} \dot{x}_1 = x_1 F_1(x_1, x_2, x_3), \\ \dot{x}_2 = x_2 F_2(x_1, x_2, x_3), \\ \dot{x}_3 = x_3 F_3(x_1, x_2, x_3). \end{cases} \tag{1.111}$$

1.3.4 食饵具有避难所的三个种群模型

在 1.1 节中, 我们曾提到 Crombic 的实验, 他把一玻璃管放入面粉中, 使锯谷盗的幼虫有一个避难处而不被杂拟谷盗所食, 于是锯谷盗与杂拟谷盗得以共存. 怎样用数学模型来描述这种现象呢? 我们先就两种群模型来讨论. 若 A 为食饵种群, 在时刻 t 时的密度用 $x_1(t)$ 表示, B 为捕食者种群, 在时刻 t 时的密度用 $x_2(t)$ 表示. 则当 A 种群不存在避难所时的 Volterra 型模型为

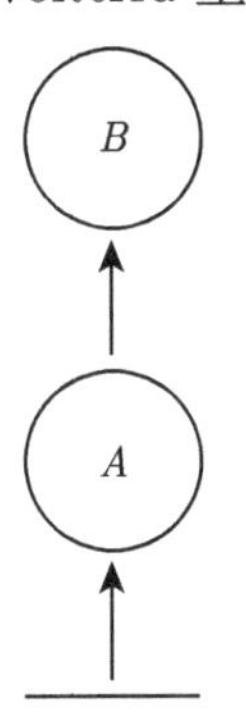

$$\begin{cases} \dot{x}_1 = a_{10}x_1 - a_{12}x_1x_2, \\ \dot{x}_2 = x_2(-a_{20} + ka_{12}x_1), \end{cases} \qquad k = \frac{a_{21}}{a_{12}}.$$

我们知道, 这里 $a_{12}x_1$ 是捕食率, 即每一个捕食者在单位时间内捕食食饵的个数, 而 a_{12} 为每一个食饵在单位时间内被每一个捕食者所发现的发现率. 因为现在有 x_1 个食饵都是可被捕食者所发现的, 所以每一个捕食者在单位时内能捕捉到的食饵个数为 $a_{12}x_1$. 如果食饵种群有一个容量为 h 的避难所, 那么这 h 个食饵在避难所内是不会被捕食者所发现. 这样可能被捕食者所发现的食饵的个数应为 $x_1 - h$, 因而有避难所时捕食率则为 $a_{12}(x_1 - h)$. 在上述模型中, 以 $a_{12}(x_1 - h)$ 代替 $a_{12}x_1$, 则得到有避难所时的模型

$$\begin{cases} \dot{x}_1 = a_{10}x_1 - a_{12}(x_1 - h)x_2, \\ \dot{x}_2 = -a_{20}x_2 + a_{21}(x_1 - h)x_2. \end{cases} \tag{1.112}$$

我们用同样的道理来建立有避难所时的三个种群模型, 下面分三种情况来建立.

1) 两个捕食者种群 C 和 B、一个食饵种群 A 且在 A 有避难所时的模型

先看 A 无避难所时的模型

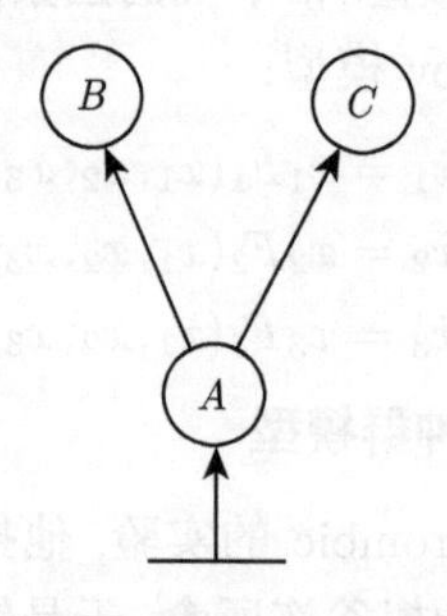

$$\begin{cases} \dot{x}_1 = a_{10}x_1 - a_{12}x_1x_2 - a_{13}x_1x_3, \\ \dot{x}_2 = x_2(-a_{20} + k_1a_{12}x_1), \quad k_1 = \dfrac{a_{21}}{a_{12}}, \\ \dot{x}_3 = x_3(-a_{30} + k_2a_{13}x_1), \quad k_2 = \dfrac{a_{31}}{a_{13}}. \end{cases}$$

现在如果种群 A 有一个容量为 h 的避难所, 那么因为有 h 个食饵在避难所内不能被捕食者 B 所发现, 同样这 h 个在避难所内的 A 种群也不能被捕食者 C 所发现, 所以只要把上面模型中的捕食率 $a_{12}x_1$ 换成 $a_{12}(x_1-h)$, 把 $a_{13}x_1$ 换成 $a_{13}(x_1-h)$, 就得到有避难所时模型

$$\begin{cases} \dot{x}_1 = a_{10}x_1 - a_{12}(x_1-h)x_2 - a_{13}(x_1-h)x_3, \\ \dot{x}_2 = -a_{20}x_2 + k_1a_{12}(x_1-h)x_2, \\ \dot{x}_3 = -a_{30}x_3 + k_2a_{13}(x_1-h)x_3. \end{cases} \tag{1.113}$$

2) 一捕食者种群 C, 两个食饵种群 A 和 B 且当 A 和 B 都有避难所时的模型

同样, 我们先写出无避难所时的模型为

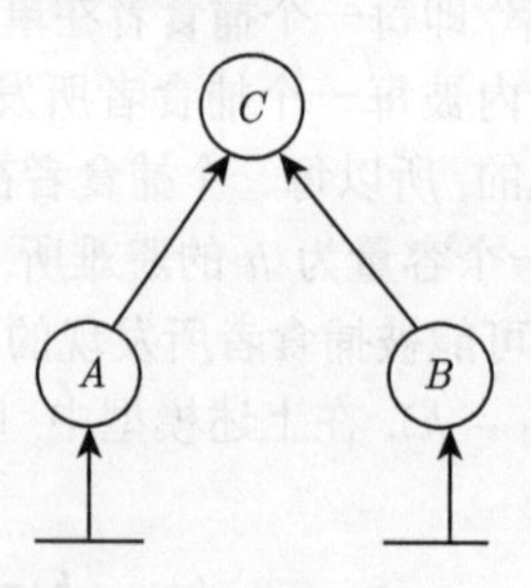

$$\begin{cases} \dot{x}_1 = a_{10}x_1 - a_{13}x_1x_3, \\ \dot{x}_2 = a_{20}x_2 - a_{23}x_2x_3, \\ \dot{x}_3 = x_3(-a_{30} + a_{31}x_1 + a_{32}x_2). \end{cases}$$

如果食饵种群 A 有一容量为 h 的避难所, 食饵种群 B 有一容量为 k 的避难所, 则其模型可以用类似于前面所说的做法得到

$$\begin{cases} \dot{x}_1 = a_{10}x_1 - a_{13}(x_1 - h)x_3, \\ \dot{x}_2 = a_{20}x_2 - a_{23}(x_2 - k)x_3, \\ \dot{x}_3 = x_3[-a_{30} + a_{31}(x_1 - h) + a_{32}(x_2 - k)]. \end{cases} \tag{1.114}$$

3) 捕食链的情况且有避难所时的模型

我们仍然先从无避难所时的模型出发, 这时模型为

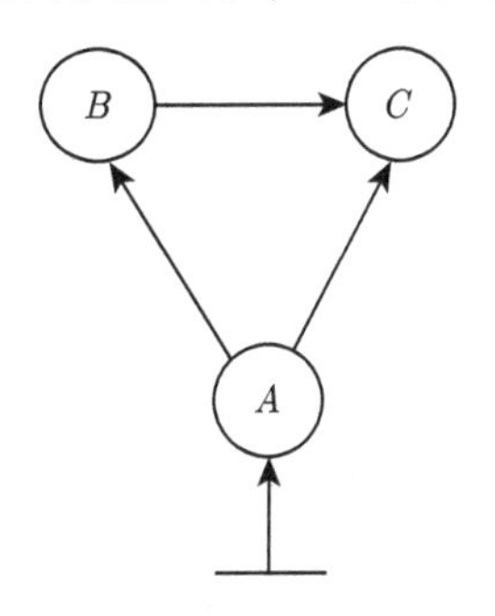

$$\begin{cases} \dot{x}_1 = a_{10}x_1 - a_{12}x_1x_2 - a_{13}x_1x_3, \\ \dot{x}_2 = -a_{20}x_2 + a_{21}x_1x_2 - a_{23}x_2x_3, \\ \dot{x}_3 = -a_{30}x_3 + a_{31}x_1x_3 + a_{32}x_2x_3. \end{cases}$$

我们分下面三种情况来建立数学模型.

(1) 我们可称 A 为第一食饵, B 为第二食饵. 当第一食饵 A 有容量为 h 的避难所, 第二食饵 B 无避难所时, 我们只要把前一模型中的 $a_{12}x_1$ 和 $a_{13}x_1$ 分别改为 $a_{12}(x_1 - h)$ 和 $a_{13}(x_1 - h)$, 即得模型

$$\begin{cases} \dot{x}_1 = a_{10}x_1 - a_{12}(x_1 - h)x_2 - a_{13}(x_1 - h)x_3, \\ \dot{x}_2 = -a_{20}x_2 + a_{21}(x_1 - h)x_2 - a_{23}x_2x_3, \\ \dot{x}_3 = -a_{30}x_3 + a_{31}(x_1 - h)x_3 + a_{32}x_2x_3. \end{cases} \tag{1.115}$$

(2) 设第一食饵 A 无避难所, 第二食饵 B 有容量为 k 的避难所. 因为 B 既是 C 的食饵又是 A 的捕食者, 所以当 k 个 B 在避难所内时, 它们则不可能被 C 所发现, 但同时这 k 个 B 也不能去发现 A, 因此这时模型应为

$$\begin{cases} \dot{x}_1 = a_{10}x_1 - a_{12}x_1(x_2 - k) - a_{13}x_1x_3, \\ \dot{x}_2 = -a_{20}x_2 + a_{21}x_1(x_2 - k) - a_{23}(x_2 - k)x_3, \\ \dot{x}_3 = -a_{30}x_3 + a_{31}x_1x_3 + a_{32}(x_2 - k)x_3. \end{cases} \tag{1.116}$$

(3) 设两个食饵都有避难所. 第一食饵种群 A 有容量为 h 的避难所, 第二食饵种群 B 有容量为 k 的避难所, 类似于上述的方法, 可得模型

$$\begin{cases} \dot{x}_1 = a_{10}x_1 - a_{12}(x_1 - h)(x_2 - k) - a_{13}(x_1 - h)x_3, \\ \dot{x}_2 = -a_{20}x_2 + a_{21}(x_1 - h)(x_2 - k) - a_{23}(x_2 - k)x_3, \\ \dot{x}_3 = -a_{30}x_3 + a_{31}(x_1 - h)x_3 + a_{32}(x_2 - k)x_3. \end{cases}$$

即

$$\begin{cases} \dot{x}_1 = a_{10}x_1 - (x_1 - h)[a_{12}(x_2 - k) + a_{13}x_3], \\ \dot{x}_2 = -a_{20}x_2 + (x_2 - k)[a_{21}(x_1 - h) - a_{23}x_3], \\ \dot{x}_3 = -a_{30}x_3 + a_{31}(x_1 - h)x_3 + a_{32}(x_2 - k)x_3. \end{cases} \tag{1.117}$$

开发资源的三个种群互相作用的模型, 基本上是按照单种群和两种群互相作用的模型类推的, 具时迟情况也如此, 但要复杂得多了, 这里不再细述, 这类模型的研究也比较困难.

1.3.5 离散时间的三种群互相作用的模型

离散时间的模型与连续时间的模型形式基本上是相同的, 只要把那里的微分都改成差分即可, 这里不去一一罗列, 我们将介绍另一种建立模型的思想方法. 首先回忆两个种群捕食与被捕食 (或寄生物与寄主) 的离散时间的 Nicholson 模型. 若以 N_t 表示第 t 代被捕食者 (寄主) 种群的密度, 以 P_t 表示第 t 代捕食者 (寄生物) 种群的密度, 则 Nicholson 模型为

$$\begin{cases} N_{t+1} = \lambda N_t \exp(-aP_t), \\ P_{t+1} = N_t[1 - \exp(-aP_t)]. \end{cases} \tag{1.118}$$

其推广形式为

$$\begin{cases} N_{t+1} = \lambda N_t f(N_t, P_t), \\ P_{t+1} = rN_t[1 - f(N_t, P_t)], \end{cases} \tag{1.119}$$

这里 r 为常数, 我们可把 $f(N_t, P_t)$ 看成是食饵种群不被捕食者种群所发现的概率, 这样每一食饵被捕食者发现后捕捉的概率为 $1 - f(N_t, P_t)$. 我们再假设当没有捕食者种群时食饵种群的增长是非密度制约的, 即当没有捕食者种群时食饵种群的增长模型为

$$N_{t+1} = \lambda N_t.$$

由于有捕食者存在, 因此只有那些不被捕食者所发现的食饵种群可以繁殖, 所以有

$$N_{t+1} = \lambda N_t f(N_t, P_t).$$

另一方面也只有那些被捕食者捕捉的食饵, 能转化为捕食者 (被消化后生长出捕食者), 所以有

$$P_{t+1} = rN_t[1 - f(N_t, P_t)],$$

这样我们就得到模型 (1.119).

Beddington-Hammand(1977) 用这种思想来研究三个种群寄生物与寄主之间的作用. 设寄主为 N, 而 P 是 N 的寄生物, 但 P 又是另一种群 Q 的寄主. 一旦 P 寄生到 N 的身上, 随之 Q 就寄生到 P 的身上. 也就是说, 当 P 还没有寄生到 N 的身上时, Q 也不寄生在这种 P 的身上. P 称为第一寄生物, 而 Q 则称为第二寄生物. 这样三种群的寄生关系可用下面的数学模型来描述

$$\begin{cases} N_{t+1} = N_t F_0(N_t) F_1(P_t), \\ P_{t+1} = N_t[1 - F_1(P_t)] F_2(Q_t), \\ Q_{t+1} = N_t[1 - F_1(P_t)][1 - F_2(Q_t)], \end{cases} \tag{1.120}$$

其中 $F_0(N_t)$ 为寄主增长率, $F_1(P_t)$ 为寄主不被第一寄生物 P 寄生的概率, $F_2(Q_t)$ 为第一寄生物中没有被第二寄生物 Q 寄生的概率.

May 与 Hassell(1981) 则研究了一个寄主种群 N 和两个寄生物种群 P 和 Q, 在寄生活动中 P 总是优先于 Q, 种群 P 优先寄生到寄主 N 的身上, 而 Q 则只寄生在那些没有被 P 所寄生的 N 的身上, 也就是说, 只要被 P 所寄生的 N, Q 则不再去寄生, 这时三个种群作用的模型为

$$\begin{cases} N_{t+1} = \lambda N_t f_1(P_t) f_2(Q_t), \\ P_{t+1} = N_t[1 - f_1(P_t)], \\ Q_{t+1} = N_t f_1(P_t)[1 - f_2(Q_t)], \end{cases} \tag{1.121}$$

其中 $f_1(P_t)$ 为寄主没有被 P 找到的概率, $f_2(Q_t)$ 为寄主没有被 Q 找到的概率.

把上述建立模型的想法严格化, 则可叙述如下:

设 A 和 B 分别表示天敌 P 和 Q 对害虫 N 作用的事件, 这事件发生的概率分别记为 $P_1(P)$ 和 $P_2(Q)$, 由概率的公式有

$$P(A \cup B) = P(A) + P(B) - P(A \cap B).$$

分两种情况:

(i) 若 P, Q 同为捕食天敌, 则

$$P(A \cap B) = 0.$$

因而没有被天敌捕食的害虫的数目 N_t^0 为

$$N_t^0 = N_t(1 - P_1(P) - P_2(Q)).$$

(ii) 若 P 和 Q 同是寄生天敌, 则一般 $A\cap B\neq 0$.

(a) 当事件 A 和 B 互不相容时

$$P(A\cup B)=P_1(P)+P_2(Q),$$

因而没有被天敌寄生的害虫的数目 N_t^0 为

$$N_t^0=N_t(1-P_1(P)-P_2(Q)).$$

(b) 当事件 A 和 B 相容时

$$P(A\cup B)=P_1(P)+P_2(Q)-P_1(P)P_2(Q),$$

因而没有被天敌寄生的害虫的数目 N_t^0 为

$$\begin{aligned}N_t^0&=N_t(1-P_1(P)-P_2(Q)+P_1(P)P_2(Q))\\&=N_t(1-P_1(P))(1-P_2(Q)).\end{aligned}$$

根据上述各种不同的情况, 可以给出下面几种不同作用形式的相应的数学模型:

(1) 两个天敌种群 P 和 Q, 作用于一个害虫种群 N, 并设这两个作用是互不相容的, 模型为

$$\begin{cases}N_{t+1}=N_tf_0(N_t)(1-P_1(P_t)-P_2(Q_t)),\\P_{t+1}=C_1N_tP_1(P_t),\\Q_{t+1}=C_2N_tP_2(Q_t),\end{cases}\tag{1.122}$$

这里 $f_0(N_t)$ 是第 t 代害虫的增长率, C_1,C_2 是正常数, 在寄生的情况下 $C_1=C_2=1$.

(2) 若 P 种群先对 N 种群作用, 而 Q 种群只是接着对那些没有被 P 作用的 N 的余存者进行作用. 换言之, Q 只能吃 P 所剩余的食物 N. 其模型为

$$\begin{cases}N_{t+1}=f_0(N_t)N_t(1-P_1(P_t))(1-P_2'(Q_t)),\\P_{t+1}=C_1N_tP_1(P_t),\\Q_{t+1}=C_2N_t(1-P_1(P_t))P_2'(Q_t),\end{cases}\tag{1.123}$$

其中 $P_2'(Q_t)$ 表示 Q 对 N 的余存者作用的概率.

(3) 如果 P 和 Q 同时寄生于 N, 但它们的作用是相互独立的, 并考虑到它们

在寄生中的竞争效应, 则相应的数学模型为

$$\begin{cases} N_{t+1} = N_t f_0(N_t)(1-P_1(P_t))(1-P_2(Q_t)), \\ P_{t+1} = N_t\left(P_1(P_t) - \dfrac{b}{a+b}P_1(P_t)P_2(Q_t)\right), \\ Q_{t+1} = N_t\left(P_2(Q_t) - \dfrac{a}{a+b}P_1(P_t)P_2(Q_t)\right), \end{cases} \tag{1.124}$$

式中 a,b 是 P,Q 在多寄生 (multi-parastaid) 中通过竞争营养物决定出的 P 对 Q 的存活比.

在考虑两种天敌同时对一种害虫进行攻击时, 为了使模型进一步接近实际情况. 应该考虑两种天敌在攻击过程中的竞争效应. 若把这种攻击时的竞争效应和它们本种内的干扰效应都在天敌与害虫作用系统中反映出来, 则模型 (1.124) 应变成下面更一般的形式

$$\begin{cases} N_{t+1} = N_t f_0(N_t)(1-P_1(N_t,P_t,Q_t))(1-P_2(N_t,P_t,Q_t)), \\ P_{t+1} = N_t\left(P_1(N_t,P_t,Q_t) - \dfrac{b}{a+b}P_1(N_t,P_t,Q_t)P_2(N_t,P_t,Q_t)\right), \\ Q_{t+1} = N_t\left(P_2(N_t,P_t,Q_t) - \dfrac{a}{a+b}P_1(N_t,P_t,Q_t)P_2(N_t,P_t,Q_t)\right). \end{cases} \tag{1.125}$$

(4) 如果 P 作用于 N, 而 Q 紧随着作用于 P, 则数学模型为

$$\begin{cases} N_{t+1} = N_t f_0(N_t)(1-P_1(P_t)), \\ P_{t+1} = N_t P_1(P_t)(1-P_2'(Q_t)), \\ Q_{t+1} = N_t P_1(P_t)P_2'(Q_t), \end{cases} \tag{1.126}$$

式中 $P_2'(Q_t)$ 是 Q 作用于对 N 起过作用的那些 P 中的成员的概率.

(5) 如果 P 寄生于 N, 同时 Q 捕食 N, 但它们的作用又是相互独立的, 而 Q 也捕食 P, 那么其数学模型为

$$\begin{cases} N_{t+1} = N_t f_0(N_t)(1-P_1(P_t))(1-P_2(Q_t)), \\ P_{t+1} = C_1 N_t P_1(P_t)(1-P_2(Q_t)), \\ Q_{t+1} = C_2(N_t P_2(Q_t) + P_1(P_t)P_{21}(Q_t)), \end{cases} \tag{1.127}$$

式中 $P_{21}(Q_t)$ 是 Q 对 P 的捕食概率.

1.3.6 多个种群的群落的数学模型

对于四个种群, 以及更多的种群相互作用的模型的建立也与三个种群情况一样. 例如, 有四个种群, 而其中两个是“资源” (被捕食者) 种群, 另外两个是“消耗

者”种群 (捕食者). 如果资源是按 Logistic 增长的, 消耗者之间互不影响, 则它的简单的模型为

$$\begin{cases} \dot{x}_1 = x_1\left[r_1\left(1-\dfrac{x_1}{K_1}\right)-K_{11}y_1-K_{12}y_2\right], \\ \dot{x}_2 = x_2\left[r_2\left(1-\dfrac{x_2}{K_2}\right)-K_{21}y_1-K_{22}y_2\right], \\ \dot{y}_1 = y_1(b_{11}x_1+b_{12}x_2-D_1), \\ \dot{y}_2 = y_2(b_{21}x_1+b_{22}x_2-D_2). \end{cases} \tag{1.128}$$

更为一般的, m 个食饵种群, n 个捕食者种群的模型

$$\begin{cases} \dfrac{dx_i}{dt} = r_ix_i-\sum\limits_{j=1}^{n}r_{ij}x_iy_j, \quad i=1,2,\cdots,m, \\ \dfrac{dy_k}{dt} = -\varepsilon_ky_k+\sum\limits_{j1}^{m}K_{kj}x_jy_k, \quad k=1,2,\cdots,n. \end{cases} \tag{1.129}$$

以上各模型中的所有参数都为正. 这是一般的考虑. 假设每个捕食者对每个食饵都起作用, 也可以考虑某些特殊的情况. 例如, 每个捕食者都有一个对应的食饵, 它对别的食饵不起作用, 只是食饵之间密度发生互相制约, 也不是所有食饵之间密度都有制约作用, 例如, 对于食饵 x_i, 只其邻近的 x_{i-1} 和 x_{i+1} 的密度对它有制约作用, 这样的模型为

$$\begin{cases} \dfrac{dx_i}{dt} = x_i[a_i-d_iy_i-\varepsilon_i(x_{i-1}+x_{i+1})], \quad \varepsilon_i>0, \\ \dfrac{dy_i}{dt} = y_i(-b_i+\beta_ix_i), \quad i=1,2,\cdots,n. \end{cases} \tag{1.130}$$

一般的多维 Latka-Volterra 模型为

$$\dot{x}_i = x_i\left(b_i+\sum_{j=1}^{m}a_{ij}x_j\right), \quad i=1,2,\cdots,m. \tag{1.131}$$

这里 b_i, a_{ij} 对 $i,j=1,2,\cdots,m$ 是常数. (注意: 这里并不一定全是正的, 其符号要看各种群之间的具体关系而定.) 这里, 考虑每一种群本身是线性密度制约的. 如果是非线性密度制约的, 则形式比较复杂. 例如, Gilpin 和 Ayala 考虑模型

$$\dot{x}_i = r_ix_i\left[1-\left(\frac{x_i}{K_i}\right)^{\theta_i}-\sum_{j\neq i}^{m}\alpha_{ij}\left(\frac{x_j}{K_i}\right)\right], \tag{1.132}$$

这里 $\theta_i>0$. 在 (1.131) 和 (1.132) 中考虑每一种群之间的影响是线性的, 当然, 也

可以把它们考虑成是非线性的, 例如

$$\dot{x}_i = r_i x_i \left[1 - \sum_{j=1}^{m} E_{ij} \left(\frac{x_j}{K_j} \right)^{\theta_j} \right], \tag{1.133}$$

$\theta_i > 0$. 最为一般的形式为 Kolmogorov 模型

$$\dot{x}_i = x_i F_i(x_1, x_2, \cdots, x_m), \quad i = 1, 2, \cdots, m, \tag{1.134}$$

其中 $F_1, F_2, \cdots, F_m$ 是一般非线性函数.

离散时间形式为

$$N_i(t+1) = G_i(N_1(t), N_2(t), \cdots, N_m(t)), \tag{1.135}$$

这里 $i = 1, 2, \cdots, m$, G_i 为种群密度的连续函数. 其他的具体的方程, 例如, (1.131) 也有相应的离散时间模型, 只要把那里的微分改为差分即可, 这里不再一一罗列.

关于被开发的系统的模型, 仿照单种群的模型, 相应地, 有

$$\dot{x}_i = x_i F_i(x_1, x_2, \cdots, x_m) + h_i, \quad i = 1, 2, \cdots, m, \tag{1.136}$$

或非常数收获率 (上式中 h_i 为常数, 其正、负号由具体情况而定) 有

$$\dot{x}_i = x_i F_i(x_1, x_2, \cdots, x_m, u_1(t), u_2(t), \cdots, u_m(t)), \quad i = 1, 2, \cdots, m, \tag{1.137}$$

$u_i(t)$ 为摄动函数, 一般设为有界, 即

$$-\zeta_i \leqslant u_i(t) \leqslant \zeta_i,$$

$\zeta_i\,(i = 1, 2, \cdots, m)$ 是常数.

第2章 单种群模型的研究

2.1 连续时间单种群模型的研究

这一节我们考虑连续时间的无时迟的种群密度分布是均匀的单种群模型. 这里最重要的问题就是平衡位置的局部稳定性和大范围稳定性的问题, 也就是种群是否保持生态平衡的问题, 我们知道单种群的一般模型为

$$\dot{N} = NF(N). \tag{2.1}$$

定理 2.1 如果函数 $F(N)$ 满足下列条件, 则模型 (2.1) 是全局稳定的.

(i) 有一个正平衡位置 N^*, 即存在 $N^* > 0$, 使

$$F(N^*) = 0;$$

(ii) 对于 $N^* > N > 0$ 有 $F(N) > 0$;

(iii) 对于 $N > N^*$ 有 $F(N) < 0$.

证明 考虑 Lyapunov 函数 (见附录)

$$V(N) = N - N^* - N^* \ln(N/N^*),$$

沿着 (2.1) 的解有

$$\dot{V}(N) = (N - N^*)F(N) < 0, \quad 当N \neq N^*时,$$

因此平衡位置 N^* 为全局稳定的.

我们也可以用更直观的方法来证明. 观察在 (N,t) 平面上的第一象限解的图像, 如图 2.1 所示. 因为在区域 $N^* > N > 0$ 内有 $\dot{N} = NF(N) > 0$, 所以在这一区域内, 经过每一点的解曲线都是随 t 的增加而严格单调上升的, 而且当 $t \to \infty$ 时有 $N(t) \to N^*$. 因为很容易证明, 如果对于某一个解当 $t \to \infty$ 时有 $N(t) \to \overline{N}$, 则必有 $\overline{N} = N^*$. 同样由于在区域 $N > N^*$ 内有 $\dot{N} = NF(N) < 0$, 因此在这一区域内, 经过每一点的解曲线都是随 t 的增加而严格减少的, 而且当 $t \to \infty$ 时有 $N(t) \to N^*$. 这就证明了从任何正初始值出发的解, 当 $t \to \infty$ 时都趋于 $N = N^*$, 因而 $N = N^*$ 是全局稳定的.

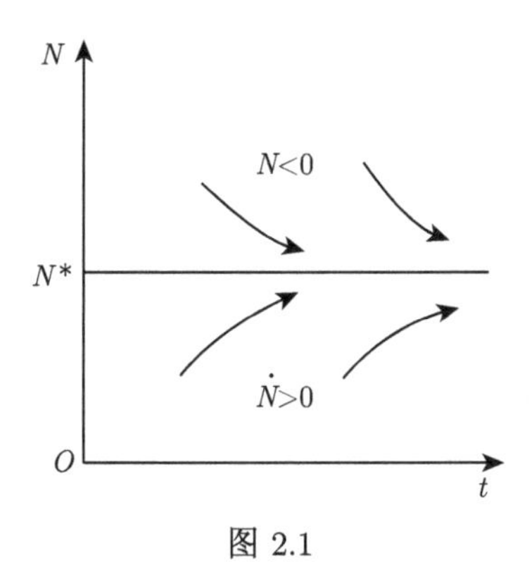

图 2.1

例 2.1 Logistic 模型

$$\dot{N}=\frac{r}{K}N(K-N). \tag{2.2}$$

在这种情况下, 函数 $F(N)$ 是 N 的线性函数, 具有负斜率. $F(0)=r$, $F(K)=0$, 以及对于 $K>N>0$ 有 $F(N)>0$, 对于 $N>K$ 有 $F(N)<0$, 由定理 2.1, 平衡位置 $N=K$ 是全局稳定的.

例 2.2 Gilpin 和 Ayala(1973) 考虑模型

$$\dot{N}=rN\left[1-\left(\frac{N}{K}\right)^{\theta}\right], \tag{2.3}$$

这里 r, K 和 θ 是正常数, 有平衡点 $N=K$, 这里函数 $F(N)=r\left[1-\left(\frac{N}{K}\right)^{\theta}\right]$ 是单调减少函数, 当 $K>N>0$ 时为正的, 而当 $N>K$ 时为负的, 由定理 2.1 平衡位置 $N=K$ 是全局稳定的.

例 2.3 Swann 和 Vincent(1977) 考虑模型

$$\dot{N}=-\alpha N\ln\left(\frac{N}{K}\right), \tag{2.4}$$

这里 α 和 K 为常数, 函数 $F(N)=-\alpha N\ln\left(\frac{N}{K}\right)$ 是单调减少函数, 当 $N\to 0^+$ 时 $F(N)\to\infty$, 正平衡点是 $N=K$, 当 $K>N>0$ 时, $F(N)>0$, 而当 $N>K$ 时, $F(N)<0$, 由定理 2.1, 正平衡位置 $N=K$ 是全局稳定的.

例 2.4 Schoener(1973) 考虑模型

$$\dot{N}=rN\left(\frac{I}{N}-c-bN\right), \tag{2.5}$$

这里 r, I, c 和 b 是正常数, $F(N) = r\left(\frac{I}{N} - c - bN\right)$ 是严格单调减少函数, 有正平衡位置 $N^* = \frac{-c+\sqrt{c^2+4bI}}{2b}$,当 $N^* > N > 0$ 时, $F(N) > 0$, 而当 $N > N^*$ 时, $F(N) < 0$, 所以正平衡位置 $N = N^*$ 是全局稳定的.

例 2.5 Odum (1971) 考虑模型

$$\dot{N} = N(-d + bN - aN^2), \tag{2.6}$$

这里 a, b, d 为正常数, 函数 $F(N) = -d + bN - aN^2$, 当 $N > 0$ 时有单峰, 且有正平衡位置: $N_1 \frac{b-\sqrt{b^2-4ab}}{2a}$ 以及 $N_2 \frac{b+\sqrt{b^2-4ab}}{2a}$, 这里假设 $b^2 - 4ab > 0$, 低密度的平衡位置 N_1 是不稳定的, 高密度的平衡位置 N_2 是稳定的, 它的吸收区域为 $\{N|N > N_1\}$(即所有初始值落在区域 $N > N_1$ 内的解当 $t \to \infty$ 时都趋于平衡位置 N_2).

例 2.6 Piank (1972) 考虑具对称效果的模型

$$\dot{N} = N\left[b + \frac{N(a-N)}{1+cN}\right], \tag{2.7}$$

这里 a, b, c 是正常数, 函数 $F(N) = b + \frac{N(a-N)}{1+cN}$ 有一个极大值在 $N^{**} = \frac{-1+\sqrt{1+ac}}{c}$, 有两个正平衡位置, $N_1 = \frac{1}{2}[(a+bc) - \sqrt{(a+bc)^2+4b}] \leqslant 0$ 和 $N_2 = \frac{1}{2} \cdot [(a+bc) + \sqrt{(a+bc)^2+4b}] > 0$, 显然 N_1 为不稳定的, N_2 为全局稳定的.

下面我们再讨论开发了的单种群, 作为例子先考察开发了的 Logistic 模型

$$\dot{N} = \frac{r}{K}N(K-N) - h, \tag{2.8}$$

h 为常数收获率. 当 $h > \frac{rK}{4}$ 时方程 (2.8) 不存在正的平衡位置, $h = \frac{rK}{4}$ 称为"最大承受生产"(maximum sustainable yield, 简记为 (msy)), 当 $h < \frac{rK}{4}$ 时, 此模型有两个正的平衡点 $N_1 = \frac{1}{2}\left(K - \sqrt{K^2 - \frac{4hK}{r}}\right)$ 以及 $N_2 = \frac{1}{2}\left(K + \sqrt{K^2 - \frac{4hK}{r}}\right)$, 可以把方程 (2.8) 写成

$$\dot{N} = -\frac{r}{K}(N - N_1)(N - N_2).$$

当 $N_1 > N > 0$ 时, $\dot{N} < 0$; 当 $N_2 > N > N_1$ 时, $\dot{N} > 0$, 因而平衡位置 N_1 是不稳定的. 又因为当 $N_2 > N > N_1$ 时, $\dot{N} > 0$; 而当 $N > N_2$ 时, $\dot{N} < 0$, 所以 N_2 为稳定, 利用定理 2.1 可知 N_2 的吸引区域为 $\{N|N > N_1\}$.

我们看到, 这里 N_1 与收获率常数 h 的大小有关. 如果种群初始密度 N_0 在使用的收获常数 h 之下, 使得 $N_0 < N_1$, 则这种收获量必然导致种群的绝灭, 是不可行的收获; 如果在你所用的收获常数 h 之下, 使得 $N_0 > N_1$, 则这种收获量不会导致种群的绝灭, 因而这种收获是可行的收获. 为此我们常利用小常数收获率去开发低密度的种群, 而利用大的常数收获率去开发高密度的种群. 下面举例说明.

如果用 Logistic 模型

$$\dot{N} = \frac{r}{K}N(K - N)$$

来描述一水域中的鱼的增长规律, 其中 $N(t)$ 表示在时刻 t 时的水域中鱼的条数, 以 h 表示单位时间内捕捞的鱼的条数. 有捕捞后鱼的增长规律应由模型 (2.8) 所描述, 由此我们得知最大承受生产为 $h_{\text{msy}} = \frac{rK}{4}$, 但是不是可以用单位时间的捕捞数近似于 h_{msy} 来捕捞鱼呢? 这应取决于当时这个水域中现有鱼的数量 N_0. 如果当时的 $N_0 > \frac{1}{2}K$, 则我们可以用最大的捕捞率 h_{msy} 来捕鱼吃, 而且不会使这个水域中的鱼导致绝灭. 如果现在这水域中鱼的数量 $N_0 < \frac{1}{2}K$, 则我们就不能再用最大的捕捞率 h_{msy} 来捕捞鱼了, 否则会因为 $N_0 < N_1$ 而导致这个水域的鱼绝灭, 为此, 必须降低捕捞率. 人们当然希望多捕捞一些鱼, 但是究竟捕捞率 h 的值应取多大才能使得这个水域中的鱼不至于绝灭呢? 这还取决于水域中现存鱼的数量的多少! 例如, 现存鱼的数量 $N_0 = \frac{1}{4}K$, 按上面的讨论易知, 我们只要让小的平衡位置 N_1 在 $N_0 = \frac{1}{4}K$ 之下, 就不会使水域中的鱼绝灭, 也就是说要求

$$N_1 = \frac{1}{2}\left(K - \sqrt{K^2 - \frac{4hK}{r}}\right) < \frac{1}{4}K.$$

由此不等式我们可以得到, 只要捕捞率 $h < \frac{3Kr}{16}$, 就不会导致鱼的绝灭.

具有开发的单种群模型

$$\dot{N} = NF(N) - EN, \tag{2.9}$$

如果 $F(N)$ 是 N 的严格单调减少的, 并且 $\dot{N} = NF(N)$ 有一个正的平衡位置, 那么非开发的种群是全局稳定的. 在这种情况下 $\frac{\partial F}{\partial N} < 0$, 对于所有 $N > 0$, 则有 $\frac{\partial(F - E)}{\partial N} < 0$. 例如, 方程

$$\dot{N} = N\left[b + \frac{N(a - N)}{1 + cN}\right] - EN, \tag{2.10}$$

如果 $b > 0$, 非开发的种群是全局稳定的. 假设 $E > b$, 记 $d = E - b$, 则模型 (2.10)

有两个正平衡点 N_1 和 N_2:

$$N_1=\frac{1}{2}[(a-cd)-\sqrt{(a-cd)^2-4d}],$$

$$N_2=\frac{1}{2}[(a-cd)+\sqrt{(a-cd)^2-4d}],$$

N_1 为不稳定的, N_2 为稳定的, 其吸引区域为 $\{N|N>N_1\}$. 若 $E<b$, 则存在唯一的正平衡位置, 因此开发的种群仍然是全局稳定的.

对于具常数收获率的单种群模型

$$\dot{N}=NF(N)-h, \tag{2.11}$$

上述方法仍有效. 如果这里 $F(N)$ 和 $\dfrac{h}{N}$ 的图形如图 2.2 所示, 那么可以有两个或没有正平衡点 (不必考虑重交点的情况, 因为模型都是近似的, 不可能如此精确). 假设有两个正平衡点 N_1 和 N_2. 设 $N_1<N_2$, 低密度平衡点 N_1 为不稳定 (因为当 $N_1>N>0$ 时, $\dot{N}<0$; 当 $N_2>N>N_1$ 时, $\dot{N}>0$), 平衡点 N_2 是稳定的, 吸引区域为 $\{N|N>N_1\}$(因为当 $N_2>N>N_1$ 时, $\dot{N}>0$; 当 $N>N_2$ 时,$\dot{N}<0$).

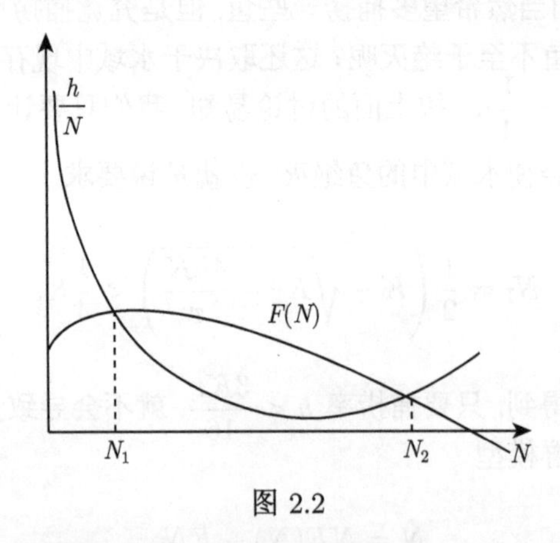

图 2.2

对于另一具非线性收获率的动物种群方程

$$\dot{N}=NF(N)-\frac{qfN}{1+af+qwN}, \tag{2.12}$$

这里有两个非线性函数, $F(N)$ 和 $H(N)=\dfrac{qf}{1+af+qwN}$, 函数 $H(N)$ 是严格单调减少的, $H(0)=\dfrac{qf}{1+af}$, 图 2.3 所表示的是一种特殊参数值的图形. 低密度平衡位置 N_1 是不稳定的, 而高密度平衡位置 N_2 是稳定的, 吸引区域为 $\{N|N>N_1\}$.

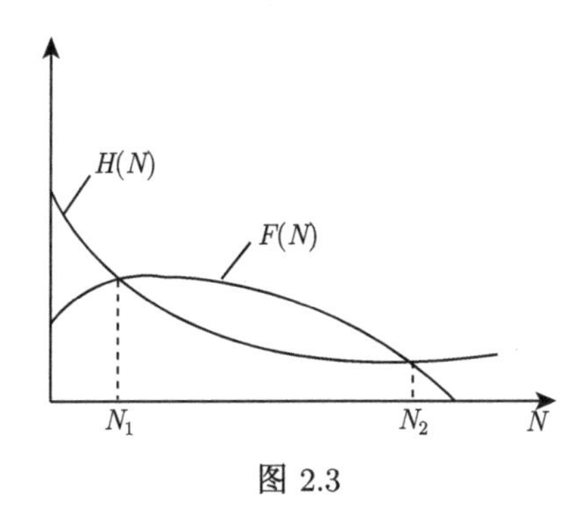

图 2.3

假设无开发的是 Logistic 模型, 则有

$$\dot{N}=\frac{r}{K}N(K-N)-\frac{qfN}{1+af+qwN}.$$

若记 $H(N)=\dfrac{qf}{1+af+qwN}$, 则 $H(0)=\dfrac{qf}{1+af}$, 用图解法, 我们可知, 要让这个模型有一个正平衡位置, 必有 $r>\dfrac{qf}{1+af}$, 在此条件下正平衡位置为

$$N^*=\frac{1}{2qw}\left[Kqw-1-af+\sqrt{(Kqw-1-af)^2+\frac{4qwK(r+raf-qf)}{r}}\right].$$

易知当 $N^*>N>0$ 时, $\dot{N}>0$, 当 $N>N^*$ 时, $\dot{N}<0$, 所以这时模型是全局稳定的.

如果 $F(N)=r\left[1-\left(\dfrac{N}{K}\right)^{\theta}\right]$ 且 $1>\theta>0$, 则模型 (2.12) 有与 Logistic 模型类似的性质. 但当 $\theta>1$ 时模型 (2.12) 可能有两个正平衡点, 低密度平衡点是不稳定的, 而高密度平衡点是稳定的.

关于捕鱼的最优收获问题:

状态系统: $$\dot{N}=\frac{r}{K}N(K-N)-u(t), \tag{2.13}$$

初值: $$N(0)=N_0,$$

终点: $$T=\text{const},\quad N(T)\geqslant a,$$

条件: $$0\leqslant u\leqslant u_{\max},$$

目标: $$\max\int_0^T u(t)dt.$$

解 我们利用极大值原理来解这个问题. 设 $P(t)$ 是协态变量, 可确定 Hamiltonian 函数为

$$H(N,u,P)=P_0u+P\left[\frac{r}{K}N(K-N)-u\right],$$

这里 $P_0 \geqslant 0$, 协态方程为

$$\dot{P} = -\frac{\partial H}{\partial N} = -\frac{Pr}{K}(K - 2N),$$

终点条件 $N(T) \geqslant a$, 当 $N(T) = a$ 时横截条件为 $P(T) = \text{const}$, 当 $N(T) > a$ 时横截条件为 $P(T) = 0$. 协态方程是一个一阶齐次方程, 因此对于所有的 $t \in [0, T]$, 由终点条件 $P(T) = 0$, 可得出 $P(t) \equiv 0$, 另一方面由终点条件 $P(T) = \text{const}$, 则不能直接得到这个结果.

最优条件为

$u = u_{\max}$, 仅当 $\dfrac{\partial H}{\partial u} > 0$时;

$u = 0$, 仅当 $\dfrac{\partial H}{\partial u} < 0$时;

$u_{\max} > u > 0$, 仅当 $\dfrac{\partial H}{\partial u} = 0$时.

假设 $P_0 = 1$, 有

$$\frac{\partial H}{\partial u} = 1 - P(t).$$

由于控制变量在 Hamiltonian 函数 $H(N, u, P)$ 中线性地出现, 这就说明这个问题可以有一奇异最优控制. 沿着一奇异极值曲线

$$\frac{\partial H}{\partial u} = 1 - P(t) \equiv 0, \tag{i}$$

$$\frac{d}{dt}\left(\frac{\partial H}{\partial u}\right) = \frac{Pr}{K}(K - 2N) = 0, \tag{ii}$$

$$\frac{d^2}{\partial t^2}\left(\frac{\partial H}{\partial u}\right) = -\frac{2Pr^2}{K^2}N(K - N) + \frac{2Pru}{K} = 0 \tag{iii}$$

$$\Rightarrow \frac{\partial}{\partial u}\left[\frac{d^2}{dt^2}\left(\frac{\partial H}{\partial u}\right)\right] = \frac{2Pr}{K} = \frac{2r}{K} > 0. \tag{iv}$$

我们的问题是要找 u, 使 $H(N, u, P)$ 取极大值, 由 (ii) 可知奇异极值曲线是 $N = \dfrac{K}{2}$, 再用条件 (i) 和 (iii), 我们得到奇异控制为 $u = \dfrac{rK}{4}$.

不加管理的捕鱼自反馈控制问题, 即模型

$$\begin{cases} \dot{N} = NF(N) - EN, \\ \dot{E} = kE(PN - C). \end{cases} \tag{2.14}$$

这个模型的平衡位置为: $(N^*, E^*) = \left(\dfrac{C}{P}, F\left(\dfrac{C}{P}\right)\right)$, $(N', E') = (0, 0)$ 和 $(N'', E'') = (K, 0)$, 这里 K 满足 $F(K) = 0$. 对于模型 (2.14), 我们可以得到以下结论.

结论 1 假设 $PK - C < 0$, 并且当 $N > K$ 时, $F(N) < 0$; 当 $N < K$ 时, $F(N) > 0$, 则所有起始于第一象限的解将收敛于 $(K, 0)$.

这个结论的证明可以由 Lyapunov 函数

$$V(N,E)=d_1\left(N-K-K\ln\frac{N}{K}\right)+d_2E$$

得到. 这里 $d_1=1$ 和 $d_2=\dfrac{d_1}{PR}$. 直观地看这个结论是明显的, 因为 $PK-C<0$. 这说明打鱼总是要亏本的, 因此必将无人打鱼, 鱼则听其自然地生存平衡.

结论 2 如果对于很小的 N 有 $F(N)<0$, 则在 (0,0) 附近的解都收敛于 (0,0).

这个结论的证明可以由 Lyapunov 函数

$$V(N,E)=|N|+\frac{|E|}{Pk}$$

得到.

结论 3 若函数 $F(N)$ 满足条件: 当 $N>\dfrac{C}{P}$ 时有 $F(N)-F\left(\dfrac{C}{P}\right)<0$; 当 $N<\dfrac{C}{P}$ 时有 $F(N)-F\left(\dfrac{C}{P}\right)>0$, 则平衡位置 $\left(\dfrac{C}{P},F\left(\dfrac{C}{P}\right)\right)$ 是全局稳定的.

证明这个结论可以利用 Lyapunov 函数

$$V(N,E)=d_1\left(N-N^*-N^*\ln\frac{N}{N^*}\right)+d_2\left(E-E^*-E^*\ln\frac{E}{E^*}\right),$$

这里 $d_1=1,\ d_2=\dfrac{1}{Pk},N^*=\dfrac{C}{P}$ 和 $E^*=F\left(\dfrac{C}{P}\right)$.

反之, 即当存在某些 $N>\dfrac{C}{P}$ 时, $F(N)-F\left(\dfrac{C}{P}\right)>0$, 而对于所有的 $N<\dfrac{C}{P},F(N)-F\left(\dfrac{C}{P}\right)<0$, 则平衡位置 $\left(\dfrac{C}{P},F\left(\dfrac{C}{P}\right)\right)$ 是不稳定的. 平衡位置不稳定并不一定会出现结论 1 和结论 2 的局面, 而且在大多数实际情况下鱼的密度 N 和捕鱼的能力不是稳定在一个数值 (平衡位置) 上的, 它们会出现周期性的变化. 也就是说, 虽然平衡位置是不稳定的，但在其周围存在一个稳定的极限环，如果这个极限环是唯一的，则鱼密度 N 和捕鱼的能力稳定在一个周期性的轨道上. 为方便起见, 我们把方程 (2.14) 写成

$$\begin{cases}\dot{x}=xF(x)-xy\equiv P(x,y),\\ \dot{y}=dy(x-m)\equiv Q(x,y),\end{cases}\tag{2.15}$$

这里 $d=kP,\ m=\dfrac{C}{P}$, 奇点 $O(0,0),\ R(x^*,y^*),\ x^*=m,\ y^*=F(m),\ R_i(x_i,0)$, 其中 x_i 为方程 $F(x)=0$ 的根.

结论 3 即为若函数 $F(x)$ 满足条件: 当 $x>m$ 时 $F(x)-F(m)<0$; 当 $x<m$ 时 $F(x)-F(m)>0$, 则 R 为全局稳定的.

定理 2.2　当 $F(x)$ 为非增 (或非减) 函数时, 方程在全平面无极限环.

证明　取 Dulac 函数 $u(x,y)=x^{-1}y^{-1}$(在 $x>0,y>0$ 区域内连续), 对于方程 (2.15) 有

$$\frac{\partial(uP)}{\partial x}+\frac{\partial(uQ)}{\partial y}=\frac{F'(x)}{y}\leqslant 0 \quad (\text{在}x>0,y>0\text{内}).$$

因为 $y=0$ 是积分曲线, 且 $F'(x)=0$ 不会是积分曲线, 所以方程 (2.15) 无极限环.

定理 2.3　当方程 $F(x)=0$ 存在一个最小正根 $K, K>m>0$, 且 $F'(m)>0$ 时, 在 R 点外围至少存在一个稳定极限环.

证明　可以构造一个区域, 该区域由直线 $x=0,y=0,x=K,y=y_1$ 以及曲线 l 构成 (图 2.4), 其中 $x=0,y=0$ 为积分直线, $x=K,y=y_1$ 为无切直线, 曲线 l 为方程

$$\begin{cases} \dot{x}=x(a-y), \\ \dot{y}=dy(x-m) \end{cases} \tag{2.15$'$}$$

的过初始点 (K,a) 的轨线上的一段, 其中

$$a=\max_{x\in[0,K]} F(x),$$

此轨线与直线 $x=m$ 交于点 (m,y_1), 比较方程 (2.15) 和 (2.15)$'$ (容易知道方程 (2.15)$'$ 以 (m,a) 为中心型奇点, 其轨线为一族闭轨线) 可知, 这时 $\dot{y}|_{(2.15)}=\dot{y}|_{(2.15)'}>0,\ \dot{x}|_{(2.15)}<\dot{x}_{(2.15)'}<0$. 因此曲线 l 为方程 (2.15) 的无切曲线, 且 (2.15) 的轨线从外往里地穿过它, 奇点 $O(0,0)$ 具有特征方向 $\theta_1=0$ 和 $\theta_2=\dfrac{\pi}{2}$, 在 $\theta_1=0$ 方向上, 由于 $\lim\limits_{\substack{x\to 0^+\\ y=0}}\dot{x}=\lim\limits_{x\to 0^+} xF(x)\geqslant 0$, 轨线只能从 O 点跑出, 在 $\theta_2=\dfrac{1}{2}\pi$ 方向上, 则可算出, 仅有一条轨线到达 O 点, 即 Oy 轴. 对于奇点 R_1, 先考虑 $F(x)=0$ 只有单根的情况, 它们分别为 $0<x_1<x_2<\cdots(K=x_1)$. 可以算出这时 $R_1,R_3,\cdots$ 为鞍点, $R_2,R_4,\cdots$ 为不稳定结点. 从 R_1 出发, 仅有一条分界线进入区域, 而当 x_1 为重根时, 则 R_1 应为高次奇点, 由解对参数的连续依赖性可知, 高次奇点 R_1 是由若干个鞍点和不稳定结点重合而成, 即除 x 轴外, 轨线只能从 R_1 出发进入区域, 而没有其他轨线从区域跑向 R_1 点. 由于当 $F'(m)>0$ 时, R 为不稳定结点, 于是就构成了一个广义 Bendixson 环域, 所以在 R 点附近至少存在一个稳定的极限环.

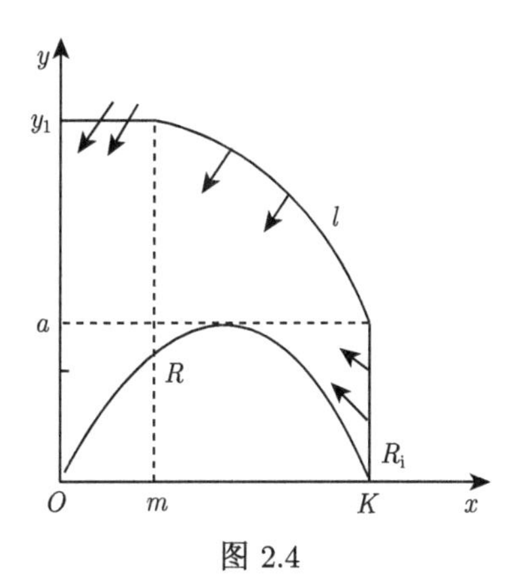

图 2.4

下面我们要证明这个极限环是唯一的.

定理 2.4 当 $xF''(x)(m-x)+mF'(x)>0$, 且 $F'(m)>0$ 时, 方程 (2.15) 在 R 点外围存在唯一且为稳定的极限环.

证明 作变换: $\overline{x}=x-x^*,\overline{y}=y-y^*$, 则得

$$\begin{cases} \dot{\overline{x}}=(\overline{x}+x^*)[F(\overline{x}+x^*)-(\overline{y}+y^*)]\equiv f(\overline{x})-\overline{y}(\overline{x}+x^*), \\ \dot{\overline{y}}=d\overline{x}(\overline{y}+y^*), \end{cases}$$

其中 $f(\overline{x})=(\overline{x}+x^*)(F(\overline{x}+x^*)-y^*)$. 再作变换 $\overline{x}=x^*(e^{u/x^*}-1)$, $\overline{y}=y^*(e^{v/y^*}-1)$, 则得

$$\begin{cases} \dot{u}=f(u)e^{-u/x^*}-y^*(e^{v/y^*}-1)x^*, \\ \dot{v}=dx^*y^*(e^{u/x^*}-1), \end{cases}$$

其中 $\overline{f}(u)=f(\overline{x})$. 或把上述方程写为

$$\begin{cases} \dot{u}=-\varphi(v)-\widetilde{F}(u), \\ \dot{v}=g(u), \end{cases}$$

其中 $\varphi(v)=x^*y^*(e^{v/y^*}-1)$,

$$\widetilde{F}(u)=-f(u)e^{-u/x^*}=-x^*(F(x^*e^{u/x^*})-y^*),$$
$$g(u)=dx^*y^*(e^{u/x^*}-1).$$

易知 $ug(u)=dx^*y^*u(e^{u/x^*}-1)>0$(当 $u\neq 0$ 时), $G(\pm\infty)=\infty\left(G(u)=\int_0^u g(u)du=dx^*y^*\left(x^{*^{u/x^*}}-u-\frac{1}{x^*}\right)\right)$, $\varphi(0)=0,\varphi_v'=x^*e^{v/y^*}>0$, $\varphi(+\infty)=+\infty$, $\varphi(-\infty)=-x^*y^*,\widetilde{F}(0)=0$, $f(u)=\widetilde{F}'(u)=-x^*e^{u/x^*}F'(x^*e^{u/x^*})$, 又

$$\left(\frac{f(u)}{g(u)}\right)_u'=\frac{e^{u/x^*}}{dx^{*2}y^*(e^{u/x^*}-1)^2}[x^*F'(x^*e^{u/x^*})$$

$$+x^*e^{u/x^*}F''(x^*e^{u/x^*})(x^*-x^*e^{u/x^*})]\geqslant 0,$$

当 $x^*F'(x)+xF''(x)(x^*-x)\geqslant 0$ 时成立. 由张芷芬的定理知定理 2.4 成立.

这一唯一性定理是不十分理想的, 因为如果没有捕鱼者, 又鱼按照 Logistic 模型, 即 $F=r\left(1-\dfrac{x}{K}\right)$ 增长, 那么就是这样简单的情况, 也因为 $F'=\dfrac{-r}{K}<0$, $F''=0$, 所以定理的条件也得不到满足.

最后我们考虑许多国家公海捕鱼的模型

$$\begin{aligned}&\dot{N}=NF(N)-(E_1+E_2+\cdots+E_m)N,\\&\dot{E}_i=k_iE_i(P_iN-C_i),\quad i=1,2,\cdots,m,\end{aligned}\tag{2.16}$$

这里 k_i,P_i 和 C_i 是正常数. 我们假定第一收获是最有效的收获, 即设

$$\frac{C_1}{P_1}<\frac{C_i}{P_i},\quad 对所有的 i=2,3,\cdots,m,$$

则 (2.16) 每一个起始于集合 S 的解将收敛于平衡位置 $\left(\dfrac{C_1}{P_1},F\left(\dfrac{C_1}{P_1}\right),0,\cdots,0\right)$ 的必要条件为:

(i) 当 $N>\dfrac{C_1}{P_1}$ 时, $F(N)-F\left(\dfrac{C_1}{P_1}\right)<0$;

(ii) 当 $N<\dfrac{C_1}{P_1}$ 时, $F(N)-F\left(\dfrac{C_1}{P_1}\right)>0$.

其中 $S=\{(N,E)|N>0,\ E_1>0$ 和 $E_i\geqslant 0,i=2,\cdots,m\}$. 这个结论说明在这个条件下最有效的收获终将排挤其他收获. 证明这个结果可用 Lyapunov 函数

$$V(N,E)=\left(N-N^*-N^*\ln\frac{N}{N^*}\right)+d_1\left(E_1-E_1^*-E_1^*\ln\frac{E_1}{E_1^*}\right)+\sum_{i=2}^{m}d_i|E_i|,$$

这里 $d_i=\dfrac{1}{P_ik_i}(i=1,2,\cdots,m)$. 沿着模型 (2.16) 在正的象限中的解有

$$\dot{V}(N,E)=(N-N^*)\left(F(N)-F\left(\frac{C_1}{P_1}\right)\right)+\sum_{i=2}^{m}\left(\frac{C_1}{P_1}-\frac{C_i}{P_i}\right)\leqslant 0,$$

$\dot{V}(N,E)$ 沿非平凡解不恒为 0, 因此 (2.16) 起始于正象限的每一解都收敛于 $\left(\dfrac{C_1}{P_1},F\left(\dfrac{C_1}{P_1}\right),0,\cdots,0\right)$.

2.2 具有时滞的单种群模型的稳定性

关于具有时滞的单种群模型的研究很多, 这里我们只能把几个最为简单的模型作为例子.

(1) 具常数时滞的 Logistic 模型.

这里我们讨论最简单的 Logistic 模型

$$\dot{N} = N(b - dN(t-1)), \quad b > 0,\ d > 0. \tag{2.17}$$

设 $x = \dfrac{dN - b}{b}$, 则 (2.17) 化为

$$\dot{x} = -bx(t-1)(1 + x(t)), \tag*{(2.17)$'$}$$

(2.17)$'$ 关于 $x \equiv 0$ 的线性化为

$$\dot{x} = -bx(t-1), \tag*{(2.17)^0}$$

有特征方程

$$z + be^{-z} = 0. \tag{2.18}$$

设 $z = r + is$, 代入 (2.18) 再让实部虚部分别为零得到

$$r + be^{-r}\cos s = 0, \tag{2.19a}$$

$$s - be^{-r}\sin s = 0. \tag{2.19b}$$

首先考虑方程 (2.18) 有实根的可能性, 即 $z = r$, 显然, 这时 (2.19b) 自然满足, 而 (2.19a) 为 $r+be^{-r} = 0$, 由其图像容易知道, 这个方程或者无实根或者有两个负实根. 两者的分界线是具有一个二重实根的情况, 若记 $F(r) = r+be^{-r}$, 则 $F'(r) = 1-be^{-r}$, 所以重根仅当 $1 = be^{-r}$ 时可以产生, 容易知道有重根, 重根必为 $r = -1$, 也就是当 $b = \dfrac{1}{e}$ 时有重根时, 因此我们得到结论: 特征方程 (2.18) 当 $b < \dfrac{1}{e}$ 时有两个负实根, 而当 $b > \dfrac{1}{e}$ 时无实根.

其次考虑方程 (2.18) 有复根的可能性, 记成 $z = r + is(s \neq 0)$, 代入 be^{-r}, 从 (2.19) 我们可得

$$r = -s\cot s, \tag{2.20}$$

代入 (2.19b) 得到

$$\frac{s}{b} = e^{s\cot s}\sin s, \tag{2.21}$$

因而 (2.18) 的复根可以从 (2.21) 中解出 s, 而后以 (2.20) 得出 r 来得到. 因为 (2.18) 的复根是共轭复数, 成对地出现, 所以我们只要考虑 $s>0$ 即可. 对于方程 (2.21) 在 $s>0$ 的情况, 我们用图解法来研究, 把方程 (2.21) 的解看成曲线 $y=e^{s\cot s}\sin s$ 和直线 $y=\dfrac{s}{b}$ 的交点, 如图 2.5 所示.

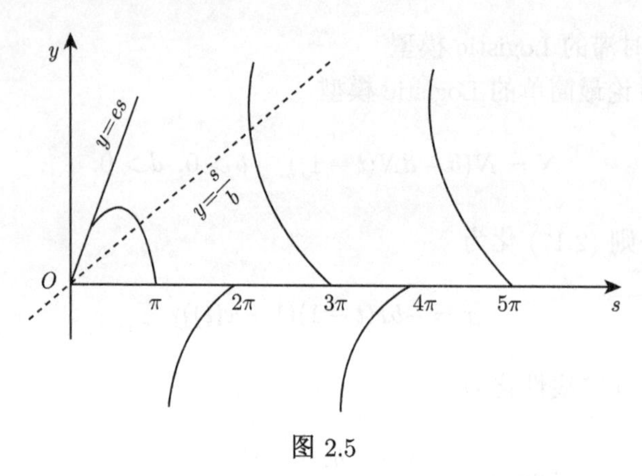

图 2.5

当 $b<\dfrac{1}{e}$ 时, (2.21) 在区间 $(0,\pi)$ 内无根, 但有一个根落在 s 的每一区间 $\left(2\pi,\dfrac{5\pi}{2}\right)$, $\left(4\pi,\dfrac{9\pi}{2}\right)$ 等之内, 把这些根中的每一个代入 (2.20), 对应的 $r<0$.

当 $b>\dfrac{1}{e}$ 时, 我们已知, 方程 (2.18) 有两个负实根, 再由图 2.5 可知存在无限多个复根, 位于左半平面, 分下面两种情况:

当 $\dfrac{1}{e}<b<\dfrac{\pi}{2}$ 时, 没有实根, 正像上面所说的存在无限多的复根, 只是比上述情况多一个在 $0<s<\dfrac{\pi}{2}$ 内的复根, 而且所有根都有 $r<0$.

最后 $b>\dfrac{\pi}{2}$, 则存在复根, 具有 $\dfrac{\pi}{2}<s<\pi$, 而这个根有 $r>0$.

综上所述, 当 $b<\dfrac{\pi}{2}$ 时原模型 (2.17) 有一个渐近稳定平衡点 $N=\dfrac{b}{d}$, 当 $b>\dfrac{\pi}{2}$ 时, 这平衡点为不稳定的.

关于模型 (2.17) 有很多更细致的研究, 我们这里不作详细介绍. 例如:

(i) Wright(1955) 证明了当 $b<\dfrac{3}{2}$ 时平衡位置的大范围稳定性.

(ii) Kakutani 和 Markus(1958) 指出:

当 $b>\dfrac{1}{e}$ 时所有解振动, 而当 $b<\dfrac{1}{e}$ 时所有解不振动.

关于 $b<\dfrac{\pi}{2}$ 情况下的模型 (2.17)(或更一般的模型), 近年来所关心的问题是周期解的存在性.

关于更一般的模型

$$\dot{N}(t) = -dN(t) + F(N(t-T)), \tag{2.22}$$

这里 d 为正常数, 假设 (2.22) 有一个正平衡位置 N^*, N^* 为方程

$$dN^* = F(N^*)$$

的解. 设 $x(t) = N(t) - N^*$, 并线性化得方程

$$\dot{x}(t) = -dx(t) + Px(t-T), \tag{2.23}$$

其特征方程为

$$P\exp(-\lambda T) - \lambda - d = 0,$$

让 λ_m 是其根最大的负实部, Brauer 给出 (2.23) 稳定的充要条件, 如果 λ_m 是负的, 则 (2.23) 为稳定且特征返回时间为 $\dfrac{-1}{\lambda_m}$(见 Brauer(1977, 1979)).

(2) 具连续时滞的 Logistic 模型.

(A) 首先具弱时滞的 Logistic 模型:

$$\dot{N}(t) = N(t)\left[r - cN(t) - \omega\int_{-\infty}^{t}\exp(a(t-s))N(s)dx\right], \tag{2.24}$$

这里 r, c, ω 和 a 是正常数. 作变换

$$y(t) = \int_{-\infty}^{t}\exp(-a(t-s))N(s)ds, \tag{2.25}$$

由 (2.24) 和 (2.25) 我们得到

$$\begin{cases} \dot{N}(t) = N(t)(r - cN(t) - \omega y), \\ \dot{y}(t) = -ay(t) + N(t). \end{cases} \tag{2.26}$$

变量 y 没有直接的生态学意义, 但是记 $x = r - \omega y$, 则 x 表示生物种群发育的丰富的程度. 这样 (2.26) 化为

$$\begin{cases} \dot{N} = N(x - cN) \\ \dot{x} = ar - ax - \omega N. \end{cases} \tag{2.27}$$

关于方程 (2.26) 有一个正平衡位置

$$(N^*, y^*) = \left(\frac{ar}{ac+\omega}, \frac{r}{ac+\omega}\right),$$

我们可以证明 (N^*, y^*) 是全局稳定的, 为此把 (2.26) 写成

$$\begin{cases} \dot{N} = N[-c(N - N^*) - \omega(y - y^*)], \\ \dot{y} = -a(y - y^*) + (N - N^*). \end{cases} \tag{2.28}$$

Lyapunov 函数:

$$V(N, y) = N - N^* - N^* \ln \frac{N}{N^*} + \frac{1}{2}\omega(y - y^*)^2, \tag{2.29}$$

沿着 (2.28) 的解我们有

$$\dot{V}(N, y) = -c(N - N^*)^2 - a\omega(y - y^*)^2 \tag{2.30}$$

首先我们要验证方程 (2.28) 的任何一个初值在正象限中出发的解保持在正的象限内. 这是容易的, 因为 $N = 0$ 为积分直线, 所以轨线不可能与 $N = 0$ 相交而跑出正象限. 又因为 $y = 0, N > 0$, 半直线上 $\dot{y} > 0$, 也就是说积分曲线与 $y = 0, N > 0$ 部分相交时 y 值总是增加的, 所以也不可能由此跑出正象限. 因而证实了初始在正象限的轨线必将保持在正象限内. 再由 (2.29) 和 (2.30) 可知, 正象限内任何解当 $t \to \infty$ 时趋于 (N^*, y^*).

(B) 其次研究具强时滞的 Logistic 模型

$$\dot{N}(t) = N(t)\left[r - cN(t) - \omega \int_{-\infty}^{t} (t - s)\exp(-a(t - s))N(s)ds\right], \tag{2.31}$$

对方程 (2.31) 我们作变换:

$$y_1(t) = \int_{-\infty}^{t} (t - s)\exp(-a(t - s))N(s)ds, \tag{2.32}$$

$$y_2(t) = \int_{-\infty}^{t} \exp(-a(t - s))N(s)ds. \tag{2.33}$$

由此方程 (2.31) 变成

$$\begin{cases} \dot{N} = N(r - cN - \omega y_1), \\ \dot{y}_1 = -ay_1 + y_2, \\ \dot{y}_2 = -ay_2 + N. \end{cases} \tag{2.34}$$

此模型有一个正的平衡位置在 (N^*, y_1^*, y_2^*), 这里 $y_1^* = \dfrac{r}{\omega + ca^2}, y_2^* = ay_1^*, N^* = a^2 y_1^*$. 我们将在第 4 章中证明当 $ca^2 > \omega$ 时平衡位置 (N^*, y_1^*, y_2^*) 是全局渐近稳定的 (这里 a, c, ω 均为正数), 而在条件不满足时 (2.34) 可存在非常数的周期解.

2.3 离散时间单种群模型的稳定性、周期现象与混沌现象

在第 1 章中我们看到, 对于寿命较短、世代不重叠或数量较少的种群我们是用差分方程来描述的. 一般单种群模型写为

$$N(t+1)=N(t)F(N(t)),$$

也可以写成

$$N(t+1)=f(N(t)),$$

这里 $f(N(t))\equiv N(t)F(N(t))$. 关于差分方程的解的性质, 我们知道它与微分方程有很大的差别, 因此在研究单种群模型之前, 简单地先介绍一下差分方程的若干基本性质是必要的. 这里我们考虑差分方程

$$x_{t+1}=f(x_t), \tag{2.35}$$

其中 x_t 相应于种群模型中的 $N(t)$, 即为第 t 代种群的密度, f 为连续函数, 且对于所有的 $x>0$, 有 $f>0$. 因此, 这个差分方程也可被看成是一个从 $(0,+\infty)$ 到 $(0,+\infty)$ 的连续点映射, 这里, 我们限定在 $(0,+\infty)$ 区间中考虑, 是因为种群的密度总是非负的.

2.3.1 差分方程的基本性质

1. *解的轨道*

我们假设当 $t=0$ 时的初始值为 x_0, 对于单种群模型来说, 即此种群的初始密度为 x_0, 则有: $x_1=f(x_0)$, $x_2=f(x_1)=f[f(x_0)]\triangleq f^2(x_0)=f(x_1)$, 一般地, 记

$$x_n=f^n(x_0)=f[f^{n-1}(x_0)],$$

序列 $\{x_n\}(n=1,2,\cdots)$ 称为差分方程 (2.35) 以 $t=0$ 时 $x=x_0$ 为初始值的**解**,

点列 $\{x_n\}$ 称为当 $t=0$ 时经过初始点 x_0 的**轨道**.

2. *差分方程的图解法*

我们用图解法来求当 $t=0$ 时以 x_0 为初始值方程 (2.35) 的解, 分以下步骤来进行 (图 2.6).

(i) 在 (x,y) 平面上作出 $y=f(x)$ 的图线;

(ii) 在 (x,y) 坐标系中作出 $y=x$ 的图线;

(iii) 过 x 轴上的初始点 x_0 作垂直于 x 轴的直线, 与 $y=f(x)$ 图线交于一点 1(图 2.6), 再过点 1 作平行于 x 轴的直线, 与 $y=x$ 射线交于一点 2, 再过点 2 作垂直

于 x 轴的直线, 与 $y=f(x)$ 交于一点 3, 同样过点 3 作平行于 x 轴的直线, 与 $y=x$ 射线交于一点 4, 过点 4 再作垂直于 x 轴的直线, 与 $y=f(x)$ 交于一点 5, 等等. 照此方法继续下去, 则在图上得到一系列点列 $\{1,2,3,4,5,6,7,8,\cdots\}$. 而在曲线 $y=f(x)$ 上的点列 $\{1,3,5,7,\cdots,2n+1,\cdots\}$ 所对应的横坐标 $\{x_0,x_1,x_2,x_3,\cdots,x_n,\cdots\}$, 即为差分方程 (2.35) 当 $t=0$ 时经过点 x_0 的轨道 (解).

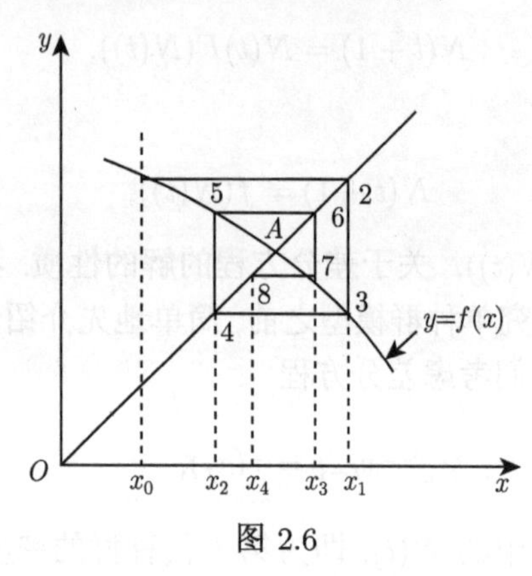

图 2.6

3. *差分方程的平衡点*

若存在点 $\overline{x}$, 使得对所有的 n,

$$f^n(\overline{x})=f(\overline{x})=\overline{x},$$

则 $\overline{x}$ 称为差分方程 (2.35) 的平衡点. 在图 2.6 中平衡点为对应于曲线 $y=f(x)$ 和半射线 $y=x$ 的交点 A.

4. *差分方程的周期点*

如果存在一个正整数 k, 使得

$$x_k=x_0,\quad \text{但当}\quad n<k\ \text{时},\ x_n\neq x_0.$$

则 x_0(或 x_k) 称为周期为 k 的周期点. 以 x_0 为初始值的 (2.35) 的解称为周期为 k 的周期解. 点集 $\{x_0,x_1,\cdots,x_k\}$ 称为周期为 k 的周期轨道. 如图 2.7 所描绘的, 对点 $\overline{x}_1$, 有

$$f(\overline{x}_1)=\overline{x}_2,\quad f(\overline{x}_2)=\overline{x}_1,$$

则 $\overline{x}_1$ 和 $\overline{x}_2$ 都称为周期为 2 的周期点, 集合 $\{\overline{x}_1,\overline{x}_2\}$ 称为周期轨道, 周期为 2.

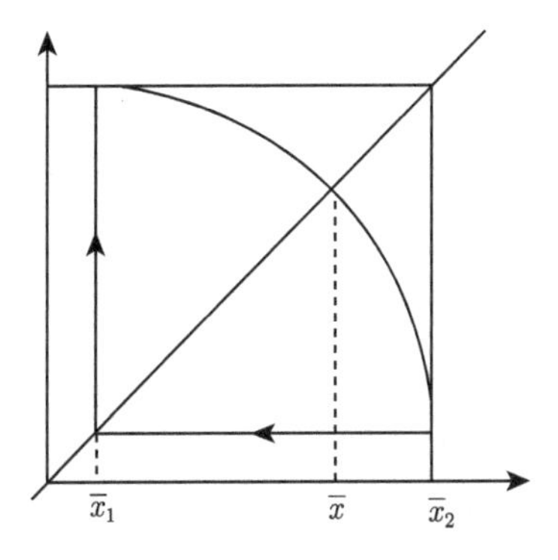

图 2.7 $f(x)=1-0.9x^2$

5. 平衡点的稳定性

设 $\overline{x}$ 是方程 (2.35) 的平衡点.

定义 2.1 (i) 若对任给 $\varepsilon>0$, 存在 $\delta>0$, 使得当 $|x_0-\overline{x}|<\delta$ 时, 对所有以 x_0 为初值的解 $\{x_n\}$, 对一切 n 都有 $|x_n-\overline{x}|<\varepsilon$, 则称 $\overline{x}$ 是稳定的.

(ii) 若平衡点 $\overline{x}$ 是稳定的, 且存在 $\delta_1>0$, 使得当 $|x_0-\overline{x}|<\delta_1$ 时, 所有以 x_0 为初值的解 $\{x_n\}$, 当 $n\to\infty$ 时, $x_n\to\overline{x}$, 则称 $\overline{x}$ 是渐近稳定的.

(iii) 若 $\overline{x}$ 是稳定的, 且对任何初值 $x_0\neq\overline{x}$ 的解 $\{x_n\}$, 都有当 $n\to\infty$ 时, $x_n\to\overline{x}$, 则称 $\overline{x}$ 是全局渐近稳定的. 我们简称之为全局稳定的.

(iv) 若 $\overline{x}$ 是稳定的, 存在一个开区间 $\Omega,\overline{x}\in\Omega$, 在 Ω 中每一点为初始点的解 $\{x_n\}$, 当 $t\to\infty$ 时都有 $x_n\to\overline{x}$, 则称 Ω 是 $\overline{x}$ 的一个吸引域. $\overline{x}$ 的所有吸引域中的最大者称为 $\overline{x}$ 的吸引区域.

(v) 若 $\overline{x}$ 不是稳定的, 则称 $\overline{x}$ 为不稳定的.

6. 平衡位置稳定性判别法

定理 2.5 若 $\overline{x}$ 为连续映像 (2.35) 的平衡点, 我们有: 当 $|f'(\overline{x})|<1$ 时, $\overline{x}$ 为局部稳定的; 当 $|f'(\overline{x})|>1$ 时, $\overline{x}$ 为不稳定的; $|f'(\overline{x})|=1$ 为临界情况.

这定理即 Königs 定理的推论, 其证明请见叶彦谦的《极限环论》(上海科技出版社, 1984: 24—26).

如图 2.8 所示, α 表示在 $\overline{x}$ 点切线与水平轴的交角, 因此当 $\alpha<45^\circ$ 时平衡点 $\overline{x}$ 为局部稳定的. 当 $\alpha>45^\circ$ 时 $\overline{x}$ 为不稳定的.

定理 2.6 $\overline{x}$ 是方程 (2.35) 的平衡点, 若存在区间

$$I=(\overline{x}-\delta,\ \ \overline{x}+\delta),$$

使得对任意 $x\in I$ 有

$$|f(x)-\overline{x}|<|x-\overline{x}|, \tag{2.36}$$

则 $\overline{x}$ 是渐近稳定的.

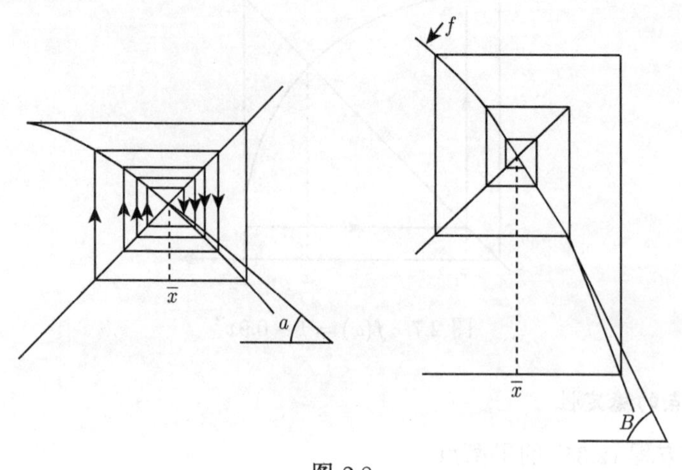

图 2.8

证明 我们要证明对于任意 $x \in I$, 当 $n \to \infty$ 时有

$$f^n(x) \to \overline{x},$$

也即要证当 $n \to \infty$ 时有 $f^n(x) - \overline{x} \to 0$. 由定理条件 (2.36) 可知, $|f^n(x) - \overline{x}|$ 随 n 增大而单调减少. 若当 $n \to \infty$ 时 $|f^n(x) - \overline{x}|$ 不趋于零, 则必有当 $n \to \infty$ 时 $f^n(x) \to \bar{\bar{x}} \in I$. 再由 f 的连续性易知必有 $f(\bar{\bar{x}}) = \bar{\bar{x}}$. 也即有

$$|f(\bar{\bar{x}}) - \overline{x}| = |\bar{\bar{x}} - \overline{x}|,$$

这与假设 (2.36) 矛盾, 因此 $\bar{\bar{x}} = \overline{x}$, 也即 $\overline{x}$ 是渐近稳定的.

容易看出, 如果假设 f 在 $\overline{x}$ 有连续导数, 则条件 (2.36) 是 $\overline{x}$ 为渐近稳定的充分而且必要的条件, 也常用此来作平衡点 $\overline{x}$ 渐近稳定的定义:

设 $\overline{x}$ 是方程 (2.35) 的平衡点, 如果存在 $\delta > 0$, 使得当 $x \in (\overline{x} - \delta, \overline{x} + \delta)$ 时所有的 x 有

$$|f(x) - \overline{x}| < |x - \overline{x}|,$$

则 $\overline{x}$ 称为渐近稳定的.

7. 周期轨道的稳定性

例如, 若 $\overline{x}_1$ 是周期为 2 的周期点, 即 $f^2(\overline{x}_1) = \overline{x}_1$, 因此方程 (2.35) 的周期为 2 的周期点 $\overline{x}_1$ 为方程 $x_{t+2} = f^2(x_t)$ 的平衡点, 因而 f 的周期点 $\overline{x}_1$ 的稳定性即变为映像 f^2 的平衡点 $\overline{x}_1$ 的稳定性. 也即 $\overline{x}_1$ 局部稳定的判定准则为

$$|f^{2\prime}(\overline{x}_1)| < 1. \tag{2.36$'$}$$

这里 $f^{2\prime}(\overline{x}_1) = f'(f(\overline{x}_1))f'(\overline{x}_1) = f'(\overline{x}_1)f'(\overline{x}_2)(\equiv f^{2\prime}(\overline{x}_2))$, 也即我们的求导是沿着周期轨道求导的, 所以方程 (2.35) 周期为 2 的周期点 $\overline{x}_1$ 或 $\overline{x}_2(\overline{x}_2 = f(\overline{x}_1))$ 为稳定的条件为 (2.36)′ 成立.

图 2.9 所示为一稳定周期为 2 的周期轨道 $\{\overline{x}_1, f(\overline{x}_1)\}$, 类似的推理可用于周期为 n 的周期轨道 $\{\overline{x}_1, f(\overline{x}_1), \cdots, f^{n-1}(\overline{x}_1)\}$ (图 2.10 所示为 $n = 6$ 的情况的周期轨道的图形) 的稳定性的判定, 对此我们将在后面详细讨论.

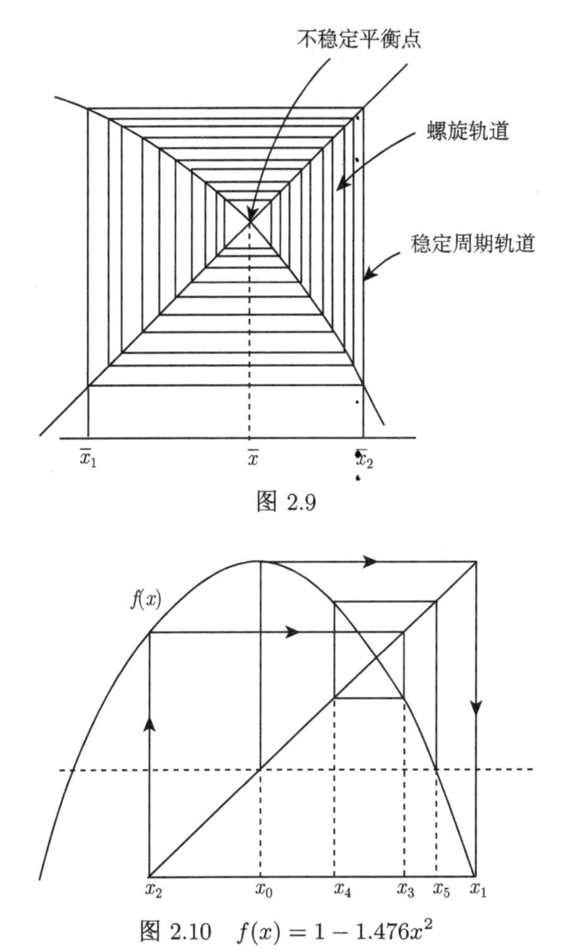

图 2.9

图 2.10 $f(x) = 1 - 1.476x^2$

8. **一个没有周期轨道的映像, 称为非周期映像** (aperiodic maps). **例如**, $f(x) = 1 - 2x^2$

若 $x_0 = 0$, 则 $x_1 = 1, x_2 = f^2(x_0) = -1$, 而且对于所有的 $n \geqslant 2$, 都有 $x_n = -1$, 所以 -1 是 f 的一个固定点, 为非稳定的. 如图 2.11 所示.

Ulam 和 Von Neumann(1947) 证明了映像 $f(x) = 1 - 2x^2$ 无稳定周期轨道. 证

法是作坐标变换: $y = \frac{4}{\pi}\arcsin\sqrt{\frac{x+1}{2}} - 1$, 则 f 变成

$$\hat{f}(y) = 1 - 2|y|.$$

这个映像显然没有稳定周期轨道, 因为这函数的导数常为 ± 2.

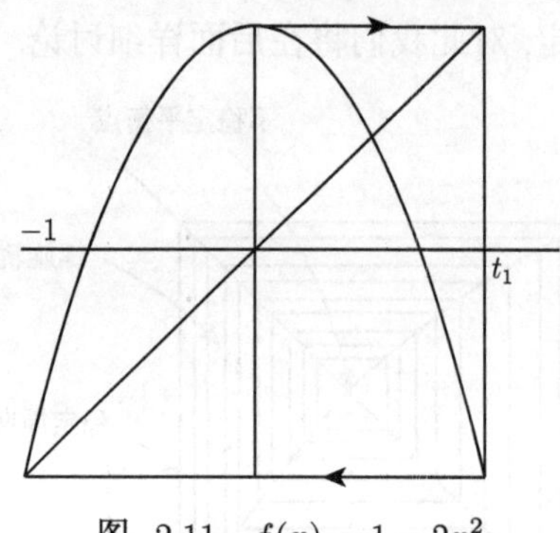

图 2.11 $f(x) = 1 - 2x^2$

这样就形成了下面一系列的问题: 对于一给定的映像, 怎样判定是否存在周期轨道? 存在多少个周期轨道? 这个问题是很复杂的, 就映像 $f = 1 - \mu x^2$ 来看, 取适当的 μ 可以出现"各态历经的性质". 这里我们不去一一介绍, 下面回到生态学的问题.

9. 全局稳定的例子

这里我们仍考虑差分方程

$$x_{t+1} = f(x_t), \tag{2.35}$$

设 $\overline{x}$ 为 (2.35) 的平衡位置, 即 $f(\overline{x}) = \overline{x}$, 如图 2.12 所示, 我们易得下面的定理.

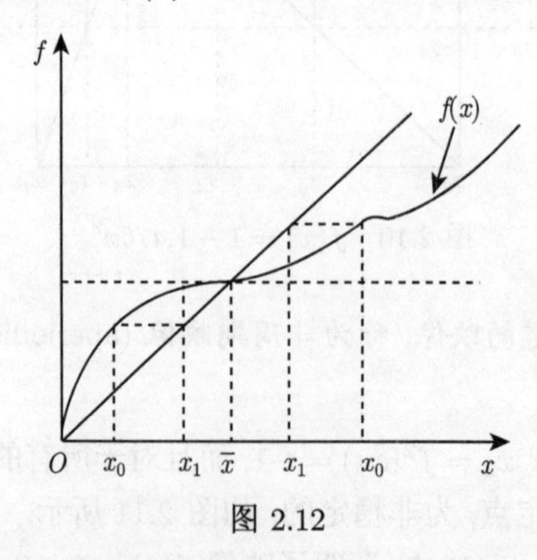

图 2.12

定理 2.7 若函数 $f(x)$ 满足条件:

(i) 当 $\overline{x} > x > 0$ 时有 $\overline{x} > f(x) > x$;

(ii) 当 $x > \overline{x}$ 时有 $x > f(x) > \overline{x}$,

则平衡位置 $\overline{x}$ 是全局稳定的.

证明 要证 $\overline{x}$ 是全局稳定的, 只要证明对于任意从初始值 x_0 出发的 (2.35) 的解都有当 $t \to \infty$ 时趋于 $\overline{x}$. 为此我们分两种情况来证明.

(i) 若 $x_0 < \overline{x}$, 则由于在此区域中有 $\overline{x} > f(x) > x$, 所以有

$$x_0 < x_1 < x_2 < \cdots < x_n < \cdots < \overline{x},$$

即 $\{x_n\}$ 随 n 增大单调上升趋于 $\overline{x}$.

(ii) 若 $x_0 > \overline{x}$, 则由于在此区域中有 $x > f(x) > \overline{x}$, 所以有

$$x_0 > x_1 > x_2 > \cdots > x_n > \cdots > \overline{x},$$

即 $\{x_n\}$ 随 n 增大单调下降趋于 $\overline{x}$.

所以 $\overline{x}$ 是全局稳定的. 证毕.

2.3.2 单种群模型的平衡点的局部稳定性

单种群模型

$$N(t+1) = NF(N), \tag{2.37}$$

若 N^* 为其正平衡位置, 则有 $F(N^*) = 1$.

定理 2.8 模型 (2.37) 的平衡点 N^* 为局部稳定的充分条件为

$$\left|1 + N^* \frac{\partial F}{\partial N}\right| < 1 \Rightarrow -2 < N^* \frac{\partial F}{\partial N} < 0. \tag{2.38}$$

其证明可直接利用定理 2.5 推出.

例 2.7 Ricker 模型 (1954)

$$N(t+1) = N \exp\left[r\left(1 - \frac{N}{K}\right)\right], \tag{2.39}$$

有一个正的平衡位置 $N = K$, 对于 $N = K$ 有 $\dfrac{\partial F}{\partial N} = -\dfrac{r}{K}$, 因此当

$$-2 < K \cdot \frac{-r}{K} < 0 \Rightarrow 0 < r < 2 \tag{2.40}$$

时, 正平衡位置是局部稳定的. 以后将证明当不等式 (2.40) 被满足时, 这个正平衡位置是全局稳定的.

例 2.8 具有存放的 Ricker 模型

$$N(t+1) = sN + N\exp\left[r\left(1-\frac{N}{K}\right)\right]. \tag{2.41}$$

此模型有平衡位置

$$N^* = K\left[1-\frac{1}{r}\ln(1-s)\right],$$

这说明 $\exp\left[r\left(1-\dfrac{N^*}{K}\right)\right] = 1-s$, 若 r 是负的, 则 N^* 是正的仅当

$$r < \ln(1-s). \tag{2.42}$$

由定理 2.8 平衡位置是局部稳定的, 如果

$$-2 < (1-s)[-r+\ln(1-s)] < 0 \Rightarrow \ln(1-s) < r$$

和

$$r < \frac{2}{1-s} + \ln(1-s). \tag{2.43}$$

显然 (2.42) 和 (2.43) 是不相容的, 因此 r 必为正数. 函数 $\dfrac{2}{1-s}+\ln(1-s)$ 当 s 从 $0\to 1$ 时, s 单调增加; 当 $s=0.9$ 时, 我们要求 r 满足 $0<r<17.7$. 这样得到, 当 $s\neq 0$ 时模型 (2.41) 比 (2.39) 更为稳定.

例 2.9 Hassell 模型 (1975)

$$N(t+1) = \frac{\lambda N}{(1+aN)^b}, \tag{2.44}$$

这里 λ, a 和 b 都是正常数. 有一个正平衡位置为

$$N^* = (\lambda^{\frac{1}{b}}-1)/a,$$

由定理 2.8 知如果

$$0 < b\,(1-\lambda^{\frac{-1}{b}}) < 2 \tag{2.45}$$

成立, 则正平衡位置是局部稳定的, Hassell (1975) 还证明了当不等式 (2.45) 不被满足时, 这个模型存在稳定极限环.

例 2.10 Dark 单种群模型

$$N(t+1) = sN(t) + G(N(t-2)), \tag{2.46}$$

这里 s 为常数, G 为连续函数, 特别地, 考虑模型

$$N(t+1) = sN(t) + N(t-2)\exp\left[r\left(1-\frac{N(t-2)}{K}\right)\right], \tag{2.47}$$

这里 r, K 为常数, 意义与 (2.41) 相同. 此模型有一个平衡位置为

$$N^* = K\left[1 - \frac{1}{r}\ln(1-s)\right],$$

N^* 随 r 增加而减少 (因为 $\ln(1-s) < 0$), 为了分析这个模型的稳定性质, 我们变换 (2.47) 为一个方程组:

$$\begin{cases} N_1 = (t+1) = N_2(t), \\ N_2(t+1) = N_3(t), \\ N_3(t+1) = sN_3(t) + N_1(t)\exp\left[r\left(1 - \dfrac{N_1(t)}{K}\right)\right]. \end{cases} \tag{2.48}$$

(2.48) 有一个平衡位置为

$$(N_1, N_2, N_3) = (N^*, N^*, N^*).$$

为了得到这个平衡位置局部稳定的条件, 只要把定理 2.8 中的条件 (2.38) 改为: 若矩阵

$$\left(\frac{\partial G_i}{\partial N_i}\right) = \begin{pmatrix} 0 & 1 & 0 \\ 0 & 0 & 1 \\ a & 0 & s \end{pmatrix}$$

的所有特征值的模小于 1, 则模型 (2.48) 的平衡点 $(N_1, N_2, N_3) = (N^*, N^*, N^*)$ 是局部稳定的. 而这矩阵的特征方程为

$$\lambda^3 - s\lambda^3 - a = 0.$$

由 Schur-Cohn 准则, 局部稳定的条件为

$$1 - a > |sa|, \quad 1 > |s + a|.$$

而 r 为 s 的非线性函数, 使 $1 - \dfrac{1}{r}\ln(1-s) > 0$, 易知当 $s = 0$ 时这个条件变成 r 满足不等式 $2 > r > 0$. 当 $s = 0.5$ 时则在这个条件下 r 满足不等式 $2.87 > r > 0$. 当 $s = 0.9$ 时则 r 满足不等式 $5.17 > r > 0$. 以上几例说明当 s 从 0 增加到 1 时, 这个模型的稳定性也是增加的.

2.3.3 单种群模型的有限和全局稳定性

为了研究单种群模型的有限和全局稳定性, 我们首先建立离散时间模型的 Lyapunov 函数的概念和 Lyapunov 关于稳定性的定理. 为了以后使用方便我们就多维的情况来介绍这个理论.

考虑 m 维模型

$$N_i(t+1)=G_i(N_1,N_2,\cdots,N_m), \tag{2.49}$$

这里 $i=1,2,\cdots,m,G_i$ 为连续函数. 我们假设这一模型有一个正平衡位置 N^*, 对所有 $i=1,2,\cdots,m$, 即有 $N_i^*>0$, 使得 $G_i(N^*)=N_i^*$.

设 Ω 是在正象限内的一个开域, 若 $N^*\in\Omega$, 函数 $V(N)$ 称为是模型 (2.49) 在区域内的 Lyapunov 函数, 如果它具有下列性质:

(i) 对所有 $N\in\Omega$ 且 $N\neq N^*,V(N)>0$, 而且

$$V(N^*)=0.$$

(ii) 在 Ω 内, 对于每一个 $K>0$, 曲面 $V(N)=K$ 是一个闭曲面, 而且函数 $V(N)$ 在 $N=N^*$ 处有唯一的极小值.

(iii) 函数

$$\Delta V(N)=V(G(N))-V(N) \tag{2.50}$$

对于所有的 $N\in\Omega$ 为非正的.

定理 2.9 区域 Ω 是模型 (2.49) 的吸引区域, 如果存在一个 Lyapunov 函数 $V(N)$ 在 Ω 内, 而且 $\Delta V(N)$ 是负定的.

证明 考虑初始点 $N(0)\in\Omega$ 的解, 研究点列 $N(0),N(1),N(2),\cdots$, 记 $s(t)=V(N(t))$, 对于这个解产生一个序列 $\{s(t)\}$ 以零为下界, 由假设 $\Delta V(N)$ 在 Ω 内是负定的, 这说明序列 $\{s(t)\}$ 关于 t 是单调下降的, 于是得到 $\{s(t)\}$ 必收剑于一极限.

假设当 $t\to\infty$ 时 $s(t)\to l$. 若 $l>0$, 因为我们已设 $\Delta V(N)$ 在整个 Ω 内是连续的和负定的, 这就说明对于所有的 $N\in\{N|l\leqslant V(N)\leqslant V(N(0))\}$, $\Delta V(N)$ 有非零的最大值, 记 $\max\Delta V(N)=-\theta$, 这里 θ 是一正数, 有

$$V(N(t))\sum_{s=0}^{t-1}\Delta V(N(s))+V(N(0))\leqslant -t\theta+V(N(0)),$$

由此可知当 $t\to\infty$ 时 $V(N(t))\to-\infty$, 这是不可能的, 因为对于一切 $N\in\Omega$ 有 $V(N)\geqslant 0$. 另一方面, 起始于 $N(0)$ 的解不能离开区域 Ω, 因此必有 $l=0$, 即此解当 $t\to\infty$ 时趋于 N^*. 证毕.

定理 2.10 区域 Ω 是模型 (2.49) 的吸引区域. 如果在 Ω 内, V 满足 (i),(ii), 又 $\Delta V(N)\leqslant 0$, 并且 $\Delta V(N)$ 不沿着模型在平凡解 $N=N^*$ 近旁的一个解恒等于 0.

证明见 LaSalle(2002).

例 2.11 单种群模型

$$N(t+1)=2N(1-N), \tag{2.51}$$

此模型仅当 N 满足不等式 $1 > N \geqslant 0$ 时有效, 因为当 $N > 1$ 时, $N(t+1)$ 是负的.

(2.51) 有一个正平衡位置 $N^* = 0.5$, 我们构造 Lyapunov 函数为

$$V(N) = N - 2N^* + \frac{N^{*2}}{N},$$

显然当 $N \to 0^+$ 或 $N \to \infty$ 时 $V(N) \to \infty$. 这里记 $F(N) = 2(1-N)$, 由 (2.51) 有

$$\Delta V(N) = \frac{N}{F}(F-1)\left(F - \frac{N^{*2}}{N^2}\right),$$

当 $N > 0$ 并且 $2(1-N) < \dfrac{1}{4N^2}$ 时, ΔV 是负定的, 这也即为当 $0.809 > N > 0$ 时, ΔV 为负定的. 另一方面有 $V(0.809) = 0.191$, 因此得到近似的吸引区域为

$$\Omega = \{N | V(N) < 0.191\},$$

我们可以计算出 $\Omega = \{N | 0.272 < N < 0.809\}$. 但是模型 (2.51) 的最大吸引区域是 $\{N | 1 > N > 0\}$, 显然 Lyapunov 函数方法只能给出吸引区域的一个粗糙的估计.

定理 2.11 模型 (2.49) 是全局稳定, 如果

(a) 存在一函数 $V(N)$ 有上述性质 (i) 和 (ii);

(b) 条件 $\Delta V(N) = V(G(N)) - V(N) \leqslant 0$ 对所有 $N \in \Gamma$(正象限) 都满足, 以及

(c) $\Delta V(N)$ 不沿着在平凡解 $N = N^*$ 近旁的解恒等于 0.

我们考虑单种群模型

$$N(t+1) = G(N). \tag{2.52}$$

定理 2.12 单种群模型 (2.52) 为全局稳定的充分条件为:

(i) 存在一个正平衡位置 N^*;

(ii) 当 $N^* > N > 0$ 时有 $\dfrac{N^{*2}}{N} > G(N) > N$;

(iii) 当 $N > N^*$ 时有 $N > G(H) > \dfrac{N^{*2}}{N}$.

证明 作 Lyapunov 函数

$$V(N) = \left(\ln \frac{N}{N^*}\right)^2.$$

沿着模型 (2.52) 的解, 有

$$\Delta V(N) = \left(\ln \frac{G}{N^*}\right)^2 - \left(\ln \frac{N}{N^*}\right)^2 = \left(\ln \frac{G}{N}\right)\left(\ln \frac{GN}{N^{*2}}\right).$$

当 $N^* > N > 0$ 时由条件 (ii) 得到 $\ln \dfrac{G}{N} > 0$ 以及 $\ln \dfrac{GN}{N^{*2}} < 0$, 因此 $\Delta V < 0$ 对于

$N^* > N > 0$ 成立. 当 $N > N^*$ 时由条件 (iii) 得到 $\ln \dfrac{G}{N} < 0$ 以及 $\ln \dfrac{GN}{N^{*2}} > 0$, 因此 $\Delta V < 0$ 对于 $N > N^*$ 也成立. 这样得到 ΔV 是负定的, 所以 (2.52) 是全局稳定的.

例 2.12 一个常见的单种群模型

$$N(t+1) = N\exp\left[r\left(1-\frac{N}{K}\right)\right], \tag{2.53}$$

这个模型有一个正平衡位置在 $N^* = K$, 我们构造 Lyapunov 函数为

$$V(N) = \frac{1}{2}(N^2 - K^2) - K^2 \ln\frac{N}{K},$$

沿着 (2.53) 的解有

$$\Delta V(N) = \frac{1}{2}N^2\left\{\exp\left[2r\left(1-\frac{N}{K}\right)\right]-1\right\} - K^2\left[r\left(1-\frac{N}{K}\right)\right],$$

要证明 (2.53) 是全局稳定的, 也即要证明对于所有的 $N > 0$ 以及 $N \neq K$, $\Delta V(N)$ 是负定的. 为了验证这个条件, 我们要求 $\Delta V(N)$ 有一个唯一的全局极大在 $N = K$, 要证明这点用纯分析的办法是很困难的. 对于具体参数常可用计算的方法办到, 首先我们考虑 $N = K$ 是否是 $\Delta V(N)$ 的局部极大, 我们算得

$$\begin{aligned}\frac{d(\Delta V)}{dN} &= N\left\{\exp\left[2r\left(1-\frac{N}{K}\right)\right]-1\right\} - \frac{r}{K}N^2\exp\left[2r\left(1-\frac{N}{K}\right)\right] + Kr \\ &= 0, \quad \text{当}N = K\text{时},\end{aligned}$$

$$\begin{aligned}\frac{d^2(\Delta V)}{dN^2} =& \exp\left[2r\left(1-\frac{N}{K}\right)\right] - 1 - \frac{4r}{K}N\exp\left[2r\left(1-\frac{N}{K}\right)\right] \\ &+ 2\left(\frac{r}{K}\right)^2 N^2\exp\left[2r\left(1-\frac{N}{K}\right)\right] = 2r(-2+r), \quad \text{当}N = K\text{时}.\end{aligned}$$

因此如果当 $2 > r > 0$ 时, $\Delta V(N)$ 在 $N = K$ 有局部极大. 我们可以看到, 这里 K 在平衡位置稳定性中不起作用.

关于全局性的结论, 作为例子设 $r = 1.9$, $K = 1$, 则 $V(N)$ 和 $\Delta V(N)$ 通过计算绘出图 2.13, 显然 $\Delta V(N)$ 是负定的. 因此对于 r 的这个值, 模型 (2.53) 是全局稳定的.

关于模型 (2.53), 我们不妨设 $K = 1$, 这时有一个平衡位置 $N^* = 1$, 我们知道当 $2 > r > 0$ 时此模型为全局稳定的. May (1976) 证明了当 $2 < r < 2.692$ 时模型 (2.53) 存在具有周期为 2^n 的极限环, 这里 n 为整数; 而当 $r > 2.692$ 时模型 (2.53) 有混沌解 (chaotic solution).

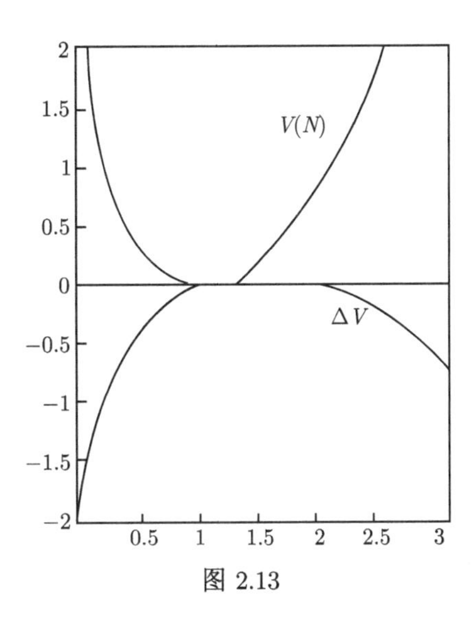

图 2.13

关于差分方程的全局稳定性的研究, 由上述讨论, 我们知道存在两个问题. 首先是方法问题, 利用 Lyapunov 函数的方法, 对于一给定的方程要构造一个合适的 Lyapunov 函数是很困难的. 下面将采用其他方法来研究.

另一个问题是结论的问题, 相对于微分方程来说, 定理 2.12 的条件则比较强, 而且几何意义不十分清楚.

我们比较一下一个单种群微分方程模型

$$\dot{x} = f(x) \tag{2.54}$$

和一个单种群差分方程模型

$$x_{t+1} = g(x_t). \tag{2.55}$$

(2.54) 的平衡位置有 $f(\overline{x}) = 0$, (2.55) 的平衡位置有 $g(\overline{x}) = \overline{x}$. 由定理 2.1 可知, 对于 (2.54) 的平衡位置 $\overline{x}$ 为全局稳定的充分条件为:

(i) 当 $0 < x < \overline{x}$ 时有 $f(x) > 0$;

(ii) 当 $x > \overline{x}$ 时有 $f(x) < 0$.

而相对应的差分方程 (2.55), 由定理 2.7 知道与上诉条件类似的 (2.55) 的平衡位置 $\overline{x}$ 为全局稳定的充分条件有:

(i) 当 $\overline{x} > x > 0$ 时有 $\overline{x} > g(x) > x$;

(ii) 当 $x > \overline{x}$ 时有 $x > g(x) > \overline{x}$.

但是很多的单种群模型是不满足这个条件的. 通常是 $g(x)$ 有一个极大点 $x_M \in (0, \overline{x})$, 并且可以假设当 $x > x_M$ 时 $g(x)$ 为单调减少, 但是就是这样也无法确定平衡位置 $\overline{x}$ 的局部稳定性与全局稳定性之间的关系. 以图 2.14 为例.

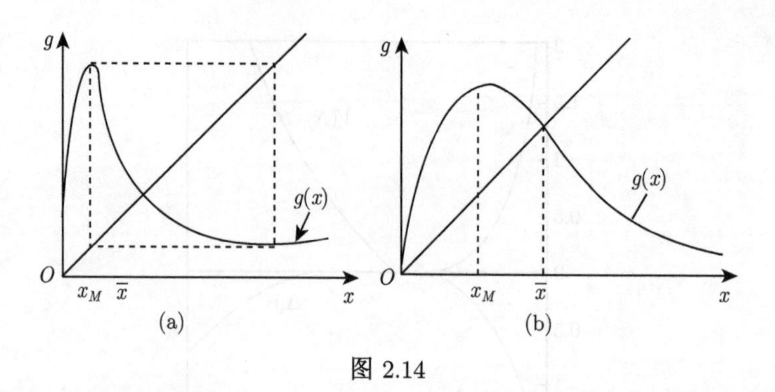

图 2.14

图 2.14(a) 所示函数 $g(x)$, 使方程 (2.55) 的平衡位置 $\overline{x}$ 是局部稳定的, 但不是全局稳定的. 因为这里函数 $g(x)$ 具有性质 $g[g(x_M)] = x_M$, 即 x_M 是周期点, 周期为 2, 当然这个解不趋于平衡点.

图 2.14(b) 所示函数 $g(x)$ 使方程 (2.55) 的平衡位置 $\overline{x}$ 是局部稳定的而且是全局稳定的.

两个图形中的 $g(x)$ 的图像之不同点在于凹向的变化上, 图 2.14(a) 的 $g(x)$ 的凹向从负到正 (凹向下到凹向上), 其变化点在平衡点 $\overline{x}$ 之前出现. 图 2.14(b) 的 $g(x)$ 的凹向从负到正, 其变化点在平衡点 $\overline{x}$ 之后出现. 这就是一个局部稳定平衡点是否为全局稳定的重要的判定方法, 下面我们来证明这个论断.

我们研究一下单种群模型 (2.55), 设 g 是一个连续函数, 有 $g(0) = 0$, 且:

(i) 存在唯一的平衡点 $\overline{x}$, 使 $g(\overline{x}) = \overline{x}$;

(ii) 当 $0 < x < \overline{x}$ 时 $g(x) > x$, 当 $\overline{x} < x$ 时 $g(x) < x$;

(iii) 如果 $g(x)$ 在 $(0, \overline{x})$ 内有极大值点 x_M, 则 $g(x)$ 当 $\overline{x} > x > x_M$ 时是单调减少的.

我们容易看出: 差分方程 (2.55) 有且仅有一个局部稳定的平衡位置 $\overline{x}$ 的充要条件就是 (ii) 和 (iii) 成立. 而条件 (iii) 是说明函数 $g(x)$ 在 $(0, \overline{x})$ 内是单峰函数.

定理 2.13 (a) 如果一个种群模型 (2.55) 满足 (i) 和 (ii), 而且 $g(x)$ 在 $(0, \overline{x})$ 内没有极大值点, 则 $\overline{x}$ 是一个全局稳定平衡点.

(b) 如果一个种群模型 (2.55) 满足 (i)—(iii), 在 $(0, \overline{x})$ 内有一个极大值点 x_M, 则 $\overline{x}$ 是全局稳定平衡点的充要条件为: 对于所有的 $x \in [x_M, \overline{x}]$, 有 $g[g(x)] > x$.

证明 (a) 如果 $g(x)$ 在 $(0, \overline{x})$ 内无极大值, 要证明对于任何 $x \in (0, \infty)$ 都有当 $k \to \infty$ 时, $g^k(x) \to \overline{x}$. 我们分两种情况证明.

(i) 若 $x \in (0, \overline{x})$, 因为 $\overline{x} > g(x) > x$, 所以 $g^k(x)$ 随着 k 增大而单调增加, 并且当 $k \to \infty$ 时趋于 $\overline{x}$.

(ii) 若 $x > \overline{x}$, 则有两种可能:

(1) 若 $g^k(x)$ 对于所有的 k 常常有 $g^k(x) > \overline{x}$, 则因为 $g(x) < x$, 所以当 k 增加时 $g^k(x)$ 单调下降, 并且当 $k \to \infty$ 时它趋于 $\overline{x}$.

(2) 若存在 k 使 $g^k(x) < \overline{x}$, 则由前面 (i) 所证, 有当 $j \to \infty$ 时, $g^{k+j}(x)$ 单调增加而趋于 $\overline{x}$.

于是由 (i) 和 (ii) 可知 (a) 得证.

(b) 若 $g(x)$ 在 $[0, \overline{x}]$ 内有极大点 x_M, 则证明 $\overline{x}$ 全局稳定的充分必要条件为: 当 $x \in [x_M, \overline{x}]$ 有

$$g[g(x)] > x.$$

充分性的证明 类似地我们分三个区域来考虑:

(i) 若 $x \in [x_M, \overline{x})$, 因为条件 $g[g(x)] > x$, 所以这时当 $k \to \infty$ 时 $g^{2k}(x)$ 单调上升而趋于 $\overline{x}$.

(ii) 若 $x \in (0, x_M)$, 易知这时 $g(x)$ 是单调上升的. 下面分两种情况证明.

(1) 若对于某一个 k 有 $g^k(x) \in [x_M, \overline{x})$, 则由 (i) 可知当 $j \to \infty$ 时 $g^{k+2j}(x)$ 单调上升趋于 $\overline{x}$.

(2) 若对于某一个 k 有 $g^k(x) > \overline{x}$, 则如图 2.15 所示容易看出, 必存在 $\hat{x}$ 使

$$g^k(x) = g(\hat{x}).$$

而 $\hat{x} \in (x_M, \overline{x})$, 所以由 (i) 将有当 $j \to \infty$ 时, $g^{k+2j}(x)$ 单调上升趋于 $\overline{x}$.

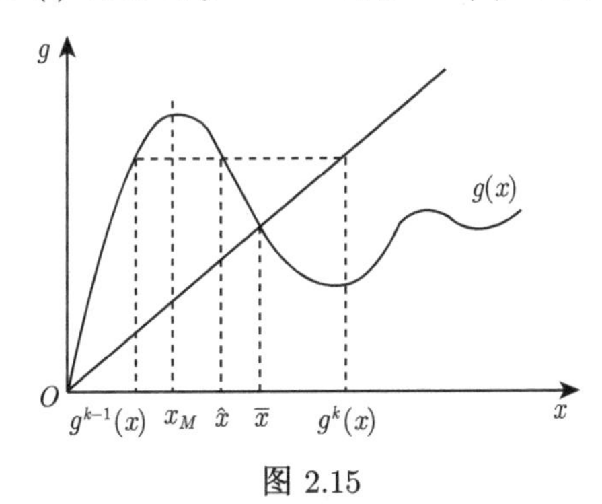

图 2.15

(iii) 若 $x > \overline{x}$, 证明可分为两种情况:

(1) 对于所有的 $k, g^k(x)$ 保持在 $x > \overline{x}$ 内, 因为 $g(x) < x$, 所以 $g^k(x)$ 随 k 增大而单调减少趋于 $\overline{x}$.

(2) 存在某个 k, 使 $g^k(x) \in (0, x_M)$ 或 $(x_M, \overline{x})$, 则由前面所证可知当 $j \to \infty$ 时, 有 $g^{k+j}(x) \to \overline{x}$. 充分性得证.

必要性的证明 若 $\overline{x}$ 是全局稳定的, 我们要证明: 当 $x \in [x_M, \overline{x}]$ 时, 必有 $g[g(x)] > x$.

反之, 我们假设存在一点 $x_1 \in [x_M, \overline{x}]$, 使

$$f[g(x_1)] < x_1. \tag{2.56}$$

现在我们证明 $\overline{x}$ 不是全局稳定的. 设 $\overline{x}$ 是局部稳定的 (否则即得 $\overline{x}$ 不是全局稳定的), 则在 $\overline{x}$ 的充分小邻域内必有 $x_2(x_2 \in [x_M, \overline{x}))$, 使 $g[g(x_2)] > x_2$, 与 (2.56) 一起再由函数 $g(x)$ 的连续性, 则必存在 $x^* \in (x_1, x_2)$, 即 $x^* \in [x_M, \overline{x})$, 有 $g[g(x^*)] = x^*$. 也就是说 x^* 是周期点, 显然 $\overline{x}$ 不可能是全局稳定的. 必要性证毕, 定理 2.13 得证.

定理 2.14 如果一个种群模型 (2.55) 满足条件 (i)—(iii), 若在 $(0, \overline{x})$ 内有极大点 x_M, 并且满足下列条件:

(a) $g(x)$ 在 $(x_M, \overline{x})$ 内不改变凹性;

(b) 如果 $g(x)$ 在 x_1 处改变凹性, 则 $g''(x)$ 在 (x_M, x_1) 内是非减的且 $g(x_M) < x_1$,

则 $\overline{x}$ 是全局稳定的充要条件是 $\overline{x}$ 是局部稳定的.

证明 不妨假设 $\overline{x} = 1$(否则总可以经线性变换达到). 必要性自然成立. 下面我们只要证明充分性即可. 若 $g(x)$ 在 (0,1) 中有极大点 x_M, 并设 $\overline{x} = 1$ 是局部稳定的, 则由定理 2.13 我们只要证明在本定理条件下, 当 $x \in [x_M, 1)$ 时, 必有

$$h(x) = g[g(x)] - x > 0 \tag{2.57}$$

即可. 我们来证明不等式 (2.57) 成立：首先

$$h(1) = g[g(1)] - 1 = 0,$$

如果我们能证明当 $x \in [x_M, 1)$ 时有

$$h'(x) < 0, \tag{2.58}$$

则由 $h(1) = 0$, 再由 $h(x)$ 在 $[x_M, 1)$ 内单调减少, 有 $h(x) > 0$, 即 (2.57) 成立. 因此下面的问题在于证明 (2.58) 成立. 为此, 首先有

$$h'(1) = g'[g(1)]g'(1) - 1 = [g'(1)]^2 - 1,$$

因为 $\overline{x} = 1$ 是局部稳定的, 所以有 $h'(1) \leqslant 0$.

另一方面因为 x_M 为极大点, 所以 $g'(x_M) = 0$, 因此

$$h'(x_M) = g'[g(x_M)]g'(x_M) - 1 = -1,$$

由于函数 $h'(x)$ 有 $h'(x_M) = -1$ 和 $h'(1) \leqslant 0$, 所以如果能证明在 $[x_M, 1)$ 内有

$$h''(x) > 0, \tag{2.59}$$

则 $h'(x)$ 单调增加, 所以 (2.58) 成立, 因此现在问题归结为去证明不等式 (2.59). 下面将证明这个事实, 计算

$$h''(x) = g''[g(x)][g'(x)]^2 + g'[g(x)]g''(x),$$

由条件 (b) 当 $x \in [x_M, 1]$ 时 $g''(x) < 0$ 以及基本条件当 $x \in [x_M, 1)$ 时 $g'(x) < 0$, 并且 $g(x) > x$, 所以有 $g'[g(x)] < 0$. 也就说明 $h''(x)$ 的表达式中的第二项

$$g'[g(x)]g''(x) > 0.$$

因此可分为两种情况:

(i) 若 $g''[g(x)] > 0$, 则由 $h''(x)$ 的表达式, 显然有 $h''(x) > 0$, 即 (2.59) 成立.

(ii) 若 $g''[g(x)] < 0$, 在这种情况下我们要比较两项绝对值的大小.

由于假设在 $(x_M, 1)$ 内 $g(x)$ 的凹向还没有变化, 所以在 $(x_M, 1)$ 内有 $g^{(3)}(x) \geqslant 0$, 因此相同地有

$$g''(x) \leqslant g''[g(x)] < 0 \qquad (\text{因为} g(x) > x),$$

即

$$|g''(x)| > |g''[g(x)]|. \tag{2.60}$$

又因为 $g''(x) < 0, g'(x)$ 是单调减少的, 所以

$$g'(x) > g'(1).$$

再由 $\overline{x} = 1$ 是局部稳定的, 有 $|g'(1)| \leqslant 1$, 因此

$$1 \geqslant |g'(x)| \geqslant |g'(x)|^2,$$

以及

$$|g'[g(x)]| > |g'(x)| \geqslant |g'(x)|^2. \tag{2.61}$$

联合不等式 (2.60) 和 (2.61), 得

$$|g''(x)||g'[g(x)]| > |g''[g(x)]|[g'(x)]^2,$$

这样即得到

$$g''(x)g'[g(x)] + g''[g(x)][g'(x)]^2 > 0.$$

因此 $h''(x) > 0$, 即 (2.59) 得证, 所以定理证毕, 即 $\overline{x} = 1$ 是全局稳定平衡点.

定义 2.2 一个种群模型

$$x_{t+1} = W(x_t) \tag{2.62}$$

称为被另一种群模型

$$x_{t+1} = g(x_t) \tag{2.63}$$

所优化, 如果满足:

$$当\overline{x} > x > 0时,\quad g(x) \geqslant W(x) > x; 以及$$

$$当x > \overline{x}时,\quad x > W(x) \geqslant g(x).$$

定理 2.15　如果一个种群模型 (2.62) 被另一个全局稳定的种群模型 (2.63) 所优化, 则种群模型 (2.62) 也是全局稳定的. 也即对于所有的 $x > 0$, 有 $W^k(x)$ 收敛于 $\overline{x}$.

证明　若 (2.63) 中 $g(x)$ 在 $(0, \overline{x})$ 内无极大值点, 则仿定理 2.13 的证明可知结论显然成立.

今设 $g(x)$ 在 $(0, \overline{x})$ 中有极大值点 x_{gM}, 分两种情况来考虑:

(1) 若当 $\overline{x} > x > 0$ 时, $W(x) \leqslant \overline{x}$, 即当 $x \in (0, \overline{x})$ 时有 $\overline{x} \geqslant W(x) > x$, 仿定理 2.13 的证明易知对于方程 (2.62) $\overline{x}$ 是全局稳定的.

(2) 若 $W(x)$ 在 $(0, \overline{x})$ 内有极大值点 x_{WM}, 即在 $\overline{x} > x > 0$ 中必存在点 x_1, 使 $W(x_1) > \overline{x}$, 如图 2.16 所示. 对于每一个这样的 x_1, 存在 $\hat{x} \in [x_{gM}, \overline{x}]$ 且 $\hat{x} \geqslant x_1$, 使得 $W(x_1) = g(\hat{x})$, 因此有

$$W[W(x_1)] = W[g(\hat{x})] > g[g(\hat{x})] > \hat{x} \geqslant x_1,$$

由定理 2.13 得知, 对于方程 (2.62)$\overline{x}$ 是全局稳定的. 证毕.

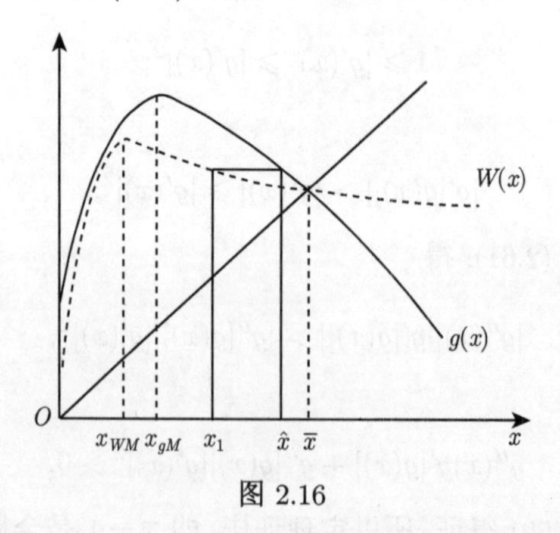

图 2.16

例 2.13　Moran (1950), Rickor (1954), Smith (1974), May (1974) 以及 Fisher (1979) 等研究模型

$$g(x) = x \exp[r(1 - x)], \tag{2.64}$$

得到稳定的参数区域: $0 < r \leqslant 2$, 这时有

$$
\begin{aligned}
g'(x) &= (1 - rx)\exp[r(1-x)], \\
g''(x) &= -r(2 - rx)\exp[r(1-x)], \\
g^{(3)}(x) &= r^2(3 - rx)\exp[r(1-x)],
\end{aligned}
$$

很清楚, 这个模型的一阶导数仅有一个零点. 如果这个零点不在 $x = 1$ 前出现, 则由定理 2.13(a), 1 是一个全局稳定的平衡点. 如果这个极大点在 (0,1) 中存在, 则二阶导数在 x_M 和 0 之间是负的, 即有 $r \leqslant 2$, 而且三阶导数是正的 (当二阶导数为负时), 因此当 $r \leqslant 2$ 时平衡点全局稳定的充要条件是它为局部稳定的. 然而平衡点局部稳定则有 $0 < r \leqslant 2$, 因此模型 (2.64) 全局稳定的参数区域为 $0 < r \leqslant 2$.

例 2.14 Smith(1968)

$$
g(x) = x[1 + r(1-x)], \tag{2.65}
$$

稳定的参数区域为 $0 < r \leqslant 2$. 此模型有

$$
\begin{aligned}
g'(x) &= 1 + r - 2rx, \\
g''(x) &= -2r, \\
g^{(3)}(x) &= 0,
\end{aligned}
$$

很清楚, 这一模型的一阶导数最多有一个零点. 如果这个零点不在 (0,1) 内出现, 则由定理 2.13(a), 平衡点 1 是全局稳定的. 如果极大值在 (0,1) 中出现, 则定理 2.14 的条件被满足. 因此 1 是全局稳定的. 要注意的是在这个模型中, $g(x)$ 最后变成零 (不能取负值). 事实上我们可写成 $g(x) = \max\{x[1+r(1-x)], 0\}$. 当然如果 $g(x) = 0$, 则 $g^k(x) = 0$, 对所有的 $k > 1$ 都成立, 因此这里的全局稳定性的含义是, 对于所有的 $x > 0$ 使 $g(x) > 0$, 而 $g^k(x)$ 收敛于平衡点.

例 2.15 Udida(1957)

$$
g(x) = x\left(\frac{1}{b + cx} - d\right), \tag{2.66}
$$

稳定的参数区域为

$$
\frac{d-1}{(d+1)^2} \leqslant b < \frac{1}{d+1}.
$$

此模型有

$$
g'(x) = \frac{b}{(b+cx)^2} - d,
$$

$$g''(x) = \frac{-2bc}{(b+cx)^3},$$

$$g'''(x) = \frac{6bc^2}{(b+cx)^4},$$

很清楚, 这个模型符合定理 2.13 和定理 2.14 的条件, 因此平衡位置只要是局部稳定的, 就必是全局稳定的. 这里如同模型 (2.65) 一样, 全局稳定性仅对于使 $g(x) > 0$ 的 x 而言, 而与模型 (2.64), (2.65) 不同, 这里平衡点不在 1 产生, 而是依赖于参数. 我们看到稳定性的条件中不依赖于参数 c, 事实上模型可以被标准化到使平衡点为 1, 并且可以把参数 c 消去.

例 2.16 Penny, Cuick 等 (1968)

$$g(x) = \frac{\lambda x}{1 + a\exp(bx)}, \quad \lambda = 1 + a\exp b, \tag{2.67}$$

稳定性的参数区域: $a(b-2)\exp b \leqslant 2,\ a > 0, b > 0$. 此模型有

$$g'(x) = \frac{\lambda[1 + (1-bx)a\exp(bx)]}{[1 + a\exp(bx)]^2},$$

$$\begin{aligned} g''(x) =& \{-\lambda ab\exp(bx)\{[1 - a\exp(bx)]bx \\ &+ 2[1 + a\exp(bx)]\}\}/[1 + a\exp(bx)]^3, \end{aligned}$$

$$\begin{aligned} g^{(3)}(x) =& \frac{-\lambda ab^2\exp(bx)}{[1 + a\exp(bx)]^4}[[1 + a\exp(bx)] \\ &\cdot [1 + (1-bx)a\exp(bx)] \\ &- 3a\exp(bx)\{xb[1 - \exp(bx)] \\ &+ 2[1 + a\exp(bx)]\}]. \end{aligned}$$

由计算的结果, $g'(x)$ 是减少的, 因此在 (0,1) 中至少存在一个极大点, 而且在 $g''(x)$ 中 { } 内的项是减少的, 所以如果 g'' 变为正的以后, 则将保持为正; 而 $g''(1)$ 为负的充要条件为

$$(1 - a\exp b)b + 2(1 + a\exp b) > 0.$$

但从局部稳定性有 $2(1 + a\exp b) \geqslant ab\exp b$, 因此如果

$$(1 - a\exp b)b + ab\exp b > 0,$$

$g''(1)$ 将是负的. 但是如果当 $x > x_M$ 时, b 的简单表达式是正的, 则在 $g^{(3)}(x)$ 的方括号内第二项是负的. 如果 x 在凹向变化前, 则 $g^{(3)}(x)$ 在 { } 内的项是正的, 如

前有 $g^{(3)}(x) > 0$(在凹向变化前的 x), 再由定理 2.14, 只要平衡点是局部稳定的则必为全局稳定的.

例 2.17 Hassell (1974)

$$g(x) = \frac{\lambda x}{(1+ax)^b}, \quad \lambda = (1+a)^b, \tag{2.68}$$

稳定性的参数区域: $ab \leqslant 2(1+a), a > 0, b > 0$. 这个模型有

$$g'(x) = \frac{\lambda(1+ax-abx)}{(1+ax)^{b+1}},$$

$$g''(x) = \frac{-\lambda ab[2+ax(1-b)]}{(1+ax)^{b+2}}.$$

我们不能用定理 2.14 来证明这个模型的全局稳定性, 因为使平衡位置局部稳定的参数值可使 $g''(x)$ 在平衡点之前变成正的. 但可以用定理 2.13 来证明这个模型是全局稳定的. 由定理 2.13, 平衡点是全局稳定的充要条件是

$$g[g(x)] > x, \quad 对于 \quad x \in [x_M, \overline{x}],$$

在这种情况下,

$$g[g(x)] = \frac{x(1+a)^{2b}}{\left[1+ax+\dfrac{ax(1+a)^b}{(1+ax)^{b-1}}\right]^b},$$

所以 $g[g(x)] > x$ 的充要条件是

$$2+a > x + x\frac{(1+a)^b}{(1+ax)^{b-1}},$$

易见当 $x=1$ 时不等式的两边是相等的. 因此如果我们能证明这个不等式的右边是增加的, 则这个不等式将是成立的. 为此, 求右边的导数为

$$1+\frac{(1+a)^b}{(1+ax)^{b-1}} - \frac{ax(1+a)^b(b-1)}{(1+ax)^b},$$

以 $x=1$ 代入这个导数, 得

$$2(1+a)-ab.$$

如果 1 是局部稳定平衡点, 则它是非负的. 对于这个模型极大点 $x_M = \dfrac{1}{a(b-1)}$, 把 x_M 的值代入导数有

$$1+\frac{\left[\dfrac{1}{b}(1+a)(b-1)\right]^b}{b-1}.$$

当 $b>1$ 时上式显然是大于零的, 这是 x_M 存在的必要条件, 即是导数在 x_M 为正, 并且在 $\overline{x}$ 是非负的. 因而二阶导数是负的, 一阶导数将是正的, 所以右边将是增加的, 并且

$$g[g(x)]>x$$

对 $x\in[x_M,\overline{x})$ 成立, 二阶导数为

$$\frac{-2a(b-1)(1+a)^b}{1+ax}+\frac{xa^2b(b-1)(1+a)^b}{(1+ax)^b},$$

它是负的充要条件是 $-2(1+ax)+abx$ 为负, 但是它等于 $2(x-1)+x(ab-2a-2)$, 其第一项对于 $x<1$ 为负, 而第二项在平衡位置为局部稳定的假设下为非负的.

例 2.18　Smith (1974)

$$g(x)=\frac{\lambda x}{1+(\lambda-1)x^c}, \tag{2.69}$$

稳定参数区域：$c(\lambda-1)\leqslant 2\lambda,\ \lambda>1, c>0$.

这个模型像前面例 2.17 一样不满足定理 2.14 的条件, 但这要求它的平衡点是局部稳定的则必为全局稳定. 我们可以用变换把这个模型变到前面一个模型, 变换 $x^c\to z, \lambda-1\to a$, 则

$$x_{t+1}^c=\frac{(1+a)^c x^c}{(1+ax^c)^c}$$

化为

$$z_{t+1}=\frac{(1+a)^c z}{(1+az)^c},$$

也就是前面的模型. 因为 $c\neq 0$, 所以 x^c 收敛于 1, 只要前面的一个模型是稳定的.

以上我们应用定理 2.13 和定理 2.14 来研究单种群离散时间的模型, 很清楚, 这里只限于函数 $g(x)$ 为“单峰”的情况, 但实际上有些模型并不是“单峰”的. 例如, 在 [9] 中所研究的模型就是“双峰”的, 因此有必要来研究, 当 $g(x)$ 为“多峰”函数时种群模型为全局稳定的条件.

对函数 $g(x)$ 我们仍作以下的假设:

让 Q 是所有的函数 $g:(0,\infty)\to(0,\infty)$ 满足下列条件的集合.

(i) g 连续;

(ii) $g(0)=0$;

(iii) g 有唯一平衡点 $\overline{x}\in(0,\infty)$;

(iv) 当 $0<x<\overline{x}$ 时, $g(x)>x$, 以及当 $x>\overline{x}$ 时, $g(x)<x$.

定理 2.16　设 $g\in\Omega$, 如果 g 在 $(0,\overline{x})$ 中没有极大, 则 $\overline{x}$ 是全局稳定的; 如果 g 有最大值点 $x_M\in(0,\overline{x})$, 则 $\overline{x}$ 为全局稳定的充要条件为：对于所有的 $x\in(x_M,\overline{x})$, 都有 $g^2(x)>x$.

证明 第一部分即为定理 2.13 的结论. 下面证明第二部分的结论. 设 $x \in [x_M, \overline{x})$, 则有两种可能:

(A) 对于所有的 $k \geqslant 1, g^k(x) < \overline{x}$, 则由 (iv) 可知这时 $g^k(x)$ 单调趋于 $\overline{x}$.

(B) 存在某一个 $k \geqslant 1$, 有

$$x < g^1(x) < \cdots < g^k(x) < \overline{x} < g^{k+1}(x),$$

则又有两种可能性:

(a) 对所有的 $j \geqslant 1$, 有 $g^{k+j}(x) > \overline{x}$, 这时由 (iv) 可知 $g^{k+j}(x)$ 单调减少趋于 $\overline{x}$.

(b) 存在一个 $j \geqslant 1$, 有

$$g^{k+j+1}(x) < \overline{x} < g^{k+j}(x) < \cdots < g^{k+1}(x). \tag{2.70}$$

下面我们要证明 $g^k(x) < g^{k+j+1}(x)$. 事实上, 如果 $j = 1$, 不等式 (2.70) 很容易得到. 因为 $g^k \in [x_M, \overline{x})$, 并由定理的条件对于 $x \in [x_M, \overline{x})$, 由 $g^2(x) > x$, 即有 $g^k(x) < g^{k+1+1}$. 如果 $j > 1$, 若存在一个 y 有 $g^k(x) \leqslant y < \overline{x}$, 并且 $g(y) = g^{k+j}(x)$, 由于 g 的连续性和定理的假设, 则满足

$$g^k(x) \leqslant y < g^2(y) = g^{k+j+1}(x).$$

综合上述结果, 我们得到下面结论:

如果 $x \in [x_M, \overline{x})$, 则下面三者之一成立.

(1) 存在一个 k, 使 $g^{k+j}(x)$ 增加趋于 $\overline{x}$, 当 $j \to \infty$ 时.

(2) $g^{k+j}(x)$ 单调减少趋于 $\overline{x}$, 当 $j \to \infty$ 时.

(3) 存在一子序列 $\{K_i\}$, 使得当 $i \to \infty$ 时, $g^{K_i}(x)$ 增加趋于 $\overline{x}$.

剩下的是证明最后一种情况. 对固定的 $\varepsilon > 0$, 由 (i) 我们可以找到一个 δ, $0 < \delta < \varepsilon$, 使得如果 $|x - \overline{x}| < \delta$, 就有 $|g(x) - \overline{x}| < \varepsilon$. 由假设存在一个 $I > 0$, 使得对所有 $i > I$, 有 $|g^{K_i}(x) - \overline{x}| < \delta$ 以及 $x \in [x_M, \overline{x})$. 这说明了对所有的 $i > I$ 和 $x \in [x_M, \overline{x})$, 有 $|g^{K_i+1}(x) - \overline{x}| < \varepsilon$. 现在或者 $K_i + 1 = K_{i+1}$ 或者由 (2.70) 和 (iv) 有

$$g^{K_i}(x) < g^{K_i+1}(x) < \overline{x} < g^{K_{i+1}-1}(x) < \cdots < g^{K_i+1}(x),$$

在任何情况下我们得到: 对一切 $K > K_I$ 和 $x \in [x_M, \overline{x})$ 有

$$|g^K(x) - \overline{x}| < \varepsilon,$$

这也即是收敛的结论.

如果 $x \in 0, x_M$, 则由 (iv), 最后或者 $g^K(x)$ 落在 $[x_M, \overline{x})$ 内, 在这种情况下将是收敛的; 或者 $g^K(x) > \overline{x}$, 在这种情况下存在某一个 $y \in [x_M, \overline{x})$, 有 $g^K(x) = g(y)$, 并且在这种情况下仍然是收敛的.

最后, 如果 $x > \overline{x}$, 则或者 $g^K(x)$ 单调减少趋于 $\overline{x}$, 或者存在一个 $K \geqslant 1$, 使得 $g^K(x) < \overline{x}$, 如上所述它也是收敛的. 证毕.

现在我们把定理 2.16 用于具有"双峰"函数的种群模型. 让 Ω_0 是 Ω 的子集包含所有的具有下列性质的函数:

(a) g 为二次可微.

(b) 存在点 x_1 和 x_2, 使 $0 < x_1 < \overline{x} < x_2$ 并且

当 $0 < x < x_1$ 或 $x_2 < x$ 时, $g'(x) > 0$;

当 $x_1 < x < x_2$ 时 $g'(x) < 0$, 且 $g'(x_1) = g'(x_2) = 0$.

(c) 存在一点 $x_c \in (x_1, x_2)$, 使 $g''(x_c) = 0$ 并且当 $x < x_c$ 时 $g''(x) < 0$, 当 $x > x_c$ 时 $g''(x) > 0$.

定理 2.17 (Rosenkranz (1983)) 设 $g \in \Omega_0$, 则 $\overline{x}$ 是全局稳定的, 如果

$$g'(x_c)g'(\overline{x}) < 1.$$

证明 首先由 (b) 和 (c), 知

$$g'(x_c) \leqslant g'(x) < 0, \quad \text{对于} \quad x \in (x_1, x_2), \tag{2.71}$$

因为 $[g'(\overline{x})]^2 < 1$ 以及 $\overline{x}$ 在定理 2.16 的假设下是局部稳定的. 令 $z = \min(x_2, g(x_1))$, 则存在唯一确定的点 $y \in [x_1, \overline{x}]$ 有 $g(y) = z$, 由 (b) 我们可以得到: 对于 $x \in (y, z), g'(x) < 0$ 并且

$$g^{2'}(y) = g'[g(y)]g'(y) = g'(z)g'(y) = 0,$$

因而 $y = x_1$ 或者 $z = x_2$.

如果 $y = x_1$, 则对于 $x \in (x_1, \overline{x})$, 有

$$\overline{x} < g(x) < g(x_1) \leqslant x_2,$$

因此 $g^{2'}(x) > 0$.

如果 $x_1 < y$, 则对于 $x \in (x_1, y), x_2 < g(x_1)$ 和 $g^{2'}(x) < 0$ 及对于 $x \in (y, \overline{x})$, $g^{2'}(x) > 0$.

要证明 $\overline{x}$ 的全局稳定性, 由定理 2.16 已知只要证对于 $x \in [x_1, \overline{x})$ 有 $g^2(x) > x$, 由上面的讨论, 只要证明对于 $x \in (y, \overline{x})$ 有 $g^{2'}(x) < 1$ 即可.

首先假设 $x_c < \overline{x}$, 则对于 $x \geqslant \overline{x}, g''(x) > 0, g'(x)$ 在 $[\overline{x}, z)$ 内是严格增加的, 因此对于 $x \in (y, \overline{x})$ 有

$$g'(\overline{x}) < g'[g(x)] < 0,$$

由 (2.71) 我们得

$$g^{2\prime}(x) = g'[g(x)]g'(x) < g'(x_c)g'(\overline{x}) < 1,$$

对于 $\overline{x} < x_c$ 的情况可以类似地取得. 如果 $\overline{x} = x_c$ 则

$$g^{2\prime}(x) \leqslant [g'(x_c)]^2 < 1.$$

证毕.

例 2.19 May(1979)

$$g(x) = x\left[1 + 2a\left(1 - \frac{x}{K}\right)(1 - x)\right],$$

这里 $g(x)$ 是三次多项式, 有 $g(0) = 0$, $g(1) = 1$ 以及 $g(K) = K$, 容易看出 $\overline{x} = K$, 当 $0 < a < \dfrac{1}{1-K}$ 时是局部稳定的, 进一步有 $x_c = \dfrac{K+1}{3}$. 我们利用定理 2.17 得到 $\overline{x}$ 是全局稳定的条件为

$$a < \frac{\dfrac{1}{3}(K + K^{-1} + 2) - K}{2(K-1)\left[1 - \dfrac{1}{3}(K + K^{-1} + 2)\right]},$$

当 $K = \dfrac{1}{2}$ 时局部稳定与全局稳定的条件相同, 这时有 $x_c = K$.

2.3.4 离散时间单种群模型的周期轨道和混沌现象

我们研究一般的差分方程

$$x_{n+1} = F(x_n), \tag{2.72}$$

这里函数 F 是某一区间 $J \to J$ 的连续函数. 当 $x \in J$ 时, 定义: $F^0(x) = x, F^{n+1}(x) = F(F^n(x))$ 对于 $n = 0, 1, \cdots$.

定义 2.3 x 称为是周期为 n 的周期点, 如果 $x \in J$, $x = F^n(x)$, 但当 $1 \leqslant k < n$ 时, $x \neq F^k(x)$.

定义 2.4 如果 x 是周期为 n 的周期点, 则 $\{x, F(x), \cdots, F^{n-1}(x)\}$ 称为周期轨道或周期环.

定义 2.5 $x \in J$ 是周期为 n 的周期点称为渐近稳定的, 如果存在某一区间 $I = (x - \delta, x + \delta)$, 有 $|F^n(y) - x| < |y - x|$, 对一切 $y \in I$.

又如果 F 是在点 $x, F(x), \cdots, F^{n-1}(x)$ 处可微, 则有如下结论.

定理 2.18 若 $x \in J$ 是周期为 n 的周期点, 则它为渐近稳定的充分条件为

$$\left|\frac{d}{dx}F^n(x)\right| < 1. \tag{2.73}$$

也即有

$$\begin{aligned}\frac{d}{dx}F^n(x) &= \frac{d}{dx}F(F^{n-1}(x)) \cdot \frac{d}{dx}F^{n-1}(x) \\ &= \frac{d}{dx}F(F^{n-1}(x)) \cdot \frac{d}{dx}F(F^{n-2}(x)) \cdots \frac{d}{dx}F(x) \\ &= \prod_{i=0}^{n-1} \frac{d}{dx}F(x_i),\end{aligned}$$

这里 $x_i = F^i(x)$. 因此 x 为渐近稳定的充分条件为

$$\left| \prod_{i=0}^{n-1} \frac{d}{dx}F(x_i) \right| < 1, \quad x_i = F^i(x).$$

周期为 n 的周期环我们常称为 n 点环, 对于一个具体给定的种群模型, 我们不难判定它是否存在一个两点环、四点环、八点环等, 以及三点环、五点环 $\cdots$ 任意点环, 如下面例子所述.

例 2.20 Macfadyon (1963), Cooke (1965), May (1976) 考虑模型

$$N_{t+1} = N_t \exp\left[r\left(1 - \frac{N_t}{K}\right)\right], \tag{2.74}$$

得到表 2.1 的结论.

表 2.1

定性性质	增长率 r 值的范围
全局稳定的平衡点	$2 > r > 0$
稳定两点环	$2.526 > r > 2$
稳定四点环	$2.656 > r > 2.526$
稳定八点环, 当 r 增加时, 周期变成 $16, 32, \cdots, 2^n$	$2.692 > r > 2.656$
混沌现象 (任意周期)	$r > 2.692$

这些数字怎样得来, 我们将稍后叙述.

例 2.21 Smith (1968), May (1972), Krabs (1972), Scaclo 和 Leine (1974) 考虑模型

$$N_{t+1} = N_t\left[1 + r\left(1 - \frac{N_t}{K}\right)\right], \tag{2.75}$$

若设 $x = \dfrac{rN}{(1+r)K}$, 则有等价方程

$$x_{t+1} = (1+r)x_t(1-x_t), \tag{2.76}$$

得到表 2.2 的结论.

表 2.2

定性性质	增长率 r 值的范围
稳定平衡点	$2 > r > 0$
稳定两点环	$2.449 > r > 2$
稳定四点环	$2.544 > r > 2.449$
稳定环周期为 $8, 16, 32, \cdots, 2^n$	$2.570 > r > 2.544$
混沌现象	$r > 2.570$

以上两例, 当参数 r 增加时, 方程由具有稳定平衡点到具有周期为 2^n 的稳定环, 再到第三种状态的混沌现象. 如同这样的情况还有如下例题.

例 2.22 Hassel (1975)

$$N_{t+1} = \lambda(1 + aN_t)^{-b} N_t, \tag{2.77}$$

以 b 和 λ 为参数, 当 b 和 λ 很小时有全局稳定平衡点, 然后产生稳定环, 再到混沌现象.

例 2.23 Pennycnik 等 (1968), Usher (1972), Wiliamson (1974)

$$N_{t+1} = \left\{\lambda_1 + \frac{\lambda_2}{1 + \exp[A(N_t - B)]}\right\} N_t, \tag{2.78}$$

可以确定出以两参数 A 和 B 所规定的三种状态的区域.

例 2.24 Smith(1988)

$$N_{t+1} = \frac{\lambda N_t}{1 + (aN_t)^b}, \tag{2.79}$$

由参数 λ 和 b 划定三种状态的区域.

例 2.25 Gradwell 和 Hassol(1973)

$$\begin{aligned} &N_{t+1} = \lambda N_t, \quad \text{当} N_t \leqslant B \text{时}, \\ &N_{t+1} = \lambda \left(\frac{N_t}{B}\right)^{-b} N_t, \quad \text{当} N_t > B \text{时}, \end{aligned} \tag{2.80}$$

出现更为有趣的现象, 当 $0 < b < 2$ 时有稳定平衡点, 而当 $b > 2$ 时有混沌现象, 并不经过稳定环的状态.

1974 年 Yorke 指出对于差分方程

$$N_{t+1} = N_t f(N_t), \tag{2.81}$$

如果存在周期为 3 的环, 则必存在周期为 n 的环, 这里 n 为任意正整数. 稍后我们将证明这一事实.

现在我们以方程 (2.74) 为例, 介绍以上所列的结果是怎样得到的.

首先由前面的讨论我们已知当 $0 < r < 2$ 时, 方程 (2.74) 有全局稳定的平衡位置 $N^* = K$.

为了研究当 $r > 2$ 的时候是否出现稳定两点环, 我们将利用新的方式来表示方程 (2.81), 把 N_{t+2} 表为 N_t 的函数

$$N_{t+2} = N_t g(N_t), \tag{2.82}$$

这里函数 $g(N)$ 可以由 $f(N)$ 来确定为

$$g(N_t) = f(N_t) f[N_t f(N_t)]. \tag{2.83}$$

然后我们来研究 (2.82) 的平衡解 ($N_{t+2} = N_t = N_{t-2} = \cdots$), 这个平衡位置即为方程 (2.83) 的两点环. 我们回到具体的方程 (2.74), 有

$$g(N) = \exp\left[r\left(2 - \frac{N}{K}\left\{\exp\left[r\left(1 - \frac{N}{K}\right)\right] + 1\right\}\right)\right]. \tag{2.84}$$

这时 (2.82) 的平衡解 N^* 必满足方程

$$g(N^*) = 1,$$

即为

$$2 = \frac{N}{K}\left\{\exp\left[r\left(1 - \frac{N}{K}\right)\right] + 1\right\}. \tag{2.85}$$

若把 N^* 记成

$$N^* \equiv K(1 + y), \tag{2.86}$$

则方程 (2.85) 可以化成

$$y = \tanh\left(\frac{1}{2} r y\right). \tag{2.87}$$

我们用图解法来求这个超越方程的解. 如图 2.17 所示, 可以看出当 $r < 2$ 时存在唯一的实解, 即 $y = 0 (N^* = K)$, 对应于全局稳定的平衡位置. 然而当 $r > 2$ 时则存在三个实解, 一个是平衡解 $y = 0$, 另外还有一对解:

$$y = \pm y_0 \quad (y_0 < 1).$$

可以由上面讨论的方法知道当 $r > 2$ 时, 解 $y = 0$ 已为不稳定. 但是另一对解 $N^* = K(1 \pm y_0)$ 为稳定的条件为

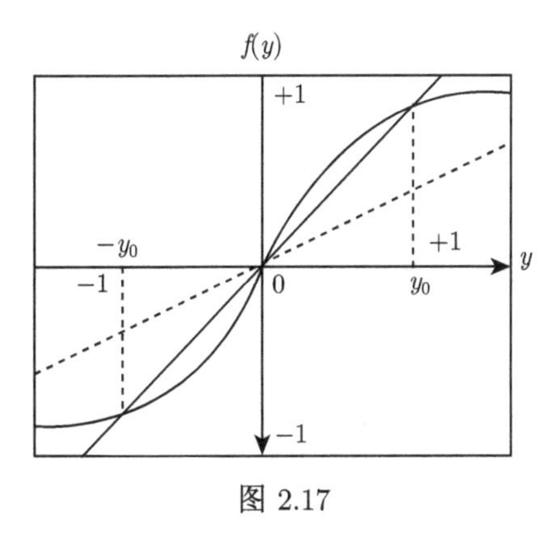

图 2.17

$$2 > r[2 - r(1 - y_0^2)] > 0, \tag{2.88}$$

由 (2.87) 和 (2.88), 用数值计算可知 (2.88) 即为

$$r < 2.526,$$

因此当 $r < 2$ 时方程 (2.74) 有一个稳定平衡点 $N^* = K$. 但是当 r 增加到超过 2 时这个平衡点变成不稳定的, 而分歧出一对点 $N^* = K(1 \pm y_0)$, 即为 (2.74) 的两点环, 其两点环的稳定条件为 $2 < r < 2.526$. 用前面所讲过的方法通过数值计算可知, 在这一条件下此两点环是大范围稳定的.

当 r 超过 $r = 2.526$ 时, 这个两点环又变成不稳定的, 而且其中每一个点又分歧出两个点而形成四点环.

为了研究这个四点环的存在性和稳定性, 类似地, 我们把方程 (2.81) 和 (2.82) 进一步写成新的形式

$$N_{t+4} = N_t h(N_t), \tag{2.89}$$

由 (2.81) 和 (2.82) 得到

$$h(N) = g(N)g(Ng(N)). \tag{2.90}$$

对于具体的方程 (2.74) 的 $h(N)$ 可以从 (2.84) 得到, 再仿照以前的方法, 计算方程 (2.89) 的平衡解和判断它的稳定性, 只不过计算起来十分复杂. 通过计算我们发现当 $r < 2.526$ 时 $h(N^*) = 1$ 的实解仅有三个, 正是上面所讨论的 $y = 0$ 和 $y = \pm y_0$. 然而对于较大的 r, 不仅是这些点都变得不稳定, 而且出现另外四个实解, 也就是方程 (2.74) 的四点环, 只要 $2.526 < r < 2.656$.

当 r 再超过 $r = 2.656$ 时, 则出现一个稳定的八点环, 当 r 继续增加时相继地出现 16 点环等, 当前者变得不稳定时后者即分歧出来, 所以出现环的周期是 2^n, 当 r 增加时 n 随之增加.

当 $r > 3.102$ 时, 稳定环的体制变成了混沌现象, 通过计算首先发现这个事实, 稍后我们将论证这个事实.

通过上面的讨论, 我们看到对于方程 (2.74), 周期点都是以 2^n 个数出现的. 另一方面, 我们上面也提到过 Yorke 在 1974 年得到的结论: 如果差分方程 (2.81) 存在三点环, 则它必存在周期为 n 的环, 这里 n 为任何正整数. 显然我们会产生这样的问题: 对于差分方程 (2.81) 或对于特殊的差分方程 (2.74), 是否确实有可能出现三点环?

下面来看方程 (2.74) 出现三点环的可能性, 对于一般的差分方程 (2.81), 所谓三点环即为这样的解:

$$N_{t+3} = N_t = N^*, \quad 而 \quad N_{t+1} \neq N_{t+2} \neq N^*.$$

为了找方程 (2.74) 的三点环记

$$N_1 = aK, \quad N_2 = bK, \quad N_3 = cK$$

(其中设 $a < b < c$). N_1, N_2, N_3 要满足 (2.74), 则有

$$\begin{cases} b = a\exp[r(1-a)], \\ c = b\exp[r(1-b)], \\ a = c\exp[r(1-c)]. \end{cases} \tag{2.91}$$

为了方便, 设 $a + b + c = 3$, 把 a 看成是下超越方程的最小解.

$$r = \frac{\ln\left\{\dfrac{3}{a} - 1 - \exp[r(1-a)]\right\}}{2 - a - a\exp[r(1-a)]}, \tag{2.92}$$

把 a, b, c 看成是 r 的函数, 绘出它们的图形, 利用图解法 (图 2.18), 可知当 $r > r_c$(这里 $r_c = 3.102$) 时存在两个不同的三点环, 而当 $r < r_c$ 时不存在这样的环, 也即当 $r > r_c$ 时方程 (2.74) 进入混沌现象.

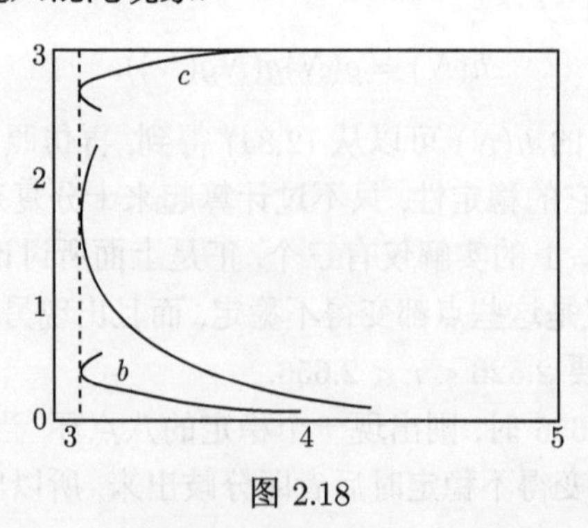

图 2.18

对于方程 (2.75), 类似地, $a<b<c$ 则满足方程

$$\begin{cases} b=(1+r)a(1-a), \\ c=(1+r)b(1-b), \\ a=(1+r)c(1-c). \end{cases} \tag{2.93}$$

用数值计算可知当 $r>2.828$ 时存在三点环, 也即 $r>2.828$ 时方程 (2.75) 进入混沌现象 (Li 和 Yorke(1974) 得 $r\geqslant 3$).

定理 2.19 设 J 是一个区间, $F:J\to J$ 为连续映射. 假设存在一点 $a\in J$, 对于这点记:

$$b=F(a),\quad c=F^2(a),\quad d=F^3(a),$$

且满足: $d\leqslant a<b<c$(或 $d\geqslant a>b>c$), 则对于每一个 $K=1,2,\cdots$ 在 J 中存在方程 (2.72) 的周期点, 具有周期 K.

注 如果存在周期点具有周期 3, 则定理的假设必然满足.

在没有证明定理之前, 我们先来证明这个事实: 设有周期为 3 的周期点 N_t, 则有

$$N_{t+3}=N_t,\quad N_{t+1}\neq N_t,\quad N_{t+2}\neq N_t.$$

记

$$N_{t+3}=d,\quad N_t=a,\quad N_{t+1}=b,\quad N_{t+2}=c.$$

因而有

$$d=a,\quad a\neq b,\quad a\neq c,\quad b\neq c,$$

而且满足关系:

$$b=F(a),\quad c=F(b),\quad d=F(c)=a.$$

这三个数 a,b,c 以环状排列, 按其数量的大小只有如图 2.19 所示中 (a), (b) 两种可能情况:

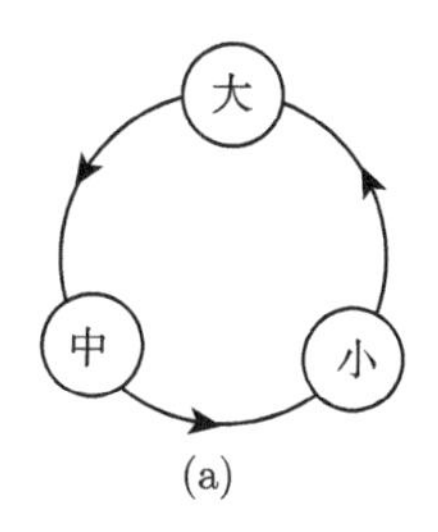

(a)

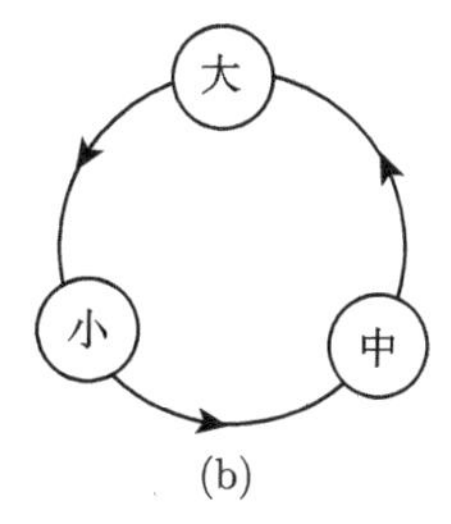

(b)

图 2.19

因此总可以选择一个数作为起点, 使三个数顺箭头方向排列, 如

$$d = a < b < c \quad \text{或} \quad d = a > b > c.$$

例如, 假设 a 为三数中最大的, 则由 b 与 c 的大小关系可能会有以下两种情况 (图 2.20). 如果是情况 (a), 则有 $d = a > b > c$, 由箭头得到 $b = F(a)$, $c = F(b)$, $a = F(c) = F^3(a) = d$, 满足定理的假设. 如果是情况 (b), 我们则换一记号, 令

$$b = \overline{a}, \quad c = \overline{b}, \quad a = \overline{c}, \quad \overline{d} = \overline{a},$$

由箭头有

$$\overline{d} = \overline{a} < \overline{b} < \overline{c},$$

且 $F(\overline{a}) = \overline{b}$, $F(\overline{b}) = \overline{c}$, $F(\overline{c}) = \overline{a}$ 满足定理的假设.

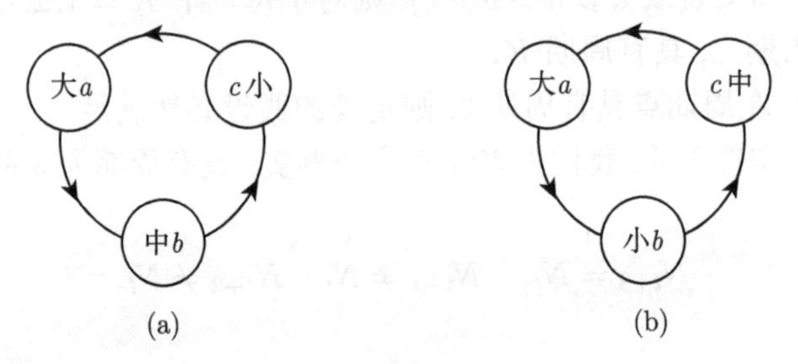

图 2.20

为了证明定理 2.19, 我们先证下面三个引理.

引理 2.1 设 $G: I \to R$ 是连续映射, 这里 I 是一个区间, 则对于闭区间 $I_1 \subset G(I)$, 必存在一个闭区间 $Q \subset I$, 使得 $G(Q) = I_1$.

证明 设 $I_1 = [G(p), G(q)]$, 这里 p, $q \in I$, 如果有 $p < q$, 令 r 是在 $[p, q]$ 中最后一个使 $G(r) = G(p)$ 的点, 并令 s 为随着 r 之后第一使 $G(s) = G(q)$ 成立的点, 则 $G[(r, s)] = I_1$.

当 $p > q$ 时的情况一样证明.

引理 2.2 令 $F: J \to J$ 为连续映射, 再令 $\{I_n\}_{n=0}^{\infty}$ 是一闭区间的序列, 具有性质

$$I_n \subset J, \quad \text{并且} \quad I_{n+1} \subset F(I_n), \text{对一切的} n,$$

则存在一个闭区间序列 Q_n, 使得

$$Q_{n+1} \subset Q_n \subset I_0 \quad \text{并且对一切 } n \geqslant 0 \text{ 有 } F^n(Q_n) = I_n,$$

而且对于所有的 $x \in Q = \cap Q_n$, 对一切 n, 有

$$F^n(x) \in I_n.$$

证明 定义 $Q_0 = I_0$, 则 $F^0(Q_0) = I_0$, 若 Q_{n-1} 满足 $F^{n-1}(Q_{n-1}) = I_{n-1}$, 则

$$I_n \subset F(I_{n-1}) = F^n(Q_{n-1}).$$

我们应用引理 2.1 到 Q_{n-1} 上, $G = F^n$, 则存在闭区间 $Q_n \subset Q_{n-1}$, 使得 $F^n(Q_n) = I_n$. 引理得证.

引理 2.3 令 $G : J \to R$ 为连续映射, 再令 $I \subset J$, I 是一个闭区间. 假设 $I \subset G(I)$, 则存在一点 $P \in I$, 使 $G(P) = P$.

证明 令 $I = [\beta_0, \beta_1]$, 选取 $\alpha_i (i = 0, 1)$, 在 I 中使 $G(\alpha_i) = \beta_i$, 由此得到 $\alpha_0 - G(\alpha_0) \geqslant 0$ 以及 $\alpha_1 - G(\alpha_1) \leqslant 0$, 由连续性知必有某一个 β 在 I 中使 $G(\beta) - \beta = 0$.

下面我们要来证明定理 2.19, 只证明 $d \leqslant a < b < c$ 的情况, 而 $d \geqslant a > b > c$ 的情况的证明是类似的, 记 $K = [a, b]$ 以及 $L = [b, c]$.

定理 2.19 的证明 令 k 是一正整数. 对于 $k > 1$, 设 $\{I_n\}$ 是一区间序列 $I_n = L$, 当 $n = 0, \cdots, k-2$, 而 $I_{k-1} = K$, 并且定义 I_n 是周期的, 用归纳法定义如 $I_{n+k} = I_n$, 对于所有 $n = 0, 1, 2, \cdots$.

对于 $k = 1$, 则令 $I_n = L$, 对于所有的 n, 设 Q_n 是引理 2.2 的证明中所述的集合, 则由于 $Q_k \subset Q_0$, 有 $F^k(Q_k) = Q_0$. 再由引理 2.3, $G = F^k$ 有一固定点 $P_k \in Q_k$, 显然对于 F, P_k 的周期不能小于 k; 另一方面我们有 $F^{k-1}(P_k) = b$, 与 $F^{k+1}(P_k) \in L$ 矛盾, 所以 P_k 是 F 的一个周期为 k 的周期点.

由上面的论述我们看到若有周期 4 的环, 则有周期 2 的环; 有周期 3 的环则有任何周期的环. 我们要问, 若一个差分方程有周期 5 的环是不是一定会有周期 3 的环呢? 回答是否定的, 见下面的例子.

例 2.26 有周期 5 的环而没有周期 3 的环的例子.

设 $F : [1, 5] \to [1, 5]$ 定义如下:

$F(1) = 3, F(2) = 5, F(3) = 4, F(4) = 2, F(5) = 1$ 以及在每一个区间 $[n, n+1] (1 \leqslant n \leqslant 4)$ 中, 假设 F 是线性的. 则

$$F^3([1, 2]) = F^2([3, 5]) = F([1, 4]) = [2, 3],$$

因此 F^3 在 $[1, 2]$ 中无固定点. 类似地有

$$F^3([2, 3]) = [3, 5] \quad 和 \quad F^3([4, 5]) = [1, 4],$$

所以两种都不在这个区间内包含 F^3 的固定点. 另一方面

$$F^3([3, 4]) = F^2([2, 4]) = F([2, 5]) = [1, 5] \supset [3, 4],$$

因此 F^3 在 $[3,4]$ 内必有固定点. 我们将证明 F^3 的固定点是唯一的, 并且也是 F 的固定点.

设 $P\in[3,4]$ 是 F^3 的一个固定点, 则 $F(P)\in[2,4]$, 如果 $F(P)\in[2,3]$ 则 $F^3(P)$ 将在 [1,2] 中. 这是不可能的, 因为如果这样, P 将不是固定点. 因此 $F(P)\in[3,4]$, 并且 $F^2(P)\in[2,4]$. 因为如果 $F^2(P)\in[2,3]$, 我们将有 $F^3(P)\in[4,5]$, 这也是不可能的. 由此可见 $P,F(P),F^2(P)$ 都在 [3,4] 上, 而在区间 [3,4] 上, F 是线性的, 并为 $F(x)=10-2x$, 它有一个固定点为 $\dfrac{10}{3}$. 因此容易看出 F^3 有唯一的固定点, 它必也是 $\dfrac{10}{3}\Big($ 因为 $F(x)=10-2x$, $F^2(x)=10-2(10-2x)=-10+4x$, $F^3(x)=F[F^2(x)]=10-2.\ F^2(x)=10-2(-10+4x)=30-8x$, 其固定点 $F^3(x)=x$, 即 $30-8x=x$, $x=\dfrac{10}{3}\Big)$. 因此 F 不存在周期 3 的点.

一个离散单种群模型

$$x_{n+1}=F(x_n), \tag{2.72}$$

若有周期为 n 的周期点 $\overline{x}$, 则由定理 2.18, 我们知道, 这个周期点 $\overline{x}$ 为渐近稳定的充分条件是

$$\left|\frac{d}{dx}F^n(x)\right|_{x=\overline{x}}<1. \tag{2.73$'$}$$

如果对于这个周期点 $\overline{x}$, 有

$$\left[\frac{d}{dx}F^n(x)\right]_{x=\overline{x}}=0,$$

则称这种周期点 $\overline{x}$ 为超稳定周期点. 当然, 相应的 $\{F^k(\overline{x})\},k=1,2,\cdots,n$, 称为**超稳定周期轨道**.

我们已经知道, 对于一个形式十分简单的差分模型

$$x_{n+1}=1-\mu x_n^2,\quad 0<\mu<2,\quad x_n\in[-1,+1], \tag{2.94}$$

当参数 μ 由 0 开始慢慢增加时, 可以得到 μ 的一系列特殊的数值, 使得模型 (2.94) 的性质在这些数值发生突变. 例如, 当 $\mu<0.75$ 时 (2.94) 在 $[-1,+1]$ 内有唯一稳定平衡点; 当 $\mu>0.75$ 时, 此平衡点失去了稳定性, 变成不稳定的, 但是在它的左右出现一对稳定的周期为 2 的周期点. 随着 μ 的增大, 这个稳定的周期为 2 的周期轨道越是稳定, 在 0.75 到 1.25 之间存在某个 $\mu=\mu_1$, 使 (2.94) 出现超稳定的周期为 2 的周期轨道; 当 μ 继续增长时, 这个周期为 2 的周期轨道又失去稳定性, 变成不稳定的, 并同时出现稳定的周期为 4 的周期点. 然后, 在某个 $\mu=\mu_2$ 处, 这个周期为 4 的周期轨道又成为超稳定的, 如此继续下去, 这就是人们所谓"倍周期分岔现象". 我们得到一个 μ 值的序列

$$0.75<\mu_1<\mu_2<\cdots<\mu_n<\mu_{n+1}<\cdots,$$

使得 (2.94) 有超稳定的 2^n 周期轨道, 而在 μ_{n-1} 和 μ_n 之间, 则有分岔参数值 μ_n^*, 使得当 $\mu\in(\mu_{n-1},\mu_n^*)$ 时 (2.94) 有稳定的 2^{n-1} 周期的周期轨道, 而无周期为 2^n 的周期轨道; 当 $\mu\in(\mu_n^*,\mu_n)$ 时, (2.94) 的 2^{n-1} 周期轨道失去稳定性, 变成不稳定的, 并且开始出现稳定的 2^n 周期的周期轨道. 这样我们又得到 μ 的一个对应于产生倍周期分岔值的序列

$$\mu_1^*<\mu_2^*<\cdots<\mu_n^*<\mu_{n+1}^*<\cdots,$$

而这个分岔的参数值 $\mu_i^*(i=1,2,\cdots,n,\cdots)$ 对应于 (2.94) 产生周期点的周期为 (我们把顺序倒过来写)

$$3,5,7,9,\cdots,3\times 2,5\times 2,\cdots,2^n,2^{n-1},\cdots,2^3,2^2,2,1.$$

这序列就是著名的 Sarkovskii 序.

在计算中直接计算分岔参数值, 不如计算超稳定周期点出现时所对应的参数值容易. 几年前, 年轻的 Feigenbaum 计算了上述的对应于超稳定周期点的 μ_n, 他发现当 $n\to\infty$ 时 μ_n 趋于确定的极限 $\mu_\infty=1.40115\cdots$, 并且

$$\lim_{n\to\infty}\frac{\mu_n-\mu_{n+1}}{\mu_{n+1}-\mu_{n+2}}=\delta=4.6692016091029909.$$

有一个奇怪的现象, 也就是人们所谓的 Feigenbaum 现象. 这个 δ 的值不只是 (2.94) 的独有特征, 在模型 (2.72) 中的 $F(x)$ 用其他许多函数族来代替 (2.92) 的右端, 例如:

$$F(x)=x\exp[\mu(1-x)],x\geqslant 0,$$

以及

$$F(x)=\mu\sin(\pi x),0\leqslant x\leqslant 1$$

也都得到同一常数 δ(称为 Feigenbaum常数) 的值. 而且这种倍分岔现象在许多自然科学问题中都出现, 因而近几年来引起了许多人的兴趣, 有人竟把 δ 这个数的重要性与 π 和 e 相比, 但 δ 究竟是无理数, 还是超越数, 至今人们并不了解!

2.4 单种群反应扩散模型平衡解的稳定性

在 2.1 节和 2.2 节中, 我们所考虑的模型都是假设种群密度在空间的分布是均匀的, 这时种群的密度 N 只是时间 t 的函数, 记为 $N(t)$. 如果我们去掉种群密度空间分布的均匀性的假设, 则种群密度 N 不仅是时间 t 的函数, 而且是空间位置 x 的函数, 记为 $N(x,t)$. 这样, 模型 (2.1) 变成

$$\frac{\partial N(x,t)}{\partial t}=\Delta N(x,t)+N(x,t)F[N(x,t)],\tag{2.95}$$

也可以写成

$$\frac{\partial N}{\partial t} = \Delta N + f(N), \tag{2.96}$$

这里 $f(N) = NF(N)$.

在 2.2 节中, 我们讨论了模型

$$\frac{\partial N}{\partial t} = f(N) \tag{2.97}$$

的正平衡位置 $N^*(f(N^*) = 0, N^* > 0)$ 的稳定性问题, 也即讨论了当种群的初始状态 $N_0 \neq N^*$ 时, 方程 (2.97) 的解当 $t \to \infty$ 时的渐近性质, 是否渐近趋于平衡解 $N = N^*$. 在这一节中, 我们将考虑类似的问题, 也即考虑单种群反应扩散模型初、边值问题的常数平衡解的稳定性问题.

为了说明问题, 仅考虑如下的 Lotka-Volterra 反应扩散方程的齐次 Neumann 初、边值问题. 问题提法如下

$$\begin{cases} \dfrac{\partial N}{\partial t} = \Delta N + N(N^* - N), & (x,t) \in \Omega \times [0, \infty), \\ \dfrac{\partial N}{\partial n} = 0, & (x,t) \in \partial\Omega \times [0, \infty), \\ N(x, 0) = \varphi(x), & x \in \Omega, \end{cases} \tag{2.98}$$

其中 $N^* > 0$ 为问题 (2.98) 的常数平衡解, Ω 为 R^n 空间中的有界开集, 其边界 $\partial\Omega$ 充分光滑, $\partial/\partial n$ 为边界 $\partial\Omega$ 的外法向导数, $\varphi(x)$ 为 Ω 中严格正的光滑函数.

对于问题 (2.98) 的常数平衡解的稳定性定义, 我们可以类似于常微分方程模型 (2.97) 的提法, 这也符号生态问题的要求.

定义 2.6 问题 (2.98) 的正常数平衡解 N^* 称为是稳定的, 如果对于任意给定的正数 $\varepsilon > 0$, 存在一个 $\delta(\varepsilon) > 0$, 使得对于任意给定的在 Ω 中严格为正的光滑函数 $\varphi(x)$, 对于所有 $x \in \Omega$

$$\varphi(x) < \delta(\varepsilon)$$

时问题 (2.98) 的解 $N(x,t) > 0$, 且有 $|N(x,t) - N^*| < \varepsilon$.

定义 2.7 若问题 (2.98) 的正常数平衡解 N^* 是稳定的, 并且对所有满足定义 2.6 中条件的函数 φ, 问题 (2.98) 的解 $N(x,t) > 0$, 且有

$$\lim_{t \to \infty} N(x,t) = N^*,$$

则我们称 N^* 为渐近稳定的.

定义 2.8 若问题 (2.98) 的正常数平衡解 N^* 是渐近稳定的, 并且如果对任意给定在 Ω 中严格为正的光滑函数 $\varphi(x)$, 初边值问题 (2.98) 的解 $N(x,t) > 0$, 且

满足

$$\lim_{t\to\infty} N(x,t) = N^*,$$

则称问题 (2.98) 的正常数平衡解 N^* 为全局稳定的.

由于以下讨论经常要用到比较定理, 为此我们先引进一些定义和引理, 对其中极值原理我们在这里不详细证明, 读者可以参考 Marsden 和 McCracken(1976).

引理 2.4 (极值原理) 若对给定的有界函数 $r=r(x,t)$, 光滑函数 $N(x,t)$ 满足

$$\begin{cases} \dfrac{\partial N}{\partial t} - \dfrac{\partial^2 N}{\partial x^2} - rN \geqslant 0, & (x,t) \in \Omega \times [0,\infty), \\ \dfrac{\partial N}{\partial n} \geqslant 0, & (x,t) \in \partial\Omega \times [0,\infty), \\ N(x,0) \geqslant 0, & x \in \Omega, \end{cases}$$

则必有 $N(x,t) \geqslant 0$.

注 (a) 由此原理可知, 问题 (2.98) 的有界解必为非负解, 且不恒为零.

定义 2.9 若光滑函数 $\overline{N}(x,t), \underline{N}(x,t)$ 分别满足以下条件:

$$\begin{cases} \dfrac{\partial \overline{N}}{\partial t} \geqslant \dfrac{\partial^2 \overline{N}}{\partial x^2} + \overline{N}(N^* - \overline{N}), \\ \dfrac{\partial \overline{N}}{\partial n} \geqslant 0, \\ \overline{N}(x,0) \geqslant \varphi(x); \end{cases}$$

$$\begin{cases} \dfrac{\partial \underline{N}}{\partial t} \leqslant \dfrac{\partial^2 \underline{N}}{\partial x^2} + \underline{N}(N^* - \underline{N}), \\ \dfrac{\partial \underline{N}}{\partial n} \leqslant 0, \\ \underline{N}(x,0) \leqslant \varphi(x), \end{cases} \tag{2.99}$$

则称 $\overline{N}(x,t), \underline{N}(x,t)$ 分别为问题 (2.98) 的上、下解.

注 (b) 由定义可知, 问题 (2.98) 的解本身既是问题本身的上解, 又是下解.

引理 2.5 若问题 (2.98) 存在有界的上下解分别为 $\overline{N}(x,t), \underline{N}(x,t)$, 则必有

$$\underline{N}(x,t) \leqslant \overline{N}(x,t).$$

证明 令 $V(x,t) = \overline{N}(x,t) - \underline{N}(x,t)$, 则由 (2.99) 得

$$\begin{cases} \dfrac{\partial V}{\partial t} - \dfrac{\partial^2 V}{\partial x^2} - (N^* - \overline{N} + \underline{N})V \geqslant 0, \\ \dfrac{\partial V}{\partial n} \geqslant 0, \\ V(x,0) \geqslant 0. \end{cases}$$

由于 $\overline{N},\underline{N}$ 有界, 所以 $(N^*-\overline{N}+\underline{N})$ 为有界函数, 故由引理 2.4 可知

$$\underline{N}(x,t)\leqslant\overline{N}(x,t).$$

注 (c) 由此引理可知, 若问题 (2.98) 的解均为有界的, 则必唯一.

定理 2.20 (存在、比较定理) 若问题 (2.98) 存在有界的上下解 $\overline{N}(x,t),\underline{N}(x,t)$, 则问题 (2.98) 有唯一解 $N(x,t)$, 且满足

$$\underline{N}(x,t)\leqslant N(x,t)\leqslant\overline{N}(x,t).$$

证明 由上下解 $\overline{N}(x,t),\underline{N}(x,t)$ 的有界性, 可以知道, 存在非负常数 M,m 使得

$$M=\sup\overline{N}(x,t),\quad m=\inf\underline{N}(x,t).$$

为方便起见, 我们记 $f(N)=N(N^*-N)$, 由于 $f(N)\in C^1[m,M]$, 所以对有界函数 N 存在正常数 L 使得

$$|f(\overline{N}-f(\underline{N}))|\leqslant L|\overline{N}-\underline{N}|,$$

又由引理 2.5, $\overline{N}\geqslant\underline{N}$, 因而必有

$$-L(\overline{N}-\underline{N})\leqslant f(\overline{N})-f(\underline{N})\leqslant L(\overline{N}-\underline{N}).\tag{2.100}$$

为了证明问题 (2.98) 解的存在性, 作迭代序列

$$\begin{cases}\dfrac{\partial N^{(K+1)}}{\partial t}-\dfrac{\partial^2N^{(K+1)}}{\partial x^2}+LN^{(K+1)}=f(N^{(K)})+LN^{(K)},\\ \dfrac{\partial N^{(K+1)}}{\partial n}=0,\\ N^{(K+1)}(x,0)=\varphi(x),\quad K=0,1,2,\cdots.\end{cases}\tag{2.101}$$

首先我们定义问题 (2.98) 的上下解序列如下：$\{\overline{N}^{(K)}\}$ 及 $\{\underline{N}^{(K)}\}$, 使得 $\overline{N}^{(K+1)}$, $\underline{N}^{(K+1)}$ 分别由 $\overline{N}^{(K)}\underline{N}^{(K)}$ 通过式 (2.101) 定义, 且 $\overline{N}^{(0)}=\overline{N},\underline{N}^{(0)}=\underline{N}$. 线性偏微分方程初边值问题的理论保证了上述定义可行.

记 $W=\overline{N}^{(0)}-\overline{N}^{(1)}=\overline{N}-\overline{N}^{(1)}$, 则由 (2.101) 得

$$\begin{cases}\dfrac{\partial W}{\partial t}-\dfrac{\partial^2W}{\partial x^2}+LW\geqslant 0,\\ \dfrac{\partial W}{\partial n}\geqslant 0,\\ W(x,0)\geqslant 0.\end{cases}$$

由引理 2.4 得到, $W \geqslant 0$, 即 $\overline{N} \geqslant \overline{N}^{(1)}$, 由归纳法容易证明

$$\overline{N}^{(K)} \geqslant \overline{N}^{(K+1)}, \quad K = 0, 1, 2, \cdots.$$

同理可证

$$\underline{N}^{(K)} \leqslant \underline{N}^{(K+1)}, \quad K = 0, 1, 2, \cdots.$$

再记 $V = \overline{N}^{(1)} - \underline{N}^{(1)}$, 则由 (2.100) 和 (2.101) 可得

$$\begin{cases} \dfrac{\partial V}{\partial t} - \dfrac{\partial^2 V}{\partial x^2} + LV \geqslant 0, \\ \dfrac{\partial V}{\partial n} \geqslant 0, \\ V(x,0) \geqslant 0. \end{cases}$$

由引理 2.4 可得 $V \geqslant 0$, 即 $\overline{N}^{(1)} \geqslant \underline{N}^{(1)}$, 再由归纳法易得 $\overline{N}^{(K)} \geqslant \underline{N}^{(K)}(K = 0, 1, 2, \cdots)$. 综上所证, 可知上下解序列 $\{\overline{N}^{(K)}\}, \{\underline{N}^{(K)}\}$ 分别为单调不增和单调不减, 并且 $\overline{N}^{(K)} \geqslant \underline{N}^{(K)}$. 于是由单调有界序列的性质可知, 以下极限关于 (t, x) 点点存在,

$$\lim_{K\to\infty} \overline{N}^{(K)}(x,t) = \overline{N}'(x,t),$$

$$\lim_{K\to\infty} \underline{N}^{(K)}(x,t) = \underline{N}'(x,t).$$

由偏微分方程中的标准的正则方法, 从 (2.101) 可得 $\overline{N}'(x,t)$, $\underline{N}'(x,t)$ 均为问题 (2.98) 的解, 由此问题 (2.98) 解的存在性得证.

再来证明唯一性.

对初值函数 $\varphi(x)$, 令

$$M = \max\{N^*, \max_{x\in\overline{\Omega}} \varphi(x)\}, \quad m = \min\{N^*, \min_{x\in\overline{\Omega}} \varphi(x)\}.$$

由注 (c), 只要证明: 若问题 (2.98) 有解 $N(x,t)$, 则对任意给定 $T > 0$, 当 $(x,t) \in \Omega \times [0, T]$ 时, 有

$$m \leqslant N(x,t) \leqslant M.$$

现在对给定的 T, 设 $N(x,t)$ 在 $(x_0, t_0) \in \Omega \times [0, T]$ 点取到最大值 $N(x_0, t_0)$. 若 $t_0 = 0$, 则 $N(x_0, t_0) = \max\limits_{x\in\Omega} \varphi(x)$; 若 $t_0 > 0$, 则 $\dfrac{\partial N(x_0, t_0)}{\partial t} \geqslant 0, \dfrac{\partial^2 N(x_0, t_0)}{\partial x^2} \leqslant 0$, 代入 (2.98) 则有

$$N(x_0, t_0)[N^* - N(x_0, t_0)] \geqslant 0.$$

再由注 (a), $N(x_0,t_0)>0$, 于是 $N^*\geqslant N(x_0,t_0)$.

因此

$$N(x,t)\leqslant M.$$

同理可证

$$m\leqslant N'(x,t),$$

即有

$$m\leqslant N(x,t)\leqslant M,\quad \text{唯一性得证.}$$

定理 2.21 Lotka-Volterra 反应扩散方程的齐次 Neumann 初边值问题 (2.98) 的正常数平衡解 N^* 是全局稳定的.

证明 对问题 (2.98), 任给光滑初值函数 $\varphi(x)$, 取 $M=\max\{N^*,\max\limits_{x\in\overline{\Omega}}\varphi(x)\}$, $m=\min\{N^*,\min\limits_{x\in\overline{\Omega}}\varphi(x)\}$.

考虑如下的常微分方程初值问题

$$\begin{cases}\dfrac{d\overline{N}}{dt}=\overline{N}(N^*-\overline{N}),\\ \overline{N}(0)=M;\end{cases}\qquad \begin{cases}\dfrac{d\underline{N}}{dt}=\underline{N}(N^*-\underline{N}),\\ \underline{N}(0)=m.\end{cases}\tag{2.102}$$

容易证明初值问题 (2.102) 存在解

$$\overline{N}=\overline{N}(t),\quad \underline{N}=\underline{N}(t).$$

并且有 $\lim\limits_{t\to\infty}\overline{N}=\lim\limits_{t\to\infty}\underline{N}=N^*$, 且分别为问题 (2.98) 之上下解. 由定理 2.20 可知, 问题 (2.98) 的唯一解满足

$$\underline{N}\leqslant N(x,t)\leqslant\overline{N}.$$

所以

$$\lim_{t\to\infty}N(x,t)=N^*.$$

由初始 $\varphi(x)$ 的任意性可知, 问题 (2.98) 的正常数平衡解 N^* 是全局稳定的.

第 3 章　两种群互相作用的模型的研究

3.1　Lotka-Volterra 模型的全局稳定性

$$\dot{x}_i = x_i\left(b_i + \sum_{j=1}^{2} a_{ij}x_j\right), \quad i = 1, 2, \tag{3.1}$$

由参数 $a_{ij}(i = 1, 2, j = 1, 2)$ 的符号, 可以表示两种群之间的关系为:

(1) 当 $a_{12} < 0, a_{21} > 0$ 时, 两种群为捕食–被捕食关系.

(2) 当 $a_{12} \leqslant 0, a_{21} < 0$ 时, 两种群为互相竞争的关系.

(3) 当 $a_{12} \geqslant 0, a_{21} > 0$ 时, 两种群为互惠共存的关系.

模型 (3.1) 若有非平凡平衡位置, 记为 (x_1^*, x_2^*), 它为方程

$$b_i + \sum_{j=1}^{2} a_{ij}x_j^* = 0, \quad i = 1, 2 \tag{3.2}$$

的解. 如果它为正的平衡点, 即有 $x_1^* > 0, x_2^* > 0$, 作变换 $\overline{x}_i = x_i - x_i^*(i = 1, 2)$, 并线性化 (3.1), 有

$$\begin{cases} \dot{\overline{x}}_1 = x_1^* a_{11}\overline{x}_1 + x_1^* a_{12}\overline{x}_2, \\ \dot{\overline{x}}_2 = x_2^* a_{21}\overline{x}_1 + x_2^* a_{22}\overline{x}_2. \end{cases} \tag{3.3}$$

由稳定的 Routh-Hurwitz 条件, (3.3) 对 (0,0) 渐近稳定的充要条件为

$$x_1^* a_{11} + x_2^* a_{22} < 0$$

和

$$x_1^* x_2^* (a_{11}a_{22} - a_{12}a_{21}) > 0. \tag{3.4}$$

易见对于互相竞争两种群 (即 $a_{12} < 0$ 和 $a_{21} < 0$) 和互惠共存的两种群 (即 $a_{12} > 0$ 和 $a_{21} > 0$) 非平凡正平衡位置为稳定的必要条件是 $a_{11} < 0$ 和 $a_{22} < 0$. 也就是说两种群自身的增长是密度制约的, 是 (x_1^*, x_2^*) 为局部稳定的必要条件. 局部稳定是否是全局稳定的呢?

注　以后本章中所谓正平衡位置 (x_1^*, x_2^*) 是全局稳定的均是指第一象限而言, 即从第一象限内的任何初始值 $x_{10} > 0, x_{20} > 0$ 出发的解 $(x_1(t), x_2(t))$ 当 $t \to \infty$ 时

都有 $\lim_{t\to\infty} x_1(t) = x_1^*, \lim_{t\to\infty} x_2(t) = x_2^*$, 则我们称正平衡位置 (x_1^*, x_2^*) 是全局 (渐近) 稳定的.

定理 3.1　两种群互相作用的 Lotka-Volterra 模型为全局稳定的充分条件:

(i) 非平凡平衡点是正的;

(ii) 正平衡点是局部稳定的;

(iii) $a_{11} < 0, a_{22} < 0$(即每一种群本身是密度制约的).

证明　由条件 (ii) 即有 $\det(A) > 0$, 这里 $A = (a_{ij})$, 又因 (x_1^*, x_2^*) 是非平凡平衡位置, 所以有

$$\begin{cases} b_1 + a_{11}x_1^* + a_{12}x_2^* = 0, \\ b_2 + a_{21}x_1^* + a_{22}x_2^* = 0. \end{cases} \tag{3.5}$$

由 (3.5) 解出 b_1, b_2 代入 (3.1) 有

$$\begin{cases} \dot{x}_1 = x_1[a_{11}(x_1 - x_1^*) + a_{12}(x_2 - x_2^*)], \\ \dot{x}_2 = x_2[a_{21}(x_1 - x_1^*) + a_{22}(x_2 - x_2^*)]. \end{cases} \tag{3.6}$$

作 Lyapunov 函数 (见附录)

$$V(x) = c_1\left(x_1 - x_1^* - x_1^* \ln \frac{x_1}{x_1^*}\right) + c_2\left(x_2 - x_2^* - x_2^* \ln \frac{x_2}{x_2^*}\right), \tag{3.7}$$

这里 c_1 和 c_2 是正常数, 待定, 沿着 (3.1) 也即 (3.6) 的解, 我们有

$$\begin{aligned} \dot{V} =& c_1(x_1 - x_1^*)\frac{\dot{x}_1}{x_1} + c_2(x_2 - x_2^*)\frac{\dot{x}_2}{x_2} \\ =& c_1a_{11}(x_1 - x_1^*)^2 + c_1a_{12}(x_1 - x_1^*)(x_2 - x_2^*) \\ &+ c_2a_{21}(x_2 - x_2^*)(x_1 - x_1^*) + c_2a_{22}(x_2 - x_2^*)^2 \\ =& \frac{1}{2}(x - x^*)^{\mathrm{T}}(CA + A^{\mathrm{T}}C)(x - x^*), \end{aligned} \tag{3.8}$$

这里 $C = \mathrm{diag}(c_1, c_2), A^{\mathrm{T}}$ 为 A 的转置. 由 (3.8) 我们得到模型 (3.1) 为全局稳定的充分条件是:

(1) 存在一个正的平衡位置 (x_1^*, x_2^*);

(2) 存在正的对角矩阵 C 使 $CA + A^{\mathrm{T}}C$ 是负定.

现在我们来验证在定理的条件下, 存在正的对角线矩阵 C, 使 $CA + A^{\mathrm{T}}C$ 是负定的.

矩阵 $CA + A^{\mathrm{T}}C$ 为负定的条件是

$$c_1a_{11} < 0, \quad c_2a_{22} < 0; \tag{3.9}$$

$$4c_1c_2a_{11}a_{22} - (c_1a_{12} + c_2a_{21})^2 > 0. \tag{3.10}$$

由条件 (iii) $a_{11}<0, a_{22}<0$, 因此 (3.9) 满足. 关于 (3.10) 可分三种情况来讨论:

(a) $a_{12}a_{21}=0$.

这时或者 $a_{12}=0$, 或者 $a_{21}=0$, 或者 $a_{12}=a_{21}=0$. 如果 $a_{12}=0$, 则 (3.10) 变成

$$c_2(4c_1a_{11}a_{22}-c_2a_{21}^2)>0. \tag{3.11}$$

显然在这种情况下可以选取正常数 c_1 和 c_2 使 (3.11) 满足, 因为 $a_{11}a_{22}>0$, 只要取 c_1 适当大, c_2 适当小, 不等式 (3.11) 即可成立. 关于 $a_{21}=0$, 或 $a_{12}=a_{21}=0$ 的情况类似讨论.

(b) $a_{12}a_{21}>0$.

这时意味着或者 $a_{12}<0, a_{21}<0$ 或者 $a_{12}>0, a_{21}>0$, 条件 (3.10) 可写成

$$4c_1c_2(a_{11}a_{22}-a_{12}a_{21})-(c_1a_{12}-c_2a_{21})^2>0, \tag{3.12}$$

由于 $a_{12}a_{21}>0$, 所以可以选取正常数 c_1 和 c_2 使

$$c_1a_{12}-c_2a_{21}=0, \tag{3.13}$$

再由假设正的平衡位置 (x_1^*, x_2^*) 是局部稳定的, 则由 (3.4) 知 $a_{11}a_{12}-a_{12}a_{21}$ 为正, 因此不等式 (3.12) 成立.

(c) $a_{12}a_{21}<0$(即捕食被捕食作用).

由于 a_{12} 和 a_{21} 都非零, 而且有相反的符号, 因此可以选取正数 c_1 和 c_2 使

$$c_1a_{12}-c_2a_{21}=0,$$

因此当 $a_{11}<0, a_{22}<0$ 时条件 (3.10) 得到满足, 这样就完成了定理的证明.

注 这个结果被 Goh(1979) 推广到 n 个种群的 Lotka-Volterra 模型, 我们将在第 4 章对此做一介绍.

定理 3.1 中的条件 (iii) 不常满足. 如果两个种群中有一个为非密度制约, 例如 $a_{11}=0$, 则条件 (iii) 就不满足, 这时我们知道要正平衡点 (x_1^*, x_2^*) 为局部稳定的条件是 (3.4), 即

$$a_{11}a_{22}-a_{12}a_{21}=-a_{12}a_{21}>0,$$

因此必然有 $a_{12}a_{21}<0$, 也就是说两种群之间必为捕食被捕食的关系. 例如, 我们考虑 x_1 表示被捕食种群的密度, x_2 表示捕食种群的密度, 这两种群作用的 Lotka-Volterra 模型为

$$\begin{cases} \dot{x}_1=x_1(b-a_{12}x_2), \\ \dot{x}_2=x_2(-d+Ea_{12}x_1-a_{22}x_2). \end{cases} \tag{3.14}$$

这里 b, d, E, a_{12}和a_{22} 均为正常数, 参数 E 是被捕食者转化为捕食者的转化效率, b 是被捕食者的出生率, d 是捕食者死亡率, 这个模型有唯一正平衡点 (x_1^*, x_2^*).

$$x_1^* = \frac{ba_{22} + da_{12}}{Ea_{12}^2}, \quad x_2^* = \frac{b}{a_{12}}, \tag{3.15}$$

我们有如下结论.

定理 3.2　如果参数 b, d, E, a_{12}, a_{22} 都是正的, 则模型 (3.14) 为全局稳定的.

证明　正平衡位置 (x_1^*, x_2^*) 满足方程

$$\begin{cases} b - a_{12}x_2^* = 0, \\ -d + Ea_{12}x_1^* - a_{22}x_2^* = 0; \end{cases} \tag{3.16}$$

把它代入 (3.14) 我们得到

$$\begin{cases} \dot{x}_1 = -a_{12}x_1(x_2 - x_2^*), \\ \dot{x}_2 = x_2[Ea_{12}(x_1 - x_1^*) - a_{22}(x_2 - x_2^*)]. \end{cases} \tag{3.17}$$

作 Lyapunov 函数

$$V(x) = E\left(x_1 - x_1^* - x_1^* \ln \frac{x_1}{x_1^*}\right) + \left(x_2 - x_2^* - x_2^* \ln \frac{x_2}{x_2^*}\right), \tag{3.18}$$

沿着 (3.17) 的解, 有

$$\dot{V}(x) = -a_{22}(x_2 - x_2^*)^2,$$

显然当 $x_2 \neq x_2^*$ 时, $\dot{V}(x) < 0$, 因此这一模型是全局渐近稳定的.

模型 (3.14) 所描述捕食与被捕食种群相互作用中, 捕食者主要靠被捕食者为生, 即 $-d < 0$. 如果捕食者不完全依靠被捕食者为生, 则模型为

$$\begin{cases} \dot{x}_1 = x_1(b_1 - a_{12}x_2), \\ \dot{x}_2 = x_2(b_2 + Ea_{12}x_1 - a_{22}x_2), \end{cases} \tag{3.19}$$

这里 b_1, b_2, E, a_{12}和a_{22} 均为正常数, 其非平凡平衡点为 (x_1^*, x_2^*), 这里

$$x_1^* = \frac{b_1a_{22} - b_2a_{12}}{Ea_{12}^2}, \quad x_2^* = \frac{b_1}{a_{12}}, \tag{3.20}$$

显然当 $b_2 > \dfrac{b_1a_{22}}{a_{12}}$ 时, $x_1^* < 0$, 在这种情况下容易知道在第一象限中所有解趋于 $\left(0, \dfrac{b_2}{a_{22}}\right)$, 即食饵种群将导致绝种; 如果 $b_2 < \dfrac{b_1a_{22}}{a_{12}}$, 则非平凡平衡位置为正, 可类似于定理 3.2 的证明得到模型 (3.19) 是全局稳定的.

模型 (3.14) 是模型 (3.1) 中 $a_{11}=0$ 的情况, 也即是捕食被捕食 Lotka-Volterra 模型关于被捕食者为非密度制约的情况. 若反之, 被捕食者是密度制约的, 而捕食者为非密度制约的, 即 $a_{22}=0, a_{11}\neq 0$ 的情况, 其模型可以写为

$$\begin{cases} \dot{x}_1 = x_1(b - a_{11}x_1 - a_{12}x_2), \\ \dot{x}_2 = x_2(-d + Ea_{12}x_1), \end{cases} \tag{3.21}$$

这里 b, d, E, a_{11} 和 a_{12} 均为正常数, 它的非平凡平衡位置 (x_1^*, x_2^*) 为

$$x_1^* = \frac{d}{Ea_{12}}, \quad x_2^* = \frac{bEa_{12} - da_{11}}{Ea_{12}^2}.$$

如果 (x_1^*, x_2^*) 是正的, 我们可以类似于定理 3.2 证明模型 (3.21) 为全局稳定的.

综合上面的论证, 我们可以得到如下结论.

定理 3.1′　两种群相互作用 Lotka-Volterra 模型 (3.1) 为全局渐近稳定的充分条件为:

(i) 非平凡平衡点存在为正;

(ii) 正平衡点是局部渐近稳定的;

(iii) $a_{11}\leqslant 0, a_{22}\leqslant 0$.

定理 3.1′ 中的条件 (i), (ii) 不仅是充分的, 而且是必要的, 而条件 (iii) 则只是一个充分条件, 不是必要的. 自然人们会提出这样的问题: 当条件 (iii) 不满足时, 模型 (3.1) 是否还是全局渐近稳定的? 当条件 (iii) 不满足时, 在什么条件下模型 (3.1) 仍是全局稳定的? 用以上方法不能回答这个问题, Hsu(1978) 提出利用 Poincaré 变换来研究这个问题. 自然, 我们首先假定条件 (i), (ii) 成立, (iii) 不成立. 由 (ii) 可得:

(1) $\Delta = a_{11}a_{22} - a_{12}a_{21} > 0$.

(2) $a_{11}a_{22} < 0$.

由 (3.2) 解出 x_1^* 和 x_2^* 并由条件 (i) 我们得到

(3) $x_1^* = \dfrac{b_2a_{12} - b_1a_{22}}{\Delta} > 0, x_2^* = \dfrac{b_1a_{21} - b_2a_{11}}{\Delta} > 0$.

由 (2) 我们不妨设 $a_{11} < 0, a_{22} > 0$, 对于 $a_{11} > 0, a_{22} < 0$ 的情况也可类似讨论.

利用 Poincaré 变换

$$x_1 = \frac{v}{z}, \quad x_2 = \frac{1}{z},$$

则方程 (3.1) 变成

$$\begin{cases} \dot{v} = \dfrac{v}{z}[(a_{11} - a_{21})v + (b_1 - b_2)z + (a_{12} - a_{22})], \\ \dot{z} = [(-a_{21})v + (-b_2)z + (-a_{22})]. \end{cases} \tag{3.22}$$

也可以利用 Poincaré 变换

$$x_1 = \frac{1}{w}, \quad x_2 = \frac{u}{w},$$

则方程 (3.1) 变成

$$\begin{cases} \dot{u} = \dfrac{u}{w}[(a_{22} - a_{12})u + (b_2 - b_1)w + (a_{21} - a_{11})], \\ \dot{w} = [(-a_{12})u + (-b_1)w + (-a_{11})]. \end{cases} \tag{3.23}$$

方程 (3.1) 的正平衡位置 (x_1^*, x_2^*) 对应于方程 (3.22) 的正平衡位置 (v^*, z^*), 其中

$$v^* = \frac{x_1^*}{x_2^*}, \quad z^* = \frac{1}{x_2^*}.$$

对应于方程 (3.23) 的正平衡位置 (u^*, w^*), 其中

$$u^* = \frac{x_2^*}{x_1^*}, \quad w^* = \frac{1}{x_1^*},$$

因而要研究方程 (3.1) 正平衡位置在第一象限的全局稳定性, 只要研究方程 (3.22) 的正平衡位置 (v^*, z^*) 或者方程 (3.23) 的正平衡位置 (u^*, w^*) 是否在第一象限为全局稳定即可.

定理 3.3　若模型 (3.1) 满足定理 3.1′ 的条件 (i),(ii), 并设 $a_{11} < 0, a_{22} > 0$, 则正平衡点 (x_1^*, x_2^*) 为全局渐近稳定的充分条件是以下四个条件之一成立.

(1) $a_{12} = a_{22}$;

(2) $a_{12} > a_{22}$且$b_1 \geqslant 0$;

(3) $a_{12} > a_{22}$且$b_1 < 0, b_2 = 0$;

(4) $a_{12} > a_{22}$且$b_1 < 0, b_2 > 0, a_{21} > a_{11}$.

证明　对于方程 (3.23) 作 Lyapunov 函数

$$V = C_1\left(u - u^* - u^* \ln \frac{u}{u^*}\right) + C_2\left(w - w^* - w^* \ln \frac{w}{w^*}\right).$$

关于方程 (3.23) 计算可得

$$\dot{V} = \frac{1}{2w}\begin{pmatrix} u - u^* \\ w - w^* \end{pmatrix}^{\mathrm{T}} (C_1 A_1 + A_1^{\mathrm{T}} C_1) \begin{pmatrix} u - u^* \\ w - w^* \end{pmatrix},$$

这里

$$C_1 = \begin{pmatrix} c_1 & 0 \\ 0 & c_2 \end{pmatrix}, \quad A_1 = \begin{pmatrix} a_{22} - a_{12} & b_2 - b_1 \\ -a_{12} & -b_1 \end{pmatrix}.$$

下面仿照定理 3.1 可以证明定理 3.3 中条件 (1) 或 (2) 满足时, 存在 $c_1 > 0, c_2 > 0$ 使得 $\dot{V}$ 满足 Lasalle 定理的要求, 因此关于方程 (3.23) 正平衡位置 (u^*, w^*) 是全局渐近稳定的.

对于方程 (3.22) 作 Lyapunov 函数

$$V = \bar{c}_1\left(v - v^* - v^* \ln \frac{v}{v^*}\right) + \bar{c}_2\left(z - z^* - z^* \ln \frac{z}{z^*}\right),$$

关于方程 (3.22) 计算可得

$$\dot{V} = \frac{1}{2z}\begin{pmatrix} v - v^* \\ z - z^* \end{pmatrix}^{\mathrm{T}} (C_2 A_2 + A_2^{\mathrm{T}} C_2) \begin{pmatrix} v - v^* \\ z - z^* \end{pmatrix},$$

这里

$$C_2 = \begin{pmatrix} \bar{c}_1 & 0 \\ 0 & \bar{c}_2 \end{pmatrix}, \quad A_2 = \begin{pmatrix} a_{11} - a_{21} & b_1 - b_2 \\ -a_{21} & -b_2 \end{pmatrix}.$$

仍可仿照定理 3.1 来证明, 只要定理 3.3 中的条件 (3) 或 (4) 满足, 就存在 $\bar{c}_1 > 0, \bar{c}_2 > 0$, 使得 $\dot{V}$ 满足 Lasalle 定理的要求, 因此方程 (3.22) 的正平衡位置 (v^*, z^*) 是全局渐近稳定的. 证毕.

对于方程 (3.22), 引进时间变换, 令 $\dfrac{dt}{d\tau} = z$, 则方程 (3.22) 变成

$$\begin{cases} \dfrac{dv}{d\tau} = v[(a_{11} - a_{21})v + (b_1 - b_2)z + (a_{12} - a_{22})], \\ \dfrac{dz}{d\tau} = z[(-a_{21})v + (-b_2)z + (-a_{22})]. \end{cases} \tag{3.24}$$

容易计算当 $a_{12} < a_{22}$ 时方程 (3.24) 的平衡位置 $(0,0)$ 是稳定的, 也就是说, 方程 (3.1) 存在一个渐近稳定的无穷远奇点, 显然有以下结论.

定理 3.4 若模型 (3.1) 满足定理 3.1′ 的条件 (i),(ii), 并设 $a_{11} < 0, a_{22} > 0$ 而且有 $a_{12} < a_{22}$, 则模型 (3.1) 必存在无界轨道.

定理 3.5 两种群互相作用的 Lotka-Volterra 模型 (3.1) 不存在极限环解.

证明 见叶彦谦等 (1984).

1973 年 Gilpin 和 Ayala 发现 Lotka-Volterra 模型不能符合大量的实验资料, 于是他们提出两种群竞争模型为

$$\begin{cases} \dot{x}_1 = r_1 x_1\left[1 - \left(\dfrac{x_1}{K_1}\right)^{\theta_1} - a_{12}\left(\dfrac{x_2}{K_1}\right)\right], \\ \dot{x}_2 = r_2 x_2\left[1 - a_{21}\left(\dfrac{x_1}{K_2}\right) - \left(\dfrac{x_2}{K_2}\right)^{\theta_2}\right], \end{cases} \tag{3.25}$$

这里 $r_1, r_2, K_1, K_2, \theta_1, \theta_2, a_{12}$和$a_{21}$ 是正常数. 设 (x_1^*, x_2^*) 是 (3.25) 的非平凡平衡位置, 有

$$\begin{aligned} &1-\left(\frac{x_1^*}{K_1}\right)^{\theta_1}-a_{12}\left(\frac{x_2^*}{K_1}\right)=0, \\ &1-a_{21}\left(\frac{x_1^*}{K_2}\right)-\left(\frac{x_2^*}{K_2}\right)^{\theta_2}=0. \end{aligned} \tag{3.26}$$

记参数:

$$\begin{aligned} &\overline{a}_{11}=r_1\left(\frac{x_1^*}{K_1}\right)^{\theta_1}, \quad \overline{a}_{12}=r_1 a_{12}\frac{x_2^*}{K_1}, \\ &\overline{a}_{21}=r_2 a_{21}\frac{x_2^*}{K_2}, \quad \overline{a}_{22}=r_2\left(\frac{x_2^*}{K_2}\right)^{\theta_2}. \end{aligned} \tag{3.27}$$

记

$$y_1=\frac{x_1}{x_1^*}, \quad y_2=\frac{x_2}{x_2^*}, \tag{3.28}$$

在新的变量下 (3.25) 变为

$$\begin{cases} \dot{y}_1=y_1[-\overline{a}_{11}(y_1^{\theta_1}-1)-\overline{a}_{12}(y_2-1)], \\ \dot{y}_2=y_2[-\overline{a}_{21}(y_1-1)-\overline{a}_{22}(y_2^{\theta_2}-1)]. \end{cases} \tag{3.29}$$

作 Lyapunov 函数

$$V=y_1-1-\ln y_1+y_2-1-\ln y_2, \tag{3.30}$$

沿着 (3.29) 的解有

$$\begin{aligned} \dot{V}=&-\overline{a}_{11}(y_1-1)(y_1^{\theta_1}-1)-\overline{a}_{22}(y_2-1)(y_2^{\theta_2}-1) \\ &-(\overline{a}_{12}+\overline{a}_{21})(y_1-1)(y_2-1), \end{aligned} \tag{3.31}$$

可以验证当 $\theta_1 \geqslant 1, \theta_2 \geqslant 1$ 时, $\dot{V}$ 在正象限除点 (1,1) 外为负定的, 因此模型 (3.25) 是全局稳定的.

在 $\theta_i < 1(i=1,2)$ 的情况下, 模型 (3.25) 也是全局稳定的, 这点我们将在后面用其他方法来补充证明.

3.2 具功能性反应的两种群的捕食与被捕食模型的全局稳定性和极限环

具有 Holling 功能性反应的捕食与被捕食模型一般可写为

$$\begin{cases} \dot{x}=xg(x)-y\Phi(x), \\ \dot{y}=-dy+ey\Phi(x), \end{cases} \tag{3.32}$$

其中 $g(x)$ 为被捕食种群的增长率, d 为捕食者种群的死亡率, $\Phi(x)$ 为捕食者的功能性反应.

3.2.1 非密度制约的情况

如果被捕食者种群增长是非密度制约的, 即有 $g(x) = r = \text{const}$, 则模型为

$$\begin{cases} \dot{x} = rx - y\Phi(x), \\ \dot{y} = y(-d + e\Phi(x)) \equiv yF(x), \end{cases} \tag{3.33}$$

这里 r 和 e 是正常数. 设 (x^*, y^*) 是 (3.33) 的非平凡平衡位置, 即有

$$\Phi(x^*) = \frac{d}{e}, \quad y^* = \frac{erx^*}{d}. \tag{3.34}$$

并设 (x^*, y^*) 为 (3.33) 的正平衡位置, 考虑函数

$$V(x,y) = \int_{x^*}^{x} \frac{F(s)}{\Phi(s)} ds + \int_{y^*}^{y} \frac{s - y^*}{s} ds, \tag{3.35}$$

沿着 (3.33) 的解有

$$\dot{V}(x,y) = \frac{exy^*}{\Phi(x)}(\Phi(x) - \Phi(x^*))\left(\frac{\Phi(x^*)}{x^*} - \frac{\Phi(x)}{x}\right). \tag{3.36}$$

下面我们分各类功能性反应来讨论.

(1) 如果 $\Phi(x)$ 是 Holling 第 I 类功能性反应, 即有

$$\Phi(x) = \begin{cases} cx, & x \leqslant x_0, \\ cx_0, & x > x_0. \end{cases} \tag{3.37}$$

我们容易知道, 如果在这种情况下模型 (3.33) 有一孤立正平衡点 (x^*, y^*), 则必有 $x^* < x_0$.

容易验证在这种情况下函数 $V(x,y)$ 在第一象限是正定的, 而且符合 Lyapunov 函数的所有条件. 只要考虑 $\dot{V}(x,y)$ 的符号即可.

当 $x \leqslant x_0$ 时, $\Phi(x) = cx$, 又因为 $x^* < x_0$, 所以 $\Phi(x^*) = cx^*$. 我们有

$$\frac{\Phi(x^*)}{x^*} - \frac{\Phi(x)}{x} = \frac{cx^*}{x^*} - \frac{cx}{x} \equiv 0,$$

所以有 $\dot{V} \equiv 0$, 因此模型 (3.33) 的解在集合 $\{(x,y)|V(x,y) \leqslant V(x_0, y^*)\}$ 内是一族闭轨线 $V(x,y) = C$, 这里 $0 < C < V(x_0, y^*)$.

当 $x > x_0$ 时, $\Phi(x) = cx_0$, 所以有

$$\Phi(x) - \Phi(x^*) = c(x_0 - x^*) > 0,$$

$$\frac{\Phi(x^*)}{x^*} - \frac{\Phi(x)}{x} = \frac{cx^*}{x^*} - \frac{cx_0}{x} = \frac{c(x-x_0)}{x} > 0.$$

因此当 $x > x_0$ 时有 $\dot{V} > 0$, 所以在曲线 $V(x,y) = V(x_0,y^*)$ 之外, 方程 (3.33) 的轨线总是要在 $x > x_0$ 处穿出闭曲线 $V(x,y) = c$, 我们称这一 $V(x,y) = V(x_0,y^*)$ 为弱极限环, 在这一闭轨线之内被闭轨线充满, 在这闭轨线之外即在集合 $\{(x,y)|V(x,y) > V(x_0,y^*)\}$ 上是不稳定的.

(2) 如果 $\Phi(x)$ 是 Holling 第Ⅱ类功能性反应, 这就是说 $\Phi(x)$ 是 x 的严格单调增加函数, 而且 $\Phi(x)$ 的斜率是严格单调减少的, 有:

(i) 当 $x^* > x > 0$ 时, 有 $\Phi(x^*) > \Phi(x), \dfrac{\Phi(x)}{x} > \dfrac{\Phi(x^*)}{x^*}$.

(ii) 当 $x > x^*$ 时, 有 $\Phi(x^*) < \Phi(x), \dfrac{\Phi(x)}{x} < \dfrac{\Phi(x^*)}{x^*}$.

因此对于所有的 $x > 0, x \neq x^*$ 有 $\dot{V}(x,y) > 0$, 所以对于第Ⅱ类功能性反应模型 (3.33) 是不稳定的.

例如, 用下面具体函数来表示第Ⅱ类功能性反应

$$\Phi(x) = \frac{ax}{1+wx}, \tag{3.38}$$

这里 a 和 w 是正常数. 我们有

$$\Phi(x) - \Phi(x^*) = \frac{a(x-x^*)}{(1+wx)(1+wx^*)},$$

$$\frac{\Phi(x^*)}{(x^*)} - \frac{\Phi(x)}{x} = \frac{aw(x-x^*)}{(1+wx)(1+wx^*)},$$

显然在这个具体的第Ⅱ类功能性反应函数的情况下, 对于所有的 $x > 0$ 且 $x \neq x^*$, 有 $\dot{V}(x,y) > 0$, 所以模型 (3.33) 是不稳定的.

(3) 如果 $\Phi(x)$是第Ⅲ类功能性反应, 由定义它是一个 S 型的函数, 设 $\dfrac{\Phi(x)}{x}$ 在 x_M 有极大值, 函数$\dfrac{\Phi(x)}{x}$ 是连接点 (0,0) 和点 $(x,\Phi(x))$ 的直线的斜率. 当 $x > x_M$ 时, $\Phi(x)$ 的局部性质与第Ⅱ类功能性反应相同, 因此如果 $x^* > x_M$, 则平衡位置 (x^*,y^*) 是不稳定的.

如果 x^* 满足不等式 $x_M > x^* > 0$, 则函数$y = \dfrac{\Phi(x^*)}{x^*}x$ 的图像与函数 $y = \Phi(x)$ 交于两点 (图 3.1(a)), 其一是 x^*, 设另一点为 x_μ, 则当 $x^* > x > 0$ 时, 有 $\Phi(x) < \Phi(x^*)$, 而且 $\dfrac{\Phi(x^*)}{x} > \dfrac{\Phi(x)}{x}$, 所以这时 $\dot{V}(x,y) < 0$; 当 $x_\mu > x > x^*$ 时, 有 $\Phi(x) > \Phi(x^*)$, 而且 $\dfrac{\Phi(x^*)}{x^*} < \dfrac{\Phi(x)}{x}$, 因此这时也有 $\dot{V}(x,y) < 0$. 总的来说, 对所有的 $x_\mu > x > 0$ 且 $x \neq x^*$, 有 $\dot{V}(x,y) < 0$, 因此 (x^*,y^*) 是渐近稳定的, 而且区域

$\{(x,y)|V(x,y) < V(x_\mu, y^*)\}$ 是 (x^*, y^*) 的吸引区域 (即在此区域内从任何一点为初始点出发的方程 (3.33) 的轨线当 $t \to \infty$ 时都趋于点 (x^*, y^*)), 如图 3.1(b) 所示.

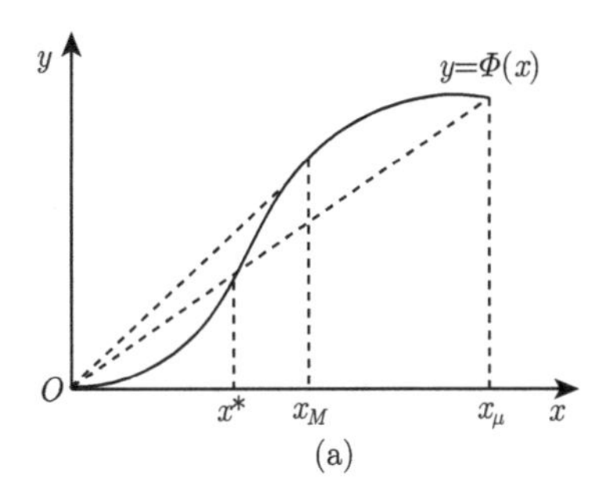

(a)

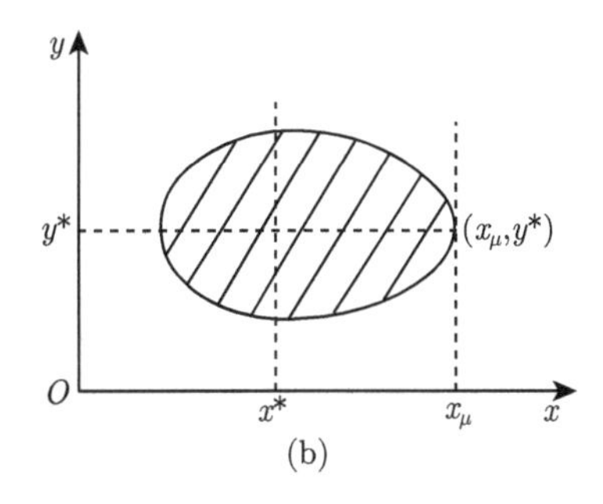

(b)

图 3.1

例如, 用下面具体的函数来表示III类功能性反应

$$\Phi(x) = \frac{\alpha x^2}{\beta^2 + x^2},$$

容易计算

$$\begin{aligned}
&\Phi(x) - \Phi(x^*) = \frac{\alpha\beta^2(x^2 - {x^*}^2)}{(\beta^2 + x^2)(\beta^2 + {x^*}^2)},\\
&\frac{\Phi(x^*)}{x^*} - \frac{\Phi(x)}{x} = \frac{\alpha(x - x^*)(x^* x - \beta^2)}{(\beta^2 + x^2)(\beta^2 + {x^*}^2)},\\
&(\Phi(x) - \Phi(x^*))\left(\frac{\Phi(x^*)}{x^*} - \frac{\Phi(x)}{x}\right)\\
=&\frac{\alpha\beta^2(x + x^*)(x - x^*)^2(x^* x - \beta^2)}{(\beta^2 + x^2)^2(\beta^2 + {x^*}^2)^2},
\end{aligned}$$

当$x < x_\mu = \dfrac{\beta^2}{x^*}$ 时, $\dot{V}(x,y) < 0$, 所以 (x^*, y^*) 为稳定的, 其吸引区域为 $\{(x,y)|V(x, y) < V(x_\mu, y^*)\}$.

3.2.2 密度制约的情况

例如, 我们考虑被捕食者种群具有密度制约的情况下的第II类功能性反应模型

$$\begin{cases}
\dot{x} = x\left(g(x) - \dfrac{ay}{1 + wx}\right),\\
\dot{y} = y\left(-d + \dfrac{eax}{1 + wx}\right),
\end{cases} \tag{3.39}$$

这里 $g(x)$ 是无捕食者时被捕食者种群的密度制约, a, d, e, w 为正参数, $\dfrac{ax}{1 + wx}$ 为捕食者种群的第II类功能性反应.

假设这个模型有正平衡点 $(x^*, y^*), x^* > 0, y^* > 0$, 满足方程

$$g(x^*) - \frac{ay^*}{1+wx^*} = 0,$$
$$-d + \frac{eax^*}{1+wx^*} = 0, \tag{3.40}$$

由此得到

$$x^* = \frac{d}{ea - wd}, \quad y^* = \frac{1}{a} g(x^*)(1 + wx^*),$$

若要此平衡位置为正, 则必有 $ea > wd, g(x^*) > 0$, 为了简单起见, 记

$$s = \frac{1}{(1+wx)(1+wx^*)}. \tag{3.41}$$

定理 3.6 模型 (3.39) 为大范围稳定的充分条件为:

(i) 存在唯一正平衡位置 (x^*, y^*);

(ii) 对于一切 $x > 0, y > 0$, 但 $x \neq x^*$ 有

$$(x - x^*)[g(x) - g(x^*) + awy^* s(x - x^*)] < 0. \tag{3.42}$$

证明 把 (3.40) 代入 (3.39) 我们得

$$\begin{cases} \dot{x} = x\left(g(x) - g(x^*) - \dfrac{ay}{1+wx} + \dfrac{ay^*}{1+wx^*}\right), \\ \dot{y} = y\left(\dfrac{eax}{1+wx} - \dfrac{eax^*}{1+wx^*}\right), \end{cases} \tag{3.43}$$

作 Lyapunov 函数

$$V = x - x^* - x^* \ln\frac{x}{x^*} + c\left(y - y^* - y^* \ln\frac{y}{y^*}\right), \tag{3.44}$$

这里 c 是一正常数, 待定. 沿着 (3.43) 的解有

$$\begin{aligned} \dot{V} =& (x - x^*)(g(x) - g(x^*)) - a(x - x^*)s(y + wx^*y - y^* - wxy^*) \\ &+ cea(y - y^*)s(x - x^*) \\ =& (x - x^*)[g(x) - g(x^*) + awy^* s(x - x^*)] \\ &- a(1 + wx^*)(x - x^*)s(y - y^*) + cea(x - x^*)s(y - y^*), \end{aligned}$$

取 $c = \dfrac{1}{e}(1 + wx^*)$, 有

$$\dot{V} = (x - x^*)[g(x) - g(x^*) + awy^* s(x - x^*)], \tag{3.45}$$

在定理的条件下, 对所有的 $x>0, y>0$ 和 $x \neq x^*, \dot{V}<0$. 由 (3.45) 看出, 仅当 $x=x^*$ 时, $\dot{V}=0$. 而集合 $\{(x,y)|x=x^*\}$ 上仅有一个不变集 $\{(x^*,y^*)\}$, 因为平衡位置是唯一的, 所以模型 (3.39) 是全局稳定的.

例 3.1 考虑具第 II 类功能性反应的捕食–被捕食模型:

$$\begin{cases} \dot{x}=x\left(g(x)-\dfrac{y}{1+0.05x}\right), \\ \dot{y}=y\left(-\dfrac{6}{13}+\dfrac{0.1x}{1+0.05x}\right), \end{cases} \tag{3.46}$$

这里 $g(x)=2+\dfrac{x(4-x)}{1+2x}$, 函数 $g(x)$ 有一个极大值在 $x=1, g(0)=2, g(4+\sqrt{18})=0$, 当 $x>0$ 时 $g(x)$ 是单峰函数. 当 $x<1$ 时 $g(x)$ 可以有渐近线 $2+4x$, 当 $x>1$ 时 $g(x)$ 可以有渐近线 $4-\dfrac{1}{2}x$.

因为非平凡平衡点 $(x^*,y^*)=(6,14)$, 所以由条件 (3.42) 可知

$$\dot{V}=-\frac{(x-6)^2(0.65x^2+11.7x+1.3)}{13(1+2x)(1+0.05x)},$$

对于一切 $x>0, y>0$ 以及 $x\neq 6, \dot{V}$ 为负的, 并且我们可以由图解分析得到在 $x=6$ 直线上仅有一个不变集 $\{(6,14)\}$, 因此模型 (3.46) 为全局稳定的.

下面我们主要考虑具有线性密度制约的情况.

1. 被捕食者种群为线性密度制约的情况

我们先考虑食饵种群为线性密度制约的, 捕食者种群没有密度制约因素时捕食与被捕食两种群模型

$$\begin{cases} \dot{x}=x(a-bx)-y\Phi(x), \\ \dot{y}=y(-d+e\Phi(x)). \end{cases} \tag{3.47}$$

下面按功能性反应函数的类别分别讨论.

(i) 第 I 类功能性反应

$$\Phi(x)=\begin{cases} cx, & x\leqslant x_0, \\ cx_0, & x>x_0, \end{cases}$$

类似地, 我们容易知道, 如果 (3.47) 有孤立正平衡位置 (x^*,y^*), 则必有 $x^*<x_0$.

被捕食者等倾线 I_1: 当 $x<x_0$ 时 $x(a-bx)-ycx=0$ 为两直线 $x=0$ 和 $y=\dfrac{a}{c}-\dfrac{b}{c}x$; 当 $x>x_0$ 时为 $x(a-bx)-ycx_0=0$. 捕食者等倾线 I_2 为 $x=x^*$ 和 $y=0$. 因此在这种情况下模型 (3.47) 有平衡位置 $(0,0), (x_1,0), (x^*,y^*)$, 其中 $x_1=\dfrac{a}{b}, x^*=\dfrac{d}{ec}, y^*=\dfrac{a}{c}-\dfrac{bd}{ec^2}$. 容易知道 $(0,0)$ 和 $(x_1,0)$ 为鞍点 (图 3.2).

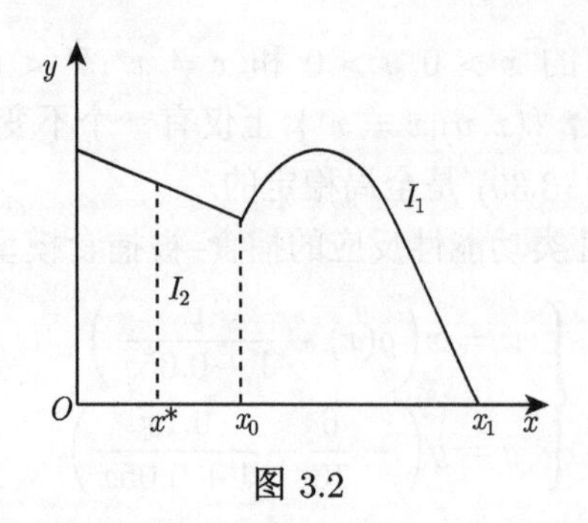

图 3.2

定理 3.7　正平衡点 (x^*, y^*) 为稳定平衡点, 若在这种情况下方程 (3.47) 有极限环 Γ, 则 Γ 必与直线 $x = x_0$ 相交.

证明　作 Dulac 函数 $\mu(x,y) = x^{-1}y^{-1}$, 对方程 (3.47) 作时间变换 $\dfrac{dt}{d\tau} = \mu(x,y)$, 则有

$$\begin{cases} \dfrac{dx}{d\tau} = \dfrac{a-bx}{y} - \dfrac{\Phi(x)}{x} \equiv P(x,y), \\ \dfrac{dy}{d\tau} = \dfrac{-d+e\Phi(x)}{x} \equiv Q(x,y), \end{cases}$$

$$\frac{\partial P}{\partial x} + \frac{\partial Q}{\partial y} = -\frac{b}{y} - \left(\frac{\Phi(x)}{x}\right)'_x = \begin{cases} -\dfrac{b}{y}, & x \leqslant x_0, \\ -\dfrac{b}{y} + \dfrac{cx}{x^2}, & x > x_0, \end{cases}$$

在区域 $x < x_0$ 内 $\dfrac{\partial P}{\partial x} + \dfrac{\partial Q}{\partial y}$ 为负定的, 因此任何极限环不可能完全包含在 $x < x_0$ 之内. 定理证毕.

由计算 (见 Dubois 和 Closset (1976)) 知道在这种情况下方程 (3.47) 可有两个极限环 Γ_1 和 $\Gamma_2, \Gamma \supset \Gamma_1$, 其中 Γ_1 为不稳定环, Γ_2 为稳定环. 但至今尚无理论证明.

(ii) 第Ⅱ类功能性反应

$$\Phi(x) = \frac{x}{1+wx},$$

这时方程 (3.47) 变成

$$\begin{cases} \dot{x} = x(a-bx) - \dfrac{\alpha xy}{1+wx}, \\ \dot{y} = y\left(-d + \dfrac{e\alpha x}{1+wx}\right), \end{cases} \tag{3.48}$$

这里参数 a, b, d, e, α和w 均为正数. 因此恒有 $1 + wx > 0$. 对方程 (3.48) 作自变数变换 $dt = (1+wx)d\tau$, 则 (3.48) 化为

$$\begin{cases} \dot{x} = x(a_1 + a_2x + a_3x^2) - \alpha xy, \\ \dot{y} = y(-d + \beta x), \end{cases} \tag{3.48$'$}$$

其中 $a_1=a, a_2=wa-b, a_3=-bw, \beta=e\alpha-dw$(仍把 τ 记为 t), 易知若模型存在非平凡平衡位置, 则必有 $\beta\neq 0$. 为了简单起见, 我们再作变换: $x=\dfrac{d}{\beta}x', y=\dfrac{\beta}{\alpha}y', t=\dfrac{1}{d}\tau$, 则 (3.48)′ 化为 (将新的变量仍记为 x,y,t)

$$
\left\{\begin{array}{l}
\dot{x}=x(\overline{a}_1+\overline{a}_2x+\overline{a}_3x^2)-xy\equiv P(x,y),\\
\dot{y}=-y+xy\equiv Q(x,y),
\end{array}\right. \tag{3.49}
$$

其中 $\overline{a}_1=\dfrac{a_1}{d}, \overline{a}_2=\dfrac{a_2}{\beta}, \overline{a}_3=\dfrac{da_3}{\beta^2}$. 若 (3.48)′ 有正的平衡位置, 则必有 $\beta>0$, 因此有 $\overline{a}_1>0, \overline{a}_3<0, \overline{a}_2$ 的符号不确定, 而 $\overline{a}_1+\overline{a}_2+\overline{a}_3>0$ (否则不存在正的平衡位置).

分析方程 (3.49) 的奇点有: $O(0,0)$ 为鞍点 (特征方程的特征根 $\lambda_1=-1, \lambda_2=\overline{a}_1>0$); $R_1(x_1,0)$ 为鞍点 (特征根 $\lambda_1=-\overline{a}_1+\overline{a}_3x_1^2<0, \lambda_2=x_1-1>0$, 当 $\overline{a}_2+2\overline{a}_3>0$ 时); $R_2(x_2,0)$ 为稳定结点 ($\lambda_1=-\overline{a}_1+\overline{a}_3x_2^2<0, \lambda_2=x_2-1<0$), 其中 x_1,x_2 为方程 $\overline{a}_1+\overline{a}_2x+\overline{a}_3x^2=0$ 的两个根.

最后是正平衡点 $R(1,\overline{a}_1+\overline{a}_2+\overline{a}_3)$, 其特征方程为

$$
\lambda^2-\lambda(\overline{a}_2+2\overline{a}_3)+\overline{a}_1+\overline{a}_2+\overline{a}_3=0,
$$

因此当 $\overline{a}_2+2\overline{a}_3\leqslant 0$ 时, R 为稳定焦点 (或结点), 而当 $\overline{a}_2+2\overline{a}_3>0$ 时为不稳定焦点 (或结点).

定理 3.8 当 $\overline{a}_2+2\overline{a}_3\leqslant 0$ 时方程 (3.49) 的正平衡位置为稳定的, 并且不存在极限环 (陈兰荪, 井竹君, 1984).

证明 取 Dulac 函数 $B(x,y)=x^{-1}y^{r-1}$(其中 r 待定), 关于方程 (3.49) 有

$$
D\equiv\frac{\partial(PB)}{\partial x}+\frac{\partial QB}{\partial y}=x^{-1}y^{r-1}[2\overline{a}_3x^2+(\overline{a}_2+r)x-r],
$$

记 $\varPhi(x,r)=2\overline{a}_3x^2+(\overline{a}_2+r)x-r$, 取适当的 r 使得 $\varPhi(x,r)$ 为定号, 即取 r 使 $\varPhi(x,r)=0$ 关于 x 无实根, 因而只要 r 满足不等式

$$
f_1(r)=(\overline{a}_2+r)^2+8\overline{a}_3r\leqslant 0.
$$

当 $\overline{a}_2+2\overline{a}_3\leqslant 0$ 时, $f_1(r)=0$ 有正实根 r_1 和 $r_2, r_1<r_2$, 因而当 $r_1\leqslant r\leqslant r_2$时$f_1(r)\leqslant 0$, 所以当 $\overline{a}_2+2\overline{a}_3\leqslant 0$ 时, 只要取 r 满足 $r_1<r<r_2$ 就有 $D\leqslant 0$, 定理得证.

定理 3.9 当 $\overline{a}_2+2\overline{a}_3>0$ 时, 方程 (3.49) 的正平衡点为不稳定的, 并且在其外围存在唯一的稳定极限环.

证明　存在性. 由前可知 $R_1(x_1,0)$ 为鞍点, 容易知道当 $\overline{a}_2+2\overline{a}_3>0$ 时 $x_1>1$, 过 R_1 作直线 $L_1=x-x_1=0$, 关于方程 (3.49), 有

$$\dot{L}_1\mid_{L_1=0}=-x_1y<0,\quad 当y>0时,$$

所以直线 $x=x_1$ 为无切的. 方程 (3.49) 的轨线在其上的穿过方向如图 3.3 所示. 再考虑直线

$$L_2=y+x-K=0,$$

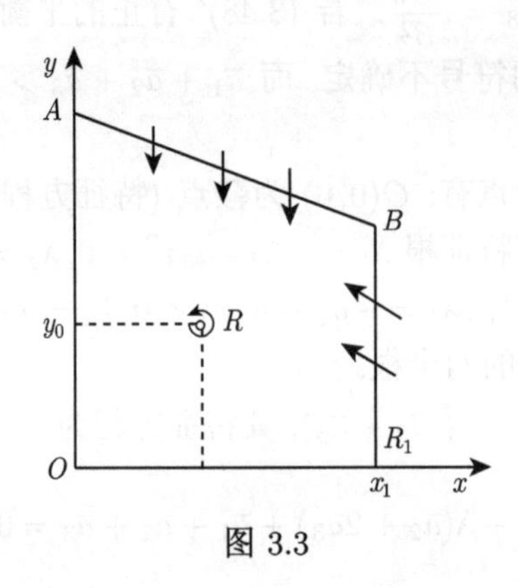

图 3.3

这里 $K>0$ 充分大. 关于方程 (3.49) 有

$$\dot{L}_2\mid_{L_2=0}=x(\overline{a}_1+\overline{a}_2x+\overline{a}_3x^2)+x-K,$$

因为我们只考虑直线 $L_2=0$ 在区域 $0\leqslant x\leqslant x_1$ 内的一部分线段 AB, 显然当 K 取得充分大时上式右端在区间 $0\leqslant x\leqslant x_1$ 内为恒负, 实际上只要取

$$K>\max_{0\leqslant x\leqslant x_1}[x(\overline{a}_1+1+\overline{a}_2x+\overline{a}_3x^2)]$$

即可. 这说明线段 AB 是无切的, 方程 (3.49) 的轨线在其上的穿过方向如图 3.3 所示. 图中 OA 和 OR_1 为轨线, 因此 AOR_1B 构成了 Bendixson 区域的外境界线, 方程 (3.49) 的轨线与之相交都是由外向内的, 或其本身是轨线. 又当 $\overline{a}_2+2\overline{a}_3>0$ 时, R 为不稳定的, 而且在曲线 AOR_1B 围成的区域内除 R 外无别的奇点, R_1 和 O 均为鞍点, 所以在 R 的外围必存在极限环.

唯一性. 对方程 (3.49) 作变换 $\overline{x}=x-1,\overline{y}=y-y_0$(其中 $y_0=\overline{a}_1+\overline{a}_2+\overline{a}_3$), 则 (3.49) 变为

$$\begin{cases}\dot{\overline{x}}=-\overline{y}+(\overline{a}_2+2\overline{a}_3)\overline{x}-\overline{xy}+(\overline{a}_2+3\overline{a}_3)\overline{x}^2+\overline{a}_3\overline{x}^3,\\ \dot{\overline{y}}=\overline{xy}+y_0\overline{x}.\end{cases}$$

再作变换 $\overline{x} = e^u - 1, \overline{y} = y_0\left(e^{\frac{v}{y_0}} - 1\right)$, 则方程变为

$$\begin{cases} \dot{u} = -\varphi(v) - F(u), \\ \dot{v} = g(u), \end{cases} \tag{3.50}$$

其中 $g(u) = y_0(e^u - 1), F(u) = \overline{a}_2 + \overline{a}_3 - \overline{a}_2 e^u - \overline{a}_3 e^{2u}, \varphi(v) = y_0\left(e^{\frac{v}{y_0}} - 1\right)$.

因为 $ug(u) = uy_0(e^u - 1) > 0$, 当$u \neq 0$时; $G(\pm\infty) = \infty\left(G(u) = \int g(u)du = y_0 e^u - y_0 u\right)$; $\varphi(0) = 0$; $\varphi'_v = e^{\frac{v}{y_0}} > 0, \varphi(+\infty) = +\infty, \varphi(-\infty) = -y_0, F(0) = 0, f(u) = F'(u) = -\overline{a}_2 e^u - 2\overline{a}_3 e^{2u}$,

$$\left(\frac{f(u)}{g(u)}\right)'_u = \frac{e^u[\overline{a}_2 + 2\overline{a}_3 - 2\overline{a}_3(e^u - 1)^2]}{y_0(e^u - 1)^2} > 0,$$

当 $\overline{a}_2 + 2\overline{a}_3 > 0, \overline{a}_3 < 0$ 时上式成立.

因此当 $\overline{a}_2 + 2\overline{a}_3 > 0, \overline{a}_3 < 0$ 时方程 (3.50) 在 $-\infty < v < +\infty, -y_0 < u < +\infty$ 上满足张芷芬唯一性定理, 所以极限环是唯一的, 显然是稳定的. 证毕.

如果考虑被捕食者种群为线性密度制约的, 即 $g(x) = a - bx$, 则具第III类功能性反应的模型为

$$\begin{cases} \dot{x} = ax - bx^2 - \dfrac{\alpha x^2 y}{x^2 + \beta^2}, \\ \dot{y} = -ey + \dfrac{k\alpha x^2 y}{x^2 + \beta^2}, \end{cases} \tag{3.51}$$

这里 a, b, e, α, k 和 β 为正数. 对于 (3.51) 可作变换 $x = x', y = ky', t = \dfrac{1}{k\alpha}t'$, 使之化为

$$\begin{cases} \dot{x} = \overline{a}x - \overline{b}x^2 - \dfrac{x^2 y}{x^2 + \beta^2}, \\ \dot{y} = -\overline{e}y + \dfrac{x^2 y}{x^2 + \beta^2}, \end{cases} \tag{3.52}$$

其中$\overline{e} = \dfrac{e}{k\alpha}, \overline{a} = \dfrac{a}{k\alpha}, \overline{b} = \dfrac{b}{k\alpha}$ 也均为正数, 对于这个方程陈均平和张洪德 (1984) 得到类似于定理 3.8 和定理 3.9 的结论.

2. 捕食者种群为线性密度制约的情况

这里与 (1) 考虑的正好相反, 假设食饵种群是非密度制约增长的而捕食者种群有线性密度制约. 这种情况在现实中也是常有的, 虽然食饵种群很丰富, 可以无限地增长, 但由于其他环境的约束, 捕食者种群仍会有密度制约效应. 这时我们考虑

一模型为

$$\begin{cases} \dot{x} = rx - y\Phi(x), \\ \dot{y} = y(-d + e\Phi(x) - by). \end{cases} \tag{3.53}$$

本来我们应该和 (1) 一样, 分别就 $\Phi(x)$ 为第 I, II, III类功能性反应函数来对 (3.53) 的各种情况加以讨论, 但当 $\Phi(x)$ 为第 I 类功能性反应函数时, 对模型 (3.53) 的研究十分困难. 因此我们这里先以 $\Phi(x)$ 是第II类功能性反应函数为例来讨论模型 (3.53). 这时我们假设

$$\Phi(x) = \frac{ax}{1+wx},$$

则模型 (3.53) 变成

$$\begin{cases} \dot{x} = rx - \dfrac{axy}{1+wx}, \\ \dot{y} = y\left(-d + e\dfrac{ax}{1+wx} - by\right). \end{cases} \tag{3.54}$$

作变换 $x = \frac{d}{ea}x', y = \frac{r}{a}y', t - \frac{1}{r}\tau$, 则 (3.54) 化为 (仍以 x, y, t 记 x', y', τ)

$$\begin{cases} \dot{x} = x - \dfrac{xy}{1+\alpha x}, \\ \dot{y} = \theta\left(-y + \dfrac{xy}{1+\alpha x} - \lambda y^2\right), \end{cases} \tag{3.55}$$

其中 $\alpha = \frac{wd}{ea}, \theta = \frac{d}{r}, \lambda = \frac{br}{ad}$, 再作自变数变换 $dt = (1+\alpha x)d\tau$, 则 (3.55) 化为 $\left(\text{仍以 } \dot{x} \text{ 记 } \frac{dx}{d\tau}, \dot{y} \text{ 记 } \frac{dy}{d\tau}\right)$

$$\begin{cases} \dot{x} = x(1+\alpha x - y) \equiv F_1(x,y), \\ \dot{y} = -\theta_y[1+\alpha x - x + \lambda(1+\alpha x)y] \equiv F_2(x,y). \end{cases} \tag{3.56}$$

一般情况下方程 (3.56) 有平衡点 $O(0,0)$ 和正平衡点 $N_i(x_i, y_i)$, 其中 y_i 是方程 $\alpha\lambda y^2 - (1-\alpha)y + 1 = 0$ 的两个正根, $x_i = \frac{1}{\alpha}(y_i - 1)(i = 1,2)$. 当然从方程来看, N_1 与 N_2 有可能重合为一个而后消失, “重合”的情况作为生态学理论来说可以不必考虑, “消失”的情况我们将在后面的 Kolmogorov 模型中考虑. 下面我们介绍在同时存在 N_1 和 N_2 的情况下的江佑霖 (1985) 的工作.

当 $0 < \alpha < 1$ 且 $(1-\alpha)^2 - 4\lambda\alpha > 0$ 时, 方程 (3.56) 有两个正平衡点 $N_1(x_1, y_1)$ 和 $N_2(x_2, y_2)$, 设 $y_1 > y_2$, 当然也有 $x_1 > x_2$. 容易计算: N_1 是鞍点; N_2 是指标为 +1 的奇点; 记 $\theta_0 = \frac{\alpha x_2}{\lambda y_2^2}$, 则有当 $\theta < \theta_0$ 时, N_2 为不稳定的; 当 $\theta > \theta_0$ 时, N_2 为稳定的; 当 $\theta = \theta_0$ 时, N_2 为稳定细焦点 (图 3.4). 这样由 Hopf 分支理论立即可得

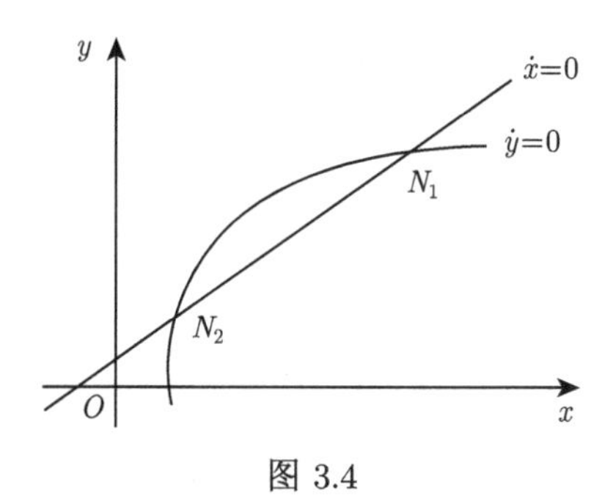

图 3.4

定理 3.10 当 $\theta \ll \theta_0$ 且 $|\theta_0-\theta| \leqslant 1$ 时, 方程 (3.55) 在 N_2 附近至少存在一个极限环.

我们记 $\theta_1=\dfrac{\alpha x_1}{\lambda y_1^2}$, 易知 $\theta_1<\theta_0$, 将有以下结论.

定理 3.11 当 $0<\theta \leqslant \theta_1$ 或 $\theta \geqslant \theta_0$ 时, 方程 (3.55) 不存在极限环与奇异极限环.

证明 (i) 先证当 $0<\theta \leqslant \theta_1$ 时无环. 取 Dulac 函数 $\mu_1(x,y)=x^{-1}y^{-2}$, 容易计算关于方程 (3.56) 有

$$D_1 \equiv \frac{\partial(F_1\mu_1)}{\partial x}+\frac{\partial(F_2\mu_1)}{\partial y}=x^{-1}y^{-2}[(\alpha+\theta\alpha-\theta)x+\theta],$$

易见当 $\alpha+\theta\alpha-\theta \geqslant 0$, 即 $0<\theta \leqslant \dfrac{\alpha}{1-\alpha}$ 时, 在第一象限内恒有 $D_1>0$, 所以方程 (3.56) 无环; 当 $\alpha+\theta\alpha-\theta<0$ 时, 由方程 (3.56), 如果在 N_2 周围存在极限环, 则此极限环必整个包含在区域 $\Omega:\{0<x<x_1\}$ 内, 因此如果我们能证明 (3.56) 在 Ω 内无环, 则证明了定理, 这即要证明在 Ω 内恒有 $D_1>0$. 由于 $\alpha+\theta\alpha-\theta<0$, 所以只要 $(\alpha+\theta\alpha-\theta)x_1+\theta \geqslant 0$, 就有在 Ω 内 $D_1>0$, 即当 $\theta \leqslant \theta_1$ 时, 在 Ω 内恒有 $D_1>0$. 定理的第一部分证毕.

(ii) 其次要证明当 $\theta \geqslant \theta_0$ 时无环. 取 Dulac 函数

$$\mu_2(x,y)=y^{\gamma}x^{-1-\lambda\theta(\gamma+2)}e^{-\lambda\theta\alpha(\gamma+2)x},$$

其中 $\gamma=-1+\dfrac{\alpha(\alpha-\sqrt{h})}{\sqrt{h}\theta_0}, h=(1-\alpha)^2-4\lambda\alpha$. 通过计算容易得到

$$D_2 \equiv \frac{\partial(F_1\mu_2)}{\partial x}+\frac{\partial(F_2\mu_2)}{\partial y}=\mu_2(x,y)f(x),$$

其中

$$\begin{aligned}f(x)=&-\lambda\theta\alpha^2(\gamma+2)x^2+[\theta(1-\alpha)(\gamma+1)-2\lambda\theta\alpha(\gamma+2)+\alpha]x\\&+[-\lambda\theta(\gamma+2)-\theta(\gamma+1)],\end{aligned}$$

记 $a=-\lambda\theta\alpha^2(\gamma+2), b=\theta(1-\alpha)(\gamma+1)-2\lambda\theta\alpha(\gamma+2)+\alpha, c=-\lambda\theta(\gamma+2)-\theta(\gamma+1)$. 如果能证明 $\Delta=b^2-4ac\leqslant 0$, 则二次三项式 $f(x)$ 在 Ω 内至多有一个零点 x_0, 因此 D_2 在 Ω 内常号, 而 $D_2=0$ 至多在某直线 $x=x_0$ 上成立, 定理得证. 我们计算得到

$$\begin{aligned}\Delta=&[(1-\alpha)^2(\gamma+1)^2-4\lambda\alpha(\gamma+2)(\gamma+1)]\theta^2\\&+[2\alpha(1-\alpha)(\gamma+1)-4\lambda\alpha^2(\gamma+2)]\theta+\alpha^2\\=&\frac{\alpha^2(\sqrt{h}-4\lambda\alpha\theta_0)}{\sqrt{h}\theta_0^2}\theta^2+\frac{2\alpha^2(2\lambda\alpha\theta_0-\sqrt{h})}{\sqrt{h}\theta_0}\theta+\alpha^2.\end{aligned}$$

若 $\sqrt{h}-4\lambda\alpha\theta_0=0$, 则 $\Delta=-\dfrac{\alpha^2}{\theta_0}\theta+\alpha^2$, 从而当 $\theta\geqslant\theta_0$ 时, $\Delta\leqslant 0$, 定理得证.

若 $\sqrt{h}-4\lambda\alpha\theta_0\neq 0$, 则我们把 Δ 写成

$$\Delta=\frac{\alpha^2(\sqrt{h}-4\lambda\alpha\theta_0)}{\sqrt{h}\theta_0^2}(\theta-\theta_0)(\theta-\theta^*),$$

其中 $\theta^*=\dfrac{\sqrt{h}\theta_0}{\sqrt{h}-4\lambda\alpha\theta_0}$. 再分两种情形来讨论:

(1) 若 $\sqrt{h}-4\lambda\alpha\theta_0<0$, 则当 $\theta\geqslant\theta_0$ 时, $\Delta\leqslant 0$, 因此方程无极限环;

(2) 若 $\sqrt{h}-4\lambda\alpha\theta_0>0$, 则当 $\theta_0\leqslant\theta\leqslant\theta^*$ 时, $\Delta\leqslant 0$, 方程也无极限环.

剩下要证明当 $\theta>\theta^*$ 时, 方程无环. 为此我们将证明此时虽然 $\Delta>0, f(x)$ 有两个零点, 但这两个零点均不落在 $(0,x_1)$ 内.

事实上, 如果 $\sqrt{h}-4\lambda\alpha\theta_0>0$, 由 $\theta_0=\dfrac{\alpha x_2}{\lambda y_2^2}$ 以及 x_2,y_2 的表示式, 可推知 $\sqrt{h}-\alpha>0$, 从而可知 $\gamma>-2$, 即知 $a<0$, 对 b 和 c 经计算得

$$\begin{aligned}b=&-\frac{\alpha(\sqrt{h}-2\lambda\alpha\theta_0)}{\sqrt{h}\theta_0}\theta+\alpha\\<&-\frac{\alpha(\sqrt{h}-2\lambda\alpha\theta_0)}{\sqrt{h}\theta_0}\theta^*+\alpha<0,\\c=&\frac{-\alpha(1-2\lambda\alpha-\sqrt{h}-\alpha\sqrt{h})-a^3}{2\sqrt{h}\theta_0}<0,\end{aligned}$$

所以 $f(x)$ 的两个零点均落在 x 的负半轴上. 证毕.

剩下的问题是极限环的唯一性, 虽然对这个方程我们也可以利用变换使之化为 Lienard 型, 但判断其唯一性尚有困难, 至今未得到解决.

对于第III类功能性反应的情况, 若

$$\Phi(x)=\frac{ax^2}{x^2+\beta^2},$$

则模型 (3.53) 可写为

$$\begin{cases} \dot{x} = \gamma x - \dfrac{ax^2 y}{x^2+\beta^2}, \\ \dot{y} = y\left[-d + e\dfrac{ax^2}{x^2+\beta^2} - by\right]. \end{cases} \tag{3.57}$$

我们估计方程 (3.57) 的解的定性性质将和方程 (3.54) 类似, 但至今也没有对它进行详细的研究.

3.2.3 一般功能性反应系统

在前面我们讨论了在线性密度制约的情况下各类功能性反应系统的解的定性性质, 在这里我们将对一般情况进行讨论, 看看以前的具体模型的结论是否能够推广到一般. 我们研究模型:

$$\begin{cases} \dot{x} = xg(x) - y\Phi(x), \\ \dot{y} = y[-q(x) + c\Phi(x)]. \end{cases} \tag{3.58}$$

函数 $g(x)$ 表示食饵种群的相对增长率, 以前我们曾见到过它的几种 $g(x)$ 的具体形式, 如

$$g(x) = r\left(1 - \frac{x}{K}\right),$$

$$g(x) = r\frac{K-x}{K+\varepsilon x},$$

$$g(x) = r\left[1 - \left(\frac{x}{K}\right)^{\theta}\right], \quad 1 \geqslant \theta > 0.$$

因此我们对模型 (3.58) 中的函数 $g(x)$ 作假设:

(1) (a) $g(0) > 0$;

(b) 存在一个数 $K > 0$, 使得 $g(K) = 0$ 且当 $x \neq K$ 时, $(x-K)g(x) < 0$.

而函数 $\Phi(x)$ 表示捕食者种群的功能性反应函数, 以前我们见到它的几种具体的形式, 如

$$\Phi(x) = Kx;$$

$$\Phi(x) = \frac{Kx}{\alpha + x};$$

$$\Phi(x) = Kx^{\theta}, \quad 1 \geqslant \theta > 0;$$

$$\Phi(x) = K(1 - e^{-cx}).$$

因此我们对函数 $\Phi(x)$ 作一些一般性的假设.

(2) $\Phi(0) = 0$ 且当 $x \geqslant 0$ 时 $\Phi'(x) > 0$.

这种假设是完全符合生态意义的, 因为 $\Phi(x)$ 是捕食率, 也即在单位时间内每一个捕食者捕猎到食饵的多少, 显然在没有食饵时, 即 $x=0$ 时 $\Phi(0)=0$, 也很自然这个数量将随着食饵的密度的增加而增加, 即当 $x\geqslant 0$ 时 $\Phi'(x)>0$.

函数 $q(x)$ 表示捕食者种群的死亡率, 以前我们见到的几种具体形式:

$$\begin{aligned}&q(x)\equiv s=\text{const};\\&q(x)=\frac{ex+f}{rx+s},\quad \text{这里}\quad \frac{f}{s}>\frac{e}{r}.\end{aligned}$$

因此我们对函数 $q(x)$ 作一般性假设.

(3) $q(0)>0$; 当 $x\geqslant 0$ 时 $q'(x)\leqslant 0$ 且 $\lim\limits_{x\to\infty}q(x)=q_\infty>0$.

这个假设也是完全符合生态意义的, 首先在没有食饵时捕食者必然要逐渐死亡 (死亡率大于出生率), 而当食饵增多时死亡的趋势则下降. 当然尽管食饵再多 (多至无穷), 如果捕食者捕食的能力过分低 ($\Phi(x)\simeq 0$), 捕食者种群还不能挽回死亡率大于出生率的局面, 因此假设 $\lim\limits_{x\to\infty}q(x)=q_\infty>0$ 也是很自然的.

我们后面就要在前面三个假设 (1)—(3) 下研究模型 (3.58) 的解的性质.

设 (3.58) 在正象限 $\{x>0,y>0\}$ 内有平衡点 (x^*,y^*), 则 (x^*,y^*) 应满足方程

$$\begin{aligned}&\Phi(x^*)=q(x^*),\\&y^*=\frac{x^*g(x^*)}{\Phi(x^*)}.\end{aligned}\tag{3.59}$$

为了保证 y^* 是正的必假设

$$x^*<K.\tag{3.60}$$

下面我们考虑正平衡点 (x^*,y^*) 的局部稳定性. 为此在点 (x^*,y^*) 线性化方程 (3.58), 易知其线性化方程的系数矩阵为

$$A=\begin{pmatrix}g(x^*)+x^*g'(x^*)-y^*\Phi'(x^*) & -\Phi(x^*)\\ y^*(-q'(x^*)+c\Phi(x^*)) & 0\end{pmatrix},$$

因而我们立刻可以得到

$$H(x^*)=\begin{cases}<0\text{时}(x^*,y^*)\text{为渐近稳定的},\\>0\text{时}(x^*,y^*)\text{为不稳定的}.\end{cases}$$

这里

$$\begin{aligned}H(x^*)&=x^*g'(x^*)+g(x^*)-y^*\phi'(x^*)\\&=x^*g'(x^*)+g(x^*)-\frac{x^*g(x^*)\phi'(x^*)}{\phi(x^*)},\end{aligned}\tag{3.61}$$

把 (3.61) 重写为

$$H(x^*) = x^* g(x^*) \left[\frac{d}{dx} \ln \frac{xg(x)}{\phi(x)} \right]_{x=x^*}. \tag{3.62}$$

定理 3.12 如果模型 (3.58) 的被捕食种群等倾线 $y = \dfrac{xg(x)}{\phi(x)}$ 在 x^* 是减少的 (增加的), 则 (x^*, y^*) 是渐近稳定的 (不稳定的).

换句话说, 如果两等倾线的交点在被捕食者等倾线的局部极大点的左边, 则 (x^*, y^*) 为不稳定的, 如果交点在右边, 则为稳定的.

现在我们有兴趣的问题是: 如果 (x^*, y^*) 是局部稳定的, 在什么条件下它是全局稳定的.

定理 3.13 模型 (3.58) 的一切正初始条件的解有界, 并且存在 $T \geqslant 0$, 使得当 $t \geqslant T$ 时 $x(t) < K$(这里的 K 即条件 (1) 中的 K).

证明 当 $x(0), y(0)$ 为正, 显然对所有的 $t \geqslant 0$ 有 $x(t), y(t)$ 也是正的, 下面分两种情况证明.

(1) 如果 $x(0) < K$, 则可证对于所有的 $t \geqslant 0$ 有 $x(t) < K$. 事实上, 若存在 $t_1 > 0$ 使得

$$x(t_1) = K \quad 且 \quad \left.\frac{dx}{dt}\right|_{t=t_1} \geqslant 0, \tag{3.63}$$

则由 (3.58) 和条件 (1),(2) 可得

$$\left.\frac{dx}{dt}\right|_{t=t_1} = -y(t_1)\Phi[x(t_1)] < 0, \tag{3.64}$$

显然 (3.64) 与 (3.63) 矛盾, 我们的结论得证.

(2) 如果 $x(0) \geqslant K$, 则从 (3.58) 和条件 (1),(2) 可知, 或者 $x(t)$ 减少到某一个常数 $x \geqslant K$, 或者存在 $t_2 > 0$ 使 $x(t_2) < K$, 如同 (1) 中 $x(0) < K$ 的理由可知当 $t \geqslant t_2$ 时 $x(t) < K$, 因而 $x(t) \leqslant \max\{K, x(0)\}$, 对所有 $t \geqslant 0$ 成立.

由模型 (3.58) 的第一个方程乘以 c 加上第二个方程得

$$c\frac{dx(t)}{dt} + \frac{dy(t)}{dt} = cx(t)g[x(t)] - y(t)q[x(t)],$$

或者

$$c\frac{dx(t)}{dt} + \frac{dy(t)}{dt} \leqslant cx(t)g[x(t)] - y(t)q_\infty.$$

记 $\eta = \max\{cxg(x) + cq_\infty x\}$, 则

$$\frac{d}{dt}(cx(t) + y(t)) \leqslant \eta - q_\infty(cx(t) + y(t)),$$

或者

$$cx(t) + y(t) \leqslant Ae^{-q_\infty t} + \frac{\eta}{q_\infty},$$

这里 $A=cx(0)+y(0)-\dfrac{\eta}{q_{\infty}}$, 因此, $y(t)$ 也是有界的.

要证明存在 $T\geqslant 0$ 使得对一切 $t\geqslant T$ 有 $x(t)<K$, 只要说明不可能有 $\lim\limits_{t\to\infty}x(t)=\alpha\geqslant K$. 因为 $K>x^*$, 如果 $\lim\limits_{t\to\infty}x(t)\geqslant K$, 则由 (3.58) 的第二个方程以及假设 (2),(3), 我们将得到当 $t\to\infty$ 时. $y(t)$ 变成无界的, 这是矛盾的. 定理证毕.

定理 3.14 如果

$$\left(\frac{xg(x)}{\varPhi(x)}-y^*\right)(x-x^*)\leqslant 0,$$

则 (x^*,y^*) 在第一象限是全局稳定的.

证明 由条件 (1) 我们构造 Lyapunov 函数

$$V=\int_{x^*}^{x}\frac{c\varPhi(\xi)-q(\xi)}{\varPhi(\xi)}d\xi+y-y^*-y^*\ln\frac{y}{y^*},$$

在 $G=\{(x,y):x>0,y>0\}$ 上, 沿着 (3.58) 的解计算 V 对时间的导数得

$$\dot V=(c\varPhi(x)-q(x))\left(\frac{xg(x)}{\phi(x)}-y^*\right)\leqslant 0,\quad 在G上.$$

记 $E=\{(x,y)\in\overline{G}:\dot V(x,y)=0\}$, 则

$$E=\left\{(x,y):\frac{xg(x)}{\phi(x)}=y^*,y\geqslant 0\right\},$$

并且在 E 中最大的不变集 M 为 $\{(x^*,y^*)\}$, 因而由定理 3.13 和 Lasalle 定理即得定理 3.14. 证毕.

在 $\varPhi(x)$ 和 $g(x)$ 上的假设 (有时设 $g(x)$ 是减少的) 给出一些关于等倾线 $y=\dfrac{xg(x)}{\phi(x)}$ 的几何形状的信息, 从定理 3.14 我们知道:

(i) 被捕食者等倾线 $y=\dfrac{xg(x)}{\varPhi(x)}$ 在 $0\leqslant x\leqslant x^*$ 处的一部分位于直线 $y=y^*$ 的上面;

(ii) 被捕食者等倾线 $y=\dfrac{xg(x)}{\varPhi(x)}$ 在 $x^*\leqslant x\leqslant K$ 处的一部分位于直线 $y=y^*$ 的下面,

则 (x^*,y^*) 是全局稳定的.

但是定理 3.14 不能包含定理 3.8 和定理 3.9 所得到的结论, 因为那里的 $g(x)=r\left(1-\dfrac{x}{K}\right),\varPhi(x)=\dfrac{kx}{a+x},c=\dfrac{m}{k},q(x)=D$, 即方程

$$\begin{cases}\dot x=rx\left(1-\dfrac{x}{K}\right)-\dfrac{kxy}{a+x},\\ \dot y=\left(\dfrac{mx}{a+x}-D\right)y.\end{cases}\tag{3.48$'$}$$

由定理 3.8 和定理 3.9 可以得到只要式 (3.48)″ 的正平衡点 (x^*, y^*) 是局部稳定的, 就必为全局稳定的, 而在这里定理 3.14 仅得到部分结果如下.

若 $x^* < K \leqslant a + x^*$, 则 (x^*, y^*) 是全局稳定的.

我们可以考虑被捕食者等倾线

$$y = \frac{r}{k}\left(1 - \frac{x}{K}\right)(a + x),$$

易知它的凹向是向下的, 所以我们对于一般的方程 (3.58) 也来构造下面的附加假设:

设被捕食者等倾线 $y = \dfrac{xg(x)}{\varPhi(x)}$ 属于 $c^2(0, K)$, 并且是凹向下, 也即有

$$\frac{d^2}{dx^2}\left(\frac{xg(x)}{\phi(x)}\right) < 0, \quad 当0 \leqslant x \leqslant K时. \tag{3.65}$$

定理 3.15 假设 (3.58) 的平衡点 (x^*, y^*) 是局部稳定的, 即 $H(x^*) \leqslant 0$, 并且 (3.65) 满足, 则 (x^*, y^*) 是全局稳定的.

证明 由定理 3.13 和 Poincaré-Bendixson 定理, 要证明此定理只要证明在区域 $D = \{(x, y) : x > 0, y > 0\}$ 内无极限环即可, 我们将利用 Dulac 函数法来证明这个结论. 记 $F_1(x, y) = xg(x) - y\phi(x), F_2(x, y) = y(c\varPhi(x) - q(x))$, 并作 Dulac 函数:

$$\mu(x, y) = [\varPhi(x)]^\alpha y^\delta, \quad x > 0,\ y > 0.$$

这里 α, δ 为实数, 待定. 关于模型 (3.58) 有

$$\begin{aligned}\varDelta \equiv & \frac{\partial(F_1\mu)}{\partial x} + \frac{\partial(F_2\mu)}{\partial y} \\ = & -y^{\delta+1}[\varPhi(x)]^\alpha \varPhi'(x)(1 + \alpha) \\ & + [\varPhi(x)]^{\alpha-1} y^\delta[\alpha\varPhi'(x)xg(x) + xg'(x)\varPhi(x) \\ & + g(x)\varPhi(x) + \beta\varPhi(x)(c\varPhi(x) - q(x))],\end{aligned}$$

这里 $\beta = \delta + 1 > 0$. 设 $\alpha = -1$, 则

$$\varDelta = [\varPhi(x)]^{-2} y^\delta F(x), \tag{3.66}$$

这里

$$\begin{aligned}F(x) = & \varPhi(x)(g(x) + xg'(x)) - \phi'(x)xg(x) \\ & + \beta\varPhi(x)(c\varPhi(x) - q(x)).\end{aligned} \tag{3.67}$$

我们可以把 $F(x)$ 写成下面形式

$$F(x)=\Phi^2(x)\left(\frac{xg(x)}{\Phi(x)}\right)'+\beta\Phi(x)(c\Phi(x)-q(x)), \tag{3.68}$$

则

$$\begin{aligned}F'(x)=&2\Phi(x)\Phi'(x)\left(\frac{xg(x)}{\Phi(x)}\right)'+\Phi^2(x)\left(\frac{xg(x)}{\Phi(x)}\right)''\\&+2\beta c\Phi(x)\Phi'(x)-\beta\Phi'(x)q(x)-\beta\Phi(x)q'(x).\end{aligned} \tag{3.69}$$

因为 $F(0)=0$, 而且 $F'(0)=-\beta q(0)\Phi'(0)<0$, 所以存在 $\delta_1>0$, 使得当 $0<x<\delta_1$时$F(x)<0$, 让

$$0<\beta<\min\left\{\frac{-g'(K)K}{c\Phi(K)-q(K)},\frac{-\min\limits_{\delta\leqslant x\leqslant K}\left[\dfrac{xg(x)}{\Phi(x)}\right]''}{\max\limits_{\delta\leqslant x\leqslant K}\dfrac{q(x)\Phi'(x)-q(x)\Phi(x)}{\Phi^2(x)}}\right\}. \tag{3.70}$$

则由 (3.62),(3.67) 和 (3.70) 可得到 $F(x^*)\leqslant 0$ 以及

$$F(K)=K\Phi(K)g'(K)+\beta\Phi(K)(c\Phi(K)-q(K))<0.$$

我们希望证明

$$F(x)\leqslant 0,\quad 当\delta\leqslant x\leqslant K时. \tag{3.71}$$

反证之, 若不然存在 $x_1,\delta<x_1<K$, 使得

$$F(x_1)=\Phi^2(x_1)\left[\frac{xg(x)}{\Phi(x)}\right]'_{x=x_1}+\beta\Phi(x_1)(c\Phi(x_1)-q(x_1))=0, \tag{3.72}$$

以及

$$\begin{aligned}F'(x_1)=&2\Phi(x_1)\Phi'(x_1)\left[\frac{xg(x)}{\Phi(x)}\right]'_{x=x_1}+\Phi^2(x_1)\left[\frac{xg(x)}{\Phi(x)}\right]''_{x=x_1}\\&+2\beta c\Phi(x_1)\Phi'(x_1)-\beta q(x_1)\Phi'(x_1)-\beta q'(x_1)\Phi(x_1)>0.\end{aligned}$$

但从 (3.72)

$$\begin{aligned}F'(x_1)=&2\Phi'(x_1)[-\beta(c\Phi(x_1)-q(x_1))]\\&+\Phi^2(x_1)\left[\frac{xg(x)}{\Phi(x)}\right]''_{x=x_1}\\&+2\beta c\Phi(x_1)\Phi'(x_1)-\beta(q(x_1)\Phi'(x_1)+q'(x_1)\Phi(x_1))\end{aligned}$$

$$
\begin{aligned}
&=\beta(\Phi'(x_1)q(x_1)-q'(x_1)\Phi(x_1))+\Phi^2(x_1)\left[\frac{xg(x)}{\Phi(x)}\right]''_{x=x_1}\\
&\leqslant\beta(\Phi'(x_1)q(x_1)-q'(x_1)\Phi(x_1))\\
&\quad+\Phi^2(x_1)\min_{\delta\leqslant x\leqslant K}\left[\frac{xg(x)}{\Phi(x)}\right]''\\
&=\Phi^2(x_1)\left[\beta\frac{\Phi'(x_1)q(x_1)-q'(x_1)\Phi(x_1)}{\Phi^2(x_1)}\right.\\
&\quad\left.+\min_{\delta\leqslant x\leqslant K}\left(\frac{xg(x)}{\Phi(x)}\right)''\right]\\
&\leqslant\Phi^2(x_1)\left[\beta\max_{\delta\leqslant x\leqslant K}\frac{\Phi'(x)q(x)-q'(x)\Phi(x)}{\Phi^2(x)}\right.\\
&\quad\left.+\min_{\delta\leqslant x\leqslant K}\left(\frac{xg(x)}{\Phi(x)}\right)''\right]<0,
\end{aligned}
$$

因此 (3.71) 满足, 所以由定理 2.13, (3.66) 以及 Dulac 准则, 定理得证.

由以上几个定理直接可得如下定理.

定理 3.16 如果模型 (3.58) 满足定理 3.14 和定理 3.15 的假设, 则至少下列之一成立.

(i) (x^*,y^*) 是全局吸引的;

或

(ii) 系统 (3.58) 有一周期解围绕 (x^*,y^*), 它是外稳定的, 并且位于区域: $\{(x,y): 0<x<K, y>0\}$ 内.

剩下最后一个问题是关于方程 (3.58) 极限环的唯一性的问题. 为此我们把 (3.58) 改写为

$$
\begin{cases}
\dot{x}=\Phi(x)(F(x)-y),\\
\dot{y}=y\Phi_1(x),
\end{cases}
\tag{3.73}
$$

同样我们要求 (3.58) 中的函数 $g(x),\Phi(x),q(x)$ 满足条件 (1)—(3). 并记为

$$
F(x)=\frac{xg(x)}{\Phi(x)},\quad \Phi_1(x)=c\Phi(x)-q(x),
$$

以及

$$
H(x)=-\frac{\Phi(x)F'(x)}{\Phi_1(x)}.
$$

定理 3.17 若 $F'(x^*)>0$, 且函数 $H(x)$ 在 $(0,x^*),(x^*,+\infty)$ 中不减, 则方程 (3.73) 在 (x^*,y^*) 外围存在唯一的稳定极限环 (戴国仁, 1984; Cao, Chen, 1986).

证明 因为当 $F'(x^*)>0$ 时, 正平衡点 (x^*,y^*) 是不稳定的. 再由定理 3.13, 可以直接得到极限环的存在性. 下面我们证明唯一性.

作平移变换 $x_1 = x - x^*, y_1 = y - y^*$, 则方程 (3.73) 变成

$$\begin{cases} \dot{x}_1 = \Phi(x_1 + x^*)(F(x_1 + x^*) - y_1 - y^*), \\ \dot{y}_1 = (y_1 + y^*)\Phi(x_1 + x^*), \end{cases} \tag{3.74}$$

再令 $x_1 = \xi(u), y_1 = \eta(v)$, 方程 (3.74) 化为

$$\begin{cases} \dot{u} = \dfrac{\Phi[\xi(u) + x^*]}{\xi'(u)}\{F[\xi(u) + x^*] - \eta(v) - y^*\} \\ \dot{v} = \dfrac{\eta(v) + y^*}{\eta'(v)}\Phi_1[\xi(u) + x^*], \end{cases} \tag{3.75}$$

又令

$$\begin{cases} \xi'(u) = \Phi[\xi(u) + x^*], \quad \xi(0) = 0, \\ \eta'(v) = \eta(v) + y^*, \quad \eta(0) = 0. \end{cases} \tag{3.76}$$

因为当 $x \neq 0$ 时 $\Phi(x) > 0$, 且连续可微, 所以这样的满足方程 (3.76) 的 $\xi(u)$ 是存在而且唯一的, 而 $\eta(v) = y^*(e^v - 1)$, 于是方程 (3.75) 化为

$$\begin{cases} \dot{u} = -\eta(v) - \{y^* - F[\xi(u) + x^*]\} \equiv -\eta(v) - A(u), \\ \dot{v} = \Phi_1[\xi(u) + x^*] \equiv b(u), \end{cases} \tag{3.77}$$

这样方程已化为 Lienard 型, 我们利用张芷芬 (1958) 的定理来证明方程 (3.77) 极限环的唯一性. 下面来验证张芷芬定理的各个条件:

(i) $ub(u) > 0$ 或 $u\Phi_1[\xi(u) + x^*] > 0$, 当$u \neq 0$时.

由 $(x-x^*)\Phi_1(x) > 0$, 也即$\xi(u)\Phi_1[\xi(u)+x^*] > 0$, 因为$\xi(0) = 0$又$\xi'(u) = \Phi[\xi(u)+x^*] > 0$, 所以可知 u 与 $\xi(u)$ 同号, 即 (i) 成立.

(ii) 记 $B(u) = \displaystyle\int_0^u b(u)du$, 由于$b(0) = 0, b'(u) = \Phi'(x)\xi'(u) = \Phi_1'(x)\phi(x) > 0$, 所以有 $B(\pm\infty) = \infty$.

(iii) $\eta(0) = 0, \eta'(v) = y^*e^v > 0$, 且有$\eta(+\infty) = +\infty, \eta(-\infty) = -y^*$.

(iv) $A(0) = 0$, 记$a(u) = A'(u) = -F'(x)\xi'(u) = -F'(x)\Phi(x)$.

(v) $\left[\dfrac{a(u)}{b(u)}\right]_u' \geqslant 0$, 除在$x = x^*$, 即$u = 0$外.

因为 $x = \xi(u) + x^*$ 是单调增加函数 (由于 $\xi'(u) = \Phi(x) > 0$), 又因为

$$H(x) - \frac{F'(x)\Phi(x)}{\Phi_1(x)} = \frac{a(u)}{b(u)},$$

所以若 $H(x)$ 为不减的, 则 $\dfrac{a(u)}{b(u)}$ 也为不减函数. 因此 (v) 成立.

由上面 (i)–(v) 条件的验证, 可知对于方程 (3.77) 利用张芷芬定理可得极限环的唯一性. 定理证毕.

3.2.4 捕食者种群自身有互相干扰的捕食与被捕食模型

在第 1 章中我们已知道, 捕食者本身的密度也会影响捕食者捕猎食饵的效率. Hassell 提出模型

$$\begin{cases} \dot{x} = xg(x) - y^m\Phi(x), \\ \dot{y} = y(-s + cy^{m-1}\phi(x) - q(y)), \end{cases} \quad 0 < m \leqslant 1, \tag{3.78}$$

模型中各项因素的生态意义如第 1 章中所述. 我们假设 g, Φ 和 q 三个函数分别具有下列性质:

(i) $g(0) = \alpha > 0,\ g'_x(x) \leqslant 0,\ g(K) = 0,$ 这里$K > 0$;

(ii) $\Phi(0) = 0,\ \Phi'_x(x) > 0$;

(iii) $q(0) = 0,\ q'_y(y) \geqslant 0$.

下面我们分析水平和垂直两等倾线的性质.

(1) 被捕食者等倾线.

$I_1 : xg(x) - y^m\Phi(x) = 0$.

当 $x = 0$ 时$y = \alpha^{\frac{1}{m}}, \lim\limits_{x\to 0}\left(\dfrac{1}{\Phi(x)}\right)^{\frac{1}{m}} = \left(\dfrac{\alpha}{\Phi'_x(0)}\right)^{\frac{1}{m}} > 0$(记为 y_1), 当 $y = 0$ 时 $x = K$, 因此曲线 I_1 从正 y 轴的上一个点连续移动到正 x 轴上的一个点.

(2) 捕食者等倾线.

$I_2 : -s + c\Phi(x) - q(y) = 0,$ 当$m = 1$时;

$I_3 : -s + cy^{m-1}\Phi(x) - q(y) = 0,$ 当$0 < m < 1$时.

I_3 过 $x = 0, y = y_0 < 0$ 点. 在 I_2 上如果有 $x = x_0, y = 0$, 则 x_0 满足 $\Phi(x_0) = \dfrac{s}{c}$. 在 I_3 上有

$$\frac{dy}{dx} = \frac{cy^m\Phi(x)}{yq'_y(y) + (1-m)(s + q(y))}, \tag{3.79}$$

显然上式右端当 $y > 0$ 时为正 (因为 $m < 1, q'_y(y) > 0$). 因此, 等倾线 I_2 和 I_3 都是从正半 x 轴 ($x \geqslant 0$) 上的一点开始往右单调上升, 这说明两等倾线必在第一象限相交, 我们假设 $x_0 < K$. 两等倾线如图 3.5 所示.

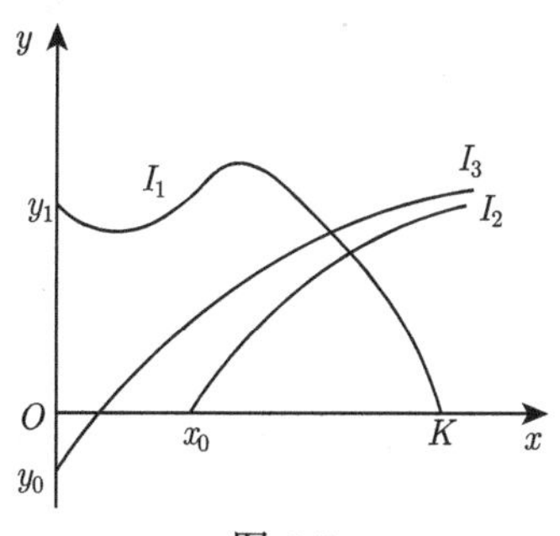

图 3.5

模型 (3.78) 有两个平凡平衡位置: $E_1(0,0), E_2(K,0)$, 有一个正的非平凡平衡位置: $E_3(x^*,y^*)$, 即 I_1 与 I_2 的交点或 I_1 与 I_3 的交点. 显然 E_1 与 E_2 是双曲点, 下面我们来考虑 E_3 的稳定性. 设 V 是系统 (3.78) 在 E_3 的变分矩阵, 则

$$V=\begin{bmatrix} H & -my^{*m-1}\Phi(x^*) \\ cy^{*m}\Phi'_x(x^*) & R \end{bmatrix},$$

其中

$$H=x^*g'_x(x^*)+g(x^*)-y^{*m}\Phi'_x(x^*), \tag{3.80}$$

$$R=c(m-1)y^{*m-1}\Phi(x^*)-y^*q_y(y^*), \tag{3.81}$$

这个矩阵的特征根为

$$\lambda=\frac{1}{2}(H+R\pm\sqrt{(H+R)^2-4L}), \tag{3.82}$$

这里

$$L=HR+mcy^{*2m-1}\Phi(x^*)\Phi'_x(x^*). \tag{3.83}$$

我们分下面各种可能性进行考虑.

首先由 (3.81), 因为 $m\leqslant 1$ 及 $q'_y(y)\geqslant 0$, 所以 $R\leqslant 0$.

(1) $H<0$. 在这种情况下 $\mathrm{Re}\lambda<0$, 所以 E_3 是渐近稳定的.

(2) $H>0, L>0, H+R<0$. 在这种情况下也有 $\mathrm{Re}\lambda<0$, E_3 也是渐近稳定的.

(3) $H>0, L>0, H+R>0$. 则有 $\mathrm{Re}\lambda>0$, 所以 E_3 是不稳定的.

(4) $H>0, L<0$, 此时特征根一正一负, 因此 E_3 是双曲的.

我们可以指出: 只有当 I_1 和 I_2 的图像如图 3.6 所示时, 情况 (4) 才有可能发生. 以 m_1 和 m_2 分别记 I_1 和 I_2 在 E_3 的斜率, 若 E_3 如图 3.6 所示, 则 m_1 和 m_2 均为正, 且 $m_1>m_2>0$. 现在由等倾线的方程计算 m_1 和 m_2 有

$$m_1=\frac{y^{*1-m}H}{m\Phi(x^*)},\quad m_2=\frac{-cy^{*m}\Phi'_x(x^*)}{R},$$

则 $m_1\geqslant m_2\geqslant 0$, 即

$$\frac{y^{*1-m}H}{m\Phi(x^*)}+\frac{c}{R}y^{*m}\Phi'_x(x^*)>0.$$

即 (4) 成立的充要条件为

$$L=RH+cm\Phi(x^*)\Phi'_x(x^*)y^{*2m-1}<0.$$

临界情况如图 3.7 所示, 有下面三种可能:

(A) $H + R = 0, L > 0$;

(B) $H + R \neq 0, L = 0$;

(C) $H + R = O = L$,

则 E_3 稳定性问题为细焦点稳定性的判定问题.

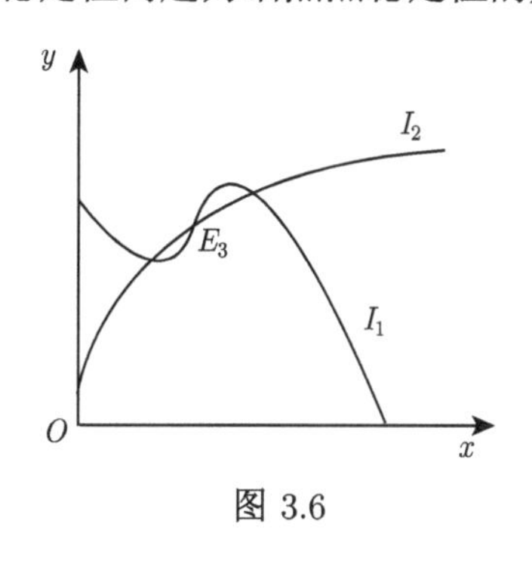

图 3.6

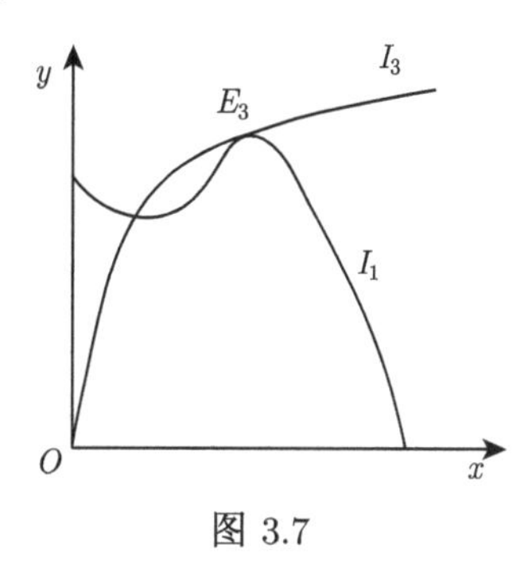

图 3.7

如果我们把模型 (3.78) 中的函数 $g(x), \Phi(x)$ 和 $q(y)$ 均取成是线性的, 则可得到具有相互干扰的 Volterra 模型

$$\begin{cases} \dot{x} = x(b_1 - a_{11}x - a_{12}y^m), \\ \dot{y} = y(-b_2 + ka_{12}xy^{m-1} - a_{22}y), \end{cases} \tag{3.84}$$

这里所有的参数 a_{ij} 和 $b_k(i, j, K = 1, 2)$ 均为正数, $0 < m \leqslant 1$. 对于这个模型, 吴培霖 (1985) 证明了如下结论.

定理 3.18 如果 (3.84) 有正平衡位置 (x^*, y^*) 是局部稳定的, 则 (x^*, y^*) 必为全局稳定.

证明 略 (见 (吴培霖, 1985)).

在 Hassell 的模型 (3.78) 的捕食者种群的增长方程中考虑的捕食者种群的死亡率为 $s + q(y)$, 也就是捕食者种群是非线性密度制约的. 如果考虑的捕食者种群不是密度制约的, 或者捕食者种群的死亡率只与食饵的多少有关而与捕食者种群的密度无关, 即死亡率为 $q(x)$, 则有相互干扰的捕食者与被捕食者种群模型, 可写为

$$\begin{cases} \dot{x} = xg(x) - y^m\Phi(x), \\ \dot{y} = y(-q(x) + c\Phi(x)y^{m-1}), \end{cases} \quad 0 < m \leqslant 1, \tag{3.85}$$

这里我们仍然假设 $g(x), \Phi(x)$ 和 $q(x)$ 满足 3.2.3 节. 我们要问 3.2.3 节中的定理 3.12—定理 3.17 是否仍然成立, 也就是说捕食者的相互干扰是否影响生态平衡. 可以这样猜想: 定理 3.12—定理 3.17 的基本结论在这里是成立的, 但还没有得到严格的证明.

我们研究比 (3.78) 和 (3.85) 更一般化的模型

$$\begin{cases} \dot{x} = a(x) - f(x)b(y), \\ \dot{y} = n(x)g(y) + c(y), \end{cases} \tag{3.86}$$

这里 x 表示食饵的密度, y 表示捕食者的密度, $a(x)$ 为无捕食者时食饵的自然增长率, $c(y)$ 为无食饵时捕食者的增长率, 模型的生态意义见第 1 章所述.

可以假设 $f(x), n(x)$ 和 $b(y)$ 都是非减函数, 并假设存在正的平衡密度 x^*和y^*, 满足方程

$$b(y^*) = \frac{a(x^*)}{f(x^*)}, \quad -n(x^*) = \frac{c(y^*)}{g(y^*)},$$

因此 (3.86) 可写成

$$\begin{cases} \dot{x} = \left(\dfrac{a(x)}{f(x)} - \dfrac{a(x^*)}{f(x^*)} - b(y) + b(y^*)\right) f(x), \\ \dot{y} = \left(n(x) - n(x^*) + \dfrac{c(y)}{g(y)} - \dfrac{c(y^*)}{g(y^*)}\right) g(y). \end{cases} \tag{3.87}$$

我们假设:

(i) $(n(x) - n(x^*))(x - x^*) > 0$, 当$x \neq x^*$时.

(ii) $(b(y) - b(y^*))(y - y^*) > 0$, 当$y \neq y^*$时.

考虑函数

$$V(x,y) = \int_{x^*}^{x} \frac{n(x) - n(x^*)}{f(x)} dx + \int_{y^*}^{y} \frac{b(y) - b(y^*)}{g(y)} dy, \tag{3.88}$$

由于 $x^* > 0, y^* > 0$, 所以 $f(x)$ 在 $x = x^*$ 的一个邻域内为正, $g(y)$ 在 $y = y^*$ 的邻域内为正. 如果函数 $n(x)$ 和 $b(y)$ 满足条件 (i),(ii), 则函数 $V(x,y)$ 在 (x^*, y^*) 的邻域内为正定的, 且 $V(x^*, y^*) = 0$. 关于 (3.87) 有

$$\begin{aligned} \dot{V} =& (n(x) - n(x^*))\left(\frac{a(x)}{f(x)} - \frac{a(x^*)}{f(x^*)}\right) \\ &+ (b(y) - b(y^*))\left(\frac{c(y)}{g(y)} - \frac{c(y^*)}{g(y^*)}\right). \end{aligned} \tag{3.89}$$

定理 3.19 若函数 $n(x)$ 和 $b(y)$ 满足条件 (i) 和 (ii), 并且在 (x^*, y^*) 的一个邻域内有

(iii) $\dfrac{a(x)}{f(x)}$和$\dfrac{c(y)}{g(y)}$ 均为非增的, 但两者之一为严格减少的.

则平衡位置 (x^*, y^*) 是渐近稳定的.

设 x_L 和 x_M 是使下不等式成立的最小数和最大数:

$$a(x) \geqslant b(y^*) f(x), \quad 当x_L < x < x^*时,$$

$$a(x) \leqslant b(y^*)f(x), \quad 当x^* < x < x_M时. \tag{3.90}$$

又设 y_L 和 y_M 是使下不等式成立的最小数和最大数:

$$\begin{aligned} c(y) &\geqslant -n(x^*)g(y), \quad 当y_L < y < y^*时, \\ c(y) &\leqslant -n(x^*)g(y), \quad 当y^* < y < y_M时, \end{aligned} \tag{3.91}$$

由条件 (iii) $\dfrac{a(x)}{f(x)}$ 和 $\dfrac{c(y)}{g(y)}$ 之一为严格减少的, 则设其相应的不等式 (3.90) 和 (3.91) 之一为严格不等的. 并记

$$u = \min\{V(x_L, y^*), V(x_M, y^*), V(x^*, y_L), V(x^*, y_M)\},$$

则 (x^*, y^*) 的吸引区域包含集合

$$D_u = \{(x, y) : V(x, y) < u\}.$$

证明 由假设可知在下述区域内 (3.89) 的两项均是非正的, 即有在区域 N : $\{(x, y) : x_L < x < x_M, y_L < y < y_M\}$ 内 $\dot{V} \leqslant 0$, 又因为 V 当 $|x - x^*|$ 或 $|y - y^*|$ 增加时是单调增加的, 所以 (x^*, y^*) 是稳定的 (图 3.8).

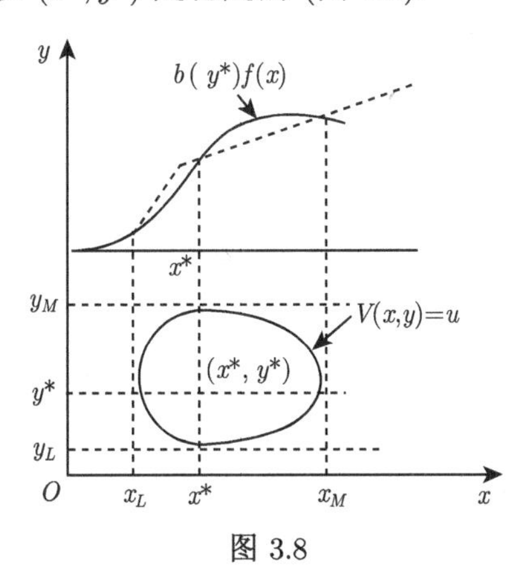

图 3.8

因为或者 $\dfrac{a(x)}{f(x)}$ 或者 $\dfrac{c(y)}{g(y)}$ 是严格减少的, 在集合 N 中只有以下几处使 $\dot{V} = 0$: 或者在直线 $x = x^*$ 上, 或者在直线 $y = y^*$ 上, 以及在这两直线的交点 (x^*, y^*) 上. 对于任何数 $r < u, D_r = \{(x, y) : V(x, y) \leqslant r\}$ 是包含在 N 中的有界集, 因此由 Lasalle 定理, 由 D_r 内出发的轨线当 $t \to \infty$ 时渐近于 (x^*, y^*). 所以 D_u 包含在它的吸引区域内. 证毕.

例 3.2 Leslie 模型

$$\begin{cases} \dot{x} = \alpha_1 x - \alpha_2 x^2 - \beta xy, \\ \dot{y} = r\left(1 - \dfrac{\delta y}{x}\right)y, \end{cases} \tag{3.92}$$

或更一般的形式

$$\begin{cases} \dot{x} = a(x) - f(x)y, \\ \dot{y} = r\left(1 - \dfrac{y}{K(x)}\right)y. \end{cases} \tag{3.93}$$

这里 r 是捕食者的最大增长率, $K(x)$ 是当食饵密度为 x 时捕食者的负载容量 (容纳量), 我们假设 $K(x)$ 是非减的, 也即模型 (3.86) 中的 $b(y) = y, n(x) = \dfrac{1}{K(x)}, g(y) = y^2$. 因此函数 (3.88) 这里变成

$$\begin{aligned} V =& r\int_{x^*}^{x} \frac{1}{f(x)}\left(\frac{1}{k(x^*)} - \frac{1}{K(x)}\right)dx \\ &+ \frac{y^*}{y} - 1 - \ln\frac{y^*}{y}, \end{aligned} \tag{3.94}$$

导数 (3.89) 变成

$$\begin{aligned} \dot{V} =& \left(\frac{r}{K(x^*)} - \frac{r}{K(x)}\right)\left(\frac{a(x)}{f(x)} - \frac{a(x^*)}{f(x^*)}\right) \\ &+ (y - y^*)\left(\frac{r}{y} - \frac{r}{y^*}\right). \end{aligned} \tag{3.95}$$

因为这里 $\dfrac{c(y)}{g(v)} = \dfrac{r}{g}$ 对所有的 y 是减少的, 所以有 $y_L = 0$ 和 $y_M = \infty$, 以及 $n(x) = -\dfrac{r}{K(x)}$ 是处处增加的. 因此如果 $\dfrac{a(x)}{f(x)}$ 是非增的, 则 (x^*, y^*) 是渐近稳定的.

实际上并不一定要求 $\dfrac{a(x)}{f(x)}$ 为非增函数, 因为我们只要求 $\dot{V} < 0$, 所以容易得到如下定理.

定理 3.20 对于方程 (3.93), 若有

(i) $K(x)$ 为非减的;

(ii) $\left(\dfrac{a(x)}{f(x)} - y^*\right)(x - x^*) \leqslant 0$,

则正平衡位置 (x^*, y^*) 是全局稳定的.

这个定理与定理 3.14 的结论是相似的, 再把这个定理用到 Leslie 模型 (3.92), 容易验证 Leslie 模型对于任何正参数 $\alpha_1, \alpha_2, \beta, r, \delta$ 都是全局稳定的.

3.3 Kolmogorov 定理及其推广

在这一节中我们将研究两种群互相作用的最为一般的模型, 人们称之为 Kolmogorov 模型

$$\begin{cases} \dot{x}_1 = x_1 F_1(x_1, x_2), \\ \dot{x}_2 = x_2 F_2(x_1, x_2), \end{cases} \tag{3.96}$$

这个模型描述两个种群之间的捕食与被捕食作用、相互竞争作用以及互惠共存作用, 我们将研究这个模型的稳定性、有界性以及极限环解的存在性等问题, 现在分别叙述如下.

3.3.1 Kolmogorov 模型的全局稳定性

设模型 (3.96) 有一个正平衡位置 (x_1^*, x_2^*), 是等倾线 $F_1(x_1, x_2) = 0$ 和 $F_2(x_1, x_2) = 0$ 的正交点. 我们假设此模型只有唯一的一个正平衡点, 由 Taylor 定理, 模型 (3.96) 可写成

$$\begin{cases} \dot{x}_1 = x_1 \left[\dfrac{\partial F_1}{\partial x_1}(x_1 - x_1^*) + \dfrac{\partial F_1}{\partial x_2}(x_2 - x_2^*) \right], \\ \dot{x}_2 = x_2 \left[\dfrac{\partial F_2}{\partial x_1}(x_1 - x_1^*) + \dfrac{\partial F_2}{\partial x_2}(x_2 - x_2^*) \right], \end{cases} \tag{3.97}$$

也可以视为方程

$$\begin{cases} \dot{x}_1 = x_1[A_{11}(x_1, x_2)(x_1 - x_1^*) + A_{12}(x_1, x_2)(x_2 - x_2^*)], \\ \dot{x}_2 = x_2[A_{21}(x_1, x_2)(x_1 - x_1^*) + A_{22}(x_1, x_2)(x_2 - x_2^*)], \end{cases} \tag{3.98}$$

这里 $A_{11}, A_{12}, A_{21}, A_{22}$ 是 x_1 和 x_2 给定的非线性函数, 设 H 是一个 2×2 的常数矩阵, 其元素为非负的, 并且假设对于所有的 $x_1 > 0, x_2 > 0$, 满足:

$$\begin{aligned} &A_{11}(x_1, x_2) \leqslant -H_{11}, \quad A_{22}(x_1, x_2) \leqslant -H_{22}, \\ &|A_{12}(x_1, x_2)| \leqslant H_{12}, \quad |A_{21}(x_1, x_2)| \leqslant H_{21}. \end{aligned} \tag{3.99}$$

这里 $H_{11} > 0$ 和 $H_{22} > 0$, 说明每一种群都是密度制约的.

定理 3.21 模型 (3.98) 为全局稳定的充分条件为:

(i) 它有一个正平衡点 (x_1^*, x_2^*);

(ii) $H_{11} > 0$ 和 $H_{22} > 0$;

(iii) $H_{22}H_{11} - H_{12}H_{21} > 0$.

证明 作 Lyapunov 函数

$$V(x_1, x_2) = c_1 \left(x_1 - x_1^* - x_1^* \ln \frac{x_1}{x_1^*} \right)$$

$$+c_2\left(x_2-x_2^*-x_2^*\ln\frac{x_2}{x_2^*}\right), \tag{3.100}$$

这里 c_1 和 c_2 为正常数, 待定. 沿着 (3.98) 的解有

$$\begin{aligned}\dot{V}=&c_1(x_1-x_1^*)[A_{11}(x_1,x_2)(x_1-x_1^*)+A_{12}(x_1,x_2)(x_2-x_2^*)]\\&+c_2(x_2-x_2^*)[A_{21}(x_1,x_2)(x_1-x_1^*)+A_{22}(x_1,x_2)(x_2-x_2^*)]\\\leqslant&c_1A_{11}(x_1-x_1^*)^2+c_2A_{22}(x_2-x_2^*)^2\\&+c_1|A_{12}||x_1-x_1^*||x_2-x_2^*|\\&+c_2|A_{21}||x_1-x_1^*||x_2-x_2^*|.\end{aligned} \tag{3.101}$$

由 (3.99) 和 (3.101) 有

$$\begin{aligned}\dot{V}\leqslant&-c_1H_{11}(x_1-x_1^*)^2-c_2H_{22}(x_2-x_2^*)^2+c_1H_{12}|x_1-x_1^*||x_2-x_2^*|\\&+c_2H_{21}|x_1-x_1^*||x_2-x_2^*|,\end{aligned} \tag{3.102}$$

记 $Y_1=|x_1-x_1^*|, Y_2=|x_2-x_2^*|$, 则有

$$\dot{V}=-\frac{1}{2}Y^{\mathrm{T}}(CH+H^{\mathrm{T}}C)Y,\quad Y=(Y_1,Y_2), \tag{3.103}$$

这里 $C=\operatorname{diag}(c_1,c_2)$. 如果存在一个正对角线矩阵 C, 使 $CH+H^{\mathrm{T}}C$ 是正定的, 则对所有的 $x\neq x^*$, 都有 $\dot{V}<0$, 因而模型 (3.98) 为全局稳定的.

易见矩阵 $CH+H^{\mathrm{T}}C$ 为正定的充分条件为

$$2c_1H_{11}>0,\quad 2c_2H_{22}>0 \tag{3.104}$$

和

$$4c_1c_2H_{11}H_{22}-(c_1H_{12}+c_2H_{21})^2>0. \tag{3.105}$$

因为 $H_{11}>0, H_{22}>0$(条件 (ii)), 所以 (3.104) 成立. 而条件 (3.105) 可写成

$$4c_1c_2(H_{11}H_{22}-H_{12}H_{21})-(c_1H_{12}+c_2H_{21})^2>0. \tag{3.106}$$

如果 $H_{12}\neq 0$, 选取 $C_1=1$ 和 $C_2=\dfrac{H_{21}}{H_{12}}$, 再由条件 (iii)$H_{11}H_{22}-H_{12}H_{21}>0$, 即得 (3.106) 成立; 如果 $H_{12}=0$, 而 $H_{21}\neq 0$, 则取法如前, 可使 (3.106) 成立; 如果 $H_{12}=H_{21}=0$, 则 (3.106) 显然成立. 证毕.

例 3.3 Schoener(1974)

$$\begin{cases}\dot{x}_1=r_1x_1\left(\dfrac{I_1}{x_1+e_1}-\gamma_{11}x_1-\gamma_{12}x_2-c_1\right),\\ \dot{x}_2=r_2x_2\left(\dfrac{I_2}{x_2+e_2}-\gamma_{21}x_1-\gamma_{22}x_2-c_2\right),\end{cases} \tag{3.107}$$

这里我们有

$$\frac{\partial F_1}{\partial x_1} = -\frac{r_1 I_1}{(x_1+e_1)^2} - r_1\gamma_{11},$$
$$\frac{\partial F_2}{\partial x_2} = -\frac{r_2 I_2}{(x_2+e_2)^2} - r_2\gamma_{22}, \tag{3.108}$$
$$\left|\frac{\partial F_1}{\partial x_2}\right| = r_1\gamma_{12}, \quad \left|\frac{\partial F_2}{\partial x_1}\right| = r_2\gamma_{21}, \tag{3.109}$$

由 (3.108) 和 (3.109), 我们有

$$\frac{\partial F_1}{\partial x_1} \leqslant -r_1\gamma_{11}, \quad \left|\frac{\partial F_2}{\partial x_2}\right| \leqslant -r_2\gamma_{22},$$
$$\left|\frac{\partial F_1}{\partial x_2}\right| \leqslant r_1\gamma_{12}, \quad \left|\frac{\partial F_2}{\partial x_1}\right| \leqslant r_2\gamma_{21},$$

因此由定理 (3.21), 模型 (3.107) 为全局稳定的充分条件为:

(i) 它有一正平衡点 (x_1^*, x_2^*);

(ii) $r_1\gamma_{11} > 0$, $r_2\gamma_{22} > 0$;

(iii) $r_1r_2\gamma_{11}\gamma_{22} - r_1r_2\gamma_{12}\gamma_{21} > 0$.

当 r_1 和 r_2 为正时, 后两条件化为: $\gamma_{11} > 0, \gamma_{22} > 0$ 和 $\gamma_{11}\gamma 22 - \gamma_{12}\gamma_{21} > 0$. 有趣的是这个条件与下面的 Lotka-Volterra 模型

$$\begin{cases} \dot{x}_1 = x_1[-\gamma_{11}(x_1 - x_1^*) - \gamma_{12}(x_2 - x_2^*)], \\ \dot{x}_2 = x_2[-\gamma_{21}(x_1 - x_1^*) - \gamma_{22}(x_2 - x_2^*)] \end{cases}$$

的平衡位置 (x_1^*, x_2^*) 为全局稳定的条件相同.

定理 3.22 Kolmogorov 模型 (3.96) 的平衡点 (x_1^*, x_2^*) 为全局稳定的充分条件为:

(1) 正非平凡平衡位置是唯一的.

(2) 正非平凡平衡位置 (x_1^*, x_2^*) 为局部渐近稳定的.

(3) 两种群都是密度制约的, 即当 $x_1 > 0, x_2 > 0$ 时有: $\dfrac{\partial F_1}{\partial x_1} < 0, \dfrac{\partial F_2}{\partial x_2} < 0$.

(4) 存在 A 和 B 为正数, 使

(a) 对任何 $x_2 > B$, 存在 $C > 0$, 使 $F_1(C, x_2) < 0$;

(b) 对任何 $x_1 > A$, 存在 $D > 0$, 使 $F_2, (x_1, D) < 0$.

证明 首先要确定等倾线 $F_1(x_1, x_2) = 0$ 和 $F_2(x_1, x_2) = 0$ 的位置. 由条件 (1) 可知两个等倾线有唯一的交点 (x_1^*, x_2^*), 再由条件 (4) 来确定两个等倾线的位置.

(1) $F_1(x_1, x_2) = 0$ 的图像.

由条件 (4)(a), 如图 3.9 所示, 在半射线 C_1C_∞ 上有 $F_1(x_1, x_2) < 0$, 再由 $\dfrac{\partial F_1}{\partial x_1} < 0$ 可知 $F_1(x_1, x_2) = 0$ 的位置如图 3.9 所示. 因为在定理的条件下曲线 $F_1(x_1, x_2) = 0$

的图像不可能进入图中斜线所示的角域 $C_\infty D_1 D_\infty$, 也不可能有水平渐近线, 因此只能是如图 3.9 所示的位置.

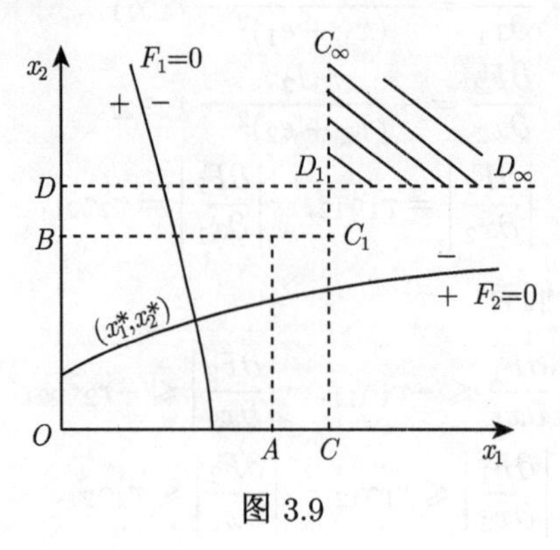

图 3.9

(2) $F_2(x_1,x_2)=0$ 的图像.

由条件 (4)(b) 可知在半射线 D_1D_∞ 上 $F_2(x_1,x_2)<0$, 再由 $\dfrac{\partial F_2}{\partial x_2}<0$ 与 (1) 类似可知 $F_2(x_1,x_2)=0$ 的位置如图 3.9 所示.

下面研究方程 (3.96) 轨线的走向. 考虑任何由初始值 $x_{10}>0, x_{20}>0$ 出发的解, 记

$$\overline{x}_1=\max(x_1^*, A, C, x_{10}),$$

$$\overline{x}_2=\max(x_2^*, B, D, x_{20});$$

记 G 为直线 $x_1=\overline{x}_1, x_2=\overline{x}_2$ 与两坐标轴所围的区域. 显然从 (x_{10}, x_{20}) 出发的轨线将保留在 G 内, 而 G 内只有唯一的平衡位置 (x_1^*, x_2^*), 只要 G 内无极限环, (x_1^*, x_2^*) 就为全局稳定的. 取 Dulac 函数 $\mu(x_1,x_2)=x_1^{-1}x_2^{-1}$, 则有

$$\frac{\partial}{\partial x_1}(\mu x_1 F_1)+\frac{\partial}{\partial x_2}(\mu x_2 F_2)=\frac{F'_{1x_1}}{x^2}+\frac{F'_{2x_2}}{x_1}<0,$$

对所有 $x_1>0, x_2>0$ 成立, 所以 (3.96) 在 G 内无环. 证毕.

作为定理 3.22 的应用, 我们考虑一个例子.

例 3.4　Gilpin 和 Ayala 竞争模型

$$\begin{cases} \dot{x}_1=r_1x_1\left[1-\left(\dfrac{x_1}{K_1}\right)^{\theta_1}-a_{12}\dfrac{x_2}{K_1}\right]\equiv x_1F_1(x_1,x_2), \\ \dot{x}_2=r_2x_2\left[1-a_{21}\dfrac{x_1}{K_2}-\left(\dfrac{x_2}{K_2}\right)^{\theta_2}\right]\equiv x_2F_2(x_1,x_2), \end{cases} \tag{3.110}$$

其中 $F_1(x_1,x_2)=r_1\left[1-\left(\dfrac{x_1}{K_1}\right)^{\theta_1}-a_{12}\dfrac{x_2}{K_1}\right], F_2(x_1,x_2)=r_2\left[1-a_{21}\dfrac{x_1}{K_2}-\left(\dfrac{x_2}{K_2}\right)^{\theta_2}\right].$

我们假设 (3.110) 中的所有参数为正数, 验算定理 3.22 的各个条件, 首先有

$$\text{当}x_1>0\text{时},\quad \frac{\partial F_1}{\partial x_1}=-\frac{r_1\theta_1}{K_1}\left(\frac{x_1}{K_1}\right)^{\theta_1-1}<0;$$

$$\text{当}x_2>0\text{时},\quad \frac{\partial F_2}{\partial x_2}=-\frac{r_2\theta_2}{K_2}\left(\frac{x_2}{K_2}\right)^{\theta_2-1}<0.$$

这里当$\theta_1>1$ 时对于 $F_1(x_1,x_2)=0$, 也即 $x_2=\dfrac{K_1}{a_{12}}\left[1-\left(\dfrac{x_1}{K_1}\right)^{\theta_1}\right]$ 有$\dfrac{d^2x_2}{dx_1^2}<0$,

这说明曲线 $F_1(x_1,x_2)=0$ 是凹向下的; 当 $\theta_1<1$ 时有 $\dfrac{d^2x_2}{dx_1^2}>0$, 这说明曲线 $F_1(x_1,x_2)=0$ 是凹向上的. 同样, 当 $\theta_2>1$ 时 $F_2(x_1,x_2)=0$ 是凹向下的: 当 $\theta_2<1$ 时 $F_2(x_1,x_2)=0$ 是凹向上的. $\theta_i(i=1,2)$ 是否大于 1 对我们验证定理 3.22 的条件毫无影响. 容易验证 (3.110) 存在唯一正平衡位置 $x^*(x_1^*,x_2^*)$ 的充分条件为下面两个条件之一成立:

(i) $K_1<a_{12}K_2, K_2<a_{21}K_1$.

(ii) $K_1>a_{12}K_2, K_2>a_{21}K_1$.

平衡位置 (x_1^*,x_2^*) 为局部稳定的条件为

(iii) $\theta_1\theta_2\left(\dfrac{x_1^*}{K_1}\right)^{\theta_1}\left(\dfrac{x_2^*}{K_2}\right)^{\theta_2}-a_{12}a_{21}\dfrac{x_1^*x_2^*}{K_1K_2}>0$.

再验证定理 3.22 的条件 (4), 这里我们只以情况 (i) 为例:

(a) 取 $B=\dfrac{K_1}{a_{12}}, C=K_1$, 则对所有的 $x_2>\dfrac{K_1}{a_{12}}$, 有 $F_1(K_1,x_2)<0$.

(b) 取 $A=\dfrac{K_2}{a_{21}}, D=K_2$, 则对所有的 $x_1>\dfrac{K_2}{a_{21}}$, 有 $F_2(x_1,K_2)<0$.

因此我们由定理 3.22 可知如下结论.

定理 3.23 若模型 (3.110) 有唯一局部稳定的正平衡位置 (x_1^*,x_2^*), 则 (x_1^*,x_2^*) 是全局稳定的.

由定理 3.22 的证明中的 Dulac 函数, 容易得到如下结论.

推论 如果两种群都是密度制约的, 也即若$\dfrac{\partial F_1}{\partial x_1}<0, \dfrac{\partial F_2}{\partial x_2}<0$ 对所有 $x_1>0$, $x_2>0$ 成立, 则这两种群互相作用的 Kolmogorov 模型 (3.96) 不存在周期轨道.

3.3.2 Kolmogorov 定理及其推广

首先我们考虑捕食–被捕食种群的 Kolmogorov 模型

$$\begin{cases}\dot{x}_1=x_1F_1(x_1,x_2),\\ \dot{x}_2=x_2F_2(x_1,x_2).\end{cases}\tag{3.96}$$

设其中 F_1 和 F_2 具有一阶连续偏导数, 并记 $F_{ij} \equiv \dfrac{\partial F_i}{\partial x_j}(i,j=1,2)$, 满足下列条件:

(A1) $F_{12}<0$(食饵受到捕食者的抑制作用).

(A2) $F_{21}>0$(捕食者得到食饵的给养).

(A3) 当 $x_2=0$ 时, $F_{11}<0$(若无捕食者, 食饵是密度制约的).

(A4) $F_{22}<0$(捕食者增长是密度制约的).

(A5) 存在常数 $A>0$, 使 $F_1(0,A)=0$(A 为食饵不存在时的捕食者的上临界密度).

(A6) 存在常数 $B>0$, 使 $F_1(B,0)=0$(B 为无捕食者时的食饵的负载容量).

(A7) 存在常数 $C>0$, 使 $F_2(C,0)=0$(C 为无捕食者时的食饵的下临界密度).

最后我们假设捕食者的增长只靠食饵的营养, 则有

(A8) $x_2F_2 \leqslant \alpha[x_1F_1(x_1,0)-x_1F_1(x_1,x_2)]-\mu x_2$, 其中 α,μ 为正常数, 方括号 [ ] 内表示单位时间内捕食者捕捉食饵的数量, α 表示捕食者的最大消化系数, μ 表示最小死亡率.

定理 3.24　若条件 (A1)—(A8) 满足, 则 Kolmogorov 模型 (3.96) 从第一象限内出发的一切解有界.

证明　在食饵等倾线 $F_1=0$ 上有 $\dfrac{dx_2}{dx_1}=-\dfrac{F_{11}}{F_{12}}$($F_{11}$ 不定号), $F_{12}\neq 0$. 而在捕食者等倾线 $F_2=0$ 上有 $\dfrac{dx_2}{dx_1}=-\dfrac{F_{21}}{F_{22}}>0$. 由条件 (A2) 和 (A4), 知 F_2 为 x_1 的非线性函数, 可分为两种情况来证明这个定理.

(1) $F_2=0$ 与 $x_1=B$ 直线交于一点 $x_2=D$.

(2) $F_2=0$ 从左边渐近于一垂直线.

对以上两种情况, 我们都可以构造一个区域, 在其边界上轨线都不穿出此区域, 而且在此区域之外不存在平衡点. 构造这个区域的方法分别如下:

(1) 若 $F_2=0$ 与 $x_1=B$ 交于一点 $x_2=D$, 如图 3.10 所示, 则此区域即为以 $x_1=B, x_2=D$ 和坐标轴所构成的矩形 $OBDE$. 我们要证明 (3.96) 的轨线与 $OBDE$ 的边界相交都不跑出此区域. OB 和 OE 为积分直线, 分别走向奇点 O 和 B, 不离开此区域.

(i) 在线段 BD 上.

记 $V_1=x_1-B=0$, 则关于 (3.96) 有

$$\dot{V}_1|_{V_1=0}=x_1F_1=BF_1(B,x_2)\leqslant 0,$$

只要证当 $x_1<B$ 时 $F_1(x_1,0)>0$, 事实上, 由条件 (A3) 当 $x_2=0$ 时, $F_{11}<0$, 又 $F_1(B,0)=0$, 所以当 $x_1<B$ 时 $F_1(x_1,0)>0$. 因此在 BD 上 $F_1(B,x_2)\leqslant 0$.

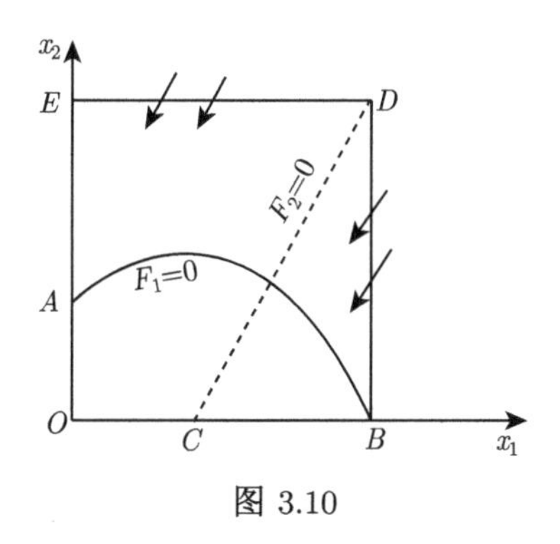

图 3.10

(ii) 线段 DE 上.

记 $V_2 = x_2 - D$, 则关于 (3.96) 有

$$\dot{V}_2|_{V_2=0} = DF_2(x_1, 0) \leqslant 0.$$

为此只要证: 当 $x_1 < C$ 时, $F_2(x_1, 0) < 0$. 由条件 (A2)$F_{21} > 0$, 又 $F_2(C, 0) = 0$, 所以当 $x_1 < C$ 时, $F_2(x_1, 0) < 0$.

(2) 若 $F_2 = 0$ 有垂直渐近线. 不妨设 $F_2 = 0$ 即为 $x_1 = C$, 在这种情况下捕食者密度制约因子没有或很弱, 我们构造区域$\widehat{OBEDHO}$, 其中 $\overline{BE}$ 为 $x_1 = B$. 定义 $E = \dfrac{\alpha BF_1(C, 0)}{\mu}, \theta = \arctan\alpha, D$ 为直线 ED 与 $x_1 = C$ 的交点, $DH//BO$. 由 (A8) 有 $x_2F_2 \leqslant \alpha BF_1(C, 0) - \mu x_2 - \alpha x_1F_1(x_1, x_2)$, 当 $C \leqslant x_1 \leqslant B$ 时, 所作区域如图 3.11 所示. 我们再看在其边界上轨线的穿过方向. OB 和 HO 为积分直线, 且不穿出此区域, 而在直线 BE 和 HD 上积分曲线的穿过方向与 (1) 的讨论相同. 现在考虑直线 DE 上的穿过方向, DE 的方程为 $V = x_2 - E + \alpha(x_1 - B) = 0$, 关于 (3.96) 有

$$\begin{aligned}\dot{V}|_{V=0} =& \dot{x}_2 + \alpha\dot{x}_1 = x_2F_2 + \alpha x_1F_1 \leqslant \alpha BF_1(C, 0) - \mu x_2\\ =& \alpha BF_1(C, 0) - \mu[-\alpha(x_1 - B) + E]\\ =& \alpha BF_1(C, 0) + \alpha\mu(x_1 - B) - \alpha BF_1(C, 0)\\ =& \alpha\mu(x_1 - B) \leqslant 0(\text{因为 } ED\text{在}x_1 = B\text{之左}),\end{aligned}$$

因此 ED 上积分曲线的穿过方向如图 3.11 所示. 定理证毕.

为了研究 Kolmogorov 模型极限环的存在性, 我们再引进几个假设:

(A9) 设 $B > C$.

(A10) 被捕食者等倾线的方程 $F_1(x_1, x_2) = 0$, 可以解出 x_2 为 x_1 的函数, 并且此解是唯一的, 记为 $x_2 = f(x_1)$, 这里 f 定义于区间 $[0, B]$ 上, f 是连续可微、单调减少的并且 $f(0) = A, f(B) = 0$.

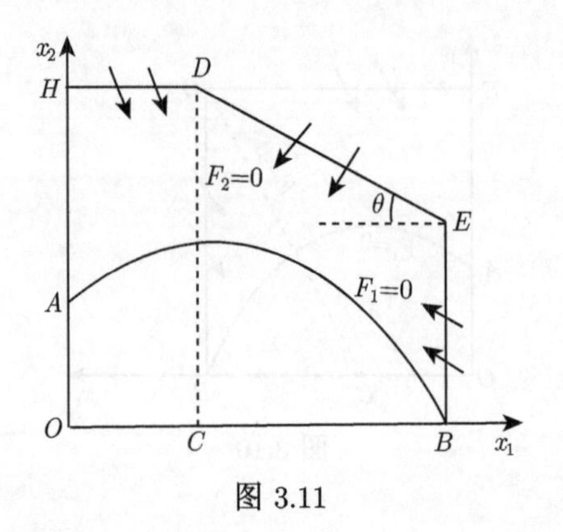

图 3.11

(A11) 捕食者等倾线方程 $F_2(x_1, x_2) = 0$, 可以唯一地解出 x_1 为 x_2 的函数, 记为 $x_1 = g(x_2)$, 这里 g 在区间 $[0, \infty)$ 中定义, 为单调增加的连续可微函数并且 $g(0) = C$.

以上 (A9)—(A11) 是 Kolmogorov 的原来的条件, 1972 年 Rosenzwoig 提出用下条件 (A9)′ 来代替 (A9)—(A11).

(A9)′ 设捕食者等倾线和被捕食者等倾线如图 3.12 所示, 奇点 Q 位于被捕食者等倾线的上升部分.

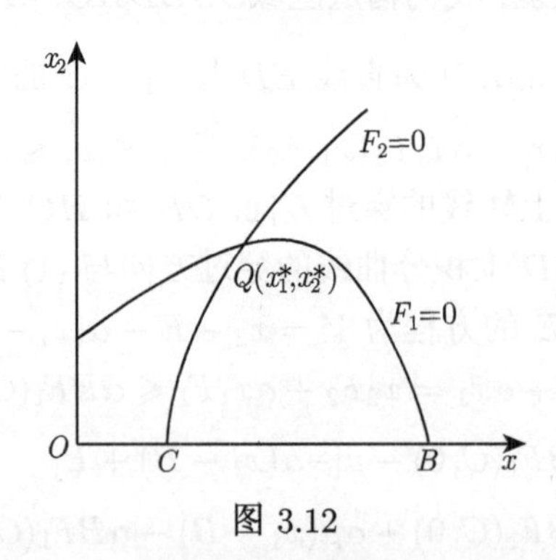

图 3.12

定理 3.25 (Kolmogorov)　设模型 (3.96) 的右端函数 F_1, F_2 满足条件: (A1)—(A7) 以及 (A9)′, 则或者正平衡点 $Q(x_1^*, x_2^*)$ 为稳定的, 或者存在围绕 Q 的极限环 (在第一象限内).

证明　作矩形 $OBDE$, 由假设 (A9)′ 知在矩形内有唯一的正平衡点 $Q(x_1^*, x_2^*)$, 在矩形上有奇点 $O(0,0)$ 和 $B(B,0)$, 显然 O 为鞍点, OE 和 OB 为积分直线. 在 B 点不可能有 (3.96) 的轨线由第一象限进入 B, 因为在 B 附近有 $F_2 > 0$, 即 $\dot{x}_2 > 0$, 因此在 B 点附近沿任何轨线 x_2 都是单调增加的, 上述轨线不可能进入 B. 进一步要说明的是轨线与 BD 和 ED 相交都是由外向内地穿过, 这是显然的, 因为

在BD上有$\dot{x}_1 = x_1F_1 < 0$,

在DE上有$\dot{x}_2 = x_1F_2 < 0$.

因而如果 Q 为不稳定的, 则必在矩形 $OBDE$ 内存在极限环 (图 3.13). 定理证毕.

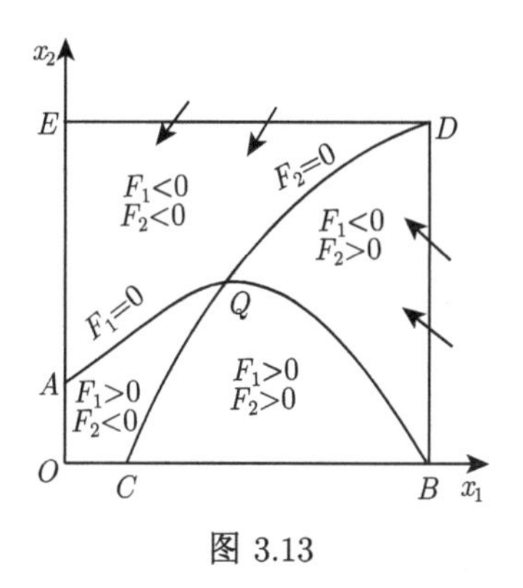

图 3.13

这里条件 (A9)—(A11) 或 (A9)′ 是比较强的, Rescigno 和 Richardson 把它减弱, 并用类似的方法来讨论两种互相竞争和互惠共存的模型. 下面介绍这方面的工作.

我们仍研究 Kolmogorov 模型

$$\begin{cases} \dot{x}_1 = x_1F_1(x_1, x_2), \\ \dot{x}_2 = x_2F_2(x_1, x_2). \end{cases} \tag{3.96}$$

在第一象限中研究, 记

$$Q \overset{\text{def}}{=\!=} \{x_1 \geqslant 0, x_2 \geqslant 0\},$$
$$Q^0 \overset{\text{def}}{=\!=} \{x_1 > 0, x_2 > 0\},$$

并设在 Q^0 内 $F_1, F_2 \in C^1$, 在 Q 内 $F_1, F_2 \in C^0$, 由 F_1 和 F_2 的符号把 Q^0 划分为五个区域, 定义如下:

$$\text{I} : \{(x_1, x_2) : F_1 < 0, F_2 < 0\},$$
$$\text{II} : \{(x_1, x_2) : F_1 > 0, F_2 < 0\},$$
$$\text{III} : \{(x_1, x_2) : F_1 > 0, F_2 > 0\},$$
$$\text{IV} : \{(x_1, x_2) : F_1 < 0, F_2 > 0\},$$
$$\text{V} : \{(x_1, x_2) : F_1 \cdot F_2 < 0\} = \text{II} \cup \text{IV}.$$

首先我们考虑捕食与被捕食情况, 将前面所论述的关于 F_1, F_2 的条件数学化, 其生态意义如前, 这里不再叙述. 函数 F_1 和 F_2 分别满足下面两组条件:

(P1) (a) 存在一个 $\overline{x}_1>0$, 使 $(x_1-\overline{x}_1)F_1(x_1,0)<0$, 对所有 $x_1\geqslant 0, x_1\neq\overline{x}_1$,

(b) 存在一个 $\overline{x}_2>0$, 使 $(x_2-\overline{x}_2)F_1(0,x_2)<0$, 对所有 $x_2\geqslant 0, x_2\neq\overline{x}_2$.

(c) $\dfrac{\partial F_1}{\partial x_2}<0$ 在 Q^0 内.

(d) 对每一点 $(x_1,x_2)\in Q^0$ 有: $x_1\dfrac{\partial F_1}{\partial x_1}+x_2\dfrac{\partial F_1}{\partial x_2}<0$.

(P2) (a) 存在一个 $\widehat{x}_1>0$, 使 $(x_1-\widehat{x}_1)F_2(x_1,0)>0$, 对所有 $x_1\geqslant 0, x_1\neq\widehat{x}_2$.

(b) $\dfrac{\partial F_2}{\partial x_2}\leqslant 0$ 在 Q^0 内.

(c) 对每一个点 $(x_1,x_2)\in Q^0$ 有: $x_1\dfrac{\partial F_2}{\partial x_1}+x_2\dfrac{\partial F_2}{\partial x_2}>0$.

引理 3.1　如果 F_1 和 F_2 满足上面两组条件 (P1) 和 (P2), 则

(i) 方程 $F_1(x_1,x_2)=0$ 在区间 $[0,\overline{x}_1]$ 上定义唯一连续函数 $x_2=\varphi_1(x_1)$, 使 $\varphi_1(0)=\overline{x}_2, \varphi_1(\overline{x}_1)=0$ 以及在 $(0,\overline{x}_1)$ 上 φ_1 为正定可微函数且

$$\varphi_1'(x_1)<\frac{\varphi_1(x_1)}{x_1}.$$

(ii) 在Q^0 内 $\dfrac{\partial F_2}{\partial x_1}>0$, 且方程 $F_2(x_1,x_2)=0$ 在区间 $[0,+\infty]$ 内定义唯一连续函数 $x_1=\varphi_2(x_2)$, 使 $\varphi_2(0)=\widehat{x}_2$ 以及 φ_2 在 $(0,+\infty)$ 上可微并有

$$0\leqslant\varphi_2'(x_2)<\frac{\varphi_2(x_2)}{x_2}.$$

证明　先证结论 (i): 由假设 (P1)(c) 可得到下面 (1): 对于 $\alpha>0, F_1(\alpha,x_2)$ 在 $0\leqslant x_2<+\infty$ 内为严格减少函数. 再由 (1) 对每一个 $x_1>0$, 最多有一个 $x_2=\varphi_1(x_1)$ 使 $F_1(x_1,\varphi_1(x_1))=0$. 由假设 (P1)(b), 前面的结论对 $x_1=0$ 也真.

因为对于 $x_1>\overline{x}_1$ 有 $F_1(x_1,0)<0$(假设 (P1)(a)), 因而 (1) 说明 φ_1 的定义域包含在区间 $[0,\overline{x}_1]$ 内, 另一方面由假设 (P1)(a), 对于 $0\leqslant x_1<\overline{x}_1$ 有 $F_1(x_1,0)>0$ 并且 φ_1 定义于 $[0,\overline{x}_1]$ 内必为正定的.

因为在 Q^0 内 $\dfrac{\partial F_1}{\partial x_2}\neq 0$, 所以由隐函数定理得: 如果 φ_1 在 $(0,\overline{x}_1)$ 内某点 z 有定义, 则它在这点的值是确定的, 且在 z 的一个开区间内可微, 以及在此区间内有

$$\varphi_1'(x_1)=-\frac{\partial F_1(x_1,\varphi_1(x_1))/\partial x_1}{\partial F_1(x_1,\varphi_1(x_1))/\partial x_2}.$$

假设 (P1)(d) 成立, 由 $x_2=\varphi_1(x_1)$, 给出

$$x_1\frac{\partial F_1(x_1,\varphi_1(x_1))}{\partial x_1}+\varphi_1(x_1)\frac{\partial F_1(x_1,\varphi_1(x_1))}{\partial x_2}<0,$$

再由假设 (P1)(c), 我们得到

$$\varphi_1'(x_1)<\frac{\varphi_1(x_1)}{x_1}\quad 在z的开区间内成立.$$

现在, 对于一个固定的 $r>0$, 由 (P1)(b) 可有 $F_1(0,\overline{x}_2+r)<0$, 再由 F_1 的连续性, 存在一个 $\delta(0<\delta<\overline{x}_1)$. 使得当 $0\leqslant x_1\leqslant\delta$ 时, $F_1(x_1,\overline{x}_2+r)<0$, 又由 F_1 的连续性, φ_1 在区间 $[0,\delta]$ 上确定并且不超过 $\overline{x}_2+r$.

设 $J=(0,a)$ 是使 φ_1 在其中有定义, 为正和可微的包含 δ 的最大开区间, 我们从关于 φ_1 的微分不等式得到

$$\frac{1}{\varphi_1}\cdot\frac{d\varphi_1}{dx_1}<\frac{1}{x_1},$$

再由 δ 到 x_1 积分, 这里 $\delta<x_1$ 并且 $x_1\in J$, 得到

$$\varphi_1(x_1)<\frac{\varphi_1(\delta)}{\delta}x_1,$$

因而由于 $J\subset[0,\overline{x}_1]$, 所以 φ_1 在 J 上是有界的. $\left(\text{由上所述, } \widehat{x}_2+r \text{ 位于 } \delta \text{ 之左, } \frac{\varphi_1(\delta)}{\delta}\overline{x}_1 \text{ 位于 } \delta \text{ 之右.}\right)$

下面我们要指出 $a=\overline{x}_1$ 以及 φ_1 在 0 和 $\overline{x}_1$ 连续, 让 $\{a_n\}$ 是在 J 中趋于 a 的一序列, 因为序列 $\{\varphi_1(a_n)\}$ 是有界的, 因而它至少有一收敛子序列 $\{\varphi(a_{nj})\}$. 并且对于任何这样的子序列有

$$\lim_{j\to\infty}\varphi_1(a_{nj})=b,$$

由 F_1 的连续性得到

$$F_1(a,b)=\lim_{j\to\infty}F_1(a_{nj},\varphi_1(a_{nj}))=0.$$

因为 $\varphi_1(a)$ 存在, 由性质 1, 序列 $\{\varphi_1(a_n)\}$ 最多有一个极限点, 因此这个序列收敛于 $\varphi_1(a)$. 由此得到 $a=\overline{x}_1$. 因为另一方面有 $\varphi_1(a)>0$, 所以 J 将不可能是最大的, 这样也就得到 φ_1 在 $\overline{x}_1$ 是连续的, 类似可证 φ_1 在 0 的连续性.

其次证明结论 (ii). 由假设 (P2)(c), 对于 $(x_1,x_2)\in Q^0$,

$$\frac{\partial F_2}{\partial x_1}>-\frac{\partial F_2}{\partial x_2}\cdot\frac{x_2}{x_1},$$

由 (P2)(b) 上式右端为非负的, 所以 $\frac{\partial F_2}{\partial x_1}$ 在 Q^0 内是正的. 显然对于每一个 $x_2>0, F_2(x_1,x_2)$ 是 x_1 的严格增加函数, 而且对于每一个 $x_2>0$, 存在至多一个 $x_1=\varphi_2(x_2)$, 使 $F_2(x_1,x_2)=0$, 对于小于 $\widehat{x}_1$ 的固定正数 r, 由假设 (P2)(a) 有 $F_2(\widehat{x}_1-r,0)<0$, 以及 $F_2(\widehat{x}+r,x_2)>0$, 而 $0\leqslant x_2\leqslant\delta$. 因而对于 $0\leqslant x_2\leqslant\delta,\varphi_2$ 有定义、有界且不为 0, 而且 $\varphi_2(\delta)>0$.

部分 (ii) 的证明可以类似于部分 (i) 的证明, 只要把 x_1 和 x_2 互换. 由于 $\frac{\partial F_2}{\partial x_1}$ 在 Q^0 中为正, 所以隐函数定理可用.

设 $J=(0,a)$ 是使 φ_2 在其中有定义, 为正以及可微的包含 δ 的最大开区间. 因为在 Q^0 内

$$\frac{\partial F_2}{\partial x_2}\leqslant 0 \quad 和 \quad \frac{\partial F_2}{\partial x_1}>0,$$

我们由在 J 内 $\varphi_2'\geqslant 0$, 因此有

$$\varphi_2(x_2)\geqslant\varphi_2(\delta)>0,\quad 当 \quad x_2>\delta,$$

以及 φ_2 不趋于零. 用 (P2)(b) 和 (P2)(c) 之一可得到 φ_2' 的上界. 如同部分 (i) 的证明, 可知在任意有界区间上包含 φ_2 的微分不等式是有界的, 并且如果 a 是有限数, 则 $\lim\limits_{x_2\to a}\varphi_2(x_2)$ 存在且为正. 因此若 J 是存在的, 我们将得出矛盾, 因而 J 必为 $(0,+\infty)$, 也有 φ_2 在 0 为连续的且从 (P2)(a) 有 $\varphi_2(0)=\widehat{x}_1$. 引理证毕.

注　如果假设 (P2)(b) 加强到

$$\frac{\partial F_2}{\partial x_2}<0,\quad 在Q^0内,$$

则 $\varphi_2'>0$ 并且 φ_2 在 $[\widehat{x}_1,\ \lim\limits_{x_2\to+\infty}\varphi_2(x_2)]$ 上的反函数有定义. 这里 $\lim\limits_{x_2\to+\infty}\varphi_2(x_2)$ 可以是有限的, 也可以是 $+\infty$ 的, 则 φ_1 和 φ_2^{-1} 为 x_1 的函数.

下面就两种可能的情况加以讨论: $\widehat{x}_1\geqslant\overline{x}_1$; $\widehat{x}_1<\overline{x}_1$.

定理 3.26　如果 F_1 和 F_2 满足 (P1) 和 (P2), 并且设 $\widehat{x}_1\geqslant\overline{x}_1$, 则 Kolmogorov 模型 (3.96) 的所有起始点在 Q^0 内的轨道当 $t\to+\infty$ 时趋于点 $(\overline{x},0)$.

证明　我们只要讨论三个区域: Ⅰ, Ⅱ和Ⅳ. 因为Ⅲ现在是空集, 在这些区域中轨线的斜率如图 3.14 所示.

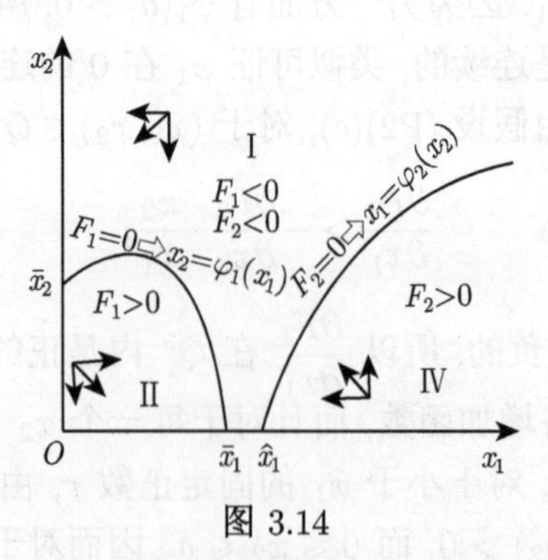

图 3.14

如果始点在区域Ⅰ, Ⅱ上, 则轨线或者与 $F_1(x_1,x_2)=0$ 相交, 或者进入点 $(\overline{x}_1,0)$, 由于 $F_1(x_1,x_2)=0$ 上无其他的奇点, 再由轨线的斜率就可以知道与 $F_1(x_1,x_2)=0$ 相交的轨线最终当 $t\to\infty$ 时仍趋于 $(\overline{x}_1,0)$.

下面我们再讨论由区域Ⅳ中出发的轨线, 它必与 $x_1=\varphi_2(x_2)$ 相交, 若不然假设对于 $(x_1(0),x_2(0))$ 属于区域Ⅳ的轨线 $(x_1(t),x_2(t))$ 对所有的 $t>0$ 不与 $x_1=\varphi_2(x_2)$ 相交, 则得到

$$\frac{dx_2}{dt}>0 \quad 且对所有t>0, x_2(t)>x_2(0).$$

由假设 (P1) 和 (P2) 以及 $\widehat{x}_1\geqslant \overline{x}_1$, 有

$$\max\{F_1(x_1,x_2): x_2\geqslant x_2(0)和x_1\geqslant \varphi_2(x_2)\}$$

是负的, 即存在一正数 K_1 使

$$F_1(x_1(t),x_2(t))<-K_1, 对所有的t>0, \tag{3.111}$$

因为

$$\begin{aligned}\frac{dF_2(x_1(t),x_2(t))}{dt}=&\Bigg[\frac{\partial F_2(x_1,x_2)}{\partial x_1}F_1(x_1,x_2)x_1\\&+\frac{\partial F_2(x_1,x_2)}{\partial x_2}F_2(x_1,x_2)x_2\Bigg]_{\substack{x_1=x_1(t)\\x_2=x_2(t)}},\end{aligned}$$

对于所有的 $t>0$ 为负, 由假设 (P2)(b) 和引理 3.1 的结论 (ii), 有

$$F_2(x_1(t),x_2(t))<K_2, \quad 对所有的t>0, \tag{3.112}$$

这里 $K_2=F_2(x_1(0),x_2(0))>0$.

现在考虑函数 $V(x_1,x_2)=x_1^{\alpha}x_2$, 这里 $\alpha=\dfrac{K_2}{K_1}>0$, 沿着 (3.96) 的解求微分, 用 (3.111) 和 (3.112) 有

$$\frac{dV}{dt}\leqslant 0, \quad 对所有\ t>0.$$

这样就得到

$$x_1(t)^{\alpha}x_2(t)\leqslant C,$$

这里 $c=x_1(0)^{\alpha}x_2(0)$, 以上不等式等价于

$$x_2(t)\leqslant \frac{c}{x_1(t)^{\alpha}}, \quad 对所有的\ t>0.$$

因此轨线$(x_1(t),x_2(t))$ 当 $t>0$ 时保留在图 3.15 中斜线所划的区域内, 其边界为: $x_2=x_2(0), x_2=\dfrac{c}{x_1^{\alpha}}$ 和 $x_1=\varphi_2(x_2)$. 由 Poincaré-Bendixson 定理, 在此区域内必含奇点, 这是矛盾的. 因为在 Q^0 内不存在奇点. 因此起始于区域 IV 内的轨线必进入区域 I, 然后当 $t\to\infty$ 时趋于 $(\overline{x}_1,0)$. 定理证毕.

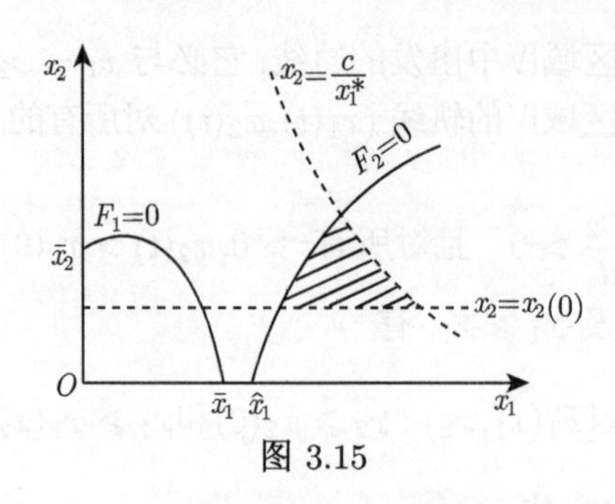

图 3.15

定理 3.27 如果 $\widehat{x} \geqslant \overline{x}_1$, 则捕食者种群将要绝灭.

今后我们假设

(P3) $\widehat{x}_1 < \overline{x}_1$.

定理 3.28 (Kolmogorov) 如果 Kolmogorov 模型 (3.96) 满足条件 (P1)—(P3), 则在 Q^0 内存在唯一奇点 (x_1^*, x_2^*). 如果 (x_1^*, x_2^*) 是不稳定的, 则在 Q^0 内至少存在一个周期轨道; 若不存在周期轨道, 则 (x_1^*, x_2^*) 是全局吸引的.

证明 在 Q^0 中任一奇点均为方程

$$F_1(x_1, x_2) = F_2(x_1, x_2) = 0$$

的解, 或是这样的一个点 $(\varphi_2(x_2), x_2)$, 而这里 x_2 是函数 $f(x_2) \overset{\text{def}}{=\!=} F_1(\varphi_2(x_2), x_2)$ 的零点. 下面我们将证明函数 $f(x_2)$ 是在 $[0, +\infty]$ 上有定义, 连续且为严格减少的, $f(0) > 0$ 且对于充分大的 x_2, $f(x_2)$ 为负, 因此在 Q^0 内有唯一的奇点.

由 f 的定义, 有

$$f'(x_2) = \frac{\partial F_1(\varphi_2(x_2), x_2)}{\partial x_1}\varphi_2'(x_2) + \frac{\partial F_1(\varphi_2(x_2), x_2)}{\partial x_2}.$$

由假设 (P1)(c), (P1)(d) 和引理 3.1 可知上式右端为负, 因此 f 是严格减少的, 进一步有 $f(0) = F_1(\varphi_2(0), 0)$ 是正的, 因为 $\varphi_2(0) = \widehat{x}_1$, 再由假设 (P1)(a) 和 (P3) 可知 $F_1(\widehat{x}_1, 0)$ 是正的. 如果 x_2 为大于 $\underset{0 \leqslant x_1 \leqslant x_1}{\text{Max}} \varphi_1(x_1)$ 的任意大的数, 则可得到 $F_1(\varphi_2(x_2), x_2)$ 是负的. 显然存在唯一的 $x_2^* > 0$, 使 $f(x_2^*) = 0$. 设 $x_1^* = \varphi_2(x_2^*)$, 则点 (x_1^*, x_2^*) 是在 Q^0 中唯一的奇点.

点 $(0, 0)$ 和 $(\overline{x}_1, 0)$ 是在 Q 的边界上的奇点, 在四个区域 I, II, III和IV中轨线的斜率如图 3.16 所示, 当时间 t 增加时轨线顺着区域 I, II, III, IV转圈, 或者在其中一个区域内趋于 (x_1^*, x_2^*). 在区域 I, II, III中, 容易指出轨线或者趋于 (x_1^*, x_2^*), 或者穿过这个区域到另一区域II, II或IV, 而在区域IV中轨线或者进入 I 或者趋于 (x_1^*, x_2^*), 其证明类似于定理 3.26 的证明中所用的函数 $V(x_1, x_2)$ 的方法.

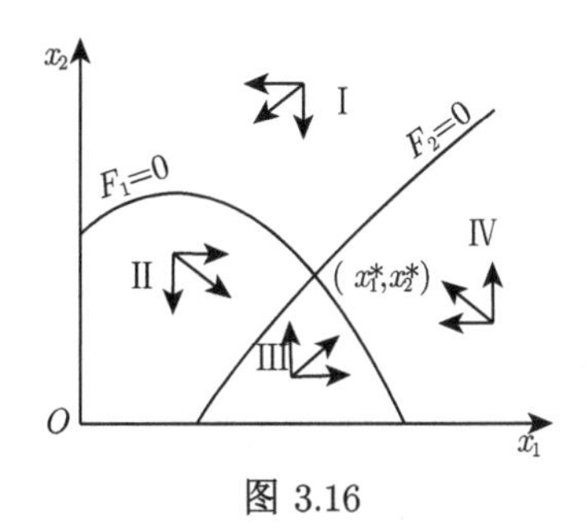

图 3.16

易知在 x_1 轴上靠近 $(0,0)$ 处轨线将趋向于它, 在 Q^0 内靠近 $(0,0)$ 的轨线都离开此点, 因此轨线在 Q 内 $(0,0)$ 附近的性质是双曲型的, 类似在点 $(\overline{x}_1,0)$ 附近在 Q 内有两个双曲扇形被一轨线 $\Gamma\subset Q^0$ 当 $t\to-\infty$ 时趋于 $(\overline{x}_1,0)$ 所划分.

关于奇点 (x_1^*,x_2^*), 经线性化 (3.96) 再用假设 (P1) 和 (P2) 可知: (x_1^*,x_2^*) 不可能是鞍点.

现在研究轨线 Γ. 如果 Γ 位于IV的内部, 则当 $t\to\infty$ 时 Γ 必趋于 (x_1^*,x_2^*), 正如以上所指出的, 在这种情况下不存在周期轨道, 并且我们可以断言, 所有在 Q^0 中的轨线当 $t\to+\infty$ 时渐近于 (x_1^*,x_2^*).

如果 Γ 不保留在区域IV内, 记 $(\varphi_2(\widetilde{x}_2),\widetilde{x}_2)$ 为 Γ 从IV到 I 与边界的第一个交点, 现记区域 R 为这样的一个区域, 它的边界为: Γ 的从 $(\overline{x}_1,0)$ 到 $(\varphi_2(\widetilde{x}_2),\widetilde{x}_2)$ 的一段; 直线 $x_2=\widetilde{x}_2$ 的 $0\leqslant x_1\leqslant\varphi_2(\widetilde{x}_2)$ 的一段; 坐标轴 $x_2=0$ 的 $0\leqslant x_1\leqslant\overline{x}_1$ 的一段; 坐标轴 $x_1=0$ 的 $0\leqslant x_2\leqslant\widetilde{x}_2$ 的一段. 如图 3.17 和图 3.18 所示.

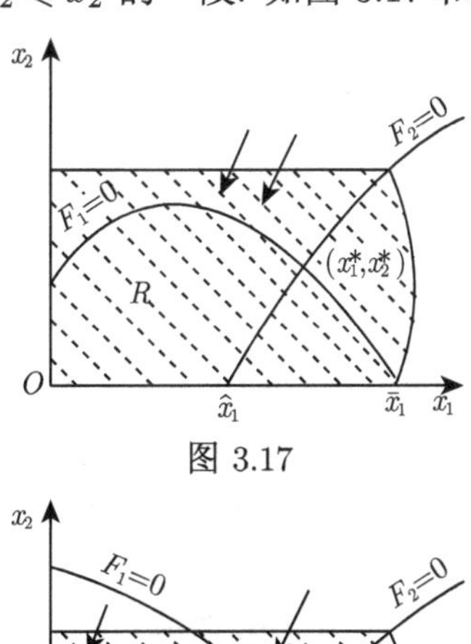

图 3.17

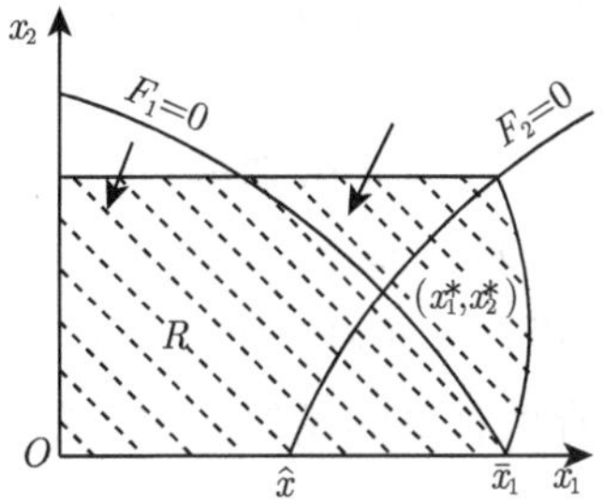

x_2 $F_1=0$ $F_2=0$ (x_1^*,x_2^*) R O $\hat{x}$ $\overline{x}_1$ x_1

图 3.18

(3.96) 的任何轨线与 R 的边界相交都是或者由外向内, 或者保留在边界上, 而且 Q^0 中所有的轨线都将进入 R, 因此或者所有轨线都趋于 (x_1^*, x_2^*), 或者由 Poincaré-Bendixson 定理在 R 中至少存在一个周期轨道. 定理证毕.

以上讨论的是捕食与被捕食作用模型的性质, 下面我们再研究相互竞争作用的两种群模型, 其模型的形式仍为 (3.96), 只是其中的函数并不是满足上面所述的 (A1)—(A11) 或 (P1)—(P3), 而是满足下面的条件 (C1).

(C1) (a) $\dfrac{\partial F_i}{\partial x_j} < 0$, 在 Q^0 内 $(i, j = 1, 2)$.

(b) 存在 $x_{11} > 0$ 和 $x_{22} > 0$, 使

$$(x_1 - x_{11})F_1(x_1, 0) < 0, \text{对所有的} x_1 \geqslant 0, x_1 \neq x_{11};$$
$$(x_2 - x_{22})F_2(0, x_2) < 0, \text{对所有的} x_2 \geqslant 0, x_2 \neq x_{22}.$$

(c) 存在 $x_{12} > 0$ 和 $x_{21} > 0$, 使

$$(x_2 - x_{21})F_1(0, x_2) < 0, \text{对所有} x_2 \geqslant 0, x_2 \neq x_{21};$$
$$(x_1 - x_{12})F_2(x_1, 0) < 0, \text{对所有} x_1 \geqslant 0, x_1 \neq x_{12}.$$

引理 3.2 在假设 (C1) 下, 对 $i = 1, 2$, 方程 $F_i(x_1, x_2) = 0$ 在 $[0, x_{1i}]$ 上定义唯一连续函数 $x_2 = \varphi_i(x_1)$, 使 $\varphi_i(0) = x_{2i}, \varphi_i(x_{1i}) = 0$, 并且 φ_i 是严格正的, 而且在 $(0, x_{1i})$ 上可微, 且有 $\varphi_i'(x_1) < 0$, 因此 φ_i 是严格减少的.

证明 容易看出, 假设 (C1) 说明函数 F_1 和 F_2 都满足假设 (P1), 因此引理可直接由引理 3.1 的 (i) 部分的证明推出.

定理 3.29 如果条件 (C1) 满足, 则 Kolmogorov 模型 (3.96) 的所有轨线当 $t \to +\infty$ 时趋于 Q 内的一些奇点.

证明 记 $(x_{11}, 0), (0, x_{22})$和$(0, 0)$ 是 (3.96) 在 Q 的边界上仅有的奇点, 而 $x_2 = \varphi_1(x_1)$ 和 $x_2 = \varphi_2(x_1)$ 的交点是在 Q^0 内仅有的奇点.

如果只假设满足条件 (C1)(a)—(C1)(c), 交点的集合是闭的, 可能是空的, 有限的, 可数或不可数的.

我们仅考察区间 I, III和V, 如图 3.19 所示, 区域V是由两曲线 $x_2 = \varphi_1(x_1)$ 和 $x_2 = \varphi_2(x_1)$ 所界定的, 在 Q^0 内每一轨线或者当 $t \to +\infty$ 时趋于 V, 或者在有限时间进入 V, 由 Poincaré-Bendixson 定理, 当 $t \to \infty$ 时轨线趋于某些奇点.

下面我们再研究互惠共存两种群的模型, 其形式仍然为 (3.96), 其中 F_1, F_2 满足下列条件.

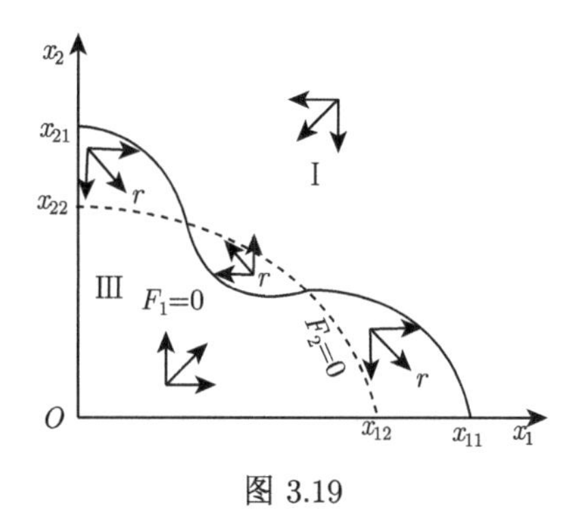

图 3.19

(S1) (a) $\dfrac{\partial F_1}{\partial x_2} > 0$ 且 $\dfrac{\partial F_2}{\partial x_1} > 0$, 在 Q^0 内.

(b) 对任何 $(x_1, x_2) \in Q^0$, 存在 $\gamma > 0$, 使得对 $\xi > 0$ 有

$$x_1\left(\frac{\partial F_1}{\partial x_1}\right)_{(x_1\xi, x_2\xi)} + x_2\left(\frac{\partial F_1}{\partial x_2}\right)_{(x_1\xi, x_2\xi)} < -\gamma,$$

$$x_1\left(\frac{\partial F_2}{\partial x_1}\right)_{(x_1\xi, x_2\xi)} + x_2\left(\frac{\partial F_2}{\partial x_2}\right)_{(x_1\xi, x_2\xi)} < -\gamma.$$

(c) 存在一个 $x_{11} > 0$ 和一个 $x_{22} > 0$, 使

$$(x_1 - x_{11})F_1(x_1, 0) < 0, 对所有的 x_1 \geqslant 0, x_1 \neq x_{11};$$

$$(x_2 - x_{22})F_2(0, x_2) < 0, 对所有的 x_2 \geqslant 0, x_2 \neq x_{22}.$$

引理 3.3 如果 F_1 和 F_2 满足假设 (S1), 则

(i) 方程 $F_1(x_1, x_2) = 0$ 定义唯一连续函数$x_1 = \varphi_1(x_2)$ 在 $[0, +\infty)$ 上定义, 使 $\varphi_1(0) = x_{11}$, 以及 φ_1 在 $(0, +\infty)$ 上可微, 并有$0 < \varphi_1'(x_2) < \dfrac{\varphi_1(x_2)}{x_2}$;

(ii) 方程 $F_2(x_1, x_2) = 0$定义唯一连续函数 $x_2 = \varphi_2(x_1)$ 在 $[0, +\infty)$ 上定义, 使 $\varphi_2(0) = x_{22}$, 以及 φ_2 在 $(0, +\infty)$ 上可微并有 $0 < \varphi_2'(x_1) < \dfrac{\varphi_2(x_1)}{x_1}$;

(iii) 模型 (3.96) 在 Q^0 内存在唯一的平衡点.

证明 结论 (i) 和 (ii) 的证明和引理 3.1 的证明相同, (ii) 只要稍加修改即可, 这里不详述之.

条件 (S1)(b) 在这里不必要这样强, 但是它将用于证明结论 (iii). 如果 (S1)(b) 减弱为 $\gamma = 0$ 和 $\xi = 1$, 则结论 (i) 和结论 (ii) 仍可证明, 但是曲线 $x_1 = \varphi_1(x_2)$ 和 $x_2 = \varphi_2(x_1)$ 将无交点.

结论 (iii) 的证明类似于定理 3.28 的证明的第一部分, 定义函数 f 为

$$f(x_2) = F_2(\varphi_2(x_2), x_2),$$

f 是严格增加的, 并且 $f(0) > 0$. 现设 (x_1, x_2) 是 Q^0 内任意一点, 设 $\gamma > 0$, 使 (S1)(b) 满足, 则由中值定理有

$$F_i(x_1\xi, x_2\xi) - F_i(0,0) < -\gamma\xi, \quad i = 1, 2.$$

如果我们选取 $\xi > \max\{F_1(0,0), F_2(0,0)\}/\gamma$, 则有 $F_1(x_1\xi, x_2\xi) < 0$, 以及 $F_2(x_1\xi, x_2\xi) < 0$ 并由假定 (S1) 有 $\varphi_1(x_2\xi) < x_1\xi$, 由假设 (S1)(a) 有

$$f(x_2\xi) = F_2(\varphi_1(x_2\xi), x_2\xi) < F_2(x_1\xi, x_2\xi) < 0,$$

因此在 Q^0 内存在唯一的奇点 (x_1^*, x_2^*). 证毕.

定理 3.30 如果 S(1) 满足, 则模型 (3.96) 的每一轨线在 Q^0 中当 $t \to +\infty$ 时趋于唯一的奇点 (x_1^*, x_2^*).

证明 区域 Ⅰ—Ⅳ 如图 3.20 所示, 现在选择一系列闭矩形: $ABCD$, $A'B'C'D', \cdots$ 包含 (x_1^*, x_2^*), 使得 (x_1^*, x_2^*) 在每一个矩形之内如图 3.20 所示, (3.96) 的所有与矩形的边界相交的轨线, 当 $t \to +\infty$ 时都从外向内. 因此可知在 Q^0 内不存在周期轨道, 而且 (x_1^*, x_2^*) 是全局吸引的.

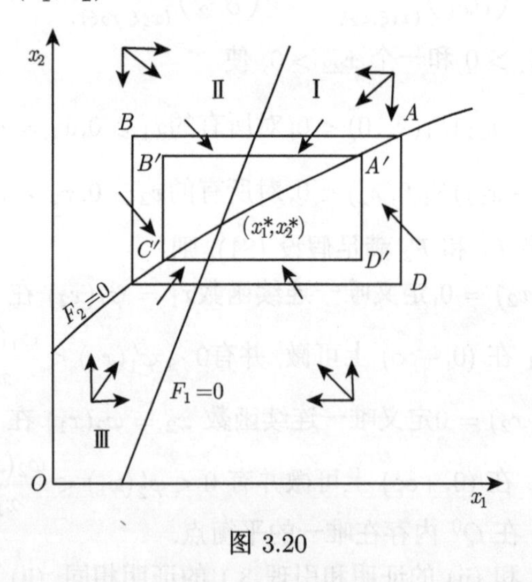

图 3.20

3.4 具常数收获率的捕食与被捕食模型的定性分析

在没有考虑具常数收获率的系统之前, 我们再来回顾一下定理 3.28 的条件和结果. 定理 3.28 是用以研究捕食与被捕食种群的 Kolmogorov 模型

$$\begin{cases} \dot{x}_1 = x_1 F_1(x_1, x_2), \\ \dot{x}_2 = x_2 F_2(x_1, x_2). \end{cases} \tag{3.96}$$

定理 3.28 的条件可以分成三组:

(1) $\dfrac{\partial F_1}{\partial x_2} < 0, \dfrac{\partial F_2}{\partial x_1} > 0, \dfrac{\partial F_2}{\partial x_2} \leqslant 0.$

这组条件的前两个是描述捕食与被捕食关系的基本条件, 第三个是说明捕食者密度的增加必不会有利于捕食者相对密度的增长, 这组条件从生态意义上来说是基本的描述条件.

(2) 存在 $\overline{x}_1 > 0, \overline{x}_2 > 0$ 及 $\widehat{x} > 0$, 使

(i) $(x_1 - \overline{x}_1)F_1(x_1, 0) < 0$,

(ii) $(x_2 - \overline{x}_2)F_1(0, x_2) < 0$,

(iii) $(x_1 - \widehat{x}_1)F_2(x_1, 0) > 0$.

在这组条件中 (i) 表示食饵种群的密度制约因素. 但有时可以不一定考虑食饵种群的密度制约因素, 允许它是非密度制约的, 也就是说可以有 $\overline{x}_1 = +\infty$ 的情况. 条件 (ii) 是无食饵时捕食者种群的上临界密度, 有时这个上临界密度可以是零, 因此对于实际问题, 这一组条件并不是非要不可的, 我们将想办法放松这组条件的要求.

(3) $x_1\dfrac{\partial F_1}{\partial x_1} + x_2\dfrac{\partial F_1}{\partial x_2} > 0, x_1\dfrac{\partial F_2}{\partial x_1} + x_2\dfrac{\partial F_2}{\partial x_2} > 0.$

这一组假设的生态意义不十分清楚, 曾受到了生态学家的批评. Bulmer 建议用下述条件来代替它 (Bulmer, 1976)

$$x_2[F_2(x_1, x_2) - F_2(0,0)] \leqslant \alpha x_1[F_1(x_1, x_2) - F_1(0,0)], \tag{3.113}$$

这里 $\alpha > 0$. 用条件 (1),(2) 加上条件 (3.113) 也可证明定理 3.28.

再看定理 3.28 的结论, 有两点:

(A) 在定理 3.28 的条件下, 方程 (3.96) 的一切解有界.

(B) 在定理 3.28 的条件下, 方程 (3.96) 有唯一正的平衡点.

容易证明, 如果方程 (3.96) 有唯一正平衡点, 则此平衡点是非鞍点 (见后面二中的证明), 因而 (A), (B) 两点就可以叙述成定理 3.28 的形式.

就结论 (A) 而言, 可以不要第 (3) 组条件, 只要有 (1), (2) 组条件即可, 并且还可以把条件 (2) 放宽. 下面我们就来证明这个事实.

我们开始讨论具有常数收获率的 Kolmogorov 模型, 这里我们只考虑捕食与被捕食系统. 为了易于区分, 我们记 $x(t)$ 为食饵种群的密度, $y(t)$ 为捕食者种群的密度, 把方程 (3.96) 写成

$$\begin{cases} \dot{x} = xf(x, y), \\ \dot{y} = yg(x, y). \end{cases} \tag{3.96$'$}$$

则具有常数收获率的模型为

$$\begin{cases} \dot{x} = xf(x,y) - F, \\ \dot{y} = yg(x,y) - G. \end{cases} \tag{3.114}$$

这里 $F \geqslant 0, G \geqslant 0$ 为常数 (如果 $F < 0, G < 0$, 则称之为常数存放率). 对函数 $f(x,y)$ 和 $g(x,y)$, 除了假设它们在第一象限连续可微外, 并作与定理 3.28 前面两组条件类似的假设, 保持组 (1), 推广组 (2). 设

(a) 当 $x > 0, y > 0$ 时有

$$f_y(x,y) < 0, \quad g_x(x,y) > 0, \quad g_y(x,y) \leqslant 0, \tag{3.115}$$

这个条件就是前面的条件 (1).

(b) 方程 $f(x,y) = 0$ 在某一区间 $\alpha \leqslant x \leqslant K$ 内定义一曲线 $y = \varphi(x)$, 且在这区间内部 $\varphi(x) > 0$. 这里 $\alpha \geqslant 0, 0 < K \leqslant +\infty$, 并且

(i) $f(K,0) = 0$.

(ii) 若 $\alpha > 0$, 则 $f(\alpha,0) = 0$;

若 $\alpha = 0$, 则存在 $L \leqslant \infty$, 使 $f(0,L) = 0$.

(iii) 存在 J, 使 $g(J,0) = 0$.

这里容易看出 (b) 中的三个条件相当于组 (2) 中的三个条件. 只是组 (2) 中的 (ii) 相当于组 (b) 中的 (ii) 当 $\alpha = 0$ 的情况且 $L < +\infty$. 两组条件之差异在食饵等倾线 $f(x,y) = 0$ 上, 我们可以作示意图, 如图 3.21 所示. 在条件组 (2) 中的 $f(x,y) = 0$ 为图 3.21(a), 而条件 (b) 则包含 (1)—(3) 三种情况.

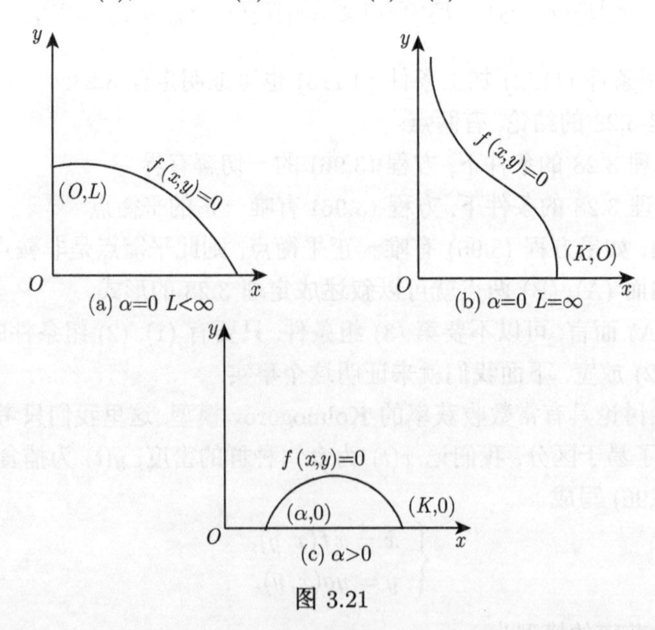

图 3.21

现在我们研究模型 (3.114), 这时与模型 (3.96) 一样假设条件 (a) 成立, 而条件 (b) 改为:

(b) $_F$因为 $f_y(x,y) \neq 0$, 所以方程 $xf(x,y) = F$ 在某一区间 $0 \leqslant \alpha(F) \leqslant x \leqslant \beta(F) \leqslant \infty$ 内定义一个单值函数 $y = \varPhi_F(x)$, 并且在此区间内部函数 $\varPhi_F(x) > 0$, 满足下列条件:

(i) 若 $\beta(F)$ 为有限的, 则 $\varPhi_F(\beta(F)) = 0$; 若 $\beta(F) = \infty$, 则对于所有的 $x, \alpha(F) \leqslant x < \infty$ 都有 $\varPhi_F(x) > 0$.

由于 $f_y(x,y) < 0$, 容易知道只有在区间 $\alpha(F) \leqslant x \leqslant \beta(F)$ 内, $xf(x,y) - F \geqslant 0$ 对应于 $y \leqslant \varPhi_F(x)$.

若 $F = 0$, 设 $\beta(0) = K$ 因此有 $f(K,0) = 0$, 而且对于 $\alpha(0) \leqslant x \leqslant K$ 都有 $\varPhi_0(x) \geqslant 0$(这与条件 (b) 中的 (i) 是吻合的).

(ii) 如果 $\alpha(0) = 0$, 则存在 $L \leqslant \infty$ 使 $f(0,L) = 0$. (可看出 L 是曲线 $f(x,y) = 0$ 和 y 轴的交点的坐标, 这与假设中的 (b)(ii) 一致.) 我们这里允许 $L = \infty$ 和 $K = \infty$, 但一般情况有 $K < \infty, \alpha(0) = 0$ 和 $L < \infty$.

(iii) 因为 $g_y(x,y) \neq 0$, 方程 $yg(x,y) = G$ 定义一个 x 为 y 的单值函数 $x = \varGamma_G(y)$. 对于 $G = 0$, 我们假设存在 $J > 0$, 使 $g(J,0) = 0$, 则 $\varGamma_0(y)$ 对于 $0 \leqslant y < \infty$ 有定义, 且有 $\varGamma_0(0) = J$, 并且因为 $g_x(x,y) > 0, g_y(x,y) \leqslant 0$, 所以 $\varGamma_0(y)$ 是非减的. 在很多具体的捕食–被捕食模型中函数 g 是不依赖于 y 的, 在这种情况下曲线 $g(x,y) = 0$ 是垂直线 $x = J$ 和 $\varGamma_0(y) \equiv J$, 如果 $G > 0$, 曲线 $yg(x,y) = G$ 位于 $g(x,y) = 0$ 的右边 (因为 $g_x(x,y) > 0$) 并且当 $y \to \infty$ 时渐近于 $g(x,y)$, 易知当且仅当 $x \geqslant \varGamma_G(y)$ 时有 $yg(x,y) - G \geqslant 0$.

定理 3.31 设: (i) 条件 (3.115) 成立; (ii) 存在 $J > 0$, 使 $g(J,0) = 0$; (iii) 若 $\beta(F) = \infty$ 则设当 $x \to \infty$ 时 $xf(x,y)$ 一 F 和 $\varPhi_F(x)$ 有上界, 则每一起始于第一象限的轨道或者在有限时间到达坐标轴, 或者对于所有的 $t > 0$, 保留在第一象限的一个有界子集内.

证明 设 $\{x(t), y(t)\}$ 是 (3.114) 具有初值 $x(0) = x_0 \geqslant 0, y(0) = y_0 \geqslant 0$ 的解, 我们考虑 $x(t) \to \infty$ 的可能性. 如果 $\beta(F) < \infty$, 则 $\dot{x}(t) = x(t)f(x(t), y(t)) - F < 0$ 对于所有大的 x 成立, 因此 $x(t) \not\to \infty$; 如果 $\beta(F) = \infty$, 并且 (x_0, y_0) 在 $\dot{x}(t) \geqslant 0, \dot{y}(t) \geqslant 0$ 的区域内, 则由假设 $\dot{x}(t) = x(t)f(x(t), y(t)) - F$ 有上界, 因此在这一区域内轨线的斜率 $\dfrac{dy}{dx} = \dfrac{\dot{y}(t)}{\dot{x}(t)}$ 有下界, 因为由假设 $\varPhi_F(x)$ 是有界的, 此轨道必与曲线 $y = \varPhi_F(x)$ 相交, 进入 $\dot{x}(t) \leqslant 0$ 的区域内, 即有 $x(t) \not\to \infty$.

现在我们知道这个轨道只有保留在区域 R: $\{\dot{x}(t) \leqslant 0, \dot{y}(t) \geqslant 0\}$ 内可能无界, 对于一切大的 $t, y(t) \to \infty$. 我们假设 $\{x(t), y(t)\}$ 对于一切 $t \geqslant 0$ 在 R 内, 我们将证明 $y(t)$ 必保持有界, 选取任意 $G > 0$, 以及选取 x_0 和 y_0 足够大, 使得

(i) $x_0 \geqslant \Gamma_G(y_0)$,

(ii) y_0 大于曲线 $xf(x,y) = F - c_1x_0$ 的最大高度. 则 (x_0, y_0) 必落在 R 内, 因为对于 $t \geqslant 0, \dot{y}(t) \geqslant 0$, 所以对于 $t \geqslant 0, y(t) \geqslant y_0$, 因此 $\{x(t), y(t)\}$ 对于所有的 $t \geqslant 0$ 保留在曲线 $xf(x,y) = F - c_1x_0$ 的上面, 并且有 $x(t)f(x(t), y(t)) - F \leqslant -c_1x_0$, 因为 $x(t) \leqslant x_0$.

$$f(x(t), y(t)) - \frac{F}{x(t)} \leqslant -c_1\frac{x_0}{x(t)} \leqslant -c_1, \quad t \geqslant 0, \tag{3.116}$$

用 $\dot{x}(t) \leqslant 0, \dot{y}(t) \geqslant 0$ 和 (3.115), 有

$$\frac{d}{dt}g(x(t), y(t)) = g_x(x(t), y(t))\dot{x}(t) + g_y(x(t), y(t))\dot{y}(t) \leqslant 0, \quad t \geqslant 0.$$

所以

$$g(x(t), y(t)) \leqslant g(x_0, y_0), \quad t \geqslant 0.$$

如果 $G \geqslant 0$, 那么

$$g(x(t), y(t)) - \frac{G}{y(t)} \leqslant g(x_0, y_0), \quad t \geqslant 0;$$

或者如果 $G < 0$, 那么

$$g(x(t), y(t)) - \frac{G}{y(t)} \leqslant g(x_0, y_0) + \frac{|G|}{y_0}, \quad t \geqslant 0.$$

在另一种情况下存在 $c_2 > 0$, 使得

$$g(x(t), y(t)) - \frac{G}{y(t)} \leqslant c_2, \quad t \geqslant 0, \tag{3.117}$$

定义 $\alpha = \dfrac{c_2}{c_1}$, 并设

$$V(x, y) = x^\alpha y,$$

则

$$\begin{aligned}\frac{d}{dt}V(x(t), y(t)) =& \alpha x^{\alpha-1}\dot{x}y + x^\alpha \dot{y} \\ =& \alpha x^{\alpha-1}y(xf(x,y) - F) + x^\alpha y(yg(x,y) - G) \\ =& x^\alpha y\left[\alpha\left(f(x,y) - \frac{F}{x}\right) + (g(x,y) - G)\right] \\ \leqslant& x^\alpha y[-\alpha c_1 + c_2] = 0.\end{aligned}$$

因此

$$V(x(t), y(t)) \leqslant V(x_0, y_0)$$

或

$$y(t) \leqslant V(x_0, y_0)(x(t))^{-\alpha},$$

所以 $x(t)$ 是有界的. 当 y 很大时, 它将离开零很远, 因为当 $y \to \infty$ 时 $yg(x,y) = G$ 渐近于 $g(x,y) = 0$, 以及 $\Gamma_0(y) \geqslant J$, 由此得出 $y(t)$ 保持有界. 因此, 当初始值 x_0 和 y_0 充分大时的每一轨道都必保持有界, 因为任一个轨道起始于 (x_0, y_0), 具有 $y_1 < y_0$; 或者起始于 (x_1, y_0), 具有 $x_1 < x_0$, 都必保持有界. 所以任何轨道或者在 R 内保持有界, 或者穿出 R 到别的象限. 定理证毕.

3.4.1 具常数收获率的 Kolmogorov 模型

这里我们考虑方程 (3.114), 但限定其中常数 $F \geqslant 0, G \geqslant 0$, 即具有收获的情况. 当 $F = 0$ 且 $G = 0$ 即为 3.3 节中所研究的 Kolmogorov 模型. 下面我们分两种情况来讨论.

(1) 捕食者种群具有常数收获率的模型.

$$\begin{cases} \dot{x} = xf(x,y), \\ \dot{y} = yg(x,y) - G, \end{cases} \tag{3.118}$$

也就是 $F = 0, G > 0$ 的情况, 基本假设仍是

(a)

$$f_y(x,y) < 0, \quad g_x(x,y) > 0, \quad g_y(x,y) \leqslant 0. \tag{3.115}$$

(b) 由于 $f_y(x,y) \neq 0$, 所以方程 $f(x,y) = 0$ 定义一单值函数 $y = \Phi(x)$, 并且在区间 $\alpha \leqslant x \leqslant K$ 内 $\Phi(x) > 0, f(K,0) = 0$. (i) 若 $\alpha = 0$ 则由 $f_y(x,y) < 0$ 得到 $f(0,0) > 0$; (ii) 如果 $\alpha > 0$ 而 $f(\alpha, 0) = 0$, 则 $f(0,0) < 0$. (i) 和 (ii) 两种情况的讨论是类似的. 我们这里以讨论 $\alpha = 0$ 的情况为例, 这时存在 $L \geqslant 0$ 使 $f(0,L) = 0$, 当然, 这里我们允许 $K = \infty$ 和 $L = \infty$.

(c) 因为 $g_x(x,y) > 0, g_y(x,y) \leqslant 0$, 所以方程 $g(x,y) = 0$ 定义单调非减函数 $x = \Gamma(y)$. 在很多具体的捕食–被捕食种群模型中函数 $g(x,y)$ 不依赖于 y, 在这种情况下, $g(x,y) = 0$ 是一垂直于 x 轴的直线, 记为 $x = J$, 并设 $J > 0$, 使 $g(J,0) = 0$. 我们还假设

(d) $J < K$, 这样曲线 $f(x,y) = 0$ 和 $g(x,y) = 0$ 有而且只有一个交点为 $(x^*, y^*), x^* > 0, y^* > 0$, 即为模型 (3.96) 的正平衡点, 模型 (3.96) 除此外还有两个平衡点 (0,0) 和 $(K,0)$, 容易验证它们都是鞍点.

我们容易看出, 如果 $G > 0$, 则鞍点 $(K,0)$ 进入第一象限. 在分析解的全局渐近性质时, 它将成为我们的主要研究对象. 而鞍点 (0,0) 则进入另一边, 所以它不影响全局性质.

根据 Kolmogorov 定理, 在上述假设下将得到模型 (3.96) 或者有稳定平衡点, 或者有一个稳定极限环.

如果平衡点 (x^*, y^*) 是渐近稳定的, 则每一个在其邻域内出发的轨线当 $t \to \infty$ 时趋于 (x^*, y^*). 如果平衡点 (x^*, y^*) 是不稳定的, 则必存在渐近稳定极限环, 在这里我们将暂时不考虑如下几种复杂情况: 例如, 结构不稳定、中心情况、多于一个极限环的情况、多于一个平衡点或稳定平衡点外有极限环等情况, 因为对这些情况的研究是困难的.

关于模型 (3.96) 的初始点在正 x 轴或正 y 轴上的解的情形可由图 3.22 看出, 在 y 轴上趋于 (0,0), 在 x 轴上趋于点 $(K,0)$. 如果 $G > 0$. 模型 (3.118) 的平衡点是被捕食者等倾线 $f(x,y) = 0$ 和捕食者等倾线 $yg(x,y) = G$ 的交点, 这条捕食者等倾线有两条渐近线为 $g(x,y) = 0$ 和 $y = 0$, 如图 3.23 所示. 对于充分小的 $G > 0$, 在第一象限存在两个平衡位置, 连续地依赖于 G, 其中的一个平衡位置我们记为 $(x^*(G), y^*(G))$, 当 $G \to 0$ 时, 它趋于 (x^*, y^*); 另外一个平衡位置我们记为 $(\xi(G), \eta(G))$, 当 $G \to 0$ 时它趋于 $(K,0)$. 而当 $G = 0$ 时的平衡位置 (0,0), 在 $G > 0$ 时移动到 x 轴的下方, 这点我们不感兴趣.

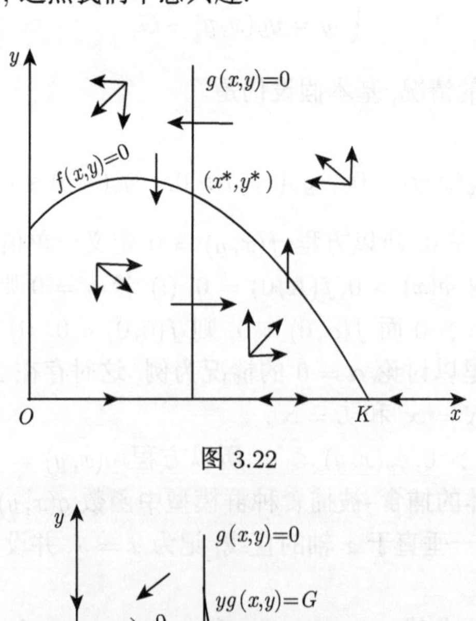

图 3.22

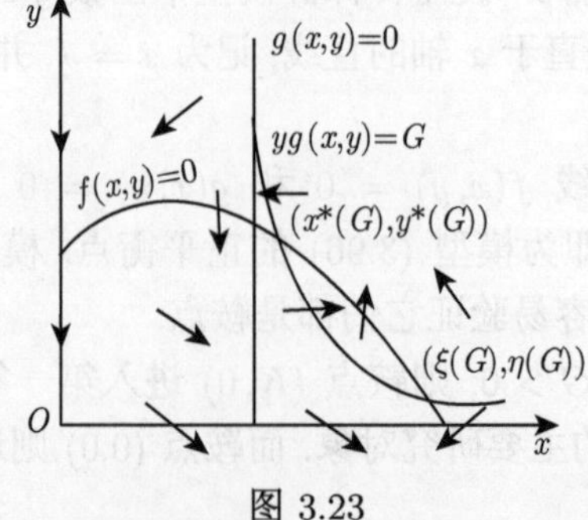

图 3.23

当 G 增加时, 捕食者等倾线从 $g(x,y)=0$ 和 $y=0$ 移动, 逐渐离开它们. 存在某一个临界收获率 G_c, 使两平衡位置重合, 即两等倾线在这个二重平衡点相切. 当 $G<G_c$ 时两等倾线在两平衡点相交不相切; 而当 $G>G_c$ 时则在第一象限无平衡点. 因此初始值在第一象限的每一个解必在有限时间达到 x 轴 (对应于捕食者绝灭). 关于 $J\geqslant K$ 的情况, 当 $G=0$ 时不存在正平衡位置, 每一个解当 $t\to\infty$ 时趋于 $(K,0)$, 而当 $G>0$ 时每一个解在有限时间与 x 轴相交. 这里我们定义 G_c 为系统 (3.118) 有正平衡位置 G 的最大值, 如果 $G>G_c$, 则捕食者必绝灭, 当然这并不说明当 $G<G_c$ 时捕食者必定生存.

为了计算 G_c, 我们写 $G(x)=y(x)g(x,y(x))$, 这里 $y(x)$ 由 $f(x,y)=0$ 解出, 而 G_c 是 $G(x)$ 在 $0\leqslant x\leqslant K$ 上的极大值. 设在 $x^*(G_c)$ 得到

$$G_c=y(x^*(G_c))g(x^*(G_c),y(x^*(G_c))),\quad f(x^*(G_c),y(x^*(G_c)))=0,$$

G 的极大值 G_c 可由上两方程得到.

下面我们要研究收获率在区域 $0\leqslant G<G_c$ 内当 $t\to\infty$ 时方程 (3.118) 的解的性质.

首先是对平衡位置 $(x^*(G),y^*(G))$ 和 $(\xi(G),\eta(G))$ 的局部稳定性的分析. 关于模型 (3.118) 我们可以用在奇点线性化系统的系数矩形的判定, 对于无收获系统 (3.96), Bulmer(1976) (我们将在 3.4.2 节中介绍这一结果) 得到平衡位置为鞍点的充要条件是: 在平衡点被捕食等倾线 $f(x,y)=0$ 的斜率大于捕食者等倾线的斜率, 特殊地, 如果存在唯一的交点, 这个平衡点不能是鞍点. 对于有收获系统 (3.118), 如果捕食者等倾线在平衡点有负斜率, 则一个平衡点是鞍点的充要条件是被捕食者等倾线的斜率小于捕食者等倾线的斜率 (即负得更多), 由此易知当 $0\leqslant G<G_c$ 时 $(\xi(G),\eta(G))$ 是鞍点, 即当 $0\leqslant G<G_c$ 时 $(x^*(G),y^*(G))$ 是一个结点或焦点.

如果平衡位置 $(x^*(0),y^*(0))$ 是渐近稳定的, 则线性化系统的系数矩阵的特征值有负实部. 因为这个特征值关于 G 是连续的, 所以对于充分小的 $G>0$, 平衡位置 $(x^*(G),y^*(G))$ 也是渐近稳定的. 另一方面, 如果平衡位置 $(x^*(0),y^*(0))$ 是不稳定的, 则存在一个渐近稳定极限环. 因此由周期解的摄动理论得到, 对于很小的 $G>0$, 存在一渐近稳定的极限环. 因此 $G=0$ 的系统的某些定性性质可以转到 $G>0$ 且充分小的系统, 但是这仅是局部稳定问题, 当 $G=0$ 时在整个第一象限的每一个解趋于渐近稳定平衡位置或趋于渐近稳定极限环; 而当 $G>0$ 时渐近稳定区域则不是整个第一象限, 怎样确定这样一个区域, 这是值得我们今后注意的问题.

为了研究 (3.118) 解的全局性质, 我们要联系平衡点 $(x^*(G),y^*(G))$ 的局部稳定性和对鞍点 $(\xi(G),\eta(G))$ 的分析. 众所周知鞍点 $(\xi(G),\eta(G))$ 有四条分界线, 当 $t\to+\infty$ 时, L_1^- 和 $L_2^-\to(\xi(G),\eta(G))$; 当 $t\to-\infty$ 时, L_1^+ 和 $L_2^+\to(\xi(G),\eta(G))$.

在 L_2^+ 上当 t 增加时, x 单调增加而 y 单调减少, 并且在有限时间内 L_2^+ 到达 x 轴. 而在 L_1^- 上当 t 增加时, x 单调减少, y 单调增加, L_1^- 趋于 $(\xi(G), y(G))$, 此二分界线的位置是确定的 (图 3.24). 而 L_1^+ 和 L_2^- 的走向不定, 因此, 由它们的不同相对位置可有以下不同情况:

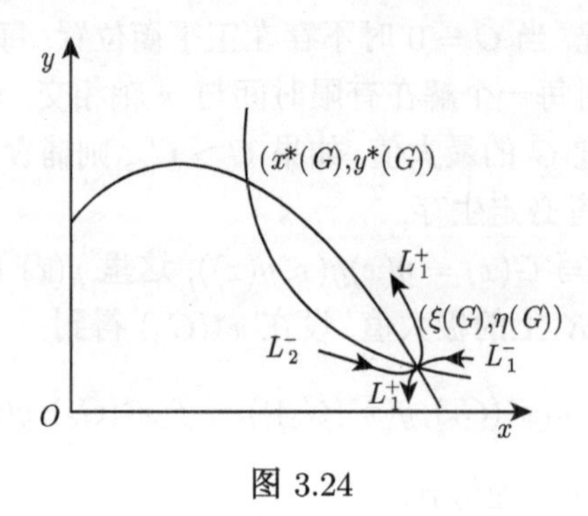

图 3.24

(Ⅰ) (a) L_1^+ 趋于 $(x^*(G), y^*(G))$, (b)L_1^+ 趋于极限环.

(Ⅱ) L_2^+ 与 L_2^- 重合.

(Ⅲ) (a) L_2^- 趋于极限环 (当 $t\to-\infty$), (b) L_2^- 趋于 $(x^*(G), y^*(G))$(当 $t\to-\infty$). 各种情况下的稳定性区域如图 3.25(1)—(4) 中的斜线部分所示. 但是对于一给定的模型, 如何确定它属于哪一种情况, 进一步地, 如何确定其渐近稳定区域的大小、形状, 目前只有计算的结果.

例 3.5

$$
\begin{aligned}
f(x,y) &= r\left(1-\frac{x}{K}\right)-\frac{y}{x+A},\\
g(x,y) &= S\left(\frac{x}{x+A}-\frac{J}{J+A}\right)=\frac{SA(x-J)}{(J+A)(x+A)},
\end{aligned}
\tag{3.119}
$$

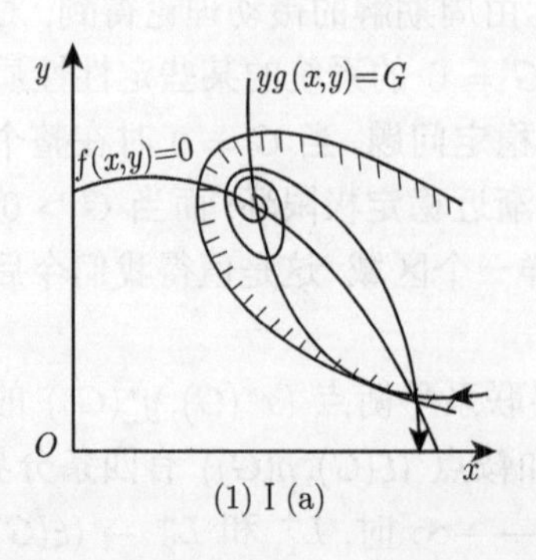

(1) Ⅰ(a)

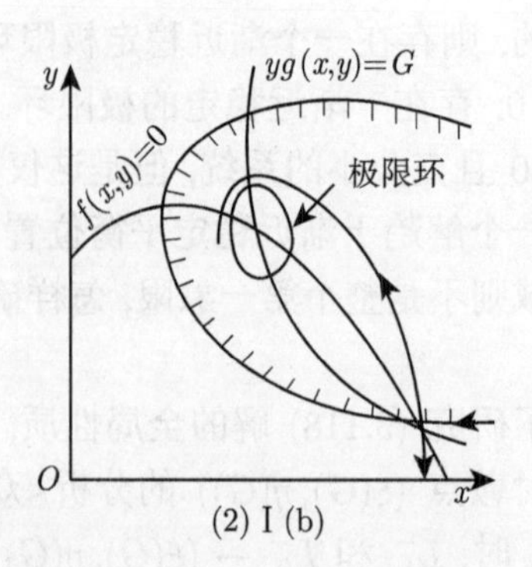

(2) Ⅰ(b)

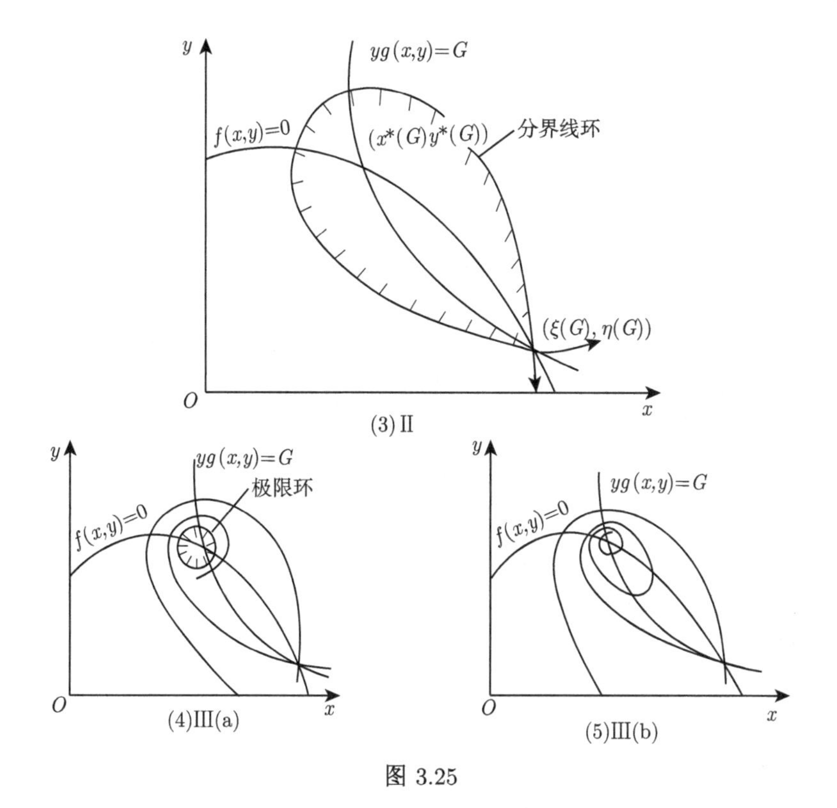

图 3.25

则有

$$
x^*(G)=\frac{1}{2}\left\{(K+J)-\left[(K-J)^2-\frac{4K(J+A)}{rSA}G\right]^{\frac{1}{2}}\right\},
$$
$$
y^*(G)=\frac{r}{K}(x^*(G)+A)(K-x^*(G)),
$$

以及

$$
x^*(0)=J,\quad x^*(G_c)=\frac{1}{2}(K+J),
$$
$$
G_c=\frac{rSA(K-J)^2}{4K(J+A)},
$$

(x^*,y^*) 渐近稳定的条件为

$$
SAK(x^*-J)<rx^*(J+A)(2x^*+A-k).
$$

(2) 食饵种群具有常数收获率的模型的研究.

我们考虑模型

$$
\begin{cases}
\dot{x}=xf(x,y)-F,\\
\dot{y}=yg(x,y),
\end{cases}
\tag{3.120}
$$

其中 F 为被捕食者种群所具有的常数收获率, 其他部分的生态意义如前, 并且对 $F=0$ 的系统我们作与 (1) 中相同的假设, 即在区域 $x>0,y>0$ 中有

$$f_y(x,y)<0,\quad g_y(x,y)\leqslant 0,\quad g_x(x,y)>0. \tag{3.115}$$

同样, 方程 $f(x,y)=0$ 确定 y 为 x 的单值函数, 并设在一个区间 $\alpha\leqslant x\leqslant K$ 上 y 是非负的, 且 $f(K,0)=0$. 如果 $\alpha=0$, 则 $f(0,0)\geqslant 0$. 如果 $\alpha>0$ 及 $f(\alpha,0)=0$, 则 $f(0,0)<0$, 我们只考虑 $\alpha=0$ 的情况 ($\alpha>0$ 的情况相仿), 这时存在 $L\geqslant 0$ 使 $f(0,L)=0$. 方程 $g(x,y)=0$ 确定 x 为 y 的单调非减函数, 如果函数 g 不依赖于 y, 则曲线 $g(x,y)=0$ 是垂直线 $x=J$. 一般地, 假设存在 $J>0$ 使 $g(J,0)=0$. 我们有兴趣的是 $J<K$ 的情况 (因为当 $J\geqslant K$ 时方程 (3.96) 无正平衡点).

这时 $f=0$ 和 $g=0$ 存在唯一交点, 也就是当 $F=0$ 时 $f(x,y)=0$ 和 $g(x,y)=0$ 的交点记为 $(x^*,y^*),x^*>0,y^*>0$. 若当 F 从零增加时, 被捕食者种群等倾线为 $xf(x,y)=F$, 它是曲线 $f(x,y)=0$ 向下的移动 (因为 $f_y'<0$, 则对固定的 x,y 减少时 F 是增加的). 被捕食者等倾线 $xf(x,y)=F$ 和捕食者等倾线 $g(x,y)=0$ 的交点, 记为 $(x^*(F),y^*(F))$, 在某一区间 $0\leqslant F\leqslant F_c$ 内连续依赖于 F, 这里 F_c 定义为

$$x^*(F_c)=J,\quad y^*(F_c)=0.$$

为了简单起见, 将设对于 $0\leqslant F\leqslant F_c$ 交点 $(x^*(F),y^*(F))$ 是唯一的. 被捕食者等倾线 $xf(x,y)=F$ 确定 y 为 x 的单值函数在每一区间 $\alpha(F)\leqslant x\leqslant\beta(F)$ 中定义, 而这里

$$\begin{aligned}&\alpha(F)f(\alpha(F),0)=\beta(F)f(\beta(F),0)=F,\\&\alpha(0)=\alpha,\quad \beta(0)=K,\end{aligned}$$

被捕食者的临界收获 F_c 可以由下面的事实表示其特征, 即或者

$$\alpha(F_c)<J,\quad \beta(F_c)=J. \tag{3.121}$$

或者 $\alpha(F_c)<J,\beta(F_c)>J$.

对于 $0\leqslant F<F_c$ 有

$$0\leqslant\alpha(F)<J<\beta(F)\leqslant K.$$

由此得到

$$g(\alpha(F),0)<0,g(\beta(F),0)>0.$$

对于 $0\leqslant F<F_c$, 模型 (3.120) 在第一象限有三个平衡点: $P^*=(x^*(F),y^*(F)),S_\alpha=(\alpha(F),0),S_\beta=(\beta(F),0)$. 在 (1) 中我们看到对于捕食者有收获的情况, 模型 (3.118) 在第一象限仅有两个平衡点, 而这里被捕食者有收获的模型 (3.120), 在第一象限有三个平衡点, 因而使得模型 (3.120) 与 (3.118) 具有不同的定性性质.

我们利用在奇点的线性化系统来研究模型 (3.120) 的平衡点 P^* 的局部稳定性, 设线性化系统的系数矩阵为 $A(P^*)$. Bulmer(1976) 指出, 假设在第一象限的内部有唯一的平衡点 P^*, 则 P^* 不可能是鞍点, 因此 P^* 是结点或焦点, 如果 $A(P^*)$ 的迹是负的, 则 P^* 是渐近稳定的; 如果 $A(P^*)$ 的迹是正的, 则 P^* 为不稳定的. 容易验证平衡点 S_α 和 S_β 均为鞍点 (当 $F < F_c$ 时).

和研究方程 (3.18) 一样, 通过分析鞍点 S_α 和 S_β 来讨论 (3.120) 的解的大范围性质.

S_α 的不稳定分界线即为 x 轴, 而渐近稳定分界线之一是在第四象限, 但另一条渐近稳定分界线可以有: (i) 当 $t \to -\infty$ 时为无界的, (ii) 当 $t \to -\infty$ 时趋于 S_β, (iii) 当 $t \to -\infty$ 时趋于 P^* 或围绕 P^* 的极限环.

S_β 的渐近稳定分界线为 x 轴, 而不稳定分界线之一是在第四象限, 但另一不稳定分界线可以有: (i) 当 $t \to +\infty$ 时趋于 P^* 或围绕 P^* 的极限环, (ii) 当 $t \to +\infty$ 时到达 S_α, (iii) 当 $t \to +\infty$ 时在有限时间与 y 轴相交.

就以上情况我们有下面三种可能性.

情况 1 S_α 的渐近稳定分界线当 $t \to -\infty$ 时为无界的; 而 S_β 的不稳定分界线当 $t \to +\infty$ 时

(a) 趋于 P^*,

(b) 趋于围绕 P^* 的极限环.

情况 2 存在一轨道, 当 $t \to +\infty$ 时趋于 S_α, 当 $t \to -\infty$ 时趋于 S_β.

情况 3 S_β 的不稳定分界线当 t 增加时在有限时间到达 y 轴, 而 S_α 的渐近稳定分界线当 $t \to -\infty$ 时

(a) 趋于 P^*,

(b) 趋于围绕 P^* 的极限环.

对应各种情况的图形如图 3.26(1)—(5) 所示. 对于每一个具体的模型, 怎样区分它在什么条件下属于哪一种情况, 还未见到理论结果, 一般可通过数值计算来实现.

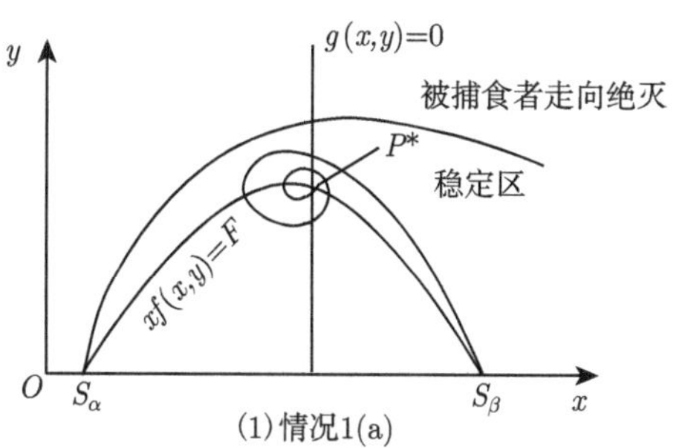

(1) 情况1(a)

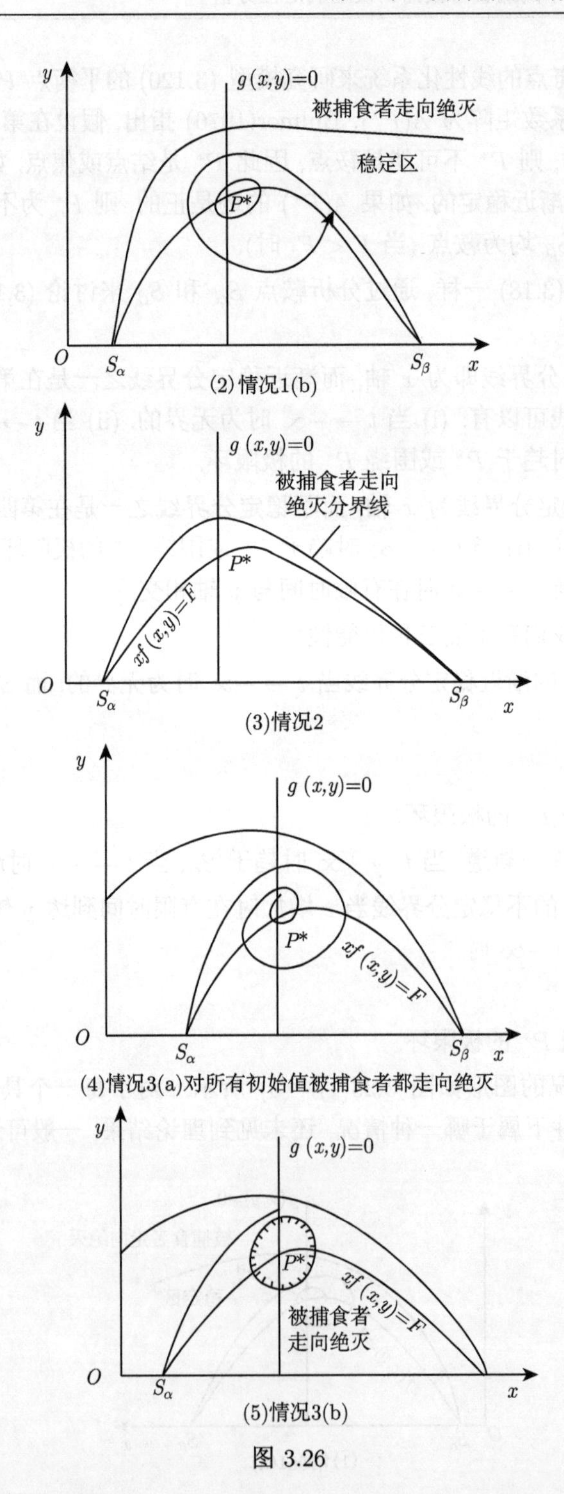

y
g(x,y)=0
被捕食者走向绝灭
稳定区
P*
O
Sα
Sβ
x
(2) 情况1(b)
y
g (x,y)=0
被捕食者走向
绝灭分界线
P*
xf (x,y)=F
O
Sα
Sβ
x
(3)情况2
y
g (x,y)=0
P*
xf (x,y)=F
O
Sα
Sβ
x
(4)情况3(a)对所有初始值被捕食者都走向绝灭
y
g (x,y)=0
P*
xf (x,y)=F
被捕食者
走向绝灭
O
Sα
x
(5)情况3(b)

图 3.26

例 3.6 考虑与例 3.5 同样的函数

$$\begin{aligned} f(x,y) =& r\left(1-\frac{x}{k}\right)-\frac{y}{x+A}, \\ g(x,y) =& s\left(\frac{x}{x+A}-\frac{J}{J+A}\right) \\ =& \frac{sA(x-J)}{(x+A)(J+A)}, \end{aligned} \tag{3.122}$$

容易算得

$$x^*(F)=J, \quad y^*(F)=(J+A)\left[r\left(1-\frac{J}{K}\right)-\frac{F}{J}\right].$$

平衡位置 $P^*(F)$ 为渐近稳定的充要条件为

$$F<\frac{rJ^2}{KA}(2J+A-K). \tag{3.123}$$

我们定义$F_s<\dfrac{rJ^2}{KA}(2J+A-K)$, 则当 $F<F_s$ 时, P^* 是渐近稳定的; 当 $F>F_s$ 时, P^* 是不稳定的. 由 $y^*(F_c)=0$ 决定 F_c, 得到

$$F_c=\frac{rJ}{K}(K-J). \tag{3.124}$$

用 (3.123) 和 (3.124) 容易证实, 如果 $K<2J$, 则 $F_s>F_c$, 并且当 $0\leqslant F\leqslant F_c$ 时, P^* 是渐近稳定的; 如果 $K>2J+A$, 则 $F_s<0$, 并且当 $0\leqslant F\leqslant F_c$ 时, P^* 是不稳定的; 如果 $2J<K<2J+A$, 有 $0<F_s<F_c$.

数 α 和 β 为下述方程的根.

$$rx\left(1-\frac{x}{K}\right)-F=0,$$

即 $\alpha=\dfrac{K}{2}-\left[\left(\dfrac{K}{2}\right)^2-\dfrac{KF}{r}\right]^{\frac{1}{2}}, \beta=\dfrac{K}{2}+\left[\left(\dfrac{K}{2}\right)^2-\dfrac{KF}{r}\right]^{\frac{1}{2}}$. 如果 $K<2J$, 则 $\alpha(F_c)=K-J<J, \beta(F_c)=J$; 而如果 $K>2J$, 则 $\alpha(F_c)=J, \beta(F_c)=K-J>J$. 若 $K<2J$, 则 $P^*(F_c)$ 是渐近稳定的.

3.4.2 食饵或捕食者种群具有存放的模型的研究

我们这里考虑模型

$$\begin{cases} \dot{x}=xf(x,y)-F, \\ \dot{y}=yg(x,y)-G, \end{cases} \tag{3.125}$$

这里 $F\leqslant 0, G\leqslant 0$. 对于自然捕食被捕食模型 (即 $F=0, G=0$) 仍作与前面一样的假设, 为了引用方便, 我们这里再重述一下:

(a) 当 $x>0, y>0$ 时, $f_y(x,y)<0, g_x(x,y)>0, g_x(x,y)\leqslant 0$ (见 (3.115)).

(b) 因为 $f_y(x,y)\neq 0$, 所以方程 $f(x,y)=0$ 确定 y 为 x 的单值函数, 记为 $y=\varPhi(x)$. 设 $\varPhi(x)$ 在某区间 $\alpha\leqslant x\leqslant K$ 上非负, 这里 $\alpha\geqslant 0, K\leqslant\infty$. 若 $K<\infty$, 则 $f(K,0)=0$.

如果 $\alpha=0$, 则从 $f_y(x,y)<0$ 知 $f(0,0)\geqslant 0$, 设存在 $L, 0\leqslant L\leqslant\infty$, 使 $f(0,L)=0$.

如果 $\alpha>0$ 且 $f(\alpha,0)=0$, 则 $f(0,0)<0$.

(c) 存在 $J>0$ 使 $g(J,0)=0$. 通常情况 g 仅依赖于 x, 而曲线 $g(x,y)=0$, 即为 $x=J$, 因为 $g_x(x,y)>0$, 以及 $g_y(x,y)\leqslant 0$, 所以方程 $g(x,y)=0$ 确定 x 为 y 的单调非减函数, 记为 $x=\varGamma(y)$, 此函数在 $0\leqslant y<\infty$ 中定义且 $J=\varGamma(0)$.

(d) 设 $J<K$, 模型 (3.125) 的定性性质可以分为三种不同情况.

(1) $\alpha>0$;

(2) $\alpha=0$ 但 $L=\infty$;

(3) $\alpha=0, L<\infty$.

下面我们将分别就这三种情况加以讨论.

先考虑 (3.125) 的正常平衡位置 $(\widehat{x},\widehat{y})$ 为两等倾线 $xf(x,y)-F=0$ 和 $yg(x,y)-G=0$ 的交点. 我们假设当 $F=0, G=0$ 时 f 和 g 存在一个平衡点 $(x^*,y^*), x^*>0, y^*>0$.

被捕食者种群等倾线在平衡点 $(\widehat{x},\widehat{y})$ 的斜率为

$$-\frac{\widehat{x}f_x(\widehat{x},\widehat{y})+f(\widehat{x},\widehat{y})}{\widehat{x}f_y(\widehat{x},\widehat{y})},$$

由条件 (a), 上式与 $\widehat{x}f_x(\widehat{x},\widehat{y})+f(\widehat{x},\widehat{y})$ 同号; 而捕食者种群等倾线的斜率为

$$-\frac{\widehat{y}g_x(\widehat{x},\widehat{y})}{\widehat{y}g_y(\widehat{x},\widehat{y})+g(\widehat{x},\widehat{y})},$$

除 $g(\widehat{x},\widehat{y})=0$, 且 $g_y(\widehat{x},\widehat{y})=0$ 外, 由条件 (a), 上式与 $\widehat{y}g_y(\widehat{x},\widehat{y})+g(\widehat{x},\widehat{y})$ 反号.

系统 (3.125) 在平衡点 $(\widehat{x},\widehat{y})$ 的线性化系统的系数矩阵为

$$\varDelta(\widehat{x},\widehat{y})=\begin{bmatrix}\widehat{x}f_x(\widehat{x},\widehat{y})+f(\widehat{x},\widehat{y}) & \widehat{x}f_y(\widehat{x},\widehat{y})\\ \widehat{y}g_x(\widehat{x},\widehat{y}) & \widehat{y}g_y(\widehat{x},\widehat{y})+g(\widehat{x},\widehat{y})\end{bmatrix},$$

$(\widehat{x},\widehat{y})$ 为鞍点的充要条件为 $\det\varDelta(\widehat{x},\widehat{y})<0$, 容易知道 $(\widehat{x},\widehat{y})$ 为鞍点的充要条件是: 或者捕食者种群的等倾线斜率为负, 但它大于被捕食者种群等倾线的斜率; 或者捕食者种群的等倾线斜率为正, 但小于被捕食者等倾线的斜率. 如果捕食者等倾线为垂直线, 则 $(\widehat{x},\widehat{y})$ 不可能是鞍点. 特殊地, 如果在第一象限内部有唯一的平衡点, 则这个平衡点不可能是鞍点, 对于任意的 F 和 G 均如此.

(1) 被捕食者种群有存放的系统.

我们固定 $G=0$, F 从零减少, 如果 $\alpha=0$, 则当 $F=0$ 时存在一个平衡点 (x^*,y^*) 不是鞍点, 并且存在两个鞍点 $S_1(0,0)$ 和 $S_2(K,0)$; 如果 $\alpha>0$, 则当 $F=0$ 时 S_1 是一个渐近稳定平衡点, 并且存在第二个鞍点 $S_3(\alpha,0)$. 当 F 减少时被捕者等倾线向上移动 (因为 $f_y(x,y)<0$), 当 $F<0$ 时被捕食者等倾线是渐近于 y 轴和曲线 $f(x,y)=0$. 因此, 如果 $\alpha=0$, 则 S_1 移动出第一象限, 变成没有生态意义的了, 而 S_2 沿着 x 轴向右移动 (图 3.27).

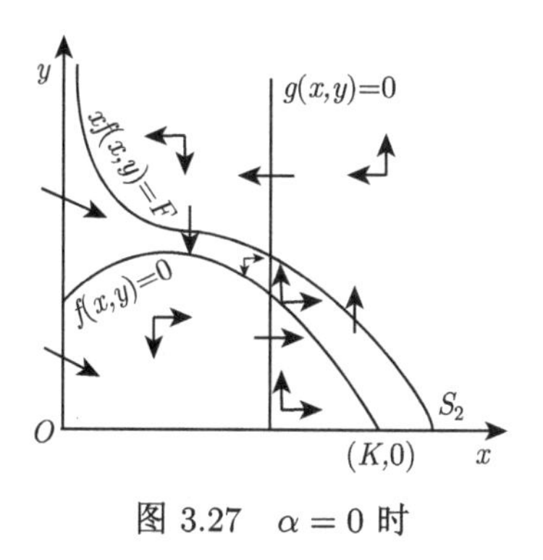

图 3.27 $\alpha=0$ 时

如果 $\alpha>0$, 则 S_1 沿 x 轴向右移动, S_3 沿 x 轴向左移动直到 S_1 和 S_3 重合并消失 (图 3.28).

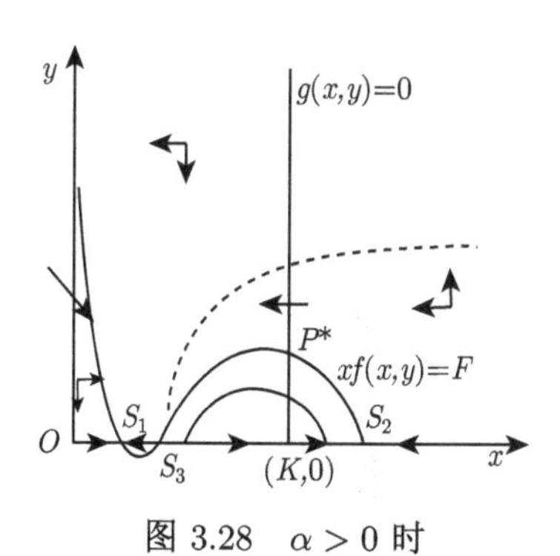

图 3.28 $\alpha>0$ 时

因为当 $t=0$ 时起始于第一象限的轨道对于所有的 $t\geqslant 0$ 保留在第一象限的有界子集内, 所以由 Poincaré-Bendixson 定理得出每一轨线或者趋于 P^*, 或者趋于围绕 P^* 的极限环, 或者当 $t\to\infty$ 时趋于 S_1(如果 $\alpha>0$). 只有例外的直线轨线沿 x 轴趋于鞍点 S_2, 以及在 $\alpha>0$ 的情况有一分界线在第一象限趋于鞍点 S_3(图 3.28). 在 $\alpha>0$ 的情况, 这分界线把第一象限分成两个区域, 其中一个区域为 P^* 或围绕 P^* 的极限环的吸引区域, 另一区域是 S_1 的吸引区域, 在这时当 $t\to\infty$ 时捕食者将绝灭.

当 F 减小时, 平衡点 P^* 沿着曲线 $g(x,y)=0$ 向上移动, 如果对于大的 y 有 $xf_x(x,y)+f(x,y)<0$, 则容易看出对于所有大的 $|F|$, 平衡位置 P^* 必为渐近稳定的. 由此说明, 如果 $\alpha=0$, 存在以下两种可能性: 或者 P^* 对于所有 $F\leqslant 0$ 是渐近稳定的, 并且所有轨道趋于 P^*; 或者 P^* 是不稳定的, 并且轨道趋于围绕 P^* 的一个极限环, 但当 $|F|$ 增加时, P^* 是稳定的轨道趋于 P^*.

如果 $\alpha>0$, 则 P^* 的或围绕 P^* 的极限环的吸引区域的性质与情况 $\alpha=0$ 相同. 当 $|F|$ 增加时, S_1 的吸引区域缩小, 直到 S_1 和 S_3 重合, 这个重合即数学的灾变现象.

(2) 捕食者种群有存放.

我们现在固定 $F=0$, 而 G 从零减少, 对于 $G<0$, 捕食者等倾线当 $y\to\infty$ 时渐近于曲线 $g(x,y)=0$, 并且位于 $g(x,y)=0$ 的左边 (由条件 (a)). 为了分析当 G 减少时等倾线的性质, 分三种情况讨论.

(i) $\alpha>0$, 因此曲线 $f(x,y)=0$ 不与正 y 轴相交.

(ii) $\alpha=0$, 但 $L=\infty$, 因此对于 $y>0$ 有 $f(0,y)>0$, 并且 $\lim\limits_{x\to 0_+}\varPhi(x)=+\infty$.

(iii) $\alpha=0$ 并且存在 $L<\infty$, 有 $f(0,L)=0$.

如果 $\alpha>0$, 那么当 G 减少时 P^* 沿着 $f(x,y)=0$ 向左移动, S_1 沿 y 轴向上移动, S_3 沿着 $f(x,y)=0$ 向右移动, 而 S_2 向下移动到第四象限 (图 3.29). 正如被捕食者种群有存放的情况, 存在 S_3 的一个分界线, 把第一象限分成: 一个为 P^* 或围绕 P^* 的极限环的吸引区域, 一个为 S_1 的吸引区域. 这里 S_1 对应于被捕食者绝灭, 然后 S_3 和 P^* 从重合到消失, 这个情况是数学上的灾变现象, 所有的轨道趋于 S_1 (被捕食绝灭), 因此存在 $G_c<0$. 如果 $0\geqslant G>G_c$, 对于某些初始值为共存的, 而如果 $G<G_c$, 则对于所有的初始值被捕食者绝灭.

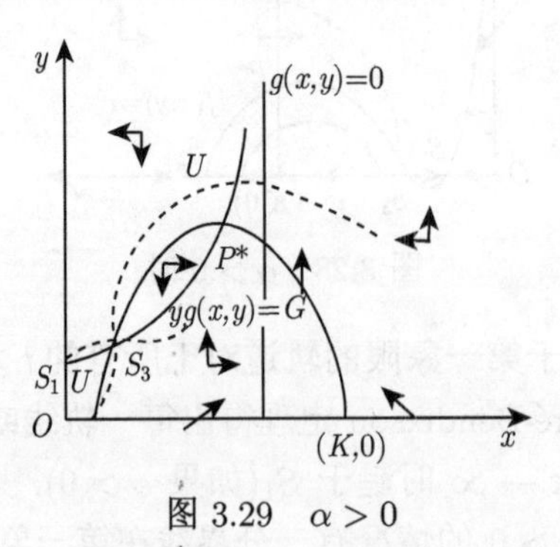

图 3.29 $\alpha>0$

如果 $\alpha=0$, 但 $L=\infty$, 当 G 减少时 P^* 沿着 $f(x,y)=0$ 向左移动, S_1 在 y 轴上向上移动 (图 3.30). 如果 $f_x(x,y)<0$, 则容易知道平衡点 P^* 是渐近稳定的. 因为 $f(x,y)=0$ 永不与 y 轴相交, 不存在分界线的连线, 并且初值在第一象限内部的

任意轨道当 $t \to \infty$ 时趋于 P^*, 当 $|G|$ 变大时, P^* 很接近 y 轴, 一个小的摄动即可消灭被捕食种群, 也就是说这一系统是不稳定的.

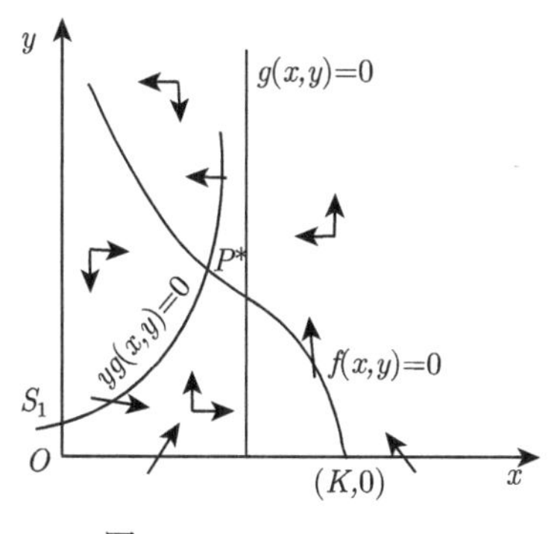

图 3.30 $\alpha=0, L=\infty$

关于情况 $\alpha=0$ 和 $L<\infty$ 的讨论就很复杂, 但是又是一个最常见的情况, 因此, 我们将详细地讨论. 当 G 减少时, P^* 沿着 $f(x,y)=0$ 向左移动, 而 S_1 在 y 轴上向上移动, 每一个初值在第一象限内部的轨道当 $t \to \infty$ 时趋于 P^* 或围绕 P^* 的极限环 (图 3.31).

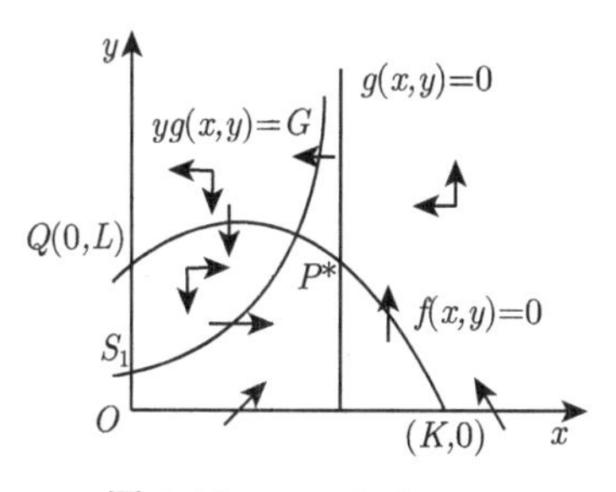

图 3.31 $\alpha=0, L<\infty$

当 S_1 达到点 $Q(0,L)$ 时 ($Q(0,L)$ 为 $f(x,y)=0$ 与 y 轴的交点), 存在两种可能情况:

情况 I. 当 $F=0$ 时被捕食者等倾线的斜率小于捕食者等倾线的斜率, 选取 G 使捕食者等倾线过 $(0,L)$(图 3.32). 在这种情况下 S_1 和 P^* 在 Q 点重合, 在此之前每一轨线当 $t \to \infty$ 时趋于 P^* 或趋于围绕 P^* 的极限环, S_1 变成一个渐近稳定结点, 每一轨道当 $t \to \infty$ 时趋于 S_1, 对应于被捕食者绝灭, 如同 $\alpha>0$ 的情况, 存在 G_c, 当 $0 \geqslant G > G_c$ 时, 对于某些初始值为共存的, 如果当 $G<G_c$ 时对所有初值, 被捕食者绝灭, 则这个临界存放率 $-G_c$ 由下式给出

$$-G_c = -L_g(0,L). \tag{3.126}$$

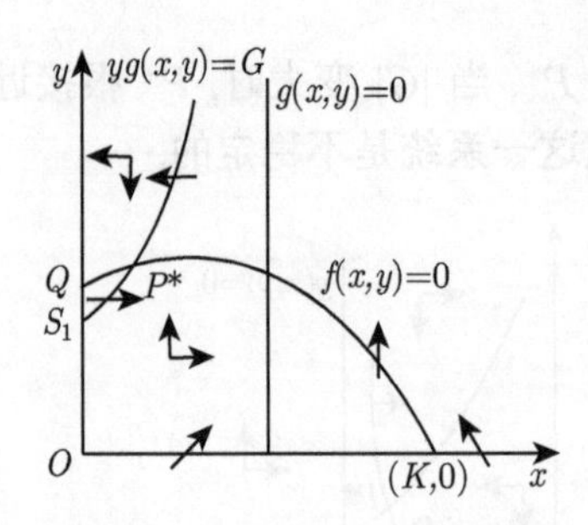

图 3.32 $\alpha=0, L<\infty$ 情况 I

情况 II. 当 $F=0$ 时被捕食者等倾线的斜率大于捕食者等倾线的斜率, 选取 G 使捕食者等倾线通过 $(0,L)$(图 3.33). 在这种情况下, S_1 达到 Q, 而 P^* 始终保持在第一象限的内部, 当 $t\to\infty$ 时, 每一轨线趋于 P^* 或趋于围绕 P^* 的极限环. 当 S_1 超过 Q 时, 则产生一个新的平衡位置, 即在 $f(x,y)=0$ 上的鞍点 T, T 的稳定分界线把第一象限划分为两个区域, 其中一个区域内的轨道趋于 P^* 或围绕 P^* 的极限环, 另一个区域内的轨线趋于稳定结点 S_1, 这个区域为捕食者绝灭 (图 3.34).

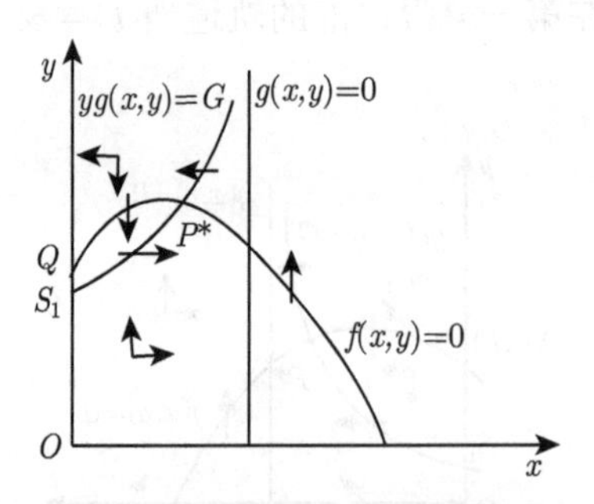

图 3.33 $\alpha=0, L<\infty$ 情况 II

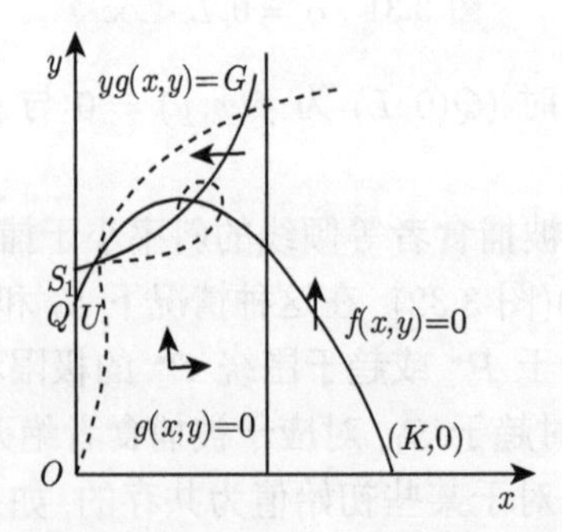

图 3.34 情况 II——第一种可能

还存在第二种可能, 当 T 和 P^* 重合后消失, 所有轨线趋于 S_1(图 3.35), 因此, 在这种情况下存在 $C_c, G^*<0$, 如果 $0\geqslant G>G_c$, 则所有的初值共存; 当

$G_c > G > G^*$ 时, 则有一个区域为共存的, 一个区域被捕食者绝灭; 如果 $G < G^*$, 则所有初值都有被捕食者走向绝灭. 在情况 I 中 G_c 由 (3.126) 给定, 我们这里容易计算第二种情况下存放率 G^*.

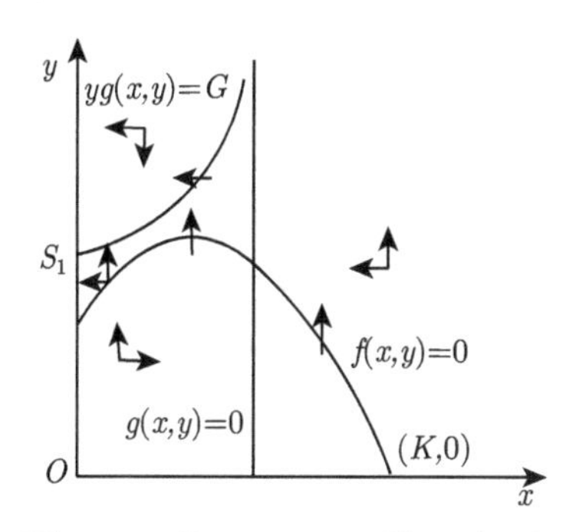

图 3.35 情况 II —— 第二种可能

情况 I 与 II 之间的差别在于等倾线在 $(0, L)$ 点的斜率, 因为我们要研究捕食者有存放的情况, 所以被捕食者等倾线的斜率为

$$\lim_{x\to 0\ y\to L} \frac{xf_x(x,y)+f(x,y)}{xf_y(x,y)},$$

这里 $x \to 0, y \to L$ 是沿着曲线 $f(x,y)=0$ 进行的, 因此, 被捕食者等倾线在 $(0, L)$ 的斜率为

$$\lim_{x\to 0\ y\to L} \left(-\frac{xf_x(x,y)}{xf_y(x,y)}\right) = -\frac{f_x(0,L)}{f_y(0,L)}.$$

于是, 模型 (3.125) 属于情况 I 的充要条件为

$$-\frac{f_x(0,L)}{f_y(0,L)} < -\frac{Lg_x(0,L)}{g(0,L)+Lg_y(0,L)}. \tag{3.127}$$

例 3.7 Rosenlweig-MacArlhur 模型

$$\begin{aligned} f(x,y) &= \Phi(x) - yh(x), \\ g(x,y) &= s(xh(x) - Jh(J)), \end{aligned} \tag{3.128}$$

这里 $\Phi(x) \geqslant 0$, 当 $0 \leqslant x \leqslant K$ 时, $\Phi'(x) \leqslant 0, h(x) \geqslant 0, h'(x) \leqslant 0, (xh(x))' > 0$ 并且当 $x \to \infty$ 时 $xh(x)$ 有界, 有

$$\begin{aligned} &L = \frac{\Phi(0)}{h(0)}, \quad f_x(0,L) = \frac{h(0)\Phi'(0) - \Phi(0)h'(0)}{h(0)}, \\ &f_y(0,L) = -h(0), \quad g(0,L) = -sJh(J), \\ &g_x(0,L) = sh(0), \quad g_y(0,L) = 0. \end{aligned}$$

因此条件 (3.127) 为

$$Jh(J)(h(0)\Phi'(0) - \Phi(0)h'(0)) < \Phi(0)(h(0))^2,$$

由此我们看到情况 I 的一个充分条件是

$$Jh(J)\left|\frac{-h'(0)}{(h(0))^2}\right| \leqslant 1 \tag{3.129}$$

(如果 $L < \infty$, 则 $h(0) > 0$). 容易知道, 如果 $\left|\frac{1}{h(x)}\right|'' \geqslant 0$, 则 (3.129) 成立. 因此, (3.129) 对具功能性反应的模型 $h(x) = (x + A)^{-1}$ 成立. $\Big($对Ivlcv 模型 $h(x) = \frac{h(1 - e^{cx})}{x}$ 也成立.$\Big)$

然而并不是所有模型 (3.128) 都是情况 I , 例如, 选取

$$h(x) = \frac{1 - (1 + x)^{-\frac{1}{2}}}{x},$$

这里 $h(0) = \frac{1}{2}, h'(0) = -\frac{3}{8}$, 如果 $J > 8$ 成立.

(3) 两种群都有存放.

这情况即 F 和 G 均不为零. 如果 $\alpha = 0$, 则 S_1 移动到第二象限, 而 S_2 移动到第四象限, 不存在灾变情况, 并且对于所有的 $F < 0, G < 0$, 每一轨道当 $t \to \infty$ 时趋于 P^* 或围绕 P^* 的极限环, 定性的这个情况类似于捕食者有存放时 $L = \infty$ 的情况 (图 3.36). 对于大的存放率平衡点变成渐近稳定的, 但是当平衡点很接近于 y 轴时存在一种特殊的不稳定情况, 很小的扰动可使被捕食者种群绝灭.

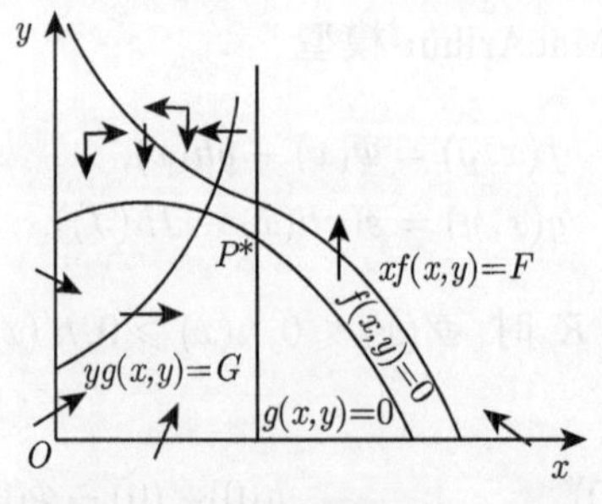

图 3.36　两种群存放 $\alpha = 0$

如果 $\alpha > 0$ 那么当一 F 是小存放率使 S_1 和 S_2 重合 (图 3.37) 时, 存在两共存区域被趋于鞍点 S_3 的稳定分界线所分划, 其中之一是 P^* 或围绕 P^* 的极限环

的吸引区域, 而另外一个则是渐近稳定平衡点 S_1 的吸引区域, 两共存区域均在第一象限内部. 究竟能达到怎样的共存状态, 则取决于初值.

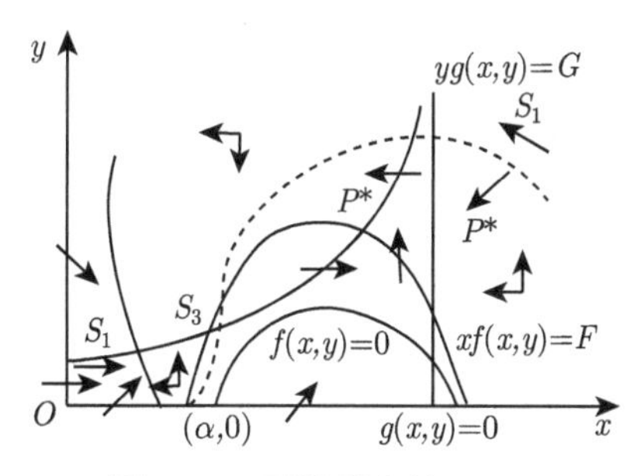

图 3.37　两种群存放 $\alpha > 0$

例 3.8

$$f(x,y) = r\left(1 - \frac{x}{K}\right) - \frac{y}{x+A},$$
$$g(x,y) = \frac{sA(x-J)}{(x+A)(J+A)},$$

在仅被捕食者有存放时平衡位置是渐近稳定的条件为

$$-F > \frac{rJ^2}{KA}(K - A - 2J).$$

在仅捕食者有存放时平衡位置是渐近稳定的条件为

$$rx^*(J+A)(2x^* + A - K) + sAK(J - x^*) > 0.$$

对应的存放率可从下式计算

$$-G = \frac{rsA}{K(J+A)}(J - x^*)(K - x^*),$$

这模型是 $\alpha = 0, L < \infty$ 类型的, 这里 $L = rA$. 鞍点 S_1 到达点 $Q(0, L)$ 时捕食者的存放率为

$$-G_c = \frac{rsAJ}{(J+A)},$$

由前可知此模型属于情况 I .

对例 3.8 的模型加以扰动得到如下例题.

例 3.9

$$f(x,y) = r\left(1 - \frac{x}{K}\right) - \frac{y}{x+A},$$
$$g(z,y) = \frac{sA(x-J)}{(x+A)(J+A)} - \mu y,$$

这个模型也属于 $\alpha=0, L<\infty$ 类型, $L=rA$, 但现在

$$-G_c=\frac{rsAJ}{J+A}+\mu r^2A^2,$$

容易计算此模型属于情况 I 的充要条件为

$$\mu<\frac{s(K+J)}{2r(K-A)(J+A)}.$$

一般的扰动模型:

$$\begin{aligned}f(x,y)&=\varPhi(x)-yh(x),\\g(x,y)&=s(xh(x)-Jh(J))-\mu\alpha(y),\end{aligned}$$

这里 $\varPhi(x)\geqslant 0$, 当 $0\leqslant x\leqslant K, \varPhi'(x)\leqslant 0, h(x)\geqslant 0, h'(x)\leqslant 0, (xh(x))'>0, xh(x)$. 当 $x\to\infty$ 时有界, $\alpha(0)=0, \alpha'(y)>0, \alpha'(0)=1$. 容易看出此模型属于情况 I 的充要条件为

$$(\varPhi'(0)h(0)-\varPhi(0)h'(0))\left[sJh(J)+\mu\left(\alpha(L)+\alpha'(L)\frac{\varPhi(0)}{h(0)}\right)\right]<s\varPhi(0)(h(0))^2.$$

因为 $\alpha(L)+\alpha'(L)\dfrac{\varPhi(0)}{h(0)}>0$, 所以这个条件在取 μ 充分大时成立. 因此, 此模型属于 $\alpha=0, L<\infty$ 类型, 可以是情况 I 也可以是情况 II.

例如

$$\begin{aligned}f(x,y)&=r(x-\alpha)\left(1-\frac{x}{K}\right)-\frac{y}{x+A},\\g(x,y)&=\frac{sA(x-J)}{(x+A)(J+A)},\end{aligned}$$

易知这属于 $\alpha>0$ 类.

又如

$$\begin{aligned}f(x,y)&=r\left(1-\frac{x}{K}\right)-\frac{\beta x}{\alpha^2+x^2},\\g(x,y)&=s\left(1-\frac{y}{Mx}\right),\end{aligned}$$

属于 $\alpha=0, L=\infty$ 类.

从上面的讨论我们可以看出, 一个种群作用的数学模型加上常数收获率或常数存放率之后, 它的解的定性性质就要复杂多了. 原来是全局稳定的数学模型, 加上常数收获或常数存放后会变成不是全局稳定的, 甚至变成不稳定系统. 对这种影响的理论研究是很困难的, 我们可以就最简单的捕食与被捕食关系的两种群的 Volterra

模型为例, 以 x 表示食饵的密度, y 表示捕食者的密度. 在本章最前面我们研究过, 若食饵种群是密度制约的, 而捕食者种群是非密度制约的, 这时模型为

$$\begin{cases} \dot{x} = x(b - a_{11}x - a_{12}y), \\ \dot{y} = y(-d + Ea_{12}x), \end{cases} \tag{3.130}$$

考虑有常数收获率 (或存放率) 的模型为

$$\begin{cases} \dot{x} = x(b - a_{11}x - a_{12}y) - F, \\ \dot{y} = y(-d + Ea_{12}x) - G. \end{cases} \tag{3.131}$$

在前面我们已经知道, 方程组 (3.130) 若有一个正的平衡点 (x^*, y^*), 则 (x^*, y^*) 是全局稳定的. 这里

$$x^* = \frac{d}{Ea_{12}}, \quad y^* = \frac{1}{a_{12}}\left(b - \frac{a_{11}d}{Ea_{12}}\right).$$

因此$\dfrac{b}{a_{12}} > \dfrac{d}{Ea_{12}}$ 时 (3.130) 有正平衡位置 (x^*, y^*) 且是全局稳定的, 对于 (3.131) 我们容易证得如下结论.

定理 3.32 系统 (3.131) 若存在正平衡位置 $(\overline{x}^*, y^*)$, 而且假设 $F \leqslant 0, G \leqslant 0$, 则 $(\overline{x}^*, \overline{y}^*)$ 是全局稳定的.

证明 作 Lyapunov 函数

$$V(x, y) = E\left(x - \overline{x}^* - \overline{x}^* \ln \frac{x}{\overline{x}^*}\right) + \left(y - \overline{y}^* - \overline{y}^* \ln \frac{y}{\overline{y}^*}\right),$$

则对于方程 (3.131), 有

$$\dot{V}(x, y) = -a_{11}E(x - \overline{x}^*)^2 + \frac{EF}{x\overline{x}^*}(x - \overline{x}^*)^2 + \frac{G(y - \overline{y}^*)^2}{y\overline{y}^*},$$

因此当 $F \leqslant 0, G \leqslant 0$ 时除 $x = \overline{x}^*, y = \overline{y}^*$ 外, 恒有 $\dot{V} < 0$, 所以 $(\overline{x}^*, \overline{y}^*)$ 是全局稳定的.

这个定理说明存放不会影响系统的生态平衡. 但捕猎 (收获) 则不一样, 为了简单起见, 我们就 $G = 0, F > 0$ 的简单情况加以说明, 这时 (3.131) 有平衡位置 $(\overline{x}, \overline{y})$, 其中 $\overline{x} = \dfrac{d}{Ea_{12}}$, 而 $\overline{y} = \dfrac{1}{a_{12}}\left(b - \dfrac{a_{11}d}{Ea_{12}} - \dfrac{Ea_{12}}{d}F\right)$, 因而只有当 $F < F^*$ 时 $\overline{y} > 0$, 这里 $F^* = \dfrac{d}{Ea_{12}}\left(b - \dfrac{a_{11}d}{Ea_{12}}\right)$, 当 $F > F^*$ 时, 这个系统将导致食饵种群的绝灭, 我们称 F^* 为临界收获率. 现在假设 $F < F^*$, 则正的平衡位置 $(\overline{x}, \overline{y})$ 存在, 经过计算 (3.131) 在 $(\overline{x}, \overline{y})$ 的线性化系统的特征值知, 当 $a_{11}\overline{x} - \dfrac{F}{\overline{x}} > 0$ 时, $(\overline{x}, \overline{y})$ 稳定. 也就是说只有

当$F < a_{11}\dfrac{d^2}{E^2a_{12}^2}$时, 正平衡位置才保持局部稳定. 记 $F^{**} = a_{11}\dfrac{d^2}{E^2a_{12}^2}$, 我们说当食饵种群有收获率时, 即使正的平衡位置仍然存在, 也会产生失稳. 当 $F^{**} < F < F^*$ 时, 方程 (3.131) 存在一个正平衡点, 是不稳定的, 容易证明, 这时在不稳定平衡点 $(\overline{x}, \overline{y})$ 的外围存在唯一的稳定极限环 (见梁肇军, 陈兰荪, 1986; 符天武, 1991). 符天武 (1991) 考虑比 (3.131) 更广的方程

$$\begin{cases} \dot{x} = x(a_{10} - a_{11}x - a_{12}y) - F, \\ \dot{y} = y(-a_{20} + a_{21}x - a_{22}y), \end{cases} \tag{3.132}$$

得到极限环的存在和唯一性 $(F > 0)$, 完全类似地可以得到方程

$$\begin{cases} \dot{x} = x(a_{10} - a_{11}x - a_{12}y), \\ \dot{y} = y(-a_{20} + a_{21}x - a_{22}y) - G \end{cases} \tag{3.133}$$

的极限环存在性 $(G > 0)$, 且必定不会多于一个. 但是对于完整的方程

$$\begin{cases} \dot{x} = x(a_{10} - a_{11}x - a_{12}y) - F, \\ \dot{y} = y(-a_{20} + a_{21}x - a_{22}y) - G \end{cases} \tag{3.134}$$

的存在性与唯一性问题的理论结果至今没有得到证明. 即使是最为简单的方程

$$\begin{cases} \dot{x} = x(a_{10} - a_{12}y) - F, \\ \dot{y} = y(-a_{20} + a_{21}x) - G \end{cases} \tag{3.135}$$

的极限环的唯一性问题也难以解决 (符天武, 1991).

3.5 具有时滞的两种群互相作用模型的稳定性

3.5.1 具常数时滞模型的稳定性

1. *局部稳定性*

在 3.3 节中, 我们讨论了两种群相互作用的一般模型, Kolmogorov 模型为

$$\begin{cases} \dot{x} = xf(x, y), \\ \dot{y} = yg(x, y), \end{cases} \tag{3.96$'$}$$

其中 f, g 满足下列条件:

(i) 存在一点 $(x^*, y^*), x^* > 0, y^* > 0$ 使

$$f(x^*, y^*) = 0 = g(x^*, y^*).$$

(ii) f, g 在 R^+ 上连续可微且

$$\frac{\partial f}{\partial x} < 0, \quad \frac{\partial g}{\partial y} > 0, \quad 在R^+上.$$

(iii) $\frac{\partial f}{\partial x} \cdot \frac{\partial g}{\partial y} - \frac{\partial f}{\partial y}\frac{\partial g}{\partial x} > 0$, 在 R^+ 上.

方程 (3.96) 在 (x^*, y^*) 的线性化系统为

$$\frac{d}{dt}\begin{pmatrix} x(t) \\ y(t) \end{pmatrix} = \begin{pmatrix} x^* f_x & x^* f_y \\ y^* g_x & y^* g_y \end{pmatrix}\begin{pmatrix} x(t) \\ y(t) \end{pmatrix}, \tag{3.136}$$

这里 f_x, f_y, g_x, g_y 为 $\frac{\partial f}{\partial x}, \frac{\partial f}{\partial y}, \frac{\partial g}{\partial x}, \frac{\partial g}{\partial y}$ 在 (x^*, y^*) 的值, 其特征方程为

$$\lambda^2 - \lambda(x^* f_x + y^* g_y) + x^* y^*(f_x g_y - f_y g_x) = 0. \tag{3.137}$$

现我们考虑具有时滞的模型

$$\begin{cases} \dot{x}(t) = x(t) f(x(t), y(t-\tau)), \\ \dot{y}(t) = y(t) g(x(t-\tau), y(t)), \end{cases} \quad t > 0, \tag{3.138}$$

这里 τ 是非负常数, f, g 满足上述条件.

定义 3.1 系统 (3.96) 具有一类型的时滞, 例如, (3.138) 类型的时滞, 称这个时滞为无害时滞, 如果这个时滞无论大小如何, 都不改变 (3.96) 的平衡位置 (x^*, y^*) 的渐近稳定性.

我们知道 (参见 (Bellman, Cooke, 1963)[336]) 系统 (3.138) 的平衡位置 (x^*, y^*) 是局部渐近稳定的充要条件为: (3.138) 在 (x^*, y^*) 的对应线性化系统的 (0,0) 是一个局部渐近稳定的平衡位置.

为了得到 (3.138) 在 (x^*, y^*) 的线性化系统, 设

$$x(t) = x^* + X(t), \quad y(t) = y^* + Y(t),$$

则线性化系统为

$$\begin{cases} \frac{dX(t)}{dt} = x^* f_x X(t) + x^* f_y Y(t-\tau), \\ \frac{dY(t)}{dt} = y^* g_x X(t-\tau) + y^* g_y Y(t), \end{cases} \tag{3.139}$$

这里 f_x, f_y, g_x, g_y 为在 (x^*, y^*) 的值.

定理 3.33 设系统 (3.139) 的系数满足:

$$f_x(x^*, y^*) < 0, \quad g_y(x^*, y^*) < 0,$$

$$|f_x(x^*,y^*)| < |f_y(x^*,y^*)|, \quad |g_y(x^*,y^*)| > |g_x(x^*,y^*)|, \tag{3.140}$$

则对任何 $\tau \geqslant 0$, (3.139) 的平衡位置 (0,0) 是渐近稳定的, 因 (3.138) 的平衡位置 (x^*,y^*) 也是局部渐近稳定的.

证明 首先在 (3.139) 中让 $\tau = 0$, 这时由条件 (3.140) 即可得到 (3.139) 的平衡位置 (0,0) 是渐近稳定的. 我们记

$$\begin{aligned} -a = f_x(x^*,y^*), \quad -b = f_y(x^*,y^*), \\ -c = g_x(x^*,y^*), \quad -d = g_y(x^*,y^*). \end{aligned} \tag{3.141}$$

现在设 τ 是任意固定的正常数, 则 (3.139) 的解形如

$$\begin{pmatrix} x(t) \\ y(t) \end{pmatrix} = \begin{pmatrix} A \\ B \end{pmatrix} e^{zt}, \tag{3.142}$$

这里 A, B, z 是常数, 满足方程组

$$\begin{cases} (z + ax^*)A + bx^* e^{-z\tau} B = 0, \\ cy^* A e^{-z\tau} + (z + dy^*)B = 0, \end{cases} \tag{3.143}$$

(3.139) 的非平凡解存在的充要条件是 (3.143) 中的 z 满足特征方程

$$\det \begin{pmatrix} z + ax^* & bx^* e^{-z\tau} \\ cy^* e^{-z\tau} & z + dy^* \end{pmatrix} = 0,$$

或等价方程

$$z^2 + z(ax^* + dy^*) + adx^*y^* - bcx^*y^* \exp(-2z\tau) = 0, \tag{3.144}$$

设 $Z = 2z\tau$, 则 (3.144) 可写为

$$(Z^2 + pZ + q)e^Z + r = 0, \tag{3.145}$$

这里

$$\begin{aligned} p &= 2\tau(ax^* + dy^*), \\ q &= adx^*y^* 4\tau^2, \\ r &= -bcx^*y^* 4\tau^2. \end{aligned} \tag{3.146}$$

我们利用 Bellman 和 Cooke (1963) 的定理 13.7 的结果来研究 (3.145) 的根的实部的性质, 为了利用这个定理, 记

$$H(Z) = (Z^2 + pZ + q)e^Z + r, \tag{3.147}$$

$H(Z)$ 的所有零点有负实部的充要条件是: 在 $G(a)=0$ 的所有根处有

$$F(a)G'(a)>0, \tag{3.148}$$

这里

$$H(ia)=F(a)+iG(a), \quad a\text{为实数}, \tag{3.149}$$

由 (3.148) 和 (3.149) 得出

$$\begin{aligned} F(a)&=(q-a^2)\cos a-pa\sin a+r,\\ G(a)&=(q-a^2)\sin a+pa\cos a. \end{aligned} \tag{3.150}$$

由 Bellman 和 Cooke(1963)[447] 知 $G(a)=0$ 的所有根为实的, 记 $a_k(k=0,1,2,\cdots)$ 为 $G(a)$ 的零点, 显然有 $a_0=0$, 对于 $a_0=0$, (3.148) 为

$$F(0)G'(0)=(r+q)(p+q)>0, \tag{3.151}$$

作简单的计算, 可得到 $G(a)=0$ 的非零根为方程

$$\cot a=\frac{a^2-q}{ap} \tag{3.152}$$

的根, 并且对于 $G(a)=0$ 的这种非零根, 有

$$\begin{aligned} F(a)&=r-\frac{\sin a}{ap}[(a^2-q)^2+a^2p^2],\\ G'(a)&=-\frac{\sin a}{ap}[(a^2-p)^2+a^2(p^2+p)+pq], \end{aligned} \tag{3.153}$$

由此可得到 $F(a)G'(a)$ 的符号与下式符号相同

$$L(a)=\left(\frac{\sin a}{ap}\right)^2[(a^2-p)^2+a^2p^2]-r\frac{\sin a}{ap}, \tag{3.154}$$

由 (3.152) 和 (3.154) 有

$$L(a)=1-r\frac{\sin a}{ap}=1\pm r[(a^2-q)^2+a^2p^2]^{\frac{1}{2}}, \tag{3.155}$$

因为 $|r|<q$ 和 $p^2\geqslant 2q$ 以及 $G(a)=0$ 的所有根为实的, 所以有 $L(a)>0$. 因此由 Bellman 和 Cooke(1963) 的定理 13.7 知 (3.145) 的所有根有负实部的充分条件为

$$|r|<q, \quad p>0, \quad q\geqslant 0.$$

由 (3.140) 知

$$|r|-q=(|bc|-af)4\tau^2x^*y^*<0,$$

故线性化系统 (3.139) 的平凡解是渐近稳定的, 因而 (3.138) 的平衡位置 (x^*, y^*) 也是渐近稳定的. 证毕.

我们可以列举出一些无害时滞的例子.

(i) 二维 Lotka-Volterra 模型

$$\begin{cases} \dot{x}(t) = x(t)(r_1 - a_{11}x(t) - a_{12}y(t-\tau)), \\ \dot{y}(t) = y(t)(r_2 - a_{21}x(t-\tau) - a_{22}y(t)), \end{cases}$$

其中 a_{ij} 和 $r_i(i,j=1,2)$ 为正常数且满足

$$\frac{a_{11}}{a_{12}} > \frac{r_1}{r_2} > \frac{a_{12}}{a_{22}}.$$

(ii) 两互惠共存种群作用模型

$$\begin{cases} \dot{x}(t) = x(t)\left(1 - \dfrac{x(t)}{K_1 + \alpha y(t-\tau)}\right), \\ \dot{y}(t) = y(t)\left(1 - \dfrac{y(t)}{K_2 + \beta x(t-\tau)}\right), \end{cases}$$

其中 α, β, K_1, K_2 为正常数且满足

$$\alpha\beta < 1.$$

(iii) 二维 Lotka-Volterra 捕食与被捕食系统

$$\begin{cases} \dot{x}(t) = x(t)(K_1 - x(t) - \alpha y(t-\tau)), \\ \dot{y}(t) = y(t)(-K_2 + \beta x(t-\tau) - y(t)), \end{cases}$$

其中 K_1, K_2, α, β 为正常数满足

$$K_1\beta > K_2.$$

(iv) Leslie 捕食与被捕食模型

$$\begin{cases} \dot{x}(t) = x(t)(\alpha_1 - \alpha_2 x(t) - \beta y(t-\tau)), \\ \dot{y}(t) = ry(t)\left(1 - \dfrac{\delta y(t)}{x(t-\tau)}\right), \end{cases}$$

其中 $\alpha_1, \alpha_2, \beta, \delta, r$ 是正常数.

2. 常数小时滞模型的渐近解

对于小时滞的模型, 我们可以利用平均法来研究其渐近解. 为此先介绍平均法 (Bogoliubov, Mitropolskii, 1961).

引理 3.4 微分方程

$$\ddot{x}+\omega^2 x=\varepsilon f^{(1)}(x,\dot{x})+\varepsilon^2 f^{(2)}(x,\dot{x})+\cdots,\quad \varepsilon\ll 1 \tag{3.156}$$

有解形如

$$x(t)=a\cos\psi+\varepsilon u_1(a,\psi)+\varepsilon^2 u_2+\cdots,$$

这里 a 和 ψ 由下式确定,

$$\begin{aligned}\dot{a}&=\varepsilon A_1(a)+\varepsilon^2 A_2(a)+\cdots,\\ \dot{\psi}&=\omega+\varepsilon B_1(a)+\varepsilon^2 B_2(a)+\cdots,\end{aligned} \tag{3.157}$$

如果取一次近似 $x=a\cos\psi, a$ 和 ψ 确定于: $\dot{a}=\varepsilon A_1(a), \dot{\psi}=\omega+\varepsilon B_1(a)$; 如果取二次近似 $x=a\cos\psi+\varepsilon u_1(a,\psi), a$ 和 ψ 确定于: $\dot{a}=\varepsilon A_1(a)+\varepsilon^2 A_2(a), \dot{\psi}=\omega+\varepsilon B_1(a)+\varepsilon^2 B_2(a)$. 其中未知函数 $u_1, A_i, B_i (i=1,2)$ 由下式确定.

$$u_1(a,\psi)=\frac{g_0}{\omega^2}-\frac{1}{\omega^2}\sum_{n=2}^{\infty}\frac{g_n\cos n\psi+h_n\sin n\psi}{n-1}, \tag{3.158}$$

$$\begin{cases} g_n=\dfrac{1}{\pi}\displaystyle\int_0^{2\pi} f_0(a,\psi)\cos n\psi d\psi,\\ h_n=\dfrac{1}{\pi}\displaystyle\int_0^{2\pi} f_0(a,\psi)\sin n\psi d\psi,\end{cases} \tag{3.159}$$

$$\begin{cases} A_1=-\dfrac{1}{2\pi\omega}\displaystyle\int_0^{2\pi} f_0(a,\psi)\sin\psi d\psi,\\ B_1=-\dfrac{1}{2\pi\omega}\displaystyle\int_0^{2\pi} f_0(a,\psi)\cos\psi d\psi.\end{cases} \tag{3.160}$$

$$\begin{cases} A_2=-\dfrac{1}{2\omega}\left(2A_1B_1+A_1\dfrac{dB_1}{da}a\right)-\dfrac{1}{2\pi\omega}\displaystyle\int_0^{2\pi} f_1(a,\psi)\sin\psi d\psi,\\ B_2=-\dfrac{1}{2\omega}\left(B_1^2-\dfrac{A_1}{a}\dfrac{dA_1}{da}\right)-\dfrac{1}{2\pi\omega a}\displaystyle\int_0^{2\pi} f_1(a,\psi)\cos\psi d\psi,\end{cases} \tag{3.161}$$

$$\begin{aligned} f_0(a,\psi)=&f^{(1)}(a\cos\psi,-a\omega\sin\psi),\\ f_1(a,\psi)=&u_1(a,\psi)f_x^{(1)}(a\cos\psi,-a\omega\sin\psi)\\ &+\left(A_1\cos\psi-aB_1\sin\psi+\omega\frac{\partial u_1}{\partial\psi}\right)f_{\dot{x}}^{(1)}(a\cos\psi,-a\omega\sin\psi)\end{aligned}$$

$$+ f^{(2)}(a\cos\psi, -a\omega\sin\psi),$$

$$f_x^{(1)} \equiv \frac{\partial f^{(1)}}{\partial x}, \quad f_{\dot{x}}^{(1)} \equiv \frac{\partial f^{(1)}}{\partial \dot{x}}.$$

下面利用引理 3.4 来研究模型

$$\begin{cases} \dfrac{dN_1}{dt} = \alpha_1 N_1(t)\left(1 - \dfrac{N_1(t)}{K}\right) - \beta_1 N_1(t) N_2(t), \\ \dfrac{dN_2}{dt} = -\alpha_2 N_2(t) + \beta_2 N_1(t-\varepsilon r) N_2(t-\varepsilon r), \end{cases} \tag{3.162}$$

这里 ε 为正的小参数, 记 $\Delta = \varepsilon r$ 为小时滞 $(r > 0), \alpha_i, \beta_i (i = 1, 2)$ 是正常数, 正平衡点为 (N_1^*, N_2^*):

$$N_1^* = \frac{\alpha_2}{\beta_2}, \quad N_2^* = \frac{\alpha_1}{\beta_1}\left(1 - \frac{\alpha_2}{\beta_2 K}\right) = \frac{1}{\beta_1}\left(\alpha_1 - \frac{\alpha_1 N_1^*}{K}\right). \tag{3.163}$$

为了研究正平衡点 (N_1^*, N_2^*) 附近一小振动解, 作代换

$$N_1(t) = N_1^* + \varepsilon x(t), \quad N_2(t) = N_2^* + \varepsilon y(t). \tag{3.164}$$

为了方便, 我们假设环境对食饵种群的容纳量比较大, 则可视 $\dfrac{\alpha_1 N_1^*}{K}$ 是一个小的数, 记为 $\dfrac{\alpha_1 N_1^*}{K} = 2\varepsilon b$ 这里 b 是一个正常数. 再把 (3.164) 代入 (3.162), 并且把 $N_i(t-\varepsilon r)(i = 1, 2)$ 展成 Taylor 级数, 仅保留 ε 的一次项, 则 (3.162) 变成

$$\begin{cases} \dot{x} = -\beta_1 N_1^* y - \varepsilon(2bx + \beta_1 xy), \\ \dot{y} = \beta_2 N_2^* x + \varepsilon\beta_2(xy - rN_2^*\dot{x} - rN_1^*\dot{y}), \end{cases} \tag{3.165}$$

这里已没有时滞项了, 在 (3.165) 中消去 y 得到

$$\ddot{x} + \omega^2 x = \varepsilon\left[\beta_2 r\omega^2 x + (r\omega^2 - 2b)\dot{x} + \beta_2 x\dot{x} + \frac{\dot{x}^2 - \omega^2 x^2}{N_1^*}\right] + \cdots, \tag{3.166}$$

其中 $\omega^2 = \beta_1\beta_2 N_1^* N_2^*$, (3.166) 是引理 3.4 中方程 (3.156) 的一个特殊方程. 由 (3.160) 可得

$$A_1 = -a\left(b - \frac{1}{2}r\omega^2\right), \quad B_1 = -\frac{a}{2}\beta_2\omega r,$$

再由 (3.157) 取到 ε 的一次项得

$$a = a_0 \exp\left[-\varepsilon\left(b - \frac{1}{2}r\omega^2\right)\right],$$

$$\psi = \omega\left(1 - \frac{1}{2}\varepsilon\alpha_2 r\right)t + \psi_0, \tag{3.167}$$

这里 a_0 和 ψ_0 为积分常数. 再由 (3.158), (3.159) 来计算 $u_1(a,\psi)$, 得到

$$u_1(a,\psi)=a^2\left[\frac{1}{3N_1^*}\cos 2\psi+\left(\frac{\beta_2}{6\omega}\right)\sin 2\psi\right], \tag{3.168}$$

最后得到 (3.166) 第一次近似解

$$x(t)=a\cos\psi+\varepsilon\frac{1}{3}a^2\left(\frac{1}{N_1^*}\cos 2\psi+\frac{\beta_2}{2\omega}\sin 2\psi\right), \tag{3.169}$$

这里的 a 和 ψ 由 (3.167) 给定. 从 (3.165) 和 (3.168) 得

$$\begin{aligned}y(t)=&\frac{a\omega}{\beta_1 N_1^*}\sin\psi-a\Delta\left(\frac{\beta_2\omega}{2\beta_1}\sin\psi+\frac{\beta_2 N_2^*}{2}\cos\psi\right)\\&-\frac{a\alpha_1}{2\beta_1 K}\cos\psi-\varepsilon\frac{a^2}{3\beta_1 N_1^*}\left(\frac{\omega}{2N_1^*}\sin 2\psi+\beta_2\cos 2\psi\right).\end{aligned} \tag{3.170}$$

同样的方法可以用于模型

$$\begin{cases}\dfrac{dN_1}{dt}=N_1(t)\left[\alpha_1-\dfrac{r_1N_1(t-\varepsilon r)}{K_1}-\beta_1N_2(t-\varepsilon r)\right],\\ \dfrac{dN_2}{dt}=N_2(t)\left[-\alpha_2+\beta_2N_1(t-\varepsilon r)-\dfrac{r_2N_2(t-\varepsilon r)}{K_2}\right],\end{cases} \tag{3.171}$$

或模型

$$\begin{cases}\dfrac{dN_1}{dt}=N_1(t-\varepsilon r)\left[\alpha_1-\dfrac{r_1N_1(t)}{K_1}-\beta_1N_2(t)\right],\\ \dfrac{dN_2}{dt}=N_2(t-\varepsilon r)\left[-\alpha_2+\beta_2N_1(t)-\dfrac{r_2N_2(t)}{K_2}\right]\end{cases} \tag{3.172}$$

等.

3. 常数时滞模型的全局稳定性

我们也可以利用 Lyapunov 函数的方法来研究具常数时滞模型的全局稳定性. 这里以捕食–被捕食的 Lotka-Volterra 模型为例研究模型

$$\begin{cases}\dot N_1=\varepsilon_1N_1-\alpha_{11}N_1^2-\alpha_{12}N_1N_2\\ \qquad\quad-\beta_{11}N_1N_i(t-T)-\beta_{12}N_1N_2(t-T),\\ \dot N_2=-\varepsilon_2N_2+\alpha_{21}N_1N_2-\alpha_{22}N_2^2\\ \qquad\quad+\beta_{21}N_1(t-T)N_2-\beta_{22}N_2N_2(t-T),\end{cases} \tag{3.173}$$

这里所有系数均为非负常数. 正平衡位置为 (N_1^*,N_2^*)

$$N_1^*=\frac{\varepsilon_1(\alpha_{22}+\beta_{22})+\varepsilon_2(\alpha_{12}+\beta_{12})}{(\alpha_{11}+\beta_{11})(\alpha_{22}+\beta_{22})+(\alpha_{12}+\beta_{12})(\alpha_{21}+\beta_{21})},$$

$$N_2^*=\frac{\varepsilon_1(\alpha_{21}+\beta_{21})-\varepsilon_2(\alpha_{11}+\beta_{11})}{(\alpha_{11}+\beta_{11})(\alpha_{22}+\beta_{22})+(\alpha_{12}+\beta_{12})(\alpha_{21}+\beta_{21})},$$

$N_2^*>0$ 的条件为 $\varepsilon_1(\alpha_{21}+\beta_{21})>\varepsilon_2(\alpha_{11}+\beta_{11})$.

作变换: $N_i(t)=N_i^*+x_i(t)(i=1,2)$, 则方程 (3.173) 化为

$$\begin{cases}\dot{x}_1=(N_1^*+x_1)(-\alpha_{11}x_1-\alpha_{12}x_2-\beta_{11}x_1(t-T)-\beta_{12}x_2(t-T)),\\ \dot{x}_2=(N_2^*+x_2)(\alpha_{21}x_1-\alpha_{22}x_2+\beta_{21}x_1(t-T)-\beta_{22}x_2(t-T)),\end{cases} \tag{3.174}$$

记 $x_{it}(s)=x_i(t+s),i=1,2,s\in[-T,0],x_{is}(s)\in C^1[-T,0]$.

为了研究正平衡点 (N_1^*,N_2^*) 的全局稳定性, 即要研究关于 (3.174) 的平衡点 (0,0) 的全局稳定性. 考虑函数

$$\begin{aligned}V(x_{1t}(s),x_{2t}(s))=&\sum_{i=1}^{2}c_i\left[x_{it}(0)-N_i^*\ln\left(1+\frac{x_{it}(0)}{N_i^*}\right)\right]\\&+\frac{1}{2}\sum_{i=1}^{2}c_i\alpha_{ii}\int_{-T}^{0}x_{it}^2(s)ds,\end{aligned}$$

这里 $C_i>0(i=1,2)$. 容易验证此函数在区域 $x_i>-N_i^*(i=1,2),s\in[-T,0]$ 内是 Lyapunov 函数. 因为我们有:

(i) $V(0,0)=0$.

(ii) 当 $x_{it}(s)>-N_i^*(i=1,2),s\in[-T,0]$ 时, V 为正定的.

(iii) 当 $x_{it}\to-N_i^*$ 或 $x_{it}\to\infty(i=1,2)$ 时, 有 $V\to\infty$.

沿着 (3.174) 的轨线有

$$\begin{aligned}\dot{V}=&\sum_{i=1}^{2}\frac{c_ix_{it}(0)}{N_i^*+x_{it}(0)}\frac{dx_i}{dt}+\frac{1}{2}\sum_{i=1}^{2}c_i\alpha_{ii}(x_i(t)-x_i^2(t-T))\\=&-c_1\frac{\alpha_{11}}{2}x_1^2(t)+(-c_1\alpha_{12}+c_2\alpha_{21})x_1x_2-c_2\frac{\alpha_{22}}{2}x_2^2\\&-\left[c_1\beta_{11}x_1x_1(t-T)-c_2\beta_{21}x_1(t-T)x_2+\frac{c_1\alpha_{11}}{2}x_1^2(t-T)\right]\\&-\left[c_1\beta_{12}x_1x_2(t-T)+c_2\beta_{22}x_2x_2(t-T)+\frac{c_2\alpha_{22}}{2}x_2^2(t-T)\right],\end{aligned}$$

把上式右端方括号内的项配成完全平方并丢掉负的平方项有

$$\begin{aligned}\dot{V}\leqslant&-\frac{c_1}{2}\left(a_{11}-\frac{\beta_{11}^2}{\alpha_{11}}-\frac{c_1\beta_{12}^2}{c_2\alpha_{22}}\right)x_1^2\\&-\frac{c_2}{2}\left(a_{22}-\frac{\beta_{22}^2}{\alpha_{22}}-\frac{c_2\beta_{21}^2}{c_1\alpha_{11}}\right)x_1^2\\&+\left(-c_1\alpha_{12}+c_2\alpha_{21}+c_1\beta_{12}\frac{\beta_{22}}{\alpha_{22}}-c_2\beta_{21}\frac{\beta_{11}}{\alpha_{11}}\right)x_1x_2,\end{aligned}$$

其右端为负定的条件为

$$
\begin{cases}
\text{(i)}\alpha_{11} - \dfrac{\beta_{11}^2}{\alpha_{11}} - \dfrac{c_1\beta_{12}^2}{c_2\alpha_{22}} > 0, \\
\text{(ii)}\alpha_{22} - \dfrac{\beta_{22}^2}{\alpha_{22}} - \dfrac{c_2\beta_{21}^2}{c_1\alpha_{11}} > 0, \\
\text{(iii)}\left(- c_1\alpha_{12} + c_2\alpha_{21} + c_1\dfrac{\beta_{12}\beta_{22}}{\alpha_{22}} - c_2\dfrac{\beta_{11}\beta_{21}}{\alpha_{11}}\right)^2 \\
\quad < c_1c_2\left(\alpha_{11} - \dfrac{\beta_{11}^2}{\alpha_{11}} - \dfrac{c_1\beta_{12}^2}{c_2\alpha_{22}}\right)\left(\alpha_{22} - \dfrac{\beta_{22}^2}{\alpha_{22}} - \dfrac{c_2\beta_{21}^2}{c_1\alpha_{11}}\right).
\end{cases} \tag{3.175}
$$

因此我们可以得到结论: 模型 (3.173) 的正平衡位置 (N_1^*, N_2^*) 为全局稳定 (第一象限) 的充分条件为存在正数 c_1 和 c_2, 使得条件 (3.175) 满足.

对于特殊的情况, 例如, 当 $\alpha_{12} = \alpha_{21} = 0$, 且 $\beta_{12}\beta_{22} > 0, \beta_{11}\beta_{21} > 0$, 则可选取 $c_1 > 0, c_2 > 0$, 使

$$
c_1\frac{\beta_{12}\beta_{22}}{\alpha_{22}} - c_2\frac{\beta_{11}\beta_{21}}{\alpha_{11}} = 0,
$$

则有结论: 当 $\alpha_{12} = \alpha_{21} = 0, \beta_{12}\beta_{22} > 0, \beta_{11}\beta_{21} > 0$ 时, 模型 (3.173) 为全局稳定的充分条件为

$$
\alpha_{11}^2 - \frac{\beta_{11}}{\beta_{22}}(\beta_{11}\beta_{22} + \beta_{21}\beta_{12}) > 0,
$$

且

$$
\alpha_{22}^2 - \frac{\beta_{22}}{\beta_{11}}(\beta_{11}\beta_{22} + \beta_{21}\beta_{12}) > 0.
$$

3.5.2 具连续时滞的两种群相互作用的模型

这一方面的研究结论并不很多, 为了叙述方便, 我们就以最简单的 Lotka-Volterra 模型为例来介绍几种方法. 例如, 无时滞的 Volterra 模型

$$
\begin{cases}
\dot{N}_1 = \varepsilon_1 N_1 - \alpha N_1 N_2, \\
\dot{N}_2 = -\varepsilon_2 N_2 + \beta N_1 N_2,
\end{cases} \tag{3.176}
$$

有正平衡位置 $N_1^* = \dfrac{\varepsilon_2}{\beta}, N_2^* = \dfrac{\varepsilon_1}{\alpha}$, 我们知道它是中心, 在 (N_1, N_2) 平面的正象限是一族闭轨线. 再考虑具有连续时滞的 (3.176) 模型为

$$
\begin{cases}
\dot{N}_1 = \varepsilon_1 N_1 - \alpha N_1 N_2, \\
\dot{N}_2 = -\varepsilon_2 N_2 + \beta N_2 \displaystyle\int_0^\infty F(z) N_1(t-z) dz,
\end{cases} \tag{3.177}
$$

不妨假设

$$
\int_0^\infty F(z) dz = 1,
$$

并记一阶矩和二阶矩为

$$
r = \int_0^\infty F(z) z dz, \quad \delta = \int_0^\infty F(z)\frac{z^2}{2} dz.
$$

如同常数时滞的情况一样, 我们也可以用渐近方法进行研究. 把方程 (3.177) 中的 $N_1(t-z)$ 在 $z=0$ 展成 Taylor 级数. 并取其一次近似为

$$N_1(t-z)=N_1-\dot{N}_1 z+\cdots,$$

代入 (3.177) 中的第二式得

$$\begin{aligned}\dot{N}_2&=-\varepsilon_2 N_2+\beta N_2\int_0^\infty F(z)(N_1-\dot{N}_1 z)dz\\&=-\varepsilon_2 N_2+\beta N_2\left(\int_0^\infty F(z)N_1 dz-\int_0^\infty F(z)\dot{N}_1 z dz\right)\\&=-\varepsilon_2 N_2+\beta N_1 N_2-r\beta N_2(\varepsilon_1 N_1-\alpha N_1 N_2).\end{aligned}$$

这样, 方程 (3.177) 化为

$$\begin{cases}\dot{N}_1=\varepsilon_1 N_1-\alpha N_1 N_2\equiv P,\\ \dot{N}_2=-\varepsilon_2 N_2+\beta(1-r\varepsilon_1)N_1 N_2+\alpha\beta r N_1 N_2^2\equiv Q,\end{cases}\tag{3.178}$$

取 Dulac 函数 $\mu(N_1,N_2)=N_1^{-1}N_2^{-1}$, 对于 (3.178) 有

$$\frac{\partial(\mu P)}{\partial N_1}+\frac{\partial(\mu Q)}{\partial N_2}=\alpha\beta r>0,$$

因此平衡位置不稳定且无闭轨线.

1. 具连续时滞模型的全局稳定性

仍以 Lotka-Volterra 模型为例, 对于一个两种群的捕食系统的 Lotka-Volterra 模型

$$\begin{cases}\dot{x}=x(a-a_{11}x-a_{12}y),\\ \dot{y}=y(-d+a_{21}x-a_{22}y),\end{cases}\tag{3.179}$$

我们研究具连续时滞的模型

$$\begin{cases}\dot{x}=x\left(a-\int_0^\infty K_1(\theta)x(t-\theta)d\theta-\int_0^\infty K_2(\theta)y(t-\theta)d\theta\right),\\ \dot{y}=y\left(-d+\int_0^\infty K_3(\theta)x(t-\theta)d\theta-\int_0^\infty K_4(\theta)y(t-\theta)d\theta\right),\end{cases}\tag{3.180}$$

这里 $K_i(\theta)$ 为核函数, 并 $\int_0^\infty K_i(\theta)d\theta<\infty(i=1,\cdots,4)$. 我们假设对于所有的 $i=1,\cdots,4$ 有:

(i) 当 $\theta\in[0,r]$ 时, $K_i(\theta)\geqslant 0$ 且连续; 当 $\theta\in[r,\infty)$ 时 $K_i(\theta)=0$.

(ii) 当 $\theta\in(0,r)$ 时, $K_i'(\theta)\leqslant 0$ 且连续; 而且 $\lim\limits_{\theta\to 0^+}K_i'(\theta)$ 和 $\lim\limits_{\theta\to r^-}K_i'(\theta)$ 均存在.

(iii) 当 $\theta \in (0,r)$ 时, $K_i''(\theta) \geqslant 0$ 且连续.

或者, 我们研究模型:

$$\begin{cases} \dot{x} = x\Big(a - a_{11}x - a_{12}y - \displaystyle\int_0^r K_1(\theta)x(t-\theta)d\theta - \int_0^r K_2(\theta)y(t-\theta)d\theta\Big), \\ \dot{y} = y\Big(-d + a_{12}x - a_{22}y + \displaystyle\int_0^r K_3(\theta)x(t-\theta)d\theta - \int_0^r K_4(\theta)y(t-\theta)d\theta\Big), \end{cases} \tag{3.181}$$

这里 $a,d,a_{ij}(i,j=1,2)$ 均为正数, 核函数 $K_i(\theta)(i=1,\cdots,4)$ 满足上述条件 (i)—(iii). 在本章开始已经知道当 $r=0$ 或者对于所有 $\theta \in [0,r], K_i(\theta) \equiv 0$ 时方程 (3.181) 的所有解 (初值位于开第一象限内) 当 $t \to \infty$ 时趋于正平衡点 (x^*,y^*), 这里

$$x^* = \frac{aa_{22} + a_{12}d}{a_{12}a_{21} + a_{11}a_{22}}, \quad y^* = \frac{aa_{21} + a_{11}d}{a_{12}a_{21} + a_{11}a_{22}},$$

设 $aa_{21} > a_{11}d$(为了保证 $y^* > 0$). 我们记 $\displaystyle\int_0^r K_i(\theta)d\theta(i=1,\cdots,4)$ 分别为 $\overline{a}_{11},\overline{a}_{12},\overline{a}_{21},\overline{a}_{22}$, 则方程 (3.181) 的正平衡位置为 $(\overline{x}^*,\overline{y}^*)$,

$$\overline{x}^* = \frac{a(a_{22}+\overline{a}_{22}) + (a_{12}+\overline{a}_{12})d}{(a_{12}+\overline{a}_{12})(a_{21}+\overline{a}_{21}) + (a_{11}+\overline{a}_{11})(a_{22}+\overline{a}_{22})},$$

$$\overline{y}^* = \frac{a(a_{21}+\overline{a}_{21}) - (a_{11}+\overline{a}_{11})d}{(a_{12}+\overline{a}_{12})(a_{21}+\overline{a}_{21}) + (a_{11}+\overline{a}_{11})(a_{22}+\overline{a}_{22})},$$

为了保证 $(\overline{x}^*,\overline{y}^*)$ 为正平衡点, 我们要假设

(iv) $a(a_{21}+\overline{a}_{21}) > (a_{11}+\overline{a}_{11})d$.

下面将利用 Lyapunov 方法来研究方程 (3.181) 的正平衡点 $(\overline{x}^*,\overline{y}^*)$ 的全局稳定性问题.

定理 3.34 若条件 (i)—(iv) 满足, 并且对于所有的 $\theta \in (0,r)$ 有

$$\text{(v)} \quad \frac{a_{21}}{a_{12}}[K_2'(\theta)]^2 < \frac{2a_{11}}{r}K_4''(\theta), \quad 且 \quad \frac{a_{12}}{a_{21}}[K_3'(\theta)]^2 < \frac{2a_{22}}{r}K_1''(\theta)$$

成立, 则方程 (3.181) 所有当 $t \in [-r,0]$ 时取值 $x_0(t) > 0, y_0(t) > 0$ 的任何初始值的解 $(x(t),y(t))$ 当 $t \to \infty$ 时都有 $(x(t),y(t)) \to (\overline{x}^*,\overline{y}^*)$.

证明 设 K 为一个大的正数, 它大于 $x_0(t)$ 和 $y_0(t)$ 在 $t \in [-r,0]$ 内的最大值, 设 $M_1 > \max\left\{\dfrac{a}{a_{11}},K\right\}$, 而 $M_2 > \max\left\{K,\dfrac{M_1}{a_{22}}(a_{21}+\overline{a}_{21})\right\}$.

首先来证明所有的解 $(x(t),y(t))$ 对于任何 $t \geqslant -r$, 将永远保留在以 $O(0,0)$, $A(M_1,0),B(M_1,M_2),C(0,M_2)$ 为顶点的矩形 $OABC$ 之内.

先考虑在右边界 AB 上, 由方程 (3.181) 的第一个方程知, 对于所有的 $t \geqslant -r$, 有 $\dot{x}(t) < 0$, 因此在矩形的 AB 边上, 解 $(x(s),y(s))$ 当 s 增加时走进矩形. 类似地,

在上边界 BC 上, 因为当 $0 < x(s) < M_1, 0 < y(s) < M_2$ 时, 对于 $s \in [t-r,t)$ 有

$$\begin{aligned} &a_{21}x(t) - a_{22}M_2 + \int_0^r K_3(\theta)x(t-\theta)d\theta \\ <&a_{21}M_1 - a_{22}M_2 + \overline{a}_{21}M_1 < 0, \end{aligned}$$

所以也有 $\dot{y}(t) < 0$, 因此解也不能从矩形的上边和右边穿出矩形. 再若解 $(x(s), y(s))$ 当 $s \in [t-r,t]$ 时在矩形的内部, 由方程 (3.181) 的第一个方程知, 存在某一正数 R, 有

$$\dot{x}(t) \geqslant -Rx(t),$$

自然 $(x(t), y(t))$ 不能从矩形的左边界在有限时间穿出矩形. 类似地说明解不能从矩形的下边界穿出矩形. 也就是说, 只要初始值取在这矩形内, 则解永远保留在矩形之内.

其次为了计算方便, 作变换

$$u(t) = x(t) - \overline{x}^*, \quad v(t) = y(t) - \overline{y}^*,$$

则方程 (3.181) 变成

$$\begin{cases} \dot{u}(t) = (u(t) + \overline{x}^*)\Big(- a_{11}u(t) - a_{12}v(t) \\ \qquad - \displaystyle\int_0^r K_1(\theta)u(t-\theta)d\theta - \int_0^r K_2(\theta)v(t-\theta)d\theta\Big), \\ \dot{v}(t) = (v(t) + \overline{y}^*)\Big(a_{21}u(t) - a_{22}v(t) \\ \qquad + \displaystyle\int_0^r K_3(\theta)u(t-\theta)d\theta - \int_0^r K_4(\theta)v(t-\theta)d\theta\Big), \end{cases} \tag{3.182}$$

对于 $s \in [-r, 0]$ 中的每一个 s, 使 $\varphi(s) + \overline{x}^*$ 和 $\psi(s) + \overline{y}^*$ 均为正的这样一对连续可微的函数 $(\varphi(s), \psi(s))$, 定义 Lyapunov 函数 $V(\varphi, \psi)$ 为

$$\begin{aligned} V(\varphi,\psi) =& a_{21}(\varphi(0) + \overline{x}^*) - a_{21}\overline{x}^* \log\left(\frac{\varphi(0) + \overline{x}^*}{a_{21}\overline{x}^*}\right) \\ &+ a_{12}(\psi(0) + \overline{y}^*) - a_{21}\overline{y}^* \log\left(\frac{\psi(0) + \overline{y}^*}{a_{12}\overline{y}^*}\right) \\ &- \frac{a_{21}}{2}\int_0^r K_1'(\theta)\left(\int_0^\theta \varphi(-s)ds\right)^2 d\theta \\ &- \frac{a_{12}}{2}\int_0^r K_4'(\theta)\left(\int_0^\theta \psi(-s)ds\right)^2 d\theta. \end{aligned}$$

设这一对函数 $(\varphi(t), \psi(t))$ 在 $t \geqslant -r$ 上是有定义的, 并且当 $t \geqslant 0$ 时是 (3.182) 的解. 定义 V 沿 (3.182) 的解的微分为

$$\dot{V}(\varphi,\psi) \overset{\text{def}}{=\!=} \overline{\lim_{h\to 0^+}} \frac{1}{h}(V(\varphi_h, \psi_h) - V(\varphi, \psi)),$$

这里 φ_h, ψ_h 是 $s \in [-r, 0]$ 的函数, 分别为

$$\varphi_h(s) = \varphi(s+h) \quad 和 \quad \psi_h(s) = \psi(s+h), \quad s \in [-r, 0].$$

直接计算 $\dot{V}(\varphi, \psi)$, 其中表达式 $\dfrac{d\varphi(0)}{dt}$ 和 $\dfrac{d\psi(0)}{dt}$ 由 (3.182) 代入, 我们得到

$$\begin{aligned}\dot{V}(\varphi, \psi) =& a_{21}\left(1 - \frac{\overline{x}^*}{\varphi(0) + \overline{x}^*}\right)(\varphi(0) + \overline{x}^*)\Big(- a_{11}\varphi(0) - a_{12}\varphi(0) \\ & - \int_0^r K_1(\theta)\varphi(-\theta)d\theta - \int_0^r K_2(\theta)\psi(-\theta)d\theta\Big) \\ & + a_{12}\left(1 - \frac{\overline{y}^*}{\psi(0) + \overline{y}^*}\right)(\psi(0) + \overline{y}^*)\Big(a_{21}\varphi(0) - a_{22}\psi(0) \\ & + \int_0^r K_3(\theta)\varphi(-\theta)d\theta - \int_0^r K_4(\theta)\psi(-\theta)d\theta\Big) \\ & - a_{21}\int_0^r K_1'(\theta)\left(\int_0^\theta \varphi(-s)ds\right)(-\varphi(-\theta) + \varphi(0))d\theta \\ & - a_{12}\int_0^r K_4'(\theta)\left(\int_0^\theta \psi(-s)ds\right)(-\psi(-\theta) + \psi(0))d\theta,\end{aligned}$$

分别对上式右端最后两个积分利用分部积分法, 并用假设 (i)—(iii), 得到

$$\begin{aligned}\dot{V}(\varphi, \psi) =& a_{21}\left(1 - \frac{\overline{x}^*}{\varphi(0) + \overline{x}^*}\right)(\varphi(0) + \overline{x}^*)\Big(- a_{11}\varphi(0) - a_{12}\psi(0) \\ & - \int_0^r K_1(\theta)\varphi(-\theta)d\theta - \int_0^r K_2(\theta)\psi(-\theta)d\theta\Big) \\ & + a_{12}\left(1 - \frac{\overline{y}^*}{\psi(0) + \overline{y}^*}\right)(\psi(0) + \overline{y}^*)\Big(a_{21}\varphi(0) - a_{22}\psi(0) \\ & + \int_0^r K_3(\theta)\varphi(-\theta)d\theta - \int_0^r K_4(\theta)\psi(-\theta)d\theta\Big) \\ & + a_{21}\varphi(0)\int_0^r K_1(\theta)\varphi(-\theta)d\theta - \frac{a_{21}}{2}\int_0^r K_1''(\theta)\left(\int_0^\theta \varphi(-s)ds\right)^2 d\theta \\ & + \frac{a_{21}}{2}\lim_{\theta\to r^-} K_1'(\theta)\left(\int_0^r \varphi(-s)ds\right)^2 + a_{12}\psi(0)\int_0^r K_4(\theta)\psi(-\theta)d\theta \\ & - \frac{a_{12}}{2}\int_0^r K_4''(\theta)\left(\int_0^\theta \psi(-s)ds\right)^2 d\theta + \frac{a_{12}}{2}\lim_{\theta\to r^-} K_4'(\theta)\left(\int_0^r \psi(-s)ds\right)^2.\end{aligned}$$

重新整理上式右端得到

$$\begin{aligned}\dot{V}(\varphi, \psi) =& \int_0^r \left[\frac{-a_{21}a_{11}}{r}(\varphi(0))^2 + a_{21}K_2'(\theta)\varphi(0)\left(\int_0^\theta \psi(-s)ds\right)\right. \\ & \left. - \frac{a_{12}}{2}K_4''(\theta)\left(\int_0^\theta \psi(-s)ds\right)^2\right]d\theta\end{aligned}$$

$$
\begin{aligned}
&+\int_0^r \left[\frac{-a_{22}a_{12}}{r}(\varphi(0))^2 - a_{12}K_3'(\theta)\psi(\theta)\left(\int_0^\theta \psi(-s)ds\right)\right.\\
&\left.-\frac{a_{21}}{2}K_1''(\theta)\left(\int_0^\theta \psi(-s)ds\right)^2\right]d\theta\\
&+\frac{a_{21}}{2}\lim_{\theta\to r^-}K_1'(\theta)\left(\int_0^r \varphi(-s)ds\right)^2+\frac{a_{12}}{2}\lim_{\theta\to r^-}K_4'(\theta)\left(\int_0^r \psi(-s)ds\right)^2,
\end{aligned}
$$

由条件 (v) 知, $\dot{V}(\varphi,\psi)=0$ 当且仅当 $\varphi(s)$ 和 $\psi(s)$ 对每一个 $s\in[-r,0]$ 同时恒等于零时成立. 在其他地方 $\dot{V}(\varphi,\psi)<0$. 又 (3.182) 的解 $(u(t),v(t))$ 有界, 因此当 $t\to\infty$ 时趋于 (0,0)(见 Hale(1971) 定理 13.1). 证毕.

研究具有连续时滞系统的全局稳定性, 也可以不用 Lyapunov 方法, 今也举一例说明. 我们考虑竞争两种群的 Lotka-Voterra 系统

$$
\begin{cases}
\dot{u}=u(r_1-a_1u-b_1v),\\
\dot{v}=v(r_2-a_2u-b_2v).
\end{cases}
\tag{3.183}
$$

容易知道, 当

$$
\frac{a_1}{a_2}>\frac{r_1}{r_2}>\frac{b_1}{b_2}
\tag{3.184}
$$

成立时, (3.183) 有唯一正平衡位置, 且它为全局稳定.

研究具有连续时滞的模型

$$
\begin{cases}
\dot{u}=u\left(r_1-a_1\displaystyle\int_{-\infty}^t u(s)K(t-s)ds-b_1v\right),\\
\dot{v}=v\left(r_2-a_2u-b_2\displaystyle\int_{-\infty}^t v(s)K(t-s)ds\right).
\end{cases}
\tag{3.185}
$$

容易看出方程

$$
\dot{u}=u(r-au),\quad u(0)=u_0
$$

的解为

$$
u(t)=\frac{ru_0}{au_0+(r-au_0)\exp(-rt)},\quad t>0,
$$

a,r 为常数. 如果 $r>0$, 则存在 t_1^*,t_2^* 使得对于任意正数 $\varepsilon_1>0,\varepsilon_2>0$. 我们有

$$
u(t)\leqslant\frac{r}{a}+\varepsilon_1,\quad 当t\geqslant t_1^*时
$$

和

$$
u(t)\geqslant\frac{r}{a}-\varepsilon_2,\quad 当t\geqslant t_2^*时.
$$

下面就要用这个十分初等的事实来得到关于模型 (3.185) 的全局稳定性的结果.

定理 3.35 假设 $a_1, a_2, r_1, r_2, b_1, b_2$ 均为正常数, (3.184) 不等式成立, $K_1(s)$ 和 $K_2(s)$ 为定义在 $[-T, 0]$ 上的非负连续核函数, 并有

$$\int_{-T}^{0} K_1(s)ds = 1 = \int_{-T}^{0} K_2(s)ds,$$

则系统

$$\begin{cases} \dot{u} = u\left(r_1 - a_1u - b_1\displaystyle\int_{-T}^{0} K_1(s)v(t+s)ds\right), \\ \dot{v} = v\left(r_2 - a_2\displaystyle\int_{-T}^{0} K_2(s)u(t+s)ds - b_2v\right), \end{cases} \quad t > 0, \tag{3.186}$$

初始条件: 当 $-T \leqslant t \leqslant 0$ 时

$$u(t) = \varphi_1(t) \geqslant 0, \quad v(t) = \varphi_2(t) \geqslant 0 \tag{3.187}$$

(这里 T 为任意正数). 这个初始问题对于所有 $t \geqslant 0$ 有一个解 $u(t), v(t)$, 并且 $u(t), v(t)$ 保持非负; 进一步, 对于任意非负连续函数 $\varphi_1(t), \varphi_2(t)$, 这初始问题的解 $u(t), v(t)$ 都有

$$(u(t), v(t)) \to (u^*, v^*), \quad 当t \to \infty时, \tag{3.188}$$

这里 (u^*, v^*) 为 (3.186) 的平衡位置,

$$u^* = \frac{r_1b_2 - r_2b_1}{a_1b_2 - a_2b_1}, \quad v^* = \frac{a_1r_2 - a_2r_1}{a_1b_2 - a_2b_1}.$$

证明 我们知道关于解的唯一性可用 Picard 序列的方法来证明. 下面我们要研究解的有界性和当 $t \to \infty$ 的解 $u(t), v(t)$ 的渐近性质.

以 $n_1^u(t)$ 表示方程 $\dot{x} = x(r_1 - a_1x), x(0) = u(0)$ 的解, 则因为 $v(t+s) \geqslant 0$, 对于 $t > 0$ 有

$$\dot{u} \leqslant u(r_1 - a_1u),$$

所以

$$u(t) \leqslant n_1^u(t) = \frac{r_1u(0)}{a_1u(0) + (r_1 - a_1u(0))\exp(-r_1t)}, \quad t > 0.$$

选取 ε_1 使 $0 < \varepsilon_1 < 1$, 则存在一个 $t_1 > 0$ 使

$$u(t) \leqslant N_1^u \equiv \frac{r_1}{a_1} + \varepsilon_1, \quad 对所有t \geqslant t_1.$$

以 $n_1^v(t)$ 表示方程

$$\begin{cases} \dot{y} = y(r_2 - b_2y), \\ y(T + t_1) = v(T + t_1), \quad t > t_1 + T \end{cases}$$

的解, 则

$$n_1^v(t) = \frac{r_2 v(T+t_1)}{b_2 v(T+t_1) + (r_2 - b_2 v(T+t_1))\exp\{-r_2[t-(T+t_1)]\}},$$

$t > t_1 + T$. 选取正数 ε_2, 使 $\varepsilon_2 < \min\left\{\varepsilon_1, \frac{1}{2}, \left(\frac{r_1}{b_1} - \frac{r_2}{b_2}\right)\right\}$, 存在一个 $t_2 > 0$, 使得

$$n_1^v(t) \leqslant N_1^v \equiv \frac{r_2}{b_2} + \varepsilon_2, \quad 当 t \geqslant t_2 > t_1 + T.$$

以 $m_1^u(t)$ 表示方程

$$\begin{cases} \dot{x} = x(r_1 - a_1 x - b_1 N_1^v), \\ x(t_2+T) = u(t_2+T), \quad t > T + t_2 \end{cases}$$

的解, 则

$$\begin{aligned} m_1^u(t) = &\{(r_1 - b_1 N_1^v)x(t_2+T)\}/\{a_2 x(t+T) \\ &+ (r_1 - b_1 N_1^v - a_1 x(t_2+T))\exp\{-(r - b_1 N_1^v)[t-(t_2+T)]\}\}. \end{aligned}$$

由 ε_2 的选取知, $r_1 > b_1 N_1^v$, 再选取正数 ε_3, 使

$$\varepsilon_3 < \min\left(\frac{1}{3}, \varepsilon_2, \left(r_1 - \frac{b_1 N_1^v}{a_1}\right)\right),$$

则存在一个 $t_3 > 0$, 使得

$$m_1^u(t) \geqslant M_1^u \equiv \frac{r_1 - b_1 N_1^v}{a_1} - \varepsilon_3, \quad 当 t \geqslant t_3 > t_2 + T.$$

容易指出

$$M_1^u \leqslant u(t) \leqslant N_1^u, \quad 对所有 t \geqslant t_3.$$

以 $m_1^v(t)$ 表示方程:

$$\begin{cases} \dot{x} = x(r_2 - a_2 M_1^u - b_2 x), \\ x(t_3+T) = v(t_3+T), \quad t \geqslant t_3 + T \end{cases}$$

的解, 则

$$\begin{aligned} m_1^v(t) = &\{(r_2 - a_2 M_1^u)v(t_3+T)\}/\{b_2 v(t_3+T) \\ &+ (r_2 - a_2 M_1^u - b_2 v(t_3+T))\exp\{-(r_2 - a_2 M_1^u)[t-(t_3+T)]\}\}. \end{aligned}$$

由前面的论述我们知道 $r_2 - a_2 M_1^u > 0$, 可以选取 $\varepsilon_4 > 0$, 使

$$\varepsilon_4 < \min\left\{\varepsilon_4, \frac{1}{4}, \frac{r_2 - a_2 M_1^u}{b_2}\right\},$$

存在一个 $t_4 > 0$, 使

$$m_1^v(t) \geqslant M_1^v \equiv \frac{r_2 - a_2 M_1^v}{b_2} - \varepsilon_4, \quad \text{当} t \geqslant t_4 > t_3 + T.$$

易知, 对于 $t \geqslant t_4 > t_3 + T$ 有 $v(t) \geqslant M_1^v$, 因此

$$\begin{aligned} &M_1^u \leqslant u(t) \leqslant N_1^u, \\ &M_1^v \leqslant v(t) \leqslant N_1^v, \quad \text{当} t \geqslant t_4. \end{aligned}$$

前面我们完成了对解的第一步估计. 类似地给出第二步估计, 设 $n_2^u(t)$ 是方程

$$\begin{aligned} &\dot{x} = x(r_1 - a_1 x - b_1 M_1^v), \\ &x(t_4 + T) = u(t_4 + T), \quad t \geqslant t_4 + T \end{aligned}$$

的解, 则

$$\begin{aligned} n_2^u(t) =& \{(r_1 - b_1 M_1^v) u(t_4 + T)\} / \{a_1 u(t_4 + T) \\ &+ (r_1 - b_1 M_1^v - a_1 u(t_4 + T)) \exp\{-(r_1 - b_1 M_1^v)[t - (t_4 + T)]\}\}. \end{aligned}$$

因为 $r_1 - b_1 M_1^v > 0$, 可以选取 $t_5 > 0$ 和 $\varepsilon_5 > 0$, 使

$$\varepsilon_5 < \min\left\{\varepsilon_4, \frac{1}{5}\right\} \quad \text{且}$$

$$n_2^u(t) \leqslant N_2^u \equiv \frac{r_1 - b_1 M_1^v}{a_1} + \varepsilon_5, \text{当 } t \geqslant t_5 > t_4 + T \text{ 时}.$$

这就得到

$$u(t) \leqslant N_2^u, \quad \text{当} t \geqslant t_5 > t_4 + T \text{时}.$$

类似地有

$$\begin{aligned} v(t) \leqslant N_2^v \equiv \frac{r_2 - a_2 M_1^u}{b_2} + \varepsilon_6, \quad \text{当} t \geqslant t_6 > t_5 + T \text{时}, \\ u(t) \geqslant M_2^u \equiv \frac{r_1 - b_1 N_2^v}{a_1} - \varepsilon_7, \quad \text{当} t \geqslant t_7 > t_6 + T \text{时}, \\ v(t) \geqslant M_2^v \equiv \frac{r_2 - a_2 N_2^u}{b_2} - \varepsilon_8, \quad \text{当} t \geqslant t_8 > t_7 + T \text{时}. \end{aligned}$$

这样就完成了对解的第二步估计. 用同样的方法来作第三步估计得

$$\begin{aligned} u(t) \leqslant N_3^u \equiv \frac{r_1 - b_1 M_2^v}{a_1} + \varepsilon_9, \quad \text{当} t \geqslant t_9 > t_8 + T \text{时}, \\ v(t) \leqslant N_3^v \equiv \frac{r_2 - a_2 M_2^u}{b_2} + \varepsilon_{10}, \quad \text{当} t \geqslant t_{10} > t_9 + T \text{时}, \end{aligned}$$

$$u(t) \geqslant M_3^u \equiv \frac{r_1 - b_1 N_3^v}{a_1} - \varepsilon_{11}, \quad 当t \geqslant t_{11} > t_{10} + T时,$$

$$v(t) \geqslant M_3^v \equiv \frac{r_2 - a_2 M_3^u}{b_2} - \varepsilon_{12}, \quad 当t \geqslant t_{12} > t_{11} + T时.$$

由此当 $t > t_{12}$ 时, 有

$$M_3^u \leqslant u(t) \leqslant N_3^u,$$

$$M_3^v \leqslant v(t) \leqslant N_3^v.$$

一般地有

$$u(t) \leqslant N_m^u \equiv \frac{r_1 - b_1 M_{m-1}^v}{a_1} + \varepsilon_{4m-3}, \quad 当t \geqslant t_{4m-3}时,$$

$$v(t) \leqslant N_m^v \equiv \frac{r_2 - a_2 M_{m-1}^u}{b_2} + \varepsilon_{4m-2}, \quad 当t \geqslant t_{4m-2}时,$$

$$u(t) \geqslant M_m^u \equiv \frac{r_1 - b_1 N_m^v}{a_1} - \varepsilon_{4m-1}, \quad 当t \geqslant t_{1m-1}时,$$

$$v(t) \geqslant M_m^v \equiv \frac{r_2 - a_2 M_m^u}{b_2} + \varepsilon_{4m}, \quad 当t \geqslant t_{4m}时.$$

因此有

$$M_m^u \leqslant u(t) \leqslant N_m^u,$$

$$M_m^v \leqslant v(t) \leqslant N_m^v, \quad 当t \geqslant t_{4m}时.$$

由归纳法容易知道, 可以得到序列

$$N_m^u, N_m^v, M_m^u, M_m^v, \quad m = 1, 2, 3, \cdots,$$

其中 $\{N_m^u\}$ 和 $\{N_m^v\}$ 为单调减少有下界的序列, 而 $\{M_m^u\}$ 和 $\{M_m^v\}$ 是单调增加有上界的序列, 因此存在极限

$$\lim_{m\to\infty} N_m^u = \alpha_1, \quad \lim_{m\to\infty} M_m^u = \alpha_2,$$

$$\lim_{m\to\infty} N_m^v = \beta_1, \quad \lim_{m\to\infty} M_m^v = \beta_2.$$

因为数列 $\{\varepsilon_{4m}\}$ 满足 $0 < \varepsilon_m < \dfrac{1}{m}$, 所以当 $m \to \infty$ 时 $\{\varepsilon_{4m}\} \to 0$. 通过计算容易得到

$$\alpha_1 = \alpha_2 = \frac{r_1 b_2 - r_2 b_1}{a_1 b_2 - a_2 b_1} = u^*,$$

$$\beta_1 = \beta_2 = \frac{a_1 r_2 - a_2 r_1}{a_1 b_2 - a_2 b_1} = v^*,$$

这里 (u^*, v^*) 是 (3.186) 的唯一的正平衡点. 证毕.

2. 具有简单核函数的连续时滞系统

这一节我们考虑核函数为简单核函数的情况, 也就是强时滞核函数和弱时滞核函数 (图 1.3) 的情况.

仍以简单模型 (3.177) 为例, 若考虑弱时滞核函数的情况, 即 (在 (3.177) 中作代换 $t-\tau=z$)

$$\begin{cases} \dot{N}_1 = \varepsilon_1 N_1 - \alpha N_1 N_2, \\ \dot{N}_2 = -\varepsilon_2 N_2 + \beta N_2 \displaystyle\int_{-\infty}^{t} F(t-\tau) N_1(\tau) d\tau, \end{cases} \tag{3.177$'$}$$
$$F(z) = a\exp(-az),$$

引进新变量, 设

$$N_3 = \int_{-\infty}^{t} F(t-\tau) N_1(\tau) d\tau,$$

则 (3.177) 等价于方程组

$$\begin{cases} \dot{N}_1 = \varepsilon_1 N_1 - \alpha N_1 N_2, \\ \dot{N}_2 = -\varepsilon_2 N_2 + \beta N_2 N_3, \\ \dot{N}_3 = a(N_1 - N_3) \end{cases}$$

有正平衡位置 $N_1^* = \dfrac{\varepsilon_2}{\beta}, N_2^* = \dfrac{\varepsilon_1}{\alpha}, N_3^* = \dfrac{\varepsilon_2}{\beta}$. 由其特征方程

$$\lambda^3 + a\lambda^2 + a\varepsilon_1\varepsilon_2 = 0,$$

易知正平衡位置为不稳定的. 我们已经知道在无时滞时 $(a=0)$, 平衡位置为中心, 这点说明时滞作用会影响生态平衡.

关于 May 的模型

$$\begin{cases} \dot{N}_1 = \varepsilon_1 N_1 \left(1 - \dfrac{N_1}{K}\right) - \dfrac{A N_1 N_2}{N_1 + B}, \\ \dot{N}_2 = \varepsilon_2 N_2 \left(1 - \dfrac{N_2}{C N_1}\right). \end{cases} \tag{3.189}$$

如果把 (3.189) 看成 Kolmogorov 型, 则

$$F_1(N_1, N_2) = \varepsilon_1 \left(1 - \frac{N_1}{K}\right) - \frac{A N_2}{N_1 + B},$$
$$F_2(N_1, N_2) = \varepsilon_2 \left(1 - \frac{N_2}{C N_1}\right),$$

并记 $A_{ij}=(N_i,F_j)'_{Nj}$ 为在正平衡点的值 $(i,j=1,2)$, 则 (3.189) 的特征方程为

$$\lambda^2-(A_{11}+A_{22})\lambda+(A_{11}A_{22}-A_{12}A_{21})=0.$$

设 $A_{12}<0, A_{21}>0, A_{22}<0$, 以及

$$A_{11}A_{22}-A_{12}A_{21}>0,$$

则平衡位置为稳定的充分条件为

$$A_{11}+A_{22}<0.$$

如果考虑具有弱时滞, 即

$$\begin{cases} \dot{N}_1=\varepsilon_1 N_1\left(1-\dfrac{N_1}{K}\right)-\dfrac{AN_1N_2}{N_1+B}, \\ \dot{N}_2=\varepsilon_2 N_2\left(1-N_2\displaystyle\int_{-\infty}^{t}F(t-\tau)\dfrac{1}{CN_1(t)}d\tau\right), \end{cases} \tag{3.190}$$
$$F(z)=a\exp(-az),$$

引进新的变量

$$N_3=\int_{-\infty}^{t}F(t-\tau)\frac{1}{N_1(t)}d\tau.$$

方程 (3.190) 等价系统为

$$\begin{cases} \dot{N}_1=\varepsilon_1 N_1\left(1-\dfrac{N_1}{K}\right)-\dfrac{AN_1N_2}{N_1+B}, \\ \dot{N}_2=\varepsilon_2 N_2\left(1-\dfrac{N_2N_3}{C}\right), \\ \dot{N}_3=a\left(\dfrac{1}{N_1}-N_3\right), \end{cases} \tag{3.191}$$

由数值计算, 知以上方程存在周期解.

模型 (3.177) 是假定两种群都没有密度制约的情况, 如果考虑两者都存在密度制约, 则模型为

$$\begin{cases} \dot{N}_1=N_1(\varepsilon_1-\alpha_1N_1-r_1N_2), \\ \dot{N}_2=N_2\left(-\varepsilon_2-\alpha_2N_2+r_2\displaystyle\int_{-\infty}^{t}F(t-\tau)N_1(\tau)d\tau\right), \end{cases} \tag{3.192}$$

这里设 $\varepsilon_i,\alpha_i,r_i>0(i=1,2), F(t)\geqslant 0, \displaystyle\int_0^{\infty}F(t)dt=1.$

我们假设过去种群密度是已知的非负有界的函数

$$N_i(t) \equiv \Psi_i(t), \quad -\infty < t < 0, \quad i = 1, 2, \tag{3.193}$$

则积分微分方程系统 (3.192) 具有初始条件 (3.193) 有唯一的非负解.

如果核函数 $F(t) = ae^{-at}$, 则 (3.192) 等价于

$$\begin{cases} \dot{y}_1 = y_1(\varepsilon_1 - \alpha_1 y_1 - r_1 y_2), \\ \dot{y}_2 = y_2(-\varepsilon_2 - \alpha_2 y_2 + r_2 y_3), \\ \dot{y}_3 = a(y_1 - y_3), \end{cases} \tag{3.194}$$

这里 $y_1 = N_1, y_2 = N_2, y_3 = \int_{-\infty}^{t} F(t-\tau) N_1(\tau) d\tau$.

易知当 $\dfrac{\varepsilon_2}{r_2} > \dfrac{\varepsilon_1}{\alpha_1}$ 时, (3.194) 仅存在两个平衡点: (0,0,0) 和 $\left(\dfrac{\varepsilon_1}{\alpha_1}, 0, \dfrac{\varepsilon_1}{\alpha_1}\right)$, 在每一平衡点线性化系统的系数矩阵为

$$M_1 = \begin{pmatrix} \varepsilon_1 & 0 & 0 \\ 0 & -\varepsilon_2 & 0 \\ a & 0 & -a \end{pmatrix}_{(0,0,0)},$$

$$M_2 = \begin{pmatrix} -\varepsilon_1 & -\dfrac{r_1\varepsilon_1}{\alpha_1} & 0 \\ 0 & -\varepsilon_2 + \dfrac{r_2\varepsilon_1}{\alpha_1} & 0 \\ a & 0 & -a \end{pmatrix}_{\left(\frac{\varepsilon_1}{\alpha}, 0, \frac{\varepsilon_1}{\alpha_1}\right)},$$

易得在这种情况下 (0,0,0) 是一个不稳定平衡点, 而 $\left(\dfrac{\varepsilon_1}{\alpha_1}, 0, \dfrac{\varepsilon_1}{\alpha_1}\right)$ 是一个稳定平衡点. 下面进一步考虑其解的大范围性质.

定理 3.36 如果 $\dfrac{\varepsilon_2}{r_2} > \dfrac{\varepsilon_1}{\alpha_1}$, 则在区域 $G\{y_1 > 0, y_2 > 0, y_3 > 0\}$ 内, (3.194) 的所有解满足

$$\text{当}t \to \infty\text{时}, \quad y_1 \to \frac{\varepsilon_1}{\alpha_1},\ y_2 \to 0,\ y_3 \to \frac{\varepsilon_1}{\alpha_1}.$$

证明 略. 请参阅 Bownds 和 Cushing(1975).

当 $\dfrac{\varepsilon_1}{\alpha_1} > \dfrac{\varepsilon_2}{r_2}$ 时, 则除上述平衡点外, 在 G 内还存在一个平衡位置 P.

$$\begin{aligned} P =& \left(\frac{\varepsilon_1\alpha_2 + \varepsilon_2 r_1}{\alpha_1\alpha_2 + r_1 r_2}, \frac{\varepsilon_1 r_2 - \varepsilon_2\alpha_1}{\alpha_1\alpha_2 + r_1 r_2}, \frac{\varepsilon_1\alpha_2 + \varepsilon_2 r_1}{\alpha_1\alpha_2 + r_1 r_2}\right) \\ =& (y_1^*, y_2^*, y_3^*). \end{aligned}$$

定理 3.37 如果 $\dfrac{\varepsilon_1}{\alpha_1} > \dfrac{\varepsilon_2}{r_2}$, 则当

$$0 < \frac{r_1 r_2}{\alpha_1 \alpha_2} < 8 \tag{3.195}$$

时, (3.194) 在 G 中的所有解满足

$$y_1 \to y_1^*, \quad y_2 \to y_2^*, \quad y_3 \to y_3^*.$$

证明 略. 此证明将在第 4 章中作为一个特殊情况推出.

定理 3.38 在 G 内存在一个 (3.194) 的轨线的有界不变区域

$$D = \left\{ (y_1, y_2, y_3) \middle| 0 < y_1 < \frac{\varepsilon_1}{\alpha_1} = q_1, 0 < y_2 < \frac{1}{\alpha_1 \alpha_2} = q_2, 0 < y_3 < \frac{\varepsilon_1}{\alpha_1} \right\}.$$

证明 由 (3.194) 和条件 $\dfrac{\varepsilon_1}{\alpha_1} > \dfrac{\varepsilon_2}{r_2}$, 容易看出在 D 的边界上, (3.194) 的轨线都不穿出 D. 结论显然成立.

定理 3.39 如果 $\dfrac{\varepsilon_1}{\alpha_1} > \dfrac{\varepsilon_2}{r_2}$, 则当平衡位置 (y_1^*, y_2^*, y_3^*) 为不稳定时, 模型 (3.194) 必存在周期解.

证明 见 Dai(1981).

3.6 两种群的离散时间模型的研究

3.6.1 两种群离散时间模型的局部稳定性

我们考虑 m 个种群离散时间模型

$$N_i(t+1) = G_i(N_1, N_2, \cdots, N_m), \tag{3.196}$$

设 $(N_1^*, N_2^*, \cdots, N_m^*)$ 是一个正的平衡位置, 定义为: $N_1^* > 0, N_2^* > 0, \cdots, N_m^* > 0$, 且 $G_1(N^*) = N_1^*, G_2(N^*) = N_2^*, \cdots, G_m(N^*) = N_m^*$. 平衡位置 N^* 称为是局部稳定的, 如果 (3.196) 起始于 N^* 的邻近的所有的解当 t 增加时都进入 N^* 的更小邻域内.

设 $x_i = N_i - N_i^* (i = 1, 2, \cdots, m)$, 代入 (3.196) 并略去二次以上的项, 得

$$x_i(t+1) = \sum_{j=1}^{m} \frac{\partial G_i}{\partial N_j} x_j, \quad i = 1, 2, \cdots, m, \tag{3.197}$$

其中 $\dfrac{\partial G_i}{\partial N_j}$ 是在 N^* 点的值, 写成矩阵形式

$$X(t+1) = AX(t), \tag{3.198}$$

这里 $(A_{ij}) = \left(\dfrac{\partial G_i}{\partial N_j}\right)$.

定理 3.40 模型 (3.196) 有一局部稳定平衡点 N^* 的充分条件为矩阵 A 的所有的特征值的模都小于 1.

证明 设 (3.198) 的解形如

$$X(t) = \lambda^t y, \tag{3.199}$$

这里 λ 是常数, y 是常向量, 则它是解只要

$$\lambda^{t+1} y = A\lambda^t y, \tag{3.200}$$

即有

$$(A - \lambda I)y = 0, \tag{3.201}$$

这里 I 为单位矩阵. 因此, 只要 λ 是 A 的一个特征值, 而 y 是对应的特征向量, 则 $\lambda^t y$ 是 (3.198) 的解.

对于生态学模型, 矩阵 A 极少有重特征值的情况, 因为 (3.198) 是线性系统, 所以, 任何解集合的线性组合也是这个系统的解. 所以, 如果 $\lambda_1, \lambda_2, \cdots, \lambda_m$ 是不同特征值和 $y_1, y_2, \cdots, y_m$ 是其对应的特征向量, 则 (3.198) 的通解为

$$X(t) = \sum_{i=1}^{m} c_i \lambda_i' y_i, \tag{3.202}$$

这里 $c_1, c_2, \cdots, c_m$ 是任意常数.

一般情况下 λ 是复数, 它可写成形如

$$\lambda_j = R_j(\cos\theta_j + i\sin\theta_j), \tag{3.203}$$

这里 $i^2 = -1, R_1$ 是 λ_j 的模, 因此

$$\lambda_j^t = R_j^t[\cos(t\theta_j) + i\sin(t\theta_j)]. \tag{3.204}$$

显然, 如果 $R_j < 1$, 则当 $t \to \infty$ 时, $R_j^t \to 0$, 因此如果矩阵 A 的所有特征值的模都小于 1, 则 $t \to \infty$ 时 (3.198) 的所有解趋于零, 这也就得到 (3.196) 的平衡点 N^* 是局部稳定的. 证毕.

通常称为 Kolmogorov 型模型为

$$N_i(t+1) = N_i F_i(N_1, N_2, \cdots, N_m), \quad i = 1, 2, \cdots, m, \tag{3.205}$$

若有一个正平衡点 N^*, 则有

$$F_1(N^*)=1, F_2(N^*)=1, \cdots, F_m(N^*)=1. \tag{3.206}$$

记 δ_{ij} 为 Kronecker 符号, 定义为

$$\delta_{ii}=1, \quad \delta_{ij}=0, \quad 当 i\neq j 时, \tag{3.207}$$

定理 3.41 模型 (3.205) 的平衡位置 N^* 为局部稳定的充分条件是矩阵

$$A=\left(\delta_{ij}+N_i^*\frac{\partial F_i(N^*)}{\partial N_j}\right) \tag{3.208}$$

的所有特征值的模都小于 1.

证明 作代换 $x_i=N_i-N_i^*$, 代入 (3.205) 并略去高阶项得

$$x_i(t+1)=x_i+\sum_{j=1}^{m}N_i^*\frac{\partial F_i}{\partial N_j}x_j, \tag{3.209}$$

这里 $i=1,2,\cdots,m$, 比较 (3.209) 和 (3.208) 即得定理的证明.

例如, Hassell 和 Rogers 用以描述鹿群与狼群相互作用的模型

$$\begin{cases} x_{t+1}=(1+r)x_t-\dfrac{\alpha x_t y_t}{1+\beta x_t}, \\ y_{t+1}=(1-d)y_t+\dfrac{c\alpha x_t y_t}{1+\beta x_t}, \end{cases}$$

其中 x_t 和 y_t 分别表示第 t 年鹿和狼的数目. 容易算出, 当 $c\alpha-d\beta>0$ 时, 此模型有正平衡点 $(x^*,y^*), x^*=\dfrac{d}{c\alpha-d\beta}, y^*=\dfrac{cr}{c\alpha-d\beta}$.

也可以把模型写成

$$\begin{cases} x_{t+1}-x_t=rx_t-\dfrac{\alpha x_t y_t}{1+\beta x_t}, \\ y_{t+1}-y_t=-dy_t+\dfrac{c\alpha x_t y_t}{1+\beta x_t}, \end{cases}$$

等号右端在 (x^*,y^*) 的线性化系统的系数矩阵为

$$A=\begin{pmatrix} \dfrac{dr\beta}{c\alpha} & -\dfrac{d}{c} \\ \dfrac{r(c\alpha-d\beta)}{\alpha} & 0 \end{pmatrix},$$

其特征值为

$$\lambda=\frac{dr\beta}{2c\alpha}\pm\frac{1}{2}\left[\frac{d^2r^2\beta^2}{c^2\alpha^2}-\frac{4dr(c\alpha-d\beta)}{c\alpha}\right]^{\frac{1}{2}},$$

λ 的实部$\dfrac{dr\beta}{2c\alpha}>0$, 所以 (x^*,y^*) 为不稳定的. 这个模型与我们在前面考虑的连续模型有类似的结论. 在我们曾研究过的捕食被捕食模型中, 若捕食者是第二类功能性反应, 且食饵与捕食者都是非密度制约时, 正平衡点也是不稳定的, 对连续模型我们可以肯定这种模型不存在其他吸引子, 而对于离散模型, 我们还无法证明这个结论. 进一步, 如果食饵种群有密度制约, 则离散模型应为

$$\begin{cases} x_{t+1}=(1+r)x_t-\omega x_t^2-\dfrac{\alpha x_t y_t}{1+\beta x_t}, \\ y_{t+1}=(1-d)y_t+\dfrac{c\alpha x_t y_t}{1+\beta x_t}, \end{cases}$$

能否得到如同连续模型那样的全局稳定性和周期解的存在唯一性结论? 这是一个相当困难的问题.

3.6.2 两种群离散时间模型的大范围性质

关于 m 个种群模型 (3.196) 的全局稳定性, 我们已在定理 2.9 一定理 2.11 加以叙述, 这里不再重复. 我们来考虑一个具体的例子.

May 等 (1974), Fisher 和 Goh(1977) 考虑模型

$$\begin{cases} N_1(t+1)=N_1\exp\left[\dfrac{r_1}{K_1}(K_1-\alpha_{11}N_1-\alpha_{12}N_2)\right], \\ N_2(t+1)=N_2\exp\left[\dfrac{r_2}{K_2}(K_2-\alpha_{21}N_1-\alpha_{22}N_2)\right], \end{cases} \tag{3.210}$$

其中 $r_1,r_2,\alpha_{11},\alpha_{12},\alpha_{21},\alpha_{22},K_1$ 和 K_2 均为正常数. 设正平衡位置 (N_1^*,N_2^*), 满足方程

$$K_1-\alpha_{11}N_1-\alpha_{12}N_2=0,\quad K_2-\alpha_{21}N_1-\alpha_{22}N_2=0, \tag{3.211}$$

即 $N_1^*=\dfrac{1}{\varDelta}(K_1\alpha_{22}-K_2\alpha_{12}),N_2^*=\dfrac{1}{\varDelta}(K_2\alpha_{11}-K_1\alpha_{21})$. 这里 $\varDelta=\alpha_{11}\alpha_{22}-\alpha_{12}\alpha_{21}$, 因为 (N_1^*,N_2^*) 是正平衡位置, 有 $N_1^*>0,N_2^*>0$.

这个模型参数太多, May(1974) 作了一个简单的情况, 设 $K_1=K_2=1,r_1=r,r_2=2r,\alpha_{11}=\alpha_{22}=1,\alpha_{12}=\alpha_{21}=\alpha$. 在这样的参数下有

$$(N_1^*,N_2^*)=\left(\frac{1}{1+\alpha},\frac{1}{1+\alpha}\right). \tag{3.212}$$

由定理 3.41, 此平衡位置是局部稳定的充分条件为矩阵 A 的所有特征值的模都小于 1.

$$A=\begin{pmatrix} 1-N_r^* & -N_{\alpha r}^* \\ -2N_{r\alpha}^* & 1-2rN^* \end{pmatrix}, \tag{3.213}$$

$N^* = \dfrac{1}{1+\alpha}$, 由 Shur-Cohn 稳定性准则要求

$$\alpha < 1 \tag{3.214}$$

和

$$r \leqslant \frac{3-\sqrt{1+8\alpha^2}}{2(1-\alpha)}. \tag{3.215}$$

当 r 不满足条件 (3.215), 则存在稳定环的集合. 以至于 r 值再增加时出现混沌现象 (由数值方法).

为了研究两种群离散模型

$$\begin{cases} N_1(t+1) = N_1 F_1(N_1, N_2), \\ N_2(t+1) = N_2 F_2(N_1, N_2) \end{cases} \tag{3.216}$$

的全局稳定性, 我们常用 Lyapunov 函数的方法, 例如, 构造 Lyapunov 函数

$$\begin{aligned} V(N_1, N_2) = &\left[\frac{1}{2}(N_1^2 - N_1^{*^2}) - N_1^{*^2} \ln\left(\frac{N_1}{N_1^*}\right)\right] \\ &+ c\left[\frac{1}{2}(N_2^2 - N_2^{*^2}) - N_2^{*^2} \ln\left(\frac{N_2}{N_2^*}\right)\right], \end{aligned} \tag{3.217}$$

这里 c 是正常数. 对于模型 (3.210), 在 May 的简单情况中若 $r = 1.1, \alpha = 0.5$, 则可取 $c = 0.5$. 于是沿着 (3.216) 的解, 有

$$\begin{aligned} \Delta V(N) = &\frac{N_1^2}{2}(F_1^2(N_1, N_2) - 1) - N_1^{*^2} \ln(F_1(N_1, N_2)) \\ &+ c\left[\frac{N_2^2}{2}(F_2^2(N_1, N_2) - 1) - N_2^{*^2} \ln(F_2(N_1, N_2))\right], \end{aligned} \tag{3.218}$$

要用分析的方法去得到 $\Delta V(N)$ 为负定的条件是很困难的, 我们可以用数值计算来给出, 当 $r = 1.1, \alpha = 0.5$ 和 $c = 0.5$ 时, 关于模型 (3.210) 在 May 的简单情况下的 $\Delta V(N) = H(H < 0$, 例如, 等于 $-2, -1, -0.5, -0.2, -0.1, -0.05, -0.01$ 等) 的曲线图形, 如图 3.38 所示. 显然在这种情况下, 在第一象限 $\Delta V(N)$ 是负定的. 从此我们得到结论, 模型 (3.210) 对于这个参数是全局稳定的.

如果 (3.215) 不满足, 在特殊情况当 $\alpha = 0.5$ 和 $r = 1.5$ 时, 容易计算它有两点环, 在点 (0.45,0.2) 和 (0.88,1.13).

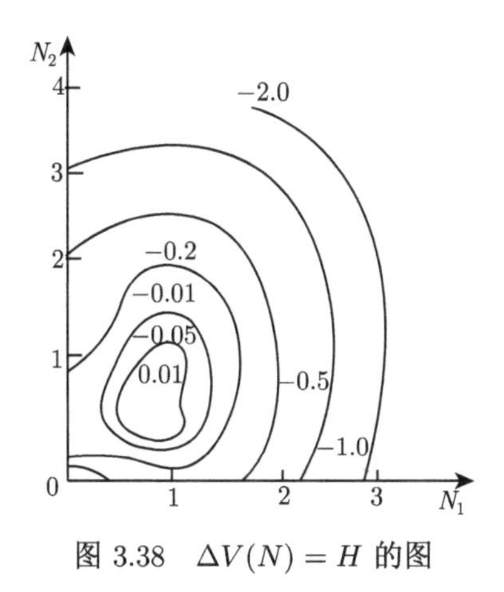

图 3.38 $\Delta V(N)=H$ 的图

3.7 具时滞的差分方程的全局稳定性

在研究数量比较少、年龄比较长的种群增长时, 我们也要用多维的差分方程来描述. 例如, 研究某一种群的增长只要看其雌性动物的增长情况即可. 以 t 代表年代, 以 i 代表雌性动物的年龄, 则以 $N_i(t)$ 代表在第 t 年中有 i 岁的动物的个数, 以 k 表示这种动物的雌性动物成熟的年龄, 也即动物到了 k 岁之后, 即可繁殖后代 (当然我们忽略那些即使年龄已到 k 岁而不具有繁殖力的情况, 因为这种情况是个别的, 可以忽略). 以 $N_k(t)$ 表示在第 t 年具有成年雌性动物的个数 (包括 k 岁和大于 k 岁的动物总体). 那么第 $t+1$ 年与第 t 年种群数目之前的关系则可用以下模型来描述

$$\begin{pmatrix} N_0(t+1) \\ N_1(t+1) \\ \vdots \\ N_{k-1}(t+1) \\ N_k(t+1) \end{pmatrix} = \begin{pmatrix} 0 & 0 & \cdots & 0 & 0 & F(N_k(t)) \\ s_0 & 0 & \cdots & 0 & 0 & 0 \\ \vdots & \vdots & & \vdots & \vdots & \vdots \\ 0 & 0 & \cdots & s_{k-2} & 0 & 0 \\ 0 & 0 & \cdots & 0 & s_{k-1} & s_k \end{pmatrix} \begin{pmatrix} N_0(t) \\ N_1(t) \\ \vdots \\ N_{k-1}(t) \\ N_k(t) \end{pmatrix}, \tag{3.219}$$

这里 $s_i(i=0,1,\cdots k-1)$ 表示雌性动物在 i 岁时一年的成活率, s_k 表示成年雌性动物的存活率, 函数 $F(N_k(t))$ 表示种群繁殖率 (考虑到密度制约因素). 这个系统可写成等价方程

$$N_k(t+1)=s_{k-1}s_{k-2}\cdots s_0F(N_k(t-k))\cdot N_k(t-k)+s_kN_k(t), \tag{3.220}$$

记 $N(t)=N_k(t), s=s_k$, 则方程 (3.220) 写成时滞差分方程

$$N(t+1)=sN(t)+(1-s)g(N(t-k)), \tag{3.221}$$

这里 $(1-s)g(N(t-k))=s_{k-1}s_{k-2}\cdots s_0F(N(t-k))N(t-k), s\in(0,1)$.

我们将研究时滞差分方程 (3.221) 的正平衡点 N^* 的稳定性. 建立 (3.221) 与差分方程 (称之为 (3.221) 的相伴方程)

$$N(t+1)=g(N(t)) \tag{3.222}$$

的正平衡点的稳定性之间的联系. 首先考虑局部稳定性. (3.221) 的正平衡点为 N^*, 满足

$$N^*=g(N^*),\quad N^*>0, \tag{3.223}$$

在 N^* 附近线性化 (3.221), 则可得 N^* 是渐近稳定的充要条件是特征方程

$$\lambda^{k+1}-s\lambda^k-(1-s)g'(N^*)=0 \tag{3.224}$$

的所有特征根的模小于 1.

可以计算 (3.224) 所有根 $|\lambda|<1$ 的充分条件为 (Clark, 1976; Levin, May, 1976)

$$a_k(s)<g'(N^*)<1,$$

这里函数 $ak(s)$ 决定于时滞的长度 k 的大小. 例如, 当 $k=0$ 时有 $a_k=-\dfrac{1+s}{1-s}$, 当 $k=1$ 时有 $a_k(s)=-\dfrac{1}{1-s}$. 但 $a_k(s)$ 必满足 $a_k(s)\leqslant -1$.

为了简单起见, 引进矩阵记法. 用 R_+^m 记 R^n 的正向量空间, 差分方程系统

$$X(t+1)=f(X(t)), \tag{3.225}$$

这里 $X(t)=(x_1(t),x_2(t),\cdots,x_n(t))^{\mathrm{T}}$ 是 R_+^m 中的向量, $f:R_+^n\to R_+^n$. 设区域 $G\subset R_t^n$ 中的任意集合, 前面已说过实函数 V 是系统 (3.225) 在 G 上的 Lyapunov 函数, 必有

(i) V 为连续正值函数.

(ii) $V(f(x))\leqslant V(x)$, 对一切 $x\in G$.

定理 3.42　设 N^* 为时滞差分方程 (3.221) 的一个正平衡点. 如果存在一个凸函数 v 是差分方程 (3.222) 在 $(0,\infty)$ 上的 Lyapunov 函数, 并且当 $n\to\infty$ 时, $v(N)\to\infty$, 则 (3.221) 的正平衡点 N^* 是全局稳定的.

证明　时滞差分方程 (3.221) 等价 $k+1$ 个方程

$$\begin{cases} x_1(t+1)=x_2(t),\\ x_2(t+1)=x_3(t),\\ \cdots\cdots\\ x_k(t+1)=x_{k+1}(t),\\ x_{k+1}(t+1)=sx_{k+1}(t)+(1-s)g(x_1(t)), \end{cases} \tag{3.226}$$

这里 $x_i(t)=N(t+i-k-1), i=1,2,\cdots,k+1$. 方程 (3.226) 是方程 (3.225) 的一个特殊形式, 即

$$X(t+1)=f(X(t)),$$

$X(t)\in R_+^{k+1}$. 由假设, 对于这个系统我们有函数

$$v(f_i(X))=v(x_{i+1}),\quad i=1,2,\cdots,k, \tag{3.227}$$

以及由凸性和 v 是 (3.222) 的 Lyapunov 函数, 有

$$\begin{aligned}v(f_{k+1}(X))=&v(sx_{k+1}+(1-s)g(x_1))\\ \leqslant&sv(x_{k+1})+(1-s)v(g(x_1)),\end{aligned}$$

因为对所有的 $x_1\in(0,\infty)$ 有

$$v(g(x_1))\leqslant v(x_1),$$

所以

$$v(f_{k+1}(X))\leqslant sv(x_{k+1})+(1-s)v(x_1). \tag{3.228}$$

现在定义

$$V(X)=\sum_{i=1}^{k}v(x_i)+\frac{v(x_{k+1})}{1-s},$$

对于系统 (3.226) 有

$$\begin{aligned}V(f(X))-V(X)=&\sum_{i=1}^{k}[v(f_i(X))-v(x_i)]\\ &+\frac{1}{1-s}[v(f_{k+1}(X))-v(x_{k+1})]\\ \leqslant&\sum_{i=1}^{k}[v(x_{i+1})-v(x_i)]-v(x_{k+1})+v(x_1)=0.\end{aligned}$$

用不等式 (3.228) 和 (3.227) 即有

$$V(f(X))\leqslant V(X),\text{对所有}X\in R_+^{k+1},$$

所以 V 是系统 (3.226) 在 R_+^{k+1} 上的 Lyapunov 函数, 且有性质: 当 $\|X\|\to\infty$ 时 $V(X)\to\infty$. 在 R_+^{k+1} 中仅有的平衡点 $x_1=x_2=\cdots=x_{k+1}=g(x_1)$ 是 $g(N)=N$ 的解 N^*. 因此由 Lasalle 定理, $X=X^*=(N^*,N^*,\cdots,N^*)^{\mathrm{T}}$ 是全局稳定的. 证毕.

例 3.10 Beverton 和 Holt 模型

$$N(t+1) = sN(t) + \frac{rN(t-k)}{1+\omega N(t-k)}, \tag{3.229}$$

有平衡点 N^* 满足

$$\omega N^* = \frac{r}{1-s} - 1, \tag{3.230}$$

要求 $N^* > 0$, 参数 r 和 s 必满足

$$0 < 1-s < r < 1,$$

对应于 (3.222) 时滞差分方程 (3.229) 的相伴方程为

$$N(t+1) = \frac{rN(t)}{(1-s)(1+\omega N(t))}, \tag{3.231}$$

考虑凸函数 $v(N) = |N - N^*|$.

首先我们来证明对于相伴方程 (3.231), v 是 Lyapunov 函数.

$$\begin{aligned} v(g(N)) =& \left| \frac{rN}{(1-s)(1+\omega N)} - N^* \right| \\ =& \frac{r}{1-s} \left| \frac{N}{1+\omega N} - \frac{N^*}{1+\omega N^*} \right| = \frac{|N-N^*|}{1+\omega N}, \end{aligned}$$

因此有

$$v(g(N)) \leqslant v(N), \quad 对于所有 N > 0.$$

所以 v 是相伴方程 (3.231) 在 $(0, \infty)$ 上的 Lyapunov 函数. 由定理 3.42, 时滞差分方程 (3.229) 的正平衡点 N^* 是全局稳定的.

例 3.11 时滞差分方程

$$N(t+1) = sN(t) + \lambda N(t-k) \exp(-qN(t-k)) \tag{3.232}$$

有正平衡点 N^*, 应满足方程

$$\lambda \exp(-qN^*) = 1-s, \tag{3.233}$$

对于 (3.222) 时滞差分方程 (3.232) 的相伴方程

$$N(t+1) = \frac{\lambda}{1-s} N(t) \exp(-qN(t)). \tag{3.234}$$

考虑凸函数 $v(N) = (N - N^*)^2$, 首先要证明当 λ, s 满足

$$1 < \frac{\lambda}{1-s} \leqslant e^2 \tag{3.235}$$

时, v 是相伴方程 (3.234) 的 Lyapunov 函数. 为此可以把方程 (3.234) 表示为

$$N(t+1)=N(t)\exp\left[r\left(1-\frac{N(t)}{K}\right)\right],$$

这里$r=\ln\dfrac{\lambda}{1-s}, N^*=K=\dfrac{r}{q}$. 这是我们在第 2 章中已知的 Logistic 模型. 考虑函数 $v(N)=(N-N^*)^2$, 对此模型有

$$\begin{aligned}v(g(N))-v(N)&=\left\{N\exp\left[r\left(1-\frac{N}{K}\right)\right]-K\right\}^2-(N-K)^2\\&=Nh(N)\left\{\exp\left[r\left(1-\frac{N}{K}\right)\right]-1\right\},\end{aligned}$$

这里 $h(N)=N\exp\left[r\left(1-\dfrac{N}{K}\right)\right]+N-2K$.

要证明 v 是方程 (3.234) 的 Lyapunov 函数, 我们要证明对于所有的 $N\in(0,K),h(N)\leqslant 0$, 以及当 $N\in(K,\infty)$ 时, $h(N)\geqslant 0$. 容易看出 $h(0)=0,h(k)=0$, 以及当 $N\geqslant 2K$ 时, $h(N)>0$.

再考虑在 $N\in(0,2k)$ 的情况下 $h(N)$ 的非 $N=K$ 的零点, 应满足

$$r=\frac{1}{1-\dfrac{N}{K}}\ln\left(\frac{2K}{N}-1\right),$$

若 $N\in(0,K)$ 并记 $y=\dfrac{1}{1-\dfrac{N}{K}}>1$, 则

$$\begin{aligned}r=&y\left[\ln\left(1+\frac{1}{y}\right)-\ln\left(1-\frac{1}{y}\right)\right]\\=&y\left[\sum_{n=1}^{\infty}(-1)^{n+1}\frac{y^{-n}}{n}+\sum_{n=1}^{\infty}\frac{y^{-n}}{n}\right]\\=&2\sum_{n=0}^{\infty}\frac{y^{-2n}}{2n+1}>2,\end{aligned}$$

类似地考虑 $N\in(K,2k)$ 的情况, 设

$$y=\frac{1}{\dfrac{N}{K}-1}>1,$$

则

$$r=y\left[\ln\left(1+\frac{1}{y}\right)-\ln\left(1-\frac{1}{y}\right)\right]>2,$$

因此, 对于 $0 < r \leqslant 2$, 有

$$\begin{aligned} &\text{当}N \in (0,K)\text{时}, \quad h(N) < 0, \\ &\text{当}N \in (K,2K)\text{时}, \quad h(N) > 0. \end{aligned}$$

所以 v 是方程 (3.234) 在 $(0,K)$ 中对于 $0 < r \leqslant 2$ 且 λ 和 s 满足不等式 (3.235) 时的 Lyapunov 函数. 由定理 3.42 对于这样的参数 λ, s 和 N^* 的值, 时滞差分方程 (3.232) 是全局稳定的.

关于时滞差分方程, 如果其平衡点不是全局稳定的, 也可以得到类似的定理来估计时滞差分方程 (3.221) 的平衡点 N^* 的吸引区域. 记

$$G(c) = \{N > 0 | v(N) < c\}. \tag{3.236}$$

定理 3.43 设 N^* 是时滞差分方程 (3.221) 的正平衡点, 若对于其相伴方程 (3.222) 在区域 $G(c)$ 上存在一个凸函数的 Lyapunov 函数, 则区域 $G(c)$ 必包含在时滞差分方程 (3.221) 的正平衡点 N^* 的吸引区域内.

证明 记

$$D = \{X \in R_+^{k+1} | v(x_i) < c, \quad i = 1,2,\cdots,K+1\},$$

我们将证明区域 D 包含在方程 (3.226) 的平衡点 $X^* = (N^*, N^*, \cdots, N^*)^{\mathrm{T}}$ 的吸引区域内.

因为 v 是相伴方程 (3.222) 的一个凸 Lyapunov 函数, 如上述证明, 有

$$v(f_i(X)) = v(x_{i+1}), \quad i = 1,2,\cdots,k,$$

以及对于所有 $X \in D$ 有

$$v(f_{k+1}(X)) \leqslant sv(x_{k+1}) + (1-s)v(x_1).$$

现在我们定义

$$V(X) = \max_{1 \leqslant i \leqslant k+1} \{v(x_i)\}.$$

显然

$$\begin{aligned} &v(x_i) \leqslant V(X), \quad i = 1,2,\cdots,k+1, \\ &sv(x_{k+1}) + (1-s)v(x_1) \leqslant sV(X) + (1-s)V(X) = V(X), \end{aligned}$$

因此对一切 $X \in D$ 有

$$V(f(X)) = \max_{1 \leqslant i \leqslant k+1} \{v(f_i(X))\}$$

$$\leqslant \max\{v(x_2), v(x_3), \cdots, v(x_{k+1}), sv(x_{k+1}) + (1-s)v(x_1)\} \leqslant V(X),$$

所以 V 是系统 (3.226) 在 D 上的 Lyapunov 函数, 仅在 X^* 上为零. 如前, 由 Lasalle 定理可知区域 D 包含在系统 (3.226) 的平衡点 X^* 的吸引区域内. 证毕.

例 3.12 方程

$$N(t+1) = sN(t) + rN(t-k)\left(1 - \frac{N(t-k)}{K}\right), \tag{3.237}$$

平衡点为

$$N^* = K\left(1 - \frac{1-s}{r}\right). \tag{3.238}$$

下面要证明当 r 和 s 满足

$$1 < \frac{r}{1-s} \leqslant 2 \tag{3.239}$$

时, 函数 $v(N) = |N - N^*|$ 是 (3.237) 的相伴方程

$$N(t+1) = \frac{r}{1-s}N(t)\left(1 - \frac{N(t)}{K}\right) \tag{3.240}$$

在区间 $(0, 2N^*)$ 内的 Lyapunov 函数.

对应于方程 (3.222) 中的 g, 现由 (3.240) 所给定, 有

$$\begin{aligned} v(g(N)) =& \left|\frac{r}{1-s}N\left(1 - \frac{N}{K}\right) - N^*\right| \\ =& \frac{r}{1-s}|N - N^*|\left|1 - \frac{N+N^*}{K}\right|, \end{aligned}$$

利用等式 (3.238), 由于我们限定 $N \in (0, 2N^*)$, 所以 $v(N) < N^*$, 则有

$$1 - \frac{3N^*}{K} < 1 - \frac{N+N^*}{K} < 1 - \frac{N^*}{K},$$

由于参数 s 和 r 满足 (3.239), 因此 $0 < \dfrac{N^*}{K} \leqslant 0.5$ 且当 $N \in (0, 2N^*)$ 时有

$$\left|1 - \frac{N+N^*}{K}\right| < 1 - \frac{N^*}{K} = \frac{1-s}{r},$$

因此 $v(g(N)) \leqslant v(N)$, 所以 v 是相伴方程 (3.237) 在区间 $(0, 2N^*)$ 内且参数 r 和 s 满足不等式 (3.239) 时的 Lyapunov 函数. 由定理 3.43, 区域 $(0, 2N^*)$ 是时滞差分方程 (3.237) 当参数 r 和 s 满足条件 (3.239) 时的 N^* 的吸引区域的一个子区域.

以上我们在研究二维或多维的差分方程的稳定性问题时都是采用 Lyapunov 函数的方法. 对于二维的情况, 能否如同第 2 章中所介绍的关于一维差分方程研究中利用几何的方法来解决全局稳定性问题呢? 也就是说如何开展二维差分方程的定性理论研究呢? 近一两年有一些人作了尝试, 但还没有系统的结论, 这里不作详细介绍 (Konrad, 1983; Gumowski, Mira, 1980).

第 4 章　复杂生态系统的研究

这里所谓复杂生态系统是指有三个和三个以上的种群所组成的生态群落中种群之间的互助作用的生态模型.

4.1　复杂生态系统的稳定性

考虑模型

$$\dot{N}_i = N_i F_i(N_1, N_2, \cdots, N_m), \quad i = 1, 2, \cdots, m, \tag{4.1}$$

这里 $F_1(N), F_2(N), \cdots, F_m(N)$ 在正象限中连续. 假设有正的平衡点为 N^*, 即

$$F_i(N^*) = 0, \quad i = 1, 2, \cdots, m. \tag{4.2}$$

设 $x_i = N_i - N_i^*(i = 1, 2, \cdots, m)$, 则 (4.1) 的线性化系统为

$$\dot{x}_i \sum_{j=1}^{m} N_i^* a_{ij} x_j, \quad i = 1, 2, \cdots, m, \tag{4.3}$$

这里 (a_ij) 等于 $\left(\dfrac{\partial F_i}{\partial N_j}\right)$ 在 N^* 的值. 我们知道 N^* 是局部渐近稳定的充分条件为: $(N_i^* a_{ij})$ 的所有特征根的实部为负. (4.1) 的近似系统为

$$\dot{N}_i = \sum_{i=1}^{m} N_i^* a_{ij}(N_j - N_j^*), \quad i = 1, 2, \cdots, m. \tag{4.4}$$

下面我们再考虑有限和全局稳定性问题.

在区域 Ω 内函数 $V(N)$ 称为是适合于模型 (4.1) 的 Lyapunov 函数, 如果它具有下列性质:

(i) $V(N^*) = 0$.

(ii) 在 Ω 内, $V(N)$ 在 N^* 点有一个整体的最小值, 等于零.

(iii) 在 Ω 内, 曲面族 $V(N) = K$ 对于每一个正直 K 是闭曲面.

(iv) 关于系统 (4.1) 的导数

$$\dot{V}(N) = \sum_{i=1}^{m} \frac{\partial V}{\partial N_i} N_i F_i(N) \tag{4.5}$$

是非正的, 对于所有的 $N \in \Omega$.

条件 (iii) 我们常用来确定区域 Ω, 如果 L 是一正常数, 我们可取 $\Omega=\{N|V(N)<L\}$.

关于有限区域的稳定性, 我们有如下结论.

定理 4.1 设 N^* 是 (4.1) 的正平衡点, 在 $\Omega=\{N|V(N)<L\}$ 内, 如果在 Ω 内存在 Lyapunov 函数 $V(N),\dot{V}$ 在 Ω 内负定, 则 N^* 在 Ω 内为稳定的, 即从 Ω 内任意点出发的轨线当 $t\to\infty$ 时趋于 N^*.

全局稳定性.

若 N^* 是 (4.1) 的正平衡点, 则有一种函数 $N(N)$ 在区域 $\Gamma:\{N|N_1>0,N_2>0,\cdots,N_m>0\}$ 内为 Lyapunov 函数, 如果它具有下列性质:

(i) $V(N^*)=0$.

(ii) 在 Γ 内曲面族 $V(N)=K$ 对每一正值 K 是一个团的超曲面, 并且对每一正值 K

$$V(N)\to\infty,\quad \text{当}N_i\to 0\text{或当}N_i\to\infty\text{时}.$$

(iii) 沿着 (4.1) 的解在 Γ 内部

$$\dot{V}=\sum_{i=1}^{m}\frac{\partial V}{\partial N_i}N_iF_i(N) \tag{4.6}$$

是非正的, 对所有 $N\in\Gamma$.

定理 4.2 模型 (4.1) 是全局稳定的, 如果在 Γ 内存在 Lyapunov 函数 $V(N)$ 且 $\dot{V}(N)$ 是负定的.

证明 注意到若设 $x_i=\ln\left(\dfrac{N_i}{N_i^*}\right)$, 则可把 Γ 映像到整个空间, 这样证明可由 Lyapunov 定理得到.

怎样应用这个定理来研究一个给定的生态模型, 其主要点在于如何寻找 Lyapunov 函数, 一个常用的很好的 Lyapunov 函数为

$$V(N)=\sum_{i=1}^{m}c_i\left[N_i-N_i^*-N_i^*\ln\left(\frac{N_i}{N_i^*}\right)\right]. \tag{4.7}$$

沿着 (4.1) 的解有

$$\dot{V}(N)=\sum_{i=1}^{m}c_i(N_i-N_i^*)F_i(N), \tag{4.8}$$

由此我们可以得到如下结论.

定理 4.3 模型 (4.1) 在 Γ 内是全局稳定的充分条件为:

(i) 有一个正的平衡点 N^*.

(ii) 存在一个正常数集 $c_1, c_2, \cdots, c_m$, 使得

$$\sum_{i=1}^{m} c_i(N_i - N_i^*)F_i(N) < 0, \quad \text{对所有 } N \in \Gamma \text{ 且 } N \neq N^*.$$

全局稳定性定理可改叙述为: 如果 $V(N)$ 是 Γ 内的一个函数, 具有下列性质:

(i) $V(N) > 0$ 对所有 $N \in \Gamma, N \neq N^*$.

(ii) 在 Γ 内 $V(N)$ 有整体极小值为零, 且在 N^* 点发生.

(iii) 对每一个 $i = 1, 2, \cdots, m, V(N) \to \infty$, 当 $N_i \to 0$ 或 $N_i \to \infty$ 时.

(iv) 关于模型 (4.1) 有 $\dot{V}(N) = \sum\limits_{i=1}^{m} \dfrac{\partial V}{\partial N_i} N_i F_i(N) \leqslant 0$, 对于所有 $N \in \Gamma$.

(v) $\{N^*\}$ 在正象限是唯一的一个不变集.

定理 4.4　如果存在 $V(N)$, 关于 (4.1) 满足条件 (i)—(v), 则 (4.1) 是全局稳定的.

例 4.1　m 维 Gilpin 和 Ayala 竞争模型

$$\dot{N}_i = r_i N_i \left[1 - \left(\frac{N_i}{K_i}\right)^{\theta_i} - \sum_{j\neq i}^{m} \alpha_{ij} \left(\frac{N_j}{K_i}\right)\right], \tag{4.9}$$

这里 $i = 1, 2, \cdots, m$. 假设有正平衡点为 $(N_1^*, N_2^*, \cdots, N_m^*)$, 所有 $N_i^* > 0$ 且

$$1 - \left(\frac{N_i^*}{K_i}\right)^{\theta_i} - \sum_{j\neq i}^{m} \alpha_{ij} \left(\frac{N_j^*}{K_i}\right) = 0, \tag{4.10}$$

这里 $i = 1, 2, \cdots, m$. 我们定义 β 矩阵为

$$\beta_{ii} = \left(\frac{N_i^*}{K_i}\right)^{\theta_i - 1}, \tag{4.11}$$

以及

$$\beta_{ij} = \alpha_{ij}, \quad \text{当} i \neq j,\ i, j = 1, 2, \cdots, m \text{时}. \tag{4.12}$$

定理 4.5　如果 $\theta_i \geqslant 1$ 对于所有的 $i = 1, 2, \cdots, m$, 则模型 (4.9) 为全局稳定的充分条件为:

(i) 存在一个正平衡位置 N^*.

(ii) 存在一个正对角线矩阵 C, 使得 $C\beta + \beta^{\mathrm{T}} C$ 为正定的.

证明　将 (4.10) 代入 (4.9), 有

$$\dot{N}_i = r_i N_i \left[\left(\frac{N_i^*}{K_i}\right)^{\theta_i} - \left(\frac{N_i}{K_i}\right)^{\theta_i} - \sum_{j\neq i}^{m} \alpha_{ij} \frac{N_i - N_j^*}{K_i}\right], \tag{4.13}$$

这里 $i=1,2,\cdots,m$. 设 $s_1,s_2,\cdots,s_m$ 为正常数, 待定构造 Lyapunov 函数

$$V(N)=\sum_{i=1}^{m}s_i\left(N_i-N_i^*-N_i^*\ln\frac{N_i}{N_i^*}\right), \tag{4.14}$$

沿着 (4.9) 的解, 有

$$\begin{aligned}\dot V=&-\sum_{i=1}^{m}\frac{1}{K_i^{\theta_i}}s_ir_i(N_i-N_i^*)(N_i^{\theta_i}-N_i^{*\theta_i})\\&-\sum_{i=1}^{m}\sum_{j\neq i}^{m}\frac{1}{K_i}s_ir_i\alpha_{ij}(N_i-N_i^*)(N_j-N_j^*),\end{aligned} \tag{4.15}$$

记 $c_i=\dfrac{1}{K_i}s_ir_i$ 对 $i=1,2,\cdots,m$, 显然 $c_1,c_2,\cdots,c_m$ 都是正常数.

如果 $\theta\geqslant 1$ 以及 z 是一个实数, 有

$$|z^\theta-1|\geqslant|z-1|,\quad 对于所有的 z>0. \tag{4.16}$$

设 $z_i=\dfrac{N_i}{N_i^*}$, 有

$$\begin{aligned}-(N_i-N_i^*)(N_i^{\theta_i}-N_i^{*\theta_i})=-|N_i-N_i^*||N_i^{*\theta_i}||z_i^{\theta_i}-1|\leqslant-N_i^{*\theta_i-1}(N_i-N_i^*)^2,\\ i=1,2,\cdots,m.\end{aligned} \tag{4.17}$$

由条件 (4.11),(4.12),(4.15) 和 (4.17), 有

$$\dot V\leqslant-\sum_{i=1}^{m}\sum_{j=1}^{m}c_i\beta_{ij}(N_i-N_i^*)(N_j-N_j^*)=-\frac{1}{2}(N-N^*)^{\mathrm T}(C\beta+\beta^{\mathrm T}C)(N-N^*). \tag{4.18}$$

由假设存在一个正的对角线矩阵 C, 使得 $C\beta+\beta^{\mathrm T}C$ 为正定的, 这就得出 $\dot V<0$, 对于所有的 $N\in\varGamma, N\neq N^*$. 因此 (4.9) 是全局稳定的. 证毕.

我们再考虑一个比 (4.9) 更一般的情况, 记 E_{ij} 对所有 $i,j=1,2,\cdots,m$ 是非负常数, 且 $E_{ii}=1$. 一个 m 个种群的模型为

$$\dot N_i=r_iN_i\left[1-\sum_{i=1}^{m}E_{ij}\left(\frac{N_j}{K_j}\right)^{\theta_i}\right], \tag{4.19}$$

这里 $i=1,2,\cdots,m$. 在这个模型中我们仅要求 $\theta_i>0$ 对所有 $i=1,2,\cdots,m$ 成立, 并假设它有一个正平衡点为 $(N_1^*,N_2^*,\cdots,N_m^*)$, 记 $Y_i=\dfrac{N_i}{K_i}(i=1,2,\cdots,m)$. 我们有

$$\dot Y_i=r_iY_i\left[1-\sum_{j=1}^{m}E_{ij}Y_j^{\theta_j}\right], \tag{4.20}$$

这里 $i=1,2,\cdots,m$. 记 $Y_i^*=\dfrac{N_i^*}{K_i}$, 满足方程

$$1-\sum_{j=1}^{m}E_{ij}Y_j^{\theta_j}=0, \tag{4.21}$$

对于 $i=1,2,\cdots,m$.

定理 4.6　模型 (4.19) 为全局稳定的充分条件为

(i) 有一个正平衡点 N^*.

(ii) 存在一个正的对角线矩阵 C 使 $CE+E^{\mathrm{T}}C$ 为正定的.

证明　把 (4.21) 代入 (4.20), 有

$$\dot{Y}_i=-r_iY_i\sum_{j=1}^{m}E_{ij}(Y_j^{\theta_j}-Y_j^{*\theta_j}), \tag{4.22}$$

$i=1,2,\cdots,m$. 设 $s_1,s_2,\cdots,s_m$ 为正常数, 待定. 我们构造 (4.22) 的 Lyapunov 函数为

$$V(Y)=\sum_{i=1}^{m}s_i\left[\frac{Y_i^{\theta_i}}{\theta_i}-\frac{Y_i^{*\theta_i}}{\theta_i}-Y_i^{\theta_i}\ln\left(\frac{Y_i}{Y_i^*}\right)\right], \tag{4.23}$$

设 $c_i=s_ir_i(i=1,2,\cdots,m)$, 显然 $c_1,c_2,\cdots,c_m$ 为正常数. 沿着 (4.22) 的解, 有

$$\dot{V}=-\frac{1}{2}(\bar{Y}-\bar{Y}^*)^{\mathrm{T}}(CE+E^{\mathrm{T}}C)(\bar{Y}-\bar{Y}^*), \tag{4.24}$$

这里 $\bar{Y}_i=Y_i^{\theta_i}(i=1,2,\cdots,m)$, 而 $C=\mathrm{diag}(c_1,c_2,\cdots,c_m)$. 由假设存在正对角线矩阵 C, 使 $CE+E^{\mathrm{T}}C$ 为正定的, 因此 $\dot{V}$ 是负的, 在整个 $\varGamma$ 内除 N^* 外. 这样就证明了这个模型是全局稳定的.

作为第三个例子, 我们考虑 m 维 Lotka-Volterra 模型

$$\dot{N}_i=N_i\left(b_i+\sum_{j=1}^{m}a_{ij}N_j\right),\quad i=1,2,\cdots,m, \tag{4.25}$$

这里 b_i,a_{ij} 对所有 $i,j=1,2,\cdots,m$ 为常数.

我们看到 (4.25) 中每个方程的右端都有两个线性因子, 因此此模型最多可能有 2^m 个平衡位置, 记 N^* 为满足方程组

$$b_i+\sum_{j=1}^{m}a_{ij}N_j^*=0,\quad i=1,2,\cdots,m \tag{4.26}$$

的正平衡位置, 即有 $N_i^*>0$ 对所有 $i=1,2,\cdots,m$ 成立. 利用方程 (4.26), 则模型 (4.25) 变成

$$\dot{N}_i=N_i\sum_{j=1}^{m}a_{ij}(N_j-N_j^*),\quad i=1,2,\cdots,m. \tag{4.27}$$

易知平衡位置 N^* 是局部稳定的充分条件为: 矩阵 $(N_i^* a_{ij})$ 的所有特征根的实部为负. 下面我们考虑全局稳定性的问题.

定理 4.7 (4.25) 的正平衡位置 N^* 是全局稳定的充分条件为: 如果存在一个正的对角线矩阵 C, 使得 $CA + A^{\mathrm{T}}C$ 是负定的并且函数

$$W(N) = \frac{1}{2}(N - N^*)^{\mathrm{T}}(CA + A^{\mathrm{T}}C)(N - N^*), \tag{4.28}$$

不沿 (4.25) 的一轨线恒等于零 (除 $N = N^*$ 外).

证明 设 $C = \mathrm{diag}(c_1, c_2, \cdots, c_m)$, 这里 $c_1, c_2, \cdots, c_m$ 是正常数. 作 Lyapunov 函数

$$V(N) = \sum_{i=1}^{m} c_i \left[N_i - N_i^* - N_i^* \ln\left(\frac{N_i}{N_i^*}\right)\right], \tag{4.29}$$

沿 (4.25) 的解, 有

$$\dot{V} = \frac{1}{2}(N - N^*)^{\mathrm{T}}(CA + A^{\mathrm{T}}C)(N - N^*) = W(N),$$

由假设 $W(N)$ 不沿除 $N = N^*$ 外的任何解恒为零, 由 Lyapunov 定理 N^* 是全局稳定的. 证毕.

例 4.2 考虑二维捕食–被捕食模型

$$\begin{cases} \dot{N}_1 = N_1(b_1 - a_{12}N_2), \\ \dot{N}_2 = N_2(-d + Ea_{12}N_1 - a_{22}N_2), \end{cases}$$

这里 b_1, a_{12}, a_{22}, E 和 d 是正常数. 这个模型有一正平衡位置 $N^* = \left(\frac{1}{Ea_{12}^2}(da_{12} + ba_{22}), \frac{b}{a_{12}}\right)$, 这个模型的矩阵为

$$A = \begin{pmatrix} 0 & -a_{12} \\ Ea_{12} & -a_{22} \end{pmatrix},$$

如果取 $C = \mathrm{diag}(E, 1)$, 矩阵 $CA + A^{\mathrm{T}}C = \mathrm{diag}(0, -2a_{22})$, 因此 $CA + A^{\mathrm{T}}C$ 是负定的. 函数 $\dot{V}(N) = -a_{2_2}\left((N_2 - \frac{b_1}{a_{12}}\right)^2$ 不沿此模型的解恒等于零, 除 $N = N^*$ 外, 因此平衡位置 N^* 是全局稳定的.

例 4.3 食物链模型 (N_2 食 N_1, N_3 食 N_2)

$$\begin{cases} \dot{N}_1 = N_1(b_1 - a_{12}N_2), \\ \dot{N}_2 = N_2(-d_2 + e_2a_{12}N_1 - a_{23}N_3), \\ \dot{N}_3 = N_3(-d_3 + e_3a_{23}N_2 - a_{33}N_3), \end{cases} \tag{4.30}$$

设一切参数为正的, 有正平衡位置 N^*:

$$N_1^* = \frac{1}{e_2 a_{12}}(d_2 + a_{23}N^*), \quad N_2^* = \frac{b_1}{a_{12}},$$
$$N_3^* = \frac{1}{a_{33}}(e_3 a_{23} N_2^* - d_3),$$

与例 4.1 一样, 可知 N^* 是全局稳定的.

例 4.4 另一食物链模型

$$\begin{cases} \dot{N}_1 = N_1(b_1 - a_{11}N_1 - a_{12}N_2), \\ \dot{N}_2 = N_2(-d_2 + e_2 a_{12} N_1 - a_{23} N_3), \\ \dot{N}_3 = N_3(-d_3 + e_3 a_{23} N_2), \end{cases} \tag{4.31}$$

有一个平衡位置 N^*, 这里$N_2^* = \dfrac{d_3}{e_3 a_{23}}, N_1^* = \dfrac{1}{a_{11}}(b_1 - a_{12}N_2^*), N_3^* = \dfrac{1}{a_{23}}(e_2 a_{12} N_1^* - d_2)$. 如果我们选取 $c_1 = 1, c_2 = \dfrac{1}{e_2}, c_3 = \dfrac{1}{e_2 e_3}$, 则由定理 4.7 中的 Lyapunov 函数, 即可知若 (4.31) 所有参数为正, 则 N^* 为全局稳定的.

定义 4.1 一矩阵 C 称为是一个 M 矩阵, 如果当 $i \neq j$ 时 $c_{ij} \leqslant 0$, 而且下列条件中任何一个成立.

(i) C 的所有特征值有正实部.

(ii) C 的顺序主子式为正, 即

$$\begin{vmatrix} c_{11} & c_{12} & \cdots & c_{1k} \\ \vdots & \vdots & & \vdots \\ c_{k1} & c_{k2} & \cdots & c_{kk} \end{vmatrix} > 0, \quad k = 1, 2, \cdots, m.$$

(iii) C 是非奇异的而且 $C^{-1} \geqslant 0$.

(iv) 存在一个向量 $x > 0$, 使 $Cx > 0$.

(v) 存在一个向量 $y > 0$, 使 $C^{\mathrm{T}} y > 0$.

这里将不去证明对于一个具有非正的非对角线元素的矩阵条件 (i)—(v) 的等价性. 由这个等价性容易得到下面引理.

引理 4.1(Araki, Kondo, 1972) 如果 A 是一个 M 矩阵, 则存在正对角线矩阵 D, 使得矩阵 $B = \dfrac{1}{2}(DA + A^{\mathrm{T}} D)$ 为正定的, 其中

$$D = \begin{pmatrix} d_1 & & 0 \\ & \ddots & \\ 0 & & d_n \end{pmatrix}, \quad d_i > 0, \quad i = 1, 2, \cdots, n.$$

定理 4.8 模型 (4.25) 为全局稳定的充分条件为:

(i) 有一个正平衡位置 N^*.

(ii) 存在一个矩阵 G, 使得对所有 $i,j=1,2,\cdots,m$,

$$a_{ii} \leqslant G_{ii}, \quad |a_{ij}| \leqslant G_{ij}, \quad 对 i \neq j. \tag{4.32}$$

(iii) 矩阵 $-G$ 的顺序主子式为正.

证明 由条件 (4.32) 知 G 的非对角线元素为非负的, 如果 $-G$ 的所有顺序主子式为正, 则由定义 4.1 知 $-G$ 是 M 矩阵, 再由引理 4.1 可知存在一个正对角线矩阵 C, 使得 $CG+G^{\mathrm{T}}C$ 是负定的. 再由 (4.29) 和 $\dot{V}$ 的表达式以及条件 (4.32), 我们得到

$$\begin{aligned}\dot{V} =& \sum_{i,j}^{m} c_i a_{ij}(N_i - N_i^*)(N_j - N_j^*) \\ \leqslant& \frac{1}{2}(N - N^*)^{\mathrm{T}}(CG + G^{\mathrm{T}}C)(N - N^*),\end{aligned} \tag{4.33}$$

这样得到 $\dot{V}(N)$ 是负定的, 因此 N^* 是全局稳定的.

例 4.5 三种群模型

$$\begin{cases}\dot{N}_1 = N_1(2.5 - 2N_1 - N_2 + N_3), \\ \dot{N}_2 = N_2(4.5 - N_1 - 3N_2 - N_3), \\ \dot{N}_3 = N_3(-1 + N_1 + N_2 - 2N_3)\end{cases}$$

有平衡位置 (1,1,0.5), 构造矩阵 G 为

$$\begin{pmatrix} -2 & 1 & 1 \\ 1 & -3 & 1 \\ 1 & 1 & -2 \end{pmatrix},$$

$-G$ 的顺序主子式为正, 所以平衡位置 (1,1,0.5) 是全局稳定的.

定理 4.9 模型 (4.1) 的正平衡位置 N^* 是全局稳定的充分条件为: 存在常数矩阵 G, 使得对所有 $N \in R_t^m$ 有

$$\frac{\partial F_i}{\partial N_i} \leqslant G_{ii}, \quad i = 1, 2, \cdots, m, \tag{4.34}$$

$$\left|\frac{\partial F_i}{\partial N_j}\right| \leqslant G_{ij}, \quad 当 i \neq j 时, \tag{4.35}$$

并且 $-G$ 的顺序主子式为正.

证明 设 $c_1, c_2, \cdots, c_m$ 为正常数, 取

$$V(N) = \sum_{i=1}^{m} c_i \left(N_i - N_i^* - N_i^* \ln \frac{N_i}{N_i^*} \right), \tag{4.36}$$

沿着 (4.1) 的解, 有

$$\dot{V}(N) = \sum_{i=1}^{m} c_i (N_i - N_i^*) F_i(N), \tag{4.37}$$

对 $\dot{V}(N)$ 应用 Taylor 定理, 得

$$\dot{V}(N) = \sum_{i,j=1}^{m} c_i (N_i - N_i^*) \frac{\partial F_i}{\partial N_j} (N_j - N_i^*), \tag{4.38}$$

这里偏导数是在 N 和 N^* 间的点集计算.

记 $C = \mathrm{diag}(c_1, c_2, \cdots, c_m)$, 由 (4.34),(4.35) 和 (4.38) 得到

$$\begin{aligned} \dot{V} &\leqslant \sum_{i=1}^{m} c_i G_{ii} (N_i - N_i^*)^2 + \sum_{i=1}^{m} \sum_{j \neq i}^{m} c_i G_{ij} |N_i - N_i^*| |N_j - N_j^*| \\ &= \frac{1}{2} Y^{\mathrm{T}} (CG + G^{\mathrm{T}} C) Y, \end{aligned} \tag{4.39}$$

这里 $Y = |N_i - N_i^*|$, 显然如果 $CG + G^{\mathrm{T}} C$ 是负定的, 则 $\dot{V}(N)$ 是负定的.

G 的非对角线元素是非负的, 如果 $-G$ 的顺序主子式是正的, 则矩阵 $-G$ 是一个 M 矩阵, 对于这样的矩阵存在一个正对角线矩阵 C, 使 $CG + G^{\mathrm{T}} C$ 为负定的 (如同定理 4.8 的证明), 因此 N^* 是全局稳定的. 证毕.

4.2 复杂生态系统的扇形稳定性

我们研究复杂生态系统的一般模型

$$\dot{N}_i = N_i F_i(N_1, N_2, \cdots, N_m), \quad i = 1, 2, \cdots, m, \tag{4.1}$$

这里设 $F_1(N), F_2(N), \cdots, F_m(N)$ 在正象限有连续编导数, 若 N^* 是这个模型的平衡位置, 则在 N^* 有 $\dot{N}_i = 0 (i = 1, 2, \cdots, m)$, 也即 N^* 是以下方程组的解,

$$N_i = 0 \quad 或 \quad F_i(N) = 0, \quad i = 1, 2, \cdots, m.$$

我们知道对于 Lotka-Voltorra 模型可能有 2^m 个平衡位置, 其中正的平衡位置最多只有一个. 对于正平衡位置的稳定性质, 我们已在 4.1 节中作了讨论. 在生态学的

研究中, 除了对正平衡位置的研究以外, 对于非负平衡位置的研究也有着重要的意义. 为此引进一些新的概念.

记 $M=\{1,2,\cdots,m\}$, 即 M 为正整数所组成的集合, 又记 P 是 M 的一个子集, 再记 $Q=M-P$, 即 Q 是 P 在 M 中的余集. 这样我们就可以来描述方程 (4.1) 的非负平衡位置了. 一个非负平衡位置 N^*, 当 $i\in P$ 时 $N_i^*>0$, 而当所有的 $i\in Q$ 时 $N_i^*=0$. 例如, 一个五维模型 (即 $m=5$) 的一个非负平衡位置 $N^*(N_1^*,0,N_3^*,0,N_5^*)$, 其中 $N_1^*>0,N_3^*>0,N_5^*>0$, 则记成 $M=\{1,2,\cdots,5\},P=\{1,3,5\},Q=\{2,4\}$, 非负平衡位置 N^* 则表示成当 $i\in P$ 时 $N_i^*>0$, 当 $i\in Q$ 时 $N_i^*=0$.

为了给出非负平衡位置的领域的概念, 给出集合的定义, 记 $V(N)=||N-N^*||$, 对于正数 ε 和 δ, 记

$$R(\varepsilon,I)=\{N|V(N)<\varepsilon,\ 当\ i\in I 时 N_i>0,\ 当\ i\in M-1\ 时\ N_i\geqslant 0\},\tag{4.40}$$

$$S(\varepsilon,I)=\{N|V(N)<\varepsilon,\ 当\ i\in I 时, N_i>0,\ 当\ i\in M-I 时 N_i=0\}.\tag{4.41}$$

为了说明 $R(\varepsilon,I)$ 和 $S(\varepsilon,I)$ 这两个集合的几何意义, 我们看一个简单的例子. 设 $M=\{1,2,3\},I=\{1,2\},M-I=\{3\}$,这时非负平衡位置为 $N^*=(N_1^*,N_2^*,0)$, 而 $V(N)=||N-N^*||=\sqrt{\sum\limits_{i=j}^{3}(N_i-N_i^*)^2}$. 集合 $S(\varepsilon,I)$ 为满足

$$V(N)=\sqrt{(N_1-N_1^*)^2+(N_2-N_2^*)^2}<\varepsilon$$

的点的集合 (因为当 $i=1,2$ 时 $N_i>0$, 当 $i=3$ 时 $N_3=0$, 且 $N_3^*=0$), 也即 $S(\varepsilon,I)$ 为在 $N_3=0$ 平面上以点 (N_1^*,N_2^*)为中心以 ε 为半径的圆的内部. 再看集合 $R(\varepsilon,I)$, 为满足$V(N)=\sqrt{\sum\limits_{i=1}^{3}(N_i-N_i^*)^2}<\varepsilon$ 的点的集合, 这里要求 $N_1>0,N_2>0,N_3\geqslant 0$, 所以 $R(\varepsilon,I)$ 是以 $S(\varepsilon,I)$ 为底的包含在正象限中的一个半球.

定义 4.2 非负平衡点 N^* 称为扇形稳定的, 如果对任意小的正数 ε, 存在对应的正数 $\delta(\varepsilon)$, 使方程起始于 $R(\delta,P)$ 的每一个解, 对于所有的 t 值, 保留在 $R(\varepsilon,P)$ 内并且当 $t\to\infty$ 时收敛于 N^*.

定义 4.3 N^* 称为关于集合 $R(d,p)$ 是扇形稳定的 (d 为有限数), 如果 N^* 是扇形稳定的, 并且每一个起始于集合 $R(d,p)$ 的解在任何有限时间内都包含在 $R(d,p)$ 内, 且当 $t\to\infty$ 时都趋于非负平衡位置 N^*.

若 $d=\infty$, 则称 N^* 为全局扇形稳定的.

下面我们要得到非负平衡位置为扇形稳定的某些充分条件. 记矩阵

$$K=N_i^*\frac{\partial F_i}{\partial N_j},\tag{4.42}$$

这里 $i,j\in p$, 并且偏导数 $\dfrac{\partial F_i}{\partial N_j}$ 在 N^* 计算.

定理 4.10 (4.1) 的非负平衡位置 N^* 为局部扇形稳定的充分条件是 K 的所有特征值有负实部, 并且

$$F_i(N^*)<0, \text{ 对所有 } i\in Q. \tag{4.43}$$

证明 不失一般性, 设指数集合 $P=\{1,2,\cdots,n\}$, 这里 n 是一正整数. 设 $x_i=N_i-N_i^*$, 对 $i=1,2,\cdots,m$ 成立. 这时 (4.1) 的线性化系统为

$$\dot{x}=\begin{pmatrix} N_i^*\dfrac{\partial F_i}{\partial N_j} & N_i^*\dfrac{\partial F_i}{\partial N_k} \\ 0 & \delta_{h^k}F_k \end{pmatrix}x, \tag{4.44}$$

这里 $i,j=1,2,\cdots,n,h,k=n+1,n+2,\cdots,m$. 当 $h=k$ 时 $\delta_{h^k}=1$, 当 $h\neq k$ 时 $\delta_{h^k}=0$.

矩阵 (4.44) 是分块三角矩阵, 因为它的子矩阵 K 是稳定的, 并且满足条件 (4.43), 所以 (4.44) 的矩阵的所有特征根有负实部, 因而 (4.44) 的平衡位置是渐近稳定的, 从而存在 Lyapunov 函数 $V(x)=x^{\mathrm{T}}Bx$, 使得对于 (4.44) 的所有非平凡解有 $\dot{V}(x)<0$.

要证明定理, 只要指出 (4.1) 所有起始于集合 $R(\varepsilon,p)$ 内的解对于一切有限的 t 值都保留在集合 $R(\delta(\varepsilon),p)$ 内即可.

考虑 (4.1) 起始于集合 $S(\varepsilon,M)$ 的解, 由假设函数 $F_1(N),F_2(N),\cdots,F_m(N)$ 在状态空间内有连续偏导数, 因而微分方程解的局部存在唯一性定理可用于 (4.1). 考察 (4.1) 起始于坐标超平面上的解知, 对于所有有限的 t 值它将保留在这超平面内, 因而 (4.1) 的所有起始于集合 $S(\varepsilon,m)$ 内的解则不会与坐标超平面相交于所有有限的 t 值. 由这个不变性质, 以及条件 $\dot{V}(x)<0$, 知 (4.1) 起始于集合 $S(\varepsilon,M)$ 内的解, 对于有限的时间 t, 将保留在集合 $S(\delta(\varepsilon),M)$ 内, 而当 $t\to\infty$ 时它则收敛于 N^*.

设 I 就等于 P, 则由上面的理由可知存在 $\delta(\varepsilon)$, 使 (4.1) 起始于集合 $S(\varepsilon,I)$ 内的解对于有限的 t 值保留在 $\delta(\delta(\varepsilon),I)$ 内, 而当 $t\to\infty$ 时趋于 N^*, 这样就得到 N^* 是局部扇形稳定的. 证毕.

为了得到有限或全局扇形稳定的结论, 我们将利用 Lyapunov 直接方法.

设 $c_1,c_2,\cdots,c_m$ 是正常数, 考虑函数

$$V(N)=\sum_{i\in p}c_i\left(N_i-N_i^*-N_i^*\ln\frac{N_i}{N_i^*}\right)+\sum_{i\in Q}c_i|N_i|, \tag{4.45}$$

$V(N)$ 是一族闭的超曲面. 当 $i\in P$ 时, 则当 $N_i\to\infty$ 或 $N_i\to 0^+$ 时有 $V(N)\to\infty$. 当 $i\in Q$ 时, 则当 $|N_i|\to\infty$ 时函数 $V(N)\to\infty$.

定理 4.11 (4.1) 的非负平衡位置 N^* 是关于集合 $R(d,p)$ 扇形稳定的充分条件为: 存在正常数 $c_1, c_2, \cdots, c_m$ 使得对于 $R(d,p)$ 内每一个点函数

$$W(N) = \sum_{i=1}^{m} c_i(N_i - N_i^*)F_i(N) \leqslant 0, \tag{4.46}$$

并且除了 $N = N^*$ 外, $W(N)$ 不沿 (4.1) 的一个解恒等于零.

证明 在集合 $S(d,M)$ 内,$V(N)$ 沿 (4.1) 的解对时间的导数为

$$\dot{V}(N) = \sum_{i \in P} c_i(N_i - N_i^*)F_i(N) + \sum_{i \in Q} c_i N_i F_i(N), \tag{4.47}$$

但当 $i \in Q$ 时 $N_i^* = 0$, 因而对于所有 $i \in Q, N_i = N_i - N_i^*$, 因此对于所有的 $N \in S(d,M), \dot{V}(N) = W(N)$.

由微分方程解的局部存在唯一性定理得到: 模型 (4.1) 的每一个起始于集合 $S(d,M)$ 内的解不能与坐标轴的超平面 $\{N | N_i = 0\}$ 相交, 这里 $i = 1, 2, \cdots, m$. 由 (4.1) 的解的这个性质和条件 (iv), $\dot{V}(N) \leqslant 0$ 以及 (ii), $\dot{V}(N)$ 不沿在 $S(d,M)$ 内的一个非平凡解恒等于零. 这就得到 (4.1) 起始于 $S(d,M)$ 内的每一个解, 对于所有的 t 的有限值保留在其内, 而当 $t \to \infty$ 时趋于 N^*. 类似的道理应用于 $S(d,I)$, 这里 I 是 P 的和集 (或 $I = P$), 在 $N_i \equiv 0$ 对一切 $i \in Q$ 内 N^* 是正平衡位置, 由定理的条件, N^* 关于 $S(d,p)$ 为稳定的.

集合 $R(d,p)$ 是集合 $S(d,I)$ 的和集, 这里 I 是 P 的和集, 我们得到 N^* 关于 $R(d,p)$ 是扇形稳定的. 证毕.

记 $R(d,p)$ 当 $d \to \infty$ 时的极限为 $R(\infty,p)$, 则

$$R(\infty,P) = \{N | N_i > 0 \text{ 对于 } i \in P \text{ 以及 } N_i \geqslant 0 \text{ 对于 } i \in Q\}.$$

推论 4.1 (4.1) 的非负平衡位置 N^* 是全局扇形稳定的充分条件为: 存在正常数 $c_1, c_2, \cdots, c_m$ 使得在 $R(\infty,P)$ 中每一个点, (4.46) 中的函数 $W(N)$ 为非正, 而且除 $N = N^*$ 外不沿 (4.1) 的一个解恒等于零.

推论的证明可直接由定理 4.11 和全局扇形稳定的定义推出.

利用推论 4.1 到一般 Lotka-Volterra 模型

$$\dot{N}_i = N_i\left(b_i + \sum_{j=1}^{m} a_{ij}N_j\right), \quad i = 1, 2, \cdots, m, \tag{4.48}$$

设 P 是 $M = \{1, 2, \cdots, m\}$ 的一个子集, 以及 $Q = M - P$, 并记 $A = (a_{ij})$. 设 N^* 是 (4.48) 的一个平衡位置, 有 $N_i^* > 0$ 对所有 $i \in P$ 以及 $N_i^* = 0$ 对所有 $i \in Q$, 由推论 4.1 得出 N^* 是全局扇形稳定的充分条件为:

(i) 存在一正对角线矩阵 C, 使得 $CA + A^{\mathrm{T}}C$ 为负定.

(ii) 对所有的 $i \in Q$ 有

$$F_i(N^*) = b_i + \sum_{j=1}^{m} a_{ij} N_j^* \leqslant 0.$$

(iii) 函数

$$\dot{V}(N) = \frac{1}{2}(N - N^*)^{\mathrm{T}}(CA + A^{\mathrm{T}}C)(N - N^*) + \sum_{i \in a} c_i N_i F_i(N^*),$$

除 $N = N^*$ 外不沿 (4.48) 的解恒等于零.

例 4.6 两种群 Volterra 模型

$$\begin{cases} \dot{N}_1 = N_1(b_1 + a_{11}N_1 + a_{12}N_2), \\ \dot{N}_2 = N_2(b_2 + a_{21}N_1 + a_{22}N_2), \end{cases}$$

其中 $a_{11} < 0, b_1 > 0$. 考虑非负平衡位置 $(N_1^*, 0), N_1^* = -\dfrac{b_1}{a_{11}} > 0$. 考虑 Lyapunov 函数

$$V(N) = c_1\left(N_1 - N_1^* - N_1^* \ln \frac{N_1}{N_1^*}\right) + c_2 N_2,$$

沿着方程的解有

$$\begin{aligned} \dot{V}(N) =& c_1(N_1 - N_1^*)[a_{11}(N_1 - N_1^*) + a_{12}N_2] + c_2N_2(b_2 + a_{21}N_1 + a_{22}N_2) \\ =& c_1a_{11}(N_1 - N_1^*)^2 + N_2(N_1 - N_1^*)(c_1a_{12} + c_2a_{21}) \\ &+ c_2a_{21}\left(\frac{b_2}{a_{21}} - \frac{b_1}{a_{11}}\right)N_2 + c_2a_{22}N_2^2, \end{aligned}$$

若 $a_{12} < 0, a_{21} > 0$, 则取 c_1, c_2 使 $c_1a_{12} + c_2a_{21} = 0$, 所以若 $b_1 > 0, a_{11} < 0, a_{22} < 0, a_{21} > 0$, 则非负平衡位置 $(N_1^*, 0)$ 全局扇形稳定的充分条件为

$$\frac{b_2}{a_{21}} < \frac{b_1}{a_{11}}.$$

定理 4.12 假设存在一个常数矩阵 G, 使得:

(i) $\dfrac{\partial F_i(N)}{\partial N_i} \leqslant G_{ii}, i = 1, 2, \cdots, m,$ (4.49)

$$\left|\frac{\partial F_i(N)}{\partial N_j}\right| \leqslant G_{ij}, \quad i \neq j, \tag{4.50}$$

对于 $R(\infty, P)$ 中所有的 N 都成立;

(ii) $-G$ 的顺序主子式均为正;

(iii) $F_i(N^*) \leqslant 0$, 对所有 $i \in Q$, (4.51)

则非负平衡位置 N^* 是全局扇形稳定.

证明 对于每一个函数 $F_1(N), F_2(N), \cdots, F_m(N)$, 利用中值定理, 方程 (4.47) 为

$$\dot{V}(N) = \sum_{i=1}^{m}\sum_{j=1}^{m} c_i(N_i - N_i^*)\frac{\partial F_i}{\partial N_j}(N_j - N_j^*) + \sum_{i\in Q} c_i N_i F_i(N^*), \tag{4.52}$$

对于每一个 i 的值, 向量 $\left(\dfrac{\partial F_i}{\partial N_j}\right)$ 是在 N 与 N^* 之间作计算的. 由方程 (4.49),(4.50) 和 (4.52) 有

$$\dot{V}(N) \leqslant \frac{1}{2}Y^{\mathrm{T}}(CG + G^{\mathrm{T}}C)Y + \sum_{i\in Q} c_i N_i F_i(N^*), \tag{4.53}$$

这里 $Y = |N_i - N_i^*|, C = \mathrm{diag}(c_1, c_2, \cdots, c_m)$.

G 的非对角线元素是非负的, 由于假设 G 的顺序主子式为正, 因此 $-G$ 是一个 M 矩阵, 这就得出: 存在一个正对角线矩阵 C 使 $CG + G^{\mathrm{T}}C$ 为负定的 (见引理 4.1). 由 G 的这一性质以及 (4.51) 即得到 $\dot{V}(N)$ 在 $R(\infty, P)$ 内为负定的, 因此 N^* 是全局扇形稳定的. 证毕.

例 4.7 考虑三维模型

$$\begin{cases} \dot{N}_1 = N_1(11.7 - 4N_1 - 0.2N_2 - 0.1N_3), \\ \dot{N}_2 = N_2(1.2 - 0.8N_1 - N_2 - 0.2N_3), \\ \dot{N}_3 = N_3(3 - 2N_1 - N_2 - 2N_3), \end{cases} \tag{4.54}$$

它有 2^3 个平衡位置, 为 $(3,-1,-1), (0,1,1), \left(0,\dfrac{6}{5},6\right), \left(0,0,\dfrac{3}{2}\right), (0,0,0), \left(\dfrac{231}{78},0,\dfrac{-114}{78}\right), \left(\dfrac{117}{40},0,0\right)$ 和 $\left(\dfrac{573}{192},\dfrac{-57}{48},0\right)$, 其中有四个是非负平衡位置, 模型 (4.54) 是 (4.47) 的一个特例, 取

$$G_{ii} = a_{ii}, \quad i = 1,2,3 \quad 和 \quad G_{ij} = |a_{ij}|, \quad i \neq j,$$

矩阵

$$-G = \begin{pmatrix} 4 & -0.2 & -0.1 \\ -0.8 & 1 & -0.2 \\ -2 & -1 & 2 \end{pmatrix}$$

的顺序主子式为正, 在平衡位置 $\left(\dfrac{117}{40},0,0\right)$, 有

$$F_1(N^*) = 0, \quad F_2(N^*) = -1.14, \quad F_3(N^*) = -2.85,$$

因此由定理 4.12, (4.51) 满足平衡位置 $\left(\frac{117}{40},0,0\right)$ 是全局扇形稳定的, 这也就是说起始于集合 $\{N|N_1>0,N_2\geqslant 0,N_3\geqslant 0\}$ 的每一个解, 保持在其内, 当 $i\to\infty$ 时趋于平衡位置 $\left(\frac{117}{40},0,0\right)$.

在 $N_1=0$ 平面上有一个平衡位置 (0,1,1), 此平衡位置在 (N_2,N_3) 空间的第一象限是全局稳定的, 这表示在没有 N_1 种群的时候, N_2 和 N_3 种群可以共存, 但是如果 N_1 种群侵入 N_2 和 N_3 所占有的区域, 它将导致 N_2 和 N_3 种群绝灭.

例 4.8 模型

$$\begin{cases}\dot{s}=s\left[\left(\dfrac{s^0}{s}-1\right)D-\displaystyle\sum_{i=1}^{n}k_i\frac{x_i}{a_i+s}\right],\\ \dot{x}_i=x_i\left(\dfrac{m_is}{a_i+s}-D_i\right),\quad i=1,2,\cdots,n,\end{cases}\tag{4.55}$$

这里 s^0,D,k_i,a_i,m_i 和 D_i 是正常数. 为了方便起见, 设 $h_i=\frac{a_iD_i}{m_i-D_i}$ 对 $i=1,2,\cdots,n$. 如果 $0<h_1<h_2<\cdots<h_n$, 并且 $h_1<s^0$, 则平衡位置 $(s^*,x^*)=(h_1,x_1^*,0,0,\cdots,0)$ 是全局扇形稳定的, 对于 $i=1$, 由方程(4.55) 知 $s^*=h_1,x_1^*=\frac{1}{h_1k_1}D(a_1+h_1)(s^0-h_1)$, 如果有 $x_2^*=x_3^*=\cdots=x_n^*=0$.

由定理 4.11, (s^*,x^*) 是全局扇形稳定的充分条件是: 存在正常数 $c_0,c_1,c_2,\cdots,c_m$, 使得

$$\begin{aligned}W(s,x)=&c_0(s-h_1)\left[\left(\frac{s^0}{s}-1\right)D-\sum_{i=1}^{n}\frac{k_ix_i}{a_i+s}\right]\\&+\sum_{i=1}^{n}c_i(x_i-x_i^*)\left(\frac{m_is}{a_i+s}-D_i\right)\end{aligned}$$

在集合 $\{(s,x)|s>0,x_1>0,x_i\geqslant 0,i=2,3,\cdots,n\}$ 内是负定的, 并且不沿一非平凡解恒等于零. 让 $c_0=1,c_i=\frac{k_i}{m_i-D_i}$ 对于 $i=1,2,\cdots,n$, 经整理我们得到 $W=-\frac{1}{h_1s(a_1+s)}(s-h_1)^2D(h_1s+a_1s^0)+\sum_{i=2}^{n}k_i(h_i-h_i)\frac{x_i}{a_i+x_i}$. 易知在集合 $\{(s,x)|s>0,x_1>0,x_i\geqslant 0,i=2,3,\cdots,n\}$ 内 $W(s,x)$ 是负定的, 并且容易看出 $W(s,x)$ 不沿任何一非平凡解恒等于零, 因此 (s^*,x^*) 是全局扇形稳定的.

研究一个模型的非负平衡位置的全局扇形稳定性问题, 利用 Lyapunov 函数的方法, 则存在 $\dot{V}$ 的定号性判定的困难, 所以对于一些具体的模型, 我们也可以采用直接分析的方法, 而不利用 Lyapunov 函数法, 下面举例说明.

例 4.9 三种群模型

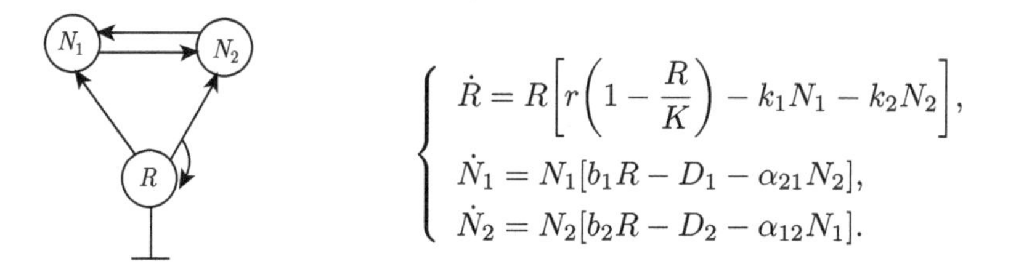

$$\begin{cases} \dot{R} = R\left[r\left(1 - \dfrac{R}{K}\right) - k_1 N_1 - k_2 N_2\right], \\ \dot{N}_1 = N_1[b_1 R - D_1 - \alpha_{21} N_2], \\ \dot{N}_2 = N_2[b_2 R - D_2 - \alpha_{12} N_1]. \end{cases} \tag{4.56}$$

假设模型中所有参数为正, 记 $\lambda_i = \dfrac{D_i}{b_i}(i = 1, 2)$.

定理 4.13 若 $\lambda_1 < \lambda_2 < K, \alpha_{21} > 0, \alpha_{12} \geqslant 0$, 又

$$r\left(1 - \frac{\lambda_2}{K}\right) < \frac{k_2}{\alpha_{21}}(b_1\lambda_2 - D_1),$$

则模型无正平衡位置, 非负平衡位置 $E_1 = (\lambda_1, N_1^*, 0)$ 为全局扇形稳定的, 这里 $N_1^* = \dfrac{r}{k_1}\left(1 - \dfrac{\lambda_1}{K}\right)$.

证明 容易看出, 方程 (4.56) 初始于正象限的所有解是有界的 (详细证明方法, 将在研究三种群模型时再作介绍).

要证明非负平衡位置 E_1 是全局扇形稳定的, 只要证明对于所有的解都有 $\lim\limits_{t\to\infty} N_2(t) = 0$ 即可. 因为 $N_2 = 0$ 是解平面, 而且在 $N_2 = 0$ 平面上的轨线满足方程

$$\begin{cases} \dot{R} = R\left[r\left(1 - \dfrac{R}{K}\right) - k_1 N_1\right], \\ \dot{N}_1 = N_1[b_1 R - D_1]. \end{cases}$$

并且在 (R, N_1) 平面内仅有一个非零平衡位置, $R = \dfrac{D_1}{b_1} = \lambda_1, N_1 = \dfrac{r}{k_1}\left(1 - \dfrac{\lambda_1}{K}\right) = N_1^*$, 即为平衡位置 E_1. 我们容易知道, 在 $N_2 = 0$ 平面上, 平衡位置 (λ_1, N_1^*) 是全局稳定的. 也就是说, 起始于 (R, N_1) 平面上正象限的所有解, 当 $t \to \infty$ 时必趋于 (λ_1, N_1^*). 所以我们只要能证明起始于 $(R, N_1, N_2,)$ 空间中正象限方程 (4.56) 的所有解, 都有 $\lim\limits_{t\to\infty} N_2(t) = 0$ 即可. 为此我们先来证明 (4.56) 所有初始于正象限的解有

$$\lim_{t\to\infty} R(t)N_2(t) = 0.$$

设 $\xi > 0, n > 0$, 如下选取

$$\begin{aligned} \frac{R'(t)}{R(t)} + \xi\frac{N_2'(t)}{N_2(t)} - n\frac{N_1'(t)}{N_1(t)} =& r\left(1 - \frac{R(t)}{K}\right) - k_1 N_1(t) - k_2 N_2(t) \\ &+ \xi[b_2 R(t) - D_2 - \alpha_{12} N_1(t)] - n[b_t R(t) - D_1 - \alpha_{21} N_2(t)] \end{aligned}$$

$$
\begin{aligned}
&\leqslant r\left(1-\frac{R(t)}{K}\right)-k_2N_2(t)\\
&\quad+\xi[b_2R(t)-D_2]-n[b_1R(t)-D_1-\alpha_{21}N_2(t)]\\
&=(r-\xi D_2+nD_1)+R(t)\left[-\frac{r}{K}+\xi b_2-nb_1\right]\\
&\quad+N_2(t)(n\alpha_{21}-k_2).
\end{aligned}
\tag{4.57}
$$

令 $n=\dfrac{k_2}{\alpha_{21}}$, 并取 $\xi>0$, 使 $r-\xi D_2-nD_1<0$ 和 $\dfrac{r}{k}+\xi b_2-nb_1<0$, 也即

$$
\text{(A)}\qquad \xi>\frac{1}{D_2}\left(r+\frac{k_2D_1}{\alpha_{21}}\right)\quad 和\quad \xi<\frac{1}{b_2}\left(\frac{r}{K}+\frac{k_2b_1}{\alpha_{21}}\right),
$$

因为 $r\left(1-\dfrac{\lambda_2}{K}\right)<\dfrac{k_2}{\alpha_{21}}(b_1\lambda_2-D_1)$, 不等式 (A) 等价于

$$
\frac{1}{b_2}\left(\frac{r}{K}+\frac{k_2}{\alpha_{21}}b_1\right)>\frac{1}{D_2}\left(r+\frac{k_2D_1}{\alpha_{21}}\right).
$$

因此满足不等式 (A) 的 ξ 可以取到, 记 $\xi^*=r-\xi D_2+nD_1<0$, 从 0 到 t 积分, 表达式 (4.57) 的两边为

$$
\frac{R(t)}{R_0}\left(\frac{N_2(t)}{N_2(0)}\right)^{\xi}\leqslant\left(\frac{N_1(t)}{N_1(0)}\right)^{n}e^{\xi^*t}\leqslant Me^{\xi^*t}.
$$

(对最后一个不等式, 我们用了一切解的有界性) 这样就得到

$$
\lim_{t\to\infty}R(t)[N_2(t)]^{\xi}=0.
$$

下面再用此式来证明 $\lim\limits_{t\to\infty}R(t)N_2(t)=0$. 事实上, 如果 $\xi>1$, 则

$$
\begin{aligned}
[R(t)N_2(t)]^{\xi}&=[R(t)]^{\xi-1}R(t)[N_2(t)]^{\xi}\\
&\leqslant[\sup_{0\leqslant t<\infty}R(t)]^{\xi-1}R(t)[N_2(t)]^{\xi}\to 0,\quad 当\ t\to\infty\ 时.
\end{aligned}
$$

所以 $\lim\limits_{t\to\infty}R(t)N_2(t)=0$.

如果 $\xi<1$, 则

$$
R(t)N_2(t)=[N_2(t)]^{1-\xi}R(t)[N_2(t)]^{\xi}\leqslant[\sup_{0\leqslant t<\infty}N_2(t)]^{1-\xi}\cdot R(t)[N_2(t)]^{\xi}.
$$

因为 $\lim\limits_{t\to\infty}R(t)[N_2(t)]^{\xi}=0$ 和一切解的有界性, 所以

$$
\lim_{t\to\infty}R(t)N_2(t)=0.
$$

下一步要证明 $\lim\limits_{t\to\infty}N_2(t)=0$.

从方程 (4.56) 的第三个方程可得

$$N_2'(t) \leqslant b_2 N_2(t) R(t) - D_2 N_2(t),$$

因此由 $\lim\limits_{t\to\infty} N_2(t)R(t) = 0$ 立即可得 $\lim\limits_{t\to\infty} N_2(t) = 0$. 证毕.

关于非负平衡位置的全局扇形稳定性的研究方法就介绍到这里, 对于不同的模型还要用不同的办法来讨论, 后面介绍三种群模型的研究中还会遇到.

研究一个非负平衡位置的全局扇形稳定性, 常常是和生态学中的绝种现象联系在一起. 例如, 在例 4.8 中所得到的结论是在条件$r\left(1-\dfrac{\lambda_2}{K}\right) < \dfrac{k_2}{a_{21}}(b_1\lambda_2 - D_1)$ 的假设下, 非负平衡位置 $E_1(\lambda_1, N_1^*, 0)$ 是全局扇形稳定的. 也即所有从正象限出发的解都将有 $\lim\limits_{t\to\infty} N_2(t) = 0$, 也就是说, 种群 N_2 必将导致绝种. 与绝种情况的反面, 我们将研究一个生态系统的持久性.

4.3 复杂生态系统的持久性与绝灭性

从生态的角度, 所谓持久性也就是这个生态系统中所有种群都能长期生存下去; 所谓绝灭性, 就是这生态系统中的某一种群或某一些种群将导致绝灭, 而不复存在. 为了用数学模型的方法来研究生态系统和这生态系统是否具有持久性, 因而我们就必须对持久性和绝灭性给出严格的数学定义. 这里研究生态系统

$$\dot{x}_i = x_i f_i(x_1, x_2, \cdots, x_n), \quad i = 1, 2, \cdots, n, \tag{4.58}$$

假设函数 f_i 在 $R_+^n : \{(x_1, x_2, \cdots, x_n) | x_1 \geqslant 0, x_2 \geqslant 0, \cdots, x_n \geqslant 0\}$ 上连续, 而且充分光滑以保证 (4.58) 的解的存在唯一性.

定义 4.4 系统 (4.58) 称为是持久型的, 如果它具有如下的性质: 系统 (4.58) 起始于 R_+^n 的每一个解 $\varPhi = \varPhi(t) (\varPhi(0) \in R_+^n)$, 对于所有的 $i (1 \leqslant i \leqslant n)$, 以及任何 $\tau \in [0, T_\phi)$ 都有 $\limsup\limits_{t\to\tau} \phi_i(t) > 0$, 这里 $[0, T_\phi]$ 是 $\varPhi$ 的最大存在区间.

系统 (4.58) 称为非持久的, 如果存在一个解 $\varPhi$, 其初始值 $\varPhi(0) \in R_+^n 0 : \{(x_1, x_2, \cdots, x_n) | x_1 > 0, x_2 > 0, \cdots, x_n > 0\}$, 以及对于某一个 $\tau \in (0, T_\phi)$ 有 $\lim\limits_{t\to\tau} \phi_j(t) = 0$.

如果系统 (4.58) 的解的存在区间是 $(0, \infty)$, 也即 $T_\phi = \infty$, 则由初值问题的解的唯一性, 在定义中仅用于 $\tau = \infty$.

对于一维的微分方程

$$\dot{u} = W(u), \tag{4.59}$$

我们设 W 是一个把正半轴 R_+ 映射到 R 的连续映射. 方程 (4.59) 称为是持久型的, 如果 (4.59) 的任意具正初始值的解 $\psi = \psi(i)$, $\psi(0) > 0$, 对所有 $\tau \in (0, \infty)$, 满足:

$$\limsup_{t\to\tau} \psi(t) > 0.$$

方程 (4.59) 称为是绝灭型的, 如果 (4.59) 的任意的具正初始值的解 $\psi=\psi(t)$, $\psi(0)>0$, 存在某一个 $\tau\in(0,\infty)$, 满足

$$\lim_{t\to\tau}\psi(t)=0.$$

例如, 方程

$$\dot{u}=\alpha u, \tag{4.60}$$

即 (4.59) 中 $W=\alpha u$, 我们有: 当 $\alpha\geqslant 0$ 时 (4.60) 是持久型的, 当 $\alpha<0$ 时 (4.60) 是绝灭型的.

由定义 4.3, 我们可以看出如果系统 (4.58) 有唯一的正平衡点 $x_1^*>0, x_2^*>0,\cdots,x_n^*>0$, 而且 $(x_1^*,x_2^*,\cdots,x_n^*)$ 是全局渐近稳定的, 则知系统 (4.58) 必是持久型的, 因此若系统 (4.58) 是全局稳定的, 则它必是持久型的. 反过来则不一定成立, 在判定全局稳定时, 我们通常用 Lyapunov 函数的方法. 下面我们将仿照 Lyapunov 函数的思想, 来建立一个判定某系统是否是持久型的方法, 为此引进持久性函数的定义.

定义 4.5　一个函数 ρ 称为关于系统 (4.58) 的一个持久性函数, 如果满足下列条件:

(i) 对于某一个 $i(i=1,2,\cdots,n)$, 如果 $x_i\to 0$ 则 $\rho(x_1,x_2\cdots,x_n)\to 0$.

(ii) ρ 满足微分不等式 $\dot{\rho}\geqslant W'(\rho)$, 这里

$$\dot{\rho}(x_1,x_2,\cdots,x_n)\equiv\sum_{i=1}^{n}\frac{\partial\rho}{\partial x_i}x_if_i(x_1,x_2,\cdots,x_n), \tag{4.61}$$

并且比较方程 $\dot{u}=W(u)$ 是持久型的.

定义 4.6　一个函数 ε 称为对于系统 (4.58) 的一个绝灭性函数, 如果满足下列条件:

(iii) 只要某一个 $x_i\to 0(i=1,2,\cdots,n)$, 就有

$$\varepsilon(x_1,x_2,\cdots,x_n)\to 0.$$

(iv) ε 满足微分不等式 $\dot{\varepsilon}\leqslant W(\varepsilon)$, 这里

$$\dot{\varepsilon}(x_1,x_2,\cdots,x_n)\equiv\sum_{i=1}^{n}\frac{\partial\varepsilon}{\partial x_i}x_if_i(x_1,x_2,\cdots,x_n),$$

并且对应的比较方程 $\dot{u}=W(u)$ 是绝灭型的.

我们从以上两个定义可以看出函数 ρ 或 ε 有类似于 Lyapunov 函数的性质, 例如, 如果 $-\rho$ 为正定的, 且 $W(\rho)\geqslant 0$, 则 $-\rho$ 即为 Lyapunov 函数, 下面我们再建立判定系统 (4.58) 的持久性与绝灭性的定理.

定理 4.14 如果系统 (4.58) 存在一个持久性函数 ρ, 则这个系统是持久的, 也即：系统 (4.58) 任意具正初始值的解 $\varPhi=(\phi_1,\phi_2,\cdots,\phi_n)$, 若其最大存在区间为 $[0,T_\phi)$, 则对于每一个 $\tau\in(0,T_\phi)$ 和每一个 $i(i=1,2,\cdots,n)$, 都有 $\limsup\limits_{t\to\tau}\phi_i(t)>0$.

证明 用反证法, 假设系统 (4.58) 为非持久的, 则存在一个 $\tau\in(0,T_\phi)$ 和一个 $j(1\leqslant j\leqslant n)$, 使得

$$\limsup_{t\to\tau}\phi_j(t)\leqslant 0.$$

另一方面, 由于存在关于系统 (4.58) 的持久性函数 ρ, 满足条件 (i), 即有 $\lim\limits_{t\to\tau}\rho(\varPhi(t))=0$, 这个结论将与比较方程 $\dot{u}=W(u)$ 没有趋于零相矛盾. 事实上, 如果 $\psi(t)$ 是初始问题 $\psi(0)=\rho(\varPhi(0)),\dot{u}=W(u)$ 的解, 则由于 ρ 的性质有 $\rho[\varPhi(t)]\geqslant\psi(t)$, 当 $t\to\tau$ 时, 左端趋于零, 而右端不为零, 所以矛盾, 定理得证.

例 4.10 研究互惠共存的两种群模型

$$\begin{cases}\dot{x}_1=x_1\left(\dfrac{1}{2}-\dfrac{1}{2}x_1+2x_2+x_1x_2-x_1^2\right),\\ \dot{x}_2=x_2(1+x_1-2x_2).\end{cases}\tag{4.62}$$

考虑函数$\rho(x_1x_2)=\dfrac{x_1x_2}{1+x_1}$, 对于 (4.62), $\rho(x_1x_2)$ 是持久性函数, 因为这里的 ρ 满足方程$\dot{\rho}=\rho\left(\dfrac{3}{2}-\rho\right)$, 而这个方程是持久型方程, 又有当 $x_i\to 0$ 时 $\rho(x_1,x_2)\to 0$, 所以 $\rho(x_1,x_2)$ 对于 (4.62) 是持久性函数, 因而由定理 4.13 可知, 方程 (4.62) 是持久的.

定理 4.15 如果系统 (4.58) 存在一个绝灭性函数 ε, 则这个系统为非持久的. 或者说它对于某一部分种群是绝灭型的, 也就是说：系统 (4.58) 的任意的具正初始值的解 $\varPhi=(\phi_1,\phi_2,\cdots,\phi_n)$, 存在一个 $i(i=1,2,\cdots,n)$ 和一个 $\tau(0<\tau\leqslant\infty)$ 使 $\lim\limits_{t\to\tau}\phi_i(t)=0$.

证明 与定理 4.13 的证明完全类似, 我们省略.

例 4.11 考虑系统

$$\begin{cases}\dot{x}_1=x_1(1+ax_1)\\ \dot{x}_2=-x_2(1+bx_2),\quad a>0,\ b>0.\end{cases}\tag{4.63}$$

易知函数$\rho(x_1,x_2)=\dfrac{x_1x_2}{1+ax_1+bx_2}$ 对于系统 (4.63) 满足方程 $\dot{\rho}=0$, 因此 $\rho(x_1,x_2)$ 是系统 (4.63) 的持久性函数, 由定理 4.13 知系统 (4.63) 是持久的.

另一方面, 方程 $\dot{x}_2=-x_2(1+bx_2)$ 的具正初始条件的解, 都有当 $t\to\infty$ 时 $x_2(t)\to 0$. 看起来似乎这两个结论是矛盾的! 实际不然, 因为系统 (4.63) 的解仅在一有限区间上存在, 也就是每一解 $\varPhi$ 的存在区间为 $(0,T_\varPhi)$, 这里 $T_\varPhi<\infty$, 所以两者并不矛盾, 这也说明引进解的最大存在区间是必要的.

在研究系统 (4.58) 的持久性时, 有时不一定寻找在整个区域 R_+^n 上的持久性函数, 而只要求在一个长条域 $\{(x_1, x_2, \cdots, x_n) \in R_+^n, 0 < x_n \leqslant \lambda\}$ 中得到持久性函数即可, 这里 $\lambda > 0$.

例 4.12 考虑二维 Volterra 模型

$$\begin{cases} \dot{x}_1 = x_1(a + bx_1 + cx_2), \\ \dot{x}_2 = x_2(e + fx_1 + gx_2), \end{cases} \tag{4.64}$$

这里 a, b, c, e, f, g 为常数 (不一定是正数). 考虑函数 $\rho(x_1, x_2) = x_1 x_2$, 则对于系统 (4.64) 有

$$\dot{\rho} = \rho[(a + e) + (b + f)x_1 + (c + g)x_2].$$

例如, 我们知道 (4.64) 的一切解有界, 又如果

$$a + e > 0, \quad b + f > 0, \quad c + g > 0,$$

则 $\dot{\rho} \geqslant (a + e)\rho$. 由此得到系统 (4.64) 是持久的, 而且当 $a + e > 0$ 和 $b + f > 0$ 成立时, 种群 x_2 可以存活, 因为在长条域 $\left\{(x_1, x_2) : x_1 \in R_+^1, 0 < x_2 < -\dfrac{a + e}{c + g}\right\}$ 内 $\dot{\rho} > 0$. 同样可以知道当 $a + e > 0$ 和 $c + g > 0$ 成立时, 种群 x_1 得以存活.

为了进一步说明上面几个定理的应用, 我们来详细研究 Lotka-Volterra 食物链系统

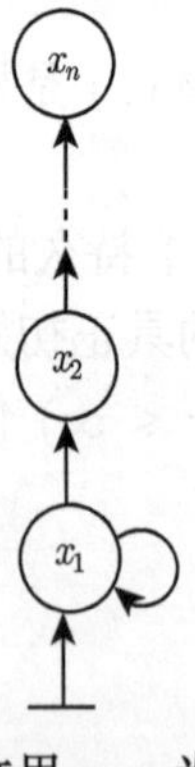

$$\begin{cases} \dot{x}_1 = x_1(a_{10} - a_{11}x_1 - a_{12}x_2), \\ \dot{x}_2 = x_2(-a_{20} + a_{21}x_1 - a_{23}x_3), \\ \cdots\cdots \\ \dot{x}_{n-1} = x_{n-1}(-a_{n-1,0} + a_{n-1,n-2}x_{n-2} - a_{n-1,n}x_n), \\ \dot{x}_n = x_n(-a_{n,0} + a_{n,n-1}x_{n-1}), \end{cases} \tag{4.65}$$

这里 a_{11} 为非负常数, 其他所有 a_{ij} 都是正数.

定理 4.16 当 $a_{11} > 0$ 时系统 (4.65) 的所有具正初始条件的解有界.

证明 由系统 (4.65) 的第一个方程得到: 对于系统 (4.65) 的任意解 ϕ, 有 $\dot{\phi}_1 < \phi_1(a_{10} - a_{11}\phi_1)$, 因此显然有 $\phi_t(t) \leqslant \max\left\{\phi_1(0), \dfrac{a_{10}}{a_{11}}\right\}$, 对所有 t 成立, 因而证明了所有解的第一个分量是有界的.

现在我们定义函数 $u(x)$ 为

$$u(x) = \sum_{j=1}^{n} \left(\prod_{i=1}^{j-1} a_{i,i+1} \prod_{h=j}^{n-1} a_{h+1}, h \right) x_j. \tag{4.66}$$

函数 $u(x)$ 是在 R_+^n 上的线性函数, 当 $x_j \to \infty$ 时有 $u(x) \to \infty$(此线性函数的系数中的 a_{ij} 若出现原方程 (4.65) 中没有下标时, 这种 a_{ij} 我们令其为 1; 另外, 当阶乘的上标小于下标时, 此阶乘也取为 1), 要得到这个线性函数并不困难, 只要对一个待定系数的线性函数 $u = \sum_{j=1}^{n} b_j x_j$ 对于 (4.65) 求 $\dot{u}$, 并令其中交叉项, 即 $x_i x_j (i \neq j)$ 的项的系数为零, 即可求得 b_j, 而得到线性函数 (4.66), 再由 (4.65) 得到

$$\begin{aligned}\dot{u} = \frac{d}{dt}u(\phi(t)) &= \prod_{h=1}^{n-1} a_{h+1,h}\phi_1(a_{10} - a_{11}\phi_1 - a_{12}\phi_2)\\ &\quad + \sum_{j=2}^{n-1}\left(\prod_{i=1}^{j-1} a_{i,i+1}\prod_{h=1}^{n-1} a_{h+1,h}\right)\phi_j(-a_{j,0} + a_{j,j-1}\phi_{j-1} - a_{j,j+1}\phi_{j+1})\\ &\quad + \prod_{i=1}^{n-1} a_{i,i+1}\phi_n(-a_{n,0} + a_{n,n-1}\phi_{n-1}) \leqslant -mu + b,\end{aligned}$$

这里

$$m = \min_{1\leqslant j\leqslant n} a_{j,0}, \quad b = \max_{\phi_1}|\phi_1(2a_{10} - a_{11}\phi_1)|\prod_{h=1}^{n-1} a_{h+1,h}.$$

利用比较原理得到

$$u(t) \leqslant u(0)\exp(-mt) + \frac{b}{m}.$$

由此可知 $\phi_i(i = 2, \cdots, n)$ 是有界的. 证毕.

为了方便起见, 引进参数 μ,

$$\mu = a_{10} - \frac{a_{11}}{a_{21}}\left[a_{20} + \sum_{j=2}^{h}\left(\prod_{i=2}^{j}\frac{a_{2i-2,2i-1}}{a_{2i,2i-1}}\right)a_{2j,0}\right] - \sum_{j=1}^{K}\left(\prod_{i=1}^{j}\frac{a_{2i-1,2i}}{a_{2i+1,2i}}\right)a_{2j+1,0},$$

这里

$$h = \begin{cases}\dfrac{n}{2}, & \text{当}n\text{为偶数时},\\ \dfrac{n-1}{2}, & \text{当}n\text{为奇数时},\end{cases} \qquad K = \begin{cases}\dfrac{n}{2} - 1, & \text{当 } n \text{ 为偶数时},\\ \dfrac{n-1}{2}, & \text{当 } n \text{ 为奇数时}.\end{cases}$$

定理 4.17 假设食物链系统 (4.65) 的资源水平有一个正的容纳量$\left(\dfrac{a_{10}}{a_{11}} > 0\right)$, 则当 $\mu > 0$ 时此食物链系统是持久的; 当 $\mu < 0$ 时此食物链系统为非持久的.

证明 首先我们要考察系统 (4.65) 的某些渐近性质, 容易知道 R_+^n 的边界超平面

$$H_j = \{(x_1, x_2, \cdots, x_n) \in R_+^n : x_j = 0\}$$

是系统 (4.65) 的不变流形, 另一方面, 由定理 4.15 知道, 系统 (4.65) 的一切解有界, 因此任一解 ϕ 的 ω 极限集 Ω_ϕ 是一个完全集, 每一条绝灭的轨迹当 $t\to\infty$ 时必渐近于一个超平面, 也就是说一条绝灭轨线 ϕ 的 ω 极限集必落在一个超平面上 (显然不可能在有限时间绝灭).

现在用反证法来证明这个定理. 假设当 $\mu>0$ 时系统 (4.65) 有一个解 $\phi=(\phi_1,\phi_2,\cdots,\phi_n)$, 有 $\phi(0)\in R_+^n$, 且对于某些指数 j 满足 $\lim\limits_{t\to\infty}\phi_j(t)=0$. 首先我们可以证明当 $j<i\leqslant n$ 时均有: $\lim\limits_{t\to\infty}\phi_i(t)=0$. 这点从生态角度来看是显然的, 从系统 (4.65) 的图表中容易看出, 如果第 j 个种群走向绝灭, 图中第 j 个以上的种群均无供食者, 也就是没有能量来源, 本来能量是由资源一个一个传递到第 n 个种群的, 如果从第 j 个种群截断, 当然从第 j 个以上的种群都要走向绝灭. 我们再从数学上来论证这个事实, 因为

$$\phi'_{j+1}(t)=\phi_{j+1}(t)\begin{cases}[-a_{j+1,0}+a_{j+1,j}\phi_j(t)-a_{j+1,j+2}\phi_{j+2}(t)], & j+1<n\\ [-a_{j+1,0}+a_{j+1,j}\phi_j(t)], & j+1=n\end{cases}$$

所以对于充分大的 t 有

$$\phi'_{j+1}(t)\leqslant\phi_{j+1}(t)\left(\frac{-a_{j+1,0}}{2}\right).$$

因此有 $\lim\limits_{t\to\infty}\phi_{j+1}(t)=0$. 重复这种步骤, 就得到我们所要的结论, 即对某一个 j, 当 $t\to\infty$ 时 $\phi_j(t)\to 0$, 则当 $t\to\infty$ 时, $\phi_n(t)\to 0$, 也就是, 如果对于某一个 j, 当 $t\to\infty$ 时 $\phi_j\to 0$, 则有

$$\Omega_\phi\subseteq H_n.$$

下面将证明 ϕ 不可能有这个渐近性质, 为此对于某些 $r_i>0(i=1,2,\cdots,n)$, 以及某一个 $\lambda>0$, 我们考虑函数

$$\rho(x)=\prod_{i=1}^n x_i^{r_i}. \tag{4.67}$$

我们要证明这个函数在高维矩形长条域

$$S=\{(x_1,x_2,\cdots,x_n)\in R_+^n:0<x_n\leqslant\lambda\}$$

内是一个持久函数, 由定理 4.15 和 (4.67), 就是要证明 $\rho(x)$ 是一个微分不等式的解, 而且它的比较方程是持久型的. 事实上, 从方程 (4.65) 得到

$$\begin{aligned}\dot\rho=\rho\Bigg[&r_1(a_{10}-a_{11}\phi_1-a_{12}\phi_2)+\sum_{i=2}^{n-1}r_j(-a_{j0}+a_{j,j-1}\phi_{j-1}-a_{j,j+1}\phi_{j+1})\\&+r_n(-a_{n0}+a_{n,n-1}\phi_{n-1})\Bigg]\end{aligned}$$

$$=\rho\left[r_1a_{10}-\sum_{j=2}^{n}r_ja_{j0}+(r_2a_{21}-r_1a_{11})\phi_1\right.$$

$$\left.+\sum_{1=3}^{n}(r_ja_{j,j-1}-r_{j-2}a_{j-2,j-1})\phi_{j-1}-r_{n-1}a_{n-1,n}\phi_n\right]. \tag{4.68}$$

现在再选取 r_j 和 $s(1\leqslant j\leqslant n)$, 使

$$\frac{r_2}{r_1}=\frac{a_{11}}{a_{21}}\quad 以及\quad \frac{r_j}{r_{j-2}}=\frac{a_{j-2,j-1}}{a_{j,j-1}},\quad j=3,4,\cdots,n.$$

利用这个关系式, 可以得到 $\dfrac{r_j}{r_1}$ 的表达式, 当 j 为偶数且 $4\leqslant j\leqslant n$ 时有

$$\frac{r_j}{r_1}=\frac{a_{11}}{a_{21}}\prod_{i=2}^{j/2}\frac{a_{2i-2,2i-1}}{a_{2i,2i-1}}. \tag{4.69$_\text{a}$}$$

当 j 为奇数且 $3\leqslant j\leqslant n$ 时有

$$\frac{r_j}{r_1}=\sum_{i=1}^{\frac{j-1}{2}}\frac{a_{2i-1,2i}}{a_{2i+1,2i}}. \tag{4.69$_\text{b}$}$$

把 (4.69) 代入 (4.68), 得到

$$\dot{\rho}=\rho[r_1\mu-r_{n-1}a_{n-1,n}\phi_n]. \tag{4.70}$$

选取 λ 充分小, 由于假设 $\mu>0$, 因此 (4.70) 右端方括号内的表达式在 S 上是正的. 也就是说, 在 S 上有 $\dot{\rho}>0$, 因而如上所说, 绝灭不可能发生, 因此也就证明了当 $\mu>0$ 时系统 (4.65) 是持久的. 类似地, 我们可以证明当 $\mu<0$ 时系统 (4.65) 的绝灭性. 作绝灭性函数

$$\varepsilon=\varepsilon(x_1,x_2,\cdots,x_n)=\prod_{i=1}^{n}x_i^{r_i},$$

这里所有参数 r_i 和 s_i 的选取同 (4.69), 对于系统 (4.65), 可知 ε 满足不等式

$$\dot{\varepsilon}=\varepsilon[r_1\mu-r_{n-1}a_{n-1,n}x_n]\leqslant r_1\mu\varepsilon.$$

显然比较方程是绝灭型的, 因此由定理 4.14 可知食物链系统 (4.65) 为非持久的. 证毕.

下面我们再来研究资源为非密度制约的情况, 即 $a_{11}=0$ 的情况. 研究食物链模型 (4.65). 设链长为 n, 存在一个正整数 m 使 $n=2m+1$ 或 $n=2m+2$, 引进持久型参数 μ_0

$$\mu_0=a_{10}-\sum_{j=1}^{m}a_{2j+1,0}\sum_{i=1}^{j}\frac{a_{2i-1,2i}}{a_{2i+1,2i}}.$$

定理 4.18　在 $a_{11}=0$ 的情况下食物链系统 (4.65) 当 $\mu_0>0$ 时是持久型的, 当 $\mu_0<0$ 时是绝灭型的.

证明　在证明定理 4.16 时我们必须用到定理 4.15 的结论, 也就是当 $a_{11}>0$ 时, 系统 (4.65) 的一切解有界; 这里我们还要证明一个类似的引理: 系统 (4.65) 具有 $\phi(0)\in R_+^n$ 的任意解 ϕ, 并且对于某个 j 有 $\lim\limits_{t\to\infty}\phi_j=0$ 的解 ϕ 是有界的. 为此如同定理 4.16, 我们可以知道若 $\lim\limits_{t\to\infty}\phi_j(t)=0$, 则对于所有的 $i\geqslant j$ 必然有 $\lim\limits_{t\to\infty}\phi_i(t)=0$. 这样我们就证明了: 对于这样的 ϕ 有 $\lim\limits_{t\to\infty}\phi_n(t)=0$.

为了证明有界性, 我们用辅助函数

$$v(x_1,x_2,\cdots,x_n)=\sum_{i=1}^{n}\alpha_i\left(x_i-\beta_i-\beta_i\log\frac{x_i}{\beta_i}\right),$$

这里 α_i,β_i 都是特定的正参数, 如果我们能证明 $v(t)=v(\phi(t))$ 是不增的, 那么就证明了 ϕ 的有界性. 因此沿着系统 (4.65), 我们计算出

$$\begin{aligned}\dot v(\phi_1,\phi_2,\cdots,\phi_n)=&\sum_{i=1}^{n-1}[-\alpha_i a_{i,i+1}+\alpha_{i+1}a_{i+1,i}](\phi_i-\beta_i)(\phi_{i+1}-\beta_{i+1})\\&+\alpha_1(\phi_1-\beta_1)(a_{10}-a_{12}\beta_2)\\&+\sum_{i=2}^{n-1}\alpha_i(\phi_i-\beta_i)(-a_{i0}+a_{i,i-1}\beta_{i-1}-a_{i,i+1}\beta_{i+1})\\&+\alpha_n(\phi_n-\beta_n)(-a_{n0}+a_{n,n-1}\beta_{n-1}).\end{aligned}$$

下面我们来选取参数 a_i 和 β_i, 首先选取 $a_i(i=1,2,\cdots,n)$, 使上式中前 $n-1$ 项的方括号内的表达式为零. 第二步再选取 β_i, 分两种情况:

若 n 为偶数, 则可以选 β_i 使上式中余下的项均为零. 因此在这种情况下, 存在 a_i 和 β_i 使 $\dot v\equiv 0$, 从而得到 ϕ 的有界性.

若 n 为奇数, 我们则选取 β_i 使上式除最后一项外, 其他所有的项均为零, 因而

$$\begin{aligned}\dot v&=\alpha_n(\phi_n-\beta_n)(-a_{n0}+a_{n,n-1}\beta_{n-1})\\&=\alpha_n(\phi_n-\beta_n)\mu_0\prod_{i=1}^{n}\frac{a_{2i+1,2i}}{a_{2i-1,2i}}.\end{aligned}$$

由此得出

$$\dot v=\alpha_n\mu_0\prod_{i=1}^{n}\frac{a_{2i+1,2i}}{a_{2i-1,2i}}(\phi_n(t)-\beta_n).$$

因为 $\mu_0>0$ 以及 $\lim\limits_{t\to\infty}\phi_n(t)=0$, 所以对于所有充分大的 t, 必有 $\dot v<0$. 这样也就证明了任意一个不持久的解必为有界解.

下面要证明解的持久性, 和定理 4.16 一样, 通过对 $\dot{\rho}$ 的计算, 由 (4.68), 当 $a_{11}=0$ 时得到

$$\dot{\rho} \geqslant \rho\left[r_1\left(a_{10}-\sum_{i=2}^{n}\frac{r_i}{r_i}a_{i0}\right)+\sum_{i=3}^{n}(r_i a_{j,i-1}-r_{i-2}a_{i-2,i-1})\phi_{i-1}-r_n a_{n-1,n}\phi_n\right]. \quad (4.71)$$

现在把 n 写成 $n=2m+1$ 或 $n=2m+2$, 如同 $(4.69)_{\rm b}$ 我们选取 $r_{2j+1}(j=1,2,\cdots,m)$ 为

$$\frac{r_j}{r_1}=\prod_{i=1}^{\frac{j-1}{2}}\frac{a_{2i-1,2i}}{a_{2i+1,2i}},$$

因为 $\mu_0>0$, 所以得到

$$a_{1,0}-\sum_{j=1}^{m}a_{2j+1,0}\frac{r_{2i+1}}{r_1}>0.$$

再选取余下的 $r_{2j}(j=1,2,\cdots,m)$(如果 $n=2m+2$ 则 $j=1,2,\cdots,m+1$) 使

$$a_{1,0}-\sum_{j=2}^{n}\frac{r_i}{r_1}a_{j,0}>0. \quad (4.72)$$

如果 q 是最大的偶数指数, $q\leqslant n$, 我们相继地调整 $r_2,r_4,\cdots,r_q$, 使之保持不等式 (4.72) 仍成立, 而 (4.71) 的右端容易估计, 我们按下面步骤进行. 第一步选取 r_{q-2} 尽可能小, 并满足

$$\frac{r_q}{r_{q-2}}\geqslant\frac{a_{q-2,q-1}}{a_{q,q-1}},$$

类似地再选取 r_{q-4} 适当小并有

$$\frac{r_{q-2}}{r_{q-4}}\geqslant\frac{a_{q-4,q-3}}{a_{q-2,q-3}}.$$

这样连续调整 r_{2i} 直到 r_2, 这时就有

$$\dot{\rho}\geqslant\rho[r_i\mu_0-r_{n-1}a_{n-1,n}\phi_n].$$

和定理 4.16 一样可以选取 λ, 使方括号内的表达式在 S 上为非负的, 这样就得到, 当 $\mu_0>0$ 时系统为持久的结论.

关于当 $\mu_0<0$ 时系统为非持久的证明, 完全类似于定理 4.16 中的证明. 取绝灭函数

$$\varepsilon(x_1,x_2,\cdots,x_n)=\prod_{i=1}^{m+1}x_{i-1}^{r_i-1},$$

这里 r_i 由 $(4.69)_{\rm b}$ 所确定. 则当 n 为奇数时微分方程为

$$\dot{\varepsilon} = r_1\mu_0\varepsilon.$$

如果 n 是偶数, 则得到

$$\dot{\varepsilon} = \varepsilon[r_0\mu_0 - r_{n-1}a_{n-1,n}\phi_n].$$

两者都可得到非持久的结论. 证毕.

定理 4.19 若系统 (4.65) 有孤立的正平衡点 $X^*(X_1^*, X_2^*, \cdots, X_n^*)$, 则平衡点 X^* 是全局渐近稳定的, 也即对任意初值 $X(0) > 0$ 的解 $X(t)$, 当 $t \to \infty$ 时都有 $X(t) \to X^*$.

证明 把 (4.65) 化为对称形式

$$\begin{cases} \dot{x}_1 = x_1[-a_{11}(x_1 - x_1^*) - a_{12}(x_2 - x_2^*)], \\ \dot{x}_2 = x_2[a_{21}(x_1 - x_1^*) - a_{23}(x_3 - x_3^*)], \\ \cdots\cdots \\ \dot{x}_{n-1} = x_{n-1}[a_{n-1n-2}(x_{n-2} - x_{n-2}^*) - a_{n-1n}(x_n - x_n^*)], \\ \dot{x}_n = x_n[a_{nn-1}(x_{n-1} - x_{n-1}^*)]. \end{cases} \tag{4.73}$$

考虑函数

$$W(X) = \sum_{i=1}^{n} a_i(x_i - x_i^* \ln x_i),$$

其中

$$\alpha_1 = 1, \alpha_2 = \frac{a_{12}}{a_{21}}, \alpha_3 = \frac{a_{12}a_{23}}{a_{21}a_{23}}, \cdots, \alpha_n = \frac{a_{12}a_{23}\cdots a_{n-ln}}{a_{21}a_{32}\cdots a_{nn-1}}, \tag{4.74}$$

容易证明 $W(X)$ 在 $X = X^*$ 处取到极小值 $W'(X^*)$. 作无穷大正定函数

$$V(X) = W(X) - W(X^*), \tag{4.75}$$

沿系统 (4.73) 计算得到

$$\dot{V} = -a_{11}(x_1 - x_1^*)^2 \leqslant 0. \tag{4.76}$$

从系统 (4.73) 可知集合

$$U = \{X : x_1 = x_1^*, x_2 > 0, \cdots, x_n > 0\}$$

除平衡点 X^* 外不含系统 (4.73) 的整条半轨线. 由 Lasalle 定理知 X^* 是全局渐近稳定的, 定理证毕.

4.4 三种群模型的稳定性, 空间周期解的存在性与混沌现象

4.4.1 三种群 Volterra 模型

我们在上面已讨论过 n 种群互相作用的 Volterra 模型

$$\dot{x}_r = x_r\left[e_r + \sum_{s=1}^{n} p_{rs}x_s\right], \quad r, s = 1, 2, \cdots, n. \tag{4.77}$$

如果只考虑捕食与被捕食的情况, 则需作以下假设:

(a) 或者 $e_r > 0$, 或者 $e_r < 0$(即 $e_r \neq 0$). (死亡率与出生率不相同.)

(b) $p_{rr} \leqslant Q$, 如果 $e_r > 0$, 则必为 $p_{rr} < 0$. (出生率大于死亡率的种群必密度制约.)

(c) 对于任何 r, 存在一个 s 使得 $e_s > 0$ 和 $P_{ss_1}, p_{s_2s_1}, \cdots, p_{rs_n}$ 均大于零. (对于任意种群, 存在一食物链, 把无限的自然资源通过系统转换到这个种群.)

(d) $p_{rs} \cdot p_{sr} \leqslant 0$. 对于任何 s 和 r. (第 r 个种群与第 s 个种群之间为捕食与被捕食的关系.)

这里我们对三种群的情况来作详细的讨论, 在上面的 (a)—(d) 四个假设之下, 三种群 Volterra 模型共有 34 种. 我们用第 1 章中所述的图表示法列出这 34 种情况的图表示, 如图 4.1 所示的各种可能情况, 可以分成四大类:

(1) 食物链: (1)—(4), (8), (10), (12), (14), (16).

(2) 两捕食者, 一被捕食者: (5), (6), (7), (9), (11), (18).

(3) 一捕食者, 两被捕食者: (13), (15), (17).

(4) 环形关系: (19)–(34).

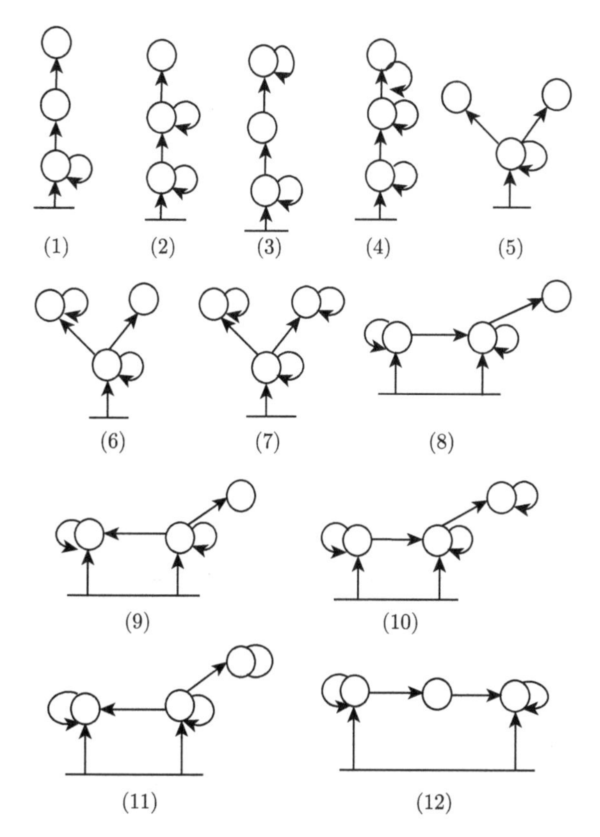

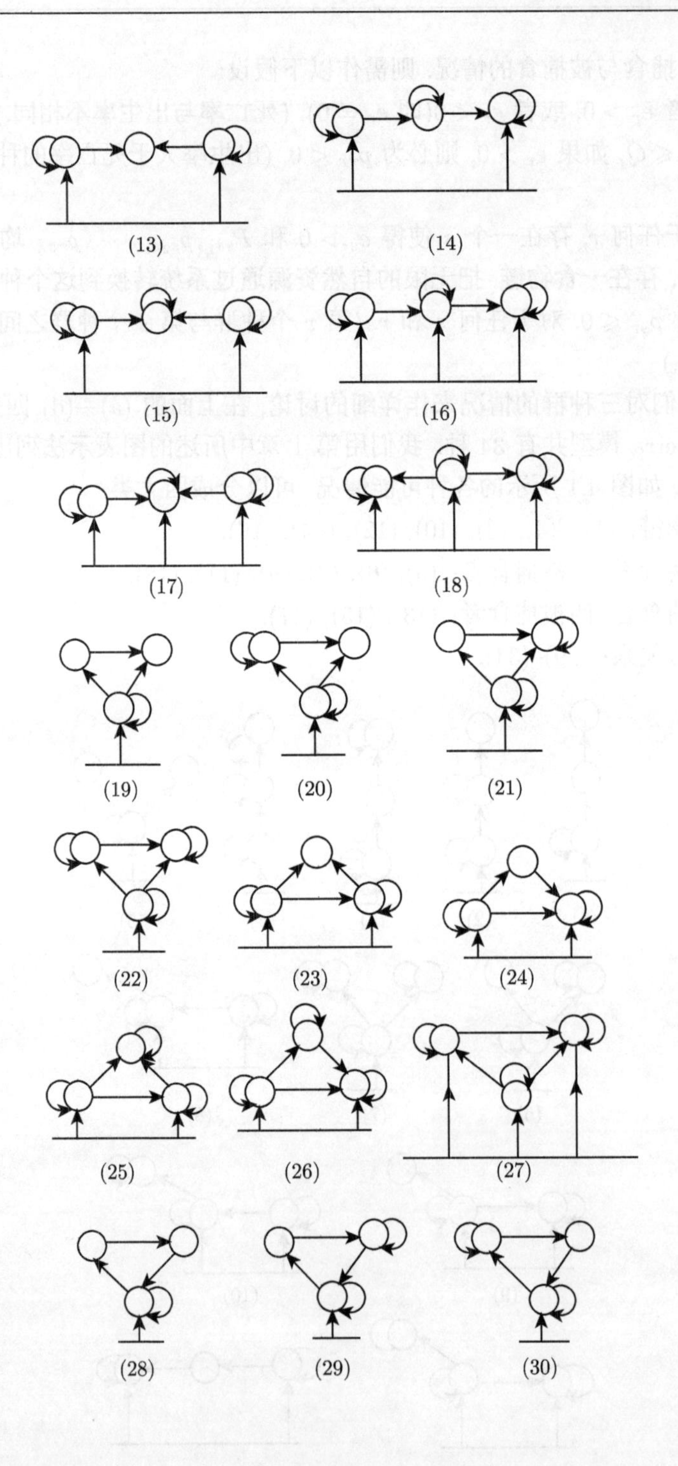
(13)
(14)
(15)
(16)
(17)
(18)
(19)
(20)
(21)
(22)
(23)
(24)
(25)
(26)
(27)
(28)
(29)
(30)

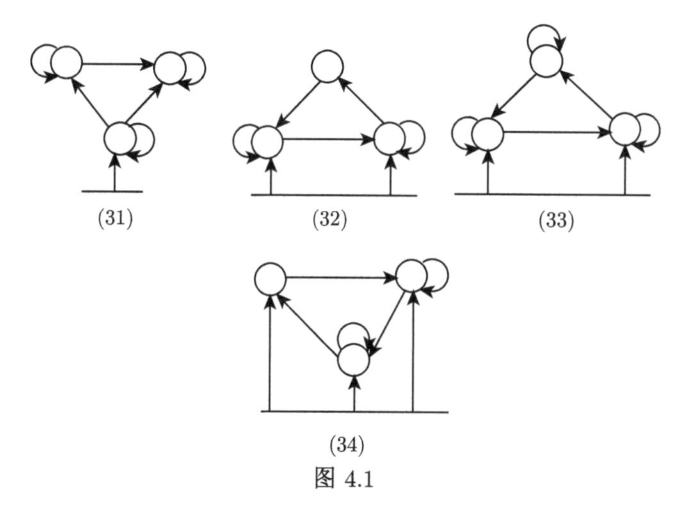

图 4.1

下面来介绍我们最为感兴趣的全局稳定性问题和空间周期解的存在性问题. 为了研究稳定性, 我们把前面已叙述过的定理 4.7 重述如下, 这里的模型 (4.77) 即为 (4.25), 为了方便起见, 我们改变一下在定理 4.7 证明中所用的 Lyapunov 函数的形式, 现在研究模型 (4.77).

假设 (4.77) 有唯一正平衡位置 $(x_1^*, x_2^*, \cdots, x_n^*)$, 我们作变数变换 $y_r = \ln(x_r/x_r^*)$. 这样把正象限 $R_+^n\{(x_1, x_2, \cdots, x_n) \in R^n$, 所有 $x_r > 0, r = 1, 2, \cdots, n\}$ 变到全空间 R^n, 奇点 $(x_1^*, x_2^*, \cdots, x_n^*)$ 变到坐标原点, 定义函数

$$V(y_1, y_2, \cdots, y_n) = \sum_{r=1}^{n} \alpha_r x_r^* (e^y r - y_r - 1),$$

这里 $\alpha_1, \cdots, \alpha_n$ 是正数, 待定. 易知 V 是一个 Lyapunov 函数, 因为 $V(y_1, \cdots, y_n) \geqslant 0$, 仅当所有 $y_r = 0(r = 1, 2, \cdots, n)$ 时才等于零, 计算

$$\begin{aligned}
\dot{V} &= \sum_{r=1}^{n} \frac{\partial V}{\partial y_r} \dot{y}_r = \sum_{r=1}^{n} \alpha_r x_r^* (e^y r - 1) \frac{\dot{x}_r}{x_r} \\
&= \sum_{r=1}^{n} \alpha_r x_r^* (e^y r - 1) \left(e_r + \sum_{s=1}^{n} p_{rs} x_s \right) \\
&= \sum_{r=1}^{n} \alpha_r x_r^* (e^y r - 1) \left(-\sum_{s=1}^{n} p_{rs} x_s^* + \sum_{s=1}^{n} P_{rs} x_s \right) \\
&= \sum_{r=1}^{n} \alpha_r x_r^* (e^y r - 1) \sum_{s=1}^{n} p_{rs} x_s^* \left(\frac{x_s}{x_s^*} - 1 \right) \\
&= \sum_{r,s=1}^{n} \alpha_r p_{rs} x_r^* (e^y r - 1) x_s^* (e^y s - 1).
\end{aligned}$$

在 R^n 内点集 $V(y_1, \cdots, y_n) = c$ 当 $c \to \infty$ 时填满 R^n. 为了利用 Lyapunov 定理,

我们考虑二次型

$$\begin{aligned}\frac{dV}{dt}&=\sum_{r,s=1}^{n}\alpha_r p_{rs}w_r w_s\\&=\frac{1}{2}\sum_{r,s=1}^{n}(\alpha_r p_{rs}+p_{sr}\alpha_s)w_r w_s\\&=\frac{1}{2}W^{\mathrm{T}}(AP+P^{\mathrm{T}}A)W,\end{aligned}$$

其中 $W_r=x_r^*(e^y r-1), w_s=x_s^*(e^y s-1)$,

$$W^{\mathrm{T}}=(w_1,w_2,\cdots,w_n),\quad A=\mathrm{diag}(\alpha_1,\cdots,\alpha_n).$$

如果 dV/dt 是负定的, 则由 Lyapunov 稳定性定理, 原点是在 R^n 中全局渐近稳定的. 因此奇点 $(x_1^*,\cdots,x_n^*)$ 是在 R^n 的正象限内全局稳定, 所以正的平衡点 $(x_1^*,\cdots,x_n^*)$ 是全局稳定的充分条件是; 存在正对角线矩阵 A, 使 $AP+P^{\mathrm{T}}A$ 为负定的. 现在我们把上面的结论用到三种群模型:

(1) 图 4.1 中的情况 (1), 即

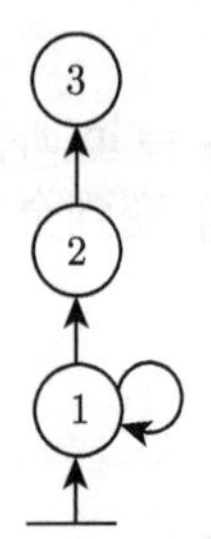

$$\begin{cases}\dot{x}_1=x_1(\varepsilon_1-a_{11}x_1-a_{12}x_2),\\\dot{x}_2=x_2(-\varepsilon_2+a_{21}x_i-a_{23x_3}),\\\dot{x}_3=x_3(-\varepsilon_3+a_{32}x_2).\end{cases}\tag{4.78}$$

设 $\alpha_1=A,\alpha_2=B,\alpha_3=C$, 有

$$\frac{dV}{dt}=-Aa_{11}w_1^2+(Ba_{21}-Aa_{12})w_1w_2+(Ca_{32}-Ba_{23})w_2w_3,$$

选取正数 A,B,C 如下, 使

$$Ba_{21}-Aa_{12}=0,\quad Ca_{32}-Ba_{23}=0,$$

可得

$$\frac{dV}{dt}=-Aa_{11}w_1^2\leqslant 0.$$

显然 $\frac{dV}{dt}=0$ 只有一种可能, 即 $w_1=x_1^*(e^{y_1}-1)=0$, 也即 $y_1=0$ 或 $x_1=x_1^*$. 我们来考察点集 $x_1=x_1^*,x_2>0,x_3>0$ 的不变子集, 可以作下面的推理 (以下箭头 "$\Rightarrow$" 表示 "由 …… 推出 ……"):

$x_1=x_1^*\Rightarrow\dot{x}_1=0\Rightarrow\varepsilon_1-a_{11}x_1-a_{12}x_2=0\Rightarrow\varepsilon_1-a_{11}x_1^*-a_{12}x_2=0\Rightarrow x_2=x_2^*\Rightarrow\dot{x}_2=0\Rightarrow-\varepsilon_2+a_{21}x_1-a_{23}x_3=0\Rightarrow-\varepsilon_2+a_{21}x_1^*-a_{23}x_3=0\Rightarrow x_3=x_3^*$.

因此这个不变子集只有一个平衡点 (x_1^*, x_2^*, x_3^*), 所以 (x_1^*, x_2^*, x_3^*) 是在正象限内全局稳定的.

(2) 图 4.1 中的情况 (6), 即

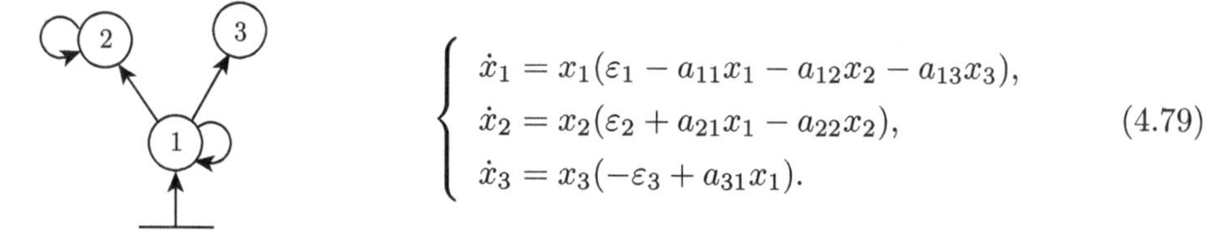

$$\begin{cases} \dot{x}_1 = x_1(\varepsilon_1 - a_{11}x_1 - a_{12}x_2 - a_{13}x_3), \\ \dot{x}_2 = x_2(\varepsilon_2 + a_{21}x_1 - a_{22}x_2), \\ \dot{x}_3 = x_3(-\varepsilon_3 + a_{31}x_1). \end{cases} \tag{4.79}$$

如前我们有

$$\frac{dV}{dt} = -Aa_{11}w_1^2 - Ba_{22}w_2^2 + (-Aa_{12} + Ba_{21})w_1w_2 + (-Aa_{13} + Ca_{31})w_1w_3,$$

再来选择 A, B, C 使交叉项为零, 有

$$\frac{dV}{dt} = -Aa_{11}w_1^2 - Ba_{22}w_2^2$$

是非正的, 仅当 $w_1 = w_2 = 0$ 时等于零, 即当 $x_1 = x_1^*, x_2 = x_2^*$ 同时成立时等于零. 同前面一样, 我们可作下面的推理:

$x_1 = x_1^*$ 和 $x_2 = x_2^* \Rightarrow \dot{x}_1 = 0$, 且 $\dot{x}_2 = 0 \Rightarrow \varepsilon_1 - a_{11}x_1 - a_{12}x_2 - a_{13}x_3 = 0 \Rightarrow \varepsilon_1 - a_{11}x_1^* - a_{12}x_2^* - a_{13}x_3 = 0 \Rightarrow x_3 = x_3^*$.

所以 (x_1^*, x_2^*, x_3^*) 在正象限内是全局渐近稳定的.

在上面的 (1) 中考虑只有一个种群有密度制约, 在图中只有一个圈的情况的一个例子. 在 (2) 中是考虑有两个种群有密度制约, 在图中是有两个圈的情况的一个例子. 这里只是作为例子, 其他的情况可同样考虑, 通常都可以找到 A, B, C, 这里不一一叙述.

(3) 三个圈的情况. 在这种情况下将得到

$$\frac{dV}{dt} = -Aa_{11}w_1^2 - Ba_{22}w_2^2 - Ca_{32}w_3^2$$

已为负定的 (除在 (x_1^*, x_2^*, x_3^*) 点外).

综上所述得到如下定理.

定理 4.20 三种群捕食与被捕食模型图 4.1 中情况 (1)—(4) 和 (6)—(18) 的正平衡位置是在正象限内全局稳定的.

由上面三种情况可类似得到定理的证明. 在图4.1中可分之为两类, 其中(1)—(18) 称为是链型的, 即型如 ○—○—○, 而 (19)—(34) 称为环形的, 即型如 .

定理 4.19 说明链型的除了情况 (5) 以外, 我们都可以证明是全局稳定的, 而情况 (5) 或者无正平衡点, 或者正平衡点不孤立, 因而无全局稳定可言.

全局稳定的结论对于环形情况不能保持, 下面我们可以看到会有局部不稳定的情况.

环形情况不能保持全局稳定性, 我们则要问: 它是否可保持有界性?

我们现在假设存在一个正的平衡位置. 先考虑情况 (1), 对于任意正数 A, B, C. 我们从表达式:$A\dot{x}_1 + B\dot{x}_2 + C\dot{x}_3$ 和方程 (4.78) 得到

$$
\begin{aligned}
A\dot{x}_1 + B\dot{x}_2 + C\dot{x}_3 =& \varepsilon_1 A x_1 - a_{11} A x_1^2 - \varepsilon_2 B x_2 + (-a_{12}A + a_{21}B) x_1 x_2 - \varepsilon_3 C x_3 \\
&+ (-a_{23}B + a_{32}C) x_2 x_3
\end{aligned}
$$

可以选取 A, B, C, 使得

$$
-a_{12}A + a_{21}B = -\alpha < 0, \quad -a_{23}B + a_{32}C = -\beta < 0.
$$

记 $S = Ax_1 + Bx_2 + Cx_3$, 在上式两边同时加上一项 εS, 因而有

$$
\dot{S} + \varepsilon S = (\varepsilon_1 + \varepsilon) A x_1 - a_{11} A x_1^2 + (\varepsilon - \varepsilon_2) B x_2 - \alpha x_1 x_2 + (\varepsilon - \varepsilon_3) C x_3 - \beta x_2 x_3.
$$

如果取 $\varepsilon < \min\{\varepsilon_1, \varepsilon_2, \alpha, \beta\}$, 且 $\varepsilon > 0$, 则对于所有正的 x_1, x_2, x_3 上式右端为有界的. 我们得到微分不等式

$$
\dot{S} + \varepsilon S < C_0,
$$

由此可以得到其解为有界的, 且有

$$
S(t) < \frac{C_0}{\varepsilon} + De^{-\varepsilon t},
$$

因而我们可得到: 对于情况 (1), 在正象限中所有解是有界的.

同上, 对于所有链型情况, 都可以用相同的方法得到 S 的有界性. 而对于环形的情况结论如何呢?

(4) 考虑情况 (19). 由 (19) 的图形可以看出, 它虽然是环型 (图形), 但是我们不能从一个圆圈沿着箭头方向走一周而回到这个圆圈, 称这类环型情况为非顺环型情况, 如图 4.1 中的图 (19)—(27) 均属此类. 其他情况我们则称为顺环型情况. 现在考虑非顺环型 (19) 的模型

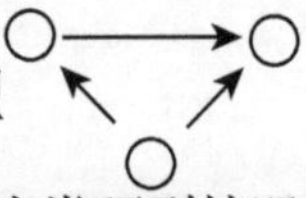

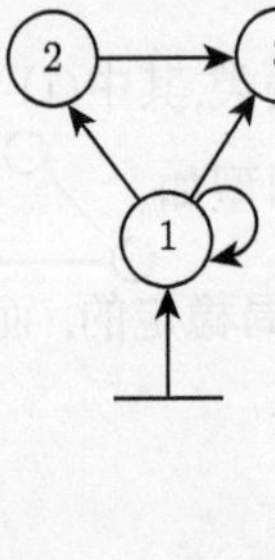

$$
\begin{cases}
\dot{x}_1 = x_1(\varepsilon_1 - a_{11}x_1 - a_{21}x_2 - a_{13}x_3), \\
\dot{x}_2 = x_2(-\varepsilon_2 + a_{21}x_1 - a_{23}x_3), \\
\dot{x}_3 = x_3(-\varepsilon_3 + a_{31}x_1 + a_{32}x_2),
\end{cases} \tag{4.80}
$$

用和上面同样的方法, 则在这种情况下有

$$\begin{aligned}\dot{S} =&\varepsilon_1 Ax_1 - a_{11}Ax_1^2 + (-a_{12}A + a_{21}B)x_1x_2 - \varepsilon_2 Bx_2\\&+ (-a_{13}A + a_{31}C)x_1x_3 - \varepsilon_3 Cx_3 + (-a_{23}B + a_{32}C)x_2x_3.\end{aligned}$$

可以选取 A, B, C, 使得

$$-a_{12}A + a_{21}B < 0, \quad -a_{13}A + a_{31}C < 0, \quad -a_{23}B + a_{32}C < 0.$$

因而也有 $\dot{S} + \varepsilon S < C_0$, 后面的做法均与情况 (1) 相同, 我们可以得到所有非顺环型的模型在正象限的一切解有界的结论. 因此我们有如下定理.

定理 4.21 情况 (1)—(27) 的一切解在正象限是有界的.

这也就说明链型与非顺环型模型在正象限内一切解有界, 顺环型则不一定如此.

(5) 考虑情况 (28).

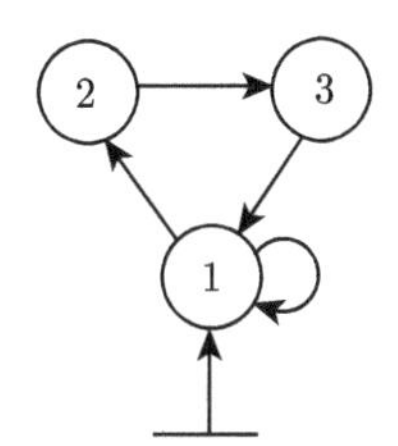

$$\begin{cases}\dot{x}_1 = x_1(\varepsilon_1 - a_{11}x_1 - a_{12}x_2 + a_{13}x_3),\\\dot{x}_2 = x_2(-\varepsilon_2 + a_{21}x_1 - a_{23}x_3),\\\dot{x}_3 = x_3(-\varepsilon_3 - a_{31}x_1 + a_{32}x_2),\end{cases} \tag{4.81}$$

按照前面的做法, 有

$$\begin{aligned}\dot{S} =&\varepsilon_1 Ax_1 - a_{11}Ax_1^2 + (-Aa_{12} + Ba_{21})x_1x_2 - \varepsilon_2 Bx_2\\&+ (-Ba_{23} + Ca_{32})x_2x_3 - \varepsilon_2 Cx_3 + (-Ca_{31} + Aa_{13})x_1x_3,\end{aligned}$$

并且选择 A, B, C, 使得

$$-Aa_{12} + Ba_{21} < 0, \quad -Ba_{23} + Ca_{32} < 0, \quad -Ca_{31} + Aa_{13} < 0. \tag{4.82}$$

在一般情况下, 不等式 (4.82) 不一定有解. 对于给定的系统, 只有 a_{ij} 满足一定的条件时 (4.82) 才有解. 把 (4.82) 写成

$$a_{21}\frac{B}{C} < a_{12}\frac{A}{C}, \quad a_{32} < a_{23}\frac{B}{C}, \quad a_{13}\frac{A}{C} < a_{31}. \tag{4.83}$$

也即有

$$a_{21}\frac{a_{32}}{a_{21}} < a_{21}\frac{B}{C} < a_{12}\frac{A}{C} < a_{12}\frac{a_{31}}{a_{13}}. \tag{4.84}$$

由此得到

$$\frac{a_{13}}{a_{31}}\frac{a_{32}}{a_{23}}\frac{a_{21}}{a_{12}} < 1, \tag{4.85}$$

如果 (4.85) 满足, 则可选取 $\dfrac{B}{C}$ 和 $\dfrac{A}{C}$ 满足 (4.84) 也即满足 (4.83), 所以我们得到如下定理.

定理 4.22 如果满足条件 (4.85), 则图 4.1 中情况 (28)—(34) 的一切解在正象限内有界.

如果条件 (4.85) 不满足, 则可能产生无界解. 我们来看情况 (28) 的一个特例, 考虑模型

$$\begin{cases} \dot{x}_1 = x_1(1 - x_1 - x_2 + x_3), \\ \dot{x}_2 = x_2(-1 + 2x_1 - x_3), \\ \dot{x}_3 = x_3(-1 - x_1 + 2x_2). \end{cases} \tag{4.86}$$

条件 (4.85) 显然不满足, 通过计算知道这个系统有解的三个坐标按照 $x_1 : x_2 : x_3$ 趋于 $5 : 3 : 9$ 的形式趋于无穷.

为了说明这个事实, 我们要研究在无穷远处解的性质, 作 Poincaré 变换:

$$u_1 = \frac{x_1}{x_3}, \quad u_2 = \frac{x_2}{x_3}, \quad u_3 = \frac{1}{x_3}.$$

则系统 (4.68) 变为

$$\begin{cases} \dot{u}_1 = \dfrac{u_1}{u_3}(1 - 3u_2 + 2u_3), \\ \dot{u}_2 = \dfrac{u_2}{u_3}(-1 + 3u_1 - 2u_2), \\ \dot{u}_3 = u_1 - 2u_2 + u_3, \end{cases} \tag{4.87}$$

再作变数变换 $dt = u_3 d\tau$, 则可得到

$$\begin{cases} \dot{u}_1 = u_1(1 - 3u_2 + 2u_3), \\ \dot{u}_2 = u_2(-1 + 3u_1 - 2u_2), \\ \dot{u}_3 = u_3(u_1 - 2u_2 + u_3). \end{cases} \tag{4.88}$$

在 $u_1 > 0, u_2 > 0, u_3 = 0$ 平面上有奇点 $\left(\dfrac{5}{9}, \dfrac{1}{3}, 0\right)$, 在这点系统 (4.88) 的线性近似系统的矩阵为

$$\begin{pmatrix} 0 & -\dfrac{5}{3} & \dfrac{10}{9} \\ 1 & -\dfrac{3}{3} & 0 \\ 0 & 0 & -\dfrac{1}{9} \end{pmatrix},$$

有特征方程

$$\lambda^3 + \frac{7}{9}\lambda^2 + \frac{47}{27}\lambda - \frac{5}{27} = 0.$$

由 Routh-Hurwitz 条件可知其一切根有负实部, 因此 $\left(\frac{5}{9},\frac{1}{3},0\right)$是 (4.88) 的局部稳定奇点. 这就说明 (4.86) 有解按 5:3:9 的比例趋于无限.

综述上面情况可得下表.

类型	正奇点是否全局稳定	是否所有解有界
食物链	是	是
2 捕食者, 1 被捕食者	是 (除情况 (5) 外)	是
1 捕食者, 2 被捕食者	是	是
非顺环	一般不是	是
顺环	一般不是	满足 (4.85) 者是

(6) 考虑情况 (34) 的一个特例: 设 (4.77) 的系数矩阵 P 为

$$P=\begin{pmatrix}1+d & -2 & -d\\ -d & 1+d & -2\\ -2 & -d & 1+d\end{pmatrix},$$

这里参数 $d<-1$, 条件 (4.85) 显然满足, 因而此模型的一切解有界. 并且有正平衡点 (1,1,1), 在这一点的线性化系统我们记为

$$\dot{V}=PV,\quad V^{\mathrm{T}}=(v_1,v_2,v_3).$$

其特征方程为

$$(\lambda+1)[\lambda^2+(-4-3d)\lambda+3d^2+3d+7]=0,$$

有一根为 -1, 另外两根为

$$\frac{1}{2}[4+3d\pm(d-2)\sqrt{3}\mathrm{i}].$$

因此当 $d<-\frac{4}{3}$ 时正平衡点为局部稳定的, 当 $\frac{4}{3}<d<-1$ 时为不稳定的.

由此就产生一个有趣的问题, 当正平衡点不稳定时, 系统的一切解仍保持有界, 显然这些解的 ω 极限集必包含于正象限有界部分内且不是正平衡点, 是否是周期解? 或者是一环面形状的吸引子? 或是其他?

下面要介绍几个空间周期解问题的研究工作, 关于三种群 Volterra 模型的周期解问题, 首先要介绍的是 May 等的工作.

May 和 Leonard, 1975 年研究纯相互竞争的三种群 Volterra 模型

$$\begin{cases}\dot{x}_1=x_1[1-x_1-\alpha x_2-\beta x_3],\\ \dot{x}_2=x_2[1-\beta x_1-x_2-\alpha x_3], \quad \alpha\neq 1,\beta\neq 1\\ \dot{x}_3=x_3[1-\alpha x_1-\beta x_2-x_3],\end{cases}\tag{4.89}$$

在三维空间中有平衡点 $O(0,0,0)$，三个单种群平衡点：$E_{11}(1,0,0), E_{12}(0,1,0)$, $E_{13}(0,0,1)$ 和三个两种群平衡点，例如，$E_{23}(1-\alpha,1-\beta,0)/(1-\alpha\beta)$，以及 E_{21}, E_{22}，这里不详细写出，另外还有一个三种群平衡点 $E_c(1,1,1)/(1+\alpha+\beta)$. E_c 为稳定的充要条件是矩阵

$$\begin{pmatrix} 1 & \alpha & \beta \\ \beta & 1 & \alpha \\ \alpha & \beta & 1 \end{pmatrix}$$

的所有特征值有正实部，它的特征值可写为

$$\lambda_1 = 1+\alpha+\beta, \quad \lambda_{2,3} = 1 - \frac{\alpha+\beta}{2} \pm i\frac{\sqrt{3}}{2}(\alpha-\beta),$$

因为 $\alpha>0$ 和 $\beta>0$，所以局部稳定的充要条件为

$$\alpha+\beta<2.$$

模型 (4.89) 有两个参数 α 和 β，可在参数平面 (α,β) 上考虑 (4.89) 定性性质的区分如图 4.2 所示.

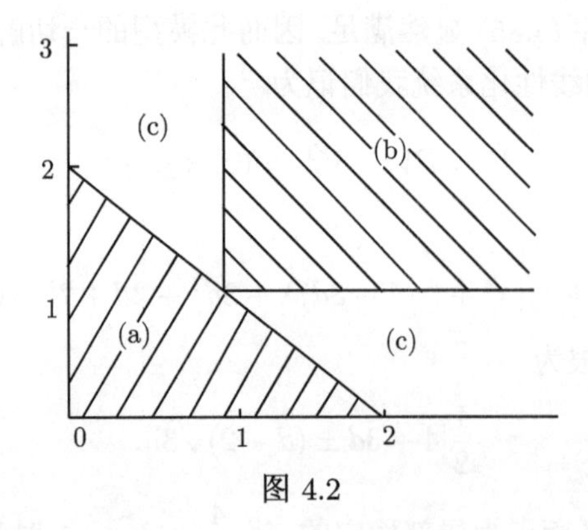

图 4.2

(α,β) 平面分成三个区域:

(a) E_c 为稳定的.

(b) E_{11}, E_{12}, E_{13} 均为稳定的，轨线收敛于哪一点决定于初值.

(c) 不存在渐近稳定平衡位置，存在空间极限环，如下面所讨论.

我们首先考虑 $\alpha+\beta=2$ 的情况，在这种情况下有一类特殊的解.

首先记

$$x_T(t) \equiv x_1(t)+x_2(t)+x_3(t). \tag{4.90}$$

在 $\alpha+\beta=2$ 的情况下把 (4.89) 的三个方程加起来就得到关于 x_T 的简单方程

$$\dot{x}_T = x_T - x_T^2. \tag{4.91}$$

可以求出通解为

$$x_T(t) = \frac{x_T(0)}{x_T(0) + [1 - x_T(0)]e^{-t}}, \tag{4.92}$$

显然有

$$当\ t \to \infty\ 时\ x_T(t) \to 1. \tag{4.93}$$

这也就说明: 每一个正初始条件的解, 都渐近于三维空间的平面 $x_1 + x_2 + x_3 = 1$, 如图 4.3 所示.

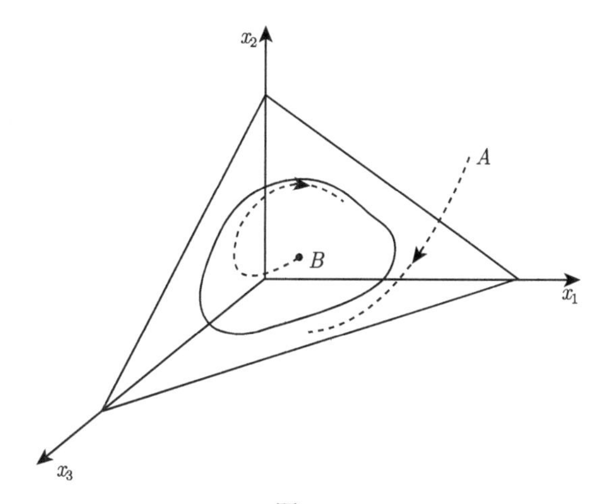

图 4.3

另一方面, 可以把 (4.89) 写成

$$\frac{d(\ln x_i)}{dt} = 1 - \sum_{j=1}^{3} \alpha_{ij} x_j, \quad i = 1, 2, 3 \tag{4.94}$$

的形式, 然后把三个方程相加, 由 $\alpha + \beta = 2$ 得到

$$\frac{d}{dt}[\ln(x_1 x_2 x_3)] = 3 - 3x_T. \tag{4.95}$$

记

$$P(t) \equiv x_1(t) x_2(t) x_3(t), \tag{4.96}$$

由 (4.95) 和 (4.91) 得到

$$\frac{d}{dt}[\ln P(t)] = 3\frac{d}{dt}[\ln x_T(t)]. \tag{4.97}$$

两边积分得

$$\frac{P(t)}{P(0)} = \left[\frac{x_T(t)}{x_T(0)}\right]^3,$$

从而, 当 $t\to\infty$ 时

$$P(t)\to C\equiv P(0)[x_T(0)]^{-3}, \tag{4.98}$$

即在三维空间中 (4.89) 的解当 $t\to\infty$ 时进入曲面 $x_1x_2x_3=C$ 的邻域, 这里 C 取决于初始条件.

综合以上结果, 当 $a+\beta=2$ 时 (4.89) 的解渐近于上述平面 $x_1+x_2+x_3=1$ 和双曲面 $x_1x_2x_3=C$ 的交线, 它是一个在三维空间中的圆, 因此任意初始点 $(x_1(0),x_2(0),x_3(0))$ 出发的 (4.89) 的轨线将趋于一个周期的极限环, 如图 4.3 所示. 此极限环依赖于一个参数的闭曲线族中的一条闭曲线, 参数 C 由 (4.98) 所确定.

上面考虑了在 $\alpha+\beta=2$ 的情况下, 模型 (4.89) 的空间周期解的存在性. 现在再考虑 $\alpha+\beta>2$ 的情况. 假设 $0<\alpha<1<\beta$. 我们将仅考虑模型 (4.89) 在 $R_+^3:\{(x_1x_2x_3)|x_i>0,i=1,2,3\}$ 内的解. 由上面的叙述, 可知在这种情况下, 在 R_+^3 的边界上仅有四个平衡点 $O(0,0,0)$ 和 $E_{11}(1,0,0),E_{12}=(0,1,0),E_{13}=(0,0,1)$. 在 R_+^3 内部有唯一平衡点

$$E_c=(1,1,1)/(1+\alpha+\beta).$$

记 S_3 为平面 $x_1+x_2+x_3=1$ 被 $x_1=0,x_2=0$ 和 $x_3=0$ 所界定的部分. 在 $a+\beta=2$ 的情况下, S_3 是解平面, 而且被周期轨道所充满. 在 R_+^3 的内部除 E_c 外从所有点出发的轨线, 都渐近于 S_3 上的一个周期解. 而在 $a+\beta>2$ 的情况下, S_3 则不是解平面了, 但 $x_1=0$, 或 $x_2=0$, 或 $x_3=0$ 都仍是解平面. 我们首先来分析在这些解平面上轨线的性态. 例如在解平面 $x_3=0$ 上, 模型 (4.89) 化为

$$\begin{cases}\dot{x}_1=x_1(1-x_1-\alpha x_2),\\ \dot{x}_2=x_2(1-\beta x_1-x_2).\end{cases} \tag{4.99}$$

分析 (4.99) 的平衡点可知: (0,0) 有重特征根 $\lambda=1$, 所以是不稳定的退化结点, 而平衡点 (0,1) 因为有特征根 $\lambda_1=-1,\lambda_2=1-\alpha>0$, 所以是鞍点. 还有一个平衡点 (1,0), 因为有特征根 $\lambda_1=-1,\lambda_2=1-\beta<0$, 所以是稳定结点. 除此之外在第一象限内部 (4.99) 无平衡点, 因此在第一象限 (4.99) 轨线的相图如图 4.4 所示, 由平衡点 (0,1) 到平衡点 (1,0) 有一条轨线连接, 而且只有一条. 也就是在 $x_3=0$ 平面上, 有唯一轨线 O_3 连接平衡点 E_{11} 与 E_{12}. 用同样的方法, 我们可以证明在 $x_2=0$ 和 $x_1=0$ 平面上分别存在唯一的一条轨线: O_2 连接 E_{11} 和 E_{13}; O_1 连接 E_{12} 和 E_{13}, 如图 4.5 所示. 我们以 F 记这三条轨线 O_1,O_2,O_3 和 E_{12},E_{11},E_{13} 连成的“奇异闭轨线”, 则可以证明如下结论.

定理 4.23 除了正平衡点 E_c 外 (4.89) 在 R_+^3 内的所有轨线以 F 为 ω 极限集.

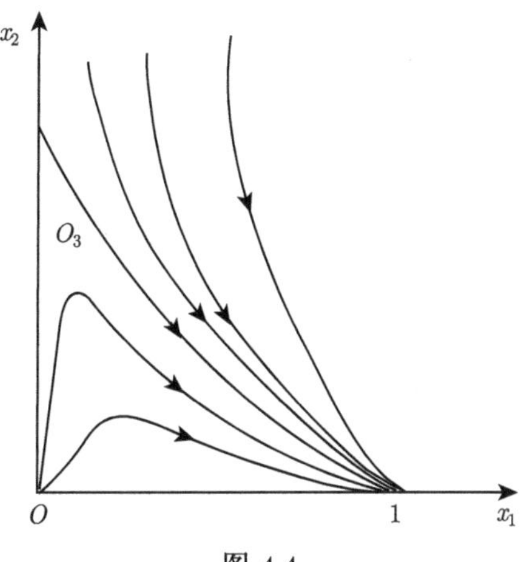

图 4.4

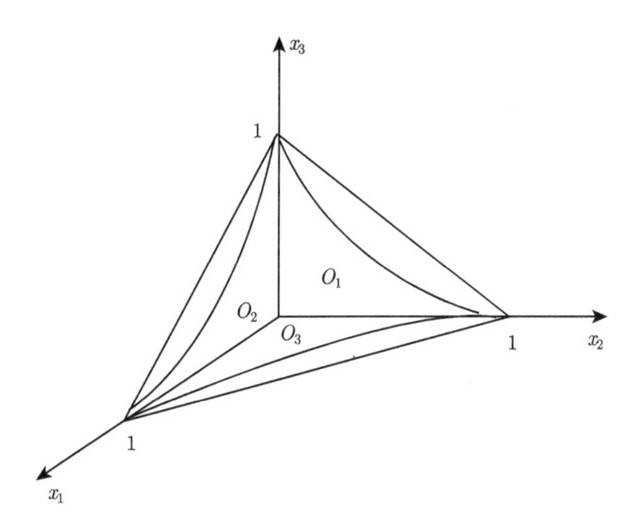

图 4.5

证明 记 $V = x_1 + x_2 + x_3$, 则沿着 (4.89) 的解有

$$\begin{aligned}\dot{V} &= x_1 + x_2 + x_3 - [x_1^2 + x_2^2 + x_3^2 + (\alpha+\beta)(x_1x_2 + x_2x_3 + x_3x_1)] \\ &= V - (x_1, x_2, x_3)^{\mathrm{T}} \cdot A \cdot (x_1, x_2, x_3),\end{aligned}$$

其中

$$A = \begin{pmatrix} 1 & \dfrac{\alpha+\beta}{2} & \dfrac{\alpha+\beta}{2} \\ \dfrac{\alpha+\beta}{2} & 1 & \dfrac{\alpha+\beta}{2} \\ \dfrac{\alpha+\beta}{2} & \dfrac{\alpha+\beta}{2} & 1 \end{pmatrix}.$$

A 是对称循环矩阵, 且有特征根:

$$\lambda_1 = 1+\alpha+\beta > 0, \quad \lambda_{2,3} = 1-(\alpha+\beta) < 0.$$

因此二次式

$$V - (x_1, x_2, x_3)^{\mathrm{T}} \cdot A \cdot (x_1, x_2, x_3) = 0 \tag{4.100}$$

是一个双叶双曲面, 其中心为$(1+\alpha+\beta)^{-1}\left(\dfrac{1}{2}, \dfrac{1}{2}, \dfrac{1}{2}\right)$, 而且是一个以 $x_1 = x_2 = x_3$ 为轴的对称旋转曲面, 坐标原点和正平衡点 E_c 均位于轴上, 而且双曲面通过 (0,0,0) 的一叶 (我们称为下叶), 不包含 R_+^3 中的其他点. 另一方面通过 E_c 点的一叶 (我们称为上叶)也通过平衡点 E_{11}, E_{12}, E_{13}. 而且在此上叶上每一点都有 $V \geqslant \dfrac{3}{1+\alpha+\beta}$, 等号只有在 E_c 点成立. 并且在上叶上位于 R_+^3 的部分有 $V \leqslant 1$, 等号仅在 E_{11}, E_{12}, E_{13} 外成立, 这三点正好均在上叶上. 而在上叶上且在 R_+^3 内的点使 $\dot{V} = 0$, 因而在 R_+^3 内部所有使得 $V > 1$的点均不在这双叶双曲上面, 所以有 $\dot{V} < 0$. 另一方面, 在 R_+^3 内部使 $V < \dfrac{3}{1+a+\beta}$ 的点均在上叶之下, 下叶之上, 因而在这一部分的点都有 $\dot{V} > 0$. 所以我们可以得到结论: 在 R_+^3 内的所有轨线当 t 增加时都必进入集合 (图 4.6)

$$Q_1 = \left\{(x_1, x_2, x_3) \in R_+^3 : \frac{3}{1+\alpha+\beta} < V \leqslant 1\right\}$$

的内部, 并且保持在其内 (除平衡点 E_c 和一条以 E_c 为 ω 极限集的轨线外).

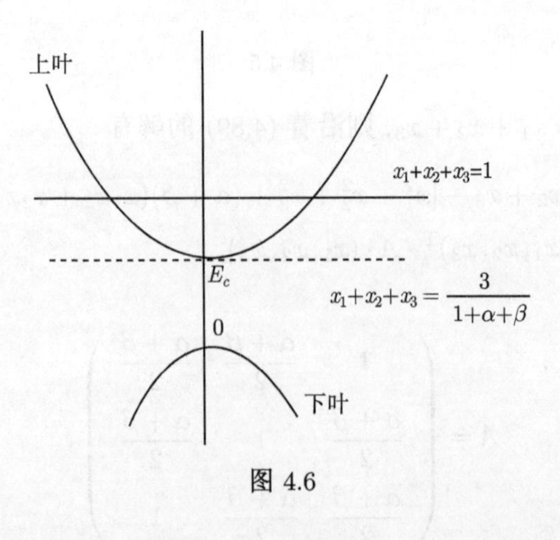

图 4.6

记 $P = x_1x_2x_3$, 对于系统 (4.89) 有

$$\dot{P} = P[3 - (1+\alpha+\beta)V],$$

所以在 Q_1 的闭包 $\bar{Q}_1$ 上 P 在 E_c 取局部极大. 因此在 Q_1 内除 E_c 和一条以 E_c 为 ω 极限集的轨线外, 沿所有其他轨线都有 $p \to 0$. 也即所有其他轨线都将走向 R_+^3 的边界 (或 $x_1 = 0$, 或 $x_2 = 0$, 或 $x_3 = 0$). 这也就说明几乎 R_+^3 中从所有点出发的轨道当 t 增加时, 都趋向于 $Q_1 \cap bdR_+^3$. 因而也就是说, 所有这些轨道的 ω 极限集 $W \subset Q_1 \cap bdR_+^3$. 又因动力系统 (4.89) 的 ω 的极限集 W 是一个闭不变集, 而且是 T_1 连通的, 因此 $W \equiv F$. 证毕.

模型 (4.89) 是一个具有对称性质的纯竞争种群模型, 对于非对称情况的竞争三种群模型

$$\begin{cases} \dot{x}_1 = x_1(1 - x_1 - \alpha_1x_2 - \beta_1x_3), \\ \dot{x}_2 = x_2(1 - \beta_2x_1 - x_2 - \alpha_2x_3), \\ \dot{x}_3 = x_3(1 - \alpha_3x_1 - \beta_3x_2 - x_3), \end{cases} \tag{4.101}$$

假设 $0 < \alpha_i < 1 < \beta_i$, 且 $\beta_i - 1 > 1 - \alpha_j (1 \leqslant i,j \leqslant 3)$, 则 (4.101) 在 R_+^3 的边界上与前面一样, 仅有四个平衡点, 以及在 R_+^3 内有一个正平衡点是不稳定的, 用上面的方法可知: 在 $x_1 = 0$ 或 $x_2 = 0$ 或 $x_3 = 0$ 的平面上分别存在连接 E_{11}, E_{12}, E_{13} 的三条轨线 O_1, O_2, O_3. 同样, 定义 F 这个 “奇异闭轨线”, 则我们有如下结论.

定理 4.24 在 R_+^3 的内部存在一个 (4.101) 的轨道的开集, 其内所有轨道以 F 为 ω 极限集.

证明 与定理 4.22 的证明类似, 这里不详叙述, 可见 Schuster 等 (1979).

以上所讨论的模型 (4.89) 和 (4.101) 都是只有竞争关系的三种群模型; 考虑了这两个模型的空间周期解的存在性, 我们再回到只有捕食与被捕食关系的模型, 看看是否也可能出现空间周期解. 当然图 4.1 中 (1)—(18) 种情况的模型是全局稳定系统, 显然不会有空间周期解存在, 除此之外其他情况是否都有可能出现周期解呢? 我们以情况 (34) 为例, 考虑模型 (周义仓, 1984)

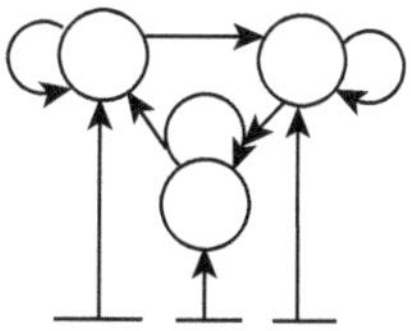

$$\begin{cases} \dot{x}_1 = x_1(1 - a_{11}x_1 - a_{12}x_2 + a_{13}x_3), \\ \dot{x}_2 = x_2(1 + a_{21}x_1 - a_{22}x_2 - a_{23}x_3), \\ \dot{x}_3 = x_3(1 - a_{31}x_1 + a_{32}x_2 - a_{33}x_3), \end{cases} \tag{4.102}$$

其中所有参数 $a_{ij} > 0 (i,j = 1,2,3)$. 我们要利用 May 等的想法, 考察这个模型是否可能有解平面? 在 (4.102) 有解平面的情况下, 所有解的渐近性质如何?

为此我们可以假设, 如果系统 (4.102) 有解平面 Π, 则可写为

$$\Pi: x_3 = ax_1 + bx_2 + c.$$

因为 Π 是系统 (4.102) 的解平面, 所以在 Π 上有

$$\left.\frac{d}{dt}(x_3 - ax_1 - bx_2)\right|_{(4.102)} \equiv 0. \tag{4.103}$$

由此容易得到如下定理.

定理 4.25　系统 (4.102) 有不过原点的解平面 Π 的充分必要条件是参数 a_{ij} 满足下列关系:

(i) $a_{23} > 2a_{33}$;

(ii) $a_{11} = \dfrac{a_{31}a_{33}}{a_{13} + 2a_{33}}$;

(iii) $a_{22} = \dfrac{a_{32}a_{33}}{a_{23} - 2a_{33}}$;

(iv) $a_{12}a_{31}(a_{23} - 2a_{33}) = a_{32}(a_{21}a_{13} + 2a_{21}a_{33} + 2a_{31}a_{33})$.

证明　在平面 $\Pi: x_3 = ax_1 + bx_2 + c$ 上, 沿方程 (4.102), 有

$$\begin{aligned}\left.\frac{d(x_3-ax_1-bx_2)}{dt}\right|_{(4.102)} =& c(1 - ca_{33}) - c(a_{31} + aa_{13} + 2aa_{33})x_1 \\ &+ c(a_{32} + ba_{23} - 2ba_{33})x_2 + a(a_{11} - aa_{13} - a_{31} - aa_{33})x_1^2 \\ &+ b(a_{22} + ba_{23} + a_{32} - ba_{33})x_2^2 \\ &+ [a(a_{12} + a_{32}) - b(a_{21} + a_{31}) + ab(a_{23} - a_{13} - 2a_{33})]x_1x_2,\end{aligned} \tag{4.104}$$

如果定理的条件 (i)—(iv) 成立, 我们可取

$$a = -\frac{a_{31}}{a_{13} + 2a_{33}}, \quad b = \frac{-a_{33}}{a_{23} - 2a_{33}}, \quad c = \frac{1}{a_{33}}. \tag{4.105}$$

由此即得在平面 Π 上有

$$\left.\frac{d(x_3 - ax_1 - bx_2)}{dt}\right|_{(4.102)} \equiv 0,$$

所以 Π 是解平面. 反之若 (4.102) 有解平面 Π, 则 (4.103) 必成立. 再由 (4.104) 的常数项和一次项系数等于零, 以及 Π 不过原点, 所以 a, b, c 可由 (4.105) 求得. 然后再把 a, b, c 代入后面的 x_1^2, x_2^2 和 x_1x_2 项的系数中去, 令其为零即推得定理的条件 (i)—(iv) 成立. 定理证毕.

定理 4.26 若系统 (4.102) 存在解平面 Π, 则

(i) Π 必通过系统 (4.102) 在各坐标轴上的平衡点;

(ii) 系统 (4.102) 必定在 R_+^3 的内部还有一平衡点 M, 位于平面 Π 上, 为中心型奇点, 此外 R_+^3 内部无其他正平衡点;

(iii) 系统 (4.102) 在 R_+^3 中的一切轨线当 $t\to\infty$ 时, 必趋于 Π 上某一闭轨线或平衡点 M.

证明 由定理 4.23, 若系统 (4.102) 存在解平面 Π, 则定理 4.23 中各条件必成立. 作非异线性变换:

$$y_1=x_1,\quad y_2=x_2,\quad y_3=x_3-ax_1-bx_2, \tag{4.106}$$

其中 a,b 由 (4.105) 给出, 系统 (4.102) 化为

$$\begin{cases}\dot{y}_1=y_1[1+(aa_{13}-a_{11})y_1+(ba_{13}-a_{12})y_2+a_{13}y_3],\\ \dot{y}_2=y_2[1+(a_{21}-aa_{23})y_1-(a_{22}+ba_{23})y_2-a_{23}y_3],\\ \dot{y}_3=y_3[1-a_{33}y_3].\end{cases} \tag{4.107}$$

容易看出解 (4.107) 第三个方程可得出

$$y_3=\frac{A}{a_{33}A+e^{-t}}, \tag{4.108}$$

其中 A 为积分常数. 由 (4.108) 可见, 当 $t\to\infty$ 时 $y_3\to\dfrac{1}{a_{33}}$, 这也就说明 R_+^3 中所有解当 $t\to\infty$ 时趋于解平面 Π.

进一步分析在解平面 Π 上轨线的性态: 把 $y_3=\dfrac{1}{a_{33}}$ 代入 (4.107) 的前面两个方程, 并作变换

$$\begin{cases}y_1=(a_{13}+2a_{33})z_1,\\ y_2=\dfrac{a_{31}}{a_{32}}(a_{23}-2a_{33})z_2,\end{cases} \tag{4.109}$$

则得到在解平面 Π 上的轨线应满足的方程

$$\begin{cases}\dot{z}_1=z_1\left[1+\dfrac{a_{13}}{a_{33}}-a_{31}(a_{13}+a_{33})z_1-(a_{22}+a_{31})(a_{13}+2a_{33})z_2\right],\\ \dot{z}_2=z_2\left[1-\dfrac{a_{23}}{a_{33}}+(a_{21}a_{13}+2a_{21}a_{33}+a_{23}a_{31})z_1+a_{31}(a_{23}-a_{33})z_2\right].\end{cases} \tag{4.110}$$

容易知道 (4.110) 有四个平衡点:

$$M_0(0,0),\quad M_1\left(0,\frac{1}{a_{31}a_{33}}\right),\quad M_2\left(\frac{1}{a_{33}a_{31}},0\right)\quad 和\quad M_3\left(\frac{\Delta_1}{\Delta},\frac{\Delta_2}{\Delta}\right).$$

其中：

$$\Delta_1 = -\frac{a_{23} - a_{33}}{a_{33}}(a_{33}a_{31} + a_{21}a_{13} + 2a_{21}a_{33}),$$

$$\Delta_2 = -\frac{a_{13} + a_{33}}{a_{33}}(a_{31}a_{33} + a_{21}a_{13} + 2a_{21}a_{33}),$$

$$\Delta = -a_{33}a_{31}^2(a_{13} + a_{33} + a_{23}) - a_{23}a_{31}a_{21}(a_{13} + 2a_{33}) - a_{21}(a_{13} + a_{33})^2(a_{21} + a_{31}).$$

通过分析容易知道 M_1, M_2 和 M_0 均为鞍点, 而且直线 $z_1 + z_2 = \dfrac{1}{a_{33}a_{31}}$ 是 (4.110) 的一条积分直线, 并过 M_1 和 M_2, 与两坐标轴 $z_1 = 0, z_2 = 0$ 三线段构成通过三鞍点 M_0, M_1, M_2 的奇异闭轨线, 如图 4.7 所示, 平衡点 M_3 在其所围的区域内部, 由于 (4.110) 的右端为二次多项式, 因此 M_3 必为中心型奇点 (见叶彦谦等 (1984)). 方程 (4.102) 在 R_+^3 中的所有解的 ω 极限集必在解平面内, 又每一个 R_+^3 中的解的 ω 极限集是一个 T_1 连通闭集, 所以必为一族闭轨中的一个. 定理证毕.

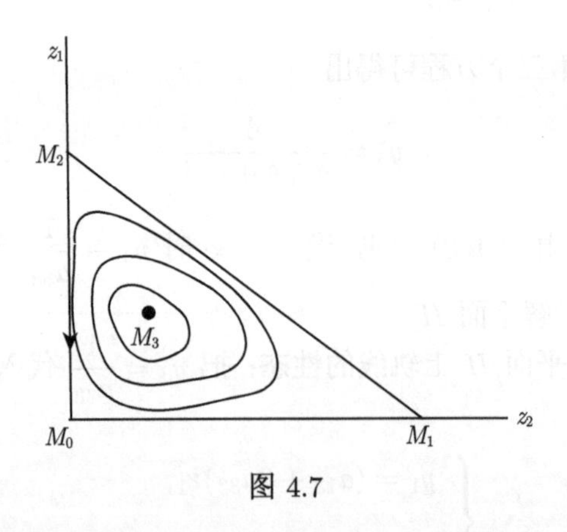

图 4.7

以上讨论了三种群 Volterra 模型解的有界性, 全局稳定性和相空间中空间周期群的存在性. 关于空间周期解的研究是一个比较困难的课题, 上面只介绍其中简单的部分, 也就是这种空间周期解是位于一个解平面上的. 另外还有一些研究位于解锥面上的空间周期解的工作, 例如, 周义仓 (1984), Coste 等 (1979), 以及利用 Hopf 分歧理论的方法来研究空间周期解存在性的工作, 例如, 周义仓 (1984), Takeuchi 和 Adachi (1983).

从另一角度来说以上介绍的对三维 Volterra 模型的研究, 多数侧重于单纯“捕食与被捕食”关系和单纯“竞争”关系. 事实上, 对于既有捕食关系, 又有竞争关系的三维 Volterra 模型的研究, 常常有更为复杂的现象. 在例 4.8 中我们曾考虑过一个“两捕食者种群, 一食饵种群”的系统, 而且此两捕食者种群之间有竞争关

系的例子. 这里我们再考虑一个 “一捕食者种群, 两食饵种群” 的简单例子, 考虑模型

$$\begin{cases} \dot{x}_1 = x_1(b_1 - x_1 - \alpha x_2 - \varepsilon x_3), \\ \dot{x}_2 = x_2(b_2 - \beta x_1 - x_2 - \mu x_3), \\ \dot{x}_3 = x_3(-b_3 + d\varepsilon x_1 + d\mu x_2), \end{cases} \tag{4.111}$$

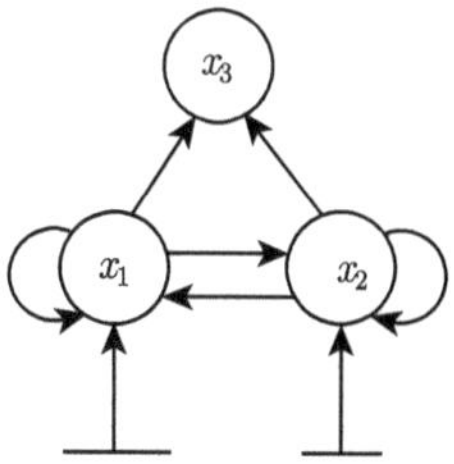

其中所有参数 $\alpha, \beta, \mu, \varepsilon, d$ 和 $b_i (i = 1, 2, 3)$ 均为正数.

定理 4.27 系统 (4.111) 在 R_+^3 中的一切解有界.

证明 定义函数 W 为

$$W = \sum_{i=1}^{2} dx_i + x_3, \tag{4.112}$$

沿着 (4.111) 的解有

$$\dot{W} = (d, d) \begin{pmatrix} b_1 - x_1 & -\alpha x_1 \\ -\beta x_2 & b_2 - x_2 \end{pmatrix} \begin{pmatrix} x_1 \\ x_2 \end{pmatrix} - b_3 x_3, \tag{4.113}$$

由 (4.112) 和 (4.113) 以及 $\alpha > 0, \beta > 0$ 可知, 对于任意 $\lambda > 0$, 下面不等式成立,

$$\dot{W} + \lambda W \leqslant \sum_{i=1}^{2} d(\lambda + b_i - x_i)x_i + x_3(\lambda - b_3). \tag{4.114}$$

如果 $\lambda < b_3$, 则 (4.114) 右端对于所有 $(x_1, x_2, x_3) \in R_+^3$ 为有界, 因此有

$$\dot{W} + \lambda W < P, \tag{4.115}$$

这样就得到

$$0 \leqslant W(x_1, x_2, x_3) \leqslant \frac{p}{\lambda} + W(x_1(0), x_2(0), x_3(0))e^{-\lambda t}, \tag{4.116}$$

由于 P 是正常数, 因此一切解有界. 定理证毕.

系统 (4.111) 有七个平衡点:

(i) 三种群平衡点 $E_3 = (x_1^*, x_2^*, x_3^*)$, 这里

$$x_i^* = \bar{x}_i / |A|, \quad i = 1, 2, 3,$$
$$\bar{x}_1 = b_3 \varepsilon - d b_2 \varepsilon \mu - a b_3 \mu + d b_1 \mu^2,$$

$$\bar{x}_2 = db_2\varepsilon^2 - db_1\varepsilon\mu - b_3\beta\varepsilon + b_3\mu,$$
$$\bar{x}_3 = b_3(\alpha\beta - 1) + d\mu(b_2 - \beta b_1) + d\varepsilon(b_1 - \alpha b_2),$$
$$|A| = d[\varepsilon^2 + \mu^2 - (\alpha+\beta)\varepsilon\mu].$$

(ii) 两种群平衡点.

$$E_{101} = (b_3\varepsilon, 0, db_1\varepsilon - b_3)/d\varepsilon^2,$$
$$E_{011} = (0, b_3\mu, db_2\mu - b_3)/d\mu^2,$$
$$E_{110} = (b_1 - ab_2, b_2 - \beta b_1, 0)/(1 - a\beta).$$

(iii) 一种群平衡点.

$E_{100} = (b_1, 0, 0), E_{010} = (0, b_2, 0)$ 以及 $O(0,0,0)$ 是一个不稳定的平衡点.

定理 4.28　若 $\alpha + \beta < 2$, 又 (4.111) 有正平衡点 E_3, 则 E_3 是全局稳定的.

证明　系统 (4.111) 的系数矩阵为 $-A$, 而

$$A = \begin{pmatrix} 1 & \alpha & \varepsilon \\ \beta & 1 & \mu \\ -d\varepsilon & -d\mu & 0 \end{pmatrix},$$

利用定理 4.7, 要证明 (4.111) 的正平衡点 E_3 为全局稳定的, 只要证明: 能找到一个正对角线矩阵 C 使 $CA + A^{\mathrm{T}}C$ 为正定的即可. 为此令 $C = \mathrm{diag}(d, d, 1)$, 则有

$$CA + A^{\mathrm{T}}C = \begin{pmatrix} 2d & d(\alpha+\beta) & 0 \\ d(\alpha+\beta) & 2d & 0 \\ 0 & 0 & 0 \end{pmatrix},$$

易知当 $\alpha + \beta \leqslant 2, d > 0$ 时 $CA + A^{\mathrm{T}}C$ 为正定的, 因而平衡点 E_3 是全局稳定的. 定理证毕.

对于 $\alpha + \beta > 2$ 的情况 (Takeuchi, Adachi, 1983), 用分歧理论来研究, 当参数 ε(或 μ) 变化时, 由 Hopf 分歧产生周期解, 并通过计算的例子设

$$\alpha = 1, \quad \beta = 1.5, \quad d = 0.5, \quad \mu = 1, \quad b_i = 1, \quad i = 1, 2, 3,$$

则有 ε 的分歧值为 $\varepsilon^* = 5.59749821$, 当 $\varepsilon > \varepsilon^*$ 时出现 Hopf 型的极限环, 如图 4.8 所示, 即为 $\varepsilon = 6$ 的情况.

当 ε 增大时, 周期解在一个周期中的峰值增加, Vance (1978) 第一次计算出当 ε 增加到 $\varepsilon = 10$ 时出现 “螺旋混沌现象”, 人们称之为 Vance 螺旋混沌 (Vance's spiral chaos), 如图 4.9 所示.

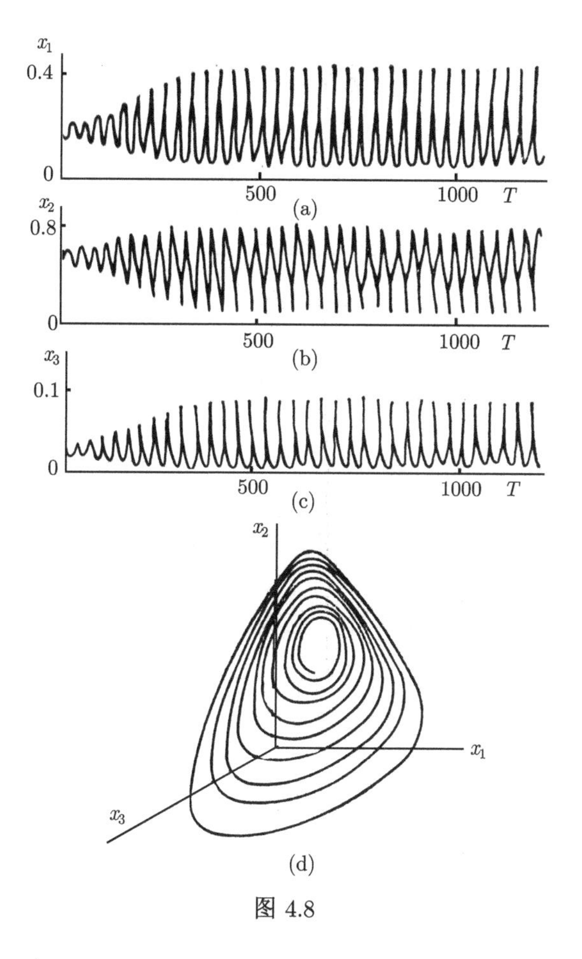
x_1
0.4
0
500
1000
T
(a)
x_2
0.8
0
500
1000
T
(b)
x_3
0.1
0
500
1000
T
(c)
x_2
x_1
x_3
(d)

图 4.8

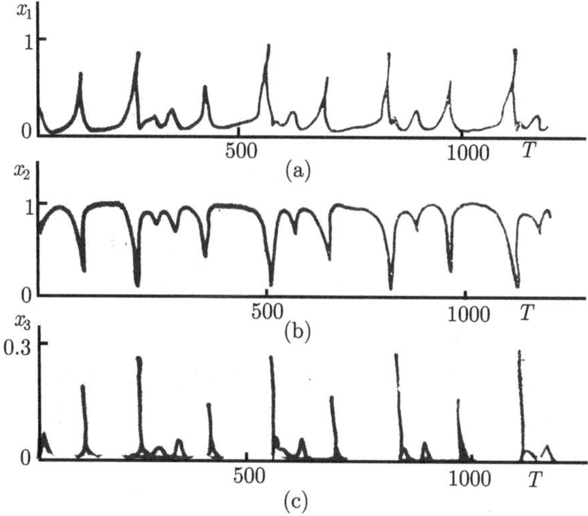
x_1
1
0
500
1000
T
(a)
x_2
1
0
500
1000
T
(b)
x_3
0.3
0
500
1000
T
(c)

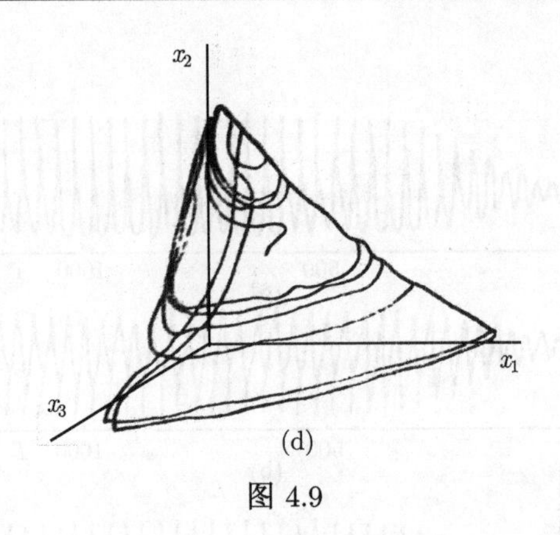

(d)

图 4.9

4.4.2　具功能性反应的三种群模型

这里我们考虑三种群之间仅有捕食与被捕食的关系, 而且捕食者种群的功能性反应并非为与被捕食者种群密度成简单的线性关系的情况. 在这方面研究的内容近几年来已十分丰富, 这里只能介绍一些基本情况和研究方法, 难以求全, 将分以下几种情况分别讨论.

(1) 捕食链系统.

$$\begin{cases} \dot{x}_1 = x_1 g(x_1) - x_2 \Phi_1(x_1), \\ \dot{x}_2 = x_2[-r + c\,\Phi_1(x_1)] - x_3 \Phi_2(x_2), \\ \dot{x}_3 = x_3[-s + d\,\Phi_2(x_2)], \end{cases} \tag{4.117}$$

其参数 r, s, c 和 d 均为正数, 函数 g, Φ_1, Φ_2 分别满足下列条件:

(i) $g(0) = \alpha > 0$, 当 $x_1 > 0$ 时对所有的 x_1 有 $g' \leqslant 0$, 而且存在 $K > 0$ 使 $g(K) = 0$; (4.118)

(ii) $\Phi_1(0) = 0$, 当 $x_1 > 0$ 时对所有 x_1 有 $\Phi_1' > 0$;

(iii) $\Phi_2(0) = 0$, 当 $x_2 > 0$ 时对所有 x_2 有 $\Phi_2' > 0$.

在以上条件下 (4.117) 在 R_+^3 内可有四个平衡点: $O(0,0,0), E_1(K,0,0)$ 和 $E_2(\overline{x}, \overline{y}, 0)$, 其中 $\overline{x}, \overline{y}$ 满足方程

$$\Phi_1(\overline{x}) = \frac{r}{c}, \quad \overline{y} = \frac{\overline{x} g(\overline{x})}{\Phi_1(\overline{x})},$$

最后一个是正平衡点 $E_3(x_1^*, x_2^*, x_3^*)$, 其中 x_1^*, x_2^*, x_3^* 满足方程

$$\Phi_2(x_2^*) = \frac{s}{d}, \quad x_3^* = \frac{x_2^*[-r + C\Phi_1(x_1^*)]}{\Phi_2(x_2^*)}, \quad x_2^* = \frac{x_1^* g(x_1^*)}{\Phi_1(x_1^*)}.$$

当 $-r + C\Phi_1(x_1^*) > 0$ 时 $x_3^* > 0, E_3$ 为正平衡点, 由函数 g, Φ_1 和 Φ_2 的单调性可知, 如果孤立的正平衡位置 E_3 存在, 则必是唯一的.

为了研究这些平衡点的局部稳定性, 我们考虑 (4.117) 的变分矩阵 $J(x_1, x_2, x_3)$ 为

$$J(x_1, x_2, x_3)$$
$$= \begin{pmatrix} x_1 g'(x_1) + g(x_1) - x_2\Phi_1'(x_1) & -\Phi_1(x_1) & 0 \\ Cx_2\Phi_1'(x_1) & -r + C\Phi_1(x_1) - x_3\Phi_2'(x_2) & -\Phi_2(x_2) \\ 0 & dx_3\Phi_2'(x_2) & -s + d\Phi_2(x_2) \end{pmatrix},$$

在 $O(0,0,0)$ 的变分矩阵记为 J_0, 在 $E_1(K,0,0)$ 的变分矩阵记为 J_1, 有

$$J_0 = \begin{pmatrix} a & 0 & 0 \\ 0 & -r & 0 \\ 0 & 0 & -s \end{pmatrix}$$

和

$$J_1 = \begin{pmatrix} K\Phi_1'(K) & -\Phi_1(K) & 0 \\ 0 & -r + C\Phi_1(K) & 0 \\ 0 & 0 & -s \end{pmatrix}.$$

容易知道, $O(0,0,0)$ 和 $E_1(K,0,0)$ 均为鞍点. 再考察两种群平衡点 $E_2(\overline{x}, \overline{y}, 0)$ 的变分矩阵

$$J_2 = \begin{pmatrix} \overline{x}g'(\overline{x}_1) + g(\overline{x}_1) - \overline{x}_2\Phi_1'(\overline{x}_1) & -\Phi_1(\overline{x}_1) & 0 \\ C\overline{x}_2\Phi_1'(\overline{x}_1) & 0 & -\Phi_2(\overline{x}_2) \\ 0 & 0 & -s + d\Phi_2(\overline{x}_2) \end{pmatrix}.$$

由于 $-s + d\Phi_2(\overline{x}_2)$ 的符号可以是正的, 也可以是负的, 也可以为零, 因此这个平衡位置的类别只有对具体的函数 Φ_1, Φ_2 和 g 才能确定.

最后, 再考察平衡位置 $E_3(x_1^*, x_2^*, x_3^*)$, 在此点系统 (4.117) 的变分矩阵为

$$J_3 = \begin{pmatrix} m_{11} & m_{12} & 0 \\ m_{21} & m_{22} & m_{23} \\ 0 & m_{32} & 0 \end{pmatrix},$$

其中

$$m_{11} = x_1^* g'(x_1^*) + g(x_1^*) - x_2^* \Phi_1'(x_1^*), \quad m_{12} = -\Phi_1(x_1^*) < 0,$$

$$m_{21} = C x_2^* \Phi_1'(x_1^*) > 0,$$

$$m_{22} = -r + C\Phi_1(x_1^*) - x_3^* \Phi_2'(x_2^*), \quad m_{23} = -\Phi_2(x_2^*) < 0, \quad m_{32} = d x_3^* \Phi_2'(x_2^*) > 0.$$

特征多项式为

$$f(\lambda) = \lambda^3 - (m_{11} + m_{22})\lambda^2 + (m_{11}m_{22} - m_{12}m_{21} - m_{23}m_{32})\lambda + m_{11}m_{23}m_{32},$$

由于 $f(0) = m_{11}m_{23}m_{32}, f(m_{11}) = -m_{11}m_{12}m_{21}$, 又 $m_{23} \cdot m_{32} < 0, m_{32} \cdot m_{21} < 0$, 因此若 $m_{11} > 0$, 则 $f(\lambda) = 0$ 在 0 与 m_1 之间至少有一正实根, 因而可知, 当 $m_{11} > 0$ 时 E_3 为不稳定的. 再考察 $m_{11} < 0$ 的情况：由上面可知 $f(m_{11}) < 0, f(0) > 0$, 因此 $f(\lambda) = 0$ 必有一负实根 $\lambda_1 = \rho, 0 < |\rho| < |m_{11}|$, 用 $\lambda - \rho$ 除 $f(\lambda)$ 得到二次型

$$\begin{aligned} f(\lambda) =& \lambda^2 + (\rho - m_{11} - m_{22})\lambda + m_{11}m_{22} \\ & - m_{12}m_{21} - m_{23}m_{32} + \rho^2 - (m_{11} + m_{22}). \end{aligned}$$

若 $m_{22} \leqslant 0, m_{11} < 0$, 因为 $\rho - m_{11} - m_{22} > 0$, 因而显然易见这时 $f_1(\lambda) = 0$ 的两根均具负实部, 所以我们可以得到如下结论.

定理 4.29 若系统 (4.117) 中的函数满足条件 (i)—(iii), 又若 $E_3(x_1^*, x_2^*, x_3^*)$ 存在, 则当 $m_{11} > 0$ 时 E_3 为不稳定的, 当 $m_{11} < 0, m_{22} \leqslant 0$ 时, E_3 为局部渐近稳定的.

与第 3 章一样, 可以把 m_{11} 和 m_{22} 改写为

$$m_{11} = x_1^* g(x_1^*) \frac{d}{dx} \ln \left[\frac{x g(x)}{\Phi_1(x)} \right] \Bigg|_{x = x_1^*}$$

和

$$m_{22} = [-r + C\Phi_1(x_1^*)] x_2^* \frac{d}{dx} \ln \left(\frac{x}{\Phi_2(x)} \right) \Bigg|_{x = x_2^*},$$

因此 $m_{11} < 0 (> 0)$, 即对应于 x_1^* 落在曲线 $y = \dfrac{x g(x)}{\Phi_1(x)}$ 的下降 (上升) 部分.

由于要正平衡点 E_3 存在则必有 $x_1^* > \overline{x}_1$, 因此 $-r + C\Phi_1(x_1^*) > 0$, 这就是说 $m_{22} < 0$ 表示 $x_2 = x_2^*$ 落在曲线 $y = x/\Phi_2(x)$ 的下降部分.

下面我们再来证明一个有界性定理. 从生态的角度来说, 这是一个显然成立的结论, 因为从模型 (4.117) 和条件 (i) 就知道, 当捕食者种群 x_2 和 x_3 不存在时, 资源 x_1 是密度制约的, 也即受环境约束, 资源必为有限的, 既然资源是有限的, 显然所能养活的捕食者种群也是有限的, 因而有界性定理成立是显然的. 我们要从数学上来严格证明这个结论.

定理 4.30 设条件 (i)—(iii) 成立, 则系统 (4.117) 在 R_3^+ 中的一切解有界.

证明 由 (4.117) 的第一个方程有

$$\dot{x}_1 \leqslant x_1 g(x_1).$$

由比较定理, 显然对于 (4.117) 的任一解 $x_1(t)$ 有

$$x_1(t) \leqslant l, \quad \text{其中} \quad l = \max\{x_1(0), K\}.$$

如果用 c 乘 (4.117) 的第一个方程, 再加到第二个方程上去, 则得到

$$\begin{aligned} c\dot{x}_1 + \dot{x}_2 &= cx_1 g(x_1) - rx_2 - x_3\Phi_2(x_2) \leqslant cx_1 g(0) - rx_2 \\ &= -cg(0)x_1 - rx_2 + 2cg(0)x_1 \\ &\leqslant -m_1[cx_1 + x_2] + 2cg(0)l, \end{aligned}$$

其中 $m_1 = \min\{g(0), r\}$. 因此

$$cx_1 + x_2 \leqslant [cx_1(0) + x_2(0)]e^{-m_1 t} + \frac{2cg(0)l}{m_1}.$$

令: $\overline{x}_2 = cx_1(0) + x_2(0) + 2cg(0)\dfrac{l}{m_1}$, 则有 $x_2(t) \leqslant \overline{x}_2$, 再考虑第三个变量的有界性, 为此用 d 乘以 (4.117) 的第二个方程, 再加到第三个方程上去得到

$$d\dot{x}_2 + \dot{x}_3 = -drx_2 - sx_3 + cd\Phi_1(x_1)x_2.$$

假设 $m = \min\{r, s\}$, 则 $-drx_2 - sx_3 \leqslant -m(dx_2 + x_3)$, 记 $W = dx_2 + x_3$, 则有

$$\dot{W} \leqslant -mW + cd\Phi_1(l)\overline{x}_2,$$

因此,

$$W \leqslant_0 e^{-mt} + \frac{cd\Phi_1(l)\overline{x}_2}{m},$$

显然 x_3 也是有界的. 定理证毕.

(2) 两捕食者种群, 一食饵种群的系统.

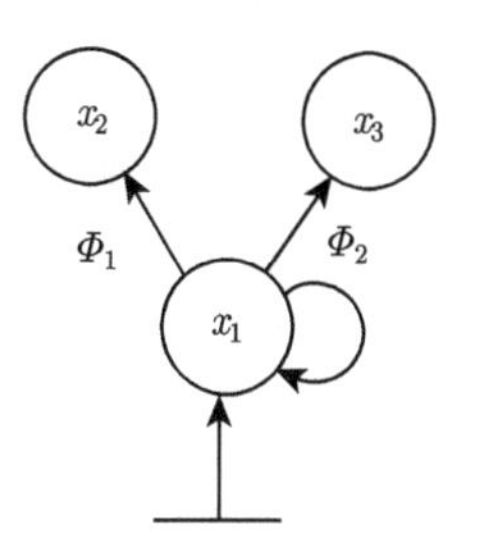

$$\begin{cases} \dot{x}_1 = x_1 g(x_1) - x_2\Phi_1(x_1) - x_3\Phi_2(x_1), \\ \dot{x}_2 = x_2[-m_1 + c_1\Phi_1(x_1)], \\ \dot{x}_3 = x_3[-m_2 - c_2\Phi_2(x_1)], \end{cases} \tag{4.119}$$

这里函数 $g, \varPhi_1$ 和 $\varPhi_2$ 满足条件 (4.118) 中的 (i)—(iii), 参数 m_1, m_2, c_1, c_2 均为正数. 显然 (4.119) 不存在孤立的正平衡位置, 因为如果存在正平衡位置 (x_1^*, x_2^*, x_3^*), 则 x_1^* 必同时满足下面两个方程:

$$-m_1 + c_1\varPhi_1(x_1^*) = 0, \quad -m_2 + c_2\varPhi_2(x_1^*) = 0.$$

在一般情况下这两个方程没有公共解, 如果有正的公共解, 则 (4.119) 在 R_+^3 中有成一直线的平衡位置. 为了讨论系统 (4.119) 的持久性, 我们用一个例子来说明系统 (4.119) 是持久的可能性, 而这个例子是先从一个最简单的模型出发, 逐步修改而成的. 它是由下面六个步骤 (例 4.12—例 4.17) 完成的.

例 4.13 首先考虑模型

$$\begin{cases} \dot{x}_1 = x_1 g(x_1) - \beta_0 x_1 x_2 - \beta_0 x_1 x_3, \\ \dot{x}_2 = x_2(-m + c\beta_0 x_1), \\ \dot{x}_3 = x_3(-m + c\beta_0 x_1), \end{cases} \tag{4.120}$$

其中

$$g(x_1) \begin{cases} = r_0, & x_1 \leqslant x_1^0, \\ < r_0, & x_1 > x_1^0. \end{cases} \tag{4.121}$$

在此例中两捕食者种群有相同的功能, 从 (4.120) 的后两个方程知道, 比 x_2/x_3 保持为常数 (不随时间 t 而改变), 因而我们可以把这两个捕食者种群看成是一个种群, 这样三种群模型就变成了两种群模型. 设 $y = x_2 + x_3$, 则 (4.120) 就等价于

$$\begin{cases} \dot{x}_1 = x_1 g(x_1) - \beta_0 x_1 y, \\ \dot{y} = y(-m + c\beta_0 x_1), \end{cases} \tag{4.122}$$

此方程有平衡点 (x_1^*, y^*), 这里 $x_1^* = m/c\beta_0$. 我们假设 $x_1^* < x_1^0$, 因而 $y^* = r_0/\beta_0$, 当 $x_1 \leqslant x_1^0$ 时 (4.112) 是 Lotka-Volterra 方程. 此方程可以积分, 轨线为一系闭曲线, 其中与 $x_1 = x_1^0$ 相切的一个闭曲线记为 $\varGamma_1$, 如图 4.10 所示. 在 $\varGamma_1$ 内部 (4.122) 的轨线均为闭曲线; 而在 $\varGamma_1$ 的外部, 由于当 $x_1 > x_1^0$ 时 $g(x_1) < r_0$, 因而初始点位于 $x_1 > x_1^0$ 的轨线上, 当 $t \to \infty$ 时都被 $\varGamma_1$ 所吸引. 也就是说 $\varGamma_1$ 内部加上 $\varGamma_1$ 本身构成一个圆盘 D_1, 这个 D_1 是一个二维的吸引块. 令 $B_1 = \{(x_1, x_2, x_3)/(x_1, x_2 + x_3) \in D_1\}$, 则 B_1 是系统 (4.120) 的吸引块. 也就是说, 每一个初始值在 R_+^3 内的 (4.120) 的解 $x_1(t), x_2(t), x_3(t)$ 都有

$$\lim_{t\to\infty} [x_1(t), x_2(t), x_3(t)] \in B_1.$$

例 4.14 再考虑第二个例子, 研究模型

$$\begin{cases} \dot{x}_1 = x_1 g(x_1) - x_2 \Phi_1(x_1) - \beta_0 x_3 x_1, \\ \dot{x}_2 = x_2[-m + c\,\Phi_1(x_1)], \\ \dot{x}_3 = x_3[-m + c\,\beta_0 x_1], \end{cases} \tag{4.123}$$

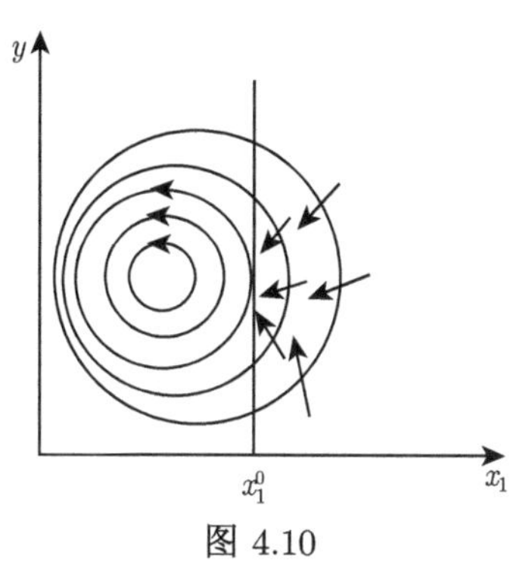

图 4.10

其中函数 $g(x_1)$ 为 (4.121) 所定义, 函数 $\Phi_1(x_1)$ 满足方程

$$\begin{cases} \dfrac{d\Phi_1(x_1)}{dx_1} = \beta_2 < \beta_0, \text{对一切的} x_1 \in I_1, \\ \Phi_1(x_1^*) = \dfrac{m}{c} \quad \left(x_1^* = \dfrac{m}{c\beta_0}\right), \end{cases} \tag{4.124}$$

这里 I_1 为前列中的 D_1 在 x_1 轴上的投影. 由 (4.124) 解出: $\Phi_1(x_1) = \beta_1 x_1 + \dfrac{m}{c}\left(1 - \dfrac{\beta_1}{\beta_0}\right.$. 选取 β_1 充分接近与于 β_0, 也就是说使 $\Phi_1(x_1)$ 充分接近于 $\beta_0 x_1$, 这样可以保证例 4.13 中的 B_1 仍是方程 (4.123) 的吸引块 (因为在小扰动下保持吸引块不变).

我们考虑在 (x_1, x_2) 平面上的平衡点, 这时与前例中此平衡点是中心不同, 在这里已经过小扰动把中心变成了不稳定平衡点, 因而必有一个包含平衡点的排斥块 D_2, 设 I_2 是 D_2 在 x_1 轴上的投影, 如图 4.11 所示.

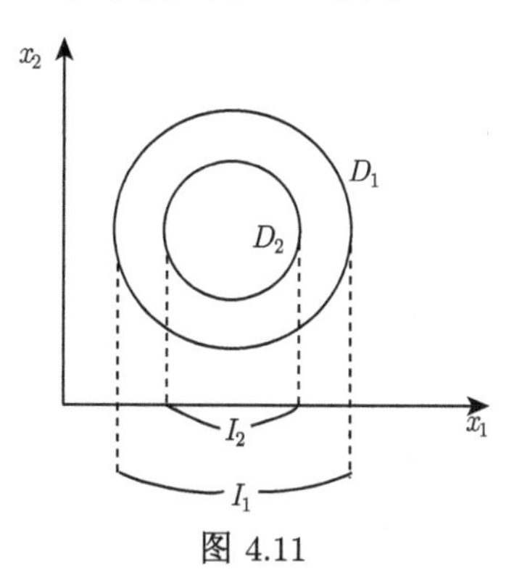

图 4.11

例 4.15 再进一步修改例 4.13, 考虑模型:

$$\begin{cases} \dot{x}_1 = x_1 g(x_1) - x_2 \Phi_1(x_1) - \beta_0 x_3 x_1, \\ \dot{x}_2 = x_2[-m + c\,\Phi_1(x_1)], \\ \dot{x}_3 = x_3[-m + c\,\beta_0 x_1], \end{cases} \tag{4.125}$$

其中

$$g(x_1) \begin{cases} = r_0, & x_1 \leqslant b_2, \\ < r_0, & x_1 > b_2. \end{cases} \tag{4.126}$$

模型 (4.125) 与 (4.123) 形式完全一样, 我们选择 b_2 使得在 (x_1, x_3) 平面内和例 4.12 一样构造吸引圆盘 D_3, 使它在 x_1 轴上的投影 I_3 完全包含在 I_2 之内. 例 4.12 中的吸引块 B_1 在这里缩小成吸引块 B_3, 使得

$$B_3 \cap \{(x_1, x_2)\text{平面}\} = D_1, \quad B_3 \cap \{(x_1, x_3)\text{平面}\} = D_3.$$

例 4.16 进行第四步, 修改模型

$$\begin{cases} \dot{x}_1 = x_1 g(x_1) - x_2 \Phi_1(x_1) - x_3 \Phi_2(x_1), \\ \dot{x}_2 = x_2[-m + c\,\Phi_1(x_1)], \\ \dot{x}_3 = x_3[-m + c\,\Phi_2(x_1)], \end{cases} \tag{4.127}$$

其中 $\Phi_2(x_1)$ 满足

$$\begin{cases} \dfrac{d\Phi_2(x_1)}{dx_1} = \beta_2 < \beta_1, & x_1 \in I_1, \\ \Phi_2(x_1^*) = \dfrac{m}{c}. \end{cases} \tag{4.128}$$

当 $x_1 \in I_1$ 时, 解出 $\Phi_2(x_1) = \beta_2 x_1 + \dfrac{m}{c}\left(1 - \dfrac{\beta_2}{\beta_0}\right)$, 选择 β_2 使 $\Phi_2(x)$ 充分接近 $\beta_0 x_1$ 使得 B_3 和 D_2 仍然分别是吸引块和排斥块.

因为 $\Phi_1(x_1^*) = \Phi_2(x_1^*)$, 所以 (4.127) 存在平衡点所组成的直线

$$\Phi_1(x_1^*) x_2 + \Phi_2(x_1^*) x_3 = x_1^* g(x_1^*), \quad x_1 = x_1^*. \tag{4.129}$$

计算在这条直线上每一点的变分矩阵, 说明轨线方向是远离这条直线的, 因此在这直线的周围可购造一排斥块 C_4, 同时 D_2 是在 (x_1, x_2) 平面内的排斥块, C_4 可以扩大为排斥块 C 使得 $C \cap ((x_1, x_2)$ 平面$) = D_2$, 而且可以这样选择 C, 即使得它的边界就是它和 (x_1, x_2) 平面以及 (x_1, x_3) 平面的截面. 现在假设 $B_4 = B_3 \backslash C$ 的内部, 显然 B_4 是吸引块, 并假设 $D_4 = C \cap ((x_1 x_2)$ 平面$)$.

例 4.17 由上面四个例子, 我们再进行第五步, 构造模型

$$\begin{cases} \dot{x}_1 = x_1 g(x_1) - x_2\widetilde{\Phi}_1(x_1) - x_3\Phi_2(x_1), \\ \dot{x}_2 = x_2[-m + c\widetilde{\Phi}_1(x_1)], \\ \dot{x}_3 = x_3[-m + c\widetilde{\Phi}_2(x_1)], \end{cases} \tag{4.130}$$

其中

$$\widetilde{\Phi}_1(x_1)\begin{cases} = \Phi_1(x_1), & x_1 \in I_3, \\ < \Phi_1(x_1), & x_1 \in I_1\backslash(I_2\text{的内部}), \end{cases}$$

其他情况与例 4.15 中的 (4.127) 相同. 可以选取 $\widetilde{\Phi}_1(x_1)$ 使其充分接近于 $\widetilde{\Phi}_1(x_1)$, 以至于保持 B_4 仍是 (4.130) 的吸引块. 现在考虑函数

$$L_2(x_1,x_2,x_3) = x_3^{c\beta_1}/x_2^{c\beta_2},$$

关于方程 (4.130) 求 $\dot{L}_2$. 这里设 $x_1 \in I_1$, 则得到

$$L_2 = \beta_2 c^2 \frac{x_3^{c\beta_1}}{x_2^{c\beta_2}}\left[\frac{m}{c} + \beta_1(x_1 - x_1^*) - \widetilde{\Phi}_1(x_1)\right],$$

可以选择 $\widetilde{\Phi}_1(x_1)$, 使得在 $x_1 \in I_1$ 时, 有

$$\frac{m}{c} + \beta_1(x_1 - x_1^*) - \widetilde{\Phi}_1(x_1) \geqslant 0,$$

而且对于 $x_1 \in I_1\backslash(I_2$ 的内部) 不等式严格成立. 因此在整个环形 $D_1\backslash(D_2$ 的内部), 在 x_3 方向是排斥的, 这意味着吸引块 B_4 可以离开 (x_1,x_2) 平面缩小到吸引块 B_5, 它与正象限的边界只有唯一的交集在 (x_1,x_3) 平面内.

例 4.18 最后我们再类似地构造例子

$$\begin{cases} \dot{x}_1 = x_1 g(x_1) - x_2\widetilde{\Phi}_1(x_1) - x_3\widetilde{\Phi}_2(x_1), \\ \dot{x}_2 = x_2[-m + c\widetilde{\Phi}_1(x_1)], \\ \dot{x}_3 = x_3[-m + c\widetilde{\Phi}_2(x_1)], \end{cases} \tag{4.131}$$

其中

$$\widetilde{\Phi}_2(x_1) < \widetilde{\Phi}_2(x_1), \quad \text{当 } x_1 \in I_3\backslash\{x_1^*) \text{ 时},$$

其他情况均与模型 (4.130) 一样, 而且选择 $\widetilde{\Phi}_2(x_1)$ 充分接近 $\Phi_2(x_1)$, 使得 B_5 仍然是方程组 (4.131) 的吸引块. 考虑函数

$$L_1(x_1,x_2,x_3) = x_2^{c\beta_2}/x_2^{c\beta_1}, \quad x_1 \in I_3.$$

沿方程组 (4.131) 计算

$$\dot{L}_1 = \beta_1 c^2 \frac{x_2^{c\beta_2}}{x_3^{c\beta_1}}\left[\frac{m}{c} + \beta_2(x_1 - x_1^*) - \widetilde{\Phi}_2(x_1)\right].$$

同前面一样, 可以选择 $\widetilde{\Phi}_2(x_1)$ 使上式右端为正, 因而 B_5 可以远离 (x_1, x_3) 平面, 收缩到正象限内部. 方程 (4.131) 有吸引块 B_6, 如图 4.12 所示, 这也说明方程 (4.131) 所描述的种群是持久的.

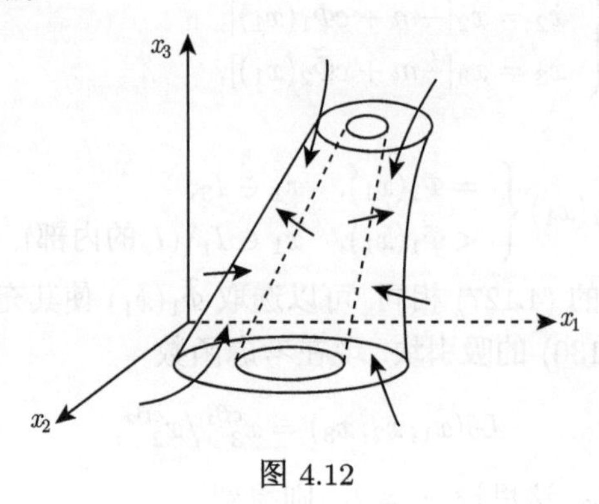

图 4.12

以上花费很大的精力, 只说明两捕食者种群和一食饵种群的模型 (4.119), 虽然有正平衡点且并非孤立的, 但也可以存在正象限内部的一个吸引块, 也就是这个系统可以是持久的. 当然就是这个具体例子中, 吸引块的内部构造是什么? 是周期轨道? 是回复运动? 均不知道. 再则这不过是一个人为构造的例子, 而对于一个给定的数学模型如何去判断是否存在这种吸引块? 这是一个极为困难的问题. 近几年来人们利用 Hopf 分歧理论来研究这种模型的周期解的存在性, 是大有文章的, 我们这里不去一一叙述, 为了说明这类研究, 今再举一个最为简单, 通常研究最多的最简单的例子. 考虑两捕食者种群都具有 Holling 第Ⅱ类功能性反应, 并且食饵种群是线性密度制约的情况, 则模型为

$$\begin{cases} \dot{x}_1 = rx_1\left(1 - \dfrac{x_1}{K}\right) - \dfrac{m_2x_1x_2}{r_2(a_2 + x_1)} - \dfrac{m_3x_1x_3}{r_3(a_3 + x_1)}, \\ \dot{x}_2 = \dfrac{m_2x_1x_2}{a_2 + x_1} - D_2x_2, \\ \dot{x}_3 = \dfrac{m_3x_1x_3}{a_3 + x_1} - D_3x_3. \end{cases} \tag{4.132}$$

研究 $x_1(0) > 0, x_2(0) > 0$ 和 $x_3(0) > 0$ 的解, 可以通过无量纲化, 把此方程组变成

$$\begin{cases} \dot{x}_1 = x_1(1 - x_1) - \dfrac{m_2x_1x_2}{a_2 + x_1} - \dfrac{m_3x_1x_3}{a_3 + x_1}, \\ \dot{x}_2 = \dfrac{m_2x_1x_2}{a_2 + x_1} - D_2x_2, \\ \dot{x}_3 = \dfrac{m_3x_1x_3}{a_3 + x_1} - D_3x_3. \end{cases} \tag{4.133}$$

在方程 (4.132) 和 (4.133) 中虽然我们用了相同的参数文字, 但变换后与变换前参数所代表的数量是不同的, 但符号均为正的.

关于这个模型解的有界性, 从生态意义上来说是显然的, 因食饵种群是密度制约的, 也就是食饵种群的密度始终保持有限数. 显然能养活的捕食者种群的密度必将是有限的, 数学理论的证明则与定理 4.28 完全一样, 这里, 我们不再证明. 因而有如下定理.

定理 4.31 系统 (4.133) 所有初始点在 R_+^3 内的解是有界的, 而且永远保留在 R_+^3 内.

我们记 $b_i = m_i/D_i, \lambda_i = \dfrac{a_i}{b_i - 1}(i = 2,3)$, 为了方便起见, 引进下面的引理和定义.

引理 4.2 (Coppel (1965)) 如果一个函数 $f(t)$ 当 $t \to \infty$ 时有一个有限极限, 并且 n 阶导数 $f^n(t)$ 当 $t \geqslant t_0$ 时是有界的, 则 $\lim\limits_{t\to\infty} f^k(t) = 0(0 < k < n)$.

定义 4.7 以 A 记方程 $\dot{x}_i = f_i(x,t)$, 并且以 A_∞ 记方程 $\dot{x}_i = f_i(x)(i = 1,2,\cdots,n)$. 若 G 为 R^n 中的一个子集, 实函数 $f_i(x,t)$ 和 $f_i(x)$ 当 $x \in G$ 时对所有的 (x,t) 连续, 并且对于 $t > t_0$ 关于 x 满足局部 Lipschitz 条件, 则在 G 内 A 称为渐近于 A_∞, 如果对于每一个完全集 $K \subset G$, 以及任意正数 $\varepsilon > 0$, 存在一个 $T = T(K,\varepsilon) > t_0$, 使得对所有 $i = 1,2,\cdots,n$ 和所有 $x \in K$ 以及所有 $t > T$, 有 $|f_i(x,t) - f_i(x)| < \varepsilon$.

引理 4.3 (Markus, 1956) 设在 G 内 $A \to A_\infty$, 并假设 P 是 A_∞ 的一个渐近稳定奇点, 则存在 P 的一个邻域 N, 以及一个时间 T, 使 A 的每一个在时间 T 之后与 N 横截的解的 ω 极限集为 P.

定理 4.32 每一捕食者种群能够生存的必要条件是 $0 < \lambda_i < 1(i = 2,3)$, 亦即如果 (a) $b_2 \leqslant 1$ 或 $\lambda_2 > 1$; 并且 (b) $b_3 \leqslant 1$ 或 $\lambda_3 > 1$, 则

$$\lim_{t\to\infty} x_1(t) = 1 \quad 以及当\ i = 2,3\ 时\ \lim_{t\to\infty} x_i(t) = 0.$$

证明 若 $\lambda_i \leqslant 0$, 即 $b_i \leqslant 1(i = 2,3)$, 则可由 (4.133) 的第二、第三个方程积分, 得

$$x_i(t) = x_i(0) \exp \int_0^t \frac{(m_i - D_i)x_1(\xi) - x_i D_i}{a_i + x_1(\xi)} d\xi, \quad i = 2,3,$$

由于 $b_i \leqslant 1$, 即 $m_i \leqslant D_i$, 所以上式被积函数为负定的, 因而当 $t \to \infty$ 时有 $x_i(t) \to 0(i = 2,3)$.

如果 $\lambda_i > 1(i = 2,3)$, 则重新稍作整理得

$$x_i(t) = x_i(0) \exp \int_0^t \left(\frac{m_i - D_i}{a_i + x_1(\xi)}\right)\left(x_1(\xi) - \frac{a_i}{b_i - 1}\right) d\xi, \quad i = 2,3.$$

因为$\lambda_i = \dfrac{a_i}{b_i - 1} > 1$, 另外又在 $x_1 \geqslant 1$ 半空间中有 $\dot{x}_1(t) < 0$, 即 $x_1(t)$ 随 t 严格下降, 因而可知当 t 适当大时上式被积函数也为负, 所以当 $t \to \infty$ 时也有 $x_i(t) \to$

$0(i=2,3)$, 由于 $x_i(t)\to 0$ 所以必有 $x_1(t)\to 1$. 事实上可由引理 4.3 来证明这个事实, 这里

$$A:\begin{cases}\dot{x}_1=x_1(1-x_1)-\dfrac{m_2x_1x_2}{a_2+x_1}-\dfrac{m_3x_1x_3}{a_3+x_1},\\ x_1(0)=x_{10}>0,\end{cases}$$

$$A_\infty:\begin{cases}\dot{x}_1=x_1(1-x_1),\\ x_1(0)=x_{10}>0.\end{cases}$$

因而当 $t\to\infty$ 时由于 $x_1(t)\to 0(i=2,3)$, 由引理 4.3 当 $t\to\infty$ 时必有 $x_1(t)\to 1$. 定理证毕.

我们知道 $x_3=0$ 是系统 (4.133) 的一个解平面, 在这个平面上的解满足方程组

$$\begin{aligned}\dot{x}_1&=x_1(1-x_1)-\frac{mx_1x_2}{a_2+x_1},\\ \dot{x}_2&=\frac{mx_1x_2}{a_2+x_1}-Dx_2.\end{aligned}\tag{4.134}$$

这个方程组我们在第 3 章中已作了详细的讨论, 今把主要结论再叙述一下, 为了方便, 记 $b^*=\dfrac{m}{D},\lambda=\dfrac{a_2}{b^*-1}$.

首先 (4.134) 在 (x_1x_2) 平面上有三个奇点

$$E_0(0,0),\quad E_1(1,0)\quad \text{和}\quad E_2\left(\lambda,\frac{\lambda(1-\lambda)}{D}\right),$$

其中 E_0 为鞍点. 我们有下面的结论.

引理 4.4 关于系统 (4.134) 有:

(i) 如果 $b^*\leqslant 1$ 或 $\lambda=a_2/(b^*-1)>1$, 则 (4.134) 的平衡点 $(1,0)$ 是渐近稳定的, 并且 (4.134) 的所有初值在 R_+^2 内的解 $(x_1(t),x_2(t))$ 有

$$\lim_{t\to\infty}x_1(t)=1,\quad \lim_{t\to\infty}x_2(t)=0.$$

(ii) 如果 $b^*>1$ 且 $\lambda<1<a_2+2\lambda$, 则 (4.134) 存在正平衡点 (x_1^*,x_2^*) 是全局渐近稳定的, 其中

$$x_1^*=\lambda,\quad x_2^*=\frac{\lambda(1-\lambda)}{D}.$$

(4.134) 在 R_+^2 内部的所有解 $(x_1(t),x_2(t))$ 有

$$\lim_{t\to\infty}x_1(t)=x_1^*,\quad \lim_{t\to\infty}x_2(t)=x_2^*.$$

(iii) 如果 $b^*>1$ 且 $1>a_2+2\lambda$, 则正平衡位置 (x_1^*,x_2^*) 为不稳定的, 在 (x_1,x_2) 平面上且在 (x_1^*,x_2^*) 的外围存在唯一稳定极限环 Γ, (4.134) 在 R_+^2 内部的所有解 (除平衡点 (x_1^*,x_2^*) 外) 以 Γ 为 ω 极限集.

引理 4.4 的所有结论我们在第 3 章已经证明了, 下面再回过头来讨论模型 (4.133). 通过计算容易知道, 在 $0 < \lambda_2 < 1 < a_2 + 2\lambda_2$ 的情况下, 如果 $b_3 \leqslant 1$ 或者 $\lambda_2 < \lambda_3$, 则 (4.133) 的平衡点 $(x_1^*, x_2^*, 0)$ 是渐近稳定的, 这里

$$x_1^* = \lambda_2 x_2^* = \frac{(1-\lambda_2)(a_2+\lambda_2)}{m_2} = \frac{\lambda_2(1-\lambda_2)}{D_2}.$$

下面我们再考虑一捕食者种群走向绝灭的情况, 我们假设

(a) $0 < \lambda_2 < 1$ 和 (b) $\lambda_3 > 1$ 或 $b_3 \leqslant 1$. (4.135)

由定理 4.30 可知, 当 (4.135) 成立时,(4.133) 在 R_+^3 内部的所有解 $(x_1(t), x_2(t), x_3(t))$ 都有

$$\lim_{t\to\infty} x_3(t) = 0,$$

这也就是说, (4.133) 在 R_+^3 内部的所有解的 ω 极限集必在 (x_1, x_2) 平面上. 又由引理 4.4, 因为 $0 < \lambda_2 < 1$, 所以:

(i) 当 $a_2 + 2\lambda_2 > 1$ 时, 在 (x_1, x_2) 平面上所有解以平衡点 (x_1^*, x_2^*) 为 ω 极限集.

(ii) 当 $a_2 + 2\lambda_2 < 1$ 时, 在 (x_1, x_2) 平面上所有解 (除平衡点 (x_1^*, x_2^*) 外) 均以极限环 $\varGamma$ 为 ω 极限集.

我们再利用引理 4.3, 这时 A 为系统 (4.133), A_∞ 为系统 (4.134), 因为我们已经证明在条件 (4.135) 成立的情况下, 当 $t \to \infty$ 时 $A \to A_\infty$, 所以 A 应有与 A_∞ 相同的 ω 极限集. 由此我们可以得到如下结论.

定理 4.33 (Hsu et al., 1978) 在条件 (4.135) 成立的情况下,

(i) 若 $a_2 + 2\lambda_2 > 1$, 则 (4.133) 的解有

$$\lim_{t\to\infty} x_1(t) = x_1^* = \lambda_2, \quad \lim_{t\to\infty} x_2(t) = x_2^* = \frac{\lambda_2(1-\lambda_2)}{D_2}, \quad \lim_{t\to\infty} x_3(t) = 0.$$

(ii) 若 $a_2+2\lambda_2 < 1$, 则 (4.133) 在 R_+^3 内部的所有解 (除一条趋于奇点 $(x_1^*, x_2^*, 0)$ 的例外解外) 的 ω 极限集为 (x_1, x_2) 平面上的极限环 $\varGamma$.

在定理 4.32 或定理 4.33 的条件下, 我们看到 (4.133) 在 R_+^3 内部的解的 ω 极限集都在 R_+^3 的边界上. 反之若定理 4.32 和定理 4.33 的条件不满足时, 则 (4.133) 在 R_+^3 内部的解的极限集有可能在 R_+^3 的内部, 例如, 为一空间周期解, 近几年来这方面的研究很多, 这里不作一一介绍, 请见文献 (Hsu et al., 1978; Butler, Waltman, 1981; Smith, 1982; Wilken, 1982; Cushing, 1984).

4.5 具时滞的复杂生态系统的稳定性与极限环

由于对增加时滞后的系统, 研究起来十分困难, 所以在本书中只考虑其中较为

简单的情况, 也就是具有时滞的 Volterra 模型

$$\dot{x}_i(t) = x_i(t)\left[b_i + \sum_{j=1}^{p} a_{ij}x(t) + \sum_{j=1}^{p}\gamma_{ij}\int_{-\infty}^{t} F_{ij}(t-\tau)x_j(\tau)d\tau\right], \tag{4.136}$$

这里 $b_i, a_{ij}, \gamma_{ij}(i,j=1,\cdots,p)$ 是实常数, 以及 $F_{ij}:[0,\infty)\to R$ 的连续非负函数, 并且

$$\int_0^{\infty} F_{ij}(\tau)d\tau = 1, \quad i,j=1,\cdots,p. \tag{4.137}$$

我们假设过去的种群密度为已知, 非负有界函数

$$x_i(t) = \varphi_i(t), \quad 当 -\infty < t < 0 时, \quad i=1,2,\cdots,p, \tag{4.138}$$

我们知道积分微分系统 (4.136) 具初始条件 (4.138) 的解是存在、唯一非负的 (Burton, 1983) Fargue (1973) 得到积分微分方程

$$\dot{x}_i(t) = H(x,t) + \int_{-\infty}^{t} F(t-\tau)G(x(\tau))d\tau$$

具有初始条件 $x(t)=\varphi(t)(-\infty<t<0)$, 等价于一个具有初始条件的微分方程组的充要条件为: 核函数 F 满足一个常系数线性微分方程, 也就是 F 只能是下列函数的线性组合,

$$e^{at}, te^{at}, \cdots, t^m e^{at}, \quad a \text{ 为常数}.$$

因而下面假设在 (4.136) 中每一个核函数 F_{ij} 为函数

$$F_m(t) = \frac{a^m}{(m-1)!}t^{m-1}e^{-at}, \quad m 为正整数 \tag{4.139}$$

的凸组合, 这里 a 为正实参数. 我们有

$$\frac{d}{dt}F_m(t) = aF_{m-1}(t) - aF_m(t),$$

假设 $F_0(t)=0$, 定义 $y_1(t), y_2(t), \cdots, y_p(t), y_{p+1}(t), \cdots, y_n(t)$ 如下:

$$y_i(t) = x_i(t), \quad 当 i=1,2,\cdots,p 时,$$

而函数 $y_{p+1},\cdots,y_n$ 为

$$\int_{-\infty}^{t} F_\mu(t-\tau)y_i(\tau)d\tau, \quad \mu=1,2,\cdots,m.$$

这里对于 $F_{1j}\cdots F_{pj}(j=1,2,\cdots,p)$. F_m 由 (4.139) 所确定, 这样新的函数 $y_{p+1},\cdots,y_n$ 满足线性微分方程, 且与 $y_1,\cdots,y_p$ 一起满足微分方程组

$$\begin{cases} \dot{y}_i = y_i\left(b_i+\sum_{j=1}^{n}a_{ij}y_j\right), \quad i=1,2,\cdots,p, \\ \dot{y}_l = \sum_{j=1}^{n}a_{lj}y_j, \quad l=p+1,\cdots,n. \end{cases} \tag{4.140}$$

设初始条件为 $y_1(0),\cdots,y_n(0)$; 参数 $b_i,a_{ij}(i,j=1,\cdots,p)$ 为原系统 (4.136) 中的参数; 而 $a_{ij}(i=1,\cdots,p,j=1,\cdots,n)$ 是集合 $\{\gamma_{ij}|i,j=1,\cdots,p\}$ 中的元素, 后面的 $a_{lj}(l=p+1,\cdots,n,j=1,\cdots,n)$ 等于在 $F_{ij}(i,j=1,\cdots,n)$ 中所出现的参数 a 的模. 我们将不管 (4.140) 中参数与原系统 (4.136) 的关系 (因为这个关系, 对于任何给定的系统 (4.136), 我们是容易找到的, 可见后面的例子), 现在作为 (4.136) 的一般情况, 我们先来研究系统 (4.140).

记 R_+ 为正实轴, R_+^p 为 R^p 的正象限, 则 (4.140) 具初始条件 $y(0)\in R_+^p\times R^{n-p}$ 的解将位于 $R_+^p\times R^{n-p}$ 内, 设 (4.140) 有平衡位置 $y^*=(y_1^*,\cdots,y_n^*)^{\mathrm{T}}\in R_+^p\times R^{n-p}$, 则 y^* 满足线性方程

$$Ay^*=-B, \tag{4.141}$$

这里 $A=(a_{ij})(i,j=1,\cdots,n), B=(b_1,\cdots,b_p,0,\cdots,0)^{\mathrm{T}}$, 为了方便起见, 我们作以下定义, 设 A 是 $n\times n$ 实数矩阵. (4.142)

定义 4.8 (a) 矩阵 A 称为是稳定 (半稳定) 的, 如果 A 的所有特征值有负 (非正) 实部.

(b) 矩阵 A 称为是 D 稳定 (D 半稳定) 的, 如果对于任一个正对角线矩阵 X, XA 均为稳定 (半稳定) 的.

(c) 矩阵 A 称为 Volterra-Lyapunov 稳定 (半稳定) 的, 如果存在一个正对角线矩阵 D 使 $DA+A^{\mathrm{T}}D$ 是稳定 (半稳定) 的, 也即 $DA+A^{\mathrm{T}}D$ 是负定 (半负定) 的.

容易证明三个定义之间有关系

$$\text{(c)}\Longrightarrow\text{(b)}\Longrightarrow\text{(a)}.$$

我们知道 y^* 为局部渐近稳定的充分条件是 (4.140) 的 Jacobian 矩阵 J 在 y^* 是稳定的. 这里

$$J=\operatorname{diag}(y_1^*,\cdots,y_p^*,1,\cdots,1)A,$$

如果应用定义 4.8, 则可改写为如下定理.

定理 4.34 系统 (4.25) 的正平衡位置 N^* 是全局稳定的充分条件为 A 是 Volterra-Lyapunov 稳定 (通常简称为 A 是 V-L 稳定) 的.

定理 4.35 (Wörz-Busekros, 1978) 设系统 (4.140) 有平衡位置 $y^* \in R_+^p \times R^{n-p}, y^*$ 为全局渐近稳定的一个充分条件是: 存在正实数 $d_1, \cdots, d_p$, 以及一个正定的 $(n-p) \times (n-p)$ 矩阵 D_4, 使得 $DA + A^{\mathrm{T}}D$为负定 (半负定) 的, 这里

$$A = (a_{ij}), \quad i, j = 1, \cdots, n, \quad D = \begin{pmatrix} D_1 & 0 \\ 0 & D_4 \end{pmatrix}.$$

而 $D_1 = \mathrm{diag}(d_1, \cdots, d_p)$.

注 这里所谓 y^* 为全局渐近稳定的是指对于所有初值 $y(0) \in R_+^p \times R^{n-p}$ 的解, 当 $t \to \infty$ 时都趋于 y^*.

证明 考虑函数 $V : R_+^p \times R^{n-p} \to R$. 定义

$$V(y) = 2\sum_{i=1}^{p} d_i y_i^* \left(\frac{y_i}{y_i^*} - 1 - \ln\frac{y_i}{y_i^*}\right) + \sum_{t,j=p+1}^{n} (y_i - y_i^*) d_{ij} (y_j - y_j^*) \tag{4.143}$$

是微分方程系统 (4.140) 关于 y^* 的一个 Lyapunov 函数, 因为 $d_1, \cdots, d_p$ 是正的, 并 $D_4 = (d_{ij})(i, j = p+1, \cdots, n)$ 是一正定矩阵, 函数 V 在它的定义域内是 $y - y^*$ 的正定函数. 首先求 V 沿 (4.140) 的解的导数有

$$\begin{aligned}
\frac{dV}{dt} =& 2\sum_{i=1}^{p} d_i y_i^* \left(\frac{\dot{y}_i}{y_i^*} - \frac{\dot{y}_i}{y_i}\right) + \sum_{t,j=p+1}^{n} \{\dot{y}_i d_{ij}(y_j - y_i^*) + (y_i - y_i^*) d_{ij} \dot{y}_j\} \\
=& 2\sum_{i=1}^{p} d_i (y_i - y_i^*) \left(b_i + \sum_{i=1}^{n} a_{ij} y_j\right) + \sum_{t,j=p+1}^{n} \sum_{k=1}^{n} \{a_{ik} y_k d_{ij} (y_j - y_j^*) \\
& + (y_i - y_i^*) d_{ij} a_{ik} y_k\} \\
=& 2\sum_{i=1}^{p} \sum_{j=1}^{n} (y_i - y_i^*) d_i a_{ij} (y_j - y_j^*) + \sum_{tj=p+1}^{n} \sum_{k=1}^{n} \{(y_k - y_k^*) a_{ik} d_{ij} (y_j - y_j^*) \\
& + (y_i - y_i^*) d_{ij} a_{jk} (y_k - y_k^*)\}.
\end{aligned}$$

由 y^* 满足 (4.141), 矩阵 A 可写成分块形式:

$$\begin{aligned}
A =& \begin{pmatrix} A_1 & A_2 \\ A_3 & A_4 \end{pmatrix}, \quad A_1 = (a_{ij}), \quad i, j = 1, \cdots, p. \\
A_4 =& (a_{ij}), \quad i, j = p+1, \cdots, n,
\end{aligned}$$

则上式的矩阵形式为

$$\frac{dV}{dt} = (y - y^*)^{\mathrm{T}} \begin{pmatrix} D_1 A_1 + A_1^{\mathrm{T}} D_1 & A_3^{\mathrm{T}} D_4 + 2D_1 A_2 \\ D_4 A_3 & D_4 A_4 + A_4^{\mathrm{T}} D_4 \end{pmatrix} (y - y^*)$$

$$
\begin{aligned}
&= (y-y^*)^{\mathrm{T}} \begin{pmatrix} D_1A_1 + A_1^{\mathrm{T}}D_1 & A_3^{\mathrm{T}}D_4 + D_1A_2 \\ D_4A_3 + A_2^{\mathrm{T}}D_1 & D_4A_4 + A_4^{\mathrm{T}}D_4 \end{pmatrix} (y-y^*) \\
&= (y-y^*)^{\mathrm{T}}(DA + A^{\mathrm{T}}D)(y-y^*).
\end{aligned}
$$

若 $DA + A^{\mathrm{T}}D$ 是负定的, 显然当且仅当 $y = y^*$ 时 $dV/dt = 0$, 此外均有 $dV/dt < 0$, 所以 y^* 是全局稳定的. 定理证毕.

作为特例, 我们考虑单种群具时滞模型

$$
\dot{x} = x\left(\varepsilon - \alpha x - r\int_{-\infty}^{t} F(t-\tau)x(\tau)d\tau\right), \tag{4.144}
$$

这里 ε, α, r 均为正, F 满足 (4.137), (4.144) 有唯一的正平衡位置

$$
x^* = \varepsilon/(\alpha + r). \tag{4.145}
$$

定理 4.36 如果 (4.144) 有核函数

$$
F(t) = ae^{-at}, \tag{4.146}
$$

则平衡位置 x^* 是 (在 R_+ 内):

(a) 全局渐近稳定的, 如果所有的 a, ε, α 为正且 $r > -\alpha$.

(b) 全局稳定的, 如果 $\alpha = 0$, 而 a, ε 和 r 为正.

证明 积分微分方程 (4.144) 具有核函数 (4.146) 则等价于下面微分方程组.

$$
\begin{cases} \dot{y}_1 = y_1(\varepsilon - \alpha y_1 - r y_2), \\ \dot{y}_2 = a y_1 - a y_2, \end{cases} \tag{4.147}
$$

这里

$$
y_1(t) = x(t), \quad y_2(t) = \int_{-\infty}^{t} ae^{-a(t-\tau)}x(\tau)d\tau.
$$

显然 (4.147) 是 (4.140) 的一个特例, 这里 $n = 2, p = 1$.

$$
A = \begin{pmatrix} -\alpha & r \\ a & -a \end{pmatrix} \quad 以及 \quad \beta = \begin{pmatrix} \varepsilon \\ 0 \end{pmatrix}.
$$

应用定理 4.35, 我们只要验算是否存在一个正对角线矩阵 D, 使 $DA + A^{\mathrm{T}}D$ 为负定 (半负定) 的, 也即 A 是否是 Volterra-Lyapunov 稳定 (半稳定) 的, 为此:

(a) 应用定理 3.1(这里可以把定理 3.1 改写成: 2×2 矩阵 A 是 Volterra-Lyapunov 稳定的充分条件为 $\det A > 0$, 以及两对角线元素均为负), 这里有

$$
\det A = a(\alpha + r) > 0.
$$

并且对角线元素为 $-a<0,-a<0$ 因此得到结论 (a).

(b) 设 $\alpha=0$, 则存在 $D=\mathrm{diag}(d_1,d_2)$ 使

$$DA+A^{\mathrm{T}}D=\begin{pmatrix}0 & -d_1r+d_2a\\ -d_1r+d_2a & -2d_2a\end{pmatrix}$$

是半负定的, 例如, $d_1=a, d_2=r$, 再由定理 4.35, 我们得到结论 (b).

定理 4.37 如果 (4.144) 有核函数

$$F(t)=a^2te^{-at}. \tag{4.148}$$

(a) 如果 $\alpha>0,-\alpha<r<8\alpha$, 以及 $a>0$, 则平衡位置 x^* 在 R_+ 内是全局渐近稳定的.

(b) 对于 $8\alpha\leqslant r$ 和 $-\alpha<r$ 平衡位置 x^* 是渐近稳定的充分条件为 $0<a<a_1[\varepsilon/(\alpha+r)]$, 或者

$$a>a_2[\varepsilon/(\alpha+r)],$$

这里

$$a_{2,1}=\frac{1}{4}(r-4\alpha\pm\sqrt{r(r-8\alpha)}).$$

证明 如果 (4.144) 有核函数 (4.148), 则 (4.144) 等价于方程组

$$\begin{cases}\dot{y}_1=y_1(\varepsilon-\alpha y_1-ry_3),\\ \dot{y}_2=ay_1-ay_2,\\ \dot{y}_3=ay_2-ay_3,\end{cases} \tag{4.149}$$

其中

$$y_1(t)=x(t),\quad y_2(t)=\int_{-\infty}^{t}ae^{-a(t-\tau)}x(\tau)d\tau,$$

$$y_3(t)=\int_{-\infty}^{t}a^2(t-\tau)e^{-a(t-\tau)}x(\tau)d\tau.$$

(4.149) 在 $y_1^*=y_2^*=y_3^*=x^*$ 的 Jacobian 矩阵为

$$J=\mathrm{diag}(x_1^*,1,1)A,$$

这里

$$A=\begin{pmatrix}-\alpha & 0 & -r\\ a & -a & 0\\ 0 & a & -a\end{pmatrix}. \tag{4.150}$$

(a) 由 Routh-Hurwitz 稳定准则, 矩阵 J 是稳定的充要条件为

$$S_1S_3 > 0 \quad 和 \quad S_1S_2 > S_3,$$

这里 S_i 是 i 阶主子式的和 $(i=1,2,3)$, 现在我们有: $S_1 = \alpha x^* + 2a, S_2 = 2\alpha a x^* + a^2, S_3 = (\alpha + r)a^2x^* > 0$, 要求 $S_1S_2 > S_3$ 的充要条件为

$$f(a) = a^2 - \frac{1}{2}(r - 4\alpha)x^*a + (\alpha x^*)^2 > 0.$$

如果 $r < 8d$, 则对一切 $a > 0, f(a) > 0$; 如果 $8\alpha \leqslant r$, 则当 $0 < a < a_1x^*$ 时 $f(a) > 0$, 以及 $a > a_2x^*$ 时 $f(a) > 0$, 这里 a_1 和 a_2 是 $f(a/x^*)$ 的根, 如条件中所给出的, 因此矩阵 J 稳定的参数区域为

$$Q_1 = \{(\alpha, r, a) \in R^3 | -\alpha < r < 8\alpha, a > 0\}$$

和

$$Q_2 = \{(\alpha, r, a) \in R^3 | r > -\alpha, r \geqslant 8\alpha, 0 < a < a_1x^* 或 a > a_2x^*\}.$$

(b) 系统 (4.149) 是 (4.140) 的一个特殊情况, 即 $n = 3, p = 1$, 矩阵 A 由 (4.150) 所确定, 由定理 4.35, 因为矩阵 A 是 Volterra-Lyapunov 稳定的充要条件是 $\alpha, a > 0$ 并且 $-\alpha < r < 8\alpha$. 定理证毕.

下面我们利用定理 4.35 来推出在第 3 章中没有证明的定理 3.37, 即研究具时滞两种群捕食与被捕食的模型

$$\begin{cases} \dot{x}_1 = x_1(\varepsilon_1 - \alpha_1 x_1 - r_1 x_2), \\ \dot{x}_2 = x_2\left[\delta\varepsilon_2 - \alpha_2 x_2 + r_2 \displaystyle\int_{-\infty}^{t} F(t-\tau)x_1(\tau)d\tau\right], \end{cases} \tag{4.151}$$

这里 $\varepsilon_i, \alpha_i, r_i$ 均为正 $(i = 1, 2, \delta = \pm 1)$, F 满足 (4.137), 当 $\delta = +1$ 时 $\dfrac{\varepsilon_1}{r_1} > \dfrac{\varepsilon_2}{\alpha_2}$, 当 $\delta = -1$ 时 $\dfrac{\varepsilon_1}{\alpha_1} > \dfrac{\varepsilon_2}{r_2}$, 存在唯一正平衡位置.

$$x^* = (x_1^*, x_2^*)^{\mathrm{T}} = \left(\frac{\varepsilon_1\alpha_2 - \delta\varepsilon_2 r_1}{\alpha_1\alpha_2 + r_1r_2}, \frac{\varepsilon_1 r_2 + \delta\varepsilon_2\alpha_1}{\alpha_1\alpha_2 + r_1r_2}\right)^{\mathrm{T}}.$$

定理 4.38　考虑模型 (4.151), 具有核函数

$$F(t) = ae^{-at},$$

并且, 如果当 $\delta = +1(-1)$ 时

$$\frac{\varepsilon_1}{r_1} > \frac{\varepsilon_2}{\alpha_2} \quad \left(\frac{\varepsilon_1}{\alpha_1} > \frac{\varepsilon_2}{r_2}\right),$$

则平衡位置 $x^* = (x_1^*, x_2^*)^{\mathrm{T}}$ 为:

(a) 渐近稳定的, 如果:

$$0 < \frac{r_1 r_2}{\alpha_1 \alpha_2} < f(a) = \frac{u}{v}\frac{a^2 + ua + v}{a}, \tag{4.152}$$

这里:

$$u = \alpha_1 x_1^* + \alpha_2 x_2^*, \quad v = \alpha_1 \alpha_2 x_1^* x_2^*. \tag{4.153}$$

(b) 在 R_+^2 中全局渐近稳定的, 如果

$$0 < \frac{r_1 r_2}{\alpha_1 \alpha_2} < 8, \quad a > 0.$$

证明 对于这个特殊的核函数 F, 系统 (4.151) 等价于

$$\begin{cases} \dot{y}_1 = y_1(\varepsilon_1 - \alpha_1 y_1 - r_1 y_2), \\ \dot{y}_2 = y_2(\delta\varepsilon_2 - \alpha_2 y_2 + r_2 y_3), \\ \dot{y}_3 = a(y_1 - y_3), \end{cases} \tag{4.154}$$

这里

$$y_1(t) = x_1(t), \quad y_2(t) = x_2(t), \quad y_3(t) = \int_{-\infty}^{t} F(t-\tau)x_1(\tau)d\tau.$$

(a) (4.154) 在点 $y^* = (y_1^*, y_2^*, y_3^*)^{\mathrm{T}} = (x_1^*, x_2^*, x_1^*)^{\mathrm{T}}$ 的 Jacobian 矩阵 J 为

$$J = \mathrm{diag}(x_1^* x_2^* 1)A,$$

这里

$$A = \begin{pmatrix} \alpha_1 & -r_1 & 0 \\ 0 & -\alpha_2 & r_2 \\ a & 0 & -a \end{pmatrix}. \tag{4.155}$$

由 Routh-Hurwitz 准则, 我们得到 x^* 为渐近稳定的, 如果

$$a^2 + \frac{u^2 - bv}{u}a + v > 0.$$

这里 u 和 v 如 (4.153) 所给出的, $b = \dfrac{r_1 r_2}{\alpha_1 \alpha_2}$, 当以上表达式小于零时 x^* 为不稳定的.

在 (a, b) 平面的第一象限, 由 (4.152) 所定义的 f 的图像, 把第一象限划分为两个区域, 其中一个是渐近稳定区域 $0 < b < f(a)$, 而另一个是不稳定区域 $f(a) < b$. 对于固定的 u 和 v, 函数 $f = f_{uv}$ 有最小值在 $a = \sqrt{v}$, $f_{uv}(\sqrt{v}) = \dfrac{u}{v}(u + 2\sqrt{v})$. 如果我们改变 u 和 v, 并注意到条件中 $u = \alpha_1 x_1^* + a_2 x_2^*$ 和 $v = \alpha_1 \alpha_2 x_1^* x_2^*$, 则我们发现

$f_{uv}(\sqrt{v})$ 当 $\sqrt{v}=\dfrac{u}{2}$ 时的值最小, 也即 $\alpha_1 x_1^*=\alpha_2 x_2^*=\dfrac{u}{2}, f_{uv}\left(\dfrac{u}{2}\right)=8$.

(b) 微分方程组 (4.154) 是 (4.140) 的一个特殊情况, $n=3, p=2, A$ 由 (4.155) 给出, $\beta=(\varepsilon_1,\delta\varepsilon_2,0)^{\mathrm{T}}$. 为了应用定理 4.35, 我们验证在给定的条件下, A 是否是 Volterra-Lyapunov 稳定的, 因为每一个 Volterra-Lyapunov 稳定矩阵首先应是 D 稳定的, 因而使 A 为 Volterra-Lyapunov 稳定的参数区域必包含在当 $y_1,y_2,y_3>0$ 时, 矩阵 $\mathrm{diag}(y_1,y_2,y_3)$ 在 A 的稳定性区域之内, 也即在 $\{(a,b)\in R_+^2 | b<8\}$ 之内. 在这个区域内, 使 A 是 Volterra-Lyapunov 稳定的参数区域我们可由 Cross 定理 (引理 4.5) 得到, 即要求 A 的每一个主子式为正, 并且多项式:

$$
\begin{aligned}
&P_1(\eta)=a^2-A\alpha a\eta,\\
&P_2(\eta)=(\alpha_1\alpha_2)^2\left[b^2\eta^2-\frac{2a}{\alpha_1}(2+b)\eta+\left(\frac{a}{\alpha_1}\right)^2\right]
\end{aligned}
$$

同时为负. 容易计算满足上述条件的参数区域为 $0<b<8$. 因而证得 (b). 定理证毕.

引理 4.5(Cross 定理 (Cross, 1978)) 若 A 是 3×3 矩阵, $A=(\alpha_{ij})$ 是 Volterra-Lyapunov 稳定的充要条件是每一个主子式

$$
M_{1i_1i_2\cdots i_k}=(-1)^k\det A(i_1\cdots i_k),\quad k=1,2,3
$$

是正的, 而且多项式

$$
\begin{aligned}
&P_1(\eta)=(\alpha_{13}\eta+a_{31})^2-4\alpha_{11}\alpha_{33}\eta,\\
&P_2(\eta)=(b_1\eta+b_2)^2-4M_{12}M_{23}\eta,
\end{aligned}
$$

对于同一个 $\eta\in R_+$ 同时为负, 这里

$$
b_1=\alpha_{12}\alpha_{23}-\alpha_{22}\alpha_{13},\quad b_2=\alpha_{21}\alpha_{32}-\alpha_{22}\alpha_{31}.
$$

证明 从略.

记 $b=\dfrac{r_1r_2}{\alpha_1\alpha_2}, u=\alpha_1x_1^*+\alpha_2x_2^*, v=\alpha_1\alpha_2x_1^*x_2^*$. 由定理 4.38, 我们知道当 $\varepsilon_1/\alpha_1>\varepsilon_2/r_2$ 而且当

$$
b<f(a)=\frac{u}{v}\frac{a^2+ua+v}{a}
$$

时系统 (4.151) 的正平衡位置是稳定的, 我们容易利用 Hopf 分歧理论的方法 (Marsden, McCracken, 1976), 得到.

定理 4.39 当 $\varepsilon_1/\alpha_1>\varepsilon_2/r_2$, 但 $b>f(a)$ 且 $|b-f(a)|$ 适当小时系统 (4.151) 在正平衡点 (x_1^*,x_2^*) 附近存在周期解 (证明见 Wörz-Busekros (1978)).

这个定理的证明是用 Hopf 分歧的方法得到, 因而是小范围的, 这里所说的小范围是指两点而言的, 其一是指这样得到的周期解是小振幅周期解, 其二是只有当参数值 b 与 $f(a)$ 相当接近时才能保证周期解的存在性. 我们常常关心大范围周期是否存在, 下面我们来介绍一种 "不动点方法", 用以证明大范围空间周期解的存在性, 为此研究 (4.151) 的等价方程组, 这里设 $\delta=+1$, 即方程组

$$\begin{cases}\dot{y}_1=y_1(\varepsilon_1-\alpha_1y_1-r_1y_2),\\ \dot{y}_2=y_2(-\varepsilon_2-\alpha_2y_2+r_2y_3),\\ \dot{y}_3=a(y_1-y_3).\end{cases}\tag{4.156}$$

定理 4.40 (Dai (1981)) 如果 $\varepsilon_1/\alpha_1>\varepsilon_2/r_2$, 并且 $b>f(a)$, 则系统 (4.156) 在 R_+^3 内部存在一个非常数周期解.

由于这个定理的证明比较复杂, 因此我们先来证明几个引理.

引理 4.6 在正区域 $\mathbb{R}_+^3$ 中存在一个有界不变域

$$D=\left\{(y_1,y_2,y_3)\middle|0<y_1<\frac{\varepsilon_1}{\alpha_1}=q_1,0<y_2<\frac{1}{\alpha_1\alpha_2}=q_2,0\leqslant y_3<\frac{\varepsilon_1}{\alpha_1}\right\}.$$

证明 显然, 因为 $y_1=0$ 和 $y_2=0$ 均为解平面, 在 $y_3=0$ 平面上, 有 $\dot{y}=ay_1>0$; 又在 $y_1=\dfrac{\varepsilon_1}{\alpha_1}$ 平面上有 $\dot{y}_1=-r_1y_1y_2<0$; 在 $y_3=\dfrac{\varepsilon_1}{\alpha_1}$ 平面上, 当 $y_1<\dfrac{\varepsilon_1}{\alpha_1}$ 时 $\dot{y}_3<0$; 在 $y_2=\dfrac{1}{\alpha_1\alpha_2}$ 平面上, 当 $y_3<\dfrac{\varepsilon_1}{\alpha_1}$ 时 $\dot{y}_2<0$,又因为 D 的边界上平衡点均不稳定, 所以 D 为不变域. 引理证毕.

当 $f(a)<b$ 时, 正平衡点 $y^*=(y_1^*,y_2^*,y_3^*)=(x_1^*,x_2^*,x_1^*)$ 变成不稳定, 并且在 y^* 点系统 (4.156) 的线性化矩阵 M_{y^*} 的特征方程为

$$\varPhi(\lambda)=(\lambda+\alpha_1x_1^*)(\lambda+\alpha_2x_2^*)(\lambda+a)+ar_1r_2x_1^*x_2^*,\tag{4.157}$$

有一个负实特征值 λ_1 和两个复特征值

$$\lambda_{2,3}=\sigma_1\pm i\sigma_2,\quad \sigma_1>0.$$

由稳定流形的定理 (Hale, 1969) 可知在 P 点存在一个一维稳定流形和一个二维不稳定流形 (见附录), 为了确定稳定流形的位置, 把 D 分成 8 个子区域, 如图 4.13 所示.

$$B_1=\{(y_1,y_2,y_3)|0<y_1<x_1^*,0<y_2<x_2^*,0<y_3<x_3^*\},$$
$$B_2=\left\{(y_1,y_2,y_3)\middle|x_1^*<y_1<\frac{\varepsilon_1}{\alpha_1},0<y_2<x_2^*,0<y_3<x_3^*\right\},$$

$$B_3 = \left\{(y_1, y_2, y_3)\middle| x_1^* < y_1 < \frac{\varepsilon_1}{\alpha_1}, x_2^* < y_2 < q_1, 0 < y_3 < x_3^*\right\},$$
$$B_4 = \{(y_1, y_2, y_3)|0 < y_1 < x_1^*, x_2^* < y_2 < q_1, 0 < y_3 < x_3^*\},$$
$$B_5 = \{(y_1, y_2, y_3)|0 < y_1 < x_1^*, 0 < y_2 < x_2^*, x_3^* < y_3 < q_1\},$$
$$B_6 = \{(y_1, y_2, y_3)|x_1^* < y_1 < q_1, 0 < y_2 < x_2^*, x_3^* < y_3 < q_1\},$$
$$B_7 = \{(y_1, y_2, y_3)|x_1^* < y_1 < q_1, x_2^* < y_2 < q_2, x_3^* < y_3 < q_1\},$$
$$B_8 = \{(y_1, y_2, y_3)|0 < y_1 < x_1^*, x_2^* < y_2 < q_2, x_3^* < y_3 < q_1\}.$$

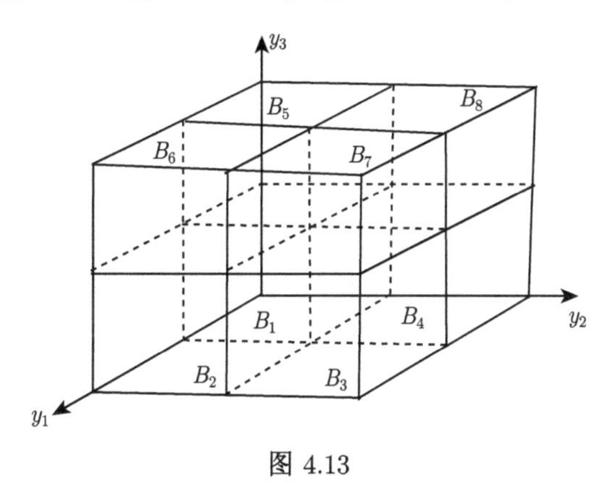

图 4.13

引理 4.7 对应于矩阵 M_3 的负实特征值的特征向量指向长方体 B_3 和 B_5.

证明 这里, 方程 (4.156) 在 P 点的线性化矩阵 M_{y^*} 为

$$M_{y^*} = \begin{pmatrix} -\alpha_1 x_1^* & -r_1 x_1^* & 0 \\ 0 & -\alpha_2 x_2^* & r_2 x_2^* \\ a & 0 & -a \end{pmatrix},$$

以 λ_1 记其唯一的负实特征值, 则对应的特征向量 $(y_1, y_2, y_3)^{\mathrm{T}}$ 必满足:

$$\begin{aligned} &(\lambda_1 + \alpha_1 x_1^*)y_1 + r_1 x_1^* y_2 = 0, \\ &(\lambda_1 + \alpha_2 x_2^*)y_2 - r_2 x_2^* y_3 = 0, \\ &(\lambda_1 + a)y_3 - a y_1 = 0. \end{aligned} \tag{4.158}$$

我们将证明

$$\lambda_1 + \alpha_1 x_1^* < 0, \quad \lambda_1 + \alpha_2 x_2^* < 0, \quad \lambda_1 + a < 0. \tag{4.159}$$

反证之, 若 (4.159) 不成立, 首先设 $\lambda_1 + \alpha_1 x_1^* > 0$, 则容易推得 $\Phi(\lambda_1) > 0$, 这与 λ_1 为特征值相矛盾. 再者我们假设 $\lambda_1 + \alpha_2 x_2^* > 0$, 这时将有 $\Phi(-a) > 0, \Phi(-\alpha_2 x_2^*) >$

$0, \Phi(\lambda_1) = 0$ 且 $\Phi(-\infty) < 0$, 这样就推出存在两个实的负特征值, 与假设矛盾, 因此 (4.159) 必成立.

从 (4.159) 我们容易确定 y_1, y_2, y_3 的符号, 即有 y_1 和 y_3 必为反号, 但 y_1 和 y_2 必为同号, 这就说明对应于 $\lambda_1 < 0$ 的特征向量指向进入长方体 B_3 和 B_5.

引理 4.8 当 $\varepsilon_1/\alpha_1 > \varepsilon_2/r_2$ 时, 平衡点 $(\varepsilon_1/\alpha_1, 0, \varepsilon_1/\alpha_1)$ 为不稳定的, 并且存在一个正的特征值, 对应于这个特征值的特征向量指向进入长方体 B_6.

证明 系统在点 $(\varepsilon_1/\alpha_1, 0, \varepsilon_1/\alpha_1)$ 线性化系数矩阵为

$$M_2 = \begin{pmatrix} -\varepsilon_1 & \dfrac{-r_1\varepsilon_1}{\alpha_1} & 0 \\ 0 & -\varepsilon_2 + \dfrac{r_2\varepsilon_1}{\alpha_1} & 0 \\ a & 0 & -a \end{pmatrix},$$

容易验证 M_2 存在一个正的特征值, 再由稳定流形定理 (见 Hale(1969) 或附录) 得到: 在平衡点 $(\varepsilon_1/\alpha_1, 0, \varepsilon_1/\alpha_1)$ 存在一个一维不稳定流形, 再由引理 4.7 的方法可知, 这不稳定流形的方向指向进入长方体 B_6.

引理 4.9 前述由 $(\varepsilon_1/\alpha_1, 0, \varepsilon_1/\alpha_1)$ 指向进入长方体 B_6 的不稳定流形将永远不能回到 $(\varepsilon_1/\alpha_1, 0, \varepsilon_1/\alpha_1)$.

证明 由于解的唯一性, 显然这个不稳定流形的 $y_2(t)$ 不可能在有限时间 t 内达到 $y_2 = 0$. 因此我们假设 $y_2(t)$ 在零附近无限振动 (或单调减少趋于零), 也即 $\dot{y}_2(t)$ 无限次出现负号, 也即存在一个序列 $\{t_n\}$, 使 $\dot{y}_2(t_n) < 0 (n = 1, 2, \cdots)$, 则有

$$-\varepsilon_2 - \alpha_2 y_2(t_n) + r_2 y_3(t_n) < 0.$$

因而

$$\lim_{n\to\infty} y_3(t_n) < \frac{\varepsilon_2}{r_2} < \frac{\varepsilon_1}{\alpha_1},$$

因此 $y(t) = (y_1(t), y_2(t), y_3(t))$ 不能回到 $\left(\dfrac{\varepsilon_1}{\alpha_1}, 0, \dfrac{\varepsilon_1}{\alpha_1}\right)$.

引理 4.10 系统在 R_+^3 内部的任何解不能在有限时间内与 $y_1 = 0$ 或 $y_2 = 0$ 平面相交.

由解的唯一性, 引理 4.10 成立是显然的.

引理 4.11 除了两个稳定流形上的解 (一个在 B_3 内, 另一个在 B_5 内) 没有别的任何解可以从区域 $D - B_3 \cup B_5$ 内趋于正平衡点 P.

证明 这是平衡点 P 的基本性质. 见 Hale(1969) 或本书附录.

引理 4.12 系统除了这两个在稳定流形上的解外, 其他所有的正解最终必按照下面序列振动:

$$B_1 \to B_2 \to B_6 \to B_7 \to B_8 \to B_4 \to . \tag{4.160}$$

证明 我们以 F_{ij} 记 B_i 和 B_j 的交界面除去平衡点 P 的集合. 因为这些长方块有一定的对称性, 所以可仅以从一个面 F_{67} 出发的轨线为例. 首先我们要证明这种轨线如果不进入 P 点, 则必与面 F_{14} 相交.

事实上, 因为在面 F_{67} 上 $\dot{y}_2>0$, 而在面 F_{73} 上 $\dot{y}_3>0$, 所以这个解 $y(t)$ 不能回到 B_6 或 B_3. 再由引理 4.11 可知 $y(t)$ 不能从 B_7 趋于 P, 如果 $y(t)$ 停留在 B_7 内, 在没有与面 F_{78} 相交前有对于所有较大的 t 值有 $\dot{y}_2>0$, 因此

$$\lim_{t\to\infty} y_2(t)=K>x_2^*,$$

这里 K 是一有限数. 这说明 $y(t)$ 将趋于不同于平衡点 P 的另外一点, 这当然是不可能的, 因而这就证明了 $y(t)$ 必与面 F_{78} 相交. 在 F_{78} 上我们有 $\dot{y}_1<0$, 因此 $y(t)$ 必进入区域 B_8, 类似地可以证明 $y(t)$ 必穿过面 F_{84} 而进入 B_4, 因此 $y(t)$ 必与面 F_{14} 相交, 在 F_{14} 上又有 $\dot{y}_2<0$, 同样的 $y(t)$ 有过程从 $B_1\to B_2\to B_6$, 这样就证明了轨线必按序列 (4.160) 振动. 引理得证.

定理 4.40 的证明 我们要证明系统 (4.156) 存在一个周期解 $y(t)$ 因为 (4.156) 是自治系统, 因而只要证明存在一个 $T>0$, 使 $y(T)=y(0)$ 即可.

考虑在面 F_{67} 上的一个初始点 $(y_1(0),y_2(0),y_3(0))$, 有: $y_2(0)=x_2^*, x_1^*\leqslant y_1(0)\leqslant q_1, x_3^*\leqslant y_3(0)\leqslant q_3$, 由上面引理的结论可以得到: 存在一个 $T>0$, 使 $y(T)$ 在 F_{67} 内, 并且 $y(0)\neq P$, 我们假设这个 T 是最小的, 它应该是初始点的函数, 记为 $T=T(y(0))$. 定义一个函数 L 为

$$\begin{cases} L(y(0))=y(T), & \text{当}y(0)\neq P\text{时}, \\ L(P)=P. \end{cases}$$

易知 L 是一个 F_{67} 到自身的连续映像, 事实上, 由 T 的定义有

$$y_2(T,y(0))=x_2^*,$$

除了在 F_{67} 的边界: $x_1^*<y_1<q_1, y_2=x_2^*, y_3=x_3^*$ 上外, 有在 F_{67} 上 $\dot{y}_2(T)>0$, 然而在这个边界上我们有 $\dot{y}_2>0$, 因此在 L 与此边界相交之前 $y_2>x_2^*$, 并且这个解必来自区域 B_3, 但是从 F_{67} 上起始的解不能再进入 B_3, 因此 Poincaré 映像 L 不与边界: $x_1^*<y_1<q_1, y_2=x_2^*, y_3=x_3^*$ 相遇, 也即这个流不切 F_{67} 于 $y_2(T,y(0))$, 因而由隐函数定理得出, $T(y(0))$ 是一个连续函数.

点 P 是 L 的一个不动点, L 的任何其他不动点将对应于系统 (4.156) 的非常数周期解. 为了证明 L 存在除 P 外的其他不动点, 我们将要指出在 F_{67} 内存在一个简单光滑曲线 γ 具有下面性质:

(a) γ 不包含 P.

(b) 除了 γ 的端点位于边界 $y_1 = x_1^*$ 和 $y_3 = x_3^*$ 上外, γ 位于 F_{67} 的内部.

(c) γ 把 F_{67} 分成两部分, 其中不含 P 的部分记为区域 $G, L: G \to G$.

为此我们来构造曲线 γ, 如图 4.14 所示. 主要的想法是: 让 γ 充分接近于 P, 使得 γ 的靠 P 一边的轨线只能穿出不能穿进, 这样就可以使 $G \to G$. 具体作法如下.

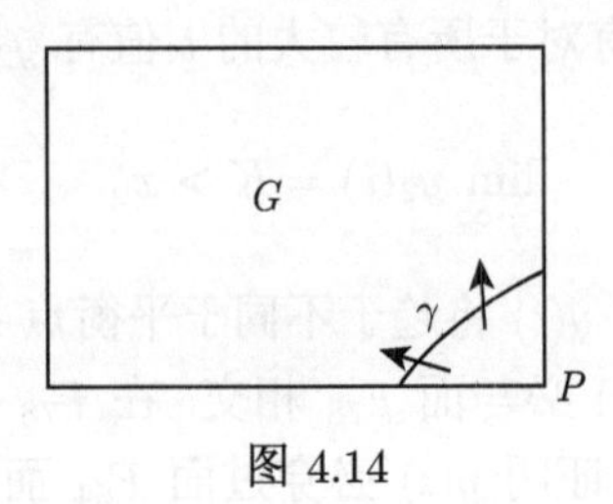

图 4.14

考虑系统 (4.156) 在 P 点的线性化方程

$$\dot{u} = M_y u, \tag{4.161}$$

上面已经知道 M_{y^*} 有一个负实特征值 $\lambda_1 < 0$, 其余两个特征值为 $\lambda_2 = \mu_2 + i\sigma, \lambda_3 = \mu_3 - i\sigma, \mu_2 > 0, \mu_3 > 0$, 可以通过非异线性变换 $u = Bv$ 使 (4.161) 化为

$$\dot{v} = Kv, \tag{4.162}$$

其中

$$K = \begin{pmatrix} \lambda_1 & 0 & 0 \\ 0 & \mu_2 & -\sigma \\ 0 & \sigma & \mu_3 \end{pmatrix}, \quad v = \begin{pmatrix} v_1 \\ v_2 \\ v_3 \end{pmatrix}.$$

记 L 为过平衡点 P, 并平行于对应于 λ_1, (4.162) 的特征向量 v^* 的直线, 考虑函数 $V = v_2^2 + v_3^2 = c$, 这里 c 为任意正数, $V = c$ 代表以 L 为轴的一系圆柱面, 沿着系统 (4.162) 有

$$\dot{V}|_{v=c} = 2(\mu_2 v_2^2 + \mu_3 v_3^2) > 0.$$

所以系统 (4.162) 的解自内向外地穿过每一个 $V = c$, 如果只在 P 点的很小邻域内考虑, 则系统 (4.156) 的轨线也如此.

记 $L_D = L \cap D$, 显然 L_D 是一线段, 记 $V = c$, 曲面为 V_c, 且记 $V_c^D = V_c \cap D$. 由引理 4.7 知 $L_D \subset B_3 \cup B_5$, 而曲面 V_c^D 有一部分在 $B_3 \cup B_5$ 内, 其余在 $B_3 \cup B_5$ 外. 直观地可以看出, 当 $c \to 0$ 时 V_c^D 在 $B_3 \cup B_5$ 外的部分必落在以 P 为中心的任意小的球内, 于是对于充分小的 $c > 0$, 令 $\gamma = V_c \cap F_{67}$, 容易验证这个 γ 符合 (a),(b),(c) 三个条件.

于是再运用 Brouwer 不动点定理, 即得非常数周期解的存在性, 定理 4.40 得证.

以上以及在第 3 章中我们都考虑了两种群 Volterra 模型具有连续时滞的情况, 而且以前我们都是考虑两种群互相作用因素有时滞效应的情况, 而没有考虑每一种群本身的密度制约效应有时滞因素影响的情况. 下面作为例子, 我们考虑一个两种群相互竞争的模型, 即竞争因素不存在时滞影响, 而仅其中一个种群的密度制约效应有时滞因素影响的模型, 也可以出现极限环.

我们考虑模型

$$\begin{cases} \dot{x}_1 = x_1\left[b_1 - a_{11}\int_{-\infty}^{t} x_1(s)K(t-s)ds - a_{12}x_2\right], \\ \dot{x}_2 = x_2[b_2 - a_{21}x_1 - a_{22}x_2], \end{cases} \tag{4.163}$$

以及 $K(s) = \alpha\exp(-\alpha s)$. 其中 α 为正参数, 易知系统 (4.163) 有四个平衡点

$$(0,0), \quad \left(\frac{b_1}{a_{11}}, 0\right), \quad \left(0, \frac{b_2}{a_{22}}\right) \quad 和 \quad (x_1^*, x_2^*),$$

$$x_1^* = \frac{b_1a_{22} - b_2a_{12}}{a_{11}a_{22} - a_{12}a_{21}}, \quad x_2^* = \frac{b_2a_{11} - b_1a_{21}}{a_{11}a_{22} - a_{12}a_{21}}.$$

我们假设:

$$\frac{a_{11}}{a_{21}} > \frac{b_1}{b_2} > \frac{a_{12}}{a_{22}}. \tag{4.164}$$

易知当条件 (4.164) 满足时, (4.163) 存在正平衡点 (x_1^*, x_2^*). 关于正平衡点 (x_1^*, x_2^*) 的全局稳定性, 和以前类似我们可以用 Lyapunov 函数的方法得到, 这里我们不详细叙述. 我们关心的是 (4.163) 是否存在极限环的问题.

引进第三个变量 $x_3(t)$ 为

$$x_3(t) \equiv \int_{-\infty}^{t} x_1(s)\exp[-\alpha(t-s)]ds.$$

这样我们就把微分积分方程系统 (4.163) 化为等价自治微分方程组:

$$\begin{cases} \dot{x}_1 = x_1(b_1 - a_{11}x_3 - a_{12}x_2), \\ \dot{x}_2 = x_2(b_2 - a_{21}x_1 - a_{22}x_2), \\ \dot{x}_3 = \alpha(x_1 - x_3). \end{cases} \tag{4.165}$$

易知 (4.165) 有正平衡点 (x_1^*, x_2^*, x_3^*), 这里 $x_3^* = x_1^*$, 为了分析正平衡点 (x_1^*, x_2^*, x_3^*) 的稳定性质, 作变换

$$x_i(t) \equiv x_i^* + y_i(t), \quad i = 1, 2, 3,$$

则系统 (4.165) 在平衡点 (x_1^*, x_2^*, x_3^*) 的变分系统为

$$\frac{d}{dt}\begin{pmatrix} y_1 \\ y_2 \\ y_3 \end{pmatrix} = \begin{pmatrix} 0 & -a_{12}x_1^* & -a_{11}x_1^* \\ -a_{21}x_2^* & -a_{22}x_2^* & 0 \\ \alpha & 0 & -\alpha \end{pmatrix}\begin{pmatrix} y_1 \\ y_2 \\ y_3 \end{pmatrix}. \tag{4.166}$$

平衡点 (x_1^*, x_2^*, x_3^*) 的局部稳定性取决于 (4.166) 的系数矩阵的特征值, 其特征方程为

$$\lambda^3 + \lambda^2 M_1 + \lambda M_2 + M_3 = 0, \tag{4.167}$$

这里

$$\begin{cases} M_1 = \alpha + a_{22}x_2^*, \\ M_2 = \alpha(a_{22}x_2^* + a_{11}x_1^*) - a_{12}a_{21}x_1^*x_2^*, \\ M_3 = \alpha x_1^* x_2^*(a_{11}a_{22} - a_{12}a_{21}). \end{cases} \tag{4.168}$$

由 Routh-Hurwitz 准则, 只要

$$M_1 > 0, \quad M_3 > 0, \quad M_1M_2 > M_3, \tag{4.169}$$

(4.167) 的所有根就具有负实部. 再由条件 (4.164) 可知 (4.169) 的前面两个不等式必然满足, 而第三个不等式等价于 $M_2 > 0$, 并且

$$\alpha^2(a_{11}x_1^* + \alpha_{22}x_2^*) + \alpha(a_{22}x_2^*)^2 - a_{22}a_{12}a_{21}x_1^*x_2^* > 0. \tag{4.170}$$

而 (4.170) 满足的充要条件为

$$(\alpha - \alpha_*)(\alpha - \alpha^*) > 0, \tag{4.171}$$

$$\left.\begin{matrix} \alpha^* \\ \alpha_* \end{matrix}\right\} = \frac{-a_{22}^2 x_2^{*2} \pm [a_{22}^4 x_2^{*4} + 4(a_{11}x_1^* + a_{22}x_2^*)(a_{22}a_{12}a_{21}x_1^*x_2^{*2})]^{\frac{1}{2}}}{2(a_{22}x_2^* + a_{11}x_1^*)}, \tag{4.172}$$

这就得到: 如果正时滞参数 α 使得 $\alpha < \alpha^*$, 则平衡点 (x_1^*, x_2^*, x_3^*) 为局部不稳定的, 并且 (4.163) 的正平衡点 (x_1^*, x_2^*) 也是局部不稳定的.

定理 4.41 (Gopalsamy, Aggarwala, 1980) 若两种群时滞模型 (4.163), 满足条件 (4.164), 则当 α 在 α^* 的适当小邻域内存在一个由平衡点 (x_1^*, x_2^*) 产生的周期解的分歧.

证明 当 $\alpha = \alpha^*$ 时, 从 (4.167) 和 (4.170) 得到 $M_1M_2 = M_3$, 因为 M_1 和 M_3 均为正的, 有当 $\alpha = \alpha^*$ 时 $M_2 > 0$, 因而存在一个包含 α^* 的区间, 例如, $(\alpha^* - \eta, \alpha^* + \eta)$, 这里 $\eta > 0$ 并 $\alpha^* - \eta > 0$, 使得当 $\alpha \in (\alpha^* - \eta, \alpha^* + \eta)$ 时 $M_2 > 0$, 因此当 $\alpha \in (\alpha^* - \eta, \alpha^* + \eta)$ 时, 特征方程 (4.167) 不可能所有的根都为正, 我们知道当 $\alpha = \alpha^*$ 时 (4.167) 的根 λ_1, λ_2 和 λ_3 为

$$\lambda_1 = i\omega, \quad \lambda_2 = -i\omega, \quad \lambda_3 = -\mu = -(\alpha + a_{22}x_2^*), \tag{4.173}$$

这里 $\omega^2 = M_2$, 当 $\alpha \in (\alpha^* - \eta, \alpha^* + \eta)$ 时三个根为

$$\begin{cases} \lambda_1(\alpha) = \sigma(\alpha) + i\gamma(\alpha), \\ \lambda_2(\alpha) = \sigma(\alpha) - i\gamma(\alpha), \\ \lambda_3(\alpha) = -\mu = -(\alpha + a_{22}x_2^*) - 2\sigma(\alpha). \end{cases} \tag{4.174}$$

当 $\alpha_* < 0$ 时, 由 Routh-Hurwitz 准则的结论 (4.171) 可知, 当 $\alpha \in (\alpha^* - \eta, \alpha^*)$ 时 $\sigma(\alpha) > 0$ 并且当 $\alpha \in (\alpha^*, \alpha^* + \eta)$ 时 $\sigma(\alpha) < 0$; 为了利用 Hopf 分歧理论去确定 (4.165) 周期解的存在性, 我们还要证实横截条件

$$\mathrm{Re}\left(\frac{d\lambda}{d\alpha}\right)_{\alpha=\alpha^*} \neq 0, \tag{4.175}$$

从 (4.167) 直接计算 $\dfrac{d\lambda}{d\alpha}$ 得到

$$\mathrm{Re}\left(\frac{d\lambda}{d\alpha}\right)_{\alpha=\alpha^*} = -\left[\frac{2(a_{11}x_1^* + a_{22}x_2^*) + a_{22}^2 x_2^{*2}}{2(\omega^2 + M_1^2)}\right]_{\alpha=\alpha^*} \neq 0,$$

再利用 Hopf 分歧定理 (Marsden, McCracken, 1976) 知道: 当 α 充分接近 α^* 时系统 (4.165) 从平衡点 (x_1^*, x_2^*, x_3^*) 分歧产生一个周期解. 定理证毕.

例 4.19 考虑模型

$$\begin{cases} \dot{x}_1 = x_1\left[10 - 3\displaystyle\int_{-\infty}^{t} \alpha \exp[-\alpha(t-s)x_1(s)]ds - x_2\right], \\ \dot{x}_2 = x_2[20 - 4x_1 - 4x_2], \end{cases} \tag{4.176}$$

可以计算出 $\alpha^* = 1.88$, 并且当 $\alpha = 1.65$ 时, 有周期解, 如图 4.15 所示.

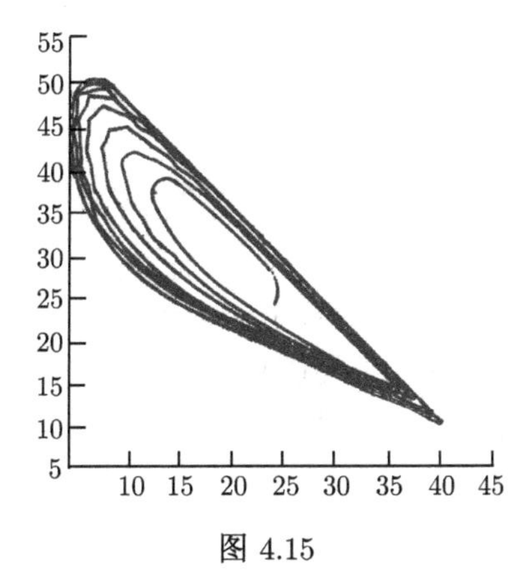

图 4.15

以上我们考虑到具有特殊时滞核函数的两种群或多种群的连续时滞模型的稳定性和周期解的存在性问题, 因为这些模型都可以化为等价微分方程系统, 因此给讨论问题带来很多的方便, 如果核函数不是特殊的核函数, 也就是说当模型不等价于一个微分方程系统时, 研究这种模型的全局稳定性和周期解的存在性就比较困难. 例如, Gopalsamy (1984) 研究 n 种群具连续时滞的 Volterra 模型

$$\dot{x}_i(t)=x(t)\left[r_i+\sum_{j=1}^{n}a_{ij}x_j(t)+\sum_{j=1}^{n}b_{ij}\int_{-\infty}^{t}K_{ij}(t-s)x_j(s)ds\right],\ t>0;\ i=1,2,\cdots,n. \tag{4.177}$$

此模型满足下列条件:

(A1) 时滞核函数 $K_{ij}(i,j=1,2,\cdots,n)$ 在 $[0,\infty)$ 上有定义、有界, 并且

$$\int_0^{\infty}K_{ij}(s)ds=1;\quad \int_0^{-\infty}|K_{ij}(s)|ds<\infty;\quad \int_0^{\infty}s|K_{ij}(s)|ds<\infty. \tag{4.178}$$

(A2) $r_i,a_{ij},b_{ij}(i,j=1,2,\cdots,n)$ 是实常数, 且满足

$$a_{ij}<0,\quad |a_{ij}|>\sum_{j=1}^{n}|b_{ji}^*|+\sum_{\substack{j=1\\ j\neq i}}^{n}|a_{ji}|,\quad i=1,2,\cdots,n, \tag{4.179}$$

这里

$$|b_{ji}^*|=|b_{ji}|\int_0^{\infty}|K_{ji}(s)|ds.$$

在这个条件下正平衡点 $x^*=(x_1^*,\cdots,x_n^*)(x_i^*>0,i=1,2,\cdots,n)$ 存在且唯一, 其中 x_i^* 满足方程

$$\sum_{i=1}^{n}(a_{ij}+b_{ij})x_j^*=r_i,\quad i=1,2,\cdots,n.$$

我们考虑初值条件为:

当 $s\in(-\infty,0]$ 时, $x_i(s)=\varphi_i(s)\geqslant 0$,

$$\sup_{s\leqslant 0}\varphi_i(s)<\infty,\quad i=1,2,\cdots,n, \tag{4.180}$$

这里 φ_i 是在 $(-\infty,0]$ 上的有界、非负可积函数, 但可以在 $s=0$ 点处有跳跃不连续, 但

$$\varphi_i(0)>0,\quad i=1,2,\cdots,n. \tag{4.181}$$

容易知道在条件 (4.178)—(4.181) 下初值问题的解大范围存在, 而且有定理如下.

定理 4.42　对于系统 (4.177), 假设 (A1),(A2) 满足, 则满足 (4.177)—(4.181) 的一切解有

$$\lim_{t\to\infty}x_i(t)=x_i^*,\quad i=1,2,\cdots,n.$$

证明　见 Gopalsamy (1984).

第 5 章　物种保护与资源管理的数学方法

5.1　种群资源开发与管理数学模型

5.1.1　引言

可再生资源是指当人类的消耗速度不大于其再生速度时, 这类资源是可以持续利用且在一定时间内可以再生的资源. 不仅非可再生资源的数量是有限的, 在一定的时间跟空间尺度内, 可再生资源的数量也是有限的, 也就是说, 可再生资源也并不是“取之不尽, 用之不竭的资源”, 它又称可更新资源, 是一个动态的概念, 其具体的含义是: “其更新, 或者说是再生速度大于或等于我们开发利用速度的资源.” 地球上储存的可再生资源主要形式有森林资源、农、牧业资源、渔业资源等. 由于人们长期进行高投入、高消耗、高污染的粗放型方式谋求经济的增长, 社会生产对资源和能源的摄取消耗能力远远地超过了环境对经济的承载能力, 从而造成了资源枯竭危机. 强调加强可再生资源的合理有效地开发利用和管理, 是应对日益严重的资源和环境问题的必由之路, 也是人类社会实现可持续发展的必由之路, 使可再生资源在人类经济社会发展中发挥更大作用. 以人类对可再生自然资源的摄取消耗为背景, 建立相应的生物数学模型, 从分析资源内部因素与人类收获或者放养等开发关键因素之间的关系, 为人们合理利用开发和管理可再生资源提供数量参考, 以达到资源持久再生目的的同时, 使资源开发管理达到经济利益的最大化.

5.1.2　连续系统模型

早在 1976 年, C.W. Clark 在他的书: *Mathematical Bioeconomics: The Optimal Management of Renewal Resources* 中就利用常微分方程描述人们捕鱼的数学模型:

$$\frac{dx}{dt} = F(x) - Ex, \tag{5.1}$$

这里 x 表示水域中鱼的密度或数量, $F(x)$ 表示养殖的鱼类的数量在水域中随时间的增长速度, E 表示捕鱼的努力量 (人工、渔船的数量等) 设为常数, Clark (1976, 1990) 还研究了生物资源保护与经济开发之间状态反馈动力学系统, 例如, 简单生物经济学模型:

$$\frac{dx}{dt} = F(x) - Ex, \quad \frac{dE}{dt} = R(pxE - cE), \tag{5.2}$$

这里 p 表示当时所打的鱼在市场上的价格, c 表示增加单位努力量 E 的成本, R 表示单位经济效益促进努力量的增长速率, 此后有许多逐步深入的研究, 例如, Gopalsamy 和 Weng (1993) 研究了下面状态反馈微分动力系统:

$$\begin{cases} \dfrac{dx}{dt} = x(-\gamma + \alpha e^{-\beta x} - \mu u), \\ \dfrac{du}{dt} = u(-au + bx), \end{cases} \tag{5.3}$$

u 为努力量, 被开发生物种群状态与开发者努力量相互作用的微分动力系统一般模型:

$$\begin{cases} \dfrac{dx(t)}{dt} = x(t)f(t, x, u), \\ \dfrac{du(t)}{dt} = h(t, u, x). \end{cases} \tag{5.4}$$

多种群收获状态反馈微分动力系统模型:

$$\begin{cases} \dfrac{dx_i}{dt} = x_i(t)\left[b_i(t) - \displaystyle\sum_{j=1}^{n} a_{ij}(t)x_j(t) - d_i(t)u_i(t)\right], \\ \dfrac{du_i}{dt} = r_i(t) - e_i(t)u_i(t) + f_i(t)x_i(t), \quad i = 1, 2, \cdots, n. \end{cases} \tag{5.5}$$

时变努力量种群收获微分系统模型, 这里 $E(t)$ 为时间的函数, 特别为 t 的周期函数:

$$\frac{dx(t)}{dt} = F(x(t)) - E(t)x(t), \tag{5.6}$$

对于模型 (5.1) 研究的热点问题是: 正平衡态的存在性、稳定性以及最优收获的问题, 更多的研究可参见陈兰荪等 (2009), $E(t)$ 为 t 的周期函数则研究的热点问题是: 正周期解的存在性、稳定性以及最优收获的问题, 关于二维种群相互作用系统, 例如, Lotka–Volterra 捕食系统 (5.7):

$$\begin{cases} \dfrac{dx(t)}{dt} = x(t)(b_1 + b_2 x(t)) - x(t)y(t), \\ \dfrac{dy(t)}{dt} = y(t)(-1 + x(t)). \end{cases} \tag{5.7}$$

经济开发模型可简单地写成 (5.8), 这里 $E(t)$ 为同时收获食饵种群 $x(t)$ 和捕食者种群 $y(t)$ 的努力量,

$$\begin{cases} \dfrac{dx(t)}{dt} = x(t)(b_1 + b_2 x(t)) - x(t)y(t) - E(t)x(t), \\ \dfrac{dy(t)}{dt} = y(t)(-1 + x(t)) - E(t)y(t). \end{cases} \tag{5.8}$$

若 $E(t)$ 为常数, 则系统 (5.7) 加了收获项 Ex 后会改变原系统的稳定性; 但是如果 $E(t)$ 为时间 t 的函数时, 加上收获项会使系统产生大的变化, 对于功能性反应模型, 在人们干预下会有更复杂的情况, 例如, Holling II 功能性反应系统:

$$\begin{cases} \dfrac{dx}{dt} = x\left(a - b - \dfrac{\alpha x}{1+\omega x}y\right), \\ \dfrac{dy}{dt} = y\left(-d + e\dfrac{\alpha x}{1+\omega x}\right), \end{cases} \tag{3.48$''$}$$

我们在 3.2 节中把 (5.7) 通过时间变换 $dt =(1+\omega x)d\tau$ 变换为形式:

$$\begin{cases} \dfrac{dx}{dt} = x\left(b_1 + b_2 x + b_3 x^2\right) - xy \equiv P(x,y), \\ \dfrac{dy}{dt} = -y + xy \equiv Q(x,y). \end{cases} \tag{5.9}$$

定理 3.8 和定理 3.9 证明了, 系统 (5.9), 当 $b_2 + 2b_3 \leqslant 0$ 时正平衡点为全局稳定, 不存在极限环; 当 $b_2 + 2b_3 > 0$ 时正平衡点为不稳定, 并且在其外围存在唯一稳定极限环.

系统 (3.48) 受到常量开发或放养的模型为

$$\begin{cases} \dfrac{dx}{dt} = x(a - bx) - \dfrac{\alpha x}{1+\omega x}y \pm h, \\ \dfrac{dy}{dt} = y\left[-d + e\dfrac{\alpha x}{1+\omega x}\right] \pm k, \end{cases} \tag{5.10}$$

Qiu 和 Li(1999) 证明了: ① 具有常数收获, 存在极限环, 特别是可以存在三个极限环; ② 放养捕食者或放养食饵不改变原系统的定性性质. 例如, 1982 年郝柏林和张淑誉《统计物理杂志》上著文《混沌带的层次结构》把布鲁塞尔模型增加了周期扰动 $\alpha\cos(\omega t)$ 项模型为

$$\begin{cases} \dfrac{dx}{dt} = A - (B+1)x + x^2 y + \alpha\cos(\omega t), \\ \dfrac{dy}{dt} = Bx - x^2 y, \end{cases} \tag{5.11}$$

模型 (5.11) 当 $\alpha = 0$ 时有唯一的正平衡态为不稳, 外围存在唯一全局稳定极限环, 所以这方程又称为是布鲁塞尔振子, $\alpha \neq 0$ 出现混沌结构, 说明周期扰动会使系统复杂化, 同样对于 Holling II 功能性反应系统: (3.48) 模型增加了周期扰动 $\alpha\cos(\omega t)$ 项模型为

$$\begin{cases} \dfrac{dx}{dt} = x\left(a - bx(t) - \dfrac{\alpha x}{1+\omega x}y\right) - \alpha\cos(\omega t), \\ \dfrac{dy}{dt} = y\left(-d + e\dfrac{\alpha x}{1+\omega x}\right). \end{cases} \tag{5.12}$$

可能会出现和布鲁塞尔振子类似的现象; 如果当 $\alpha=0$ 时系统满足定理 3.8 的条件, 则当 $\alpha\neq 0$ 且 α 适当小时, 系统 (5.12) 有稳定周期解; 如果当 $\alpha=0$ 时系统满足定理 3.9 的条件, 则 $\alpha\neq 0$ 出现混沌结构.

5.1.3　周期脉冲系统模型

应用数学模型的方法来研究生物种群管理决策, 我们从早期文献 (Clark, 1976, 1990) 中就可以看到, 特别是关于投放农药灭害虫的模型, 最为经典、最为简单的模型是以下阶段结构种群模型:

$$\begin{cases} \dfrac{dx}{dt}= ay - bx-\alpha x, \\ \dfrac{dy}{dt}= cx - dy-\beta y. \end{cases} \tag{5.13}$$

其中: x,y 分别表示害虫的幼虫和成虫的密度; a 表示单位时间幼虫的出生率; b 表示幼虫的自然死亡率和单位时间由幼虫成长为成虫的成长率之和; c 表示在单位时间由幼虫成长为成虫的成长率; d 表示成虫的自然死亡率; α 表示喷洒农药对幼虫的杀死率; β 表示喷洒农药对成虫的杀死率.

系统 (5.13) 当 $\alpha=\beta=0$ 时系统为

$$\begin{cases} \dfrac{dx}{dt}= ay - bx, \\ \dfrac{dy}{dt}= cx - dy. \end{cases} \tag{5.13_0}$$

$(5.13)_0$ 的定性相图有两种可能, 如图 5.1 (a), (b) 所示.

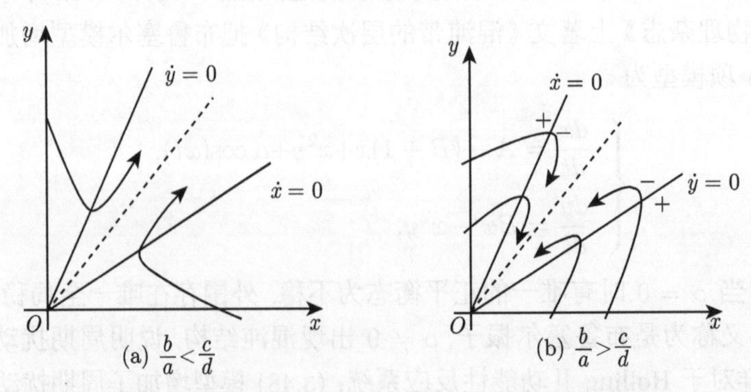

(a) $\dfrac{b}{a}<\dfrac{c}{d}$　　　(b) $\dfrac{b}{a}>\dfrac{c}{d}$

图 5.1　系统 (5.13) 在 $\alpha=\beta=0$ 时的定性相图

情况 (a) 说明当害虫的出生率大于死亡率时, 害虫无限增长, 反之 (b) 说明当害虫的出生率小于死亡率时害虫自动减少趋向于零, 这种情况无须控制, 对于情况 (a) 我们应用模型 (5.13) 选择适当的 α 和 β 使系统由 (a) 转变成 (b) 完成了控制,具体的：

$$\frac{dy}{dt}=cx-dy-\beta y=cx-(d+\beta)y,\quad \frac{dx}{dt}=ay-bx-\alpha x=ay-(b+\alpha)x,$$

选择 α 和 β 使:

$$\frac{b+\alpha}{a}>\frac{c}{d+\beta},$$

即可达到使害虫趋向灭绝的目的. 这种理论分析, 是把投放农药看成是连续行为, 然而在实际中投放农药是分批进行的, 投放农药杀虫过程的时间相对于害虫生长的时间是比较短暂的, 也就是说杀害虫、控制害虫增长可以看成是一种脉冲控制行为, 我们建立了灭害虫的阶段结构脉冲微分方程控制模型.

$$\begin{cases}\dfrac{dx}{dt}=ay-bx,\\[2mm] \dfrac{dy}{dt}=cx-dy,\end{cases}\qquad t\neq k\tau,\quad k=1,2,3,\cdots, \tag{5.14}$$

其中：

$$\Delta y=y(t^+)-y(t),\quad \Delta x=x(t^+)-x(t),$$

若无脉冲时微分方程的平衡点 (0,0) 为不稳定, 即系统 (5.13) 的相图为图 5.1(a) 害虫无限增长, 我们可以选取参数 α 和 β (陈兰荪等, 2009; 陈兰荪, 2011) 使得

$$\alpha>1-e^{-\lambda_1\tau},\quad \beta>1-e^{-\lambda_1\tau},$$

其中 $\lambda_1>0$ 为微分方程 (5.13) 情况 (a) 的正特征根, 使周期脉冲微分方程的平衡点 (0,0) 为渐近稳定, 害虫灭绝.

布鲁塞尔模型增加了周期脉冲系统 (5.15), 文献 (Sun et al., 2008) 的研究证明了周期脉冲系统 (5.15) 与具有周期扰动 $\alpha\cos(\omega t)$ 项模型 (5.12) 具有类似的性质.

周期脉冲布鲁塞尔系统为

$$\begin{cases}\dfrac{dx}{dt}=A-(B+1)x+x^2y,\\[2mm] \dfrac{dy}{dt}=Bx-x^2y,\end{cases}\qquad t\neq n\tau, \tag{5.15}$$

$$x(t^+)=x(t)+a,\quad t=n\tau,$$

参数 a 从 $a=0$ 逐步增加系统由有稳定周期解, 到倍周期分义直到出现混沌吸引子.

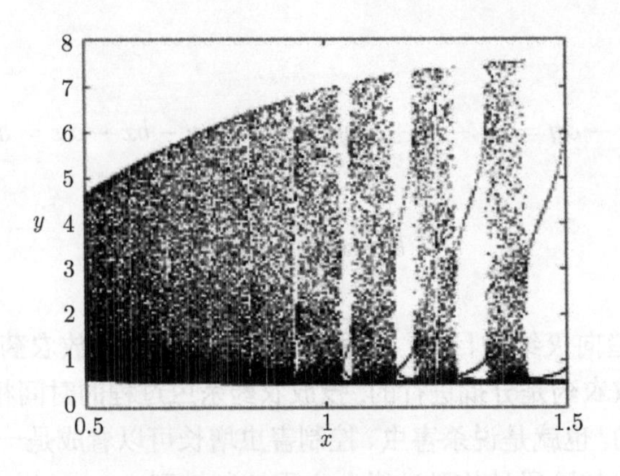

关于周期脉冲 II 类功能性反应系统 (3.48):

$$\begin{cases} \dfrac{dx}{dt} = x(a - bx) - \dfrac{axy}{1+wx}, \\ \dfrac{dy}{dt} = y\left[-d + e\dfrac{axy}{1+wx}\right], \end{cases} \qquad t \neq n\tau, \tag{5.15$_0$}$$

$$x^+(t) = x(t)(1-\theta), \quad y^+(t) = y(t), \quad \theta \ll 1, t = n\tau.$$

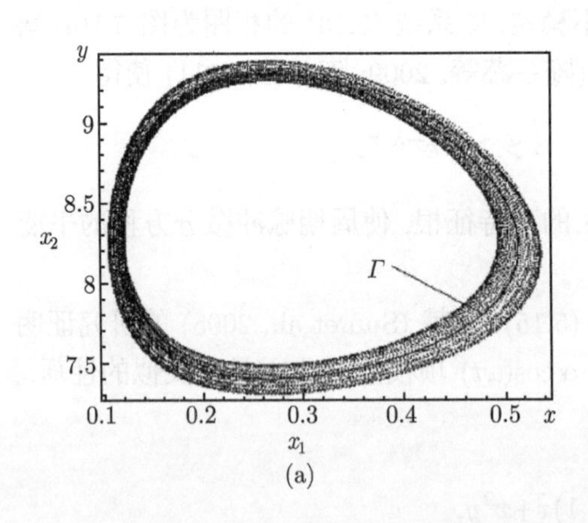

(a)

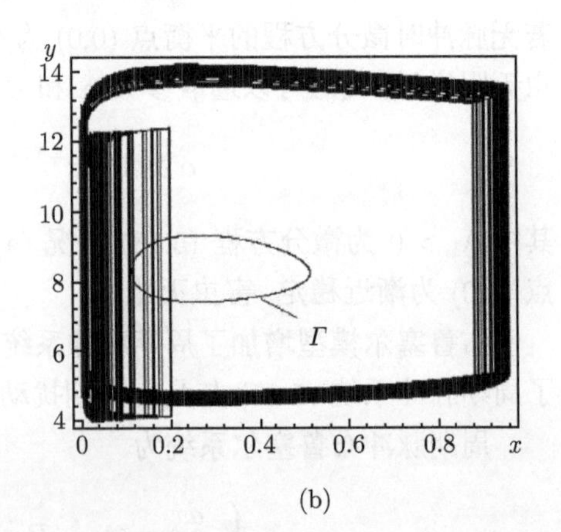

(b)

5.1.4　状态脉冲反馈控制数学模型

我们建立了投放农药灭害虫的脉冲微分方程控制阶段结构种群模型 (5.14). 希望通过这样数学模型的研究, 寻找控制害虫发生的决策, 然而这样的研究结果, 仍然得不到实际害虫管理人员的认同, 他们在实际害虫管理工作中, 并不是按照某周期时刻进行投放农药, 而实际中是观察害虫发展到一定程度时才投放农药, 例如, 在农田、森林中设置 “监视器” 来时刻观察到害虫发展的 “状态”, 根据这个 “状态”

的大小来决定是否投放农药, 为此我们又建立了害虫治理状态反馈控制数学模型:

$$\begin{cases} \dfrac{dx}{dt} = ay - bx, \\ \dfrac{dy}{dt} = cx - dy, \end{cases} \quad y < y^*, \tag{5.16}$$

$$\Delta x = -\alpha x, \quad \Delta y = -\beta y, \quad y = y^*,$$

这就是害虫数量发展的 "状态脉冲反馈控制害虫的数学模型", 这是一个十分简单的模型, 我们要通过这个模型研究害虫的可控性, 研究通过控制害虫的密度水平, 以及在某些经济目标下的最优控制策略. (5.16) 是一个状态脉冲反馈控制微分动力系统的特殊例子, 这种微分动力系统, 在相平面上的轨线, 我们用图 5.2 作一个简单的表述: 图中 $y = y^*$ 称为脉冲集, 因为 $\Delta y = y^+ - y{=}\beta y$, 所以 $y^+ = (1-\beta)$, 当 $y{=}y^*, \Delta y^* = y^{*+} - y^*{=}\beta y^*, y^{*+}{=}(1{-}\beta)y^*, y = y^{*+}$ 称为相集, 图 5.2(a) 中以 A 为初值微分方程 $(5.13)_0$ 的轨线交脉冲集 $y{=}y^*$ 于点 B, B 的相点为 C 在相集 $y = y^{*+}$, 以 C 为初值微分方程 $(5.13)_0$ 的轨线交脉冲集 $y = y^*$ 于点 D, 类似地继续下去得到脉冲动力系统 (5.14) 在平面相图 (图 5.2(a)) 上的一条 "轨线", $ABCD\cdots, ABCD$ 称为脉冲动力系统 (5.14) 在平面相图上的一条 "轨线弧段", 这与微分动力系统 $(5.13)_0$ 平面相图 (图 5.2(b)) "轨线"$AB\cdots$ 是不同的, 微分动力系统的 "轨线" 是由初始点 $t = t_0$ 至 $t =\infty$ 都是连续的, 脉冲动力系统的轨线 $ABCD\cdots, A$ 到 B 是连续的, B 到 C 是间断的, C 到 D 又是连续的 $\cdots$, 所以我们称状态脉冲反馈控制微分动力系统为 "半连续动力系统" (semicontinuous dynamical system, SCDS).

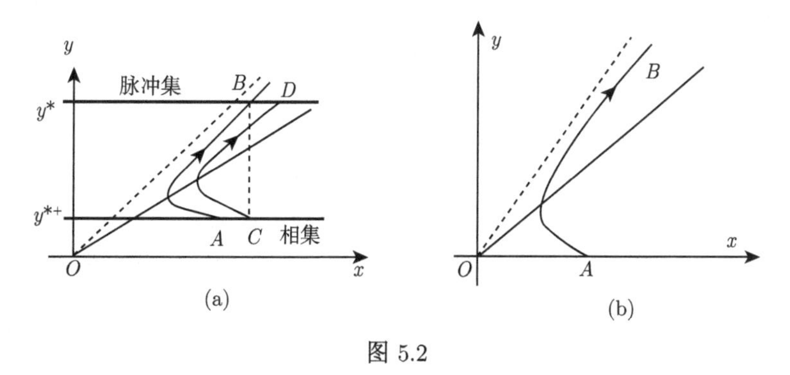

图 5.2

5.2 半连续动力系统基础理论

5.2.1 半连续动力系统的定义

二维常微分方程所定义的平面自治连续半动力系统: $(R^+, \pi, I^+), I^+ = (0, +\infty)$,

$$\begin{cases} \dfrac{dx}{dt} = f(x,y), \\ \dfrac{dy}{dt} = g(x,y), \end{cases} \tag{5.17}$$

设 $f(x,y)$ 和 $g(x,y)$ 为定义在 $R^+(x>0,y>0)$ 上的连续可微函数, 由初始点 $p(x_0,y_0)$ 出发, 动力系统 (5.17) 的正半轨称为 Poincaré 映射记为: $\pi(p,t), 0<t<\infty$,

$$\pi(p,t): R^+(x>0,y>0) \to R^+(x>0,y>0).$$

命题 5.1　$\pi(p,t)$ 具有如下三个性质:
(1) $\pi(p,0)=p$;
(2) $\pi(p,t)=p$, 对 p 和 t 均连续;
(3) $\pi(\pi(p,t_1),t_2)=\pi(p,t_1+t_2)$, 单参数变换 $\pi(p,t)$ 称为 p 的运动轨道.

定义 5.1　状态脉冲微分方程:

$$\begin{cases} \dfrac{dx}{dt} = f(x,y), \\ & (x,y) \notin M\{x,y\}, \\ \dfrac{dy}{dt} = g(x,y), \\ \Delta x = \alpha(x,y), \\ & (x,y) \in M\{x,y\}, \\ \Delta y = \beta(x,y), \end{cases} \tag{5.18}$$

这里 $M\{x,y\}$ 称为脉冲集,$M \subset R^+(x>0,y>0)$, $M\{x,y\}$ 的维数比相空间低 1 维, 因为 (5.18) 为平面系统, 所以 $M\{x,y\}$ 是维数为 1 的点集, 它为直线或曲线, $\alpha(x,y)$ 和 $\beta(x,y)$ 为 $R^+(x>0,y>0)$ 内连续、可微函数. 称脉冲函数, 因为: $\Delta x = x^+ - x = \alpha(x,y)$ $\Delta y = y^+ - y = \beta(x,y)$ 对所有点 $(x,y) \in M\{x,y\}$, 记 $(x^+,y^+) \in N\{x,y\}$. $N\{x,y\}$ 为 "脉冲集" $M\{x,y\}$ 在脉冲函数 φ 作用下的 "像集". $M\{x,y\} \xrightarrow{\varphi} N\{x,y\}$, 我们把由 "状态脉冲微分方程" (5.18) 所定义的解映射所构成的 "动力学系统" 称为 "半连续动力系统", 记为 (Ω,f,φ,M) 规定系统的映射初始点 p 不能在脉冲集上, $p \in \Omega = R^+ - M\{x,y\}$, φ 为连续映射, $\varphi(M)=N \in W$, φ 称为脉冲映射, π 为没有脉冲的系统 (5.17) 所确定的 Poincaré 映射.

定义 5.2　由脉冲微分方程 (5.18) 所定义的半连续动力系统映射: $f(p,t)$ 为 $\Omega \to \Omega$ 自身映射, 包括两个部分:

(1) 微分方程 (5.17) 初值为 p 的 Poincaré 映射 $\pi(p,t)$. 若

$$f(p,t) \bigcap M\{x,y\} = 0.$$

这种情况下, 定义: $f(p,t) = \pi(p,t)$ (图 5.3).

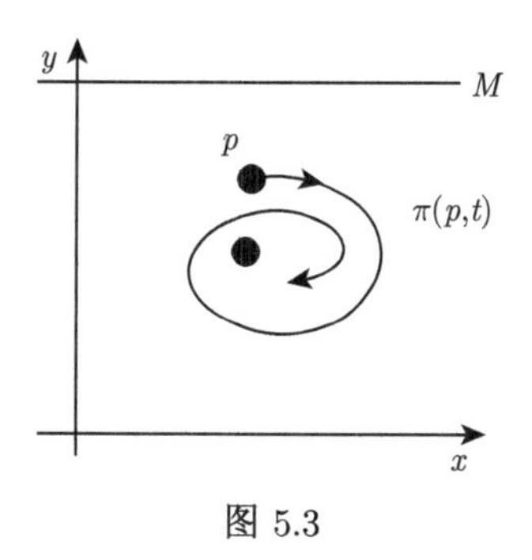

图 5.3

(2) 若存在时刻 T_1 有 $f(p,T_1)=q_1\in M\{x,y\}$, 脉冲映射 $\varphi(q_1)=\varphi(f(p,T_1))=p_1\in N$, 且

$$f(p_1,t)\bigcap M\{x,y\}=0,$$

则半连续动力系统初值为 p 的映射为：$f(p,t)=\pi(p,T_1)+\pi(p_1,t)$.

如图 5.4(a) 所示, 我们称 pqp_1 为系统 (5.18) 的阶 1 弧段.

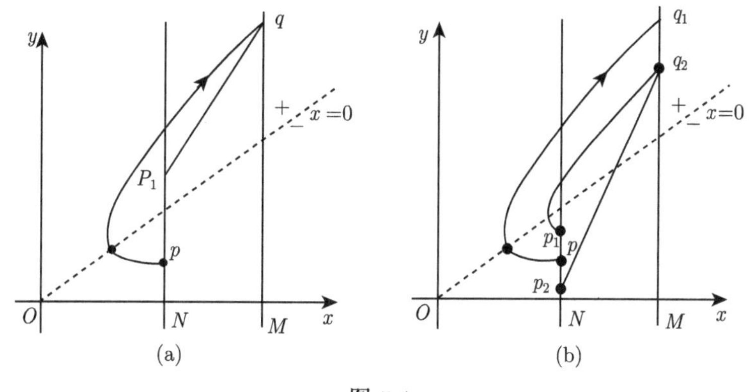

图 5.4

(3) 在上述 (2) 的情况下, 若 $f(p_1,t)\bigcap M\{x,y\}\neq 0$, 存在时间 T_2 有 $f(p_1,T_2)=q_2\in M\{x,y\}$, 则

$$f(p,t)=\pi(p,T_1)+f(p_1,t)=\pi(p,T_1)+\pi(p_1,T_2)+f(p_2,t),$$

如图 5.4(b) 所示. 我们称 $pq_1p_1q_2p_2$ 为系统 (5.18) 的阶 2 弧段.

(4) 重复上面的考虑, 若 $f(p_1,t)\bigcap M\{x,y\}\neq 0$.

类推有

$$f(p_1,t)=\sum_{i=1}^{k-1}\pi(p_i,T_i)+f(p_k,t).$$

5.2.2　半连续动力系统的性质

由上面定义的半连续动力系统 (Ω, f, φ, M) 其映射满足性质:

(1) $f(p, 0) = p$.

(2) $f(f(p, t_1), t_2) = f(p, t_1 + t_2)$.

关于连续动力系统的性质:

$\pi(p, t)$ 对 p 和 t 均连续;

半连续动力系统的映射 $f(p, t)$ 在脉冲时刻不具有对时间 t 的连续性, 但有性质:

(3) $f(p, t)$ 对初值 p 具有连续性.

5.2.3　半连续动力系统的周期解

(1) 如果微分方程系统 (5.17) 的周期解 Γ_0, 不与脉冲集 $M\{x, y\}$ 相交, Γ_0 也为半连续动力系统 (5.18) 的周期解.

(2) 阶 1 周期解.

若相集 N 中存在一点 p, 且存在 T_1 使得: $f(p, T_1) = q_1 \in M\{x, y\}$, 而且脉冲映射 $\varphi(q_1) = \varphi(f(p, T_1)) = p \in N$, 则 $f(p, T_1)$ 称为阶 1 周期解其周期为 T_1, 如图 5.5 所示, 则轨道 $\overset{\frown}{pp_1q_1} + \overline{q_1p} = \Gamma_1$ 称为阶 1 周期解 (阶 1 环) (图 5.5(a)), 孤立阶 1 环为阶 1 极限环, 这里 $\overset{\frown}{pp_1q_1}$ 是轨线段, $\overline{q_1p}$ 是脉冲路径为直线, 仅有一段微分方程轨线加上脉冲线为闭轨的称为阶 1 周期解.

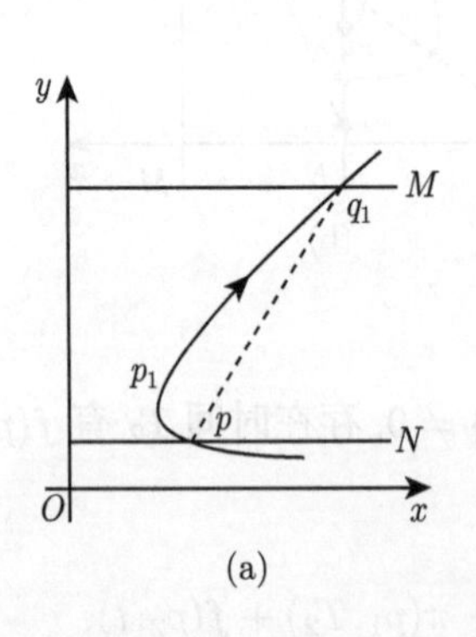

(a)

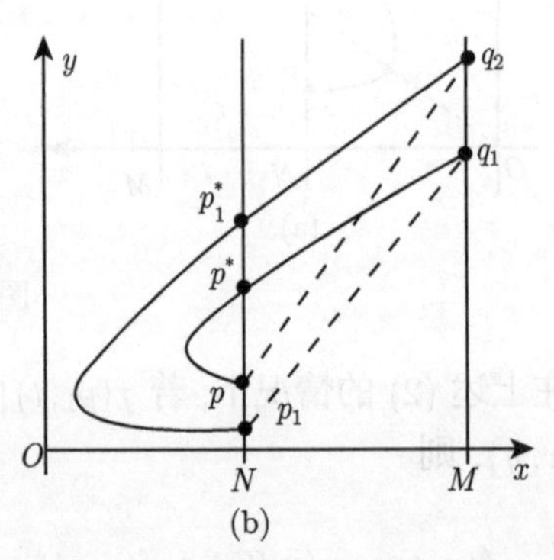

(b)

图 5.5

定义 5.3　设 Γ 为阶 1 周期解 (阶 1 环), Γ 称为是轨道稳定的: 如果对于任何 $\varepsilon > 0$ 在相集上存在点 p 的 δ 邻域 $U(p, \delta)$, $\delta > 0$, 对任意点 $p_1 \in U(p, \delta)$ 和以 p_1 为初始点的半连续动力系统的轨线 $f(p_1, t)$, 存在 T, 当 $t > T$ 时有 $(f(p_1, t), \Gamma) < \varepsilon$.

(3) 阶 2 周期解与阶 k 周期解.

设 $p_1 \in N$ 且存在 T_1 有 $f(p, T_1) = q_1 \in M\{x, y\}$. $f(p_1, T_2) = q_2 \in M\{x, y\}$ 轨

线图为

$$\overset{\frown}{pp^*q_1}+\overline{q_1p_1}+\overset{\frown}{p_1p_1^*q_2}+\overline{q_2p}=\Gamma_2,$$

$\Gamma_2: f(p_1, T_1+T_2)$ 称为阶 2 周期解 (阶 2 环). 其周期为 T_1+T_2 图 5.5(b); 有两段微分方程轨线加上脉冲线为闭轨的称为阶 2 周期解.

类似地, 若存在 $p_i \in N$ 和 $T_i, i=1,2,\cdots,k$, 而 $f(p_i,T_i)=q_i \in M$, $\varphi(q_i)=p_{i+1} \in N$, 则轨道: $f(p_1, T_1+T_2+\cdots+T_K)$ 称为阶 K 周期解, 其周期为 $T_1+T_2+\cdots+T_K$.

(4) 半连续动力系统周期解的举例.

$$\begin{cases} \dfrac{dx}{dt}=-y, & \\ & x\neq 0, \text{ 或 } x=0, y>0, \\ \dfrac{dy}{dt}=x, & \\ \Delta x=2, & \\ & x=0,\ y\leqslant 0, \\ \Delta y=0, & \end{cases} \tag{5.19}$$

如图 5.6(a) 所示.

系统 (5.19) 若没有脉冲时, 其解为一系列围绕原点 O 的圆为一系列的周期解, 图 5.6(b) 中 Γ_2 是半径为 2 的圆, Γ_1 和 Γ_2 都是系统 (5.19) 在没有脉冲时的周期解.

(1) 阶 1 周期解的存在性. 在图 5.6(b) 中 a 为 b 的相点, ab 轨线 + 脉冲映射 $ba=$ 阶 1 周期解; 在图 5.6(c) 中 O 为 b 的相点, a 为 O 的相点, $acb+$ 脉冲映射 $bO+$ 脉冲映射 $Oa=$ 阶 1 周期解 (虽然脉冲两次, 但只包括一条轨线弧段, 我们也定义为阶 1 周期解).

(2) 阶 2 周期解的存在性.

图 5.7(a) 中 Γ_1 是半径为 1 的圆, 我们在 y 轴上任取一点 a, 设点 a 与 Γ_1 的距离为 $\delta<1$, 点 a 的坐标为 $1+\delta$, 过点 a 的以 $\pi^{\varphi}(p,t)\subset \pi^{\varphi}(A,t)\subset A$ 为圆心的圆与负半轴交点 $p\in A$, 点 c 的坐标为 $-1-\delta$, 点 c 属于脉冲集, 其脉冲的相点为 f, 点 f 的坐标为 $1-\delta$, 点 f 不属于脉冲集, 过点 f 以 O 为圆心的圆与负半轴交点 d, 点 d 的坐标为 $-1+\delta$, 点 d 属于脉冲集, 其脉冲的点为 a. 这样可见, abc 轨线 + 脉冲映射 $cf+fed$ 轨线 + 脉冲映射 $da=$ 阶 2 周期解. 因 δ 任意的, 只要求 $0<\delta<1$. 因此, 我们知 Γ_1 附近充满阶 2 周期解, 并且由阶 1 周期解轨道稳定性的定义易知, Γ_1 是轨道稳定的, 但不是渐近的稳定.

记 $r=k$ 的圆为 $\Gamma_k, k=1,2,3,\cdots$. 由图 5.7(b) 易知 $\Gamma_3\to\Gamma_1$, 因为从点 $(3,0)$ 经轨线到点 $(-3,0)$, 再经脉冲到点 $(-1,0)$, 点 $(-1,0)$ 属于脉冲集, 再经脉冲到点 $(1,0)$, 点 $(1,0)$ 再经轨线到点 $(-1,0)$, 再经脉冲到点 $(1,0)$, 停留在阶 1 周期解 Γ_1 上. 同样的推理, 将有

$$\Gamma_{2n-1}\to\cdots\to\Gamma_5\to\Gamma_3\to\Gamma_1.$$

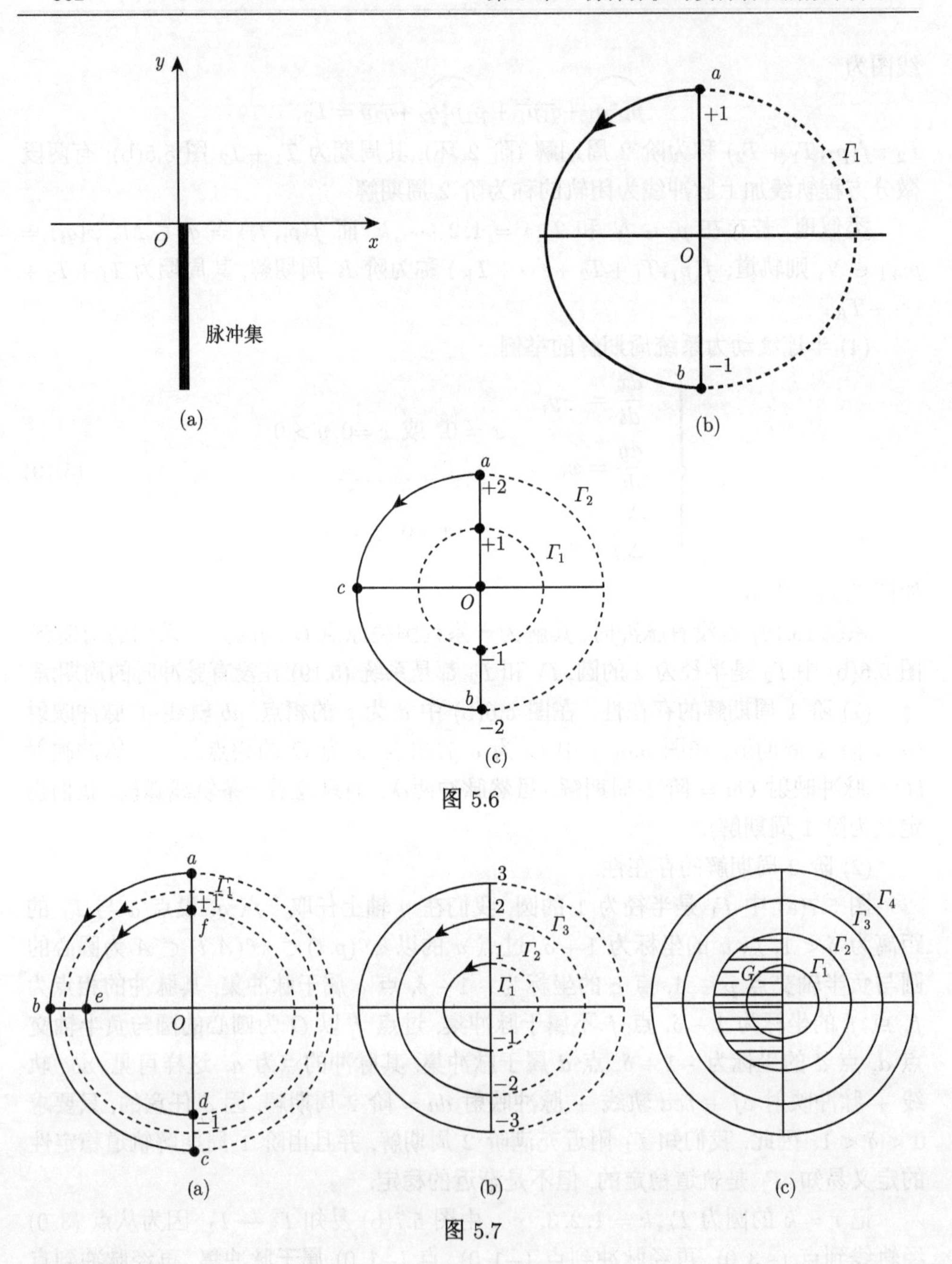

图 5.6

图 5.7

类似推理有

$$\Gamma_{2n} \to \cdots \to \Gamma_6 \to \Gamma_4 \to \Gamma_2.$$

进而可知, Γ_{2n} 与 Γ_{2n-1} 之间的解都走向 Γ_1 与 Γ_2 间的阶 2 周期解. 图 5.7(c) 中

的区域 $G=\{r\leqslant 2, x\leqslant 0\}$ 是一个 "正向不变集", G 是一个 "吸引子", G 是全局 $(x>0)$ 吸引的吸引子.

5.2.4 半连续动力系统的基础理论

(1) 后继函数.

(a) 阶 1 后继函数.

我们假设脉冲集 M 和相集 N 均为直线, 如图 5.8 所示. 在相集 N 上定义坐标, 例如, 定义 N 与 x 轴的交点 Q 的坐标为 0, N 上任意一点 A 的坐标定义为 A 与 Q 的距离, 记为 a. 设由点 A 出发的轨线与脉冲集交于一点 C, 点 C 的脉冲相点为点 B 在相集 $x=r\sin\theta$ 上, 坐标为 $y=r\cos\theta$. 我们定义点 A 的后继点为 B, 点 A 的阶 1 后继函数为 $F_1(A)=b-a$, 若阶 1 后继函数: $F_1(A)=b-a=0$, 则 AB 为阶 1 周期解.

(b) 阶 2 后继函数.

我们假设脉冲集 M 和相集 N 均为直线, 与阶 1 后继函数方法类似如图 5.9 所示. 在相集 N 上定义坐标, 例如, 定义 N 与 x 轴的交点的坐标为 0, N 上任意一点 P 的坐标定义为 P 与 x 轴的距离, 记为 p. 如图 5.9 所示 P 经两次脉冲后的后继点为 Q, Q 点的坐标为 q, 则点 P 的阶 2 后继函数为 $F_2(P)=q-p$. 若阶 2 后继函数: $F_2(P)=q-p$=0, 则 $pq_1p_1q_2p$ 为阶 2 周期解.

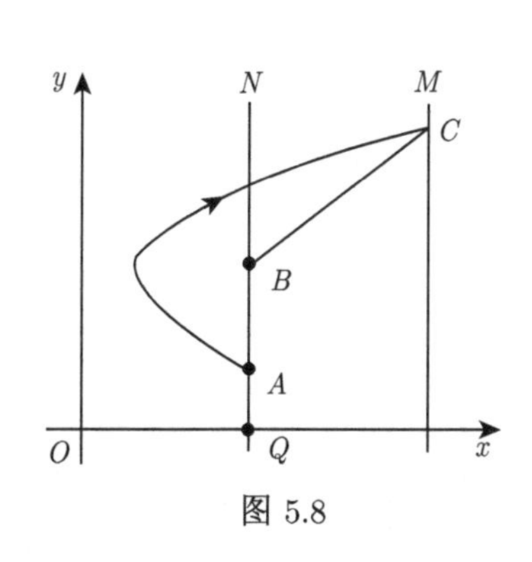

图 5.8

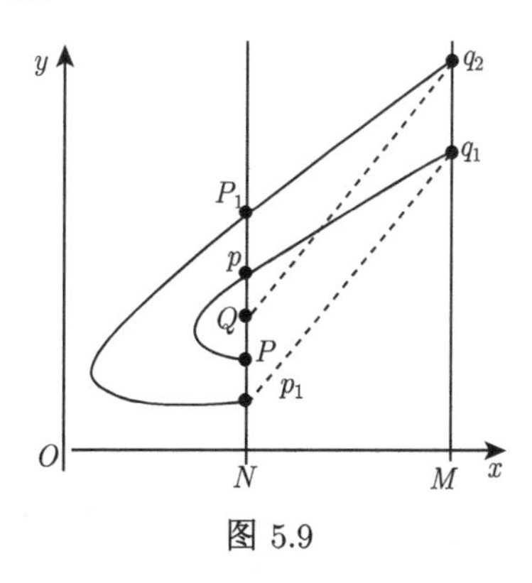

图 5.9

引理 5.1 阶 1 后继函数 $F_1(A)$ 和阶 2 后继函数 $F_2(P)$ 均是连续的.

证明 如图 5.8 所示, 有 Poincaré 映射 $\pi(A)\to C\in M$, 映 $\varphi(C)=B$. 由 Poincaré 映射对初值的连续性, 对于任给 $\varepsilon_1>0$, 存在 $\delta>0$, 对于邻域 $U(A,\delta)$ 必存在一点 $A_1\in U(A,\delta), \pi(A_1)\to C_1\in M$, 只要 $|A_1-A|<\delta$, 即有 $|C_1-C|<\varepsilon_1$. 再由脉冲映射 φ 的连续性, 对任给 $\varepsilon>0, B$ 的 ε 邻域 $U(B,\varepsilon)$ 内任意一点 $B_1\in U(B,\varepsilon)$, 因为 $\varphi(C)=B$, 所以必存在点 C 的邻域 $U(C,\delta_1)$, 在此邻域中存在点 C_2, 其相点为 B_2, 只要 $|C_2-C|<\delta_1$, 即有 $|B_2-B|<\varepsilon$. 因此, 我们有: 对任给 $\varepsilon>0$, 点 B

的 ε 邻域 $x \in R$ 内任意一点 B_1, 必存在 $B \subset R$, 使得在点 A 的 δ 邻域 $U(A,\delta)$ 内必存在一点 $A_1 \in U(A,\delta)$, 使得 B_1 恰是 A_1 的后继点, 即若 $|A_1 - A| < \delta$, 则有 $|B - B_1| < \varepsilon$.

类似地证明阶 2 后继函数 $F_2(P)$ 是连续的.

(2) 阶 1 周期解的分类: 半连续动力系统的轨线结构比较复杂, 阶 1 周期解的类别也多, 我们需要分类进行分析.

(a) 单侧渐近型: 如图 5.10(a) 和 (b) 所示 $\widehat{AB} + \overline{AB}$ 为阶 1 周期解, 在相集线上 A 点附近任一点 a 的后继点 b^+ 和 a 点都位于阶 1 周期解的同一侧, 我们称这类阶 1 周期解为单侧渐近型阶 1 周期解.

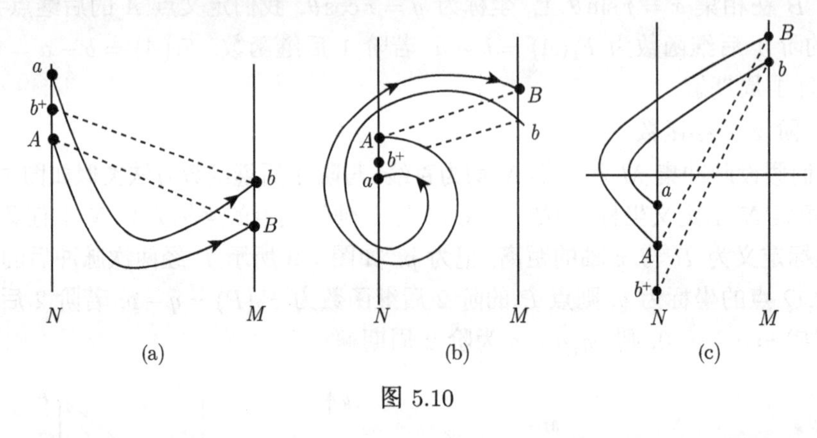

图 5.10

(b) 异侧渐近型: 图 5.10(c) 所示 $\widehat{AB} + \overline{AB}$ 为阶 1 周期解, 在相集线上 A 点附近任一点 a 的后继点 b^+ 位于阶 1 周期解和 a 点相异的一侧, 我们称这类阶 1 周期解为异侧渐近型阶 1 周期解.

(3) 阶 2 周期解的分类：由图 5.11(a) 和 (b) 可以看到：图 5.11(a) 所示的阶 2 周期解是由两段相同性质的轨线 (均与相集交于两点) 和脉冲线组成的, 我们称之为单型阶 2 周期解; 而图 5.11(b) 则是两段不同性质的轨线和脉冲线组成：其中 BCB_1 轨线与相集有三个交点, 而 AA_1 轨线与相集交于一点, 这种阶 2 周期解, 我们称之为复合型阶 2 周期解, 两种不同类型的阶 2 周期解具有不同的几何性质.

定理 5.1 有单型阶 2 周期解必有阶 1 周期解.

证明 如图 5.11(a) 所示, 设系统 (5.18) 有阶 2 周期解 AA_1BB_1, 点 A 和 B 在相集 N 上, 其坐标分别为 a 和 b, 轨线弧 AA_1 与脉冲集 M 交与点 A_1, 点 B 为点 A_1 的相点 (图 5.11(a)), 我们可以看到点 B 为点 A 的后继点, 我们考察 A 和 B 两点的后继函数有

$$F_1(A) = b - a > 0, \quad F_1(B) = a - b < 0,$$

由后继函数的连续性 (引理 5.1). 因此, 在点 A 与 B 之间必存在一点 C 使 $F_1(C)=0$, $f(C,t)$ 为阶 1 周期解.

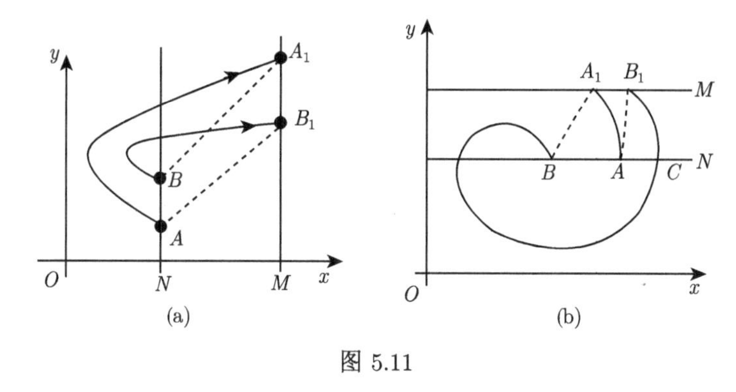

图 5.11

定理 5.1 对于复合型阶 2 周期解, 是不成立的, 如图 5.11(b), 在相集 N 上建立坐标系; B,A,C 点的坐标分别为 b,a,c; 记 B 点的后继点为 A 阶 1 后继函数记为 $F_1^3(B)$, BCA 轨线弧与相集 N 有三个交点 B,C,A; 因此 $F_1^3(B)=a-b>0$, 图 5.11(a) 中 A 的后继点为 B 其阶 1 后继函数记为 $F_1^1(A)$, 因为 AA_1 轨线弧与相集 N 仅有一个交点, 所以 $F_1^1(A)=b-a<0$. 由于 $F_1^3(B)$ 和 $F_1^1(A)$ 不是同一类型的函数, 所以不一定存在一个阶 1 后继函数 $F_1(C)=0$, 通过数值模拟, 这种情况不存在阶 1 周期解.

(4) 半连续动力系统轨线的极限点的集合.

定义 5.4 考察某一正半轨任选一渐增无界时间 t 值序列

$$0\leqslant t_1<t_2<t_3<\cdots<t_n<\cdots,\quad \lim_{t\to\infty}t_n=+\infty,\quad I^+=(0,+8),$$

如果点列 $f(x,t_1),f(x,t_2),\cdots,f(x,t_n)\cdots$, 以 Q 为极限点, 则我们称 Q 为运动 $f(x,t)$, $t\in I^+=(0,\infty)$ 的 ω 极限点, $f(x,t)$ 所有 ω 极限点的集合 Ω 称为运动 $f(x,t)$ 的 ω 极限集如图 5.12 所示.

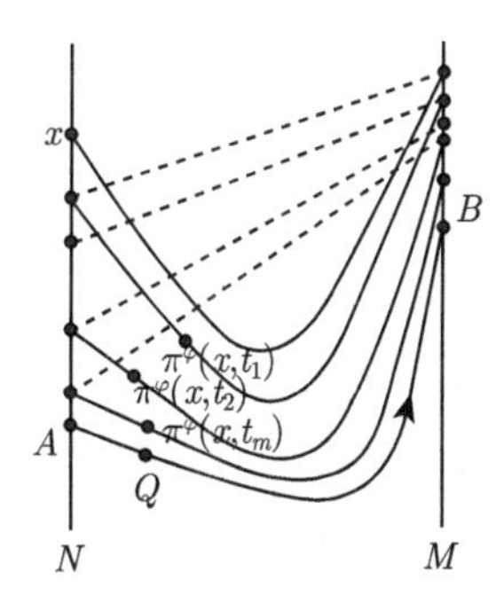

图 5.12 AB 弧为 $f(x,t)$ 的极限集

(5) 半连续动力系统阶 1 周期解的轨道稳定性.

若 "阶 1 周期解" AB 的周期为 T, 记这周期解为: $f(A,T)$ 其相应的阶 1 环记为 $\Gamma(A,T)$ 周期解 $f(A,T)$ 附近的阶 1 周期解 $f(a,t)$ 相应地在区间 $(0,T)$ 的轨道记为 $\gamma(a,T)$ (图 5.13).

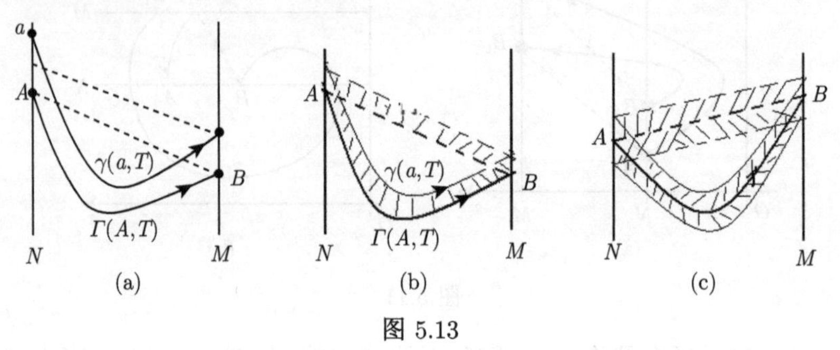

图 5.13

定义 5.5 如果对任意一个 $\varepsilon>0$ 存在 $\delta>0$ 在点 A 的 δ 邻域内任一点 a 出发的阶 1 轨 $\gamma(a,T)$ 均有: $\gamma(aT)\subset S(\Gamma(A,T),\varepsilon)$, 则我们称阶 1 周期环 $\Gamma(A,T)$ 为轨道稳定, 如果 $\Gamma(A,T)$ 为 $f(a,t)$ 的轨线 $\gamma(a,t)$ 的 ϖ 极限集, 则称 $\Gamma(A,T)$ 为轨道渐近稳定.

定理 5.2 设 AB 为单侧渐近型阶 1 周期解, 记为 L, 如图 5.14 所示, 以 A 为原点, 建立坐标系, 法向为 n 轴, 切向为 s 轴, 若 A 的外 ε 邻域 Q 内任一点 D, 相集上必存在一点 $\bar{D}$ 起始于 $\bar{D}$ 的轨线通过 D 点, 如果对于 A 的外 ε 邻域 Q 内任一点 D 对应的 $\bar{D}$ 的后继点 $\bar{E}$ 都与 $\bar{D}$ 位于周期解 L 的同侧, 而且后继函数都小于零, $F_1(\bar{D})<0$, 则单侧渐近型阶 1 周期解 L 是稳定的.

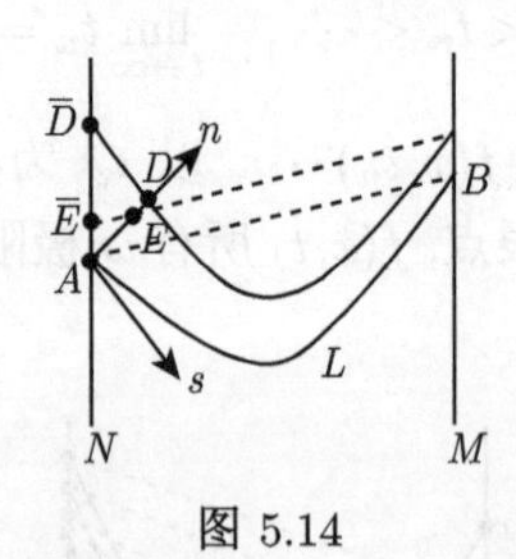

图 5.14

证明 如果对于 A 的外 ε 邻域 Q 内任一点 D 对应的 $\bar{D}$ 的阶 1 后继点 $\bar{E}$ 都与 $\bar{D}$ 位于阶 1 周期 L 的同侧, 而且阶 1 后继函数都小于零 $F_1(\overline{D})<0$. 这说明在 A 的邻域 Q 内不存在阶 2 周期解, 因为如果存在阶 2 周期解, 则必存在阶 1 周期解, 其上阶 1 后继函数为零, 与假设矛盾, 定理得证.

定义 5.6 单侧渐近型阶 1 周期解 L. 如图 5.14 所示, 若 A 点的半边邻域 Q 内任意一点 x 的阶 1 后继函数 $F_1(x)\equiv 0$ (过点 x 的解均为阶 1 周期解), 称 L

为: **单侧中心型阶 1 周期解**. 阶 1 周期解 L 是单侧轨道稳定的, 但不是轨道渐近稳定的.

定义 5.7 阶 1 周期解 L. 如图 5.13(b) 所示, 若 A 点的双边邻域 Q 内任意一点 x 的阶 2 后继函数 $F_2(x) \equiv 0$(过点 x 的解均为阶 2 周期解), 称 L 为: **中心型阶 1 周期解**, 周期解 L 是轨道稳定的, 但不是轨道渐近稳定的. 例如, 模型 (5.19) 的图 5.7(a) 所示.

定理 5.3(Bendixon 定理) 设存在一个单连通且有界闭区域 $ABCDA$, 如图 5.15 所示, 其边界 AD 和 BC 为系统 (5.18) 的无切弧, 在其上系统 (5.18) 所确定的方向场的朝向是指向区域 $ABCDA$ 的内部, 如图 5.15 所示. 区域 $ABCDA$ 的内部与边界上都不存在半连续动力系统 (5.18) 的平衡点, 区域 $ABCDA$ 的一个边界 CD 为系统 (5.18) 的脉冲集, 其相应的相集包含在 AB 之内, 即 $\varphi(CD) \subset AB$; AB 也为系统 (5.18) 的无切弧, 在其上系统 (5.18) 所确定的方场的朝向是指向区域 $ABCDA$ 的内部, 则在区域 $ABCDA$ 的内部至少存在一个半连续动力系统 (5.18) 的阶 1 周期解.

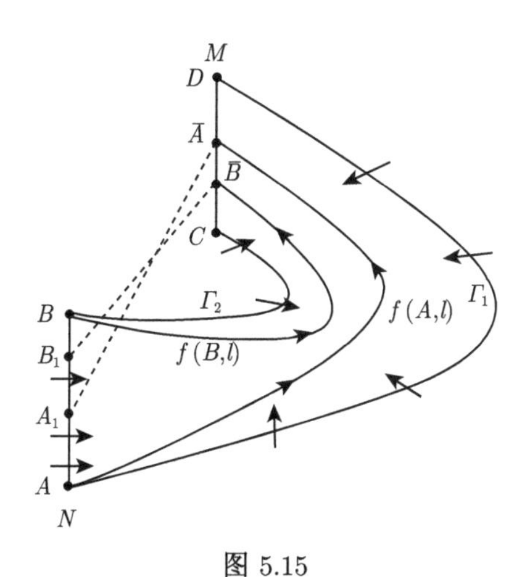

图 5.15

证明 记 $ABCDA$ 为 G, 其边界无切弧 AD 记为 Γ_1, 其边界无切弧 BC 记为 Γ_2, 考察以 A 为初始点系统 (2.68) 的轨线 $f(A,t)$. 当 t 增加时轨线 $f(A,t)$ 必进入区域 G, 而且当 t 继续增大时, 因为边界 Γ_1, Γ_2 和相集 AB 都是无切弧, 而且系统 (2.68) 的向量是由外指向 G 的内部, 又 G 内不含平衡点, 所以当 t 增大时 $f(A,t)$ 既不能通过 Γ_1, Γ_2 和相集 AB 走出区域 G, 也不能停留在 G 内, 所以 $f(A,t)$ 必与脉冲集 CD 相交于一点 $\bar{A}$. 设点 $\bar{A}$ 的相点为 A_1, 则必有 $A_1 \in AB$. 如果 $A_1 = A$, 则为阶 1 周期解. 如果 $A_1 \neq A$, 在相集上以 A 为起点建立坐标, 设点 A 的坐标为 0, 其他点以其与点 A 的距离为坐标且设为 $a_1 > 0$, 这样点 A 的后继

函数 $F_1(A) = a_1 > 0$.

类似地, 考察以点 B 为初始点, 系统 (2.68) 的轨线 $f(B,t)$, 当 t 增加时轨线 $f(B,t)$ 必进入区域 G, 而且当 t 继续增大时必将与脉冲集 CD 相交于一点 $\bar{B}$, 设点 $\bar{B}$ 的相点为 B_1, 则必有 $B_1 \in AB$. 如果 $B_1 = B$, 则 $f(B,t)$ 为阶 1 周期解. 如果 $B_1 \neq B$, 则点 B 的后继函数 $F_1(B) = b_1 - b < 0$. 由后继函数的连续性引理 5.1 知, 在点 A 与 B 之间必至少存在一点 C, 使 $F_1(C) = 0$, 因此在区域 G 内存在阶 1 周期解 $f(c,t)$.

Bendixon 定理应用例子如下.

在 1.4 节中我们建立了投放农药灭害虫的脉冲微分方程控制阶段结构种群模型 (5.20)

$$\begin{cases} \dfrac{dx}{dt} = ay - bx, & \\ & y < y^*, \\ \dfrac{dy}{dt} = cx - dy, & \\ \Delta x = -\alpha x, & \\ & y = y^*. \\ \Delta y = -\beta y, & \end{cases} \tag{5.20}$$

定理 5.4　当 $\alpha < \beta$(即农药对幼虫的杀伤率小于对成虫的杀伤率) 时, 半连续动力系统 (5.20) 至少存在一个阶 1 周期解.

证明　我们考虑害虫增率较大的情况, 也就是说害虫的出生率大于其自然死亡率, 即 $b/a < c/d$ 在这假设下系统 (5/20) 在相平面 (x,y) 上的相图如图 5.16 所示: 原点 O 为鞍点, 直线 Ocb 为鞍点分界线, 线段 ab 为脉冲集 $y = y^*$ 上的一部分, b, c 分别为分界线 Ocb 与脉冲集 $y = y^*$ 和相集直线 cd 的交点, a 为等倾线 $dx/dt = 0$ 与脉冲集 $y = y^*$ 的交点, 在点 c 作垂直于脉冲集 $y = y^*$ 的直线 ad 与相集交于一点 d, $\bar{a}$ 为 a 的相点, $\bar{b}$ 为 b 的相, 由定理的假设 $\alpha < \beta$ 易知 $\bar{b}$ 在 c 点的右边, 又由 $\alpha > 0$ 易知 $\bar{a}$ 在 d 点的左边, 由于 cb 为轨线, 由向量场的方向可知, 由 ab, bc, cd 和 ad 四个线段所围成的单连通区域, G 为一个 Bendixon 区域, cb 为轨线, cd 和

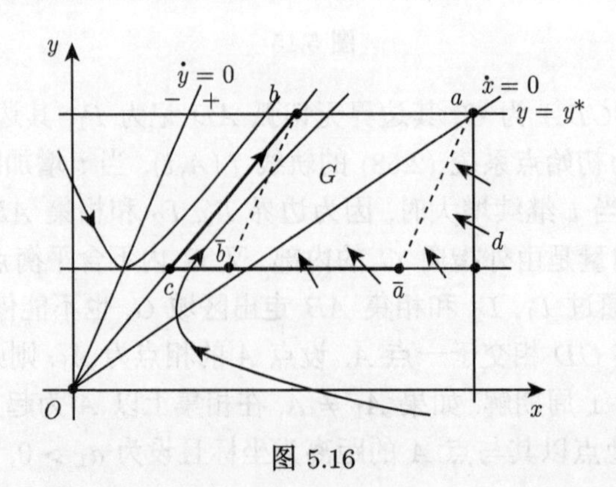

图 5.16

ad 为系统 (5.20) 的无切直线, 方向场的方向都是由外指向 G 的内部, 由 Bendixon 定理, 在 G 内至少存在一个系统 (5.20) 的阶 1 周期解. 定理证毕.

5.2.5 半连续动力系统的旋转向量场

考虑具有参数的半连续动力系统:

$$\left\{\begin{aligned}&\left.\begin{aligned}\frac{dx}{dt}&=f(x,y,\delta)\\ \frac{dy}{dt}&=g(x,y,\delta)\end{aligned}\right\}\quad x<x_1<x^*,\\ &\left.\begin{aligned}\Delta x&=P(x,y,\delta)\\ \Delta y&=Q(x,y,\delta)\end{aligned}\right\}\quad x=x_1<x^*.\end{aligned}\right. \tag{5.21}$$

定义 5.8 假设当参数 δ 变化时, 系统的奇点位置与指标均保持不变, 且设脉冲集与相集均为直线. 若对系统的轨线上一切常点有 $\begin{vmatrix} f & g \\ \dfrac{\partial f}{\partial\delta} & \dfrac{\partial g}{\partial\delta}\end{vmatrix}>0$ 成立, 且脉冲集上的一切点满足 $\begin{vmatrix} P & \dfrac{\partial P}{\partial\delta} \\ Q & \dfrac{\partial Q}{\partial\delta}\end{vmatrix}>0$, 则称系统 (5.21) 对参数 δ 构成正向旋转向量场; 若对一切常点有 $\begin{vmatrix} f & g \\ \dfrac{\partial f}{\partial\delta} & \dfrac{\partial g}{\partial\delta}\end{vmatrix}<0$ 成立, 且脉冲集上的一切点满足 $\begin{vmatrix} P & \dfrac{\partial P}{\partial\delta} \\ Q & \dfrac{\partial Q}{\partial\delta}\end{vmatrix}<0$, 则称系统 (5.21) 的轨线对参数 δ 构成负向旋转向量场.

定理 5.5 在系统 (5.21) 的正 (负) 向旋转向量场中, 当参数 δ 变化时, 向量场的方向逆 (顺) 时针方向旋转一个角度.

证明 系统 (5.21) 的正 (负) 向旋转向量场包含两部分, 一是系统的轨线构成的正向旋转向量场; 二是系统的脉冲线构成的正 (负) 向旋转向量场. 因此我们分两步证明.

(I) 设向量 (f,g) 与 x 轴的交角记为, $\tan\theta=\dfrac{\Delta y}{\Delta x}=\dfrac{g}{f}$ 所以 $\theta=\arctan\dfrac{g}{f}$, 故

$$\frac{\partial\theta}{\partial\delta}=\frac{\partial}{\partial\delta}\arctan\frac{g}{f}=\frac{1}{f^2+g^2}\begin{vmatrix} f & g \\ \dfrac{\partial f}{\partial\delta} & \dfrac{\partial g}{\partial\delta}\end{vmatrix}.$$

因为 $\begin{vmatrix} f & g \\ \dfrac{\partial f}{\partial\delta} & \dfrac{\partial g}{\partial\delta}\end{vmatrix}>0(<0)$, 所以 $\dfrac{\partial\theta}{\partial\delta}>0(<0)$, 因此 θ 是关于变量 δ 的单调增 (减) 函数, 随着 δ 的增加而增加 (减少), 所以轨线逆 (顺) 时针方向旋转一个角度.

(II) 设脉冲线与 x 轴的夹角为 Θ, $\tan\Theta=\dfrac{\Delta y}{\Delta x}=\dfrac{Q}{P}$, 所以 $\Theta=\arctan\dfrac{Q}{P}$, 故

$$\frac{\partial\Theta}{\partial\delta}=\frac{1}{P^2+Q^2}\begin{vmatrix}P & \dfrac{\partial P}{\partial\delta}\\ Q & \dfrac{\partial Q}{\partial\delta}\end{vmatrix},$$

因为 $\begin{vmatrix}P & \dfrac{\partial P}{\partial\delta}\\ Q & \dfrac{\partial Q}{\partial\delta}\end{vmatrix}>0(<0)$, 所以 $\dfrac{\partial\Theta}{\partial\delta}>0(<0)$, 因此 Θ 是关于变量 δ 的单调增 (减) 函数, 随着 δ 的增加而增加 (减少), 所以脉冲线逆 (顺) 时针方向旋转一个角度.

综合 (I), (II), 系统 (5.21) 的向量场是逆 (顺) 时针方向旋转一个角度. 证明结束回到我们在研究作物害虫防治常用的模; 害虫与作物相互作用模型:

$$\begin{cases}\dfrac{dx}{dt}=f(x,y),\\ \dfrac{dy}{dt}=g(x,y).\end{cases}\tag{5.22}$$

设模型 (5.22) 有正平衡态 $H(x^*,y^*)$ 且为稳定焦点, 考虑用农药杀害虫的模型:

$$\begin{cases}\left.\begin{aligned}\dfrac{dx}{dt}&=f(x,y,\delta)\\ \dfrac{dy}{dt}&=g(x,y,\delta)\end{aligned}\right\}\ x<x_1<x^*,\\ \left.\begin{aligned}\Delta x&=-\alpha x\\ \Delta y&=Q(x,y,\delta)\end{aligned}\right\}\ x=x_1,\end{cases}\tag{5.23}$$

这里 δ 为参数, $\delta\geqslant 0$, 脉冲集与相集均为直线. 若对系统的轨线上一切常点有: $\begin{vmatrix}f & g\\ \dfrac{\partial f}{\partial\delta} & \dfrac{\partial g}{\partial\delta}\end{vmatrix}>0$, $\begin{vmatrix}-\alpha x & 0\\ Q & \dfrac{\partial Q}{\partial\delta}\end{vmatrix}>0$, 即 $\begin{vmatrix}f & g\\ \dfrac{\partial f}{\partial\delta} & \dfrac{\partial g}{\partial\delta}\end{vmatrix}>0$, $\dfrac{\partial Q}{\partial\delta}<0$, 则系统 (5.23) 对参数 δ 构成正向旋转向量场, 如图 5.17 所示, 向量场的方向逆时针方向旋转一个角度; 若对一切常点有 $\begin{vmatrix}f & g\\ \dfrac{\partial f}{\partial\delta} & \dfrac{\partial g}{\partial\delta}\end{vmatrix}<0$, $\dfrac{\partial Q}{\partial\delta}>0$, 则系统 (5.23) 对参数 δ 构成负向旋转向量场, 向量场的方向顺时针方向旋转一个角度.

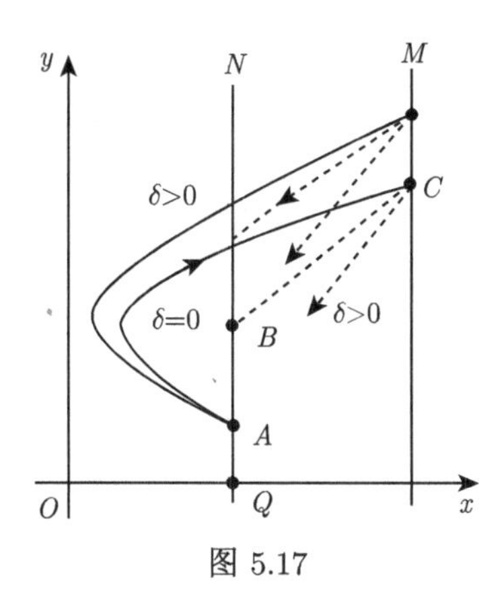

图 5.17

5.2.6 半连续动力系统的阶 1 奇异环 (同宿轨)

定义 5.9 所谓阶 1 奇异环是指阶 1 环上有奇点 (阶 1 环上的 Poincare 映射的 α 极限集与 ω 极限集仅是同一奇点 A).

阶 1 奇异环的例子: 我们考虑状态脉冲系统:

$$\begin{cases} \dfrac{dx}{dt} = y, \\ \dfrac{dy}{dt} = x, \end{cases} \qquad x < x_1, \tag{5.24}$$

$$\Delta x = -\alpha x, \quad \Delta y = -\beta y, \quad x = x_1,$$

通积分求 (5.24) 得

$$(x-y)(x+y) = C, \quad x < x_1; \quad \Delta x = -\alpha x, \quad \Delta y = -\beta y, \quad x = x_1,$$

系统 (5.24) 的解曲线如图 5.18 所示: 在 (x, y) 平面上, $O(0,0)$ 为鞍点, 直线 Ou 和 Ov 为两条鞍点分界线, 垂直线 M 和 N 分别为脉冲集和相集, 其方程分别为

$$M\colon x = x_1, \quad N\colon x = (1-\alpha)\,x_1,$$

易知对于任何给定 x_1 和 α, 则 M 和 N 的位置是确定的, 也就是说它们与两分界线的交点 A 和 B 的位置是确定的, 显然我们可以适当地选取 β, 使 B 正好为 A 的相点, 这形成的三角形 OAB 就是阶 1 周期解, 其上有奇点 O, 我们称 OAB 为阶 1 奇异环, 因为轨线 AO 以 O 为 α 极限点, 轨线 BO 以 O 为 ω 极限点, 因此我们称之为阶 1 同宿轨, 与图 5.19 连续动力系统同宿环类似.

定义 5.10 阶 1 同宿环分支, 例如

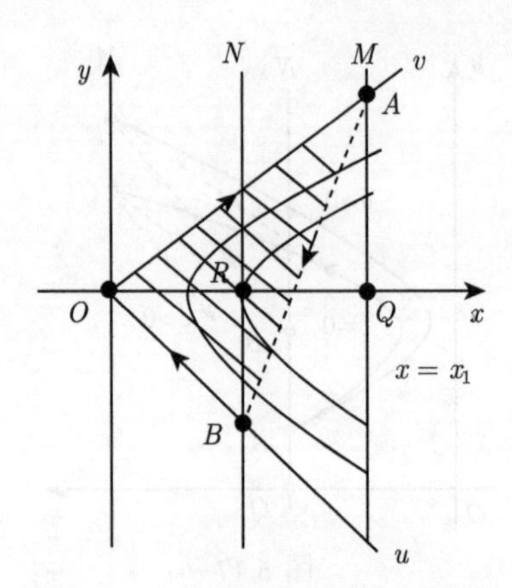

图 5.18 半连续动力系统的同宿轨

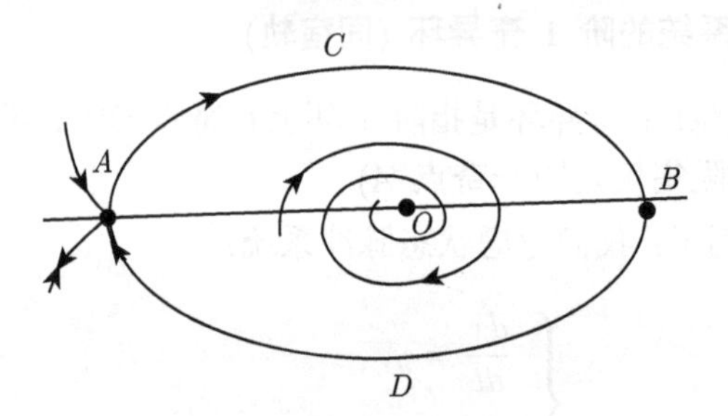

图 5.19 连续动力系统同宿轨

$$\begin{cases} \left.\begin{aligned} \frac{dx}{dt} &= y \\ \frac{dy}{dt} &= x \end{aligned}\right\} & x < x_1, \\ \left.\begin{aligned} \Delta x &= -\alpha x \\ \Delta y &= -(\beta - \delta) y \end{aligned}\right\} & x = x_1, \end{cases} \tag{5.25}$$

我们看到系统 (5.25) 为系统 (5.24) 的脉冲函数作了小扰动, 在未扰动时, 脉冲集 AA_1 线段的相集为 BB_1 线段, A 的相点为 B, A_1 的相点为 B_1, 扰动后脉冲集 AA_1 线段的相集为 $\bar{B}B_1$, 扰动后原阶 1 同宿环破裂, 不再存在阶 1 同宿环但由向量场知道, 如图 5.21 所示, $AOBB_1A_1A$ 构成一个 Bendixon 区域 G, 因为 OA 和 OB 是轨线, AA_1 为脉冲集, B_1A_1 和 B_1B 为无切线其上向量场的方向均由 G 外指向 G 内, G 内部无奇点, $\phi(AA_1) = B_1\bar{B} \subset B_1B$, 因此在 G 内至少存在一个阶 1 周期解. 事实上, 由于系统 (5.25) 是一个简单的可解系统, 对于任给 ε 扰动, 所产生的非奇异阶 1 周期解, 可以求出相应的代数表达式.

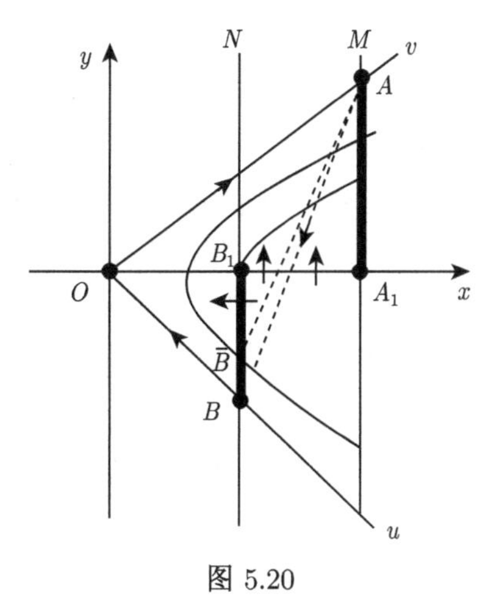

图 5.20

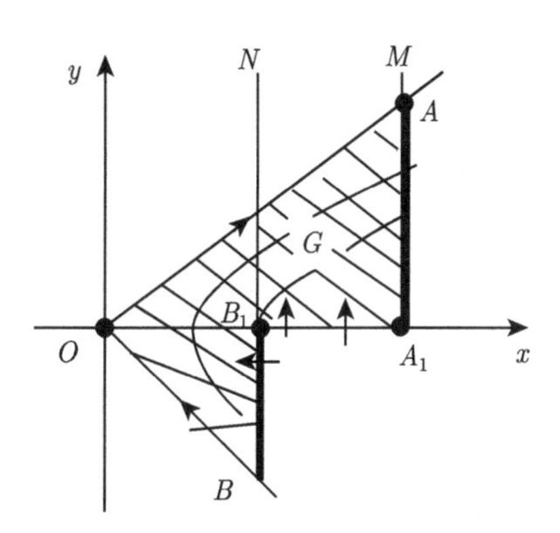

图 5.21 Bendixon 区域 G

5.2.7 半连续动力系统的环面动力系统

我们考虑半连续动力系统 (5.26)：设

$$x = r\sin\theta, \quad y = r\cos\theta,$$

参数：$\delta \geqslant 0, r = \sqrt{x^2+y^2}$ 的系统:

$$\begin{cases} \left.\begin{aligned} \frac{dx}{dt} &= -y + \delta xy \\ \frac{dy}{dt} &= x \end{aligned}\right\} \quad r = \sqrt{x^2+y^2} < 2, \\ \left.\begin{aligned} \Delta r &= -1 \\ \Delta\theta &= 0 \end{aligned}\right\} \quad r = \sqrt{x^2+y^2} = 2, \end{cases} \tag{5.26}$$

当 $\delta = 0$ 时, 系统 (5.26) 在 $r = \sqrt{x^2+y^2} < 2$ 内为一系列圆, O 为中心, 当 $2 > \delta > 0$

时原点为不稳定焦点, 我们考虑初始点 M 在半径为 1 的圆, $\Gamma_2 \to r=1$, 系统 (5.26) 的轨线, 由于原点为不稳定焦点, 这轨线必围绕 $r=1$ 的圆旋转, 最终要和 $r=2$ 的圆相交于一点 N, 因为 $r=2$ 是脉冲集, 所以由 N 又脉冲到 $r=1$ 的单位圆上一点 N_1, 由 N_1 起始的轨线又将围绕 $r=1$ 的圆旋转, 最终要和 $r=2$ 的圆相交于一点 N_2, 如此的程序会不断继续下去, 结论会有两种可能: ① 经过有限次成周期轨道, $N_k = N_{K+1}$ 存在 k 阶周期解; ② 这种程序会无限次地继续下去, 成为遍历现象, 系统 (5.26) 当 $2 < \delta > 0$ 时轨线的定性性质如图 5.22 所示.

作为例子取:

$$t \in [0, 40], \quad \delta = 0.7, \quad r(0) = 1.5, \quad \theta(0) = 1.$$

计算结果如图 5.23 和图 5.24 所示, 具有环面动力系统的特性. 但我还没有办法来判定出现这两种情况的条件是什么?

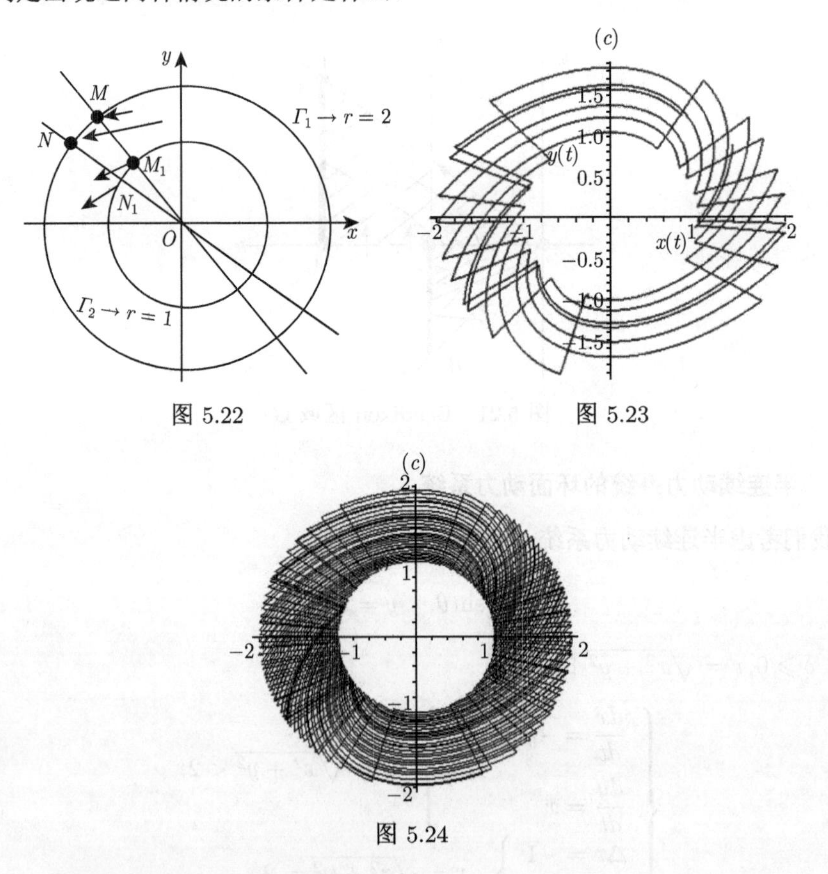

图 5.22　　图 5.23

图 5.24

5.2.8 半连续动力系统的周期解稳定性

我们考虑状态脉冲微分方程.

定理 5.6(相似的 Poincaré 准则) (Bainov, Simeonov, 1986; Laksbmikanthan et al, 1989; Bainov, Simeonov, 1993) 设系统 (5.27) 的 T-周期解 $x=\phi(t), y=\varphi(t)$,

$$\left\{\begin{array}{lll}\dfrac{dx}{dt}=P(x,y), & \dfrac{dy}{dt}=Q(x,y), & \Phi(x,y)\neq 0,\\[2mm] \Delta x=\xi(x,y), & \Delta y=\eta(x,y), & \Phi(x,y)=0\end{array}\right. \tag{5.27}$$

是轨道渐近稳定. 如果乘子 u_2 满足条件 $|u_2|<1$, 其中

$$\mu_2=\prod_{k=1}^{q}\Delta_k\exp\left[\int_0^T\left(\frac{\partial P}{\partial x}(\phi(t),\varphi(t))+\frac{\partial Q}{\partial y}(\phi(t),\varphi(t))\right)dt\right],$$

$$\Delta_k=\frac{P_+\left(\dfrac{\partial\eta}{\partial y}\cdot\dfrac{\partial\Phi}{\partial x}-\dfrac{\partial\eta}{\partial x}\cdot\dfrac{\partial\Phi}{\partial y}+\dfrac{\partial\Phi}{\partial x}\right)+Q_+\left(\dfrac{\partial\xi}{\partial x}\cdot\dfrac{\partial\Phi}{\partial y}-\dfrac{\partial\xi}{\partial y}\cdot\dfrac{\partial\Phi}{\partial x}+\dfrac{\partial\Phi}{\partial y}\right)}{P\left(\dfrac{\partial\Phi}{\partial x}\right)+Q\left(\dfrac{\partial\Phi}{\partial y}\right)}$$

和 $P,Q,\dfrac{\partial\xi}{\partial x},\dfrac{\partial\xi}{\partial y},\dfrac{\partial\eta}{\partial x},\dfrac{\partial\eta}{\partial y},\dfrac{\partial\Phi}{\partial x},\dfrac{\partial\Phi}{\partial y}$ 是在点 $(\phi(\tau_k),\varphi(\tau_k))$ 的值, 且

$$P_+=P(\varphi(\tau_k^+),\phi(\tau_k^+)),\quad Q_+=Q(\varphi(\tau_k^+),\phi(\tau_k^+)).$$

5.3 理论研究的典型实例

5.3.1 喷洒农药防治害虫的数学模型(Ji et al., 2015)

$$\left\{\begin{array}{l}\left.\begin{array}{l}\dfrac{dx(t)}{dt}=x(t)(r-by(t))\\[2mm] \dfrac{dy(t)}{dt}=y(t)(-d+cx(t))\end{array}\right\}x(t)<x_1,\\[2mm] \left.\begin{array}{l}\Delta x(t)=-\alpha x(t)\\ \Delta y(t)=-\beta y(t)+h\end{array}\right\}x(t)=x_1,\end{array}\right. \tag{5.28}$$

其中 $x(t)$ 和 $y(t)$ 分别是害虫的密度和天敌的密度, 参数 r 是害虫的内禀增长率, d 是天敌的死亡率, b 和 c 分别是天敌捕食害虫的捕食率和吸收率, $0<\alpha, \beta<1$ 分别是喷洒农药杀死害虫和天敌的比率, h 是投放天敌的数量, x_1 是经济临界值.

系统 (5.28) 的前两个方程在域 $\Omega=\{(x,y)|0\leqslant x\leqslant x_1, y\geqslant 0\}$ 上存在一个鞍点 $E_0(0,0)$ 和一个中心 $E^*(d/c,r/b)$, 而且有首次积分 $H(x,y)=cx+by-d\ln x-r\ln y+H_0$, 这里

$$H_0=r\left(\ln\frac{r}{b}-1\right)+d\left(\ln\frac{d}{c}-1\right),$$

将状态脉冲动力系统 (5.28) 记为 (Ω, f, φ, M), M 表示脉冲集, 具体形式为

$$M = \left\{ (x(t), y(t)) \in R_+^2 \middle| x(t) = x_1, 0 \leqslant y \leqslant \frac{r}{b} \right\},$$

φ 是脉冲函数, 具体形式为 $\varphi: (x_1, y) \in M \to ((1-\alpha)x_1, (1-\beta)y + h) \in R_+^2$.

$$\varphi(M) = \left\{ (x, y) \in R_+^2 \middle| x = (1-\alpha)x_1, h \leqslant y \leqslant \frac{(1-\beta)r}{b} + h \right\} = N,$$

线 M 和线 N 垂直于 x 轴, 其交点分别记为 $(x_1, 0)$ 和 $((1-\alpha)x_1, 0)$.

以 l_y 记系统 (5.28) 微分方程系统轨线的水平等倾线, 即其上向量场有 $dy/dt=0$; 以 h_x 记系统 (5.61) 微分方程系统轨线的垂直等倾线, 即其上向量场有 $dx/dt=0$. 由直线 M, N 和直线 l_y, h_x 的相对位置, 可分为两种情况: 如图 5.25 和图 5.26 所示.

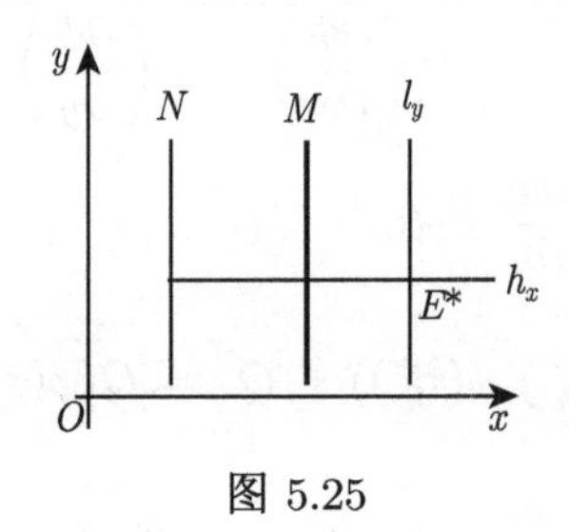

图 5.25

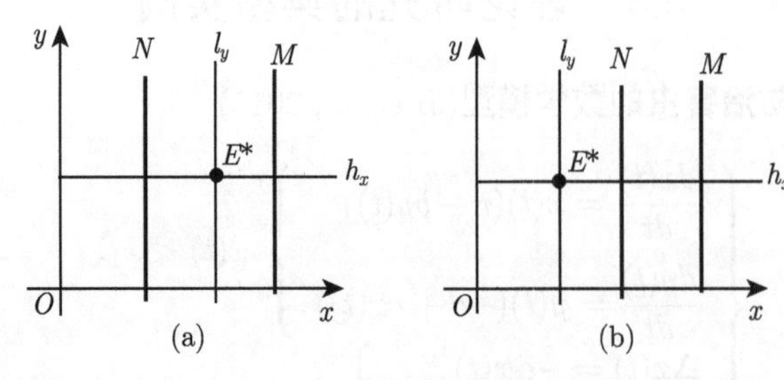

图 5.26

如图 5.25 直线 M, N 均在 l_y 的左边, 图 5.26 直线 M, N 分别位于 l_y 的两边, 我们就各种情况分别研究.

(1) 图 5.25 直线 M, N 均在 l_y 的左边, 由于系统 (5.28) 微分方程系统轨线在相平面 (x, y) 的第一象限为一系列以 E^* 为中心的闭轨线所充满, 则必存在一闭轨线 L 与相集相切于点 A, L 与脉冲集交于点 B, B 的相点为 A^+, 这样又可以分两种情况.

(i) 图 5.27(a): 设 A^+ 点在 A 点的下方: 这样 A 的后继点为 A^+, A 的阶 1 后继函数为 $F(A) = a^+ - a < 0$. 因为 x 轴为轨线, nm 为轨线段, 由脉冲函数知 m 的

相点为 n^+, 也即 n^+ 为 n 的后继点, n 的后继函数为 $F(n) = n^+ - 0 > 0$, 因此在 A 与 n 之间必存在一点 C, 有 $F(C) = 0$. 由此证明了在图 5.27(a) 的情况下, 存在阶 1 周期解.

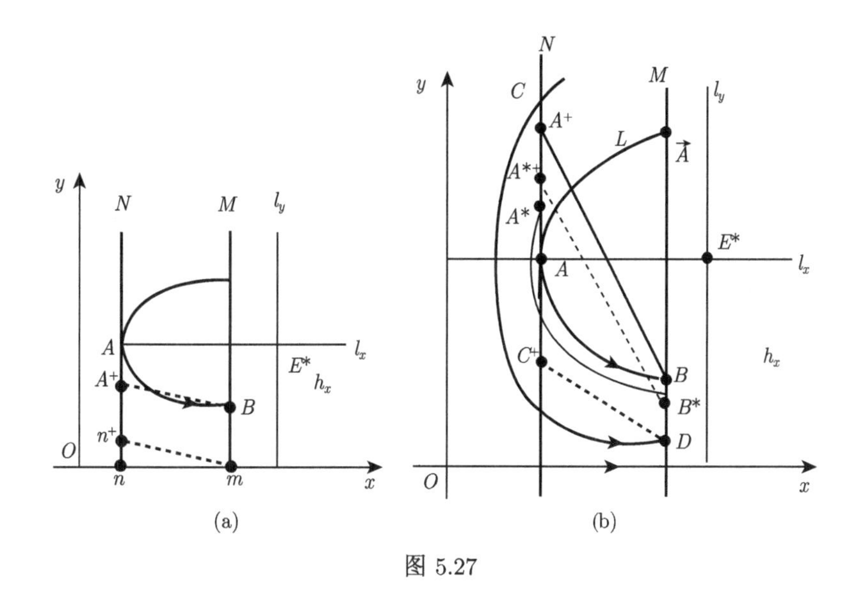

图 5.27

(ii) 图 5.27(b): 设 A^+ 点在 A 点的上方, 也就是点在轨线弧 $\bar{A}AB$ 的外面, 在 A 点的上方, 充分接近 A 的一点 A^* 由 A^* 点起始的轨线与脉冲集 M 交于一点 B^*, 而 B^* 的相点为 A^{*+} 则 A^{*+} 为 A^* 的后继点, 因此后继函数 $F(A^*) = a^{*+} - a^* > 0$.

在相集 N 上充分高的地方找一点 C, 过 C 的轨线与脉冲集 M 交于一点 D, D 的相点为 C^+, C^+ 为 C 的后继点, 只要 C 取得足够高, 必能使 C^+ 在 C 的下方, C^+ 是 C 的后继点, 这样后继函数: $F(C) = c^+ - c < 0$, 因此在 C 与 A^* 之间必存在一点 S, 在 S 上后继函数 $F(S) = 0$, 由此证明了在图 5.27(b) 的情况下, 存在阶 1 周期解.

(2) 图 5.26 直线 M, N 分别位于 l_y 的两边和脉冲集 M 和相集 N 同时均在 l_y 的右边的情况, 由于脉冲集 M 在 l_y 的右边, 因此必存在一闭轨线 L 与直线 M 相切于 A 点我们由图 5.2 可以看到可分为以下三种情况.

下面我们就上述三种情况分别研究阶 1 周期解的存在性:

(a) 情况图 5.28(a); 直线 N 不与闭轨 L 相交, 因为直线 N 在平衡点 E^* 的左边, 所以必存在一闭轨线与直线 N 相切于点 B, 并且与脉冲集 M 交于一点 C, C 的相点 B^+ 有两种可能: ① B^+ 在 B 点的下方 (图 5.29(a)); ② B^+ 在 B 点的上方 (图 5.29(b)).

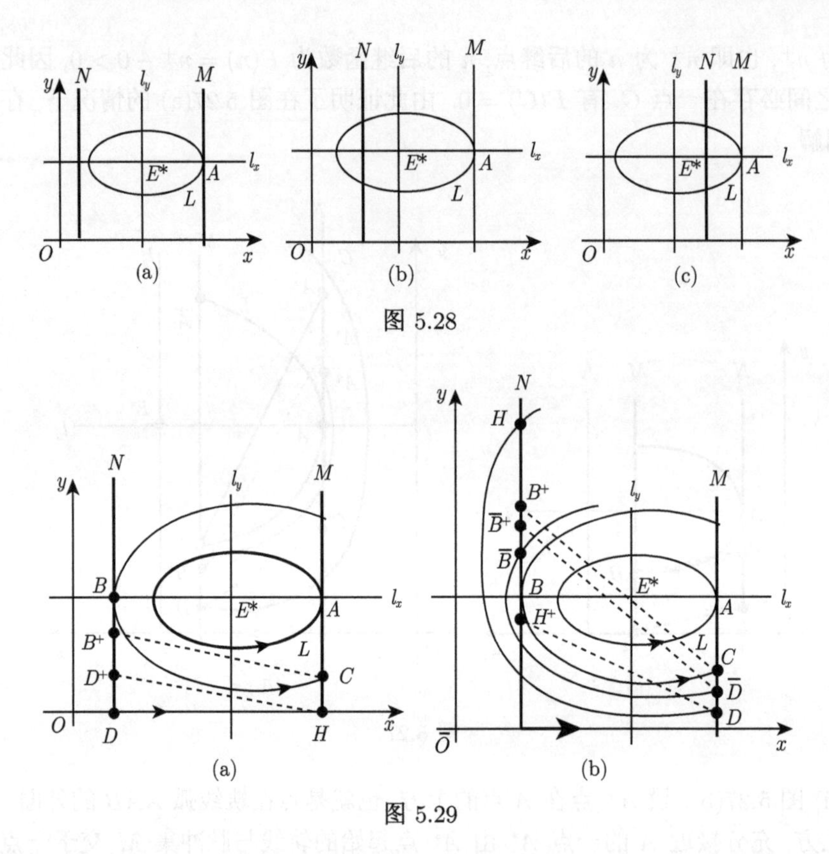

图 5.28

图 5.29

相集与 x 轴交于一点 D, 过 D 在 x 轴上的轨线与脉冲集 M 交于一点 H, 设 H 的相点为 D^+, 由脉冲函数可知 D^+ 为 D 的后继点且 D^+ 必在 D 的上方, 因此有后继函数:

$$F(D) = d^+ - 0 > 0.$$

(b) 情况图 5.29(b); 设 B^+ 点在 B 点的上方, 在 B 的上方取充分接近 B 的一点 $\bar{B}$ 由 $\bar{B}$ 点起始的轨线与脉冲集 M 交于一点 $\bar{D}$, 而设 $\bar{D}$ 的相点为 $\bar{B}^+$, 则 $\bar{B}^+$ 为 $\bar{B}$ 的后继点, 因此后继函数

$$F(\bar{B}) = \bar{b}^+ - \bar{b} > 0.$$

B^+ 在 B 点的上方, 在相集 N 上充分高的地方找一点 H, 过 H 的轨线与脉冲集 M 交于一点 D, D 的相点为 H^+, 为 H 的后继点, 只要 H 取得足够高, 必能使 H^+ 在 C 的下方, H^+ 是 H 的后继点, 这样后继函数: $F(H) = h^+ - h < 0$, 因此在 H 与 A^* 之间必存在一点 S, 在 S 的后继函数 $F(S) = 0$, 由此证明了在图 5.29(b) 的情况下, 存在阶 1 周期解.

如果相集直线 N 与闭轨线 L 相切, 则可接 (b) 的情况讨论, 同样证明阶 1 周期解的存在性.

(c) 图 5.28(b) 直线 M, N 分别位于 l_y 的两侧, 直线 N 与闭轨 L 相交于两点 C 和 D, 而且直线 N 在平衡点 E^* 的左边, 也可以出现三种情况.

(d) 情况图 5.30(a): A^+ 位于 D 的下方, 这种情况会在系统 (5.28) 中脉冲参数 h 比较小时出现, 如图 5.31(a) 所示, D^+ 是 A 的相点, 是 D 的后继点, 由于在 D 的下面, 因此有后继函数: $F(D) = d^+ - d < 0$. 另一方面 G^+ 是 G 的后继点, 由于 G^+ 在 G 的上方, 因此有后继函数: $F(G) = g^+ - g > 0$, 因此在点 D 与点 G 之间必存在点 K, 有后继函数: $F(K) = 0$. 这样就证明了在情况图 5.30(a), 必存在阶 1 周期解.

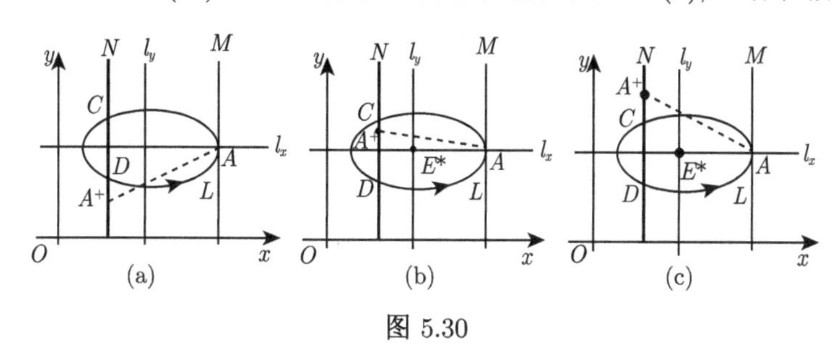

图 5.30

(e) 情况图 5.28(c): 由图 5.31(a) 我们注意到闭轨 L 上的轨线段 DA, A 的相点为 D^+, D^+ 是 D 的后继点 T, 由于 D^+ 在 D 的下方, 所以有阶 1 后继函数: $F(D) = d^+ - d < 0$, 我们再注意到 x 轴为一条轨线, 其上轨线段 GH, 由系统 (5.28) 的脉冲函数知 H 的相点 G^+ 必在 G 的上方, G^+ 为 G 的后继点, 因此有后继函数: $F(G) = g^+ - 0 > 0$, 这样就证明了在情况图 5.31(a) 系统 (5.28) 必存在阶 1 周期解.

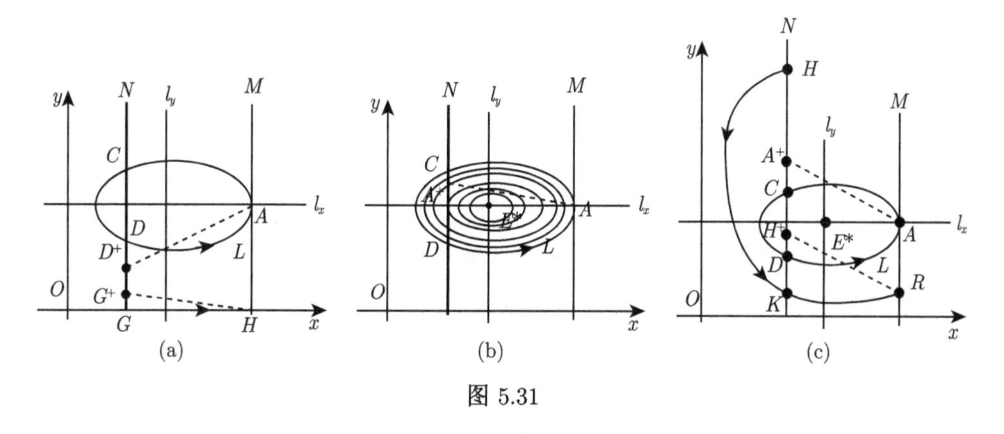

图 5.31

(f) 情况图 5.28(b): 由图 5.31(b) 在闭轨 L 上 A 点的相点 A^+ 在 L 上 C 点的下方, 由于闭轨 L 内部均被闭轨所充满, 所以过 A^+ 的轨线也是闭轨且不与脉冲集相交, 因此闭轨 L 内部是一个不变集, 显然也是系统 (5.28) 的一个吸引子, 为此这里要做个简单的说明.

在定理 5.1 的证明中我们把阶 1 后继函数分成两类, 如图 5.32(a) 和 (b) 所示. 我们回头再来说明在图 5.31(b) 情况下闭轨 L 内部是一个不变集记为 $\Omega_A = \{(x,y) \in \Omega | H(x,y) \leqslant r_A\}$, 而且 Ω_A 也是系统 (5.28) 的一个全局吸引子.

定理 5.7 对于任意的 $0<\alpha<1$, $0<\beta<1$ 和 $h>0$, 系统 (5.28) 所有的解最终趋于吸引子.

证明 证明过程分为以下四种情况.

(I) 如果 $h<\beta r$ 且 $A^+ \notin \Omega_A$, 则从初始点 $(x_0^+, y_0^+) \in \Omega_{A_0^+}$ 出发的任意轨道将停留在域 $\Omega_{A_0^+}$ 内, 并且从初始点 $(x_0^+, y_0^+) \in \Omega \backslash \Omega_{A_0^+}$ 出发的轨道经过一次脉冲作用将跳跃到正不变集 $\Omega_{A_0^+}$ 内, 这意味着集合 $\Omega_{A_0^+}$ 是吸引场 Ω 的吸引子.

(II) 如果 $\beta r/b<h<r/b$ 且 $A^+ \notin \Omega_A$, 则从初始点 $(x_0^+, y_0^+) \in \Omega_A$ 出发的任意轨道经过有限次的脉冲作用都将停留在或进入域 $\Omega_{A_0^+}$ 或 Ω_A^+, 这意味着集合 $\Omega_{\max}$ 是吸引场 Ω 的吸引子.

(III) 如果 $h>r/b$ 且 $A^+ \notin \Omega_A$, 则从初始点 $(x_0^+, y_0^+) \in \Omega_A$ 出发的任意轨道都停留在域 Ω_{A^+} 内, 并且从初始点 $(x_0^+, y_0^+) \in \Omega \backslash \Omega_{A^+}$ 出发的轨道经过一次脉冲的作用将跳跃到正不变集 Ω_{A^+} 内, 这意味着集合 Ω_{A^+} 是吸引场 Ω 的吸引子.

(IV) 如果 $A^+ \in \Omega$, 则从 Ω_A 出发的任意轨道都不会受到脉冲的作用, 并且从初始点 $(x_0^+, y_0^+) \in \Omega \backslash \Omega_A$ 出发的轨道经过有限次的脉冲作用都将跳跃到域 Ω_A 内, 这意味着集合 Ω_A 是吸引场 Ω 的吸引子.

综上所述, 不变集 $\Omega_{\max}$ 是吸引场 Ω 的吸引子. 证毕.

(g) 情况图 5.28(b): 由图 5.31(c) 在闭轨 L 上 A 点的相点 A^+A^+ 在 L 上 C 点的上方, 由图 5.31(c) 我们可见在闭轨 L 上的轨线弧线 CDA 上 C 点后继点为 A^+, A^+ 位于 C 点的上方, 因此有后继函数: $F(C)=a^+-c>0$, 我们在相集 N 上充分高处找一点 H, 由 H 出发的轨线交相集 N 于一点 K, 交脉冲集 M 于点 R, 让 R 的相点 H^+ 在点 H、点 K 之间, H^+ 为 H 的后继点, 因此有后继函数: $F(H)=h^+-h<0$, 故在点 H 与点 C 之间必存在一点 G, 有后继函数: $F(G)=0$, 这就证明了在图 5.31(c) 的情况系统 (5.28) 必存在阶 1 周期解.

关于图 5.26(b) 情况的分析, 完全类似于图 5.26 的情况, 不再详述.

(3) 系统 (5.28) 的周期解的稳定性, 我们有如下结论.

定理 5.8 对于任意的 $0<\beta<1, h>0$, 当 $\beta<hb$ 或 $h>\beta r/b$ 时, 系统 (5.28) 初始值为 (x_1, φ_0) 的周期解是轨道渐近稳定的.

证明 我们应用定理 5.6(相似的 Poincaré 准则), 利用定理 5.6 的记号有

$$P(x,y)=x(r-by), \quad Q(x,y)=y(cx-d), \quad \xi(x,y)=-\alpha x, \quad \eta(x,y)=-\beta y+h$$

和

$$\Phi(x,y)=x-x_1,\ (\phi(T),\varphi(T))=(x_1,\varphi_0),\ (\phi(T^+),\varphi(T^+))=((1-\alpha)x_1,(1-\beta)\varphi_0+h).$$

从而有

$$\frac{\partial P}{\partial x}=r-by,\quad \frac{\partial Q}{\partial y}=cx-d \tag{5.29}$$

和

$$\frac{\partial \xi}{\partial x}=-\alpha,\quad \frac{\partial \eta}{\partial y}=-\beta,\quad \frac{\partial \Phi}{\partial x}=1,\quad \frac{\partial \xi}{\partial y}=\frac{\partial \eta}{\partial x}=\frac{\partial \Phi}{\partial y}=0. \tag{5.30}$$

由式 (5.29) 和式 (5.30) 得

$$\Delta_1=\frac{P^+(\phi(T^+),\varphi(T^+))}{P(\phi(T),\varphi(T))}=\frac{(1-\alpha)(1-\beta)[r-b(1-\beta)\varphi_0-bh]}{r-b\varphi_0}$$

和

$$\begin{aligned}\mu_2&=\Delta_1\exp\left[\int_0^T\left(\frac{\partial P}{\partial x}(\phi(t),\varphi(t))+\frac{\partial Q}{\partial y}(\phi(t),\varphi(t))\right)dt\right]\\&=\Delta_1\exp\left[\int_0^T(r-b\varphi(t)+c\phi(t)-d)dt\right]\\&=\Delta_1\exp\left[\ln\frac{x_1}{(1-\alpha)x_1}+\ln\frac{\varphi_0}{(1-\beta)\varphi_0+h}\right]\\&=\frac{(1-\beta)\varphi_0}{(1-\beta)\varphi_0+h}\cdot\frac{r-b((1-\beta)\varphi_0+h)}{r-b\varphi_0}.\end{aligned}$$

由于 $\varphi_0\leqslant(1-\beta)r/b+h$, 此时当 $\beta<hb/r$ 或 $h>\beta r/b$ 成立时, 乘子满足 $-1<\mu_2<1$. 根据定理 5.6 可知, 系统 (5.28) 的周期解是轨道渐近稳定的. 证毕.

5.3.2 同宿轨与同宿分支(Wei, Chen, 2014)

考虑 II 类功能性反应系统. 其中 $x(t)$ 是食饵在 t 时刻的密度, $y(t)$ 是捕食者在 t 时刻的密度

$$\begin{cases}\dfrac{dx}{dt}=x\left(a-bx-\dfrac{\alpha y}{\omega+x}\right),\\[2mm]\dfrac{dy}{dt}=y\left(-d+\dfrac{\gamma\alpha x}{\omega+x}\right)-\Theta+\delta x\left(a-bx-\dfrac{\alpha y}{\omega+x}\right),\end{cases} \tag{5.31}$$

捕食者具有常数 Θ 收获率, 食饵对捕食者的贡献不仅只和食饵的密度有关, 而且和食饵种群的增长速度有关, 相关系数为 δ, 这样就形成系统 (5.31) 的形式, 再考虑人

工喷洒农药防治害虫则形成如下数学模型:

$$\left\{\begin{array}{l}\left.\begin{array}{l}\dfrac{dx}{dt}=x\left(a-bx-\dfrac{\alpha y}{\omega+x}\right)\\ \dfrac{dy}{dt}=y\left(-d+\dfrac{\gamma\alpha x}{\omega+x}\right)-\Theta+\delta x\left(a-bx-\dfrac{\alpha y}{\omega+x}\right)\end{array}\right\}x>h,\\ \left.\begin{array}{l}\Delta x=\tau\\ \Delta y=-qy\end{array}\right\}x=h,\end{array}\right. \tag{5.32}$$

其中 $x(t)$ 是食饵在 t 时刻的密度,$y(t)$ 是捕食者在 t 时刻的密度模型 (5.32) 的参数 $a,b,d,\alpha,\gamma,\omega,\Theta$ 均为正常数, τ 是每次投放食饵的数量, $0<q<1$ 是每次收获捕食者的比例, h 定义为维持食饵生存的最低数量, δ 是食饵种群增长的相对速度对捕食者种群增长速度影响的大小. 对上述系统作变换 $x=\dfrac{x_1}{b},y=\dfrac{y_1}{b\alpha},dt=(x+b\omega)dt_1$, 则系统化为 (把变换后的 x_1, y_1, t_1 仍记为 x,y,t):

$$\left\{\begin{array}{l}\left.\begin{array}{l}\dfrac{dx}{dt}=x(a-x)(x+k)-xy\\ \dfrac{dy}{dt}=y(\theta-d)(x-\lambda)-u(x+k)+\delta x((a-x)(x+k)-y)\end{array}\right\}x>h,\\ \left.\begin{array}{l}\Delta x=\tau\\ \Delta y=-qy\end{array}\right\}x=h,\end{array}\right. \tag{5.33}$$

其中 $k=b\omega$, $\theta=\gamma\alpha$, $u=\dfrac{\Theta}{b\varepsilon}$, $\lambda=\dfrac{dk}{\theta-d}$, $h_1=\dfrac{h}{b}$, $\delta_1=b\alpha\delta$, $\tau_1=\dfrac{\tau}{b}$, $q=q_1$, 假设 $\theta>d$, 根据生态学的实际意义, 首先在区域 $R_2^+=\{(x,y)\,|x\geqslant 0,\ y\geqslant 0\}$ 讨论系统 (5.31) 在相平面 R_2^+ 上的几何性质, 通过计算易知, 当$u<\dfrac{(\theta-d)(a-\lambda)^2}{4}$ 时, 系统 (5.31) 有两个正平衡为: $E(x_1,\ y_1)$, $Q(x_2,\ y_2)$, 其中 E 是 $+1$ 指标的初等奇点, Q 是鞍点, 这里:

$$x_i=\frac{a+\lambda+(-1)^i\sqrt{\varDelta}}{2},\quad y_i=(a-x_i)(x_i+k)(i=1,2),\quad \varDelta=(a-\lambda)^2-\frac{4u}{\theta-d}.$$

(1) 同宿环的存在性.

首先研究系统 (5.33) 当 $\delta=0$ 时阶 1 周期解的存在性, 这时系统 (5.33) 化为

$$\left\{\begin{array}{l}\left.\begin{array}{l}\dfrac{dx}{dt}=x(a-x)(x+k)-xy\\ \dfrac{dy}{dt}=y(\theta-d)(x-\lambda)-u(x+k)\end{array}\right\}x>h,\\ \left.\begin{array}{l}\Delta x=\tau\\ \Delta y=-qy\end{array}\right\}x=h,\end{array}\right. \tag{5.34}$$

对于系统 (5.34), 脉冲集为 $M=\{(x,\ y)\in R_2^+|x=h,\ y\geqslant 0\}$, 脉冲函数: $\varphi(x,\ y)\in M\to(\tau,\ (1-q)y)\in R_2^+$, 记 $N=\varphi(M)=\{(x,\ y)\in R_2^+|x=h+\tau,\ y\geqslant 0\}$ 为相集则系统 (5.34) 构成一个半连续动力系统 (Ω,f,φ,M) 为方便, 任意点 A 的横坐标记为 x_A, 纵坐标记为 y_A; 若 $A\in M$, 则在 A 点发生脉冲, 脉冲后的相点记为 A^+. 下面的讨论均假设 $x_1<h<h+\tau<x_2$.

定理 5.9 系统 (5.34) 在 R_2^+ 上是一致有上界的.

证明 在直线 $l_1:x=a$ 上, 有 $\left.\dfrac{dx}{dt}\right|_{x=a}=-ay<0$, 故轨线都从 l_1 的右边穿过直线 l_1 进入左边. 定义函数 $V(x,y)=(\theta-d)x+y-K$, 有

$$\left.\frac{dV}{dt}\right|_{V=0}=(\theta-d)\frac{dx}{dt}-mx+\frac{dy}{dt}=(\theta-d)[(x+k)(ax-x^2-u)+\lambda(\theta-d)x]-\lambda K,$$

取 $K>\max\left\{\max_{\lambda<x\leqslant a}\left\{\dfrac{\theta-d}{\lambda}[(x+k)(ax-x^2-u)+\lambda(\theta-d)x]\right\},y_1\right\}$, 则有 $\left.\dfrac{dV}{dt}\right|_{V=0}<0$ 因而直线 $l_2:V=0$ 也是无切的, 且轨线从右上方穿过直线 l_2 进入左下方. 设直线 l_2 与 $\dfrac{dy}{dt}=0$ 交于点 $H(x_H,y_H)$, 显然在直线 $y=y_H$ 上有 $\left.\dfrac{dy}{dt}\right|_{y=y_H}<0$, 即轨线从上方穿过直线进入下方, 因此, 系统 (5.34) 在 R_2^+ 上是一致有上界的. 证毕.

定理 5.10 当 $u<\dfrac{(\theta-d)(a-\lambda)^2}{4}$ 时, 系统 (5.34) 存在阶 1 同宿环.

证明 设系统 (5.34) 过鞍点 Q 的其中两条分界线分别为 Γ_A 和 Γ_B, Γ_A 为点 Q 的不稳定流, Γ_B 为点 Q 的稳定流, 由轨线的性质以及定理 5.10 知 Γ_A 一定与脉冲集 M 相交, 设交点为 $A(x_A,y_A)$ 并且过鞍点 Q 和 E 的垂直等倾线 $\dfrac{dx}{dt}=0$ 与脉冲集 M 交于点 $C(x_C,y_C)$, 与相集交于点 $D(x_D,y_D)$. 设相集 N 交 Γ_B 于点 $B(x_B,y_B)$, 由微分方程的定性性质知 Γ_A 一定在 $\dfrac{dx}{dt}=0$ 的上方, Γ_B 一定在 $\dfrac{dy}{dt}=0$ 的下方 (图 5.32(a)). 脉冲函数 $\varphi(y,q)=(1-q)y$ 为单调函数, 关于 y 单调增加, 关于 q 单调减少. 因此, 一定存在一个 $q^*\in(0,\ 1)$ 使得: $\varphi(y_A,q^*)=(1-q^*)y_A=y_B$, 即 A 点经脉冲作用后的相点正好为点 B, 而点 B 又落在鞍点 Q 的稳定流 Γ_B 上, 故脉冲线 AB 与 Γ_B 中的 BQ 和 Γ_A 中 QA 部分构成一个过鞍点的环, 即系统 (4) 存在阶 1 同宿环 (图 5.32(a)). 故定理得证.

下面给出脉冲参数 q 变化时, 系统 (5.34) 同宿环破裂, 分支产生阶 1 周期解的条件.

(2) 脉冲参数变化产生同宿分支, 产生阶 1 同期解.

定理 5.11 若$u<\dfrac{(\theta-d)(a-\lambda)^2}{4}$, $q<q^*$ 且 $y_B\leqslant\varphi(y_C,q)$, $y_D\geqslant\varphi(y_A,q)$, 则

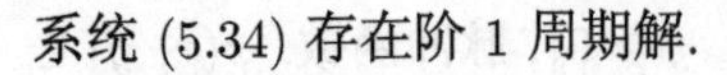
系统 (5.34) 存在阶 1 周期解.

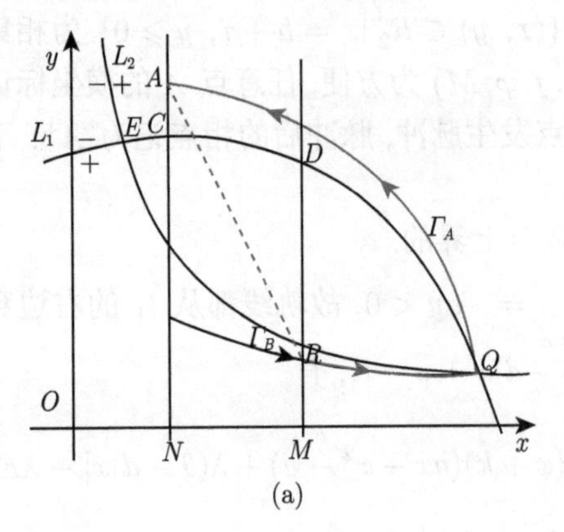

(a)

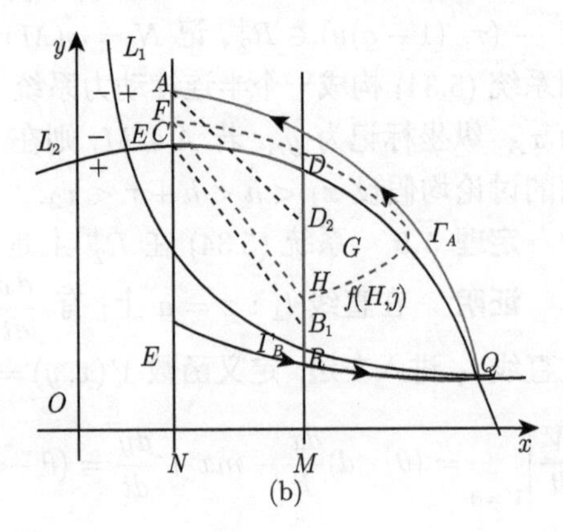

(b)

图 5.32

证明 对于任意的 q, 假设 A 点经脉冲作用后的相点为 D_1, C 点经脉冲作用后的相点为 B_1, 即 $\varphi(y_A,q)=(1-q)y_A=y_{D_1}$, $\varphi(y_C,q)=(1-q)y_C=y_{B_1}$. 因为 $q<q^*$, 所以 $y_{D_1}>y_B$, 由已知 $y_B\leqslant\varphi(y_C,q)=y_{B_1}$,$y_D\geqslant\varphi(y_A,q)=y_{D_1}$, 故有 $y_D\geqslant y_{D_1}\geqslant y_{B_1}\geqslant y_B$, 由此得到 Bendixon 区域 G 如图 5.32(b) 所示, 由脉冲集 AC, 垂直等倾线的 CD 部分与线段 DB、鞍点分界线 $\varGamma_B$ 中的 BQ 部分以及 $\varGamma_A$ 中 QA 部分构成, 且相集 $B_1D_1\subset BD$, 由 Bendixon 环域定理 1 知系统 (5.34) 存在阶 1 周期解, 定理证毕.

(3) 系统参数变化, 旋转向量场由同宿分支, 产生阶 1 周期解.

考虑系统 (5.33) 关于参数 δ 的同宿分支

$$\begin{cases}\left.\begin{aligned}&\frac{dx}{dt}=x(a-x)(x+k)-xy\\&\frac{dy}{dt}=y(\theta-d)(x-\lambda)-u(x+k)+\delta x((a-x)(x+k)-y)\end{aligned}\right\}x>h,\\\left.\begin{aligned}&\Delta x=\tau\\&\Delta y=-qy\end{aligned}\right\}x=h,\end{cases}\tag{5.33}$$

这里系统的脉冲函数不含参数 δ 由前面的分析知, 当参数 $\delta=0$ 时, 存在 $q^*\in(0,1)$ 使得系统 (5.33) 存在阶 1 同宿环, 而且当参数 q 发生变化时, 阶 1 同宿环破裂, 产生阶 1 周期解.

下面我们要考虑参数 $q=q^*$ 不再变化, 而参数 δ 变化由同宿环分支阶 1 周期解, 为了应用定理 5.5 的旋转向量场理论, 把系统 (5.21) 改写为

$$\begin{cases}\dfrac{dx}{dt}=f(x,y,\delta),\quad\dfrac{dy}{dt}=g(x,y,\delta),\ (x,y)\notin M\{x,y\},\\\Delta x=\alpha(x,y),\quad\Delta y=\beta(x,y),\quad(x,y)\in M\{x,y\}.\end{cases}\tag{5.35}$$

记 $\Delta = \begin{vmatrix} f & g \\ \dfrac{\partial f}{\partial \delta} & \dfrac{\partial g}{\partial \delta} \end{vmatrix}$,由定义 5.8 知系统 (5.35) 当参数 δ 变化时, 系统的奇点位置与指标保持不变, 对系统的一切常点, 若 $\Delta > 0$, 称系统 (5.35) 对参数 δ 构成正向旋转向量场; 若 $\Delta < 0$, 称系统 (5) 对参数 δ 构成负向旋转向量场. 当参数 δ 由 $\delta = 0$ 变换到 $\delta > 0$ 时, 向量场向逆 (顺) 时针方向旋转.

定理 5.12 若 $u < \dfrac{(\theta - d)(a-\lambda)^2}{4}$, $q \leqslant q^*$ 且 $y_B \leqslant \varphi(y_C, q)$, $y_D \geqslant \varphi(y_A, q)$, $0 < \delta < \dfrac{u}{a}$, 则系统 (5.33) 存在阶 1 周期解.

证明 系统 (5.33) 的水平等倾线为 $y(\theta - d)(x-\lambda) - u(x+k) + \delta((a-x)(x+k) - y) = 0$ 当 $y = 0$ 时, $x_1 = -k$, $x_2 = a - \dfrac{u}{\delta}$, 由已知 $0 < \delta < \dfrac{u}{a}$ 得 $x_2 < 0$, 即水平等倾线与 x 轴的两个交点都在 x 轴的负半轴. 又因为 $\left.\dfrac{dy}{dt}\right|_{(0,0)} = k(a\delta - u) < 0$, 因此, 由轨线的性质知过鞍点 Q 的分界线 Γ_{B_δ} 与相集的交点一定在 x 轴上方, 且系统 (3) 当参数 δ 变化时, 系统的奇点位置与指标保持不变. 此时

$$\Delta = \begin{vmatrix} f & g \\ \dfrac{\partial f}{\partial \delta} & \dfrac{\partial g}{\partial \delta} \end{vmatrix} = x[(a-x)(x+k) - y]^2 \geqslant 0,$$

即向量场向逆时针方向旋转 (等号在垂直等倾线上成立), 向量场中轨线变化如下: $\delta = 0$ 时, 鞍点 Q 的分界线 Γ_A 与脉冲集 M 相交于 $A(x_A, y_A)$ 变到 $\delta > 0$ 时, 鞍点 Q 的分界线 Γ_{A_δ} 与脉冲集 M 相交于 $A_\delta(x_{A_\delta}, y_{A_\delta})$, 鞍点 Q 的分界线 Γ_B 与相集交于点 $B(x_B, y_B)$ 变到鞍点 Q 的分界线 Γ_{B_δ} 与相集相交于点 $B_\delta(x_{B_\delta}, y_{B_\delta})$, 由 $y_B \leqslant \varphi(y_C, q) = y_{B_1} y_D \geqslant \varphi(y_A, q) = y_{D_1}$, 又因为 $y_A \geqslant y_{A_\delta}$, 可知 A_δ 的相点 D_{1_δ} 的纵坐标满足 $y_{D_{1\delta}} < y_{D_1} \leqslant y_D$, 所以, 系统 (5.33) 的脉冲集为 $A_\delta C$, 相集为 $D_{1\delta}B_1$ 且 $D_{1\delta}B_1 \subset BD$, 由此得到 Bendixon 环域 G, 如图 5.33 所示. 由脉冲集 $A_\delta C$, 垂直等倾线的 CD 部分与线段 DB_δ、鞍点分界线 Γ_{B_δ} 中的 $B_\delta Q$ 部分以及 Γ_{A_δ} 中 QA_δ 部分构成, 由定理 5.3(Bendixon 定理) 知系统 (5.33) 存在阶 1 周期解.

5.3.3 异宿轨与异宿分支(Wei, Chen, 2013, 2014)

我们研究具有稀疏效应的 II 类功能性反应的捕食–食饵渔业模型:

$$\begin{cases} \dfrac{dx_1}{dt_1} = ax_1(x_1 - L)\Big(1 - \dfrac{x_1}{K}\Big) - \dfrac{bx_1y_1}{1+hx_1}, \\ \dfrac{dy_1}{dt_1} = y_1\Big(-c + \dfrac{dx_1}{1+hx_1}\Big), \end{cases} \tag{5.36}$$

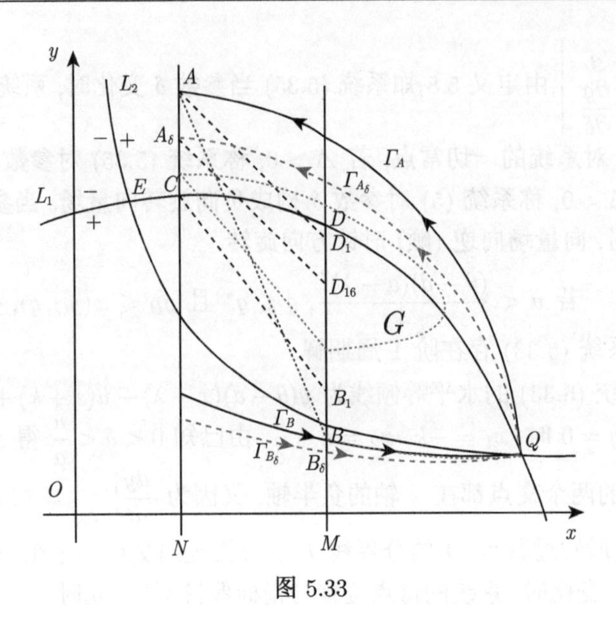

图 5.33

其中 $x_1(t_1)$ 是食饵在 t_1 时刻的密度, $y_1(t_1)$ 是捕食者在 t_1 时刻的密度. $L > 0$ 是食饵种群具有强稀疏效应; 参数 a, K, b, h, c, d 均是正常数. 为了讨论问题的方便, 对上述系统作变换 $x_1 = \dfrac{x}{K}, y_1 = y, dt_1 = \dfrac{1 + hx_1}{haK^2}dt$, 则系统化为

$$\begin{cases} \dfrac{dx}{dt} = x[(x-r)(1-x)(x+m) - \delta y], \\ \dfrac{dy}{dt} = \alpha y(x-\beta), \end{cases} \tag{5.37}$$

其中 $r = \dfrac{L}{K} < 1, m = \dfrac{1}{hK}, \delta = \dfrac{b}{haK^2}, \alpha = \dfrac{d-ch}{haK}, \beta = \dfrac{c}{K(d-ch)}$. 易知系统 (5.37) 有平衡点 $O(0,0)$, $N_1(r,0)$, $N_2(1,0)$. 当 $r < \beta < 1$ 时, 系统还有唯一的正平衡点 $N_3(x^*, y^*)$, $x^* = \beta$, $y^* = \dfrac{(\beta - r)(1-\beta)(\beta + m)}{\delta}$. 通过计算知, 平凡平衡点 O 是稳定的结点; 当正平衡点存在时, N_1, N_2 是鞍点; 如果 $P = -3\beta^2 + 2(1+r-m)\beta + m + rm - r < 0$, 正平衡点 N_3 是全局渐近稳定的焦点. 下面的讨论均假设条件 H 成立.

$$H: \begin{cases} (1)\ r < \beta < 1, \\ (2)\ P = -3\beta^2 + 2(1+r-m)\beta + m + rm - r < 0. \end{cases}$$

由于生态学的实际意义, 在区域 $R_2^+ = \{(x,y)\,|x \geqslant 0,\ y \geqslant 0\}$ 对上述系统 (5.63) 进行研究. 当捕食者种群的数量达到阈值 h 时, 开始收获食饵种群和捕食者种群, 因此系统 (5.37) 变为如下状态脉冲系统:

$$
\begin{cases}
\left.\begin{aligned}
\frac{dx}{dt} &= x[(x-r)(1-x)(x+m)-\delta y)] \\
\frac{dy}{dt} &= \alpha y(x-\beta)
\end{aligned}\right\} y < h, \\
\left.\begin{aligned}
\Delta x &= -px \\
\Delta y &= -qy
\end{aligned}\right\} y = h,
\end{cases}
\tag{5.38}
$$

其中 $\Delta x(t)=x(t^+)-x(t)$, $\Delta y(t)=y(t^+)-y(t)$. 常数 $0<p<1, 0<q<1$ 分别表示食饵种群和捕食者种群的收获率. 从经济和管理的角度, 下面假设阈值 $h<y^*$, 根据半连续动力系统的几何理论讨论系统 (5.38) 阶 1 异宿环和异宿分支, 并且根据旋转向量场的理论, 研究系统 (5.38) 的扰动系统. 为了方便, 记 $F(P)=f(P,t)=P_1\in M$ 表示从相集 N 上出发的轨线首次与脉冲集 M 相交的点.

定理 5.13 系统 (5.38) 的解在 R_2^+ 上一致有上界.

证明 系统 (5.38) 我们只考虑 $y<h$ 的解, 由于脉冲集 $y=h$, 所以初值点在区域 $y<h$ 的解不会超出区域 $y\leqslant h$, 如图 5.34 所示, 过点 N_2 作垂直于 x 轴的直线, 与脉冲集交于一点 B, 易知线段 N_2B 是无切线段, 系统 (5.38) 的轨线与之相交的方向均由右向左如图 5.34 所示, 因此区域: $(0\leqslant x\leqslant 1, 0\leqslant y\leqslant h)$ 是个不变集, 系统 (5.38) 的解的有界性得证.

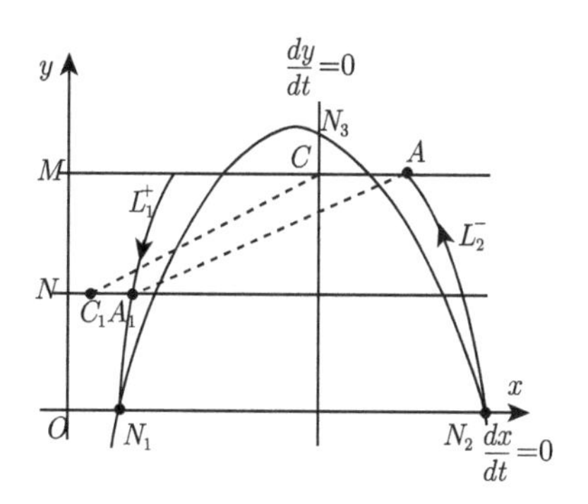

图 5.34

1. 异宿轨的存在性

定理 5.14 如果条件 H 成立, 则存在 $p^*\in(0,\ 1)$ 当 $p=p^*$ 时系统 (5.38) 存在阶 1 异宿环.

证明 系统 (5.38), 假设 L_2^- 为过鞍点 N_2 的不稳定流, L_1^+ 为过鞍点 N_1 的稳定流, 由轨线的性质以及引理 5.1 知 L_2^- 一定与脉冲集 M 相交, 设交点为 $A(x_A,y_A)$; 设水平等倾线 $\dfrac{dy}{dt}=0$ 与脉冲集 M 交于点 $C(x_C,y_C)$; 相集 N 与过鞍点 N_1 的稳定流 L_1^+ 交于点 $A_1(x_{A_1},y_{A_1})$, 由微分方程的定性性质知 L_1^+ 和 L_2^- 一定在 $\dfrac{dx}{dt}=0$

的上方 (图 5.36). 脉冲函数 $\varphi(x,p)=(1-p)x$ 为单调函数, 关于 x 单调增加, 关于 p 单调减少. 因此, 一定存在一个 $p^*\in(0,\ 1)$, 使得 $\varphi(x_A,p^*)=(1-p^*)x_A=x_{A_1}$, 即 A 点经脉冲作用后的相点正好为点 A_1, 故脉冲线 AA_1, L_1^+ 中的 A_1N_1, N_1N_2 和 L_2^- 中 N_2A 构成一个过鞍点 N_1,N_2 的环, 即系统 (5.38) 存在阶 1 异宿环 (图 5.34). 证毕.

由图 5.34 我们可以看出如果 $p>p^*$, 则两种群将会灭绝. 也就是此时食饵种群数量太少, 捕食者种群不能够维持生存最终也将灭绝, 所以不能过度收获食饵种群, 故有意义的研究在于假设 $p<p^*$.

2. 脉冲参数 p 的微小变化异宿轨分支出阶 1 周期解

设鞍点 N_1 的稳定流形 L_1^+ 与相集 N 交于一点 A_1, 由系统 (5.38) 的脉冲条件知, 一定存在固定值 $p^0\in(0,\ 1)$ 使得 $\varphi(x_C,p^0)=(1-p^0)x_C=x_{A_1}$, 也就是当 $p=p^0$ 时, 经过脉冲效应后, 点 C 的相点为 A_1. 假设当 $p=p^*$ 时, 经过脉冲效应后, 点 C 的相点为 C_1. 图 5.34 对任意的 $p^0<p<p^*$, 并且 $p^*-p<<1$, 设 $\varphi(x_A,p)=(1-p)x_A=x_{B_1}$, $\varphi(x_D,p)=(1-p)x_D=x_{A_1}$, 则有 $x_C<x_D<x_A$, $x_{B_1}>x_{A_1}$, 由系统 (5.38) 轨线的性质知, 过 D 的轨线 Γ_D 一定与相集 $y=(1-q)h$ 相交, 设交点为 B_2, 则 B_2 的位置有下面两种情况.

情形 1 $x_{B_2}\geqslant x_{B_1}$. 此时, 点 B_2 在点 B_1 的右边, 或者两点重合, 则 Bendixon 区域 G: 线段 AD、轨线 Γ_D 中 DB_2 部分、线段 B_2A_1、鞍点分界线 L_1^+ 中的 A_1N_1 部分、线段 N_1N_2 以及 L_2^- 中 N_2A 部分构成, 其中脉冲集为 AD, 且相集为 $A_1B_1(A_1B_1\subset A_1B_2)$, 由 Bendixon 环域定理知系统 (5.38) 存在阶 1 周期解如图 5.35 所示, 对于情形 $x_{B_2}>x_{B_1}$ 系统 (5.38) 存在阶 1 周期解.

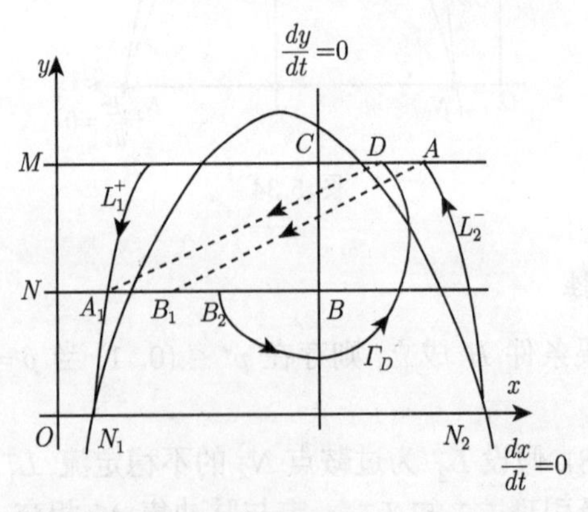

图 5.35

情形 2 $x_{B_2}<x_{B_1}$. 此时, 点 B_2 在点 B_1 的左边, 则点 B_2 的阶 1 后继函数. $F_1(B_2)=x_{A_1}-x_{B_2}<0$, 选择另外一个充分靠近点 A_1 且在 A_1 的右边的点

$B_3(x_{A_1}+\varepsilon(1-q)h)$, ε 充分小. 设 $f(B_3)=D_1\in M$, 根据解对初值的连续依赖性, 有 $x_{D_1}<x_A$ 且点 D_1 充分靠近点 A, 因此有 $x_{D_1^+}<x_{B_1}$ 且点 D_1^+ 充分靠近点 B_1, 则点 B_3 的阶 1 后继函数 $F_1(B_3)=x_{D_1^+}-x_{B_3}>0$, 因此在 B_1 与 B_3 之间必存在一点 B^*, 在 B^* 的阶 1 后继函数 $F_1(B^*)=0$. 因此系统 (5.38) 存在 1 周期解 (图 5.36).

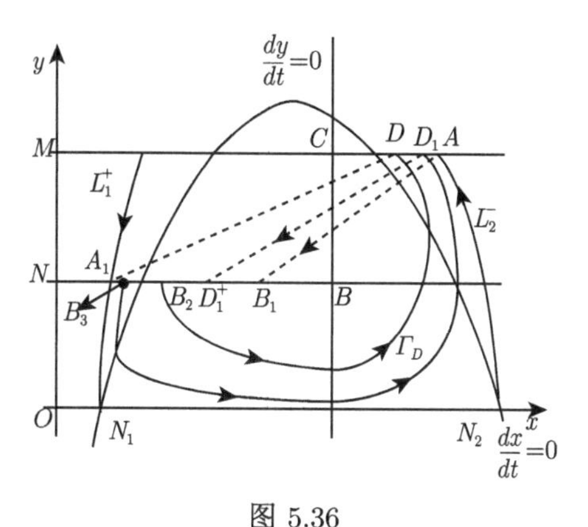

图 5.36

定理 5.15 当 $p=p^*$ 时, 系统 (5.38) 存在阶 1 异宿环, $p=p^*$ 是分支点; 当 p 有微小变化时, 阶 1 异宿环破裂, 并且对于任意的 $p\in(p^0,\ p^*)$, 并且 $p^*-p\ll 1$, 系统 (5.38) 产生阶 1 周期解.

3. 系统 (5.39) 参数 ε 的微小变化异宿轨分支出阶 1 周期解

在生态学上, 人们认为影响食饵种群的增长速度不仅受捕食者种群的密度的影响, 而且捕食者种群增长的相对速度在一定程度上也影响食饵种群的增长速度, 因此我们考虑受扰动下的系统 (5.38) 记为

$$\left\{\begin{array}{l}\left.\begin{array}{l}\dfrac{dx}{dt}=x[(x-r)(1-x)(x+m)-\delta y]+\varepsilon y(x-\beta)^2\\ \dfrac{dy}{dt}=\alpha y(x-\beta)\end{array}\right\}y<h,\\ \left.\begin{array}{l}\Delta x=-px\\ \Delta y=-qy\end{array}\right\}y=h,\end{array}\right. \tag{5.39}$$

其中 $0<\varepsilon\ll 1$ 表示捕食者种群增长的相对速度对食饵种群增长速度影响的大小, 其他参数与系统 (5.38) 一样. 由前面的分析知, 当参数 $\varepsilon=0$ 时, 存在 $p^*\in(0,\ 1)$ 使得系统 (5.38) 存在阶 1 异宿环. 而且当参数 p 发生变化时, 阶 1 异宿环破裂, 产生阶 1 周期解. 下面假设 $p=p^*$, 选择 ε 为控制参数, 由旋转向量场的理论研究系统 (5.39) 当参数 ε 变化时的异宿分支问题.

定理 5.16 如果条件 H 成立并且 $p = p^*$, 则当参数 ε 由 $\varepsilon=0$ 发生微小变化时, 系统 (5.39) 的阶 1 异宿环破裂, 分支出阶 1 周期解.

证明 对于系统 (5.39), 设 $f(x,y,\varepsilon)=x[(x-r)(1-x)(x+m)-\delta y]+\varepsilon y(x-\beta)^2$, $g(x,y,\varepsilon)=\alpha y(x-\beta)$, 通过计算, 有

$$\Delta=\begin{vmatrix} f & g \\ \dfrac{\partial f}{\partial \varepsilon} & \dfrac{\partial g}{\partial \varepsilon}\end{vmatrix}=-\alpha y^2(x-\beta)^3$$

当 $x>\beta$ 时, 系统 (5.39) 的旋转向量场向顺时针方向旋转; 当 $x<\beta$ 时, 系统 (5.39) 的旋转向量场向逆时针方向旋转, 向量场中轨线变化如下.

$\varepsilon=0$ 时, 鞍点 N_2 的分界线 L_2^- 与脉冲集 M 相交于 $A(x_A,y_A)$ 变到 $\varepsilon>0$ 时, 鞍点 N_2 的分界线 $L_{2\varepsilon}^-$ 与脉冲集 M 相交于 $A_\varepsilon(x_{A_\varepsilon},y_{A_\varepsilon})$; 同样, 鞍点 N_1 的分界线与相集交于点 $A_1(x_{A_1},y_{A_1})$ 变到鞍点 N_1 的分界线与相集相交 $A_{1\varepsilon}(x_{A_{1\varepsilon}},y_{A_{1\varepsilon}})$(图 5.37), 则有 $x_A<x_{A_\varepsilon}$, $x_{A_1}>x_{A_{1\varepsilon}}$, 对于固定值 p^*, 点 A_1 是点 A 的相点, 设 A_ε^+ 是点 A_ε 的相点, 由于 ε 充分小, 则点 A 充分靠近点 A_ε, 系统 (5.39) 一定存在由 E_1 出发且通过 A 点的轨线, $x_{E_1}>x_{A_{1\varepsilon}}$, 也就是点 E_1 在点 $A_{1\varepsilon}$ 的右边, 点 E_1 的位置有如下三种情况.

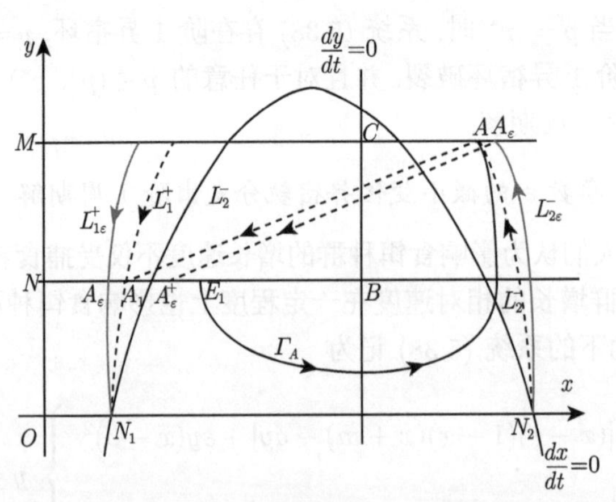

图 5.37

情况 1 $x_{E_1}\geqslant x_{A_\varepsilon^+}$. 此时, 点 E_1 在点 A_ε^+ 的右边, 或者两点重合, 则 Bendixon 区域 G 由线段 $A_\varepsilon A$、轨线 Γ_A 中 AE_1 部分、线段 $E_1A_{1\varepsilon}$、鞍点分界线 $L_{1\varepsilon}^+$ 中的 $A_{1\varepsilon}N_1$ 部分、线段 N_1N_2 以及 $L_{2\varepsilon}^-$ 中 N_2A_ε 部分构成, 其中脉冲集为 AA_ε, 且相集为 $A_1A_\varepsilon^+(A_1A_\varepsilon^+\subset A_{1\varepsilon}E_1)$, 由 Bendixon 环域定理知系统 (5.39) 对于情形 $x_{E_1}\geqslant x_{A_\varepsilon^+}$ 存在阶 1 周期解 (图 5.37).

情况 2 $x_{A_1}<x_{E_1}<x_{A_\varepsilon^+}$. 此时, 点 E_1 在点 A_ε^+ 与点 A_1 的中间, 则点 E_1 的阶 1 后继函数 $F_1(E_1)=x_{A_1}-x_{E_1}<0$. 选择另外一个充分靠近点 $A_{1\varepsilon}$ 且在 $A_{1\varepsilon}$

的右边的点 $E_2(x_{A_2}+\varepsilon,\ (1-q)h)$, ε 充分小. 设 $f(E_2)=C_1\in M$, 根据解对初值的连续依赖性, 有 $x_{C_1}<x_{A_\varepsilon}$ 且点 C_1 充分靠近点 A_ε, 因此有 $x_{C_1^+}<x_{A_\varepsilon^+}$ 且点 C_1^+ 充分靠近点 A_ε^+, 则点 E_2 的阶 1 后继函数 $F_1(E_2)=x_{C_1^+}-x_{E_3}>0$, 因此在 E_1 与 E_2 之间必有 E_* 使得 $F_1(E_*)=0$, 故此系统 (5.39) 存在阶 1 周期解且初始点在点 E_1 和 E_2 之间 (图 5.38).

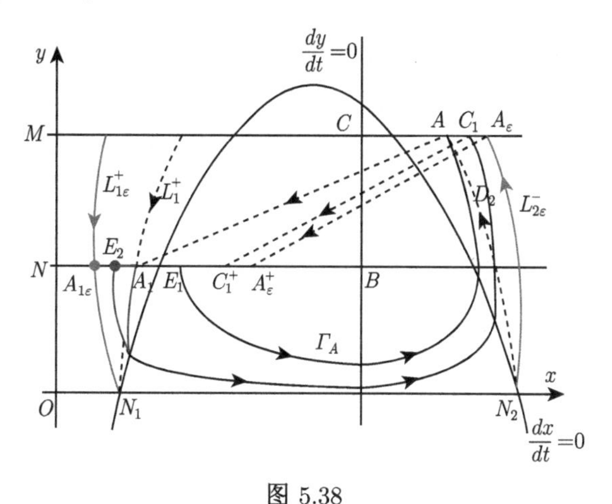

图 5.38

情况 3 $x_{E_1}<x_{A_1}$. 系统 (5.39) 阶 1 周期解的存在性.

由已知 $y_B\leqslant\varphi(y_C,q)=y_{B_1}$, $y_D\geqslant\varphi(y_A,q)=y_{D_1}$, 又因为 $y_A\geqslant y_{A_\delta}$, 可知 A_δ 的相点 D_{1_δ} 的纵坐标满足 $y_{D_{1\delta}}<y_{D_1}\leqslant y_D$, 因此, 系统 (5.39) 的脉冲集为 $A_\delta C$, 相集为 $D_{1\delta}B_1$ 且 $D_{1\delta}B_1\subset BD$, 由此得到 Bendixon 环域 G(图 5.39): 由脉冲集 $A_\delta C$、垂直等倾线的 CD 部分与线段 DB_δ、鞍点分界线 Γ_{B_δ} 中的 $B_\delta Q$ 部分以及 Γ_{A_δ} 中 QA_δ 部分构成, 由 Bendixon 环域定理知系统 (5.39) 存在阶 1 周期解.

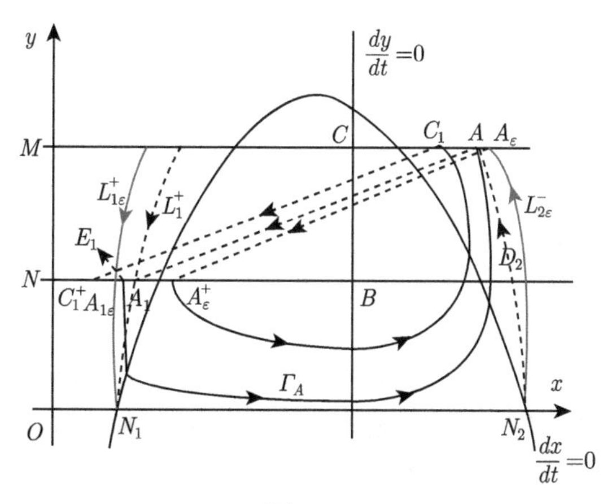

图 5.39

5.3.4 切换系统逼近

脉冲动力系统理论目前已在种群动态、生物技术、神经网络系统、经济学、医药学、农林业害虫防治以及人类疾病控制等方面得到了广泛的应用. 前面我们已讨论过, 关于投放农药灭杀害虫的数学模型, 通过农药的投放, 可以在短暂的时间内大量减少害虫种群的密度, 所用的时间比起害虫种群密度增长过程的时间是非常少的, 因此人们用脉冲函数来描述, 这样害虫治理的数学模型的研究常用脉冲动力系统理论. 为此我们要讨论脉冲动力系统的结构. 首先给出脉冲函数在数学上的定义.

图 5.40(a) 中表示出来是理想的脉冲函数, 而实际问题, 如用农药杀害虫的过程也是需要一定的时间的, 也许用图 5.40(b) 更为合适, 这可以看成是脉冲函数的一个方形逼近.

$\delta_n(t) \to \delta(t)$ 当 $n \to \infty$ 时, 近似脉冲函数也可以形如:

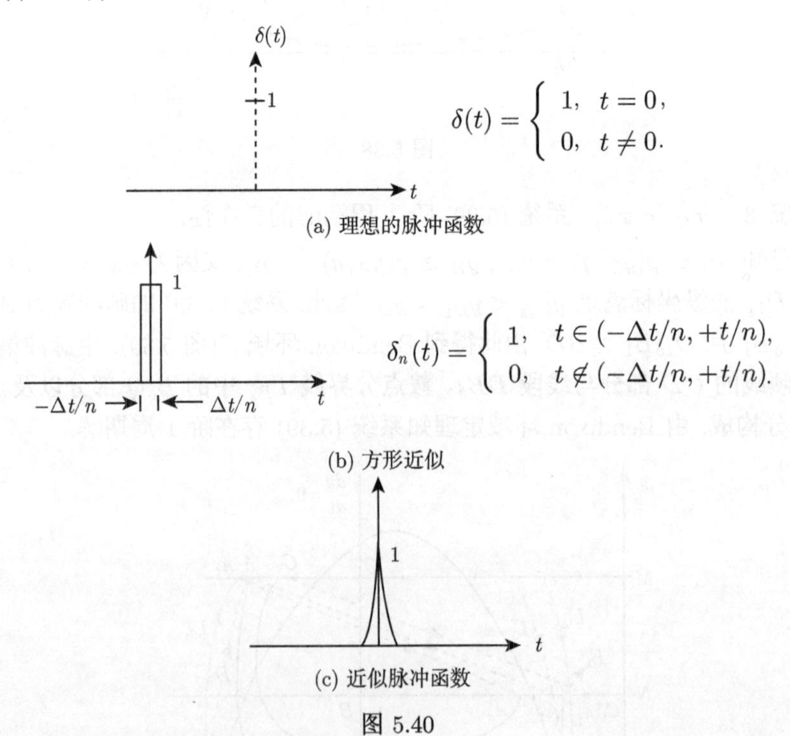

(a) 理想的脉冲函数

(b) 方形近似

(c) 近似脉冲函数

图 5.40

对于脉冲动力系统, 我们没有办法沿用已经比较成熟的连续动力系统的方法研究, 特别是关于周期解稳定性问题, 我们将试用方波逼近的方法来解决一些问题, 为了阐明这想法, 首先看一些简单的例子, 如图 5.41 所示.

(1) 一个简单脉冲函数的方形逼近.

$$
xf_1(t)=\begin{cases} x=x_1, & t<t_1,\\ \Delta x=(x_2-x_1), & t=t_1,\\ x=x_2, & t>t_1, \end{cases}
$$

(a) 脉冲函数 $x=f_1(t)$

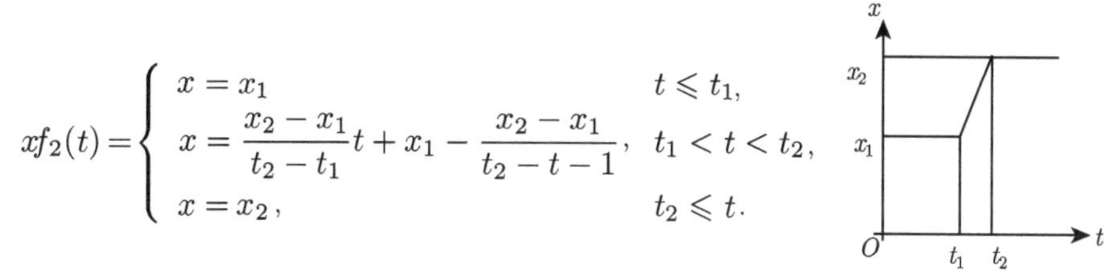

$$
xf_2(t)=\begin{cases} x=x_1 & t\leqslant t_1,\\ x=\dfrac{x_2-x_1}{t_2-t_1}t+x_1-\dfrac{x_2-x_1}{t_2-t-1}, & t_1<t<t_2,\\ x=x_2, & t_2\leqslant t. \end{cases}
$$

(b) 方形逼近函数 $x=f_2(t)$

图 5.41

(2) 一个简单脉冲动力系统的方形逼近.

(a) 状态脉冲系统的阶 1 周期解;

$$
\begin{cases} \dfrac{dx}{dt}=-1\equiv g(x), & x\neq 0,\\ \Delta x=x^+-x=1, & x=0. \end{cases} \tag{5.40}
$$

(b) 切换系统 (switched systems) 的混合动力极限环(hybrid limit cycle) (Bonotto, 2008)

记

$$
\frac{dx}{dt}=-1\equiv g(x),\quad \frac{dx}{dt}=1/\delta\equiv f(x),
$$

切换系统:

$$
\frac{dx}{dt}=c_1f(x)+c_2g(x),\quad c_1,c_2\geqslant 0 \tag{5.41}
$$

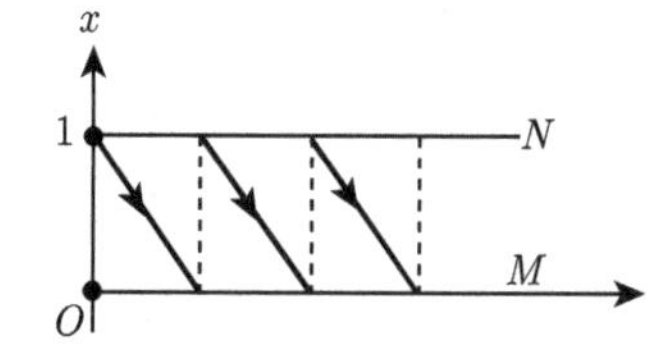

图 5.42 状态脉冲系统的阶 1 周期解

初始点在直线 $x=1$ 上取 c_1=1, c_2=0; 初始点在直线 $x=0$ 上取 c_1= 0, c_2= 1, 当 $\delta\to 0$ 时; 图 5.43 方形逼近连续周期解 → 图 5.42 状态脉冲系统的阶 1 周期解, 也可以说当 $\delta\to 0$ 时切换系统 (5.41) 的混合动力极限环 → 状态脉冲系统 (5.40)

阶 1 周期解, 如果对于一切充分小的 $\delta > 0$ 混合动力极限环为稳定, 则阶 1 周期解必为稳定.

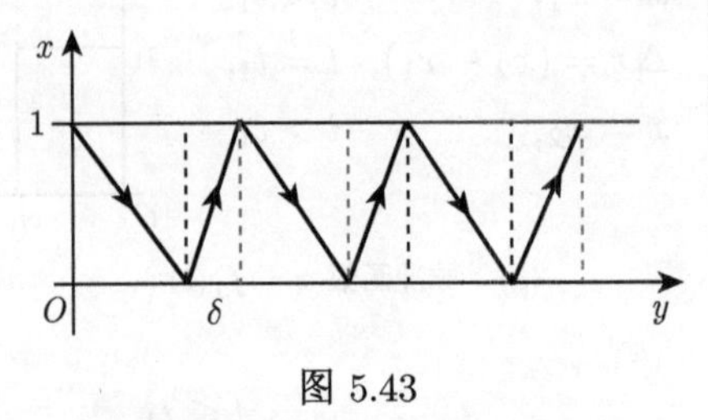

图 5.43

(3) 单侧渐近型阶 1 周期解的稳定性 (见定义 5.6).

我们考虑线性脉冲函数状态脉冲系统:

$$\left\{\begin{array}{l}\left.\begin{array}{l}\dfrac{dx}{dt}=P(x,y)\\\dfrac{dy}{dt}=Q(x,y)\end{array}\right\}x<h,\\\left.\begin{array}{l}\Delta x=-\alpha x\\\Delta y=-\beta y\end{array}\right\}x=h.\end{array}\right.\tag{5.42}$$

设状态脉冲系统 (5.42) 有一个单侧渐近型阶 1 环其周期为 T, 如图 5.44(a) 所示.

由定理 5.2, 设 AB 为单侧渐近型阶 1 周期解, 记为 L 如图 5.44(a) 所示, 以 A 为原点, 建立坐标系, 法向为 n 轴, 切向为 s 轴, 若 A 的外 ε 邻域 Q 内任一点 D, 相集上必存在一点 $\bar{D}$ 起始于 $\bar{D}$ 的轨线通过 D 点, 如果对于 A 的外 ε 邻域 Q 内任一点 D 对应的 $\bar{D}$ 的后继点 $\bar{E}$ 都与 $\bar{D}$ 位于周期解 L 的同侧, 而且 $\bar{D}$ 的后继函数都小于零, $F_1(\bar{D}) < 0$ 则单侧渐近型阶 1 周期解 L 是稳定的, 因此我们下面要做的事就是如何计算后继函数 $F_1(\bar{D})$. 但是状态脉冲系统阶 1 周期解的后继函数还没有可用的算法, 我们将借用阶 1 周期解的方形逼近、切换系统的混合动力极限环稳定性仿照连续动力系统极限环后继函数的计算方法 (叶彦谦等, 1984)

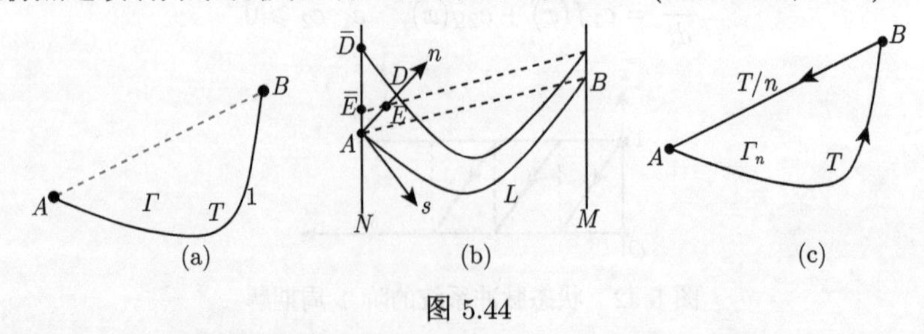

图 5.44

若系统 (2.42) 有阶 1 周期解 AB 如图 5.44(a) 所示, 记 $A(x_a, y_a), B(x_b, y_b)$, 设阶 1 周期解 AB 的周期为 T, 由 B 到 A 是脉冲行为所用的时间为 0, 我们用方形逼近由 B 到 A 是脉冲, 设所用的时间为 T/n, 如图 5.44(c) 所示, 由 A 到 B 的弧

段用时为 T

$$\begin{cases} \dfrac{dx}{dt} = P(x,y), \\ \dfrac{dy}{dt} = Q(x,y), \end{cases} \tag{5.43}$$

$$\begin{cases} \dfrac{dx}{dt} = \dfrac{anh}{T} \triangleq P_1(x,y), \\ \dfrac{dy}{dt} = \dfrac{n(y_a - y_b)}{T} \triangleq Q_1(x,y), \end{cases} \tag{5.44}$$

这样我们就得到脉冲阶 1 周期解的一个切换系统的逼近, 为了讨论其稳定性, 我们建立一个混合系统 (状态切换系统) 如下:

$$\begin{cases} \left.\begin{aligned} \dfrac{dx}{dt} &= P(x,y) \\ \dfrac{dy}{dt} &= Q(x,y) \end{aligned}\right\} & \text{初值在相集 } x=(1-\alpha)h \text{ 上}, \\ \left.\begin{aligned} \dfrac{dy}{dt} &= \dfrac{anh}{T} \triangleq P_1(x,y) \\ \dfrac{dx}{dt} &= \dfrac{n(y_a-y_b)}{T} \triangleq Q_1(x,y) \end{aligned}\right\} & \text{初值在脉冲集 } x=h \text{ 上}, \end{cases} \tag{5.45}$$

为了书写简单, 我们记: (Salah et al., 2011) $z(x,y)$, $x^1(P(x,y),Q(x,y))$, $x^2(P_1(x,y),$ $Q_1(x,y))$, 这样系统 (5.45) 可以改写成

$$\frac{d}{dt}[Z(x,y)] = c_1X^1 + c_2X^2 \begin{cases} \text{初值在脉冲集 } x=h \text{ 上取 } c_1{=}0, c_2{=}1, \\ \text{初值在相集 } x=(1-\alpha)h \text{ 上取 } c_1{=}1, c_2{=}0. \end{cases} \tag*{(5.46)$_\mathrm{a}$}$$

或改写成

$$\begin{cases} \dfrac{dx}{dt} = Z_1(x,y) = c_1P(x,y)+c_2P_1(x,y) \\ \dfrac{dy}{dt} = Z_2(x,y)= c_1Q(x,y)+c_2Q_1(x,y) \end{cases} \tag*{(5.46)$_\mathrm{b}$}$$

初值在 $x=h$ 上取 $c_1{=}0, c_2{=}1$, 初值在 $x=(1-\alpha)h$ 上取 $c_1{=}1, c_2{=}0$.

引理 5.2(Konig) (叶彦谦, 1984) 设 $\bar{s}=f(s)$ 是线段 N 到它自身的一个连续点变换, $s=0$ 是这变换的不动点, 如果 $(\bar{s},s)$ 平面上的曲线 $\bar{s}=f(s)$ 在原点附近的弧段位于角域中

$$\left|\frac{\bar{s}}{s}\right| \leqslant 1-\varepsilon\,(\geqslant 1+\varepsilon), \quad \varepsilon>0,$$

则不动点 $s=0$ 是稳定 (不稳定) 的.

证明 设

$$\left|\frac{\bar{s}}{s}\right| \leqslant 1-\varepsilon = \delta > 0,$$

在 $s=0$ 的一个小邻域 $|s|\leqslant\eta$ 内一切 $|s|\neq 0$ 点均有 $|\bar{s}|\leqslant\delta|s|\leqslant|s|$, 因此只要 $|\bar{s}|\neq 0\leqslant\eta$, 数列 $|s|,|s_1|,|s_2|,\cdots,|s_n|,\cdots$, 满足不等式: $|s_n|\leqslant|s|\delta^n$, 因此当 $n\to\infty$ 时有 $|s^n|\to 0, s=0$ 是稳定的, 引理 5.2 证毕.

推论 5.1 若函数 $\bar{s}=f(s)$ 在 $s=0$ 存在导数, 则当

$$\left|\frac{d\bar{s}}{ds}\right|_{s=0}<1$$

时 $s=0$ 是稳定的. 若有闭曲线 S, 周期为 T 如图 5.45 所示.

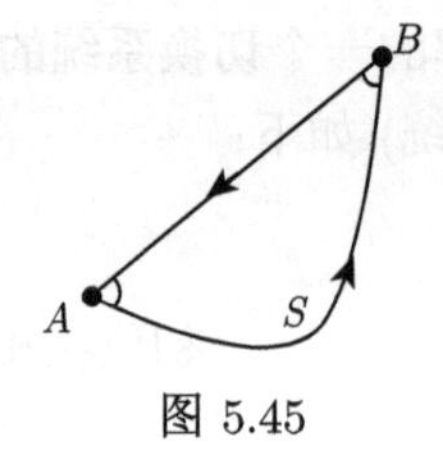

图 5.45

引理 5.3 $H(x,y)$ 在全平面对 x, y 有连续偏导数, 闭曲线 S 如图 5.45 所示, x,y 为 t 的函数, S 是以 t 为周期, 从 A 沿箭头方向一周的周期为 T

$$\oint_S\left[\frac{d}{dt}H(xy)\right]dt=\int_0^T\left[\frac{d}{dt}H(xy)\right]dt=0.$$

说明 利用多元复合函数求导法则: $\dfrac{d}{dt}H(x,y)=\dfrac{\partial H}{\partial x}\dfrac{dx}{dt}+\dfrac{\partial H}{\partial y}\dfrac{dy}{dt}$, 所以上面的式子化为

$$\oint_S\left[\frac{d}{dt}H(x,y)\right]dt=\oint_S\left[\frac{\partial H}{\partial x}\frac{dx}{dt}+\frac{\partial H}{\partial y}\frac{dy}{dt}\right]dt=\oint_S\left[\frac{\partial H}{\partial x}dx+\frac{\partial H}{\partial y}dy\right]dt.$$

令 $P(x,y)=\dfrac{\partial H}{\partial x}, Q(x,y)=\dfrac{\partial H}{\partial y}$, 曲线积分与路径无关的充分必要条件是

$$\frac{\partial P}{\partial y}=\frac{\partial^2 H}{\partial x\partial y}=\frac{\partial^2 H}{\partial y\partial x}=\frac{\partial Q}{\partial x}. \tag{5.47}$$

因此只要函数 $H(x,y)$ 的两个二阶混合偏导数 $\dfrac{\partial^2 H}{\partial x\partial y}$ 及 $\dfrac{\partial^2 H}{\partial y\partial x}$ 在所研究的区域 G 上连续, 那么在 G 内这两个二阶混合偏导数必相等, 即沿全平面内任意闭曲线的曲线积分为零. 也就是下式成立.

$$\oint_S\left[\frac{d}{dt}H(xy)\right]dt=\int_0^T\left[\frac{d}{dt}H(xy)\right]dt=0.$$

如果图 5.44(c) 中的 $\varGamma_n$ 的周期为 T/n 为图 5.44(a), $\varGamma$ 周期为 T 的方形逼近, 对于任意连续可微函数 $D(x(t),y(t))$.

引理 5.4 若单侧渐近型阶 1 周期环 Γ 及其方型逼近连续周期解 Γ_n, 我们有

$$\oint_{\Gamma} D(x(t),y(t))dt = \lim_{\Gamma_n} D(x(t),y(t))dt.$$

我们考虑状态脉冲系统 (5.42) 假设存在一个单侧渐近型阶 1 环 Γ 为凸闭曲线其周期为 TAB 为系统 (5.42) 的一个单侧渐近型凸闭阶 1 周期解, 如图 5.46 所示.

设 A 附近任一点 S_0 存在点列: $S_1,S_2,\cdots,S_k,S_{k+1},\cdots$, 阶 1 后继点分别为

$$F_1(S_0)=S_1, F_1(S_1)=S_2,\cdots,F_1(S_k)=S_{k+1},\cdots,F_1(A)=A.$$

下面我们要计算切换系统 (5.46) 的周期解 AB(图 5.47) 在 A 点附近任一点 a 的后继点

$$a, a_1^+, a_2^+,\cdots,a_k^+,\cdots,$$

$$F_1(a)=a_1^+, F_1(a_1^+)=a_2^+,\cdots,F_1(a_k^+)=a_{k+1}^+,\cdots,F_1(A)=A.$$

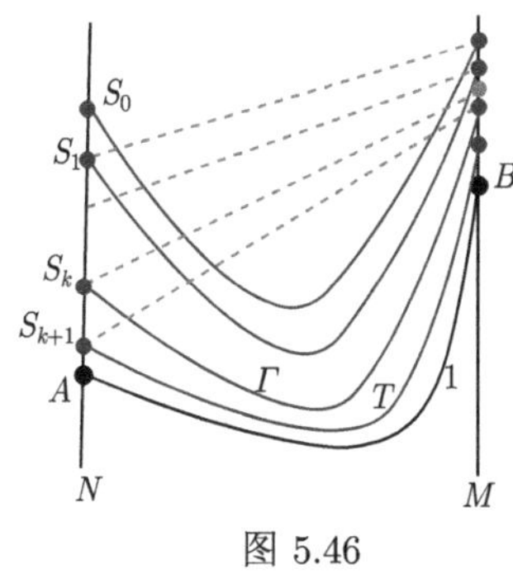

图 5.46

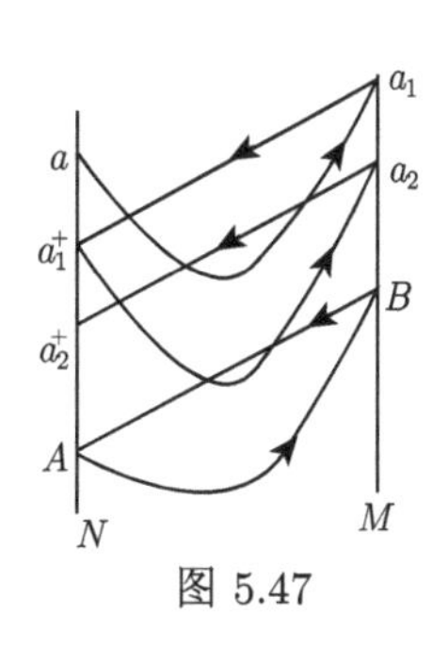

图 5.47

为了研究阶 1 周期解附近轨线的后继函数的表达式, 我们首先给出其方形近似周期解附近轨线的后继函数的表达式, 这里将应用求解连续系统极限环附近解的后继函数的计算方法, 为此首先把相集上的后继点转化到正交坐标系上的后继点, 设脉冲系统 (5.42) 的单侧渐近型凸闭阶 1 周期解 $\Gamma(AB)$ 的方形近似切换系统 $(5.46)_{\rm b}$ 的周期解为 $\Gamma_n(AB)$, 如图 5.48 所示, 我们要计算 $\Gamma(AB)$ 的 A 点附近任一点 S_k 的阶 1 后继函数 $F_1(S_k)$ 的值, 在相集 N 上建立坐标系, N 轴上的点以其所在的高度为其坐标, 设 S_k 的坐标为 y_{S_k}, 过点 S_k 的轨线与脉冲集交于一点 b, b 的相点为 c, c 点的纵坐标为 y_c, S_k 的后继函数 (图 5.48): $F_1(S_k)=y_c-y_{S_k}<0$ 由前面的定理 5.2, 阶 1 环单向稳定的充要条件为, 对于 A 点邻域内任意一点 S_k 都有: $F_1(S_k)=y_c-y_{S_k}<0$, 下面的问题就在于如何计算 $F_1(S_k)$ 的值.

以 A 点为原点, 过 A 点轨线 AB 的切线 s 与法线 n 构成 AB 轨线的 "正交移动坐标系" 过点 S_k 的轨线与坐标轴 n 交于一点 a, 过 c 点的轨线与坐标轴 n 交于

一点 d, 我们定义 S_k 的正交系后继函数为: $F_1^{\oplus}(S_k)=n_d-n_a<0$, 由定理 5.2, 阶 1 环单向稳定的充要条件为: 对于 A 点充分小邻域内任意一点都有

$$F_1(S_k)=y_c-y_{S_k}<0 \rightleftarrows F_1^{\oplus}(S_k)=n_d-n_a<0.$$

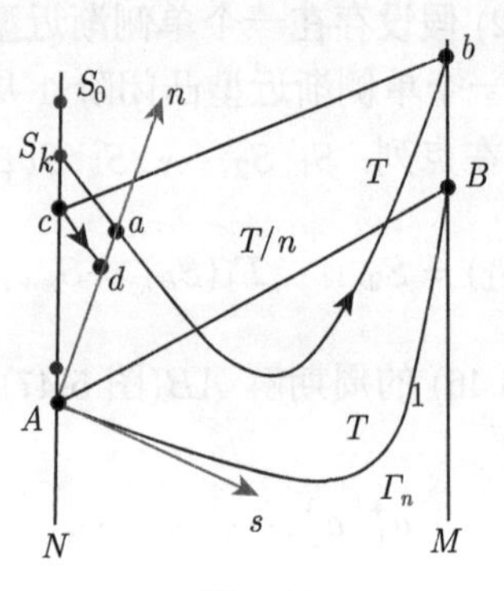

图 5.48

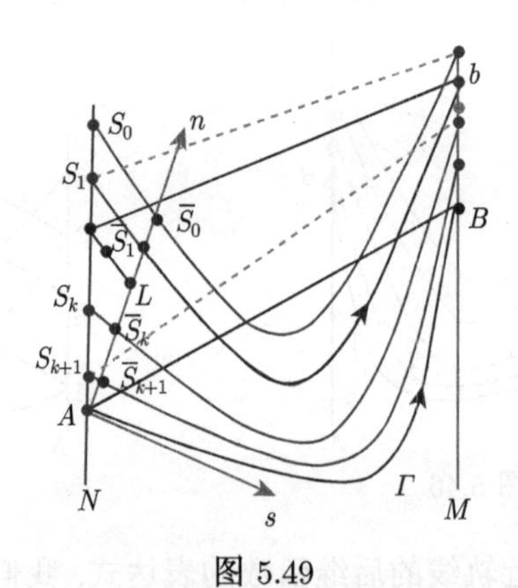

图 5.49

为研究系统 (5.42) 的单侧渐近型凸闭阶 1 周期解 Γ 的稳定性, 设系统 (5.42) 右端函数 P,Q 有任何阶偏导数, 设阶 1 周期解 Γ 中 AB 轨线段的方程为: $x=f(t)$, $y=g(t)$, AB 轨线段由 A 到 B 所用的时间为 T, 即阶 1 周期解 Γ 的周期为 T, 引进曲线坐标 (s,n), s 表示轨线 Γ 从起点 A 的弧长, 由图 5.48 可见 s 的增加方向与时间 t 的增加方向相同, n 表示轨线 Γ 的法线方向的长度, 向外为正, 设以弧长 s 为参数, 阶 1 周期解 Γ 中 AB 轨线段的方程为

$$x=\varphi(s),\quad y=\psi(s).$$

切换系统 $(5.46)_{\rm b}$ 的周期解为系统 (5.44) 的轨线段 BA 的方程为

$$x=\varphi_1(s),\quad y=\psi_1(s).$$

周期解 $\Gamma_n(AB)$ 的方程为

$$\left.\begin{aligned} x &= \Phi(s) = c_1\varphi s + c_2\varphi_1 s \\ y &= \Psi(s) = c_1\psi s + c_2\psi_1 s \end{aligned}\right\} \begin{aligned} &\text{初值在相集 } x=(1-\alpha)h \text{ 上取 } c_1=1, c_2=0, \\ &\text{初值在脉冲集 } x=h \text{ 上取 } c_1=0, c_2=1, \end{aligned}$$

设点 A 的直角坐标是: $(\Phi(s),\Psi(s))$(这里函数 $\Phi(s)$ 和函数 $\Psi(s)$ 在 A 点和 B 点存在不光滑, 我们要在这两点充分小的邻域内作曲线使函数 $\Phi(s)$ 和函数 $\Psi(s)$ 在 A 点和 B 点作光滑化逼近, 如图 5.45 所示), 则 D 的直角坐标 (x,y)(图 5.48) 与曲线坐标 (s,n) 之间的关系式是

$$x = \Phi(s) - n\Psi'(s), \quad y = \Psi(s) + n\Phi'(s),$$

$Z_{10}(x,y), Z_{20}(x,y)$ 表示 $Z_1(x,y), Z_2(x,y)$ 在周期解 $\Gamma_n(AB)$ 上的值, 即 $Z_{10}(x,y) = Z_1(\Phi(s),\Psi(s)), Z_{20}(x,y) = Z_2(\Phi(s),\Psi(s))$.

由系统 (5.44) 我们得到

$$\frac{dy}{dx} = \frac{\Psi'(s) + \Phi'(s)\dfrac{dn}{ds} + n\Phi''(s)}{\Phi'(s) - \Psi'(s)\dfrac{dn}{ds} - n\Psi''(s)} = \frac{Z_2(\Phi(s) - n\Psi'(s), \Psi(s) + n\Phi'(s))}{Z_1(\Phi(s) - n\Psi'(s), \Psi(s) + n\Phi'(s))},$$

$$\frac{dn}{ds} = \frac{Z_2\Phi' - Z_1\Psi' - nZ_1\Phi'' + Z_2\Psi''}{Z_1\Phi' + Z_2\Psi'\psi'} = F(s,n), \tag{5.48}$$

设函数 Z_1, Z_2 有连续偏导数, 因此 $F(s,n)$ 关于 n 有一连续偏导数, (5.48) 可改写为

$$\frac{dn}{ds} = F'_n(s,n)\Big|_{n=0} n + o(n), \tag{5.49}$$

$$\frac{dn}{ds} = F_n{}'(s,n)\Big|_{n=0} = Z_{10}\frac{Z_{10}^2 Z_{2y0} - Z_{10}Z_{20}(Z_{1y0} + Z_{2x0}) + Z_{20}^2 Z_{1x0}}{(Z_{10}^2 + Z_{20}^2)^{3/2}} = H(s), \tag{5.50}$$

这里 $H(s)$ 表示系统 $(5.46)_\mathrm{b}$ 的正交轨线在 A 点的曲率, 因此 (5.48) 的一次近似方程为

$$\frac{dn}{ds} = H(s),$$

其解为

$$n = n_0 \exp\left(\int_0^s H(s')ds'\right), \quad n_0 = n(0),$$

这里 n_0 对应 A 点. 设 AB 对应系统 $(5.46)_\mathrm{b}$ 的弧长为 S, 由此可得如下结论.

推论 5.2(Dilibereto)(叶彦谦等, 1984) 如果沿系统 $(5.46)_\mathrm{b}$ 周期解 Γ_n 的轨线处处成立

$$H(s) < 0, \tag{5.51}$$

则系统 $(5.46)_{\mathrm{b}}$ 周期解 Γ_n 是稳定的 (叶彦谦等, 1984).

下面我们改写不等式 (5.51) 以 $ds=\sqrt{Z_{10}^2+Z_{20}^2}$ 代入 (5.51), 并假设系统 $(5.46)_{\mathrm{b}}$ 周期解 Γ_n 的周长为 γ 得到

$$\begin{aligned}\int_0^{\gamma} H(s)ds&=\int_0^{T+T/n}\frac{1}{Z_{10}^2+Z_{20}^2}\left[Z_{10}^2Z_{2y0}-Z_{10}Z_{20}(Z_{1y0}+Z_{2x0})+Z_{20}^2Z_{1x0}\right]dt\\&=\int_0^{T+T/n}\left[Z_{1x0}+Z_{2y0}-\frac{Z_{10}^2Z_{1y0}+Z_{10}Z_{20}(Z_{1y0}+Z_{2x0})+Z_{20}^2Z_{1x0}}{Z_{10}^2+Z_{20}^2}\right]dt\\&=\int_0^{T+T/n}Z_{1x0}+Z_{2y0}dt-\frac{1}{2}\oint_{\Gamma_n}\frac{dZ_{10}^2+Z_{20}^2}{Z_{10}^2+Z_{20}^2}dt\\&=\int_0^{T+T/n}Z_{1x0}+Z_{2y0}dt<0.\end{aligned}$$

定理 5.17 若系统 $(5.46)_{\mathrm{b}}$ 在周期轨线 Γ_n 上成立:

$$\int_0^{T+T/n}Z_{1x0}+Z_{2y0}dt<0,$$

则 Γ_n 为轨道渐近稳定的, 由 (5.43) 和 (5.44) 可知:

$$Z_{1x0}=\frac{\partial Z_1}{\partial x}=\frac{\partial P}{\partial x},\quad Z_{2y0}=\frac{\partial Z_2}{\partial y}=\frac{\partial Q}{\partial y}.$$

因此, $\displaystyle\int_0^{T+T/n}(Z_{1x0}+Z_{2y0})\,dt=\int_0^{T+T/n}\left(\frac{\partial P}{\partial x}+\frac{\partial Q}{\partial y}\right)dt.$

定理 5.18 若系统 $(5.46)_{\mathrm{b}}$ 在周期轨线 Γ_n 上成立:

$$\int_0^{T+T/n}\left(\frac{\partial P}{\partial x}+\frac{\partial Q}{\partial y}\right)dt<0,$$

则 Γ_n 为轨道渐近稳定的, 因为当 $n\to\infty$ 时 $\Gamma_n\to\Gamma$, $T+\dfrac{T}{n}\to T$, 由引理 5.4, 可以得到如下定理.

定理 5.19 半连续动力系统 (5.42) 若存在单侧渐近型凸闭阶 1 周期解 $\Gamma(AB)$, 其周期为 T, 并且在 $\Gamma(AB)$ 上满足:

$$\int_0^{T}\left(\frac{\partial P}{\partial x}+\frac{\partial Q}{\partial y}\right)dt<0.$$

阶 1 周期解 $\Gamma(AB)$ 为轨道稳定的, (但不一定是轨道渐近稳定).

推论 5.3 半连续动力系统 (5.42) 若存在单侧渐近型凸闭阶 1 周期解 $\Gamma(AB)$, 其周期为 T, 并且在 $\Gamma(AB)$ 所存在的区域 G 中恒有

$$\frac{\partial P}{\partial x}+\frac{\partial Q}{\partial y}<0.$$

阶 1 周期解 $\Gamma(AB)$ 为轨道稳定的.

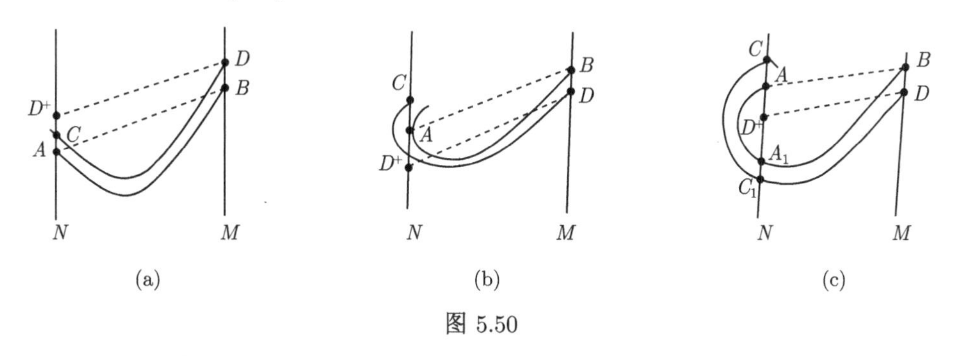

图 5.50

引理 5.4a 若具线性脉冲函数的阶 1 周期解 AB 中微分方程轨线与相集 N 仅有一个交点 A, 且轨线 AB 与相集在 A 点相交不相切, 则阶 1 周期解 AB 是单侧渐近 (或单侧远离) 型阶 1 周期解.

证明 如图 5.48(a) 所示, 在脉冲集 M 上 B 点的上方充分接近点 B 的任意一点 D, 则在相集 N 上在 A 点的附近必存在一点 C, 过 C 的轨线与脉冲集 M 相交于 D, 轨线 CD 必在轨线 AB 的上方, 由于解的唯一性轨线 CD 不与轨线 AB 相交, 由于脉冲函数是线性的, D 点的相点必在 A 点的上方, 这就证明了阶 1 周期解 AB 是单侧渐近 (或单侧远离) 型阶 1 周期解.

由图 5.48(b) 我们可以看见如果轨线 AB 在 A 点与相集 N 相切, 则在相集 N 上 A 点上方充分接近 A 的任意一点 C, 过 C 的轨线 CD 必走向轨线 AB 的下方, 与脉冲集 M 交点 D 必在 B 点的下方, 由于脉冲函数是线性的, D 点的相点必在 A 点的下方, 所以这种情况下, 阶 1 周期解 AB 不是单侧渐近 (或单侧远离) 型阶 1 周期解.

类似地, 由图 5.48(c) 我们可以看出如果轨线 AB 在 A 点与相集 N 相交于两点, 阶 1 周期解 AB 也不是单侧渐近 (或单侧远离) 型阶 1 周期解.

定理 5.20a 若半连续动力系统 (5.42) 有阶 1 周期解 AB, 且满足条件:

(1) $f(x,y), g(x,y)$ 对 x, y 有连续偏导数;

(2) 系统 (5.42) 有阶 1 周期解 AB 其周期为 T;

(3) 微分方程轨线 AB 与相集 N 仅有一个交点 A, 而且在 A 点相交不相切;

(4) 轨线 AB 与脉冲 B 线 A 构成简单凸闭曲线, 则:

半连续动力系统 (5.42) 的阶 1 周期解 AB 为轨道稳定的条件为

$$\int_0^T \left(\frac{\partial P}{\partial x} + \frac{\partial Q}{\partial y}\right) dt < 0$$

推论 5.3a 若半连续动力系统 (5.42) 满足定理 5.20a 的所有条件, 并且在阶

1 周期解 AB 所围绕的区域 G 内恒有

$$\left(\frac{\partial P}{\partial x}+\frac{\partial Q}{\partial y}\right)<0$$

则阶 1 周期解 AB 是轨道稳定的.

4. 定理 5.20 应用举例

例 5.1 害虫治理阶段结构模型:

$$\begin{cases}\left.\begin{aligned}\frac{dx}{dt}&=ax-by=P(x,y)\\ \frac{dy}{dt}&=cx-dy=Q(x,y)\end{aligned}\right\} x<h,\\ \Delta y=-\beta yx=h.\end{cases}\tag{5.52}$$

我们在前面 2.4 节中讨论 Bendixon 定理应用中已证明系统 (5.52) 存在阶 1 周期解如图 5.51 所示阶 1 周期解 L 是单侧渐近型凸闭阶 1 周期解, 容易计算得

$$\frac{\partial P(x,y)}{\partial x}+\frac{\partial Q(x,y)}{\partial y}=-d-b<0.$$

由推论 5.3 可知阶 1 周期解 L 为轨道稳定的.

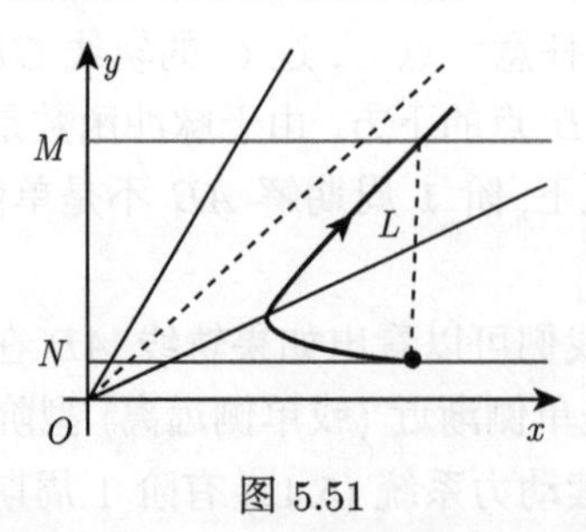

图 5.51

例 5.2 具有连续时滞的 Logistic 增长模型的状态脉冲反馈控制系统 (Pang, Chen, 2014)

$$\begin{cases}\dfrac{dx}{dt}=rx\left[1-cx-w\displaystyle\int_{-\infty}^{t}\exp\left(a\left(t-s\right)x\left(s\right)\right)ds\right], & x<h,\\ \Delta x=-\beta x, & x=h,\end{cases}\tag{5.53}$$

x 是害虫的密度, r 是内禀增长率, h 是经济临界值, a,c,w 是正常数, 满足 $\displaystyle\int_0^{\infty}\exp(s)ds=1$, $0<\beta<1$ 是喷洒农药杀死害虫的比率.

利用链变换 $y=\int_{-\infty}^{t}\exp(a(t-s)x(s))ds$, 则系统 (5.53) 可化为

$$\left\{\begin{array}{l}\left.\begin{array}{l}\dfrac{dx}{dt}=rx\,(1-cx-wy)=p\,(x,y)\\ \dfrac{dy}{dt}=ax-ay=q\,(x,y)\end{array}\right\}\ x<h.\\ \Delta x=-\beta x,\quad x=h,\end{array}\right.\tag{5.54}$$

定理 5.20 系统 (5.54) 的正平衡点 $E(x^*,y^*)=E\left(\dfrac{1}{c+w},\dfrac{1}{c+w}\right)$ 是全局稳定的.

证明 利用 Lyapunov 函数:

$$V(x,y)=\left(x-x^*-x^*\ln\frac{x}{x^*}\right)+\frac{wr}{2a}(y-y^*)^2,$$

沿着系统 (5.54) 的解曲线求导得

$$\begin{aligned}\frac{dV}{dt}=&(x-x^*)\frac{1}{x}rx[-c(x-x^*)-w(y-y^*)]+wr(y-y^*)[(x-x^*)-(y-y^*)]\\ =&-cr(x-x^*)^2-wr(y-y^*)(x-x^*)+wr(y-y^*)(x-x^*)\\ &+wr(y-y^*)(x-x^*)-wr(y-y^*)^2-wr(y-y^*)(x-x^*)+wr(y-y^*)(x-x^*)\\ =&-cr(x-x^*)^2-wr(y-y^*)^2<0,\end{aligned}$$

所以, 系统 (5.54) 正平衡点是全局稳定的.

定理 5.21 若脉冲集 $0<h\leqslant\dfrac{1}{c+w}$, 相集 $x=(1-\beta)\,h$ 上存在一点 A, 使阶 1 后继函数 $F_1(A)=0$, 则系统 (5.54) 存在轨道渐近稳定的阶 1 周期解.

证明 (1) 存在性：设相集 $x=(1-\beta)\,h$与 x 轴相交于点 C 与等倾线 $\dfrac{dx}{dt}=0$ 相交于点 D, 由图 5.52 可见系统过 C 的轨线与脉冲集交于点 C_1, C_1 的相点为 C^+, 在相集上建立坐标系, D 点的坐标为 0, C^+ 点的坐标为 c_1^+, 有后继函数 $F_1(C)=c_1^+-0>0$; 由图 5.51 可见系统过点 D 的轨线与脉冲集交于点 D_1, D_1 的相点为 D_1^+, 点 D 在相集上的坐标为 d, D_1^+ 点在相集上的坐标为 d_1^+, 有后继函数 $F_1(D)=d_1^+-d<0$, 因此在 D 与 C 之间必存在一点 A 有后继函数 $F_1(A)=0$, 因此有阶 1 周期解 AB.

(2) 稳定性：由定理 5.21, 证明中的推导和系统 (5.65) 轨线的几何结构 (图 5.52 和图 5.53), 我们可以知道系统 (5.54) 的阶 1 周期解为单侧渐近型凸闭阶 1 周期解, 将应用定理 5.20 和推论 5.3 的研究系统 (5.54) 的阶 1 周期解的稳定性.

系统 (5.54) 计算：

$$\frac{\partial p(x,y)}{\partial x}+\frac{\partial q(x,y)}{\partial y}=r-2rcx-r\omega y-a.$$

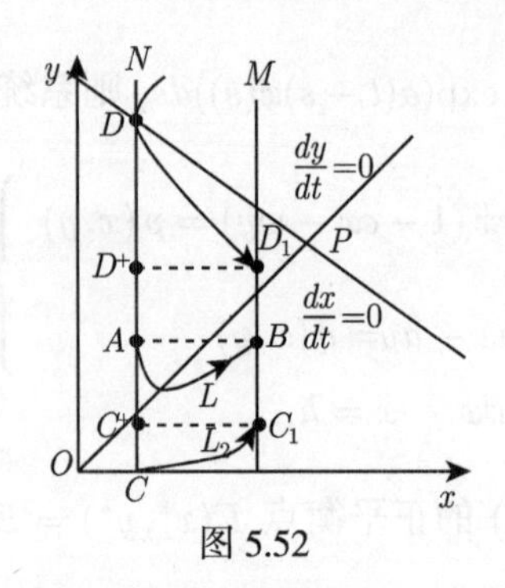

图 5.52

符号不定, 构造 Dulac 函数 $\mu(x,y)= x^{-1}$, 在区域 $G(x>0,y>0)$ 内连续、可微、定号

$$\left\{\begin{array}{l}\left.\begin{array}{l}\dfrac{dx}{dt}=rx\left(1-cx-wy\right),\quad \mu\left(x,y\right)=r\left(1-cx-wy\right)=p_1(x,y)\\ \dfrac{dy}{dt}=\left(ax-ay\right)\quad \mu(x,y)=a-a\dfrac{y}{x}=q_1\left(x,y\right)\end{array}\right\} x<h,\\ \Delta x=-\beta x,\quad x=h,\end{array}\right.\tag{5.55}$$

$$\frac{\partial p(x,y)}{\partial x}+\frac{\partial q(x,y)}{\partial y}=-rc-a\frac{1}{x}<0.$$

阶 1 周期解是轨道渐近稳定的.

5.4 应用研究的典型实例

5.4.1 微生物培养恒浊器装置工艺的状态反馈控制原理及数学模型微生物培养涉及的内容很多

例如, 细菌、氨基酸、有机酸、抗生素、维生素、激素、酶制剂、酒精、酵母、发酵工艺等, 微生物培养工业中常用连培养工艺, 这种培养工艺用以描述生产过程中微生物发生的过程, 常用连续发酵的 Chemostat 模型:

$$\left\{\begin{array}{l}\dfrac{ds}{dt}=(s^0-s(t))Q-\dfrac{1}{\delta}P(s(t))x(t),\\ \dfrac{dx}{dt}=P(s(t))x(t)-Qx(t).\end{array}\right.\tag{5.56}$$

实验室装置如图 5.53 所示, 其中 s^0 为输入营养液的浓度, $x(t)$ 为发酵培养室中微生物在时刻 t 的浓度, $1/\delta$ 为微生物对营养基的消耗率, $P(s(t))x(t)$ 为发酵反应速度. Q 为营养液 s^0 流入和发酵培养室中已生成的微生物 $x(t)$ 和剩余的营养 $s(t)$ 液输出的流量.

关于模型 (5.56) 已有许多的研究 (陈兰荪, 陈键, 1993; 陈兰荪等, 2009).

若发酵反应速度为 $P(s)=\dfrac{\mu_m s}{k_m+s}$, 则系统 (5.56) 化为

$$\begin{cases}\dfrac{dx}{dt}=\dfrac{\mu_m s}{k_m+s}-Qx,\\ \dfrac{ds}{dt}=Q(s^0-s)-\dfrac{\mu_m sx}{\delta(k_m+s)},\end{cases}\tag{5.57}$$

图 5.53 微生物发酵培养装置有一定的缺点, 在发酵室中如里微生物浓度 $x(t)$ 太高, 常出现两种问题: ① 产物遏制减慢了发酵速度; ② 产生病毒, 为此在实际生产中采用图 5.54 的发酵装置来控制发酵室中微生物浓度, 图 5.54 中标志 5 表示光源, 光线通过发酵室外壳一个透明的小空, 照到 4 光感器, 通过接收光的强弱, 来判定发酵室中如里微生物浓度的大小, 再带动 2 的阀门控制加水来稀释发酵室中如里微生物浓度, 形成一个 "状态反馈控制系统". 我们用下面数学模型来描述: 为了计算简单, 我们把模型 (5.57′) 做无量纲化取理化为

$$\begin{cases}\dfrac{dx}{dt}=\dfrac{mSx}{a+S}-x,\\ \dfrac{ds}{dt}=1-S-\dfrac{mSx}{a+S},\end{cases}\tag{5.57′}$$

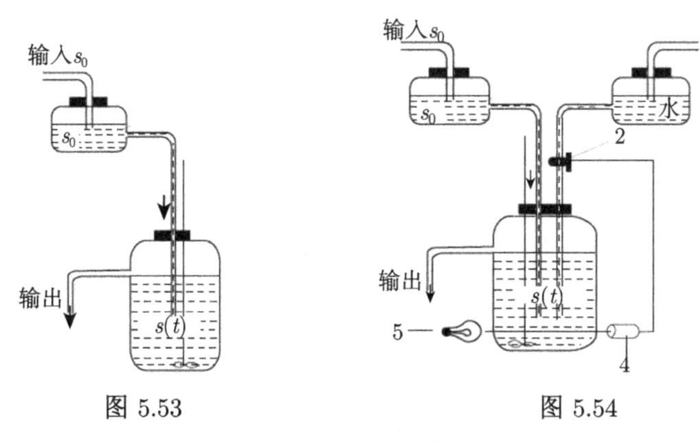

图 5.53　　图 5.54

其中 $a=\dfrac{k_m}{s^0}$, 状态反馈控制系统图 5.54 的数学模型为

$$\begin{cases}\left.\begin{array}{l}\dfrac{ds}{dt}=1-S-\dfrac{mSx}{a+S},\\ \dfrac{dx}{dt}=\dfrac{mSx}{a+S}-x,\end{array}\right\} & x<h,\\ \left.\begin{array}{l}\Delta S=-bS,\\ \Delta x=-bx,\end{array}\right\} & x=h,\end{cases}\tag{5.58}$$

下面我们要证明状态脉冲反馈控制系统 (5.58) 阶 1 周期解的存在性.

容易计算系统系统 (5.57) 有边界平衡点 (1, 0) 和平衡点$\left(\dfrac{a}{m-1},1-\dfrac{a}{m-1}\right)$, 如果下式成立 $m>1$ 且 $\dfrac{a}{m-1}<1$, 则 (1, 0) 是一鞍点, 正平衡点是稳定的结点. 我们主要讨论下面假设成立的情况 (图 5.55).

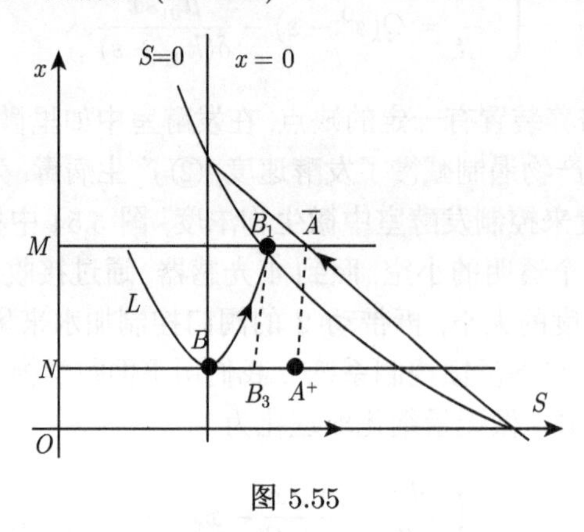

图 5.55

(H) $m>1,\ \dfrac{a}{m-1}<1, h<1-\dfrac{a}{m-1}$.

容易知道系统有积分直线 $s+x-1=0$, 这直线经过奇点 P 和奇点 Q, 这直线与相集交于点 A, 与脉冲集交于点 $\bar{A}$. 由于脉冲函数为负, $\bar{A}$ 的相点为 A^+, 也即 A^+ 是 A 的后继点, 在相集上建立坐标系, 相集上每一点以之与 x 轴的距离为其坐标, 例如, A 点的坐标记为 a 是 A 点到 x 轴的距离, 由此有阶 1 后继函数: $F_1(A)=a^+-a<0$; 作与相集相切于相集, 与 dx/dt=0 的等倾线的交点 B 的轨线 L 与脉冲集交于一点 B_1, B_1 的相点的位置有两种可能性.

(1) B_1 的相点为 B_3 在 B 点的右边, 如图 5.56 所示, 这时我们有阶 1 后继函数: $F_1(B)=b_3-b>0$, 在这种情况下, 在 A 与 B 之间必存在一点 R 有 $F_1(R)=0$, 存在阶 1 周期解.

(2) B_1 的相点为 B_2 在 B 点的左边, 我们在 B_2 点的左边任找一点 C_2, 过 C_2 的轨线 L_1 与相集交于一点 C_1, 与脉冲集交于一点 C, C 的相点为 C^+, C^+ 必在 B_3 的右边, 由轨线段 C_2C_1C 与相集有两个交点 C_2 和 C_1. 因此对于轨线段 C_2C_1C 来说, C^+ 是 C_2 的后继点, 有后继函数: $F_1^2(C_2)=c^+-c_2>0$; 在轨线 L 附近作轨线 L_2, L_2 与相集交于 B 点邻近的两点 D 和 D_1, 与脉冲集交于 D_3, D_3 的相点为 D_4, 因此对于轨线段 D_1DD_3 来说, D_4 是 D_2 的后继点. 因为 D_3 与 B_2 充分接近, 所以 D_4 与 B_2 充分接近. 因此 D_4 必在 D_2 的左边, D_4 是 D_1 的后继点, 有后继函数: $F_1^2(D_1)=d_4-d_1<0$, 因此在 D_1 与 C_2 之间必存在一点 K 有后继函数: $F_1^2(K)=0$ 存在阶 1 周期解.

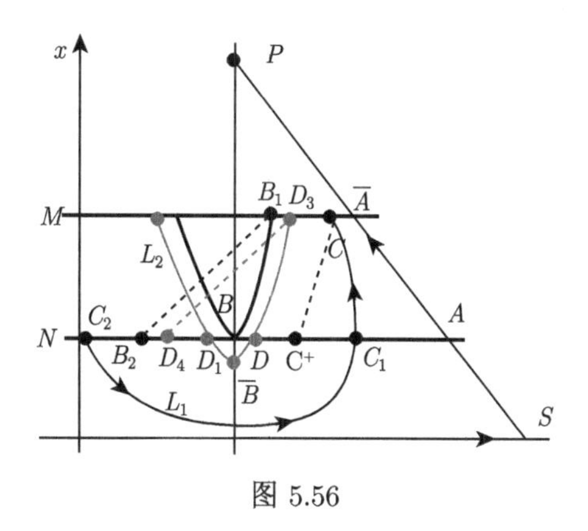

图 5.56

5.4.2 释放病毒和病虫防治病虫害(Wang, Chen, 2011)

根据昆虫病原线虫攻击害虫的特点, 我们可建立如下病毒对虫害作用的数学模型为

$$\begin{cases} \dfrac{dx}{dt} = rx - \alpha xI = P(x, I), \\ \dfrac{dI}{dt} = \alpha xI^2 - \beta I = q(x, I), \end{cases} \tag{5.59}$$

其中 $x(t)$ 表示作物中无病害虫的密度, $I(t)$ 表示发病害虫的密度, $\delta > 0$ 表示昆虫病原线虫的附着率; $\mu > 0$ 表示昆虫病原线虫的增长率; $\beta > 0$ 表示昆虫病原线虫的死亡率. 系统 (5.59) 有平衡点 $E_0(0,0)$ 和 $E_1\left(\dfrac{\beta}{r}, \dfrac{r}{\alpha}\right)$, 简单计算知 $E_0(0,0)$ 为鞍点, $E_1\left(\dfrac{\beta}{r}, \dfrac{r}{\alpha}\right)$ 为不稳定焦点, 我们有以下命题.

命题 5.2 系统 (5.59) 在第一象限不存在极限环.

证明 作 Dulac 函数: $\mu(x, I) = 1/xI$, 我们有

$$\frac{\partial(\mu P)}{\partial x} + \frac{\partial(\mu q)}{\partial I} = \frac{\partial}{\partial x}\left[\frac{rx - \alpha xI}{xI}\right] + \frac{\partial}{\partial I}\left[\frac{\alpha xI^2 - \beta I}{xI}\right] = \alpha > 0,$$

因此由 Bendixon-Dulac 定理系统 (5.59) 在第一象限不存在极限环, 释放病毒和病虫防治病虫害的状态脉冲反馈控制模型为: 这里 $\Delta x = -bx$ 是投放病毒使害虫染病的数量, 而且在投放病毒的同时, 又投放 h 数量已从工厂培养的病虫, 这样形成以下模型:

$$\begin{cases} \left.\begin{aligned} &\frac{dx}{dt} = rx - \alpha xI = P(x, I), \\ &\frac{dI}{dt} = \alpha xI^2 - \beta I = q(x, I), \end{aligned}\right\} & x < x_1, \\ \left.\begin{aligned} &\Delta I = bx_1 + h = u, \\ &\Delta x = -bx, \end{aligned}\right\} & x = x_1, \end{cases} \tag{5.60}$$

系统 (5.60) 的平面相图如下, 由向量场易知, 必存在轨线 ABC 与脉冲集直线 M 相切于一点 C, C 的相点 D 有两种情况: ① D 点在 A 点的下方如图 5.57(a) 所示; ② D 点在 A 点的上方如图 5.57(b) 所示, 我们就分两种情况来讨论.

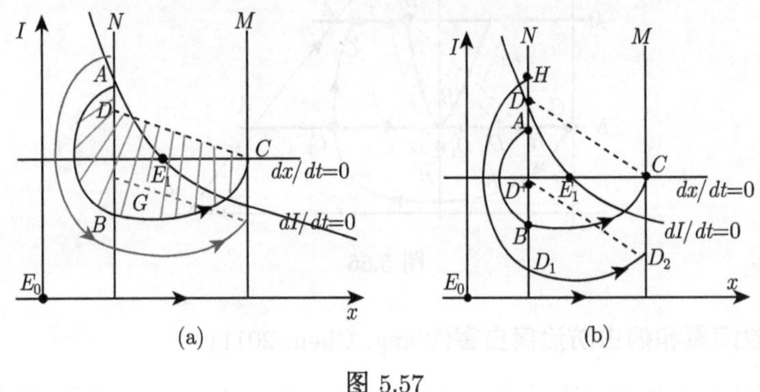

图 5.57

1. *D 点在 A 点的下方: 图 5.57(a) (病毒投放量比较小时)*

可知因为 E_1 为不稳定焦点所以除奇点 E_1 外区域 $x < x_1$ 内所有点出发的轨线, 均以轨线段 ABC 和脉冲线 CD 为 ω 极限集, 我们可以看到, 在相集 N 上, 由 A 点上方出发的轨线与脉冲集交于 C 点的下方, 这样这些点的相点都必在 D 点的下方, 而 D 下方区或 G 内任一点出发的轨线不再与脉冲集相交而盘旋接近轨线段 ABC; 在相集上 A 点上方每一点出发的轨线到达脉冲集后最终也将进入区域 G 内而逼近轨线 ABC, 这里出现了半连续动力系统与连续动力系统不相同的情况, 在平面连续动力系统中我们知道以下命题成立.

命题 5.3 平面连续动力系统有界轨道的极限集合.

(1) 极限集合是闭集, 是不变集,

(2) 存在极小不变集, 为闭集,

(3) 极限集合必为下面三种之一.

奇点、闭轨线和连接奇点的轨线组成的奇异闭轨.

这个例子中阶 1 轨线弧段 $ABCD$ 并非命题 5.3 中 (3) 的三种情况之任何一种, 因此我们要问: 半连续动力系统轨线的 ω 极限集具有什么性质? 有多少种类型? 这个问题现在还不能给出一般的回答.

对于这个例子, 我们看到系统 (5.59) 是个无界发散的系统, 正平衡态是不稳定, 又不存在极限环, 系统不存在有限空间内的吸引子, 害虫会无限地发展; 系统 (5.60) 为按害虫发展的状态, 投放授制害虫发展的病毒和带病毒的害虫, 这样使得系统(5.60) 存在唯一的吸引子 G, 是不变集、闭集, 其中存在极小不变集阶 1 轨线弧段 $ABCD$. 下面 3 我们将用连续投放带病毒的害虫治理方法的模型的性质作比较.

2. D 点在 A 点的上方: 图 5.57(b)(病毒投放量比较大时)

我们在相集上方, 离 D 足够远的地方取一点 H, 过 H 的轨线与相集交于 A, B 点下方的一点 D_1 , 与脉冲集交于一点 D_2, D_2 的相为 D^+, 如图 5.57(b) 所示, 我们可以看到阶 1 轨线段 $ABCD$ 中 A 点的后继点为 D, 在相集上建立坐标系; 以其上每一点和 x 轴的距离为其坐标, 设 A 的坐标为 a, D 点的坐标为 d, 有阶 1 后继函数: $F_1^2(A) = d - a > 0$.

另一方面, 设 D_2 的相点为 D^+, 则我们可以看到阶 1 轨线段 $HD_1D_2D^+$ 中 H 点的后继点为 D^+, 设 H 点的坐标为 h, D^+ 点的坐标为 d^+, 则我们有阶 1 后继函数: $F_1^2(H) = d^+ - h < 0$, 因此在 A 点与 H 点之间必存在一点 R 使: $F_1^2(R) = 0$, 即存在阶 1 周期解.

3. 连续投放病虫治理模型

连续投放是一种理想化的模型, 一般来说投放作业不可能连续进行, 用理想模型中的投放量常用总投放量的平均数作为连续模型的投放量, 但是我们比较模型 (5.60) 解的性质与模型 (5.60) 解的性质可以看出其间有较大的差异.

$$\begin{cases} \dfrac{dx}{dt} = rx - \alpha xI = P(x, I), \\ \dfrac{dI}{dt} = \alpha xI^2 - \beta I + h = Q(x, I), \end{cases} \tag{5.61}$$

作无量纲化变换: 令 $x_1 = \mu x$, $dI_1 = \dfrac{\delta}{r} I$, $t_1 = rt$ (变换仍以 x, I, t 记 x_1, I_1, t_1) 系统 (5.61) 化为

$$\begin{cases} \dfrac{dx}{dt} = x - xI = P(x, I), \\ \dfrac{dI}{dt} = xI^2 - a_1 I + a_2 = Q(x, I), \end{cases} \tag{5.62}$$

其中 $a_1 = \dfrac{\beta}{r}$, $a_2 = \dfrac{\delta h}{r^2}$, 系统 (5.62) 有平衡态: $A_0\left(\dfrac{a_2}{a_1}, 0\right)$ 和 $A_1(1, a_1 - a_2)$, 容易计算得到结论 (Huang et al., 2013).

(1) 当 $a_1 < a_2$ 时系统 (5.62) 的害虫灭绝平衡点 $A_0\left(\dfrac{a_2}{a_1}, 0\right)$ 是稳定结点. 无正平衡点, 并且平衡点 $A_0\left(\dfrac{a_2}{a_1}, 0\right)$ 全局渐近稳定, 害虫走向灭绝 (病毒投放量比较大时);

(2) 当 $a_1 > a_2$ 时 (病虫的死亡率大于增长率) A_1 位于正象限, 简单计算知: 当 $2a_2 > a_1 > a_2$ 时 A_0 为鞍点,A_1 为稳定的结点或焦点, 不存在极限环,A_1 全局渐近稳定 (病毒投放量比较小但又十分小时); 害虫密度将稳定在一定的数量 $a_1 - a_2$ 上.

(3) 当 $a_1 > 2a_2$ 时, 系统 (5.62) 在正平衡点 $A_1(1, a_1 - a_2)$ 外围至少存在唯一稳定极限环. (病毒投放量太小则害虫的密度在较大的数量上振动, 这个数量有可能损害作物的生长.)

5.4.3 计算机蠕虫病毒传播与防治的状态反馈脉冲动力系统(Zhang et al., 2016)

计算机蠕虫病毒不断地威胁着世界范围内的网络安全, 为了研究防治办法获得操作系统打补丁的策略. 建立一个状态反馈脉冲微分方程模型对于研究计算机蠕虫病毒在互联网上的传播及为系统打补丁这一防治方法具有很好的效果, 首先建立蠕虫传播模型:

建立传染模型作一些假设:

(1) 设针对某一相通网络存在安全漏洞的网络用户总数为 N. 网络中的每台主机被蠕虫感染情况及对蠕虫的免疫情况有以下三种状态之一.

(i) 易感染者 (susceptible): 指 t 时刻未感染的主机, 但存在漏洞有可能感染病毒的主机, 数量为 $S(t)$, 简记为 S.

(ii) 感染者 (infective): 指 t 时刻主机被感染, 能够感染其他主机, 数量为 $I(t)$, 简记为 I.

(iii) 免疫者 (remove): 指 t 时刻主机打上漏洞补丁、重装系统、关机、隔离、杀毒应用软件升级不再感染病毒的主机, 数量为 $R(t)$, 简记为 R.

(2) 鉴于蠕虫通过互联网络快速传播, 把互联网络作为唯一的途径, 忽略网络拓扑、移动媒介等传播途径.

(3) 每一位易感者成为感染者的机会是均等的, 染病者在单位时间内同其他网络电脑有效接触率为 $\beta S(t)I(t)$, 其中 β 为初始时刻平均传染系数.

(4) 感染者通过杀毒、重装系统或者其他原因, 可能重新转化为易感染者.

(5) γ 为单位时间内易新增的感染结点数转化的概率, 称为清除率, α 为单位时间内的感染结点数获得对蠕虫免疫力的概率, 称为免疫率. A 为常数输入率, d 为移出死亡率系数, ∂ 为平均免疫期.

基于上述可假设建立反病毒技术下蠕虫病毒传播的仓室模型对应的微分方程模型:

$$
\begin{cases}
\dfrac{dS}{dt} = A - ds - \beta SI - \partial S \equiv P(S,I), \\
\dfrac{dI}{dt} = \beta SI - (\gamma + d)I \equiv Q(S,I), \\
\dfrac{dR}{dt} = \gamma I - dR + \partial S, \\
S + I + R = N.
\end{cases}
\tag{5.63}
$$

蠕虫传播模型的分析, 为了研究系统方程 (5.63) 可知, 由于前两个方程与 R 无

关, 故实际上我们只需要先讨论如下两个方程:

$$\begin{cases} \dfrac{dS}{dt} = A - dS - \beta SI, \\ \dfrac{dI}{dt} = \beta SI - dI. \end{cases} \tag{5.64}$$

根据问题的实际意义, 我们只研究系统在第一象限的情况. 系统 (5.64) 具有边界平衡点 $E_1\left(\dfrac{A}{d},0\right)$. 记 $R=\dfrac{A\beta}{d^2}$, 若 $R>1$, 系统 (5.64) 具有唯一的正平衡点 $E_2\left(\dfrac{d}{\beta},\dfrac{A}{d}-\dfrac{d}{\beta}\right)$. 若 $R<1$, E_1 点的特征根 $\lambda_1=-d<0$, $\lambda_2=\dfrac{A\beta-d^2}{d}<0$, 故 E_1 为不稳定结点, 若 $R>1$, E_1 是鞍点, $E_2\left(\dfrac{d}{\beta},\dfrac{A}{d}-\dfrac{d}{\beta}\right)$ 的特征方程为 $\lambda^2+\dfrac{A\beta}{d}\lambda+\left(A\beta-d^2\right)=0$. 令 λ_1^* 和 λ_2^* 为特征方程的两个特征根, 则

$$\lambda_1^*+\lambda_2^*=-\frac{A\beta}{d}<0,\quad \lambda_1^*\cdot\lambda_2^*=A\beta-d^2>0,$$

即 $\lambda_1^*<0$, $\lambda_2^*<0$, 因此 $E_2\left(\dfrac{d}{\beta},\dfrac{A}{d}-\dfrac{d}{\beta}\right)$ 是稳定的结点.

引理 5.5 若 $R>1$, 则系统 (5.64) 的平衡点 $E_2\left(\dfrac{d}{\beta},\dfrac{A}{d}-\dfrac{d}{\beta}\right)$ 是全局渐近稳定的.

证明 设系统 (5.64) 有周期解对应的轨线 $\Gamma(t)=(S(t),I(t))$, 其周期为 T, 因为

$$P(S,I)=A-dS-\beta SI,\quad Q(S,I)=\beta SI-dI,$$

则由系统 (5.64) 的第二个方程 $\dfrac{dI}{dt}=\beta SI-dI$, 则有 $\dfrac{dI}{I}=d\log I=(\beta S-d)dt$. 我们有

$$\begin{aligned} L&=\int_0^T\left[\frac{\partial P(S,I)}{\partial S}+\frac{\partial Q(S,I)}{\partial I}\right]dt \\ &=\int_0^T[-d-\beta I+\beta S-d]dt=\int_0^{\mathrm{T}}(-d-\beta I)dt+\int_0^{\mathrm{T}}(\beta S-d)dt \\ &=\int_0^{\mathrm{T}}(-d-\beta I)dt+\int_0^{\mathrm{T}}d\log I, \end{aligned}$$

$\Gamma(t)=(S(t),I(t))$ 为系统 (5.64) 周期解. 周期为 T 且 $\displaystyle\int_0^{\mathrm{T}}d\log I=0$, 所以有

$$L=\int_0^T\left[\frac{\partial P(S,I)}{\partial S}+\frac{\partial Q(S,I)}{\partial I}\right]dt=\int_0^{\mathrm{T}}(-d-\beta I)dt<0.$$

系统 (5.64) 任一周期解 $\Gamma(t) = (S(t), I(t))$ 均为稳定, 但正平衡点 E_2 为稳定, 因此系统 (5.64) 不可能存在周期解, 即正平衡点 E_2 为稳定, 全局渐近稳定.

进一步我们考虑建立界定 I^* 时, 才实施系统更新软件包发布, 促使用户更新操作系统, 即模型经历一次状态反馈脉冲. 据此建立模型如下:

$$\begin{cases} \dfrac{dS}{dt} = A - dS - \beta SI, \\ \dfrac{dI}{dt} = \beta SI - dI, \end{cases} \quad I < I^*, \\ \Delta I = -aI, \Delta S = -\sigma S, \quad I = I^*, \tag{5.65}$$

脉冲集: $M = \{(S, I) \in R_2^+ | S \geqslant 0, I = I^*\}$,

脉冲映射: $\phi : (S, I^*) \in M \to ((1-\sigma)S, (1-a)I^*) \in R_2^+$,

相集: $N = \phi(M) = \{(S, I) \in R_2^+ | S \geqslant 0, I = (1-a)I^*\}$.

定理 5.22 若 $R > 1$, 对于任意的 $\sigma(0 < \sigma < 1)$, 系统 (5.65) 具有阶 1 周期解.

证明 设脉冲集在平衡点 E_2 的下方, 这种假设是符合常理的, 因为不能看到受感的用户很多时再实施控制行动, 只有病毒没有广泛流行时就要进行调控, 即实施系统 (5.65) 的控制, 由系统 (5.65) 的定性性质, 我们可以作出系统 (5.65) 轨线在相平面上方向场的相图如图 5.58(a) 所示, 鞍点 E_1 的不稳定流与相集 N 交于一点 A, 与脉冲集交于一点 B, 由于向量场可知 A 和 B 点均在过点 E_1 垂直于 S 轴的直线的左边, 由于脉冲函数 $\Delta s = -\sigma s$, 因此 B 点的相点 A^+ 必在 A 点的左边, 在相集 N 上建立坐标系, 相集上每一点以其到 I 坐标轴的距离为之坐标. 例如, A 点的坐标为 a, A^+ 点的坐标为 a^+, 这样我们有后继函数: $F_1(A) = a^+ - a < 0$, 进一步我们作轨线 L, L 与相集 N 相切于一点 C 与脉冲集相交于两点 D_1 和点 D, 由于脉冲函数 $\Delta s = -\sigma s$ 中参数 $\sigma > 0$ 的大小而决定 D 点的相点 D^+ 的位置, 可能有如下两种情况.

(1) 如图 5.58(a_1), D^+ 位于 C 点的右边, D^+ 在相集 N 上的坐标为 D^+, C 点在相集 N 上的坐标为 C, 由轨线 CD 我们知 D^+ 为 C 点的后继点, 这样我们有后继函数: $F_1(C) = d^+ - c > 0$ 因此知在点 A 和点 C 之间必存在一点 K 有阶 1 后继函数 $F_1(K) = 0$ 存在阶 1 周期解 Γ_1, 图 5.58(a_2).

(2) 如图 5.58(b_1) 点 D^+ 位于 C 点的左边, 在轨线 L 充分接近处找一轨线 $\bar{L}$, $\bar{L}$ 与相集 N 相交于 C 点附近的两点 H 与 H_1 与脉冲集 M 交于点 H_2H_2 与 D 点的距离充分小 H_2 的相点为 H^+, H^+ 必与 D^+ 距离充分接近. 因为 H 与 C 充分接近, 所以 H^+ 必在 H 点与 D^+ 之间. 我们考察两条轨线: 其一, 轨线 $\bar{L}$ 的轨线段 HH_1H_2 可以看到 H^+ 是 H 的后继点, 设 H 点在相集上的坐标为 h, H^+ 点在

相集上的坐标为 h^+, 因此有阶 1 后继函数: $F_1^2(H)=h^+-h<0$; 其二, 在相集上在点的左边任找一点 R, 记过 R 的轨线为 L_1, L_1 与相集 N 交于两点 R 和 R_1, L_1 与脉冲集交于一点 R_2, R_2 必然位于 H_2 的右边, 因此 R_2 的相点必然位于 H^+ 的右边. 设 R_2 的相点为 R^+, 我们考察轨线 L_1 的轨线段 RR_1R_2 可知 R^+ 为 R 的后继点, 设 R^+ 点在相集上的坐标为 r^+, 设 R 点在相集上的坐标为 r, 因此有阶 1 后继函数: $F_1^2(R)=r^+-r>0$. 综合这两种情况其一与其二, 则在 H 点与 R 点之间必存在点 Q 有 $F_1^2(Q)=0$, 故存在阶 1 周期解 Γ_2, 图 5.58(b₂) 定理 5.22, 证明完毕.

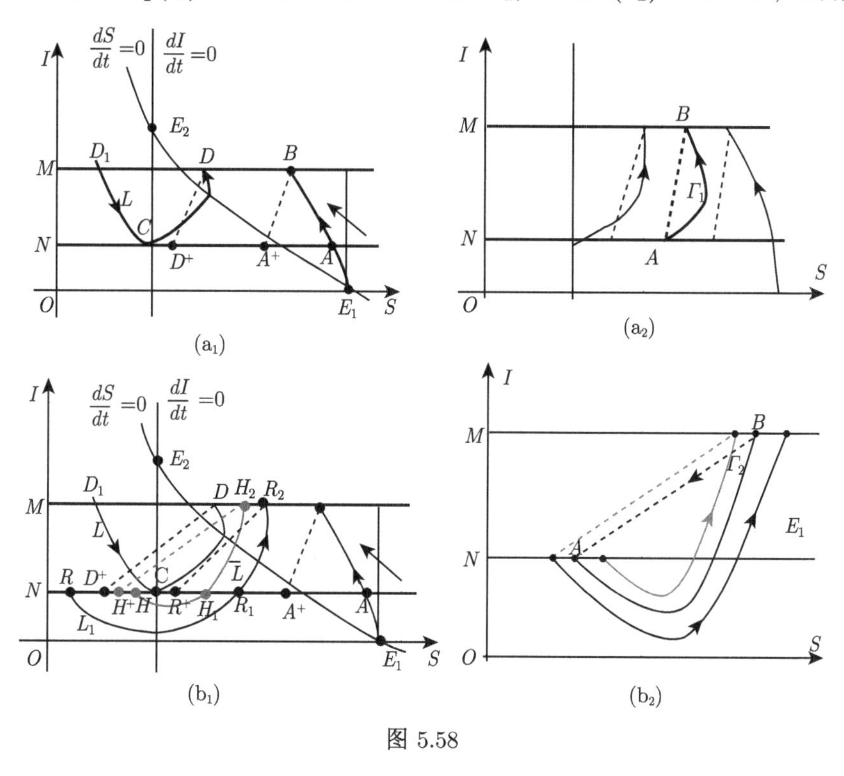

图 5.58

定理 5.23 若 $R>1$, 对于任意的 $\sigma(0<\sigma<1)$, 系统 (5.65) 的阶 1 周期解 Γ_1 为渐近稳定.

证明 由定理 5.22, 证明中的推导和系统 (5.65) 轨线的几何结构 (图 5.58(a_1) 和 (a_2)), 我们可以知道系统 (5.65) 的阶 1 周期解 Γ_1 为单侧渐近型凸闭阶 1 周期解, 我们将应用定理 5.20 和推论 5.3 的研究系统 (5.65) 的阶 1 周期解的稳定性, 为此, 记无脉冲时的系统为

$$\begin{cases} \dfrac{dS}{dt}=A-dS-\beta SI=P(s,I), \\ \dfrac{dI}{dt}=\beta SI-dI=Q(s,I). \end{cases} \tag{5.66}$$

作 Dulac 函数: $\mu(s,I)=I^{-1}$, 系统 (5.66) 化为

$$\begin{cases} \dfrac{dS}{dt}=(A-dS-\beta SI)\mu(s,I)=P_1(s,I), \\ \dfrac{dI}{dt}=(\beta SI-dI)\mu(s,I)=Q_1(s,I). \end{cases} \tag{5.67}$$

定理 5.20 的推论 5.3 系统 (5.65) 的阶 1 周期解 Γ_1 为渐近稳定, 对于系统 (5.67) 我们有

$$\frac{\partial P_1(s,I)}{\partial s}+\frac{\partial Q_1(s,I)}{\partial I}=(-d-\beta I)\mu(s,I)<0.$$

因此由定理 5.20 的推论 5.3 系统 (5.65) 的阶 1 周期解 Γ_1 为渐近稳定. 由于 Γ_2 不是单侧渐近型凸闭阶 1 周期解, 定理 5.20 不一定成立, 所以还不能确定 Γ_2 的稳定性.

5.5 高维半连续动力系统 (陈兰荪, 2013)

5.5.1 n 维空间中半连续动力系统的定义

5.1 节至 5.4 节我们讨论了定义在 $R_2(x,y)$ "半连续动力学系统", 在 5.5 节中我们将讨论在 n 维空间 $R^n(x_1,x_2,\cdots,x_n)$ 中的 "半连续动力学系统", 以 X 记为在 n 维度量空间中的一紧单连通空间, 以 Π 记在空间 X 内的一个连续可微映射群, x 为空间 X 中的一个点, π 为连续可微映射群 Π 中的一个映射, t 为参数, 称为时间, x 称为初始点.

定义 5.11 如果满足下列三个条件, 则称 (X,Π) 是一个 "连续动力学系统".

(1) 对于任一点 x_0 有 $\pi(x_0,0)=x_0$;

(2) $\pi(x,t)$ 分别关于 x 和 t 连续;

(3) 任意的 $x\in X$, $s,t\in R$ 都有 $\pi(\pi(x,t),s)=\pi(x,t+s)$.

但是人们常常要对某些动力学行为按照人们的需要加之于人为的控制, 例如, 人造飞行器, 人们要求飞行器按照设计的轨道飞行, 然而难免飞行器在飞行时会在某时刻运行的 "状态" 偏离原设计的轨道的 "状态", 这时人们就给飞行器加之一个控制手段, 使之回到原设计的轨道, 这就是 "状态反馈控制", 如果这个控制手段是 "脉冲的", 这就是我们要研究的 "脉冲状态反馈控制系统", 在日常生活中我们会遇到许多类似的 "脉冲状态反馈控制系统". 例如, 农田害虫综合防治、微生物培养等, 进一步我们要给出半连续动力系统的定义.

定义 5.12 满足下列条件则称 $(X,\Phi;M,I)$ 为半连续动力系统.

其中 X 为一紧单连通空间, Φ 为由以下状态脉冲微分方程定义的映射 $\pi^{\varphi}(x,t)$

所有 $x \in X$ 总体集合,

$$\begin{cases} \dfrac{dx}{dt} = f(x), & x \notin M, \\ x^+ = I(x), & x \in M, \end{cases} \tag{5.68}$$

其中 $M \subset R^{n-1}$, M 为 R^{n-1} 中的子集, $I(x)$ 为在 M 中连续映射有

$$I(x): M \to N, \quad N \subset R^{n-1},$$

M 称为脉冲集, N 称为相集, $I(x)$ 称为脉冲函数, 记

$$\pi^{\varphi}(x, I^+) = \bigcup_{t<+\infty} \pi^{\varphi}(x,t), \quad I^+ = (0, +\infty)$$

称为起始点为 x 的正半轨, 记为: $M^+(x) = \pi^{\varphi}(x, I^+) \cap M$.

引理 5.6 设半连续动力系统 $(X, \Phi; M, I)$ 对每一个 $x \in X$, 但 $x \notin M$, 如果 $M^+(x) \neq \varnothing$, 则存在一正数 s, $0 < s \leqslant +\infty$ 使得当 $0 < t < s$ 时有

$$\pi(x,s) \in M, \quad \pi(x,t) \notin M.$$

定义 5.13 若 $\pi(x, s^+) = x$, 则称 $\pi^{\varphi}(x,s)$ 为阶 1 周期解, 周期为 s 相应的轨道 $\pi^{\varphi}(x)$ 称为阶 1 周期环.

下面我们进一步考虑半连续动力系统轨线分类.

由引理 5.6, 可定义函数 $\varphi: X \to (0, +\infty)$,

$$\varphi(x) = \begin{cases} s, & \pi(x,s) \in M, \pi(x,t) \notin M, 0 < t < s, \\ +\infty, & M^+(x) = \varnothing. \end{cases}$$

(1) 如果 $M^+(x) = \varnothing$, 则对所有的 $t \in R_+$ 和 $\varphi(x) = +\infty$, 则有: $\pi^{\varphi}(x,t) = \pi(x,t)$, 这时半连续动力系统的映射, 即为连续动力系统的映射: 半连续流 = 连续流. 其相图如图 5.59 所示.

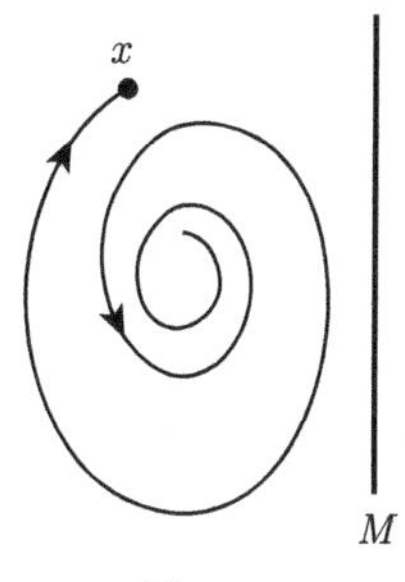

图 5.59

(2) 如果 $M^+(x) \neq \varnothing$, 则由引理 5.6, 存在一最小正数 s_0 和非负数 k_1 当 $0 < t < s_0$ 时, 有

$$\pi(x,t) \notin M, \quad \pi(x,s_0) = x_1 \in M,$$

且

$$I^{j_1}(x_1) \in M, \quad I^{k_1}(x_1) \notin M, \quad j_1 = 0,1,\cdots,k_1-1.$$

从而在区间 $[0,s_0]$, 记 $\pi^{\varphi}(x,t)$ 为

$$\pi^{\varphi}(x,t) = \begin{cases} \pi(x,t), & 0 \leqslant t < s_0, \\ x_1^+, & t = s_0, \end{cases}$$

其相图如图 5.60 所示, 其中 $x_1^+ = I^{k_1}(x_1)$, 记 $\varphi(x) = s_0$, 若 $x_1^+ = x$, 则 $\pi^{\varphi}(x,t)$ 为阶 1 周期解, 周期为 s_0; 若 $x_1^+ \neq x$, 又以 x_1^+ 为起始点再次分为两种情况:

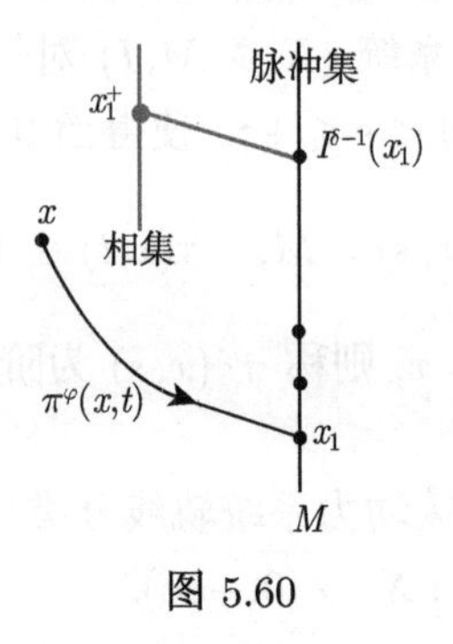

图 5.60

(a) 如果 $M^+(x_1^+) = \varnothing$, 则当 $s_0 \leqslant t < +\infty$, $\varphi(x_1^+) = +\infty$ 时, $\pi^{\varphi}(x,t) = \pi(x_1^+, t-s_0)$ 从 x_1^+ 之后半连续动力系统的映射即为连续动力系统的映射: 半连续流 = 连续流.

(b) 如果 $M^+(x_1^+) \neq \varnothing$, 由引理 5.6, 存在一最小正数 s_1 和非负数 k_2, 当 $s_0 < t < s_0 + s_1$ 时

$$\pi(x_1^+, t-s_0) \notin M, \quad \pi(x_1^+, s_1) = x_2 \in M,$$

且

$$\begin{aligned} &I^{j_2}(x_2) \in M, \quad I^{k_2}(x_2) \notin M, \quad j_2 = 0,1,\cdots,k_2-1, \\ &\varphi(x_n^+) = +\infty, \end{aligned}$$

从而在区间 $[s_0, s_0+s_1]$ 中记 $\pi^{\varphi}(x,t)$ 为

$$\pi^{\varphi}(x,t) = \begin{cases} \pi(x_1^+, t-s_0), & s_0 \leqslant t < s_0+s_1, \\ x_2^+, & t = s_0+s_1. \end{cases}$$

其相图如图 5.61 所示.

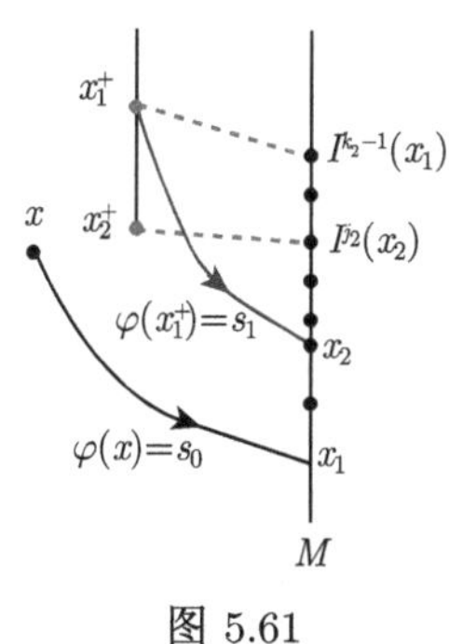

图 5.61

如果 $x_1^+ \neq x$, 且 $x_1^+ \neq x_2^+$ 而 $x_2^+ = x, x_2^+ = I^{k_2}(x_2)$, 则 $\pi^{\varphi}(x,t)$ 为阶 2 周期解, 周期为 $s_0 + s_1$, 依次类推, 如果 $M^+(x_n^+) = \varnothing$, 则当 $t_n \leqslant t < +\infty, \varphi(x_n^+) = +\infty$ 时 $\pi^{\varphi}(x,t) = \pi(x_n^+, t-t_n)$, x_n^+ 之后的流 $\pi^{\varphi}(x,t)$ 再也不与脉冲集 M 相交, 如果 $M^+(x_n^+) \neq \varnothing$, 则存在 $s_n \in R_+$ 和非负数 k_n, 当 $t_n < t < t_{n+1}$ 时,

$$\pi(x_n^+, t-t_n) \notin M, \quad \pi(x_n^+, s_n) = x_{n+1} \in M,$$

且

$$I^{j_2}(x_n) \in M, \quad I^{k_2}(x_{\rm n}) \notin M, \quad j_2 = 0, 1, \cdots, k_2 - 1,$$

这里$t_n = \sum_{i=0}^{n-1} s_i$, 且

$$\pi^{\varphi}(x,t) = \begin{cases} \pi(x_n^+, t-t_n), & t_n \leqslant t < t_{n+1}, \\ x_{n+1}^+, & t = t_{n+1}, \end{cases}$$

其中

$$\varphi(x_n^+) = s_n x_{n+1}^+ = I^{k_{n+1}}(x_{n+1}).$$

如果 $x_i^+ \neq x_j^+$ 对所有的 i 和 j 都成立, $i \neq j, i \leqslant n, j \leqslant n$ 且 $x_{n+1}^+ = x$, 则 $\pi^{\varphi}(x,t)$ 为阶 $n+1$ 周期解, 周期 $T = \sum_{i=0}^{n} s_i$, 总结以上所述可得出结论.

若存在正整数 n 使得 $M^+(x_n^+) = \varnothing$, 则经过有限次脉冲之后停止, 若对所有的正整数 n, $n = 1, 2, \cdots$, 均有 $M^+(x_n^+) \neq \varnothing$, 则 $\pi^{\varphi}(x,t)$ 定义在 $[0, T(x))$ 上 $T(x) = \sum_{i=0}^{\infty} s_i$, 则有无限次脉冲进行下去. 其相图如图 5.62 所示.

结论 设 $x \in X$ 以下三个命题之一成立:

(i) 当 $M^+(x) = \varnothing$ 时, 起始于 x 的轨线没有不连续点.

(ii) 存在某个 $n \geqslant 1$ 和 x_k^+, $k = 1, 2, \cdots, n$ 有定义, 而且有: $M^+(x_n^+) = \varnothing$, 则: 起始于 x 的轨线有有限个不连续点.

(iii) 对于所有正整数 $k \geqslant 1, x_k^+$ 有定义, 且有 $M^+(x_k^+) \neq \varnothing$. 这种情况起始于 x 的轨线有无限多个不连续点.

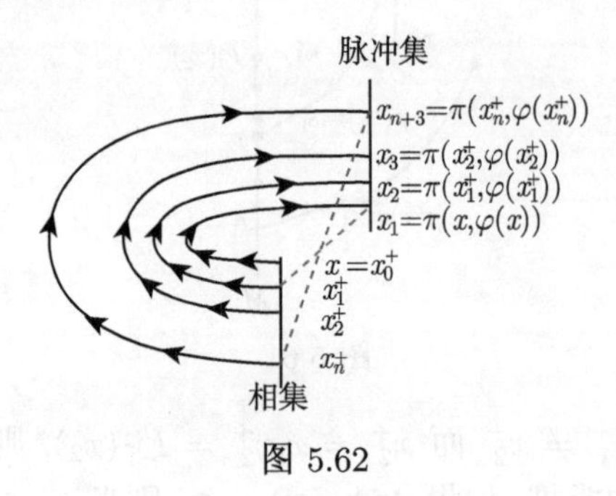

图 5.62

5.5.2 n 维空间中半连续动力系统的极限性质

命题 5.4 半连续动力系统 $(X,\varPhi;M,I)$ 满足动力学系统的两条基本性质:
设 $x \in X - M$, $\pi^{\varphi}(x,t)$ 为起始于点 x 的流, 则有:
(i) $\pi^{\varphi}(x_0,0) = x_0$;
(ii) 对任意的 $t,s \in [0,T(x)), t+s \in [0,T(x))$, 则有

$$\pi^{\varphi}(\pi^{\varphi}(x,t)) = \pi^{\varphi}(x,t+s).$$

注 半连续动力系统的流 $\pi^{\varphi}(x,t)$ 对于初值 x 是连续的, 但对时间 t 不连续, 在脉冲点发生不连续现象.

定义 5.14 周期轨道 (也称为周期环): 设 $x \in X$,
(i) 若 $M^+(x) = \varnothing$, 则起始于 x 的轨线没有不连续点.
$\pi^{\varphi}(x,t) = \pi(x,t)$, 如果存在 T 使 $\pi^{\varphi}(x,T) = \pi(x,T) = x$, 记周期轨道

$$\pi_T(x) = \bigcup_{0 \leqslant t \leqslant T} \pi^{\varphi}(x,t),$$

周期为 T, 即为连续动力系统 $(X,\varPhi;M,I)$ 的周期轨道

$$\pi^{\varphi}(x,t) = \begin{cases} \pi(x_n^+, t-t_n), & t_n \leqslant t < t_{n+1}, \\ x_{n+1}^+, & t = t_{n+1}. \end{cases}$$

(ii) 若 $M^+(x) \neq \varnothing$ 且系统 $(X,\varPhi;M,I)$ 存在阶 n 周期解:
相应的阶 n 周期轨道为

$$\pi_{T_n}^{\varphi}(x) = \sum_{i=1}^{n} \bigcup_{t_n \leqslant t \leqslant t_{n+1}} \pi^{\varphi}(x_n^+, t-t_n),$$

周期为

$$T_n(x)=\sum_{i=0}^{n}s_i.$$

定义 5.15 半连续动力系统的极限集.

考察某一正半轨 $\pi^{\varphi}(x,I^+)$ 任选一渐增无界时间 t 值序列:

$$0\leqslant t_1<t_2<t_3<\cdots<t_n<\cdots,\quad \lim_{t\to\infty}t_n=+\infty,\quad I^+=(0,+\infty).$$

如果点列 $\pi^{\varphi}(x,t_1),\pi^{\varphi}(x,t_2),\cdots,\pi^{\varphi}(x,t_n),\cdots$, 以 Q 为极限点, 则我们称 Q 为运动 $\pi^{\varphi}(x,t)$ 的 ω 极限点, 称点 Q 属于轨线 $\pi^{\varphi}(x,t)$ 的 ω 极限集, 记为

$$Q\in\Omega(\pi^{\varphi}(x,t))\quad 或\quad Q\in\Omega(\pi^{\varphi}(x,I^+)).$$

定义 5.16 轨线段 $\widehat{qp}$ (图 5.63) 使 $\pi^{\varphi}(q,t_1)=p$ 称点 q 为 p 关于时间 t_1 的负向相点, 轨线从 q 到 p 所用的时间为 $t_1,\pi^{\varphi}(p,-t_1)=q$, 从图 5.63 中的三个图我们可以看到, 对于半连续动力系统, 对一个点 p, 其负向相点不一定是唯一的.

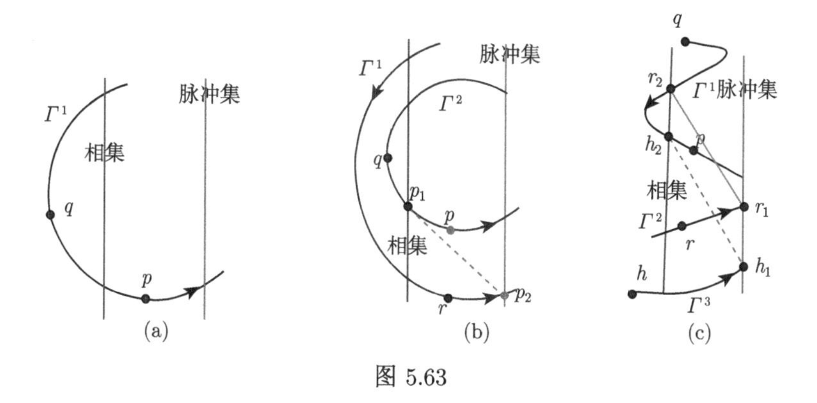

图 5.63

(1) 在图 5.63(a) 中在轨线 Γ^1 上点 q 经过时间 t_1 直接到达点 $p,\pi^{\varphi}(p,-t_1)=q$;

(2) 在图 5.63(b) 中在轨线 Γ^1 上点 r 沿轨线与脉冲集交于点 p_2, 此后脉冲到相集上点 p_1, 再沿轨线 Γ^2 到达点 p, 从 r 到 p 所用的时间也是 t_1, 所以 $\pi^{\varphi}(p,-t_1)=r$, 同时直接沿轨线 Γ^2 由 q 到 p 也是所用的时间为 t_1 这样同时有 $\pi^{\varphi}(p,-t_1)=q$, 而 p 点关于时间 t_1 的负向相点就有两个 q 和 r;

(3) 在图 5.63(c) 中在轨线 Γ^1 上点 q 经过时间 t_1 直接到达点 $p,\pi^{\varphi}(p,-t_1)=q$.

另一个途径: 轨线 Γ^2 上点 r 沿轨线 Γ^2 于 r_1 点和脉冲集相交, 此后脉冲到相集点 r_2 再由相集点 r_2 沿轨线 Γ^1 到达点 p, 这样由 r 到 p 的时间也是 t_1. 因此也有: $\pi^{\varphi}(p,-t_1)=r$.

第三个途径: 轨线 Γ^3 上点 h 沿轨线 Γ^3 于 h_1 点和脉冲集相交, 此后脉冲到相集点 h_2 再由相集点 h_2 沿轨线 Γ^1 到达点 p, 这样由 h 到 p 的时间也是 t_1. 因此

也有: $\pi^{\varphi}(p,-t_1)=h$, 这样 p 点关于时间 t_1 的负向相点就有三个: q,r 和 h, 一般来说 p 点关于时间 t_1 的负向相点可以有无穷多个, 记: p 关于时间 t_1 的负向相点的集合为 $E(p,-t_1)$, 如果对于所有的 $t_1\in(0,+\infty)$, 我们记

$$\bigcup_{0<t_1<+\infty}\pi^{\varphi}(p,-t_1)=\pi^{\varphi}(p,I^-),\quad I^-=(-\infty,0),$$

$\pi^{\varphi}(p,I^-)$ 称为起始于点 p 轨道的负半轨, 由上讨论知, 在半连续动力系统中, 轨线的负半轨是非常复杂的, 不是唯一的. 然而正半轨是唯一的.

为了了解负半轨的性质我们再看几个例子.

从图 5.64(a) 和图 5.64(b) 看出 p 关于时间 t_1 的负向相点的集合 $E(p,-t_1)$, 负向相点多于一个时, 至少发生一次脉冲, 负向相点的最多个数 = 脉冲次数 +1, 点 p 的最大负向相点数的增多, 其负半轨 $\pi^{\varphi}(p,I^-)$ 产生分歧, 分歧的最大数目 = 负向相点的最多个数, 若点 p 的最大负向相点的最多个数为 $n(n=1,2,\cdots,\infty)$, 其每一个分支记为: $\pi_i^{\varphi}(p,I^-)$, $i=1,\cdots,n$, 轨线 $\pi^{\varphi}(p,t)$ 所有负半轨分歧的总体为

$$\pi^{\varphi}(p,I^-)=\sum_{i=1}^{n}\pi_i^{\varphi}(p,I^-),$$

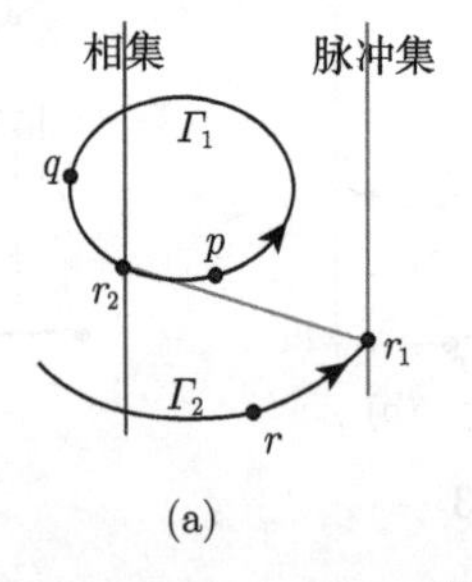

(a)

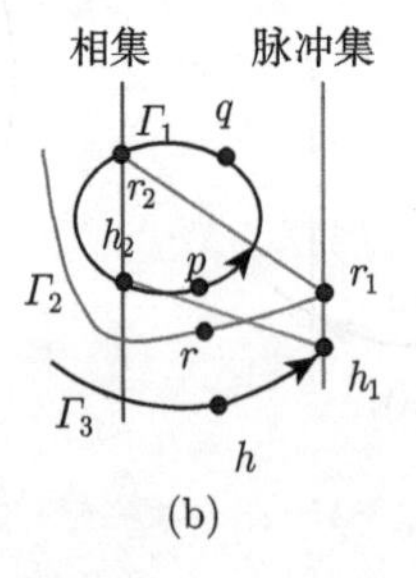

(b)

图 5.64

负半轨 $\pi^{\varphi}(x,I^-)$,$I^-=(-\infty,0)$ 的任一极限点称为运动 $\pi^{\varphi}(x,t)$ 的 α 极限点, 运动 $\pi^{\varphi}(x,t)$ 的所有的 ω 极限点的集合 Ω_x 称为运动 $\pi^{\varphi}(x,t)$ 的 ω 极限集; 运动 $\pi^{\varphi}(x,t)$ 的所有的 α 极限点的集合 A_x 称为运动 $\pi^{\varphi}(x,t)$ 的 α 极限集.

定义 5.17 平衡点: 对所有的 $t(-\infty<t<+\infty)$ 有 $\pi^{\varphi}(x,t)=x$ 则 x 称为平衡点.

命题 5.5 若 x 是平衡点, 则 $\Omega_x=A_x=x$.

命题 5.6 运动 $\pi^{\varphi}(x,t)$ 的 ω 极限集 Ω_x 和 α 极限集 A_x 均为闭的不变集.

命题 5.7 若 $\pi^{\varphi}(x,t)$ 是周期轨道或阶 n 周期轨道, 则

$$\Omega_x=A_x=\pi^{\varphi}(x,t),$$

一般地

$$A_x \subset \overline{\pi^{\varphi}(x, I^-)}, \quad \Omega_x \subset \overline{\pi^{\varphi}(x, I^+)}.$$

定义 5.18 不变集合: 集合 A 的映像记为: $\pi^{\varphi}(A,t)$, 集合 A 称为不变集, 如果满足: 对于每个点 $\pi^{\varphi}(p,t) \subset \pi^{\varphi}(A,t) \subset Ap \in A$.

显然: 不变集的闭包也是不变集; 平衡点的集合是不变集.

定义 5.19 极小不变集: 若 $\Sigma \subset R$ 称为是极小不变集, 如果以下三个条件满足:

(1) Σ 非空.

(2) Σ 为闭不变集.

(3) 在 Σ 内不存在任何真子集为非空闭不变集.

例 5.3 考察半连续动力系统:

$$\begin{cases} \dfrac{dx}{dt} = -y + \delta x, \\ \dfrac{dy}{dt} = x, \end{cases} \qquad r = \sqrt{x^2 + y^2} < 2, \tag{5.69}$$

$$\Delta r = -1, \quad \Delta\theta = 0, \quad r = \sqrt{x^2 + y^2} = 2,$$

$$x = r\sin\theta, \quad y = r\cos\theta.$$

考察这半连续动力系统的轨线相图如下: 其中里面的是半径 $r = 1$ 的圆记为 Γ_1 是相集; 是相集; 外面的圆是半径为 $r = 2$ 的圆记为 Γ_2 是脉冲集, 其相图如图 5.65 所示, 图 5.65(a) 为当参数 $\delta < 2$ 时的相图, 这时 O 为不稳定焦点. 图 5.65(b) 相图是参数 δ=2 时的相图, 这时 O 为不稳定临界结点. 容易知道在图 5.65(a) 中两圆中间的环形区域 $A(1 \leqslant r \leqslant 2)$ 是不变集, 也是极小不变集; 在图 5.65(b) 中 A 是不变集, 但不是极小不变集, 其内的线段 ab 和 cd 才是极小不变集.

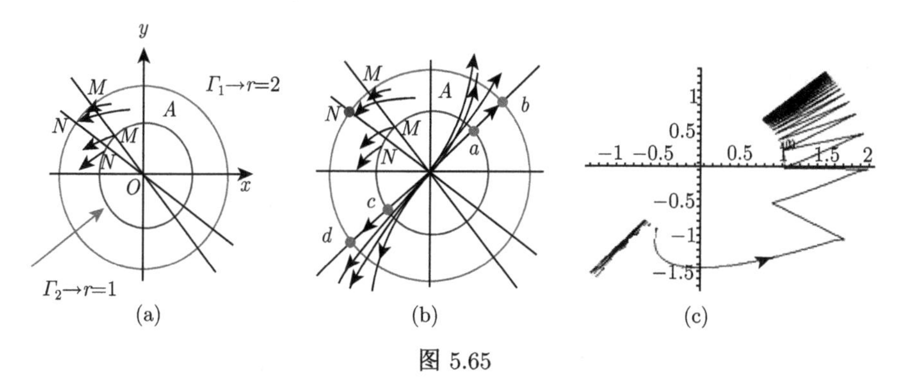

图 5.65

命题 5.8　每一个闭的不变紧密集合 F 都包含至少一个极小集合,

推论 5.4　如果运动 $\pi^{\varphi}(p,t)$ 所在的空间 R 是紧密的, 那么 R 必包含至少一个极小集合.

推论 5.5　如果运动 $\pi^{\varphi}(p,t)$ 是正拉格朗日式稳定的, 那么其 ω 极限集为 Ω_p 必包含极小集合. 此结论可由集合 Ω_p 的紧密性推出.

推论 5.6　如果 Σ 是极小集合 $p\in\Sigma$, 则 $\overline{\pi^{\varphi}(p,I)}=\Sigma$.

定义 5.20　运动 $\pi^{\varphi}(p,t)$ 称为回复运动, 如果对任意一个 $\varepsilon>0$ 存在 $T(\varepsilon)>0$ 使得对于时间长度为 T 的这一运动的任一轨道弧能接近整个轨道准确到 ε, 也就是说: 对任意给定 $\varepsilon>0$, 存在 $T(\varepsilon)>0$ 使得对任意 t_0 都有

$$\pi^{\varphi}(p,I)\subset S(\pi^{\varphi}(p,t_0,t_0+T),\varepsilon),$$

也即: 对于任意两个数 u 和 $v>u$, 必可找到数 w 当 $u<w<v+T$ 时, 有

$$\rho(\pi^{\varphi}(p,u),\pi^{\varphi}(p,w))<\varepsilon.$$

5.5.3　n 维空间中半连续动力系统的稳定性

1. 关于拉格朗日式稳定性

定义 5.21　运动 $\pi^{\varphi}(x,t)$ 称为拉格朗日式正向稳定, 如果正半轨 $\pi^{\varphi}(x,I^+)$ 的闭包 $\overline{\pi^{\varphi}(x,I^+)}$ 也是紧密的. 同样运动 $\pi^{\varphi}(x,t)$ 称为拉格朗日式负向稳定, 如果负半轨 $\pi^{\varphi}(x,I^-)$ 的闭包 $\overline{\pi^{\varphi}(x,I^-)}$ 也是紧密的. 同时是正和负的拉格朗日式稳定的运动称为拉格朗日式稳定的运动, 显然, 如果空间 R 是紧密的, 那么全部运动都是拉格朗日式稳定的.

一般地, 如果正半轨位于紧密部分集合 $M\subset R$, 那么它是拉格朗日式正向稳定的.

在欧氏空间 R^n 内平衡点和周期运动是拉格朗日式稳定的, 拉格朗日式稳定等同于轨道位于空间 R^n 的某一有界部分内.

命题 5.9　如果 $\pi^{\varphi}(x,t)$ 拉格朗日式正向稳定, 那么

$$\lim_{t\to\infty}\rho\left[\pi^{\varphi}(x,t)-\Omega_x\right]=0.$$

问题　Ω_x 是否必为连通集?

2. 泊松式稳定性 (P- 式稳定性)

定义 5.22　如果对于点 x 的任一邻域 U 以及任意 $T>0$, 存在 $t\geqslant T$ 使 $\pi^{\varphi}(x,t)\in U$, 那么点 x 称为泊松式正稳定, 记为 P+ 式稳定, 同样定义 P-式稳定. x 点同时是 P+ 式稳定和 P-式稳定, 则称 x 为 P 式稳定.

平衡点是 P-式稳定的, 周期解是 P-式稳定的. 平面上仅此两种运动是 P-式稳定的, 高维则不然.

例 5.4 平面半动力系统 P-式稳定的例子:

$$\begin{cases} \dfrac{dx}{dt} = -y + \delta x, \\ \dfrac{dy}{dt} = x \end{cases} \qquad r = \sqrt{x^2 + y^2} < 2, \tag{5.69}$$

$$\Delta r = -1, \quad \Delta\theta = 0, \quad r = \sqrt{x^2 + y^2} = 2,$$

$$x = r\sin\theta, \quad y = r\cos\theta,$$

取 $t \in [0, 40], \delta = 0.7, \gamma(0) = 1.5, \theta(0) = 1$, 对系统 (5.69) 进行数字模拟得到轨线图如图 5.66 所示.

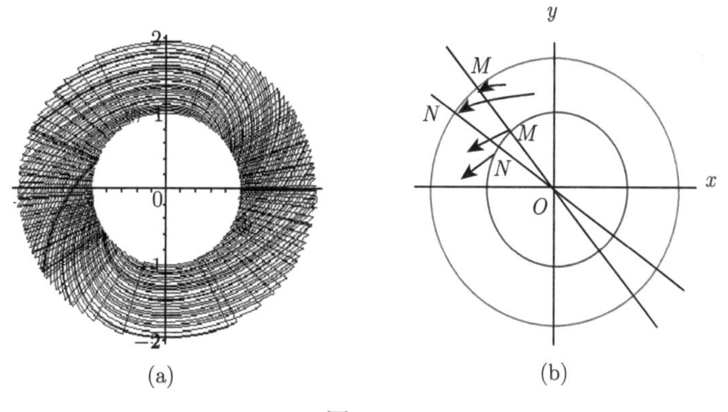

图 5.66

图 5.66 可见系统 (5.69) 轨线, 可成为回复运动且回复运动必是泊松式稳定的.

3. 几乎周期运动

设 $\pi^\varphi(x, t)$ 是完备度量空间 R 内的半连续动力系统.

定义 5.23 一数集称为相对稠密的, 如果存在一个 $L > 0$, 使长度为 L 的任一区间 (α, L) 都至少含有此数集的一个元素.

定义 5.24 如果对任意一个 $\varepsilon > 0$ 都有相对稠密数集$\{\tau_n\}$以及与之关联的数 $L(\varepsilon)$ 存在, 具有下述性质:

$$\rho(\pi^\varphi(p, t), \pi^\varphi(p, t+\tau_n)) < \varepsilon, \quad 对所有 \quad -\infty < t < +\infty,$$

那么称运动 $\pi^\varphi(p, t)$ 为几乎周期运动.

命题 5.10 所有周期运动都是几乎周期运动.

设周期运动 $\pi^{\varphi}(p,t)$ 的周期 τ, 则它的倍数 $n\tau(n=0,\pm1,\pm2,\cdots)$ 组成一个相对稠密集合, 而且有

$$\rho(\pi^{\varphi}(p,t),\pi^{\varphi}(p,t+n\tau))<\varepsilon.$$

命题 5.11 所有几乎周期运动都是回复运动.

由定义 $\pi^{\varphi}(p,t)$ 是回复运动, 对任何 $\varepsilon>0$ 都能找到数 $T(\varepsilon)$, 使轨道弧 $\pi^{\varphi}(p;(\alpha,\alpha+T))$ 对于任意的数 α, 这轨道弧可接近轨道上每一点 q 准确到 ε, 也即存在 $t_0\in(\alpha,\alpha+T)$ 使得 $\rho(q,\pi^{\varphi}(p,t_0))<\varepsilon$, 则 $\pi^{\varphi}(p,t)$ 是回复运动.

命题 5.11 的证明 对于任意 t, 记 $q=\pi^{\varphi}(p,t)$, 由几乎周期运动的定义, 对给定的 $L(\varepsilon)$ 和 $T(\varepsilon)$ 以及 $\tau\in(\alpha-t,\alpha-t+T)$ 为对应于 ε 的位移, 由于 $\pi^{\varphi}(p,t)$ 是几乎周期运动, 则有

$$\rho(\pi^{\varphi}(p,t),\pi^{\varphi}(p,t+\tau))<\varepsilon \quad 或 \quad \rho(\pi^{\varphi}(p,t),\pi^{\varphi}(p,t_0))<\varepsilon, \quad 其中 \quad \alpha<t_0=t+T<\alpha+T,$$

因此 $\pi^{\varphi}(p,t)$ 是回复运动. 证明完毕.

周期运动 → 几乎周期运动 → 回复运动 → 泊松稳定 → 拉格朗日稳定.

4. 关于 Lyapunov 稳定

定义 5.25 点 $x\in R$ 运动 $\pi^{\varphi}(x,t)$ 对于集合 $B\subset R$ 来说是正 (负, 或双侧) Lyapunov 稳定的, 若对每一个 $\varepsilon>0$ 都存在对应的 $\delta>0$ 使满足条件 $\rho(x,y)<\delta$ 的任一点 $y\in B$ 不等式:

$$\rho\left[\pi^{\varphi}(x,t)-\pi^{\varphi}(p,t)\right]<\varepsilon,$$

对所有正的 (负的或所有实的)t 值都成立.

关于 Lyapunov 稳定的判定方法以及 Lasalle 定理在半连续动力系统中的推广, 请见参考文献 Bonotto (2008).

5. 关于渐近轨道

定义 5.26 若集合 Ω_x 不空, 但交集 $\pi^{\varphi}(x,I^+)\bigcap\Omega_x$ 是空集, 则 $\pi^{\varphi}(x,I)$ 称为正向渐近的.

定义 5.27 半轨 $\pi^{\varphi}(x,I^+)$ 称为轨道渐近于其 ω 极限集合 Ω_x, 如果对于任意 $\varepsilon>0$ 存在 $T(\varepsilon)$, 在正半轨 $\pi^{\varphi}(x,I^+)$ 上的任一时间长度大于 $T(\varepsilon)$ 一弧段 $L\subset\pi^{\varphi}(x,I^+)$, 以及集合 Ω_x 上任意一点 x_1 都有: $\rho(x_1,L)<\varepsilon$.

5.5.4 三维空间中半连续动力系统

在种群生态学中, 考虑三种群相互作用的系统的状态反馈控制模型是十分重要的课题, 例如, 食物链系统的优化收获问题、食物链系统害虫管理问题等, 都会引入

三维半连续动力系统的研究, 我们可完考虑一个线性脉冲函数的三维半连续动力系统:

$$\begin{cases} \dfrac{dx_1}{dt}= f_1(x_1,x_2,x_3), \\ \dfrac{dx_2}{dt}= f_2(x_1,x_2,x_3), \qquad x_3 < x_3^*, \\ \dfrac{dx_3}{dt}= f_3(x_1,x_2,x_3), \end{cases} \tag{5.70}$$

$$\Delta x_1= -\alpha x_1, \quad \Delta x_2= -\beta x_2, \quad \Delta x_3= -\gamma x_3 x_3= x_3^*, \quad x_3=x_3{}^*.$$

定义 5.28 阶 1 弧段见几何示意图: 图 5.67(a) 从相集平面 N 上一点 p 出发微分系统 (5.70) 经过 p 的轨线 Γ_p 记为: $\pi(p,t)$, 存在一个 h_p 当 $t=h_p$ 时 Γ_p 与脉冲集交于一点 q, 设 q 点脉冲的相点在相集 N 上记为 q^+, pqq^+ 记为一段阶 1 弧段.

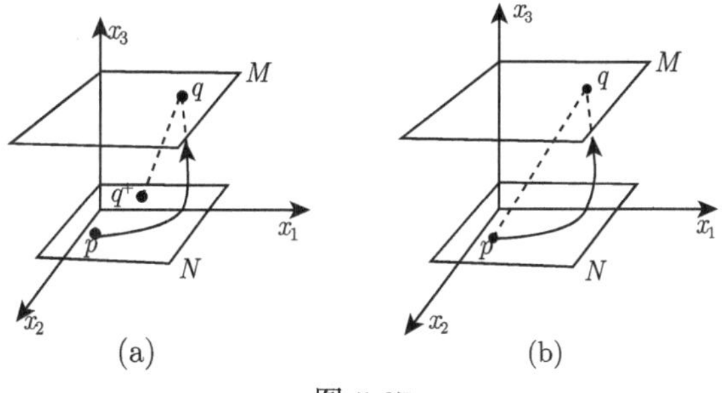

图 5.67

定义 5.29 如 q^+ 与 p 点重合, 则称阶 1 弧段 pqp 为阶 1 周期解, 周期为 h_p.

为了建立三维空间阶 1 周期解的判定方法将类似于平面半连续动力系统判定阶 1 周期解的后继函数法, 应用压缩映像理论, 我们先给出一些假设: 对于三维半连续动力系统 (5.70), 设脉冲集为一平面 M, M 中存在一闭集 B, 在相集平面 N 中存在一闭集 A, 假设平面 M 与平面 N 上以及平面 M 与平面 N 之间不存在平衡点, 过闭集中任意点 $x_a(x_1^a,x_2^a,x_3^a)$, 必存在时间 $t=h_a$, 映射 $\pi(x_a,h_a)= x_b\in B$, 反之, 集合 B 中任意一点 x_b, 在集合 A 中也必存在一点 x_a, 使得映射 $\pi(x_a,h_a)= x_b\in B$, 记为: $\pi(A,t)=B$.

$I(x)$ 为系统 (5.70) 在 M 中连续映射有: $I(x): M\to N$ 称为脉冲函数, 压缩映像理论, 有如下结论.

定理 5.24 在相集平面 N 中存在一闭集 A, 有 $\pi(A,t)=B\subset M$, B 闭集, 且系统 (5.70) 脉冲函数 $I(x)$: $B\to C\subset A$, 则 A 中必存在一点 x_a, $\pi^{\varphi}(x_a,t)$ 为阶 1 周期解.

换一种说法: 如果相集中有一个闭集 A, 经过一个阶 1 轨线段的映射到其内部的闭集 C 内, 如图 5.68 所示, $C\subseteq A$, 则 A 内必存在一点 $x_a,\pi^{\varphi}(x_a,t)$ 为阶 1 周期解.

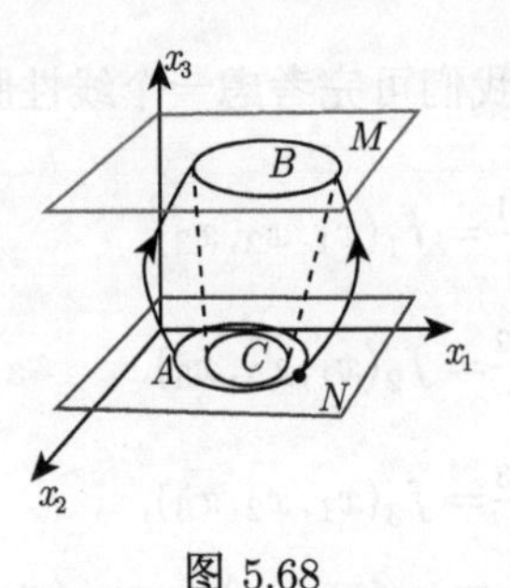

图 5.68

例 5.5 三维半连续动力系统阶 1 周期解的一个例子:

$$\begin{cases} \left.\begin{aligned} &\frac{dx}{dt}=-y-\delta x \\ &\frac{dy}{dt}=x \\ &\frac{dz}{dt}=-z \end{aligned}\right\} z>h, \\ z^{+}=h+a, \quad z=h. \end{cases} \tag{5.71}$$

为了考察三维半连续动力系统 (5.71) 轨线的几何状态. 考虑圆盘 B 是一半径为 q 的圆, 位于脉冲集平面 $z=h$ 上; 圆盘 A 是一半径为 r 的圆位于相集 $z=h+\alpha$ 平面上 (图 5.69), 由方程我们知道, 在 A 圆上任意一点 p 出发的轨线 $\pi^{\varphi}(p,t)$, 当 t 增时轨线沿着以 A 为顶、以 B 为底的倒锥桶面旋转走向圆 B, 即方程的轨线把圆 A 映射到圆 B(脉冲集), B 的相集为 B_1 位于和圆 A 同一相平面上并在圆 A 之内; 同样由 B_1 圆上任意一点 p_1 出发的轨线 $\pi^{\varphi}(p_1,t)$, 当 t 增时轨线沿着以 B_1 为顶以 C 为底的倒锥桶面旋转走向圆 C, 即方程的轨把圆 B_1 映射到圆 C(脉冲集), 然后 C 脉冲到 C_1, 位于和圆 A 同一相平面上并在圆 A 之内; 由此类推我们知道轨线 $\pi^{\varphi}(p_1,t)$ 当 $t\to+\infty$ 时趋于 z 轴上的 1 阶周期解 CC_1.

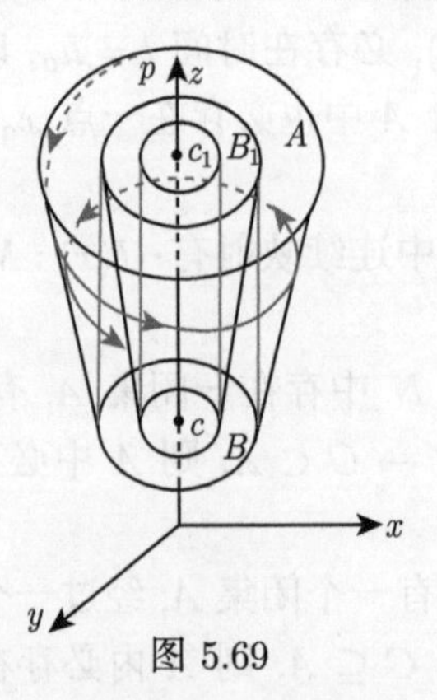

图 5.69

定义 5.30 阶 2 弧段见几何示意图：图 5.70(a) 从相集平面 N 上一点 p 出发微分系统 (5.70) 经过 p 的轨线 Γ_p 记为：$\pi(p,t)$, 存在一个 h_p 当 $t=h_p$ 时 Γ_p 与脉冲集交于一点 q,q 脉冲的相点为 $q^+\subset N$, 过 q^+ 微分系统 (5.70) 的轨线 Γ_{q^+}, 记为：$\pi(q^+,t)$ 存在一个 h_{q^+}, 当 $t=h_{q^+}$ 时 Γ_{q^+} 与脉冲集交于一点 r,r 脉冲的相点为 r^+, 则 pqq^+rr^+ 称为半连续动力系统 (5.70) 的一条阶 2 轨线段.

定义 5.31 阶 2 弧段见几何示意图：图 5.70(b) 所示, 如果点 r^+ 与点 p 重合则 pqq^+rp 称为是半连续动力系统 (5.70) 的一条阶 2 周期解, 周期为 $h_p+h_{q^+}$, 如图 5.70(b) 所示, 同样我们也有关于阶 2 周期解存在性的判定定理.

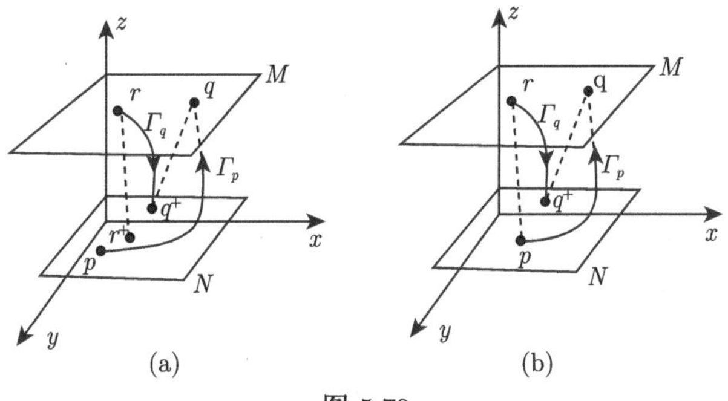

图 5.70

定理 5.25 如果相集中有一个闭集 A, 经过一个阶 2 轨线段的映射到其内部的闭集 D 内, $D\subseteq A$, 则 A 内必存在一点 x_a, $\pi^\varphi(x_a,t)$ 为阶 2 周期解, 如图 5.71(b) 所示, 作为定理 5.25, 应用的例子, 我们可以重新利用系统 (5.70) 也说明圆盘 A 是一半径为 r 的圆位于相集, $\pi(A,t)$=$B\subset M$ 表示相集中集合 A 中每一点出发系统 (5.70) 的 Poincaré 映射与脉冲集 M 交点的集合为 B, $I(B)=B_1\subset A$ 表示脉冲集中集合 B 中每一点出发脉冲到相集中集合 B_1, 进一步 $\pi(B_1,t)$= $C\subset M$ 表示相集中集合 B_1 中每一点出发系统 (5.70) 的 Poincaré 映射与脉冲集 M 交于集合为 C, 再由集合 C 作脉冲映射 $I(C)=C_1\subset A$, 这个过程说明了：脉冲集 M 的一个闭集 A 经过一个阶 2 轨线段的映射到其内部的闭集 D 内, 由定理 5.25, A 内必存在一点 $x_a,\pi^\varphi(x_a,t)$ 为阶 2 周期解, 这里即是系统 (5.70) 的 1 阶周期解 CC_1, 如图 5.72 所示.

$$A\xrightarrow{\pi}B\xrightarrow{I}B_1\xrightarrow{\pi}C\xrightarrow{I}C_1\subseteq A,$$

$$\begin{cases}\left.\begin{aligned}&\frac{dx}{dt}=-y-\delta x\\&\frac{dy}{dt}=x\\&\frac{dz}{dt}=-z\end{aligned}\right\}z>h,\\ z^+=h+a,\quad z=h.\end{cases}$$

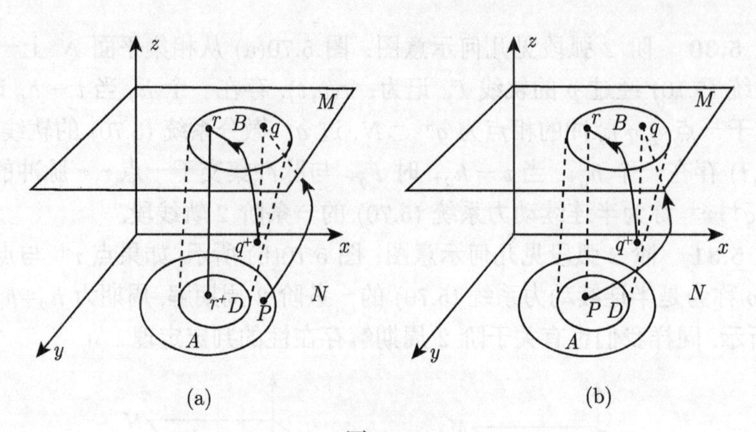

(a)　　(b)

图 5.71

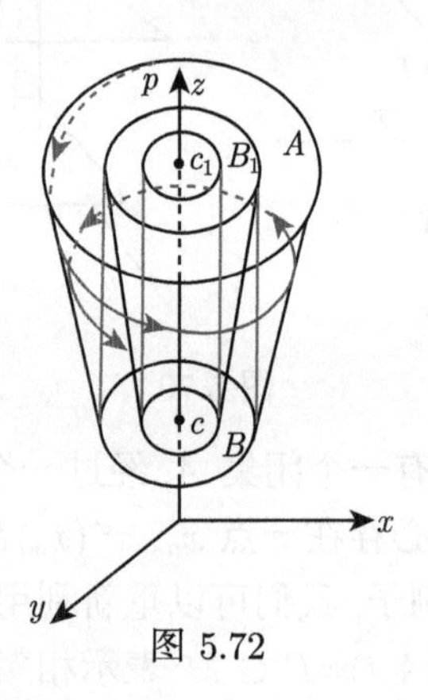

图 5.72

参 考 文 献

曹贤通, 陈兰荪. 1986. 推广的捕食与被捕食种群模型的定性研究. 数学研究与评论, 6(3): 53–56.

陈均平, 张洪德. 1986. 具功能性反应的食饵-捕食者两种群模型的定性分析. 应用数学和力学, 7(1): 77–86.

陈兰荪, 陈键. 1993. 非线性生物动力系统. 北京：科学出版社.

陈兰荪, 井竹君. 1984. 捕食者-食饵相互作用中微分方程的极限环存在性和唯一性. 科学通报, 29(9): 521–523.

陈兰荪, 梁肇军. 1988. 生物动力学系统中的几个研究问题//邓宗琦. 常微分方程与控制论论文集. 武汉：华中师范大学出版社, 87–98.

陈兰荪, 刘平舟, 肖藻. 1988. 生态系统的持久性. 生物数学学报, 3(1): 18–32.

陈兰荪, 孟新柱, 焦建军. 2009. 生物动力学. 北京：科学出版社.

陈兰荪, 王明淑. 1979. 二次微分系统极限环的分布与个数. 数学学报, 22: 751–758.

陈兰荪, 俞军. 1977. 非自治扩散系统的渐近性质. 生物数学, 1: 1–7.

陈兰荪. 1977. 关于一个二次微分系统极限环的唯一性. 数学学报, 20: 11–13.

陈兰荪. 1988. 生物数学引论. 北京：科学出版社.

陈兰荪. 1988. 数学生态学模型与研究方法. 北京：科学出版社, 成都：四川省科学技术出版社, 2003 年 7 月 (第三次印刷, 增加合作者宋新宇, 陆征一).

陈兰荪. 2011. 害虫治理与半连续动力系统几何理论. 北华大学学报 (自然科学版), 12: 1–9.

陈兰荪. 2013. 半连续动力系统理论及应用. 玉林师范学院学报, 34(2): 1–9.

戴国仁. 1988. Kolmogorov 捕食者-食饵系统的定性分析. 应用数学学报, 11(4): 444–456.

符天武. 1991. 具有非线性密度制约的一类微分生态系统的定性分析. 工程数学学报, 8(1): 99–104.

傅金波, 陈兰荪, 程荣福. 2015. 具有潜伏期和免疫应答的时滞病毒感染模型的全局稳定性. 高校应用数学学报 A 辑, 29(1): 1-15.

傅金波, 陈兰荪. 2011. 资源与资源利用者的脉冲收获控制. 生物数学学报, 26(4): 703–712.

傅金波, 陈兰荪. 2013. 水葫芦生态系统状态反馈控制. 应用数学, 1: 51–57.

桂占吉, 陈兰荪. 2001. 具有功能性反应的非自治竞争系统的持续性. 工科数学, 17(2): 7–10.

桂占吉, 王凯华, 陈兰荪. 2014. 病虫害防治的数学理论与计算. 北京：科学出版社.

郭红建, 陈兰荪, 宋新宇. 2012. 一类中心型半连续动力系统的周期解. 生物数学学报, 27(1): 109–119.

郭红建, 孙岩, 宋新宇, 陈兰荪. 2013. 一类结点型线性半连续动力系统的周期解存在性. 生物数学学报, (02): 220–224.

姬雪晖, 魏春金, 陈兰荪. 2011. 旋转向量场中的阶二周期解. 生物数学学报, 26(4): 713–720.

江佑霖. 1987. 具有 Holling 第Ⅱ类功能性反应的捕食者 - 食饵系统的定性分析. 应用数学与计算数学学报, 2: 32–41.

梁肇军, 陈兰荪. 食饵种群具有常数收获率的二维 Volterra 模型的定性分析. 生物数学学报, 1986, 1: 1.

刘开源, 陈兰荪. 2010. 一类具有垂直传染与脉冲免疫的 SEIR 传染病模型的全局分析. 系统科学与数学, 30(3).

刘南根. 1988. 具 Holling Ⅰ型功能反应的食饵 - 捕食系统的极限环. 数学年刊, 9(A)(4): 421–427.

刘胜强, 陈兰荪. 2010. 阶段结构种群生物学模型与研究, 北京: 科学出版社.

任永泰, 韩莉. 1989. The predator-prey model with two limit cycles. Acta. Math. Appl. Sinica, 5(1): 30–32.

石瑞青, 陈兰荪. 2010. 具有阶段结构和时滞的幼年染病单种群模型研究. 大连理工大学学报, 50(2).

滕志东. 2000. 陈兰荪具有时滞的周期 Lotka-Volterra 型系统的全局渐近稳定性. 数学物理学报, 20: 296–303.

魏春金, 陈兰荪. 2010. 在污染环境下竞争 Monod 恒化器模型的动力学分析. 应用数学学报, 33(6).

魏春金, 陈兰荪. 2012. 状态反馈脉冲控制的 Leslie-Gower 害虫管理数学模型. 生物数学学报, 27(4): 1–8.

魏春金, 田源, 陈兰荪. 2010. 具有 Beddington-DeAngelis 功能性反应的生态流行病模型. 大连理工大学学报, 50(4).

肖燕妮, 陈兰荪. 2002. 具阶段结构的竞争系统中自食的稳定性作用. 数学物理学报, 22: 210–216.

肖燕妮, 唐三一, 陈兰荪. 2001. 一类 K-单调系产生的 K-单调算子. 数学年刊, 22A:5: 645–656.

徐瑞, 陈兰荪. 2001. 具有时滞和基于比率的三种群捕食系统的持久性与全局渐近稳定性. 系统科学与数学, 21(2): 204–212.

叶彦谦, 陈兰荪. 1975. 关于微分方程组 $dx/dt = -y + bx + lx_2 + mxy + ny_2, dy/dt = x$ 极限环的唯一性. 数学学报, 18: 219–221.

叶彦谦, 等. 1984. 极限环论. 上海: 上海科学技术出版社.

张弘, 陈兰荪. 2012. 种群动力学与害虫治理. 科学观察, (6): 52–53.

张兴安, 梁肇军, 陈兰荪. 1999. 一类捕食与被捕食 L-V 模型的扩散性质. 系统科学与数学, 19(4): 407–414.

item[]Aiello W G, Freedman H I, Wu J. 1992. Analysis of a model representing stage-structured population growth with state-dependent time delay. SIAM J. Appl. Math., 52(3): 855–869.

Aiello W G, Freedman H I. 1990. A time-delay model of singlespecies growth with stage structure. Math. Biosci., 101: 139–153.

Allen L J S. 1983. Persistence and extinction in single-species reactiondiffusion models. Bull. Math. Biol., 45: 209–227.

Allen L J S. 1987. Persistence, extinction, and critical patch number for island populations. J. Math. Biol., 24: 617–625.

Anokhiv A, Berezansky L. 1995. Exponential stability of linear delay impulsive differential equations. J. Math. Anal. Appl., 193: 923–941.

Araki M, Kondo B. 1972. Stability and transient behavior of composite nonlinear systems. IEEE Trans. Autom. Control, 17: 537–541.

Bainov D D, Dimitrova M B, Dishliev A B. 1998. Oscillation of the solutions of a class of impulsive differential equations with a deviating arguments. J. Appl. Math. Stoch. Anal., 11: 95–102.

Bainov D, Simeonov P. 1986. System with Impulsive Effect: Stability, Theory and Application. New York: John Wiley & Sons.

Bainov D, Simeonov P. 1993. Impulsive Differential Equations: Periodic Solutions and Applications, Longman Scientific & Technical.

Barclay H J, Van Den Driessche P. 1980. A model for a single species with two life history stages and added mortality. Ecol. Model, 11: 157–166.

Bellman R, Cooke K L. 1963. Differential-Difference Equations. New York: Academic Press.

Beretta E, Solimano F, Takeuchi Y. 1987. Global stability and periodic orbits for two-patch predator-prey diffusion-delay models. Math. Biosci., 85: 153–183.

Beretta E, Takeuchi Y. 1987. Global stability of single-species diffusion models with continuous time delays. Bull. Math. Biol., 49(4): 431–448.

Beretta E, Takeuchi Y. 1988. Global asymptotic stability of Lotka-Volterra diffusion models with continuous time delay. SIAM J. Appl. Math., 48: 627–651.

Bhatta Charya D K, Begum S. 1996. Bionomic equilibrium of two-species system I. Math. Biosci., 135(2): 111.

Bogoliubov N N, Mitropolskii Y A. 1961. Asymptotic Methods in the Theory of Non-linear Oscillations. New York: Gordon & Breach.

Bomze I. 1983. Lotka-Volterra equations and replicator dynamics: Atwo dimensional classification. Biol. Cybern., 48: 201–211.

Bonotto E M. 2008. Lasalle's theorems in impulsive semidynamical systems. Cadernos de Matematica 9: 157–168.

Bownds J M, Cushing J M. 1975. On the behavior of solutions of predator-prey equations with hereditary terms. Math. Biosci., 26: 41–54.

Brauer F. 1977. Stability of some population models with delay. Math. Biosci., 33: 345–358.

Brauer F. 1979. Decay rates for solutions of a class of differential difference equations.

SIAM J. Math. Anal., 783–788.
Brown G C. 1984. Stability in an insect-pathogen mode incorporating agedependent immunity and seasonal host reproduction. J. Math. Biol., 46: 139–153.
Bulmer M C. 1976. The theory of prey-predator oscillations. Theor. Pop. Biol., 9: 137–150.
Butler G J, Waltman P. 1981. Bifurcation from a limit cycle in a two predator-one prey ecosystem modeled on a chemostat. J. Math. Biology, 12: 295–310.
Cao F, Chen L S. 1998. Asymptotic behavior of nonautonomous diffusive Lotka-Volterra model. Syst. Sci. & Math. Sci., 11: 107–111.
Cao X T, Chen L S. 1986. A note on the uniqueness of limit cycles in two species predator-prey system. Ann. Diff. Eqs., 2(4): 415–417.
Cao Y, Fan J, Gard T C. 1992. The effects of state-structured population growth model. Nonlin. Anal. T.M.A., 16(2): 95–105.
Chen L S, Liang Z J. 1988. Several problems for dynamical systems in biology//Deng Z Q, et al, ed. Differential Equations and Cybernetics. Central China Normal University Press: 87–98.
Chen L S, Lu Z Y, Wang W D. 1995. The effect of delays on the permanence for Lotka-Volterra systems. Appl. Math. Lett., 8(4): 71–73.
Chewning W C. 1975. Migratory effects in predation prey systems. Math.Biosci., 23: 253–262.
Ciesielski K. 2004. On stability in impulsive dynamical systems. Bull. Polish. Acad. Sci. Math., 52: 81–91.
Ciesielski K. 2004. On semidynamical in impulsive systems. Bull. Polish. Acad. Sci. Math., 52: 71–80.
Clark C W. 1976. A delayed-recruitment model of population dynamics,with an application to baleen whale populations. J. Math. Biol., 3: 381–191.
Clark C W. 1990. Mathematical Bioeconomics: The Optimal Management of Renewable Resources. 2nd ed. New York: Wiley.
Clark C W. 1990. Mathematical Bioeconomics: The Optimal Management of Renewable Resources. 2nd ed. New York: Wiley.
Clark C W. Mathematical Bioeconomics: The Optimal Management of Renewal Resources. New York: Wiley-Interscience.
Coppel W A. 1965. Stability and Asymptotic Behavior of Differential Equations. Boston: Heath.
Coste J, peyraud J, Coullet P. 1979. Asymptotic behaviors in the dynamics of competing species. SIAM J. Appl. Math., 36: 516–543.
Cross G W. 1978. Three types of matrix stability. Linear Algebra Appl., 20: 253–263.
Cui J A, Chen L S. 1998. The effect of diffusion on the time varying Logistic population

growth. Computers Math. Applic., 36(3): 1–9.

Cui J A, Chen L S. 1999. The effect of habitat fragmentation and ecological invasion on population sizes. Computers Math. Applic., 38(1): 1–11.

Cui J A, Chen L S. 2000. The effect of dispersal on population growth with stage-structure. Computers Math. Applic., 39: 91–102.

Cui J A, Chen L S. 2001. Permanence and Extinction in logistic and Lotka-Volterra system with diffusion. J. Math. Anal. Appl., 258(2): 512–535.

Cushing J M. 1977. Integro-Differential Equations and Delay Models in Population Dynamics. Lect. Notes in Biomath. 20. Berlin: Springer.

Cushing J M. 1984. Periodic two-predator, one-prey interactions and the time sharing of a resource niche. SIAM J. Appl. Math., 44: 392–410.

Cushing J M. 1991. A simple model of cannibalism. Math. Biosci., 107: 47.

Dai C J, Zhao M, Chen L S. 2012. Complex dynamic behavior of three-species ecological model with impulse perturbations and seasonal disturbances. Mathematics and Computers in Simulation, 84(3): 83–97.

Dai C J, Zhao M, Chen L S. 2012. Homoclinic impulsive state feedback control of Cheese Whey fermentation. International Journal of Biomathematics, 5(6), ID 1250059.

Dai L S. 1981. Nonconstant periodic solutions in predator-prey systems with continuous time delay. Math. Biosci., 53: 149–157.

Diamond P. 1976. Chaotic behavior of systems of difference equations. Int. J. Sys. Sci., 7: 953–956.

Diekmann O, Nisbet R M, Gurney W S C, Van Den Bosch F. 1986. Simple mathematical models for cannibalism: a critique and a new approach. Math. Biosci., 78: 21–46.

Dohtani A. 1992. Occurrence of chaos in higher-dimensional discrete-time systems. SIAM J.Appl.Math., 52: 1707–1721.

Domoshnitsky A, Drakhlin M. 1997. Nonoscillation of first order impulse differential equations with delay. J. Math. Anal. Appl., 206: 254–269.

Dong L Z, Chen L S, Shi P L. 2007. Periodic solutions for a two-species nonautonomous competition system with diffusion and impulses. Chaos, Solitons & Fractals, 32(5): 1916–1926.

Dong L Z, Chen L S, Sun L H, Jia J W. 2006. Ultimate behavior of predator-prey system with constant harvesting of the prey impulsively. Journal of Applied Mathematics and Computing, 22(1): 149–158.

Dong L Z, Chen L S, Sun L H. 2007. Optimal harvesting policies for periodic Gompertz systems. Nonlinear Analysis: Real World Applications, 8(2): 572–578.

Dong L Z, Chen L S, Sun L H. 2007. Optimal harvesting policy for inshore-offshore fishery model with impulsive diffusion*. Acta Mathematica Scientia, 27(2): 405–412.

Dong L Z, Chen L S. 2009. A periodic predator–prey-chain system with impulsive perturbation. Journal of Computational and Applied Mathematics, 223(2): 578–584.

Dubois D M, Closset P L. 1976. Patchiness in Primary and Secondary Production in the Southern Bight: A mathematical theory. Proceedings of the 10th European Symposium on Marine Biology. Wetteren, Belgium: Universa Press: 211–229.

Fargue M D. 1973. Rédecibilit'é des systèmes héréditaires à des systèmes dynamiques. C. R. Acad. Sci. Paris. Sér B, 277: 471–473.

Fisher M E, Goh B S. 1984. Stability results for delayed-recruitment models in population dynamics. J. Math. Biol., 19: 147–156.

Freedman H I, Joseph W H So, Wu J H. 1994. A model for the growth of a population exhibiting stage structure: Cannibalism and cooperation. Journal of Computational and Applied Mathematics, 52: 177–198.

Freedman H I, Rai B, Waltman P. 1986. Mathematical models of population interactions with dispersal II: Differential survival in a change of habitat. J. Math. Anal. Appl., 115: 140–154.

Freedman H I, Takeuchi Y. 1989. Global stability and predator dynamics in a model of prey dispersal in a patchy environment. Nonlin. Anal.T.M.A., 13: 993–1002.

Freedman H I, Takeuchi Y. 1989. Predator survival versus extinction as a function of dispersal in a predator-prey model with patchy environment. Appl. Anal., 31: 247–266.

Freedman H I, Waltman P. 1977. Mathematical models of population interactions with dispersal I: Stability of two habitats with and without a predator. SIAM J. Appl. Math., 32: 631–648.

Freedman H I, Wu J H. 1992. Periodic solutions of single species models with periodic delay. SIAM J. Math. Anal., 23: 689–701.

Freedman H I, Wu J. 1991. Persistence and global asymptotical stability of single species dispersal models with stage structure. Quart. Appl. Math., 49: 351–371.

Freedman H I. 1987. Single species migration in two habitats: persistence and extinction. Math. Model., 8: 778–780.

Gao S J, Chen L S, Juan J Nieto, Angela Torres. 2006. Analysis of a delayed epidemic model with pulse vaccination and saturation incidence. Vaccine, 24(35-36): 6037–6045.

Gao S J, Chen L S, Teng Z D. 2007. Impulsive vaccination of an SEIRS model with time delay and varying total population size. Bulletin of Mathematical Biology, 69(2): 731–745.

Gao S J, Chen L S, Teng Z D. 2008. Pulse vaccination of an SEIR epidemic model with time delay. Nonlinear Analysis: Real World Applications, 9(2): 599–607.

Gao S J, Chen L S, Teng Z D. 2008. Hopf bifurcation and global stability for a delayed predator–prey system with stage structure for predator. Applied Mathematics and Computation, 202(2): 721–729.

Gao S J, He Y Y, Chen L S. 2013. An epidemic model with pulses for pest management original research article. Applied Mathematics and Computation, 219(9): 4308–4321.

Georgescu P, Zhang H, Chen L S. 2008. Bifurcation of nontrivial periodic solutions for an impulsively controlled pest management model. Applied Mathematics and Computation, 202(2): 675–687.

Gilpin M E, Ayala F J. 1973. Global models of growth and competition. Proceeding of the Xlational Academy of Sciences of the united states of America, 70(12): 3590–3593.

Goh B S. 1980. Management and analysis of biological populations, Elsevier Sci. Pub. Com.

Gopalsamy K, Aggarwala B D. 1980. Limit cycles in two species competition with time delays. J. Aust. Math. Soc. Ser. B., 22: 148–160.

Gopalsamy K, Weng P X. 1993. Feedback regulation of logistic growth. Internat. Math. and Math. Sci. (S0161-1712), 16(1): 177–192.

Gopalsamy K, Zhang B G. 1989. Ondelay differential equations with impulses. J. Math. Anal. Appl., 139: 110–122.

Gopalsamy K. 1984. Global asymptotic stability in Volterra's population systems. J. Math. Biology, 19: 157–168.

Gumowski I, Mira C. 1980. Recurrences and Discrete Dycrete Dynamic Systems, Lecture Notes in Mathematics, 809. Berlin-Heidelberg, New York: Springer.

Guo H J, Chen L S, Song X Y. 2009. Dynamic analysis of a kind of species control model concerning impulsively releasing pathogen and infective. Predator. Chaos, Solitons & Fractals, 42(3): 1326–1336.

Guo H J, Chen L S, Song X Y. 2010. Feasibility of time-limited control of a competition system with impulsive harvest. Nonlinear Analysis: Real World Applications, 11(1): 163–171.

Guo H J, Chen L S, Song X Y. 2010. Mathematical models of restoration and control of a single species with Allee effect. Applied Mathematical Modelling, 34(11): 3264–3272.

Guo H J, Chen L S, Song X Y. 2015. Geometric properties of solution of a cylindrical dynamic system with impulsive state feedback control. Nonlinear Analysis: Hybrid Systems, 15(1): 98–111.

Guo H J, Chen L S, Song X Y. 2015. Qualitative analysis of impulsive state feedback control to an algae-fish system with bistable property. Applied Mathematics and Computation, 271(4): 905–922.

Guo H J, Chen L S. 2009. Periodic solution of a chemostat model with Monod growth rate and impulsive state feedback control. Journal of Theoretical Biology, 260(4): 502–509.

Guo H J, Chen L S. 2009. Periodic solution of a turbidostat system with impulsive state feedback control. Journal of Mathematical Chemistry, 46(4): 1074–1086.

Guo H J, Chen L S. 2009. Qualitative analysis of a variable yield chemostat with impulsive state feedback control. Mathematics and Computers in Simulation, 28(4): 299–309.

Guo H J, Chen L S. 2009. The effects of impulsive harvest on a predator–prey system with distributed time delay. Communications in Nonlinear Science and Numerical Simulation, 14(5): 2301–2309.

Guo H J, Chen L S. 2009. Time-limited pest control of a Lotka–Volterra model with impulsive harvest. Nonlinear Analysis: Real World Applications, 10(2): 840–848.

Guo H J, Chen L S. 2010. A study on time-limited control of single-pest with stage-structure. Applied Mathematics and Computation, 217: 677–684.

Guo H J, Chen L S. 2010. Qualitative analysis of a variable yield turbidostat model with impulsive state feedback control. Journal of Applied Mathematics and Computing, 33(1-2): 193–208.

Guo H J, Song X Y, Chen L S. 2014. Qualitative analysis of a korean pine forest model with impulsive thinning measure. Applied Mathematics and Computation, 234(2): 203–213.

Gurtin M E, Levine D S. 1982. On populations that cannibalise their young. SIAM J. Appl. Math., 42: 94.

Hale J K. 1969. Ordinary Differential Equations. New York: Wiley-Interscience.

Hale J K. 1971. Functional Differential Equations. New York: Springer-Verlag.

Hassell M P. 1975. Density dependence in single-species population. J. Anim. Ecol., 44: 283–295.

Hastings A, Constantino R F. 1987. Cannibalistic egg-larval interactions in Triboluim: an explanation for the oscillation in larval numbers. Amer. Nat., 130: 36–52.

Hastings A. 1977. Spatial heterogeneity and the stability of predator prey systems. Theoret. Population Biology, 12: 37–48.

Hastings A. 1982. Dynamics of a single species in a spatially varing envionment: The stabilizing role of higher dispersal rates. J. Math. Biol., 16: 49–55.

Hastings A. 1987. Cycles in cannibalistic egg-larval interactions. J. Math. Biol., 24: 651–666.

Hess P. 1991. Periodic-parabolic Boundary Value Problems and Positivity. New York: Longman Sci. Tech.

Hirsch M W. 1988. Systems of differential equations that are competitive or cooperative. III: competing species. Nonlinearity, 1: 51–71.

Hofbauer J, Hutsin V, Jansen W. 1987. Coexistence for systems governed by differennce equations of Lotka-Volterra type. J. Math. Biol., 25: 553–570.

Hofbauer J, Sigmund K. 1998. Evolutionary Games and Population Dynamics and Dynamical Systems. Cambridge: Cambridge University Press. (进化对策与种群动力学, 四川科技出版社, 陆征一, 罗勇译, 2002)

Hofbauer J, Sigmund K. 1998. The Theory of Evolution and Dynamical Systems. New York: Cambridge U. Press.

Hofbauer J, So J W. 1994. Multiple limit cycles for three dimensional Lotka-Volterra equations. Appl. Math. Lett., 7: 65–70.

Hofbauer J. 1981. On the occurrence of limit cycles in the Volterra-Lotka equation. Nonl. Anal., 5: 1003–1007.

Holt R D. 1985. Population dynamics in two-patch environments: Some anomalous consequences of an optimal habitat distribution. Theoret. Population Biology, 28: 181–208.

Hsu S B, Hubbell S P, Waltman P. 1978. A contribution to the theory of competing predators. Ecological Monographs, 48: 337–349.

Hsu S B, Hubbell S P, Waltman P. 1978. Competing predators. SIAM J. Appl. Math., 35: 617–625.

Huang M Z, Liu S Z, Song X Y, Chen L S. 2013. Periodic solutions and homoclinic bifurcation of a predator–prey system with two types of Harvesting. Nonlinear Dynamics, 73(1-2): 815–826.

Hui J. 2004. Existence of positive periodic solution of periodic time-dependent predator-prey system with impulsive effects. Acta. Mathematica Sinica, 20(3): 423–432.

Ji X H, Yuan S L, Chen L S. 2015. A pest control model with state-dependent impulses. International Journal of Biomathematics, 8(1): ID 1550009 (12 pages).

Jiao J J, Cai S H, Chen L S. 2011. Analysis of a stage-structured predator-prey system with birth pulse and impulsive harvesting at different moments. Nonlinear Analysis: Real World Applications, 12(4): 2232–2244.

Jiao J J, Cai S H, Chen L S. 2011. Dynamical behaviors of a biological management model with impulsive stocking juvenile predators and continuous harvesting adult predators. Journal of Applied Mathematics and Computing, 35(1-2): 483–495.

Jiao J J, Cai S H, Chen L S. 2011. Dynamical behaviors of a delayed chemostat model with impulsive diffusion on nutrients. Journal of Applied Mathematics and Computing, 35(1-2): 443–457.

Jiao J J, Cai S H, Chen L S. 2012. Dynamics of the genic mutational rate on a population system with birth pulse and impulsive input toxins in polluted environment. Journal of Applied Mathematics and Computing, 40(1-2): 445–457.

Jiao J J, Cai S H, Chen L S. 2015. Dynamical analysis of a Lotka–Volterra competition system with impulsively linear invasion. Journal of Applied Mathematics and Computing, 48(1-2): 25–40.

Jiao J J, Cai S H, Li L M, Chen L S. 2015. Dynamics of a periodic impulsive switched predator-prey system with hibernation and birth pulse. Advances in Difference Equations, 1.

Jiao J J, Chen L S, Cai S H, Wang L M. 2010. Dynamics of a stage-structured predator–prey model with prey impulsively diffusing between two patches. Nonlinear Analysis: Real World Applications, 11(4): 2748–2756.

Jiao J J, Chen L S, Cai S H. 2008. An SEIRS epidemic model with two delays and pulse vaccination. Journal of Systems Science and Complexity, 21(2): 217–225.

Jiao J J, Chen L S, Cai S H. 2009. A delayed stage-structured Holling II predator–prey model with mutual interference and impulsive perturbations on predator. Chaos, Solitons & Fractals, 40(4): 1946–1955.

Jiao J J, Chen L S, Cai S H. 2012. Dynamical analysis of a biological resource management model with impulsive releasing and harvesting. Advances in Difference Equations February, 2012: 9.

Jiao J J, Chen L S, Cai S H. 2012. Dynamical analysis on a single population model with state-dependent impulsively unilateral diffusion between two patches. Advances in Difference Equations, 155.

Jiao J J, Chen L S, Li L M. 2008. Asymptotic behavior of solutions of second-order nonlinear impulsive differential equations. Journal of Mathematical Analysis and Applications, 337(1): 458–463.

Jiao J J, Chen L S, Luo G L. 2008. An appropriate pest management SI model with biological and chemical control concern. Applied Mathematics and Computation, 196(1): 285–293.

Jiao J J, Chen L S. 2006. A pest management si model with periodic biological and chemical control concern. Appl. Math. Comput., 183: 1018–1026.

Jiao J J, Chen L S. 2009. Dynamical analysis of a chemostat model with delayed response in growth and pulse input in polluted environment. Journal of Mathematical Chemistry, 46(2): 502–513.

Jiao J J, Chen L S. 2010. Dynamical analysis of a delayed predator-prey system with birth pulse and impulsive harvesting at different moments. Discrete Dynamics in Nature and Society, Volume 2010, Article ID 954684.

Jiao J J, Chen L S. 2012. The genic mutation on dynamics of a predator–prey system with impulsive effect. Nonlinear Dynamics, 70(1): 141–153.

Jiao J J, Long W, Chen L S. 2009. A single stage-structured population model with mature individuals in a polluted environment and pulse input of environmental toxin. Nonlinear Analysis: Real World Applications, 10(5): 3073–3081.

Jiao J J, Meng X J, Chen L S. 2009. Harvesting policy for a delayed stage-structured Holling II predator–prey model with impulsive stocking prey. Chaos, Solitons & Fractals, 41(1): 103–112.

Jiao J J, Meng X Z, Chen L S. 2007. A stage-structured Holling mass defence predator–prey model with impulsive perturbations on predators. Applied Mathematics and Computation, 189(2): 1448–1458.

Jiao J J, Meng X Z, Chen L S. 2008. Global attractivity and permanence of a stage-structured pest management SI model with time delay and diseased pest impulsive transmission. Chaos, Solitons & Fractals, 38(3): 658–668.

Jiao J J, Pang G P, Chen L S, Luo G L. 2008. A delayed stage-structured predator–prey model with impulsive stocking on prey and continuous harvesting on predator. Applied Mathematics and Computation, 195(1): 316–325.

Jiao J J, Yang X S, Cai S H, Chen L S. 2010. Dynamical analysis of a delayed predator-prey model with impulsive diffusion between two patches. Mathematics and Computers in Simulation, 28(2): 199–209.

Jiao J J, Yang X S, Chen L S. 2009. Harvesting on a stage-structured single population model with mature individuals in a polluted environment and pulse input of environmental toxin. Biosystems, 97(3): 186–190.

Jiao J J, Yang X S, Chen L S, Cai S H. 2009. Effect of delayed response in growth on the dynamics of a chemostat model with impulsive input. Chaos, Solitons & Fractals, 42(4): 2280–2287.

Jiao J J, Ye K L, Chen L S. 2011. Dynamical analysis of a five-dimensionedchemostat model with impulsive diffusion and pulse input environmental toxicant. Chaos, Solitons & Fractals, 44(1-3): 2016–2030.

Kar T K, Ghorai A, Jana S. 2012. Dynamics of pest and its predator model with disease in the pest and optimal use of pesticide. Journal of Theoretical Biology, 310: 187–198.

Kaul S K. 1990. On impulsive semidynamical systems. J. Math. Anal. Appl., 150(1): 120–128.

Kiester A R, Barakat R. 1974. Exact solutions to certain stochastic differential equation models of population growth. Theoret. Pop. Biol., 6: 199–216.

Kishimoto K, Mimura M, Yoshida K. 1983. Stable spatio-temporal oscillations of diffusive Lotka-Volterra system with three or more species. J. Math. Biol., 18: 213–221.

Kuang Y, Joseph W H So. 1995. Analysis of a delayed two-stage population model with space-limited recruitment. SIAM J. Appl. Math., 55(6): 1675–1696.

Kuang Y, Smith H L. 1993. Global stability for infinite delay Lotka-Volterra type systems. J. Differential Equations, 103: 221–246.

Kuang Y, Takeuchi Y. 1994. Predator-prey dynamcis in models of prey dispersal in two-patch environments. Math. Biosci., 120: 77–98.

Kuang Y. 1993. Delay Differential Equations with Applications in Populations of Dynamics. Academic Press.

Lakmeche A, Arino O. 2000. Bifurcation of non trivial periodic solution of impulsive differential equations arising chemotherapeutic treatment. Dynamics of Continuous, Discrete & Impulsive Systems, 7: 265–287.

Lakmeche A, Arino O. 2001. Nonlinear mathematical model of pulsed therapy of heterogeous tumors. Nonl. Anal., 2: 455–465.

Laksbmikantham V, Bainov D, Simeonov P. 1989. Theory of Impulsive Differential Equations. Singaporfe: World Scientific.

Landahl H D, Hanson B D. 1975. A three stage population model with cannibalism. Bull. Math. Biol., 37: 11–17.

LaSalle J P. 1960. Some extensions of Lyappunov's second method. IRE Trans. Circuit Theory, 7: 520–527.

Lasalle J P. 2002. 动力系统的稳定性. 陆征一, 译. 成都: 四川科学技术出版社.

Lenhart S M, Travis C C. 1986. Global stability of a biological model with time delay. Proc. Amer. Math. Soc., 96: 75–78.

Levin S A, May R M. 1976. A note on difference-delay equations. Theoret.Population Biol., 9: 178–187.

Levin S A. 1974. Dispersion and population interactions. Amer. Natur., 108: 207–228.

Li Z X, Chen L S, Huang J M. 2009. Permanence and periodicity of a delayed ratio-dependent predator–prey model with Holling type functional response and stage structure. Journal of Computational and Applied Mathematics, 233(2): 173–187.

Li Z X, Chen L S, Liu Z J. 2012. Periodic solution of a chemostat model with variable yield and impulsive state feedback control. Applied Mathematical Modelling, 36(3): 443–457.

Li Z X, Chen L S, Liu Z J. 2012. Periodic solution of a chemostat model with variable yield and impulsive state feedback control. Applied Mathematical Modelling, 36(3): 1255–1266.

Li Z X, Chen L S. 2009. Periodic solution of a turbidostat model with impulsive state feedback control. Nonlinear Dynamics, 58(3): 525–538.

Li Z X, Chen L S. 2010. Dynamical behaviors of a trimolecular response model with impulsive input. Nonlinear Dynamics, 62(1-2): 167–176.

Li Z X, Wang T Y, Chen L S. 2009. Periodic solution of a chemostat model with Beddington–DeAnglis uptake function and impulsive state feedback control. Journal of Theoretical Biology, 261(1): 23–32.

Li Z X, Zhao Z, Chen L S. 2011. Bifurcation of a three molecular saturated reaction with impulsive input. Nonlinear Analysis: Real World Applications, 12(4): 2016–2030.

Liang Y L, Li L J, Chen L S. 2009. Almost periodic solutions for Lotka–Volterra systems with delays. Communications in Nonlinear Science and Numerical Simulation, 14(9-10): 3660–3669.

Liu B, Teng Z D, Chen L S. 2006. Analysis of a predator–prey model with Holling II functional response concerning impulsive control strategy. Journal of Computational and Applied Mathematics, 193(1): 347–362.

Liu B, Zhang Y, Chen L S. 2004. Dynamic complexities of a holling i predatorprey model concerning periodic biological and chemical control. Chaos, Solitons & Fractals, 22: 123–134.

Liu K Y, Chen L S. 2007. Harvesting control for a stage-structured predator-prey model with Ivlev's functional response and impulsive stocking on prey. Discrete Dynamics in Nature and Society, 2007: ID86482.

Liu K Y, Chen L S. 2008. On a periodic time-dependent model of population dynamics with stage structure and impulsive effects. Discrete Dynamics in Nature and Society Volume, ID 389727.

Liu K Y, Meng X Z, Chen L S. 2008. A new stage structured predator–prey Gomportz model with time delay and impulsive perturbations on the prey. Applied Mathematics and Computation, 196(2): 705–719.

Liu L, Lu Z Y, Wang D M. 1990. Mechanical manipulation for LaSalle's invariant set of Lotka-Volterra systems. Advance in Math. Sinica, 19: 249–250.

Liu L, Lu Z Y, Wang D M. 1991. The structure of LaSalle's invariant set for Lotka-Volterra systems. Science in China (Series A), 34: 783–790.

Liu S Q, Chen L S, 2002. Necessary-Sufficient Conditions for Permanence and Extinction in Lotka-Volterra System with Discrete Delays. Applicable Analysis, 81: 575–587.

Liu S Q, Chen L S, Luo G L, Jiang Y L. 2002. Asymptotic behavior of competitive Lotka-Volterra system with stage structure. J. Math. Anal. Appl., 271: 124–138.

Liu S Q, Chen L S, Luo G L. 2002. Extinction and permanence in competitive stage-structured system with time delay. Nonlin. Anal., 51: 1347–1361.

Liu S Q, Chen L S. 2002. Extinction and permanence in nonautonomous competitive system with stage structure. J. Math. Anal. Appl., 667–684.

Liu S Q, Chen L S. 2002. Permanence, extinction and balancing survival in nonautonomous Lotka-Volterra system with delays. Appl. Math. Comput., 129: 481–499.

Liu S Y, Pei Y Z, Li Ch G, Chen L S. 2009. Three kinds of TVS in a SIR epidemic model with saturated infectious force and vertical transmission. Applied Mathematical Modelling, 33(4): 1923–1932.

Liu X N, Chen L S. 2006. Global attractivity of positive periodic solutions for nonlinear impulsive systems. Nonlinear Analysis, 65(10): 1843–1857.

Liu Z J, Chen L S. 2006. Periodic solution of neutral Lotka-Volterra system with periodic delays. Journal of Mathematical Analysis and Applications, 324(1): 435–451.

Liu Z J, Chen L S. 2006. Positive periodic solution of a general discrete non-autonomous difference system of plankton allelopathy with delays. Journal of Computational and Applied Mathematics, 197(2): 446–456.

Liu Z J, Chen L S. 2007. Periodic solution of a two-species competitive system with toxicant and birth pulse. Chaos, Solitons & Fractals, 32(5): 1703–1712.

Liu Z J, Chen L S. 2008. On positive periodic solutions of a nonautonomous neutral delay n-species competitive system. Nonlinear Analysis: Theory, Methods & Applications, 68(6): 1409–1420.

Liu Z J, Fan M, Chen L S. 2008. Globally asymptotic stability in two periodic delayed competitive systems. Applied Mathematics and Computation, 197(1): 271–287.

Liu Z J, Tan R H, Chen L S. 2007. Global stability in a periodic delayed predator–prey system. Applied Mathematics and Computation, 186(1): 389–403.

Liu Z J, Tan R H, Chen Y P, Chen L S. 2008. On the stable periodic solutions of a delayed two-species model of facultative mutualism. Applied Mathematics and Computation, 196(1): 105–117.

Lloyd N G, Pearson J M, Saez E, Szanto I. 1996. Limit cycles of a cubic Kolmogorov system. Appl. Math. Lett., 9: 15–18.

Lu G W, Lu Z Y. 2000. Global stability for n-species Lotka-Volterra systems with delay. J. Biomathematics, 15: 81–87.

Lu Z Y. 1996. Computer aided proof for global stability of Lotka-Volterra systems. Computer Math. Appl., 31: 49–59.

Lu Z H, Chen L S. 2002. Global attractivity of nonautonomous inshore-offshore fishing models with stage-structure. Appliable Analysis, 81: 589–605.

Lu Z H, Chen L S. 2002. The effect of constant and pulse vaccination on SIR epidemic model with horizontal and vertical transmission. Mathematical and Computer Modelling, (129): 481–499.

Lu Z H, Liu X N, Chen L S. 2001. Hopf bifurcation of nonlinear incidence rates SIR epidemiological models with stage structure. Communications in Nonlinear Science & Numerical Simulation, 4(6): 205–209.

Lu Z Y, Takeuchi Y. 1992. Permanence and global stability for cooperative Lotka-Volterra diffusion systems. Nonlin. Anal. T.M.A., 19: 963–975.

Lu Z Y, Takeuchi Y. 1993. Global asymptotic behavior in singelespecies discrete diffusion systems. J. Math. Biol., 32: 67–77.

Lu Z Y, Takeuchi Y. 1994. Permanence and global attractivity for competitive Lotka-Volterra systems with delay. Nonlinear Analysis,Theory, Methods and Applications, 22(7): 847–856.

Lu Z Y, Takeuchi Y. 1994. Qualitative stability and global stability for Lotka-Volterra systems. J. Math. Anal. Appl., 182: 260–268.

Lu Z Y, Takeuchi Y. 1995. Global dynamical behavior for Lotka-Volterra systems with a reducible interaction matrix. J. Math. Anal. Appl., 193: 559–572.

Lu Z Y, Wang G J. 1999. The positive definiteness of a class of polynomials from the global stability analysis of Lotka-Volterra systerms. Computer Math. Appl., 38: 19–27.

Lu Z Y, Wang W D. 1997. Global stability for two-species Lotka-Volterra systems with delay. J. Math. Anal. Appl., 208: 277–280.

Lu Z Y, Wang W D. 1999. Permanence and global attractivity for Lotka-Volterra difference systems. J. Math. Biol., 39: 269–282.

Lu Z Y. 1988. On the LaSalle's Invariant set for six-dimensional Lotka-Volterra prey-predator chain systems. Sichuan Daxue Xuebao, 25: 145–150.

Lu Z Y. 1989. On the LaSalle's invariant set for five-dimensional Lotka-Volterra prey-predator chain systems. Acta. Mathematica Sinica (New series), 5: 214–218.

Lu Z Y. 1994. Global stability for a class of Cauchy problems of reactiondiffusion systems. J. Partial Diff. Eqns., 7: 323–329.

Lu Z Y. 2007. Stability analysis for Lotka-Volterra systems based on an algorithm of real root isolation. J. Comp. Appl. Math., 201: 367–373.

Magnusson K G. 1999. Destabilizing effect of cannibalism on a structured predator-prey system. Math. Biosci., 155: 61–75.

Markus L. 1956. Asymptotically autonomous differential systems. Contributions to the Theory of Nonlinear Oscillation, 3. Princeton: Princeton University Press: 17–29.

Marsden J E, McCracken M. 1976. The Hopf Bifurcation and its Applications. New York: Springer.

May R M, Conway G R, Hassell M P, Southwood T R E. 1974. Time delays, density dependence, and single species oscillations. J. Anim.Ecol., 43: 747–770.

May R M. 1976. Simple mathematical models with very complicated dynamics. Nature, 261: 459-467.

May R M. 1979. Bifurcations and dynamic complexity in ecological systems. Ann. N. Y. Acad. Sci., 316: 517–529.

Meng X Z, Chen L S, Cheng H D. 2007. Two profitless delays for the SEIRS epidemic disease model with nonlinear incidence and pulse vaccination.Applied Mathematics and Computation, 186(1): 516–529.

Meng X Z, Chen L S, Wang X L. 2009. Some new results for a logistic almost periodic system with infinite delay and discrete delay. Nonlinear Analysis: Real World Applications, 10(3): 1255–1264.

Meng X Z, Chen L S, Wu B. 2010. A delay SIR epidemic model with pulse vaccination and incubation times. Nonlinear Analysis: Real World Applications, 11(1): 88–98.

Meng X Z, Chen L S. 2008. A stage-structured si eco-epidemiological model with time delay and impulsive controlling. Journal of Systems Science and Complexity, 21(3): 427–440.

Meng X Z, Chen L S. 2006. Almost periodic solution of non-autonomous Lotka-Volterra predator–prey dispersal system with delays. Journal of Theoretical Biology, 243(4): 562–574.

Meng X Z, Chen L S. 2008. Periodic solution and almost periodic solution for a nonautonomous Lotka–Volterra dispersal system with infinite delay. Journal of Mathematical Analysis and Applications, 339(1): 125–145.

Meng X Z, Chen L S. 2008. The dynamics of a new SIR epidemic model concerning pulse vaccination strategy. Applied Mathematics and Computation, 197(2): 582–597.

Meng X Z, Jiao J J, Chen L S. 2008. The dynamics of an age structured predator–prey model with disturbing pulse and time delays. Nonlinear Analysis: Real World Applications, 9(2): 547–561.

Meng X Z, Jiao J J, Chen L S. 2008. Global dynamics behaviors for a nonautonomous Lotka–Volterra almost periodic dispersal system with delays. Nonlinear Analysis: Theory, Methods & Applications, 68(12): 3633–3645.

Meng X Z, Jiao J J, Chen L S. 2009. Two profitless delays for an SEIRS epidemic disease model with vertical transmission and pulse vaccination. Chaos, Solitons & Fractals, 40(5): 2114–2125.

Meng X Z, Xu W J, Chen L S. 2007. Profitless delays for a nonautonomous Lotka–Volterra predator–prey almost periodic system with dispersion. Applied Mathematics and Computation, 188(1): 365–378.

Mishra B. 1993. Algorithmic Algebra. New York: Springer-Verlage.

Murray J D. 1989. Mathematical Biology, Biomathematics, 19, Springer-Verlag.

Panetta J C. 1996. A mathematical model of periodically pulsed chemotherapy: Tumor recurrence and metastasis in a competition environment. Bulletion of Mathematical Biology, 58: 425–447.

Pang G P, Chen L S, Xu W J, Fu G. 2015. A stage structure pest management model with impulsive state feedback control. Communications in Nonlinear Science and Numerical Simulation, 23(1-3): 78–88.

Pang G P, Chen L S. 2007. A delayed SIRS epidemic model with pulse vaccination.Chaos, Solitons & Fractals, 34(5): 1629–1635.

Pang G P, Chen L S. 2008. Analysis of a Beddington–DeAngelis food chain chemostat with periodically varying substrate. Journal of Mathematical Chemistry, 44(2): 467–481.

Pang G P, Chen L S. 2008. Dynamic analysis of a pest-epidemic model with impulsive control. Mathematics and Computers in Simulation, 79(1): 72–84.

Pang G P, Chen L S. 2014. Periodic solution of the system with impulsive state feedback control. Nonlinear Dynamics, 78(1): 743–753.

Pang G P, Wang F Y, Chen L S. 2008. Analysis of a Monod–Haldene type food chain chemostat with periodically varying substrate. Chaos, Solitons & Fractals, 38(3): 731–742.

Pang G P, Wang F Y, Chen L S. 2008. Study of Lotka-volterra food chain chemostat with periodically varying dilution rate. Journal of Mathematical Chemistry, 43(3): 901–913.

Pang G P, Wang F Y, Chen L S. 2009. Analysis of a viral disease model with saturated contact rate. Chaos, Solitons & Fractals, 39(1): 17–27.

Pang G P, Wang F Y, Chen L S. 2009. Extinction and permanence in delayed stage-structure predator–prey system with impulsive effects. Chaos, Solitons & Fractals,

39(5): 2216–2224.

Pei Y Z, Li C G, Chen L S. 2009. Continuous and impulsive harvesting strategies in a stage-structured predator–prey model with time delay. Mathematics and Computers in Simulation, 79(10): 2994–3008.

Pei Y Z, Liu S Y, Li C G, Chen L S. 2009. The dynamics of an impulsive delay SI model with variable coefficients. Applied Mathematical Modelling, 33(6): 2766–2776.

Pei Y Z, Zeng G Z, Chen L S. 2008. Species extinction and permanence in a prey–predator model with two-type functional responses and impulsive biological control. Nonlinear Dynamics, 52(1-2): 71–81.

Qiu W G, Li C R(李传荣). 1999. Limt cycls of population models with Holling II functional responses. Acta. Mathematica Sinica, 19(3): 10–16.

Ratkowsky D A. 1983. Nonlinear Regression Modeling. New York: Marcel Dekker.

Redheffer R, Redlinger R, Walter W. 1988. A theorem of LaSalle-Lyapunov type for parabolic systems. SIAM J. Math. Anal., 19: 121–132.

Redheffer R. 1989. A new class of Volterra differentiall equations for which the solutions are globally asymptotically stable. J. Diff. Eqns., 82: 251–268.

Rosen G. 1987. Time delays produced by essential nonlinearity in population growth models. Bull. Math. Biol., 49: 253–255.

Roughgarden J. 1975. A simple model for population dynamics in stochastic environments. Am. Nat., 109: 713–736.

Ruan S G. 2001. Absolute stability, conditional stability and bifurcation in Kolmogorov-type predator-prey systems with discreate delays. Quart.Appl. Math., 59: 159–173.

Salah J B, Jerbi H, Valentin C, Xu C Z. 2011. Geometric synthesis of a hybrid limit cycle for the stabilizing control of a class of nonlinear switched dynamical systems. Systems and Control Letters, 60(12): 967–976.

Salah J B, Valentin C, Jerbi H. 2009. Quadratic Common Lyapunov Fonction computation and planar linear switched system stabilization, in ECC09, European Control Conference, Bu-dapest, Hungary.

Schoener T W. 1973. Population growth regulated by in traspecific Competition for energy or time: Some sinple representations. Theoretical Population Biology, 4(1): 56–84.

Schumacher K. 1983. NO-Escape regions and Oscillations in second order predator-prey recurrences. J. Math. Biol., 16: 221–231.

Schuster P, Sigmund K, Wolff R. 1979. Onω-limits for competition between three species. SIAM J. Appl. Math., 37: 49–54.

Shi R Q, Chen L S. 2007. Stage-structured impulsive SI model for pest management. Discrete Dynamics in Nature and Society, 2007: ID 97608.

Shi R Q, Chen L S. 2008. Staged-structured Lotka–Volterra predator–prey models for pest management. Applied Mathematics and Computation, 203(1): 258–265.

Shi R Q, Chen L S. 2009. The study of a ratio-dependent predator–prey model with stage structure in the prey. Nonlinear Dynamics, 58(1-2): 443–451.

Shi R Q, Chen L S. 2010. An impulsive predator–prey model with disease in the prey for integrated pest management. Communications in Nonlinear Science and Numerical Simulation, 15(2): 421–429.

Shi R Q, Jiang X W, Chen L S. 2009. A predator–prey model with disease in the prey and two impulses for integrated pest management. Applied Mathematical Modelling, 33(5): 2248–2256.

Shi R Q, Jiang X W, Chen L S. 2009. The effect of impulsive vaccination on an SIR epidemic model. Applied Mathematics and Computation, 212(2): 305–311.

Shibata A, Saito N. 1980. Time delays and chaos in two competing species. Math. Biosci., 51: 199–211.

Shulgin B, Stone L, Agur Z. 1998. Pulse accination strategy in the sir epidemic model. Bulletin of Mathematical Biology, 60: 1123–1148.

Shulgin B, Stone L, Agur Z. 2000. Theoretical examinatin of pulse vaccination policy in the sir epidemic model. Mathl. Comput. Model, 31: 207–215.

Sigmund K. 1999. 竞争与合作的种群动力学. 陆征一, 廖进昆, 译. 生物数学学报, 14: 535–548.

Simth H L. 1982. The interaction of steate and Hopf bifurcations in a two predator-one-prey competition models. SIAM J. Appl. Math., 42: 27–43.

Skellem J D. 1951. Random dispersal in theoretical population. Biometrika, 38: 196–216.

Smith H L. 1988. Systems of ordinary differential equations which generate an order preserving flow. A survey of results. SIAM Rev., 30: 87–113.

Smoller J. 1983. Shock Waves and Reaction-Diffusion Equations. Springer-Verlag.

Song X Y, Chen L S. 2000. Persistence in nonautonomous predator-prey system with dispersion and infinite delay. Differential Equations and Dynamical Systems, 8: 67-80.

Song X Y, Chen L S. 1998. Persistence and global stability for nonautonomous predator-prey system with diffusion and time delay. Computers Math. Applic., 35(6): 33–40.

Song X Y, Chen L S. 1998. Persistence and periodic orbits for two species predator prey system with diffusion. Canad. Appl. Math. Quart., 6(3): 233–244.

Song X Y, Chen L S. 2000. Harmless delays and global attractivity for nonautonomous predator-prey system with dispersion. Computers Math. Applic., 39: 33–42.

Song X Y, Chen L S. 2001. Conditions for global attractivity of n-patches predator-prey dispersion-delay models. Journal of Mathematical Analysis and Applications, 253(1): 1–15.

Song X Y, Chen L S. 2001. Global asymptotica stability of a two species competitive system with stage structure and harvesting. Comm. Nonl. Sci. Num. Simu., 6(2): 81–87.

Song X Y, Chen L S. 2001. Optimal harvesting and stability for a two species competitive system with stage structure. Mathematical Biosciences, 170(2): 173–186.

Song X Y, Chen L S. 2002. Modeling and analysis of a single species system with stage structure and harvesting. Mathematical and Computer Modelling, 36(1/2): 67–82.

Song X Y, Chen L S. 2002. Optimal harvesting and stability for a predator-prey system with stage structure. Acta. Mathematical Applicatae Sinica, 18(3): 423–430.

Song X Y, Chen L S. 2002. Uniform persistence and global attractivity for nonautonomous competitive systems with dispersion. J. Sys. Sci. Complexity., 15: 307–314.

Song X Y, Cui J A. 2002. The stage-structured predator-prey system with delay and harvesting. Applicable Analysis, 81(5): 1127–1142.

Sun K B, Kasperski A, Tian Y, Chen L S. 2011. Modelling and optimization of a continuous stirred tank reactor with feedback control and pulse feeding. Chemical Engineering and Processing: Process Intensificaion, 50(7): 675–686.

Sun K B, Kasperski A, Tian Y, Chen L S. 2011. Modelling of the Corynebacteium glutamicum biosynthesis under aerobic fermentation conditions. Chemical Engineering Science, 66(18): 4101–4110.

Sun K B, Tian Y, Chen L S, Andrzej Kasperski. 2010. Nonlinear modelling of a synchronized chemostat with impulsive state feedback control. Mathematical and Computer Modelling, 52(1-2): 227–240.

Sun M J, Chen L S. 2008. Analysis of the dynamical behavior for enzyme-catalyzed reactions with impulsive input. Journal of Mathematical Chemistry, 43(2): 447–456.

Sun M J, Liu Y L, Liu S J, Hu Z L, Chen L S. 2016. A novel method for analyzing the stability of periodic solution of impulsive state feedback model. Applied Mathematics and Computation, 273(2): 425–434.

Sun M J, Tan Y S, Chen L S. 2008. Dynamical behaviors of the brusselator system with impulsive input. Journal of Mathematical Chemistry, 44(3): 637–649.

Sun S L, Chen L S. 2007. Dynamic behaviors of Monod type chemostat model with impulsive perturbation on the nutrient concentration. Journal of Mathematical Chemistry, 42(4): 837–847.

Sun S L, Chen L S. 2007. Existence of positive periodic solution of an impulsive delay logistic model. Applied Mathematics and Computation, 184(2): 617–623.

Sun S L, Chen L S. 2008. Complex dynamics of a chemostat with variable yield and periodically impulsive perturbation on the substrate. Journal of Mathematical Chemistry, 43(1): 338–349.

Sun S L, Chen L S. 2009. Mathematical modelling to control a pest population by infected pests. Applied Mathematical Modelling, 33(6): 2864–2873.

Sword G A, Lorch P D, Gwynne D T. 2005. Micontrol bands give crickets protection. Nature, 433: 703.

Takcuchi Y, Lu Z Y. 1995. Permanence and global stability for competitive Lotka-Volterra diffusion systems. Nonl. Anal. T.M.A., 24: 91–104.

Takeuchi Y, Adachi N. 1983. Existence and bifurcation of stable equilibrium in two-prey, one-predator communities. Bull. Math. Biology, 45: 877–900.

Takeuchi Y. 1996. Global Dynamical Properties of Lotka-Volterra Systems. Singapore: World Scientific.

Tan Y S, Chen L S. 2009. Modelling approach for biological control of insect pest by releasing infected pest. Chaos, Solitons & Fractals, 39(1): 304–315.

Tang S Y, Chen L S. 2001. A discrete predator-prey system with age-structure for predator and natural barriers for prey. Mathematical Modelling and Numerical Analysis, 35(4): 675–690.

Tang S Y, Chen L S. 2002. Analysis for a ratio-dependent predatorprey model with delay. J. Math. Anal. Appl., 266: 402–419.

Tang S Y, Chen L S. 2002. Chaos in functional response hostparasitoid ecosystem models. Chaos, Solutions and Fractals, 13(4): 875–884.

Tang S Y, Chen L S. 2002. Density-dependent birth rate, birth pulses and their population dynamic consequences. J. Math. Biol., 44(2): 185–199.

Tang S Y, Chen L S. 2002. Global attractivity in a "Food-Limited" population model with impulsive effects. J. Math. Anal. Appl., 211–221.

Tang S Y, Chen L S. 2002. The periodic predator-prey Lotka-Volterra model with impulsive effect. Journal of Mechanics in Medicine and Biology, 2(3): 1–30.

Taubes C H. 2001. Modeling differential equation in biology.Upper Saddle River NJ Prentice Hall, Mathematics and Comuputer Education, 35

Teng Z D, Chen L S. 1999. Uniform persistence and existence of strictly positive solutions in nonautonomous Lotka-Volterra competitive systems with delays. Computers Math. Applic., 37: 61–71.

Teng Z D, Chen L S. 2001. Global asymptotic stability of periodic Lotka-Volterra systems with delay. Nonlinear Analysis-Theory Methods & Applications, 45(8): 1081–1095.

Tian Y, Chen L S, Andrzej Kasperski. 2010. Modelling and simulation of a continuous process with feedback control and pulse feeding. Computers & Chemical Engineering, 34(6): 976–984.

Tian Y, Kasperski A, Sun K B, Chen L S. 2011. Theoretical approach to modeling and analysis of the bioprocess with product inhibition and impulse effect. Biosystems, 104(2-3): 77–86.

Tian Y, Sun K B, Chen L S. 2010. Studies on the dynamics of a continuous bioprocess with impulsive state feedback control. Chemical Engineering Journal, 157(2-3): 558–567.

Tian Y, Sun K B, Chen L S. 2014. Geometric approach to the stability analysis of the periodic solution in a semi-continuous dynamic system. International Journal of Biomathematics, 7(2), ID 1350031.

Tian Y, Sun K B, Kasperski A, Chen L S. 2010. Nonlinear modelling and qualitative analysis of a real chemostat with pulse feeding. Discrete Dynamics in Nature and Society, Volume 2010, Article ID 640594.

Van Den driessche P, Zeeman M L. 1998. Three-dimensioanl competitive Lotka-Volterra systems with no periodic orbits. SIAM J. Appl. Math., 59: 227–234.

Vance R R. 1978. Predation and resource partitioning in one predator two prey model communities. Amer. Nat., 112: 797–813.

Vance R R. 1984. The effect of dispersal on population stability in onespecies, discrete space population growth models. Amer. Nat., 123: 230–254.

Wörz-Busekros A. 1978. Global stability in ecological systems with continuous time delay. SIAM J. Appl. Math., 35: 123–134.

Wang F Y, Hao C P, Chen L S. 2007. Bifurcation and chaos in a Monod–Haldene type food chain chemostat with pulsed input and washout. Chaos, Solitons & Fractals, 32(1): 181–194.

Wang F Y, Hao C P, Chen L S. 2007. Bifurcation and chaos in a Monod type food chain chemostat with pulsed input and washout. Chaos, Solitons & Fractals, 31(4): 826–839.

Wang F Y, Hao C P, Chen L S. 2007. Bifurcation and chaos in a Tessiet type food chain chemostat with pulsed input and washout. Chaos, Solitons & Fractals, 3(4): 1547–1561.

Wang F Y, Pang G P, Chen L S. 2008. Qualitative analysis and applications of a kind of state-dependent impulsive differential equations. Journal of Computational and Applied Mathematics, 216(1): 279–296.

Wang F Y, Pang G P, Chen L S. 2008. Study of a Monod–Haldene type food chain chemostat with pulsed substrate. Journal of Mathematical Chemistry, 43(1): 210–226.

Wang F Y, Zhang S W, Chen L S, Sun L H. 2006. Bifurcation and complexity of Monod type predator-prey system in a pulsed chemostat. Chaos, Solitons & Fractals, 27(2): 447–458.

Wang L M, Chen L S, Juan J N. 2010. The dynamics of an epidemic model for pest control with impulsive effect. Nonlinear Analysis: Real World Applications, 11(3): 1374–1386.

Wang L M, Liu Z J, Jing H, Chen L S. 2007. Impulsive diffusion in single species model. Chaos, Solitons & Fractals, 33(4): 1213–1219.

Wang T Y, Chen L S, Zhang P. 2010. Extinction and permanence of two-nutrient and two-microorganism chemostat model with pulsed input. Communications in Nonlinear Science and Numerical Simulation, 15(10): 3035–3045.

Wang T Y, Chen L S. 2009. Dynamic complexity of microbial pesticide model. Nonlinear Dynamics, 58(3): 539–552.

Wang T Y, Chen L S. 2011. Global analysis of a three-dimensional delayed Michaelis-Menten chemostat-type models with pulsed input. Journal of Applied Mathematics and Computing, 35(1-2): 211–227.

Wang T Y, Chen L S. 2011. Nonlinear analysis of a microbial pesticide model with impulsive state feedback control. Nonlinear Dynamics, 65(1-2): 1–10.

Wang W D, Chen L S. 1997. A predator-prey system with stage structure for predator. Computers Math. Applic., 33: 83–91.

Wang W D, Chen L S. 1997. Global stability of a population dispersal in two-patch environment. Dynamic Systems and Applications, 6: 207–216.

Wang W D, Lu Z Y. 1999. Global stability of discrete models of Lotka-Volterra type. Nonl. Anal. T.M.A., 35: 1019–1030.

Wang W D, Ma Z E. 1991. Harmless delays for uniform persistence. Journal of Mathematical Analysis and Applications, 158(1): 256–268.

Wei C J, Chen L S. 2013. Heteroclinic bifurcations of a prey–predator fishery model with impulsive harvesting. International Journal of Biomathematics, 6(5): ID 1350031.

Wei C J, Chen L S. 2008. A delayed epidemic model with pulse vaccination. Discrete Dynamics in Nature and Society Volume, ID 746951.

Wei C J, Chen L S. 2009. Dynamic analysis of mathematical model of ethanol fermentation with gas stripping. Nonlinear Dynamics, 57(1-2): 13–23.

Wei C J, Chen L S. 2009. Eco-epidemiology model with age structure and prey-dependent consumption for pest management. Applied Mathematical Modelling, 33(12): 4354–4363.

Wei C J, Chen L S. 2009. Global dynamics behaviors of viral infection model for pest management. Discrete Dynamics in Nature and Society: 1–16.

Wei C J, Chen L S. 2012. Periodic solution of prey-predator model with beddington-Deangelis functional response and impulsive state feedback control. Journal of Applied Mathematics, Volume, Article ID 607105.

Wei C J, Chen L S. 2014. Homoclinic bifurcation of prey-predator model with impulsive state feedback control. Applied Mathematics and Computation, 237(3): 282–292.

Wei C J, Chen L S. 2014. Periodic solution and heteroclinic bifurcation in a predator-prey system with Allee effect and impulsive harvesting. Nonlinear Dynamics, 76(2): 1109–1117.

Wei C J, Zhang S W, Chen L S. 2013. Impulsive state feedback control of Cheese Whey Fermentation for Single-Cell protein production. Journal of Applied Mathematics, Volume ID 354095.

Wilken D R. 1982. Some remarks on a competing predators problem. SIAM J. Appl. Math., 42: 895–902.

Wood S N, Blythe S P, Gurney W S C, Nisbet R M. 1989. Instability in mortality estimation schemes related to stage-structure population models. IMA J. Math. Appl. in Medicine and Biology, 6: 47–68.

Wright E M. 1955. A non-linear difference-differential equation. J. reine. angew. math., 194: 66–87.

Wu W T. 1978. On the decision problem and the mechanization of theorem proving in elementary geometry. Sci. Sinica, 21: 150–172.

Wu W T. 1986. Basic principles of mechanical theorem proving in elementary geometries. J. Automated Reasoning, 2: 221–252.

Xiao Y N, Chen L S. 2001. Analysis of a three species ecoepidemiological model. Journal of Mathematical Analysis and Application, 258(2): 733–754.

Xiao Y N, Chen L S. 2001. Analysis of an SIS epidemic model with stage structure and a Delay. Comm. Nonl. Sci. Num. Simu., 6(1): 35–39.

Xiao Y N, Chen L S. 2001. Effects of toxicanta on a stage-structure population growth model. Appl. Math. Comput., 123(1): 63–73.

Xiao Y N, Chen L S. 2001. Modeling and analysis of a predatorprey model with disease in the prey. Mathematical Bioscinces, 171(1): 59–82.

Xiao Y N, Chen L S. 2002. A ratio-dependent predator-pey model with disease in the prey. Appl. Math. Comput., 131: 397–414.

Xiao Y N, Chen L S. 2002. Dynamical behavior for a stage structure SIR infectious disease model. Nonlinear Analysis Real World Application, 3(2): 175–190.

Xiao Y N, Cheng D, Tang S. 2002. Dynamic complexities in predatorprey ecosystem models with age-structure for predator. Chaos, Solitons & Fractals, 14: 1403–1411.

Xiao Y N, Tang S Y, Chen L S. 2002. A linearized oscillation result for odd order neutral difference equations. Indian J. Pure Appl. Math., 33: 277–286.

Xu R, Chaplain M A J, Chen L S. 2002. Global asymptotic stability in n-species nonautonomous Lotka-Volterra competitive systems with infinite delays. Appl. Math. Comput., 130(2-3): 295–309.

Xu R, Chen L S. 2000. Persistence and stability for a two-species ratio-dependent predator-prey system with delay in a two-patch environment. Computers Math. Applic., 40: 577–588.

Xu W J, Chen L S, Chen S D, Pang G P. 2016. An impulsive state feedback control model for releasing white-headed langurs in captive to the wild. Communications in Nonlinear Science and Numerical Simulation, 34(2): 199–209.

Yang T. 2001. Impulsive Control Theory. Berlin: Springer.

Ye Y, Ye W. 1985. Cubic Kolmogorov differential systems with two limit cycles surrounding the same focus. Ann. Diff. Eqns., 1: 201–207.

Yu J, Zhang B. 1996. Stability theorem for delay differential equations with impulses. J. Math. Anal. Appl., 199: 162–175.

Yunchang J B. 1995. Optimal pest mangement and economic threshold. Agr. Syst., 49: 113–133.

Zeeman M L. 1993. Hopf bifurcations in competitive three dimensional Lotka-Volterra systems. Dyna. Stability Systems, 8: 189–217.

Zeng G Z, Chen L S, Sun L H. 2006. Existence of periodic solution of order one of planar impulsive autonomous system. Journal of Computational and Applied Mathematics, 186(2): 466-481.

Zeng G, Chen L S, Chen J. 1994. Persistence and periodic orbits for two-species nonautonomous diffusion Lotka-Volterra models. Math. Comput. Modelling, 20: 69–80.

Zhang S W, Tan D J, Chen L S. 2006. Chaos in periodically forced Holling type II predator-prey system with impulsive perturbations. Chaos, Solitons & Fractals, 28(2): 367–376.

Zhang H, Chen L S, Nieto J J. 2008. A delayed epidemic model with stagestructure and pulses for pest management strategy. Nonlinear Anal. Real, 9(4): 1714–1726.

Zhang H, Chen L S, Zhu R P. 2007. Permanence and extinction of a periodic predator–prey delay system with functional response and stage structure for prey.Applied Mathematics and Computation, 184(2): 931–944.

Zhang H, Chen L S. 2008. Asymptotic behavior of discrete solutions to delayed neural networks with impulses. Neurocomputing, 71(4-6): 1032–1038.

Zhang H, Chen L S. 2008. Toxic action and antibiotic in the chemostat: Permanence and extinction of a model with functional response. Journal of Mathematical Chemistry, 43(3): 1256–1272.

Zhang H, Jiao J J, Chen L S. 2007. Pest management through continuous and impulsive control strategies. Biosystems, 90(2): 350–361.

Zhang H, Paul Georgescu, Chen L S. 2008. On the impulsive controllability and bifurcation of a predator–pest model of IPM. Biosystems, 93(3): 151–171.

Zhang J, Chen L S. 1996. Periodic solutions of single-species nonautonomous diffusion models with continuous time delays. Math. Comput. Modelling, 23: 17–27.

Zhang J, Chen L S. 1996. Persistence and global stability for a twospecies cooperative system with time delays in a two-patch environment. Computers Math. Applic., 32: 101–108.

Zhang M, Song G H, Chen L S. 2016. A state feedback impulse model for computer worm control. Nonlinear Dynamics, 84: (3).

Zhang S W, Tan D J, Chen L S. 2006. Chaos in periodically forced Holling type IV predator–prey system with impulsive perturbations.Chaos, Solitons & Fractals, 27(4): 980–990.

Zhang S W, Tan D J, Chen L S. 2006. Chaotic behavior of a chemostat model with Beddington–DeAngelis functional response and periodically impulsive invasion Chaos. Solitons & Fractals, 29(2): 474–482.

Zhang S W, Tan D J, Chen L S. 2006. Dynamic complexities of a food chain model with impulsive perturbations and Beddington–DeAngelis functional response Chaos.

Solitons & Fractals, 27(3): 768–777.

Zhang X A, Chen L S, Liang Z J. 2001. The bifurcation of the equatorial periodic orbit of the planar polynomial vector fields. Acta. Math. Sinica, 17(3): 471–480.

Zhang X A, Chen L S, Avidan U Neumann. 2000. The stagestructured predator-prey model and optimal harvesting policy. Math.Biosci., 168: 201–210.

Zhang X A, Chen L S. 1999. The spatial periodic solution of a class of epidemic models. Computers Math. Applic., 38: 71–81.

Zhang X A, Chen L S. 2007. The linear and nonlinear diffusion of the competitive Lotka–Volterra model. Nonlinear Analysis: Theory, Methods & Applications, 66(12): 2767–2776.

Zhang X N, Chen L S, Liang Z J. 2001. The bifurcation of the equatorial periodic orbit of the planar polynomial vector fields. Acta. Math. Sinica, 17(3): 471–480.

Zhang Z F. 1986. Proof of the uniqueness theorem of limit cycles of generalized Lienard equation. Appl. Anal., 23: 63–76.

Zhao A, Yan J. 1996. Asymptotic behavior of solutions of impulsive delay differential equations. J. Math. Anal. Appl., 201: 943–954.

Zhao L C, Chen L S, Zhang Q L. 2012. The geometrical analysis of a predator–prey model with two state impulses. Mathematical Biosciences, 238(2): 55–64.

Zhao Z, Zhang X Q, Chen L S. 2011. The effect of pulsed harvesting policy on the inshore-offshore fishery model with the impulsive diffusion. Nonlinear Dynamics, 63(4): 537–545.

Zhao Z, Chen L S, Song X Y. 2008. Impulsive vaccination of SEIR epidemic model with time delay and nonlinear incidence rate. Mathematics and Computers in Simulation, 79(3): 500–510.

Zhao Z, Chen L S, Song X Y. 2009. Extinction and permanence of chemostat model with pulsed input in a polluted environment. Communications in Nonlinear Science and Numerical Simulation, 14(4): 1737–1745.

Zhao Z, Chen L S. 2009. Dynamic analysis of lactic acid fermentation in membrane bioreactor. Journal of Theoretical Biology, 257(2): 270–278.

Zhao Z, Chen L S. 2010. Dynamic analysis of lactic acid fermentation with impulsive input. Journal of Mathematical Chemistry, 47(4): 1189–1208.

Zhao Z, Li Z X, Chen L S. 2010. Existence and global stability of periodic solution for impulsive predator-prey model with diffusion and distributed. Journal of Applied Mathematics and Computing, 33(1-2): 389–410.

Zhao Z, Li Y, Chen L S. 2010. Dynamics of product inhibition on lactic acid fermentation. Applied Mathematics and Computation, 217(1): 175–184.

Zhao Z, Wang T Y, Chen L S. 2010. Dynamic analysis of a turbidostat model with the feedback control. Communications in Nonlinear Science and Numerical Simulation,

15(4): 1028–1035.

Zhao Z, Yang L, Chen L S. 2009. Bifurcation of nontrivial periodic solutions for a biochemical model with impulsive perturbations. Applied Mathematics and Computation, 215(8): 2806–2814.

Zhao Z, Yang L, Chen L S. 2010. Impulsive state feedback control of the microorganism culture in a turbidostat. Journal of Mathematical Chemistry, 47(4): 1224–1239.

Zhao Z, Yang L, Chen L S. 2011. Bifurcation and chaos of biochemical reaction model with impulsive perturbations. Nonlinear Dynamics, 63(4): 521–535.

Zhao Z, Yang L, Chen L S. 2011. Impulsive perturbations of a predator-prey system with modified Leslie-Gower and Holling type II schemes. Journal of Applied Mathematics and Computing, 35(1-2): 119–134.

Zhao Z, Zhang X Q, Chen L S. 2011. Nonlinear modelling of chemostat model with time delay and impulsive effect. Nonlinear Dynamics, 63(1-2): 95–104.

Zhao Zh, Chen L S. 2009. Chemical chaos in enzyme kinetics. Nonlinear Dynamics, 57(1-2): 135–142.

Zhao Zh, Zhang X Q, Chen L S. 2009. The analysis of two-nutrient and one-microorganism chemostat model with time delay and pulsed input. Communications in Nonlinear Science and Numerical Simulation, 28(2): 199–209.

附　　录

1. 解的存在与唯一性

考虑方程组

$$\frac{dx_i}{dt} = f_i(x_1, \cdots, x_n), \quad i = 1, 2, \cdots, n. \tag{1}$$

定理 1 (存在性)　若 $f_i(x_i, \cdots, x_n)$ 在某一有界闭域 $\overline{G}$ 内连续, 又 $A_0(x_{10}, \cdots, x_{n0})$ 为 $\overline{G}$ 内任一给定点, 则方程组 (1) 有在时刻 t_0 经过 A_0 的解存在, 而且这个解在区间

$$\left[-\frac{D}{M\sqrt{n}} + t_0 \leqslant t \leqslant \frac{D}{M\sqrt{n}} + t_0\right]$$

上有定义, 其中 D 是从 A_0 到 $\overline{G}$ 的边界的距离, 而 M 是函数 $f_i(x_1, \cdots, x_n)$ 等的模在 $\overline{G}$ 上的极大值中之最大者.

定理 2 (唯一性)　若 $f_i(x_1, \cdots, x_n)$ 在某一有界闭域 $\overline{G}$ 内满足 Lipschitz 条件, 即对于 $\overline{G}$ 内任意两点 $(x_1', x_2', \cdots, x_n')$ 和 $(x_1'', x_2'', \cdots, x_n'')$, 不等式

$$|f_i(x_1', x_2', \cdots, x_n') - f_i(x_1'', x_2'', \cdots, x_n'')| \leqslant L \sum_{i=1}^{n} |x_i' - x_i''|$$

成立, 这里 L 为常数, 则 (1) 存在满足初始条件的解是唯一的.

定理 3 (解对初值的连续性)　如果对于 $t_0 \leqslant t \leqslant T$ 解 $x_i = x_i(t)$ 整个包含在一有界闭域 $\overline{G}$ 内, 则对任一个 $\varepsilon > 0$, 可以找到一个 $\delta > 0$, 使得当 $t = t_0$ 时初始条件为 $(\overline{x}_1^{(0)}, \overline{x}_2^{(0)}, \cdots, \overline{x}_n^{(0)})$ 所确定的解 $x_i = x_i(t, t_0, \overline{x}_1^{(0)}, \cdots, \overline{x}_n^{(0)}) = \overline{x}_i(t) (i = 1, 2, \cdots, n)$, 其中 $|\overline{x}^{(0)} - x_i^{(0)}| < \delta$ 在同一区间存在, 并且对所有在区间 $t_0 \leqslant t \leqslant T$ 内的 t 值满足

$$|\overline{x}_i(t) - x_i(t)| < \varepsilon.$$

定理 4　如果方程组 (1) 右端的 f_i 对一切 $x(x_1, x_2, \cdots, x_n)$ 为连续的, 又解 $(x_1(t), x_2(t), \cdots, x_n(t))$ 在 n 维空间中, 无论向 t 增加 (减少) 的方向延拓, 始终保持在一有界域 G 内, 则沿着此解 t 可以延拓到 $+\infty(-\infty)$.

2. 方向场

为了叙述更为直观, 我们这里通过几个例子来加以说明.

例 1　考虑方程组

$$\dot{x} = x, \quad \dot{y} = y, \tag{2}$$

易知 (2) 有通解: $x = c_1 e^t$, $y = c_2 e^t$, 其中 c_1, c_2 为积分常数. 容易看出 (2) 的解有以下性质: 若 $x_0 > 0$, 则随着 t 增大到 $t \to \infty$, 有 $x(t)$ 单调增大到 $x(t) \to \infty$. 若 $x_0 < 0$, 则随着 t 增大到 $t \to \infty$, 有 $x(t)$ 单调减少到 $x(t) \to -\infty$; 同样若 $y_0 > 0$, 则随着 t 增大到 $t \to \infty, y(t)$ 单调增大到 $y(t) \to \infty$. 若 $y_0 < 0$, 则随着 t 增大到 $t \to \infty$. $y(t)$ 单调减少到 $y(t) \to -\infty$. 因而方程 (2) 有解曲线图, 如图 1 所示, 图中箭头表示 t 增加的方向.

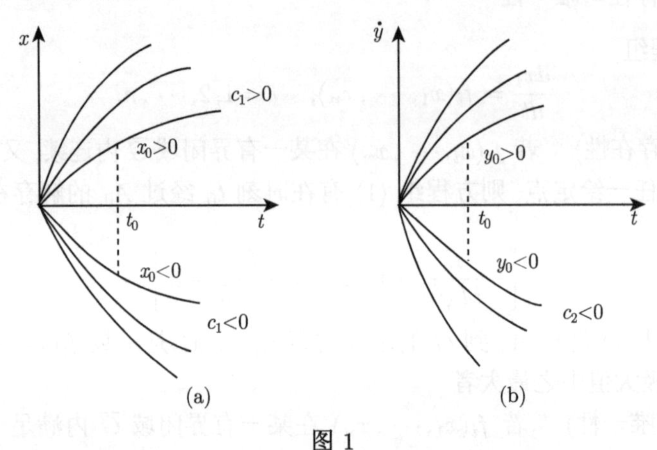

图 1

(2) 的等价方程为

$$\frac{dy}{dx} = \frac{y}{x} \tag{3}$$

有通解 $y = cx$. 称 (x, y) 平面为 (2) 的相平面, (3) 的通解 $y = cx$ 为 (2) 的积分曲线. 在相平面上作出积分曲线的图形, 再由上面讨论的当 t 增加时 x 与 y 的变化情况, 因而我们可得到 (2) 的积分曲线图, 如图 2(a) 所示. 其中箭头所指的方向为 t 增加的方向, 另一方面我们也可以看到 (3) 也为方程组 (4) 的等价方程,

$$\dot{x} = -x, \quad \dot{y} = -y. \tag{4}$$

因而 (4) 的积分曲线方程也为 $y = cx$, 只不过是 t 的变化与 x 和 y 的变化关系正好与前方向相反, 因此 (4) 的积分曲线箭头方向如图 2(b) 所示. 在画积分曲线的图形时, 把 t 看成是参数, 在图中以箭头指向表示 t 增加的方向. 显然只要作变换 $t = -t'$, 则 (4) 就变成 (2).

例 2　类似地考虑方程组

$$\dot{x} = -y, \quad \dot{y} = x, \tag{5}$$

等价方程为

$$\frac{dy}{dx} = -\frac{x}{y}, \tag{6}$$

有通积分 $x^2+y^2=c$, 在相平面上的图形如图 3 所示. 与例 1 一样, (5) 的积分曲线如图 3(a) 所示, 而图 3(b) 则为方程组 $\dot{x}=y,\dot{y}=-x$ 的积分曲线.

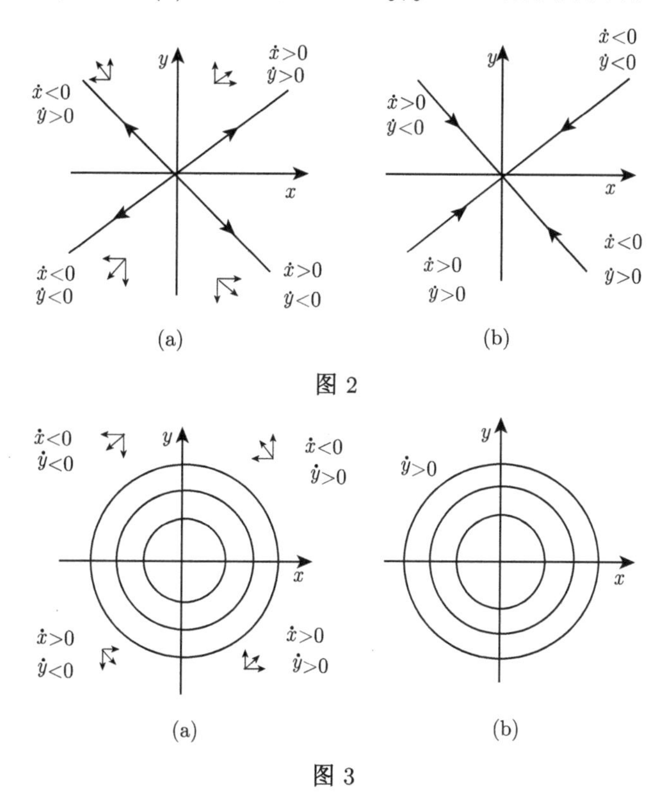

(a)　(b)

图 2

(a)　(b)

图 3

例 3　进一步考虑一般的二维方程组

$$\dot{x}=f_1(x,y),\quad \dot{y}=f_2(x,y). \tag{7}$$

我们假设这里的 $f_1(x,y)$ 和 $f_2(x,y)$ 满足解的存在唯一性定理的要求, 并且记 $f_1(x,y)=0$ 在相平面上的图形为曲线 L_1, $f_2(x,y)=0$ 的图形为曲线 L_2, 如果其位置如图 4 所示, L_1 和 L_2 把 (x,y) 平面划分为四个区域:

Ⅰ: $\dot{x}<0,\quad \dot{y}>0$;

Ⅱ: $\dot{x}>0,\quad \dot{y}<0$;

Ⅲ: $\dot{x}<0,\quad \dot{y}<0$;

Ⅳ: $\dot{x}>0,\quad \dot{y}>0$.

这里我们是假定在 L_1 之上有 $f_1(x,y)<0$, 而在 L_1 之下有 $f_1(x,y)>0$, 在 L_2 之上有 $f_2(x,y)<0$. 在 L_2 之下有 $f_2(x,y)>0$. 这样由 f_1 和 f_2 的符号, 我们则可以确定在这个区域中的方向场, 也知道在这个区域中积分曲线的走向, 而不必去求解微分方程, 其方向场如图 4 所示.

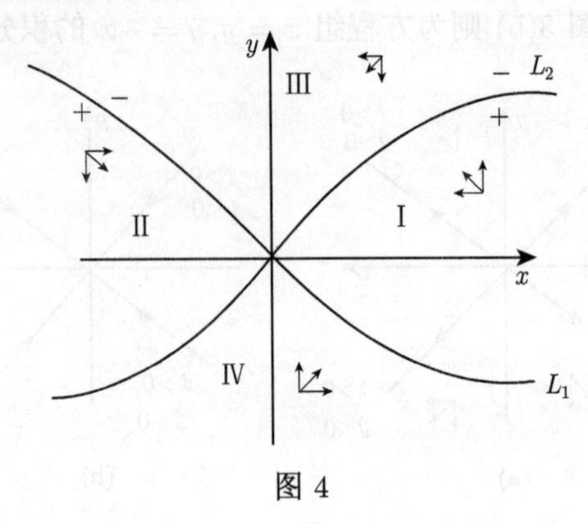

图 4

3. 等倾线

对于一个一般的二维方程组 (7), 称

$$\frac{f_2(x,y)}{f_1(x,y)} = k = \text{const}$$

在相平面上所代表的曲线为等倾线, 特别地, $f_2(x,y)=0$ 称为零等倾线, $f_1(x,y)=0$ 称为无穷等倾线. 如果在各区域 I – IV 中 f_1 和 f_2 的符号, 如例 3 中所设, 则在零等倾线或称水平等倾线上, 以及在无穷等倾线或称垂直等倾线上积分曲线的走向如图 5 所示.

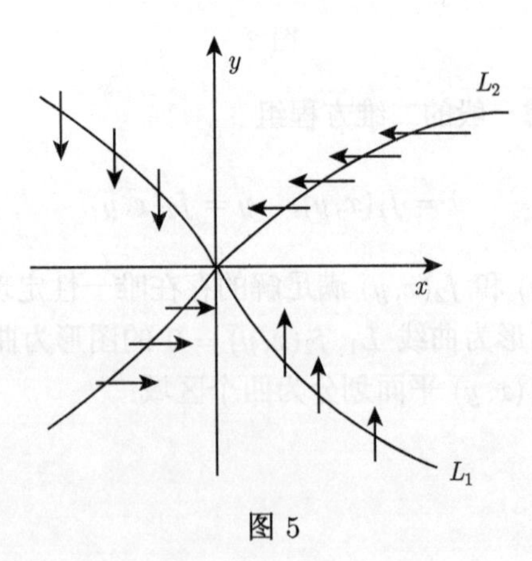

图 5

4. 简单奇点的分类

(1) 二维常系数齐次线性方程组

$$\dot{x} = a_{11}x + a_{12}y, \quad \dot{y} = a_{21}x + a_{22}y. \tag{8}$$

对于一个一般的二维方程组 (7), 我们称同时满足下面两个方程的点 (x^*, y^*) 为奇点 (或平衡点, 或平衡位置)

$$f_1(x^*, y^*) = 0, \quad f_2(x^*, y^*) = 0.$$

记 $q = a_{11}a_{22} - a_{12}a_{21}$, $p = a_{11} + a_{22}, \Delta = p^2 - 4q$, 显然当 $q \neq 0$ 时 (0,0) 为 (8) 的唯一孤立点, 方程

$$\lambda^2 - p\lambda + q = 0$$

称为特征方程, 其根称为特征根

(2) 二维非线性方程

$$\dot{x} = f_1(x, y), \quad \dot{y} = f_2(x, y). \tag{7}$$

设 x^*, y^* 为 (7) 的孤立奇点, 即有

$$f_1(x^*, y^*) = f_2(x^*, y^*) = 0.$$

把 (7) 右端在 (x^*, y^*) 附近展开, 并把原点移到点 (x^*, y^*), 变换后的变数, 我们仍以 x, y 记之, 得

$$\begin{cases} \dot{x} = \left(\dfrac{\partial f_1}{\partial x}\right)_{(x^*,y^*)} x + \left(\dfrac{\partial f_1}{\partial y}\right)_{(x^*,y^*)} y + X_2(x, y), \\ \dot{y} = \left(\dfrac{\partial f_2}{\partial x}\right)_{(x^*,y^*)} x + \left(\dfrac{\partial f_2}{\partial y}\right)_{(x^*,y^*)} y + Y_2(x, y), \end{cases} \tag{9}$$

记

$$a_{11} = \left(\frac{\partial f_1}{\partial x}\right)_{(x^*,y^*)}, \quad a_{12} \left(\frac{\partial f_1}{\partial y}\right)_{(x^*,y^*)},$$

$$a_{21} = \left(\frac{\partial f_2}{\partial x}\right)_{(x^*,y^*)}, \quad a_{22} \left(\frac{\partial f_2}{\partial y}\right)_{(x^*,y^*)},$$

其中 $X_2(x, y)$ 与 $Y_2(x, y)$ 表示高阶项. 我们得到 (9) 的一次近似的方程为

$$\dot{x} = a_{11}x + a_{12}y, \quad \dot{y} = a_{21}x + a_{22}y. \tag{10}$$

定理 5　在非线性方程 (9) 中, 设 $X_2(x, y)$ 和 $Y_2(x, y)$ 满足下列条件 (这里设 $q = a_{11}a_{22} - a_{12}a_{21} \neq 0$):

(i) $X_2(0, 0) = Y_2(0, 0) = 0$;

(ii) $X_2(x, y), Y_2(x, y)$ 在原点附近连续, 并有连续的一级偏微商 $X'_{2x}, X'_{2y}, Y'_{2x}$ 和 Y'_{2y};

(iii) 存在一个正数, 使得一致地有

$$\lim_{x^2+y^2\to 0}\frac{|X'_{2x}(x,y)|+|X'_{2y}(x,y)|+|Y'_{2x}(x,y)|+|Y'_{2y}(x,y)|}{(\sqrt{x^2+y^2})^{\delta}}=0,$$

则 (9) 的一次近似方程 (10) 的原点是表 1 中除中心型奇点外的其他各类, (9) 的奇点 (原点) 也是同一类型的奇点.

表 1

判定		类别	稳定性	图形	特征根
$\Delta<0$	$p=0$	中心			一对纯虚根
	$p\neq 0$	焦点	$p<0$ 稳定		实部为负的共轭复根
			$p>0$ 不稳定		实部为正的共轭复根
$\Delta>0$	$q>0$	结点	$p<0$ 稳定		一对负实根
			$p>0$ 不稳定		一对正实根
	$p>0$	鞍点			两异号实根
$\Delta<0$	$a_{12}=a_{21}=0$	临界结点	$p<0$ 稳定		两等负实根
			$p>0$ 不稳定		两等正实根
	$a_{12}^2+a_{21}^2\neq 0$	退化结点	$p<0$ 稳定		两等负实根
			$p>0$ 不稳定		两等正实根

非线性方程 (9) 的一次近似方程 (10), 若有 $q=a_{11}a_{22}-a_{12}a_{21}\neq 0$, 则称 (0,0) 是 (9) 的简单奇点; 若有 $q=0$, 则称为复杂奇点. 关于复杂奇点附近积分曲线的拓

扑性质的研究请见秦元勋 (1959) 与张芷芬等 (1985), 这里不作介绍.

5. 极限环的存在性

这里我们仍考虑二维非线性方程组 (7).

定义 1　非线性方程组 (7) 的孤立闭轨线称为极限环.

例 4　考虑二维非线性方程组

$$\dot{x} = y + x(1 - x^2 - y^2), \quad \dot{y} = -x + y(1 - x^2 - y^2). \tag{11}$$

作极坐标变换: $x = r\cos\theta, y = r\sin\theta$, 则 (11) 变成

$$r\dot{r} = x\dot{x} + y\dot{y} = r^2(1 - r^2), \quad \dot{\theta} = -1,$$

即有

$$\dot{r} = r(1 - r^2), \quad \dot{\theta} = -1 < 0,$$

等价方程为

$$\frac{dr}{d\theta} = r(r^2 - 1).$$

显然 $r = 1$ 是唯一的闭轨线, 因而 $r = 1$ 是极限环, 其他轨线的形状如图 6 所示.

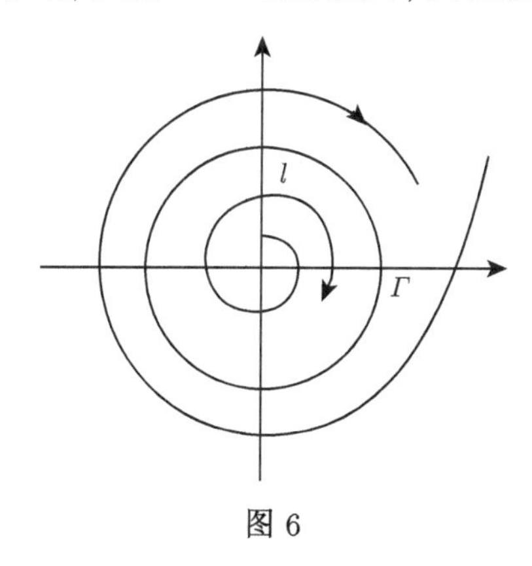

图 6

定理 6　极限环两侧的邻域内的轨线当 $t \to +\infty$ 或 $t \to -\infty$ 时盘旋逼近于此极限环.

定义 2　如果极限环 L 的两侧邻域内的轨道都是当 $t \to +\infty (t \to -\infty)$ 时盘旋逼近于 L, 则称 L 为稳定极限环 (不稳定极限环).

从另一方面来看, 一非闭轨线 l(图 6) 当 $t \to +\infty$ 时盘旋接近极限环 L, 即 L 是 l 当 $t \to +\infty$ 时的极限集合, 我们称 L 是 l 的 ω 极限集, 在图 6 中我们可以看出, 非闭轨线 l 当 $t \to -\infty$ 时的极限集合是平衡点 $O(0,0)$, 所以称 $O(0,0)$ 是 l 的 α 极限集.

定义 3　一非闭轨线 l, 若当 $t=t_0$ 时为点 l_0, 则称 $t>t_0$ 部分为正半轨, 记为 l^+; 称 $t<t_0$ 部分为负半轨, 记为 l^-.

定理 7　若有界闭区域 Ω 中最多含有限个奇点, 且包含一条正半轨 l^+, 则 l^+ 的 ω 极限集只能是下面三者之一: ① 一个奇点, ② 一条闭轨线, ③ 由奇点和一些整条轨线所构成的集合.

推论 1　若非闭轨线 l 的正半轨 l^+(或负半轨 l^-), 整个包含在一个有界闭域 G 内, 并且 G 内不存在奇点, 则在 G 内必存在闭轨线.

定理 8 (Poincaré 环域定理)　若 Ω 为一环域, 其中不含奇点, 凡与 Ω 的境界线相交的轨线都从它的外 (内) 部进入 (跑出) 它的内 (外) 部, 则 Ω 中至少存在一条闭轨线.

推广　若 Ω 的内境界缩为一个不稳定 (渐近稳定) 的奇点, 或是内外境界线有一部分成为方程的轨线弧段, 其上可能有一些鞍点和不稳定 (渐近稳定) 奇点, 则定理 8 的结论仍能成立.

定理 9 (Bendixson)　若在单连通域 G 中方程 (7) 的发散量 $\dfrac{\partial f_1}{\partial x}+\dfrac{\partial f_2}{\partial y}$ 保持常号, 且不在 G 的任何子区域中恒等于零, 则方程 (7) 不存在全部位于 G 中的闭轨线与奇闭轨线 (这里假设 f_1, f_2 有连续偏微商).

定理 10 (Dulac)　若在单连通域 G 中存在一次连续可微函数 $B(x,y)$, 使 $\dfrac{\partial}{\partial x}(Bf_1)+\dfrac{\partial}{\partial y}(Bf_2)$ 保持常号, 且不在任何子区域中恒等于零, 则方程 (7) 不存在全部位于 G 中的闭轨线与奇闭轨线.

这里所说的奇闭轨线就是指其上含有奇点的闭轨线. 这里的函数 $B(x,y)$ 通常称为 Dulac 函数.

定理 11　如果存在非负并具有一阶连续偏微商的 $M(x,y), N(x,y)$, 以及另一个具有一阶连续偏微商的函数 $B(x,y)$, 使得在单连通区域 G 内有

$$\frac{\partial}{\partial y}(Nf_1)-\frac{\partial}{\partial x}(Nf_2)+\frac{\partial}{\partial x}(Bf_1)+\frac{\partial}{\partial y}(Bf_2)\geqslant 0(\leqslant 0),$$

且使等号成立的点不充满 G 的任何子域, 则方程 (7) 在 G 内不存在正 (负) 定向的极限环.

这里所谓正 (负) 定向的极限环, 也就是在极限环上的任一点, 沿着 t 增加的方向在极限环上移动, 如果这个运动是逆时针 (顺时针) 的.

6. 极限环的唯一性

因为以往极限环问题在机械振动与无线电振荡的研究中出现为多, 因而较多的比较有用的极限环唯一性定理都出现在研究振动方程之中, 也即研究二阶非线性方

程:

$$\ddot{x}+f(x)\dot{x}+g(x)=0, \tag{12}$$

这里我们假设 f 和 g 连续, 并且保证解的存在唯一性定理成立, 引进变换

$$G(x)=\int_0^x g(s)ds, \quad F(x)=\int_0^x f(s)ds, \tag{13}$$

则得 (12) 的等价方程组:

$$\dot{x}=y-F(x), \quad \dot{y}=-g(x), \tag{14}$$

我们称变换 (13) 为 Liénard 变换, 称 (14) 为 Liénard 方程. 或者把 (14) 写成等价形式

$$\dot{x}=-y-F(x), \quad \dot{y}=g(x). \tag{15}$$

我们可以考虑更为一般的方程形如:

$$\dot{x}=-\phi(y)-F(x), \quad \dot{y}=g(x). \tag{16}$$

定理 12 (张芷芬)　设方程 (16) 满足下列条件:

(i) $g(x)$ 满足 Lipschitz 条件, $xg(x)>0$ 当 $x\neq 0$, 且 $G(-\infty)=G(+\infty)=+\infty$.

(ii) $\phi(y)$ 满足 Lipschitz 条件, $\phi(0)=0, \phi(y)$ 是 y 的增函数, 且 $|\phi(\pm\infty)|=\infty$.

(iii) $f(x)$ 为连续, $F(0)=0, F[X(-u)]\not\equiv F[X(u)]$ 当 $|X|<\delta$, 其中 $X(u)$ 是 $u=\sqrt{2G(x)}\mathrm{sgn}x$ 的反函数.

(iv) x 在 $(-\infty,0)$ 与 $(0,+\infty)$ 中增加 $\dfrac{f(x)}{g(x)}$ 不减少.

(v) $\phi'_+(0)\phi'_-(0)\neq 0$ 当 $f(0)=0$.

则方程 (16) 至多有一个极限环, 若存在必为稳定.

定理 13 (Черкас 和 Жилевыч)　方程 (16) 当 $x\in(a,b), -\infty\leqslant a<0<b\leqslant+\infty, -\infty<y<+\infty$ 时满足下列条件:

(i) 当 $x\neq 0$ 时 $xg(x)>0$, 当 $y\neq 0$ 时 $y\Phi(y)>0$;

(ii)$f(x), g(x), \Phi(y)$ 连续可微, $\Phi(y)$ 单调递增, $f(0)<0(f(0)>0)$;

(iii) 存在常数 α,β, 使 $f_1(x)=f(x)+g(x)[\alpha+\beta F(x)]$ 有简单零点 $x_1<0$ 与 $x_2>0$, 而且在区间 (x_1,x_2) 上 $f_1(x)\leqslant 0(f_1(x)\geqslant 0)$;

(iv) 在区间 $[x_1,x_2]$ 之外, 函数 $\dfrac{f_1(x)}{g(x)}$ 不减 (不增);

(v) 所有闭轨线包围 x 轴上的区间 $[x_1,x_2]$. 则系统 (16) 最多有一个极限环, 如果它存在, 则是稳定的 (不稳定的).

这里所引用的两个唯一性定理, 都是用来研究推广形式 Liénard 方程 (16) 的, 但一般说来我们在生态学中所遇到的模型, 大多数不是形式 (16) 的方程, 然而对很多情况我们可以通过一定的拓扑变换把一个生态模型化为 (16) 形式, 例如, 在引出的方程 (1.49), 当 $C(y)\equiv 0$ 时, 则为方程

$$\dot{x}=g(x)-f(x)b(y),\quad \dot{y}=n(x)a(y). \tag{17}$$

这个方程显然与 (16) 有很大的差别. 如果我们要研究 (17) 包围原点的极限环是否唯一 (当然如果不是研究包围原点的极限环, 而是研究包围某一个正平衡点 (x^*,y^*) 的极限环, 则要作一个平移变换, 先把 (x^*,y^*) 移至原点再作研究), 则可引进变换:

$$x=\varphi(u),\quad y=\psi(v). \tag{18}$$

这里 $\varphi(u)$ 和 $\psi(v)$ 我们按以下方法寻找, 即把 (18) 代入方程 (17) 有

$$\begin{cases}\varphi'(u)\dot{u}=g[\varphi(u)]-f[\varphi(u)]b[\varphi(v)],\\ \varphi'(v)\dot{v}=n[\varphi(u)]a[\psi(v)],\end{cases}$$

即

$$\begin{cases}\dot{u}=\dfrac{g[\varphi(u)]}{\varphi'(u)}-\dfrac{f[\varphi(u)]}{\varphi'(u)}b[\varphi(v)],\\ \dot{v}=n[\varphi(u)]\dfrac{a[\varphi(v)]}{\varphi'(v)}.\end{cases} \tag{19}$$

用求解下面的初始问题即可得变化 (18).

$$\begin{aligned}&\varphi'(u)=f[\varphi(u)],\quad \varphi'(v)=a[\psi(v)],\\ &\varphi(0)=0,\quad \psi(0)=0.\end{aligned} \tag{20}$$

这样方程 (19) 即为形式 (16), 有时我们不一定要解出方程 (20), 而只要说明 (20) 的解不仅是存在的, 而且是唯一的. 这样就可以把对于方程 (17) 极限环唯一性的判定, 化为关于方程 (19) 极限环的唯一性的分拆, 而方程 (19) 的形式与方程 (16) 相同, 所以我们就可以用定理 12(张芷芬定理) 来判定方程 (17) 极限环的唯一性或得到方程 (17) 极限环唯一性的充分条件.

7. 二维 Hopf 分歧产生极限环

我们考虑方程 (7), 如果 f_1 和 f_2 中含有一个参数 λ, 又若我们已把它化为方程 (9), 并且假设当 $\lambda=0$ 时, 奇点 (0,0) 为 (9) 的线性部分的中心型奇点, 则可经仿射变换将 (9) 化为

$$\begin{cases}\dot{x}=a(\lambda)x-b(\lambda)y+X_2(x,y,\lambda),\\ \dot{y}=b(\lambda)x+a(\lambda)y+Y_2(x,y,\lambda).\end{cases} \tag{21}$$

其中 X_2, Y_2 是二次以上的项. 一次近似方程的特征根为 $a(\lambda)\pm ib(\lambda), a(0)=0$, 不妨设 $b(0)>0, n(0)<0$ 的情况可以类似讨论. 引进极坐标, 消去 dt, 并且把方程右边展开为 r 的幂级数, 得到

$$\frac{dr}{d\theta}=rR_1(\theta,\lambda)+r^2R_2(\theta,\lambda)+r^3R_3(\theta,\lambda)+\cdots, \tag{22}$$

其中 $R_1(\theta,\lambda)=\dfrac{a(\lambda)}{b(\lambda)}, R_i(\theta,\lambda)$ 是 $\cos\theta$ 与 $\sin\theta$ 的多项式, 今求 (22) 的形如:

$$r=r_0u_1(\theta,\lambda)+r_0^2u_2(\theta,\lambda)+r_0^3u_3(\theta,\lambda)+\cdots\equiv f(\theta,r_0,\lambda) \tag{23}$$

的解, 这里 r_0 是 r 的初值. 把 (23) 代入 (22), 比较两边同次幂系数, 我们得到诸函数 $u_R(\theta,\lambda)$ 所满足的方程

$$\begin{aligned}\frac{du_1}{d\theta}=&u_1R_1(\theta,\lambda),\\ \frac{du_2}{d\theta}=&u_2R_1(\theta,\lambda)+u_1^2R_2(\theta,\lambda),\\ &\cdots\end{aligned} \tag{24}$$

以及初值条件

$$u_1(0,\lambda)=1,\quad u_k(0,\lambda)=0,\quad k=2,3,\cdots, \tag{25}$$

由 (23) 看出 $r=f(\theta,r_0,\lambda)$ 为周期解的充要条件是

$$f(2\pi,r_0,\lambda)-r_0=[u_1(2\pi,\lambda)-1]r_0+u_2(2\pi,\lambda)r_0^2+u_3(2\pi,\lambda)r_0^3+\cdots=0.$$

约去因子 $r_0\neq 0$, 并改记上面方程为

$$\varphi(\lambda,r_0)=v_1(\lambda)+v_2(\lambda)r_0+v_3(\lambda)r_0^2+\cdots=0. \tag{26}$$

要研究当 λ 变动时原点附近是否出现闭轨线, 就是要研究 $\varphi(\lambda,r_0)=0$ 对 r_0 有无实根. 把 $\varphi(\lambda,r_0)=0$ 看成是 (λ,r_0) 平面上的曲线, 显然它必通过原点, 又由 $u_2(\theta,\lambda)$ 所满足的方程易见 $v_2(0)=u_2(2\pi,0)=0$, 现在假设

$$a'(0)\neq 0,\quad v_3(0)\neq 0. \tag{27}$$

我们来证明: 当 $\lambda\neq 0$ 而取适当的符号时, 方程 (21) 在原点附近存在唯一的极限环, 由

$$\begin{aligned}v_1(\lambda)&=u_1(2\pi,\lambda)-1=e^{\frac{a(\lambda)}{b(\lambda)}\cdot 2\pi-1}-1,\\ v_1'(\lambda)&=2\pi\frac{b(\lambda)a'(\lambda)-a(\lambda)b'(\lambda)}{b^2(\lambda)}e^{2\pi\frac{a(\lambda)}{b(\lambda)}},\end{aligned}$$

可知

$$v_1'(0) = \frac{2\pi a'(0)}{b(0)} \neq 0,$$

从而

$$\left.\frac{\partial \varphi}{\partial \lambda}\right|_{(0,0)} = v_1'(0) \neq 0.$$

故在原点附近可由 (26) 解出 λ 为 r_0 的单值函数, 即 $\lambda = \lambda(r_0)$, 其次

$$\left.\frac{d\lambda}{dr_0}\right|_{(0,0)} \left[-\frac{\partial \varphi}{\partial r_0}\bigg/\frac{\partial \varphi}{\partial \lambda}\right]_{(0,0)} = -\frac{v_2(0)}{v_1'(0)} = 0,$$

$$\left.\frac{d^2\lambda}{dr_0^2}\right|_{(0,0)} = -2v_3(0)/v_1'(0) = -b(0)v_3(0)/\pi a'(0) \neq 0,$$

故 $\lambda = \lambda(r_0)$ 在 (0,0) 取到极值.

(1) $a'(0)>0, v_3(0)<0$, 则 $\lambda(r_0)$ 在原点有极小值 (图 7(a)), 由于这时 $\left.\frac{d^2\lambda}{dr_0^2}\right|_{(0,0)} > 0$, 故 $\frac{d\lambda}{dr_0}$ 在 $r_0 = 0$ 的上方附近增加, 故 $\lambda = \lambda(r_0)$ 的反函数在第一象限中原点附近亦为单值, 即对每一个 $\lambda > 0$ 足够小, 有唯一的 $r_0 > 0$, 满足 $\varphi(\lambda, r_0) = 0$, 即方程 (21) 在原点附近有唯一的极限环. 又由 $a'(0) > 0, a(0) = 0$ 知当 $\lambda < 0$ 时 $a(\lambda) < 0$, 原点为稳定焦点; $\lambda(0) > 0$ 时 $a(\lambda) > 0$, 原点为不稳定焦点, 所以极限环是稳定的.

(2) $a'(0) > 0, v_3(0) > 0$, 这时 $\lambda(r_0)$ 在原点有极大值 (图 7(b)), 当 $\lambda > 0$ 时原点为不稳定焦点, $\lambda < 0$ 时为稳定焦点, 故极限环应为不稳定的, 在 $\lambda < 0$ 时出现.

(3) $a'(0) < 0, v_3(0) > 0$, 当 $\lambda > 0$ 时出现不稳定极限环.

(4) $a'(0) < 0, v_3(0) < 0$, 当 $\lambda < 0$ 时出现稳定极限环.

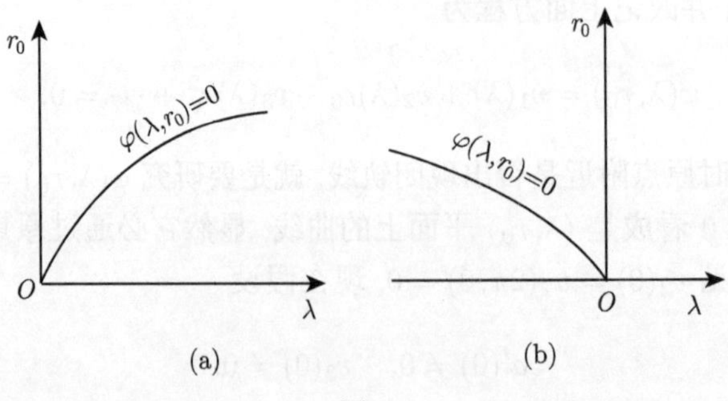

图 7

8. 多维系统平衡点的稳定性

这里我们考虑 n 维系统

$$\dot{x}_i = f_i(x_1, x_2, \cdots, x_n), \quad i = 1, 2, \cdots, n, \tag{28}$$

定义 4　点 $X^*(x_1^*, x_2^*, \cdots, x_n^*)$ 称为是系统 (28) 的平衡位置, 如果对于所有的 $i=1,2,\cdots,n$ 满足方程

$$f_i(x_1^*, x_2^*, \cdots, x_n^*) = 0.$$

定义 5　平衡位置 $X^*(x_1^*, x_2^*, \cdots, x_n^*)$ 称为是稳定的, 如果对于任意 $\varepsilon > 0$, 存在一个 $\delta(\varepsilon) > 0$, 使得对于系统 (28) 每一个初值满足不等式

$$|x_i(t_0) - x_i^*| < \delta(\varepsilon), \quad i=1,2,\cdots,n$$

的解 $X_i(t)$ 对于所有的 $t \geqslant t_0$ 都有

$$|x_i(t) - x_i^*| < \varepsilon, \quad i=1,2,\cdots,n.$$

定义 6　如果平衡位置 $X^*(x_1^*, x_2^*, \cdots, x_n^*)$ 为稳定的, 而且当 $|x_i(t_0) - x_i^*| < \delta$ 的所有以 $x_i(t_0)$ 为初值的解都有

$$\lim_{t \to \infty} |x_i(t) - x_i^*| = 0,$$

则称 X^* 为渐近稳定的.

现在我们假设 $O(0,0,\cdots,0)$ 为 (28) 的平衡位置, 即有 $f_i(0,0,\cdots,0)=0$, 对所有的 $i=1,2,\cdots,n$ 成立, 并且假设 $f_i(i=1,2,\cdots,n)$ 满足解的存在唯一性条件. 我们来研究如何判定平衡位置 $O(0,0,\cdots,0)$ 是否是稳定的.

定理 14　如果可以找到一个连续函数 $V(x_1, x_2, \cdots, x_n)$, 具有以下性质:

(i) 在 $O(0,0,\cdots,0)$ 的某一邻域 $|x_s| \leqslant h(s=1,2,\cdots,n)$ 内, 除 $x_1 = x_2 = \cdots = x_n = 0$ 外有 $V(x_1, x_2, \cdots, x_n) > 0$;

(ii) $V(0,0,\cdots,0) = 0$;

(iii) 在 $|x_s| \leqslant h(s=1,2,\cdots,n)$ 内有

$$\frac{dV}{dt} = \sum_{s=1}^{n} \frac{\partial V}{\partial x_s} f_s \leqslant 0,$$

则方程 (28) 的平衡点 O 为稳定的.

定理 15　如果存在定理 14 中所给出的函数 V 并有:

(iv) 在 $|x_s| \leqslant h(s=1,2,\cdots,n)$ 内, 除 $x_1 = x_2 = \cdots = 0$ 外有 $\dfrac{dV}{dt} < 0$, 则方程 (28) 的平衡点 O 为渐近稳定的.

定理 16　如果存在连续函数 $V(x_1, x_2, \cdots, x_n)$ 使得:

(i) 在 $|x_s| \leqslant h(s=1,2,\cdots,n)$ 内除 $x_1 = x_2 = \cdots = x_n = 0$ 外, 有 $V > 0$;

(ii) $V(0,0,\cdots,0) = 0$;

(iii) 在 $|x_s| \leqslant h(s=1,2,\cdots,n)$ 内有 $\dfrac{dV}{dt} \leqslant 0$, 但等号不在任何整条轨线上成立,

则方程 (28) 的平衡位置 $O(0,0,\cdots,0)$ 是渐近稳定的.

定义 7　(28) 的平衡位置 $O(0,0,\cdots,0)$ 称为是全局稳定的, 如果 $O(0,0,\cdots,0)$ 是稳定的并且对于所有从初值出发的轨线, 当 $t \to +\infty$ 时趋于 $O(0,0,\cdots,0)$.

定理 17　如果存在连续函数 $V(x_1,x_2,\cdots,x_n)$ 具有下列性质 (我们称 V 为关于系统 (28) 的 Lyapunov 函数):

(i) 除坐标原点外, 对于所有的 X 有 $V(x_1,x_2,\cdots,x_n)>0$;

(ii) $V(0,0,\cdots,0)=0$;

(iii) 除坐标原点外, 对于所有的 x 有 $\dfrac{dV}{dt}<0$;

(iv) 当 $x_1^2+x_2^2+\cdots+x_n^2 \to \infty$ 时 $V \to \infty$. 则方程 (28) 的平衡位置 O 为全局稳定的.

例 5　再回头考虑方法 (4), 我们前面已求出它的通积分, 并且画出它的积分曲线的相同 (图 2(b)), 显然 $O(0,0)$ 是全局稳定的. 现在观察利用定理 17, 来判定 O 的稳定性是怎么回事.

$$\dot{x}=-x, \quad \dot{y}=-y. \tag{4}$$

考察 Lyapunov 函数 $V(x,y)=x^2+y^2$. 显然满足定理 17 的条件 (i),(ii) 和 (iv), 对于 (4) 有

$$\frac{dV}{dt}=\frac{\partial V}{\partial x}\dot{x}+\frac{\partial V}{\partial y}\dot{y}=-2(x^2+y^2)<0, \quad \text{除}x=y=0\text{外}.$$

因此 (4) 的平衡位置 $O(0,0)$ 是全局稳定的.

我们再观察这个证明的几何意义: 我们知道 $V(x,y)=x^2+y^2=c$ 是一族以原点为中心的圆, 当 c 增大时逐渐扩大, 当 c 减少时逐渐收缩, 而 $\dfrac{dV}{dt}<0$ 则表示沿着 (4) 的任一条轨线当 t 增加时, V 的值单调减少, 显然最终 $V \to 0$, 这说明 (4) 的轨线当 $t \to \infty$ 时趋于原点.

例 6　考虑方程

$$\dot{x}=y+\varepsilon\left(\frac{x^3}{3}-x\right), \quad \dot{y}=-x, \varepsilon>0. \tag{29}$$

显然 $O(0<0)$ 为平衡位置, 我们考虑函数 $V(x,y)=\dfrac{1}{2}(x^2+y^2)$, 对于 (29) 有

$$\frac{dV}{dt}=\frac{dV}{dx}\dot{x}+\frac{dV}{dy}\dot{y}=\varepsilon x^2\left(\frac{x^2}{3}-1\right)<0, \quad \text{当}|x|<\sqrt{3}\text{时},$$

由定理 14, 显然条件 (i)—(iii) 均满足, 所以 O 为稳定的. 但是对于定理 17, 条件 (iii) 不满足, 所以 O 不是全局稳定的, 也就是说并不是在 (x,y) 平面上所有初始点

出发 (4) 的轨线都趋于 O. 由于 O 是渐近稳定的, 因而在 (x,y) 平面内必存在一个区域 $G, O\in G$, 在 G 内每一点出发的轨线当 $t\to\infty$ 时都趋于 O.

定义 8　如果 $O(0,0,\cdots,0)$ 是系统 (28) 的渐近稳定平衡位置, 并且 R^n 中的区域 $G\supset O$, 从 G 中每一点出发的系统 (28) 的轨线, 当 $t\to+\infty$ 时都趋于 O, 所有这种区域 G 的最大者称为是 O 的吸引区域.

我们利用 Lyapunov 函数的方法可以来估计吸引区域的大小, 仍以方程 (29) 为例.

我们知道函数 $V(x,y)=\dfrac{1}{2}(x^2+y^2)$符号定理 17 的条件 (i),(ii) 和 (iv) 的要求, 只是仅当 $|x|<\sqrt{3}$ 时才有 $\dfrac{dV}{dt}<0$. 是否以此可以说明在条形区域 $|x|<\sqrt{3}$ 内从所有点出发的 (29) 的轨线, 当 $t\to+\infty$ 时都趋于 $O(0,0)$ 呢? 非也! 我们知道整条包含在条形区域 $|x|<\sqrt{3}$ 内的 $V(x,y)=c$ 中最大的闭曲线为 $x^2+y^2=3$, 因而仅能保证在区域 $G:\left\{(x,y):V(x,y)<\dfrac{3}{2}\right\}$ 内, 从每一点出发的轨线, 当 $t\to\infty$ 时都趋于 $O(0,0)$, 这个区域 G 可以看成是 $O(0,0)$ 的吸收区域的一个近似估计.

定理 18　如果在区域 G 中, 存在一个连续函数 $V(x_1,x_2,\cdots,x_n)$, 具有下列性质:

(i) 在 G 内除了原点外每一点都有 $V>0$,

(ii) $V(0,0,\cdots,0=0)$,

(iii) $V(x_1,x_2,\cdots,x_n)=c$ 在 G 内为族闭曲面, 当 c 增大时充满整个区域 G,

(iv) 在 G 内除 O 外所有点 x 都有 $\dfrac{dV}{dt}<0$. 则 (28) 的平衡位置 O 在 G 内为稳定的 (即从 G 内每一点出发的轨线, 当 $t\to\infty$ 时均趋于 O).

函数 V 称为是系统 (28) 在区域 G 内的 Lyapunov 函数.

9. 稳定性判定中的一次近似方法

(1) 常系数线性微分方程组

$$\dot{X}=AX, \tag{30}$$

其中 $X=(x_1,x_2,\cdots,x_n)^{\mathrm{T}}$.

$$A=\begin{pmatrix} a_{11}a_{12}\cdots a_{1n} \\ \vdots \\ a_{n1}a_{n2}\cdots a_{nn}\end{pmatrix},$$

显然 $X=0$ 是 (30) 的平衡位置.

定理 19　如果矩阵 A 的所有特征值都具有负实部, 则方程组 (30) 的平衡位置 $X=0$ 是渐近稳定的.

矩阵 A 的特征值为以下方程的根,

$$\begin{vmatrix} a_{11}-\lambda & a_{12}\cdots a_{1n} \\ \vdots & \vdots \\ a_{n1} & a_{n2}\cdots a_{nn}-\lambda \end{vmatrix}=0, \tag{31}$$

也可以写成

$$\lambda^n+\alpha_1\lambda^{n-1}+\cdots+\alpha_{n-1}\lambda+\alpha_n=0. \tag{32}$$

定理 20 (Routh-Hurwitz) 方程 (32) 的所有根具负实部的充分必要条件为所有行列式 $\Delta_1,\Delta_2,\cdots,\Delta_n$ 均为正.

$$\Delta_r=\begin{vmatrix} \alpha_1 & 1 & 0 & 0 & 0 & \cdots & 0 \\ \alpha_3 & \alpha_2 & \alpha_1 & 1 & 0 & \cdots & 0 \\ \alpha_5 & \alpha_4 & \alpha_3 & \alpha_2 & \alpha_1 & \cdots & 0 \\ \vdots & \vdots & \vdots & \vdots & \vdots & & \vdots \\ \alpha_{2r-1} & \alpha_{2r-2} & \alpha_{2r-3} & \alpha_{2r-4} & \alpha_{2r-5} & \cdots & \alpha_r \end{vmatrix},$$

在 Δ_r 内的元素 α_s, 当 $s>n$ 时取 $\alpha_r=0$.

例如, $n=3$ 时所有根有负实部的充要条件是 $\alpha_1>0,\ \alpha_1\alpha_2-\alpha_3>0,\ \ \alpha_3>0$.

定理 21 如果矩阵 A 的特征值都有负实部, 则必存在一个正定二次型

$$V=\sum_{ij=1}^{n}p_{ij}x_ix_j, \tag{33}$$

使得对于系统 (30) 有

$$\frac{dV}{dt}=-\sum_{k=1}^{n}x_k^2<0.$$

定理 22 (Sylvester 准则) 二次型 (33) 为正定的条件为

$$p_{11}>0,\begin{vmatrix} p_{11} & p_{12} \\ p_{21} & p_{22} \end{vmatrix}>0,\begin{vmatrix} p_{11} & p_{12} & p_{13} \\ p_{21} & p_{22} & p_{23} \\ p_{31} & p_{32} & p_{33} \end{vmatrix}>0,\cdots,\begin{vmatrix} p_{11} & p_{12} & \cdots & p_{1n} \\ p_{21} & p_{22} & \cdots & p_{2n} \\ \vdots & \vdots & & \vdots \\ p_{n1} & p_{n2} & \cdots & p_{nn} \end{vmatrix}>0.$$

(2) 非线性系统

$$\dot{x}_i=f_i(x_1,x_2,\cdots,x_n),\quad i=1,2,\cdots,n. \tag{28}$$

设 $X=O$ 为其平衡位置, 即 $f_i(0,\cdots,0)=0(i=1,2,\cdots,n)$, 则其线性化系统为

$$\dot{x}_i = \sum_{j=1}^{n} a_{ij} x_j, \quad i = 1, 2, \cdots, n, \tag{34}$$

其中

$$a_{ij} = \left(\frac{\partial f_i}{\partial x_i}\right)_O.$$

定理 23　如果方程组 (34) 的零解 $X = O$ 是渐近稳定的, 则方程组 (28) 零解也是渐近稳定的.

定理 24　如果线性化系统 (34) 的特征方程至少有一个根有正实部, 则方程组 (34) 和 (28) 的零解都是不稳定的.

10. 三维系统的简单奇点分类

定理 25 (Hartman)　如果在系统 (28) 中函数 $f_i(i = 1, 2, \cdots, n)$ 连续可微, 原点 $O(0, 0, \cdots, 0)$ 为其平衡点, (28) 在原点的线性化系统 (34) 的矩阵 A 的一切特征值 $\lambda_k(k = 1, 2, \cdots, n)$ 的实部非零, 即

$$\mathrm{Re}\lambda_k \neq 0, \quad k = 1, 2, \cdots, n,$$

则在原点的邻域内, (28) 的解同胚于 (34) 的解.

这个定理说明, 在这个条件下, 在原点附近 (28) 积分曲线的拓扑结构与 (34) 相同, 因而我们只要分析 (34) 在原点积分曲线的拓扑结构即可.

对于三维系统, 考虑系统

$$\dot{x}_i = \sum_{j=1}^{g} a_{ij} x_j, \quad i = 1, 2, 3, \tag{35}$$

其特征方程为

$$\begin{vmatrix} a_{11} - \lambda & a_{12} & a_{13} \\ a_{21} & a_{22} - \lambda & a_{23} \\ a_{31} & a_{32} & a_{33} - \lambda \end{vmatrix} = 0, \tag{36}$$

我们假设 (36) 的三个根的实部均不为零, 在这个假设下, 再排除那些积分曲线结构相同, 而只是 t 的变化方向不同的情况 (例如, $\lambda_1 < \lambda_2 < \lambda_3 < 0$ 的情况与 $\lambda_1 > \lambda_2 > \lambda_3 > 0$ 的情况是一样的, 只要把 t 换成 $-t$ 即可) 总共有以下五种情况:

(1) $\lambda_1 < \lambda_2 < \lambda_3 < 0$(均为负实根),

(2) $\lambda_1 < \lambda_2 < 0 < \lambda_3$(一正实根, 两负实根),

(3) $\mathrm{Re}\lambda_{1,2} < \lambda_3 < 0$(一负实根, 两复根),

(4) $\lambda_3 < \mathrm{Re}\lambda_{1,2} < 0$(一负实根, 两复根),

(5) $\mathrm{Re}\lambda_{1,2} < 0 < \lambda_3$(一正实根, 两复根).

各种情况分别对应 (35) 在原点附近积分曲线的几何图形, 如图 8 所示.

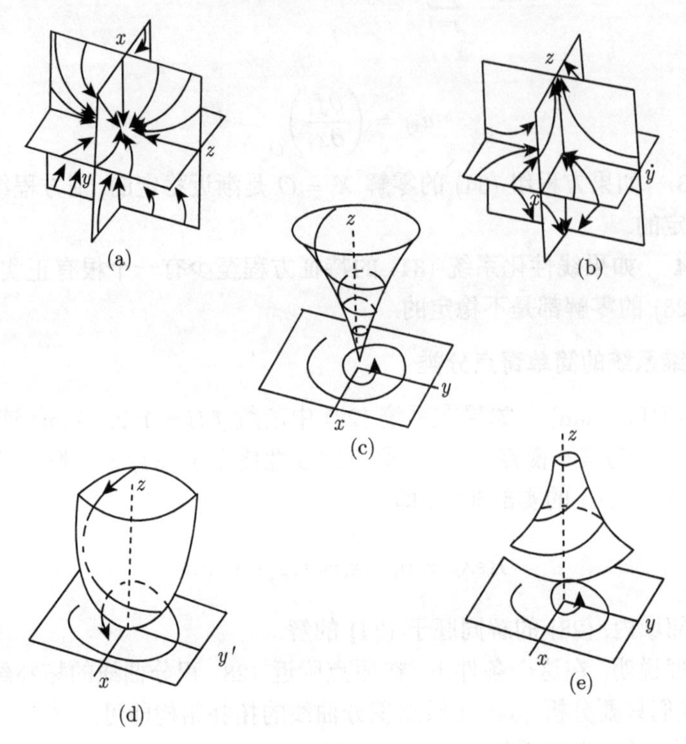

图 8

11. 微分差分方程的基本理论

微分差分方程应该包括: ① 具时滞微分方程, 例如, 方程

$$\dot{x}(t)=f(t,x(t),x(t-\tau(t))),\quad \tau(t)\geqslant 0,$$

其特点是最高阶导数项自变量大于等于其他项的自变量, $t\geqslant t-\tau(t)$. ② 具时超微分方程, 例如方程

$$\dot{x}(t)=f(t,x(t),x(t+\tau(t))),\quad \tau(t)\geqslant 0,$$

其特点是最高阶导数项自变量小于等于其他项的自变量, $t\leqslant t+\tau(t)$. ③中立型方程, 也就是说除了具时滞微分方程和具时超微分方程以外的其他的微分差分方程. 例如:

$$\dot{x}(t)=f(t,x(t-\tau),x(t),x(t+\tau)).$$

我们在这个生态模型中只用到具时滞的微分方程, 所以下面介绍一点有关的基本概念.

1) 初值问题的提法和解的存在唯一性

我们这里也只考虑最简单的即常数时滞的情况, 方程

$$\dot{x}(t)=f(t,x(t),x(t-\tau)), \tag{37}$$

其中 $\tau>0$ 为常数. 初值问题:

已知

$$\text{当}t_0-\tau\leqslant t\leqslant t_0\text{时}x(t)=\varphi(t), \tag{38}$$

其中 $\varphi(t)$ 为已知的连续函数, 要求当 $t\geqslant t_0$ 时方程 (37) 满足条件 (38) 的解 $x(t)$.

定理 26　若方程 (37) 中 f 对所有变元为连续, 而且 f 对 $x(t)$ 满足 Lipschitz 条件, 则方程 (37) 满足初始条件 (38) 的解存在而且唯一.

方程 (37) 中若把 $x(t)$ 看成是 n 维向量, 则定理 24 的结论也一样成立.

2) 微分差分方程的稳定性

我们记方程 (37) 满足初始条件 (38) 的解为 $x_\varphi(t)$, 记 (37) 满足初始条件 (当 $t_0-\tau\leqslant t\leqslant t_0$ 时 $x(t)=\psi(t)$) 的解为 $x_\psi(t)$.

定义 9　我们考虑满足始值条件 (38) 的确定的解 $x_\varphi(t)$, 若对于任意一个 $\varepsilon>0$, 都能找到一个 $\delta>0$, 使得当 $t_0-\tau\leqslant t\leqslant t_0$ 时满足 $|\varphi(t)-\psi(t)|<\delta$ 的任意连续函数 $\psi(t)$, 当 $t>t_0$ 时所有的 t 都有 $|x_\varphi(t)-x_\psi(t)|<\varepsilon$, 则称解 $x_\varphi(t)$ 是稳定的.

定义 10　如果解 $x_\varphi(t)$ 是稳定的, 并且对于所有的在 $t_0-\tau\leqslant t\leqslant t_0$ 上满足条件 $|\varphi(t)-\psi(t)|<\delta$ 的连续函数 $\psi(t)$ 有

$$\lim_{t\to\infty}|x_\varphi(t)-x_\psi(t)|=0,$$

则称解 $x_\varphi(t)$ 是渐近稳定的.

定理 27　已给方程

$$\dot{x}(t)=ax(t)+bx(t-\tau)+X_2(x(t),x(t-\tau)), \tag{39}$$

其中当 x 和 y 的模足够小时有 $|X_2(x,y)|\leqslant N(x^2+y^2), N,a,b,\tau$ 均为常数. 如果由方程 (39) 的一次近似方程

$$\dot{x}(t)=ax(t)+bx(t-\tau) \tag{40}$$

所组成的特征方程 $\lambda=a+be^{-\lambda\tau}$ 的全部根都有负实部, 则方程 (39) 的零解是渐近稳定的. 反之, 只要特征方程有一个根的实部是正的, 则零解是不稳定的.

定理 27 对于方程组也是成立的.

《生物数学丛书》已出版书目

1. 单种群生物动力系统. 唐三一, 肖艳妮著. 2008. 7
2. 生物数学前沿. 陆征一, 王稳地主编. 2008. 7
3. 竞争数学模型的理论基础. 陆志奇著. 2008.8
4. 计算生物学导论. [美]M.S.Waterman 著. 黄国泰, 王天明译. 2009.7
5. 非线性生物动力系统. 陈兰荪著. 2009.7
6. 阶段结构种群生物学模型与研究. 刘胜强, 陈兰荪著. 2010.7
7. 随机生物数学模型. 王克著. 2010.7
8. 脉冲微分方程理论及其应用. 宋新宇, 郭红建, 师向云编著. 2012.5
9. 数学生态学导引. 林支桂编著. 2013.5
10. 时滞微分方程——泛函微分方程引论. [日]内藤敏机, 原惟行, 日野义之, 宫崎伦子著.马万彪, 陆征一译. 2013.7
11. 生物控制系统的分析与综合. 张庆灵, 赵立纯, 张翼著. 2013.9
12. 生命科学中的动力学模型. 张春蕊, 郑宝东著. 2013.9
13. Stochastic Age-Structured Population Systems(随机年龄结构种群系统). Zhang Qimin, Li Xining, Yue Hongge. 2013.10
14. 病虫害防治的数学理论与计算. 桂占吉, 王凯华, 陈兰荪著. 2014.3
15. 网络传染病动力学建模与分析. 靳祯, 孙桂全, 刘茂省著. 2014.6
16. 合作种群模型动力学研究. 陈凤德, 谢向东著. 2014.6
17. 时滞神经网络的稳定性与同步控制. 甘勤涛, 徐瑞著. 2016.2
18. Continuous-time and Discrete-time Structured Malaria Models and their Dynamics(连续时间和离散时间结构疟疾模型及其动力学分析). Junliang Lu(吕军亮). 2016.5
19. 数学生态学模型与研究方法(第二版). 陈兰荪著. 2017. 9